现代电子信息科学技术基础

现代数字通信

XIANDAI SHUZI TONGXIN

高　强　李　峭　费　礼　编　著

熊华钢　审　校

高等教育出版社·北京
HIGHER EDUCATION PRESS　BEIJING

内容简介

本书主要介绍了现代数字通信的相关技术，对信源编码技术、基带传输技术、数字调制技术、同步技术、多用户检测技术、多址接入技术、数字交换与组网技术以及卫星通信系统、数字移动通信系统、超宽带通信系统、无线自组织网络进行了全面系统的论述，使读者能够对数字通信的基本概念有明确的认识。

本书概念性强，突出基本概念以及基本原理的阐述，注重理论与实际的结合，深入浅出，图文并茂，适用范围较宽，可作为高等院校电子、通信、计算机、自动控制等相关专业研究生和高年级本科生的专业教材或参考书，也可供工程技术人员及技术管理人员阅读参考。

图书在版编目(CIP)数据

现代数字通信/高强，李峭，费礼编著．—北京：高等教育出版社，2010.9

ISBN 978-7-04-030811-2

Ⅰ.①现… Ⅱ.①高…②李…③费… Ⅲ.①数字通信-高等学校-教材 Ⅳ.①TN914.3

中国版本图书馆 CIP 数据核字(2010)第 156900 号

策划编辑 陈红英 **责任编辑** 陈红英 **封面设计** 张 楠
版式设计 张 岚 **责任校对** 金 辉 **责任印制** 尤 静

出版发行	高等教育出版社	**购书热线**	010-58581118
社 址	北京市西城区德外大街 4 号	**咨询电话**	400-810-0598
邮政编码	100120	**网 址**	http://www.hep.edu.cn
			http://www.hep.com.cn
经 销	蓝色畅想图书发行有限公司	**网上订购**	http://www.landraco.com
印 刷	北京四季青印刷厂		http://www.landraco.com.cn
		畅想教育	http://www.widedu.com

开 本	787×1092 1/16	**版 次**	2010 年 9 月第 1 版
印 张	31	**印 次**	2010 年 9 月第 1 次印刷
字 数	650 000	**定 价**	49.00 元

本书如有缺页、倒页、脱页等质量问题，请到所购图书销售部门联系调换。

物料号 30811-00

前言

在当今信息化社会中，随着通信技术的飞速发展，相关的通信理论、技术也得到了飞速发展。数字通信已成为信息传输的重要手段，数字通信的新设备不断涌现，全球数字化已成为当今社会发展的主要潮流，人们越来越离不开数字通信，越来越期望了解和掌握数字通信技术。

数字通信是迅速发展的信息技术，目前将科研的发展前沿与基础的通信理论有机结合进行阐述的著作还很少。本书将对数字通信的基本原理、前沿技术以及目前常见的和正在研究的通信系统和网络进行介绍和论述。本书材料来源于国内外的教材、研究文献和作者的科研成果，内容紧扣数字通信低成本、高速率、分布式的发展趋势，对常见的通信系统与网络和未来的通信系统与网络进行较全面的论述。全书共分 12 章，主要内容如下：

第 1 章概述，主要介绍通信系统的基本组成和基本概念，重点介绍数字通信的主要技术、特点以及主要性能指标。

第 2 章信源编码技术，主要介绍无失真和失真信源编码的原理，并简要介绍其应用。

第 3 章基带传输技术，介绍基带传输信号的波形表示和基本码型，重点介绍数字基带传输系统的结构和性能。

第 4 章现代数字调制技术，简要介绍几种简单的数字调制技术原理，主要介绍多相相移键控、正交振幅调制、网格编码调制等调制原理和各自的性能特点，最后对已经广泛应用于现代数字通信系统中的扩频技术的原理和性能做简单介绍。

第 5 章同步技术，简要介绍同步技术的几种分类，详细介绍载波同步、位同步、帧同步和网同步的实现方法及其性能指标，重点是位同步技术。

第 6 章多用户检测技术，首先简要介绍多路复用与多址的概念和多址接入的方法，并以多用户信息论为指导比较了 FDMA、TDMA 和 CDMA 多用户通信系统的容量，随后针对 CDMA 系统的多用户检测进行研究与讨论。

第 7 章多址接入技术，主要介绍多址接入技术的实现，包括频分多址、时分多址、码分多址，并阐述多址接入算法以及局域网的多址接入技术。

第 8 章现代数字交换与组网技术，主要介绍程控交换技术、分组交换技术和 ATM 交换技术。

第9章卫星通信系统,介绍卫星通信的基本概念,详细阐述卫星通信信号的传输技术、多址技术和组网技术。

第10章数字移动通信系统,介绍数字移动通信的基本概念、特点、发展以及关键技术,详细阐述了蜂窝数字移动通信系统和CDMA移动通信系统,并介绍第三代移动通信系统。

第11章超宽带通信系统,介绍超宽带无线电的基本概念、超宽带信道以及超宽带接入方法,详细阐述了基带脉冲超宽带、调制载波超宽带的原理及实现。

第12章无线自组织网络,介绍无线自组织网络的基本概念,详细阐述了无线自组织网络的信道接入协议、路由协议、功率的管理与控制以及发展和应用前景。

本书是为高等院校电子、通信、计算机、自动控制等相关专业研究生和高年级本科生编写。对军民用通信的研究和开发也具有一定参考价值。

本书的编写出版得益于大量国内外出版的著作和文献(列于每章后的参考文献中),在此对其作者深表谢意。宋双、张旭、李志纯、欧阳骞、张晶、黄思宇、多雪松、左翼、王皓参加了本书部分书稿的整理工作。另外,在本书的编写过程中还得到了不少同事和研究生的帮助,在此谨表谢意。

限于作者的水平,书中不妥和谬误之处难免,恳请读者批评指正。

作 者

2010年7月

目录

第1章　概述

名词术语释义

单边带(Single Side Band,SSB)　调制后信号频谱只包含基带信号的一个边带。

幅移键控(Amplitude Shift Keying,ASK)　数字基带信号控制载波幅度的一种数字调制方式。

脉冲编码调制(Pulse Code Modulation,PCM)　模拟信号经过抽样、量化、编码的数字化过程。

密集型光波复用(Dense Wavelength Division Multiplexing)　利用激光在一根光纤上组合传送一组波长的光,用来在现有的光纤骨干网上提高带宽。

频移键控(Frequency Shift Keying,FSK)　数字基带信号控制载波频率的一种数字调制方式。

相移键控(Phase Shift Keying,PSK)　数字基带信号控制载波相位的一种数字调制方式。

信源(Information Source)　产生消息和消息序列的源。

信源编码(Source Encoding)　对信源输出的消息进行适当的变换和处理,目的是提高信息传输的效率。

正交幅度调制(Quadrature Amplitude Modulation,QAM)　一种矢量调制,将输入比特先映射到一个复平面上,形成复数调制符号。然后将符号的同相、正交分量分别采用幅度调制在相互正交的两个载波上。

综合业务数字网(Integrated Services Digital Network,ISDN)　以电话综合数字网为基础发展而成的通信网,用来传送包括话音、数字、图像信号在内的各种信号。

相对相移键控(Differential Phase Shift Keying,DPSK)　数字基带信号控制相邻码元时间内的载波相位差的一种数字调制方式。

从远古时代到现代文明社会,人类社会的各种活动与通信密切相关,特别是当今世界已进入信息时代,通信已渗透到社会的各个领域,通信产品随处可见,通信已成为现代文明的标志之一,对人们日常生活和社会活动及发展将起到更加重要的作用。通信技术,特别是数字通信技术近年来发展非常迅速,它的应用越来越广泛。本章主要介绍通信的基本概念,如通信的组成、分类以及通信系统的主要技术问题,衡量通信系统的主要性能指标及通信发展趋势,等等。这些基本概念是现代数字通信技术的基础。

1.1　通信系统的组成及分类

1. 通信系统的组成

实现信息传递所需的一切技术设备和传输介质的总和称为通信系统。以基本的点对点通信为例,通信系统的组成(通常也称为一般模型)如图1.1所示。

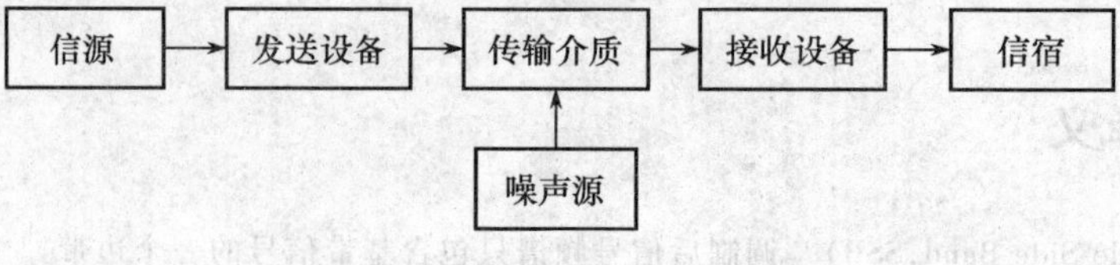

图1.1　通信系统的一般模型

(1) 信源。(信息源,也称发终端),其作用是把待传输的消息转换成原始电信号,如电话系统中电话机可看做是信源。信源输出的信号称为基带信号。所谓基带信号是指没有经过调制(进行频谱搬移和变换)的原始电信号,其特点是信号频谱从零频率附近开始,具有低通性。根据原始电信号的特征,基带信号可分为数字基带信号和模拟基带信号,相应地,信源也分为数字信源和模拟信源。

(2) 发送设备。其基本功能是将信源和信道匹配起来,即将信源产生的原始电信号(基带信号)变换成适合在信道中传输的信号。变换方式是多种多样的,在需要频谱搬移的场合,调制是最常见的变换方式。对传输数字信号来说,发送设备还常常包含信源编码和信道编码等。信源编码是对信源信息进行压缩处理,提高信息传输的效率;而信道编码则是使数字信号与传输介质匹配,提高传输的可靠性。

发送设备还包括为达到某些特殊要求所进行的各种处理,如多路复用、保密处理、纠错编码处理等。

(3) 传输介质。其指信号传输的介质,可以是有线的,也可以是无线的,甚至还可以包含某些设备。信号在传输介质中传输形成信息通道,称为信道。在信道中会混入噪声甚至干扰,图1.1中的噪声源,是信道中的所有噪声以及分散在通信系统中其他噪声的集合。传输的过程中必然引入干扰,如脉冲干扰等。介质的固有特性和干扰特性直接关系到信息变换方式的选取。

(4) 接收设备。其功能与发送设备相反,即进行解调、译码、解码等。它的任务是从带有干扰的接收信号中恢复出相应的原始电信号来,对于多路复用信号,还包括解除多路复用,实现正确分路。

(5) 信宿(也称受信者或收终端)。它是将复原的原始电信号转换成相应的消息,如电话机将对方传来的电信号还原为声音。

以上所述是单向通信系统,但在大多数场合下信源兼为收信者,通信的双方需要随时交流信息,因而要求双向通信,电话就是一个最好的例子。这时,通信的双方都要有发送设备和接收设备。如果两个方向有各自的传输介质,则双方都可独立进行发送和接收;但若共用一个传输介质,则必须用频率或时间分割的办法来共享。

此外,通信系统除了完成信息传递之外,还必须进行信息的交换,传输系统和交换系统共同组成一个完整的通信系统,乃至通信网络。

2. 通信系统的分类

通信的目的是传递消息,按照不同分类方式,通信可分成许多类别,下面介绍几种常见的分类方式。

(1) 按传输介质分。按消息由一地向另一地传递时传输介质的不同,通信可分为两大类,一类称为有线通信,另一类称为无线通信。所谓有线通信,是指传输介质为架空明线、电缆、光缆、波导等形式的通信,其特点是介质能看得见,摸得着。所谓无线通信,是指传输消息的介质为看不见、摸不着的介质(如电磁波)的一种通信形式。通常,有线通信可进一步再分类,如明线通信、电缆通信、光缆通信等。无线通信常见的形式有微波通信、短波通信、移动通信、卫星通信、散射通信和激光通信等。

(2) 按传输介质中所传输的信号特征分。前面已经指出,按照传输介质中传输的是模拟信号还是数字信号,可以相应地把通信系统分为模拟通信系统与数字通信系统。

数字通信系统近20年得到了迅速发展,其原因是:

① 抗干扰能力强。

② 便于进行各种数字信号处理。

③ 易于集成化。

④ 经济效益已赶上或超过模拟(载波)通信。

⑤ 传输与交换可结合起来,传输电话与传输数据也可结合起来,成为一个统一体,有利于实现综合业务通信网。

⑥ 便于多路复用。

(3) 按工作频段分。按通信设备的工作频率不同,通信系统可分为长波通信、中波通信、短波通信、微波通信等。表1.1列出了通信中使用的频段、常用传输介质及主要用途。

表1.1　通信频段、常用传输介质及主要用途

频率范围	波长	频段名称	常用传输介质	用途
3 Hz ~ 30 kHz	$10^8 \sim 10^4$ m	甚低频	双绞线、超长波无线电	音频、电话、数据终端、长距离导航、时标

续表

频率范围	波长	频段名称	常用传输介质	用途
30 ~ 300 kHz	$10^4 \sim 10^3$ m	低频	双绞线、长波无线电	导航、信标、电力线通信
300 kHz ~ 3 MHz	$10^3 \sim 10^2$ m	中频	同轴电缆、中波无线电	调幅广播、移动陆地通信、业余无线电
3 ~ 30 MHz	$10^2 \sim 10$ m	高频	同轴电缆、短波无线电	移动无线电话、短波广播、定点军用通信、业余无线电
30 ~ 300 MHz	10 ~ 1 m	甚高频	同轴电缆、超短波或米波无线电	电视、调频广播、空中管制、车辆通信、导航、集群通信、无线寻呼
300 MHz ~ 3 GHz	100 ~ 10 cm	特高频	波导、微波或分米波无线电	电视、空间遥测、雷达导航、点对点通信、移动通信
3 ~ 30 GHz	10 ~ 1 cm	超高频	波导、微波或厘米波无线电	微波接力、卫星和空间通信、雷达
30 ~ 300 GHz	10 ~ 1 mm	极高频	波导、微波或毫米波无线电	雷达、微波接力、射电天文学
$10^5 \sim 10^7$ GHz	$3\times10^{-4} \sim 3\times10^{-6}$ cm	红外线、可见光、紫外线	光纤、激光空间传播	光通信

工作频率和工作波长可互换，其关系为

$$\lambda = \frac{c}{f} \tag{1.1}$$

其中，λ(m)是工作波长，f(Hz)是工作频率，c 是光在自由空间的传播速度。

(4) 按调制方式分。前面已经指出，根据是否采用调制，可将通信系统分为基带传输和频带(调制)传输。基带传输是将没有经过调制的信号直接传送，如音频市内电话。频带传输是对各种信号调制后再发送的总称。

(5) 按业务的不同分。按通信业务分，通信系统可分为话务通信和非话务通信。话务通信在电信领域中一直占主导地位，它属于人与人之间的通信。近年来，非话务通信发展迅速，它主要包括数据传输、计算机通信、电子信箱、电报、传真、可视图文及会议电视、图像通信等。从广义的角度来看，广播、电视、雷达、导航、遥控、遥测等也应列入通信的范畴，因为它们都满足通信的定义。由于广播、电视、雷达、导航等的不断发展，目前它们已从通信中派生出来，形成了独立的学科。

(6) 按通信者是否运动分。通信还可按收/发信者是否运动分为移动通信和固定通信。移动通信是指通信双方至少有一方在运动中进行信息交换。

另外，通信还有其他一些分类方法，如按多地址方式可分为频分多址通信、时分多址通信、码分多址通信等，按用户类型可分为公用通信和专用通信，按通信对象的位置分为地面通信、对空通信、深空通信、水下通信等。

1.2 数字通信及其主要技术

根据之前的介绍，通信系统可以分为模拟通信系统与数字通信系统，由于人类社会的不断发展，对通信技术提出的要求越来越高，数字通信技术以其自身的技术特点和优势拥有了更广阔的舞台。

1.2.1 数字通信系统的组成

与模拟通信相对应，信源所发出的信息经变换和处理后，送往信道上传输的是数字信号的通信系统称为数字通信系统。它是利用数字信号来传输信息的通信系统，其基本组成框图如图 1.2 所示。

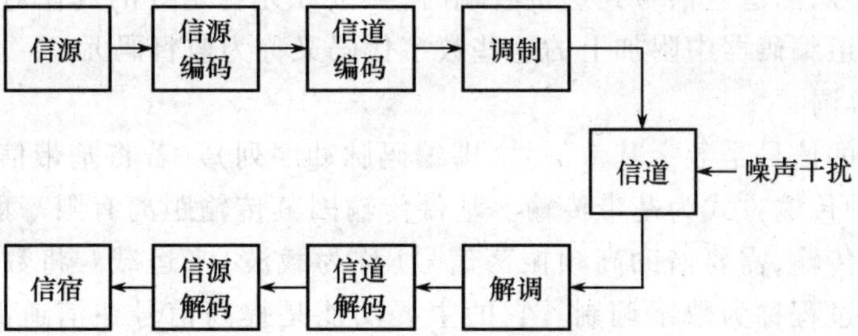

图 1.2 数字通信系统的组成

一个基本的数字通信系统是由信源、编码器、调制器、信道、解调器、解码器、信宿和同步系统 8 个部分组成。下面分别说明各部分的基本功能。

1）信源与信宿

信源是产生和发出信息信号的人或机器，如电传机、计算机、电话机、影碟机、摄像机等。如前所述，如果信息原来是非电量的，则信源还必须将其变换成便于通信系统传输的电信号。根据不同的通信对象和任务，信源产生的信号类型也不同。通常可分为模拟信号和数字信号两类。模拟信号如电话机、影碟机、摄像机输出的音频、视频信号，数字信号如电传机、计算机输出的数据信号。

信宿是通信系统的终端设备，是用来接收信号并还原为相应信息的人或机器。

2）信源编码与解码

由图 1.2 可见，信源编码与信源解码分别是编码器与解码器中的一部分内容。信源编码器的作用是将信源输出的信号变换成适合于数字通信系统处理和传输的数字信号。如果信源输出的信号是模拟信号，则信源编码器首先对其进行模/数转换，使之成为时间上离散、幅度取值有限且按一定规律组合的数字脉冲串。通常将这样的过程称为脉冲编码调制,简称为编码。信源编码一般要经过三个过程,即取样、量化和编码。通常将编码后的每组数字脉冲称为代码或码字,而其中的每个数字脉冲称为码元。为了提高传输的有效性,减少原始信号中的冗余度,编码通常是对数据进行压缩的编码,即在保证一定传输质量的前提下,用尽可能少的数字脉冲来表示原来的信息。所以,信源编码有时也称为频带压缩编码或数据压缩编码。信源解码器的作用与信源编码器相反,其功能是还原出信息信号。

3）信道编码与解码

信道编码与解码在通信系统中是成对出现的。信道编码器处于系统的发送端,信道解码器处于接收端,它们的作用是解决数字通信的可靠性问题。数字信号在传输过程中不可避免地会受到系统内外的各种干扰,使到达接收端的数字信号可能出现差错,产生错码(又称误码)。信道编码与解码就是为了减少这种差错,提高信息传输质量的一种"差错控制"技术。它是在信源编码器输出的数字信号中,按一定规律附加一些数字代码,从而形成新的数字信号,当这些信号到达接收端时,再按原先约定好的规律对接收信号进行检错或纠错。在信道编码器中附加上的这些数字代码又称为监督码元。

4）调制与解调

编码器输出的信号是数字基带信号(即编码脉冲序列)。若将基带信号直接送至信道中去传输,称这种传输方式为基带传输。基带传输因其传输距离有限一般使用有线信道。为了进行远距离传输,需要借助高频振荡信号(称为载波)来运载。将数字基带信号调制到高频信号上的过程称为数字调制。它的主要功能是提高信号在信道上的传输效率,或是达到信号复用的目的,或是减少传输引起的失真。根据数字信号控制高频信号的参数不同,数字调制可分为幅移键控(Amplitude Shift Keying, ASK)、频移键控(Frequency Shift Keying, FSK)和相移键控(Phase Shift Keying, PSK)多种。解调是调制的逆过程,它是从已调信号中恢复出原数字信号的过程。利用调制技术来传输数字信号的方式称为频带传输。

5）信道和干扰

信道是用于传输信号的通道。具体地说,它是由有线或无线线路为信号传输提供的一条通道。抽象地说,它是指允许信号通过的一段频带。信道既给信号传输提供通路,又给信号传输造成限制与损害。由于实际中存在各种不理想的因素,信道提供的频带总是有限的,其特性也总是不完善的。因此,信号通过信道时总会产生失真,信号功率也会因信道的损耗而下降。

根据传输介质的不同,信道可分为有线信道和无线信道两种。有线信道包括明线、对称电缆、同轴电缆和光纤等。无线信道包括中长波的地波传播、短波的电离层反射、超短波或微波的视距传播(含微波中继和卫星中继)以及各种散射等。

信号在传输过程中还会受到各种干扰(或噪声)的损害。这种干扰来自系统的内部和外部,如系统本身存在的各种热噪声,系统外部的天电干扰、工业干扰、电台干扰等。为了便于说明,通常将通信过程中的各种噪声干扰用一个等效干扰源表示。

6）同步

同步系统是数字通信系统的重要组成部分。所谓同步,是指通信系统的收发双方具有统一的时间标准,它们的工作步调一致。同步通常包括有载波同步、位(码元)同步和群(帧)同步等。同步对于数字通信是至关重要的。如果同步存在误差或失去同步,则通信过程中就会出现大量的误码,甚至导致整个通信系统失效。可见,同步问题是数字通信中一个重要的实际问题。

1.2.2 数字通信的主要技术

数字通信涉及许多技术问题,其中主要的有信源编码/解码(模拟信号数字化)、数字信号的基带传输技术、数字调制/解调技术、信道编码/解码(纠错编码技术)、多路复用与数字复接技术、多址接入技术与扩频通信技术、同步技术、信道与噪声以及保密等技术。

1）信源编码/解码技术

信源编码的主要任务:一是将模拟信号转换成数字信号(即模拟信号数字化问题);二是实现数据压缩。模拟信号数字化主要有两种基本形式:脉冲编码调制(Pulse Code Modulation, PCM)和增量调制(ΔM)。

2）数字信号的基带传输技术

基带传输和频带传输是通信系统中信号传送的两种基本方式。数字基带传输系统的基本结构如图1.3所示。它由脉冲形成器、发送滤波器、信道、接收滤波器、抽样判决器和码元再生器组成。为了保证系统可靠有序地工作,还应有同步系统。基带传输系统还涉及一系列技术问题,如信号类型(传输码型)、码间串扰,实现无串扰传输的理想条件及如何具体克服和减少码间串扰的措施等。

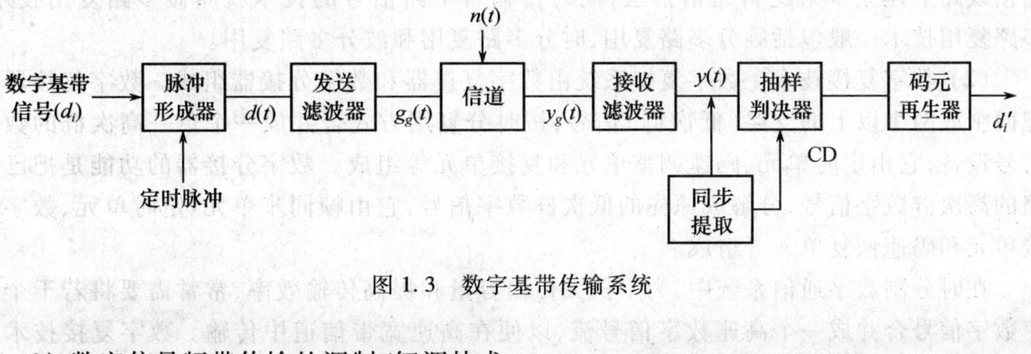

图1.3 数字基带传输系统

3）数字信号频带传输的调制/解调技术

信道的频率特性总是有限的,超过信道的上、下限,频率就不能进行有效传输。如果数字信号的频率特性与传输通道的频率特性相同,信号中的很多能量就会失去,导致信噪比降低，误码增加，而且还会给邻近信道带来很强的干扰。因此，数字信号传输前，一般都需要进行某种处理或频谱搬移，减少其中的高频和低频分量，使能量主要集中在中频频段。

这种使信号的频谱特性与信道的频谱特性相匹配的过程就是数字频带调制，其逆过程即把调制信号还原成原始信号则是数字解调，二者合称为数字调制。调制与解调是数字通信系统的核心，是最基本的也是最重要的技术之一。常见的基本数字调制方式有幅移键控、频移键控、绝对相移键控、相对（差分）相移键控（Differential Phase Shift Keying，DPSK）四种。

4）纠错编码/解码技术

纠错编码/解码又称差错控制编码/解码，属信道编码范畴。信道编码技术主要研究检错、纠错码概念及基本实现方法。编码器是根据输入的信息码元产生相应的监督码元来实现对差错进行控制的，而译码器主要是进行检错与纠错的。

任何一种通信系统的性能好坏，一方面反映在其传输信息的效率，另一方面则反映在其传输信息的准确性上。对于模拟通信系统，通信的准确性一般用信噪比衡量；而对于数字通信系统，则可用误码率来评价。随着数字通信技术的广泛应用，严格控制数字信号在传输过程中出现的差错（即误码），保证信息的可靠传输就成为数字通信中必须重视的课题。

5）多路复用与数字复接技术

（1）多路复用　数据信息在网络通信线路中传输时，要占用通信信道。如何提高通信信道的利用率，尤其是在远程传输时提高通信信道的利用率是非常重要的。如果一条通信线路只能为一路信号所使用，那么这路信号要支付通信线路的全部费用，成本就比较高，其他用户也因为不能使用通信线路而不能得到服务。所以，在一条通信线路上如果能够同时传输若干路信号，则能降低成本，提高服务质量，增加经济收益。这种在一条物理通信线路上建立多条逻辑通信信道，同时传输若干路信号的技术就叫做多路复用技术。多路复用技术一般包括频分多路复用、时分多路复用和波分多路复用。

（2）数字复接技术　数字复接系统由数字复接器和数字分接器组成。数字复接器是把两个或两个以上的支路（低次群）信号，按时分复用方式合并成一个单一高次群的数字信号设备，它由定时单元、码速调整单元和复接单元等组成。数字分接器的功能是把已合路的高次群数字信号，分解成原先的低次群数字信号，它由帧同步单元、定时单元、数字分接单元和码速恢复单元等组成。

在时分制数字通信系统中，为了扩大传输容量和提高传输效率，常常需要将若干个低速数字信号合并成一个高速数字信号流，以便在高速宽带信道中传输。数字复接技术是解决 PCM、SDH 等系统中的传输信号由低次群到高次群的合成的技术。

6）多址接入技术与扩频通信技术

（1）多址接入技术（Multiple Access Techniques）　指多个用户信号如何共享传输介质

以及接收端如何正确区分并解调各个用户信号的技术。

多址技术利用信号的正交性在发送端对各路信号进行设计,在接收端根据接收信号地址上的差别分离各路信号。多址技术主要针对移动通信,它的目的是在接收端区分多个动态地址,通过在射频段辐射电磁波搜索不断变化着的移动地址码。

(2) 扩频通信技术 扩频是一种数字信息的调制传输方式,通过独立的码序列来完成,其信号所占带宽远大于传输信息所必需的最小带宽,在接收端则用相同的码序列进行相关同步接收、解扩,最后恢复所传输的信息数据。扩频通信系统就是在发送端对信号进行扩频调制,在接收端解扩频后恢复原始信号的传输系统。扩频技术广泛应用于通信和雷达及导航领域中,常用的商用扩展频谱技术主要有直接序列扩频技术和跳频技术。

7) 信道与噪声

对通信来说,信道和噪声都是必须涉及的基本问题。信道是通信系统必不可少的组成部分,信道的特性将直接影响系统的总特性。信道的噪声能够干扰通信效果,降低通信的可靠性。从不同的方面,噪声有着不同的分类。噪声按其产生的原因可以分为外部噪声和内部噪声。外部噪声指系统外部干扰以电磁波或经电源串进系统内部而引起的噪声。噪声从统计理论观点可以分为平稳和非平稳噪声两种。在实际应用中,统计特性不随时间变化的噪声称为平稳噪声,统计特性随时间变化而变化的噪声称为非平稳噪声。

另外,按噪声和信号之间关系可分为加性噪声和乘性噪声。加性噪声虽然独立于有用信号,但它却始终存在,干扰有用信号,因而不可避免地对通信造成危害。乘性噪声随着信号的存在而存在,当信号消失后,乘性噪声也随之消失。

8) 同步技术

数字通信的一个重要特点是通过时间分割来实现多路复用,即时分多路复用。在通信过程中,信号的处理和传输都是在规定的时隙内进行的。为了使整个通信系统有序、准确、可靠地工作,收发双方必须有一个统一的时间标准。这个时间标准就是靠定时系统去完成收发双方时间的一致性,即同步。同步是数字通信系统的基本组成部分,调整通信网中的各种信号使之协同工作的技术。诸信号协同工作是通信网正常传输信息的基础,同步系统性能的好坏直接影响通信系统性能的优劣。

在数字网中,同步是指调整两个数字信号的有效瞬间,使之彼此保持确定的相位关系。依调整对象和控制机理的不同,同步可以分为数字传输中的比特同步、数字复接中的复接同步、数字分接和其他数字设备中的帧同步以及数字交换中的交换同步。

9) 保密编码/解码技术

通信中的保密问题,不论在军事中还是在经济生活中,都显得越来越重要,保密通信已成为数字通信的重要技术之一。

1.3 数字通信的主要特点

近年来,数字通信无论在理论上还是在技术上都有了突飞猛进的发展,这除了计算机技术和大规模集成电路高速发展的推动外,还在于数字通信本身所具有的一系列特点。

1) 抗干扰能力强

信号在传输过程中必然会受到各种噪声的干扰。模拟通信系统中,为了提高信噪比,实现远距离传输,需要及时地把已经衰减的信号进行放大,这个过程将使得串扰进来的噪声也被放大,如图1.4(a)所示。由于模拟信号是用信号的幅度束携带信息的,而噪声直接对信号幅度形成干扰,因此很难完全把信号与噪声分开。随着传输距离的增加,噪声的累加影响也越来越大,系统接收端接收到的信号功率和噪声功率之比(即信噪比)越来越小,恢复原始发送信号的差错率就越大,所以模拟通信系统的通信质量随着距离的增加而下降。在数字通信中,由于数字信号的幅度值为有限个数的离散值(通常取两个幅值),在传输过程中受到噪声干扰虽然也要叠加噪声,但当信噪比还没有恶化到一定程度时,即在适当的距离,采用再生的方法即可消除噪声干扰,将信号再生成原发送的信号,如图1.4(b)所示。由于无噪声积累,所以数字通信抗干扰能力强,可实现长距离、高质量的传输。

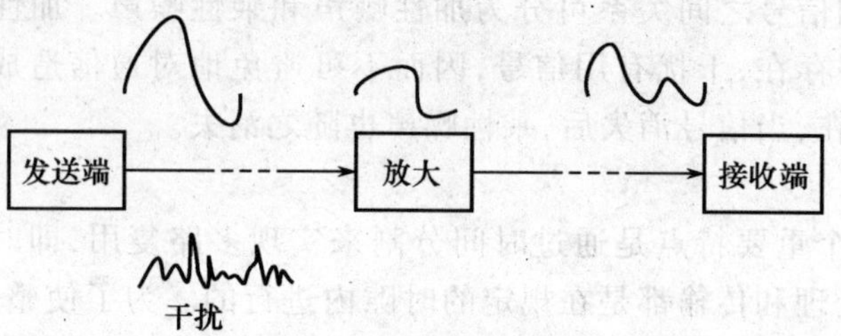

(a) 模拟通信

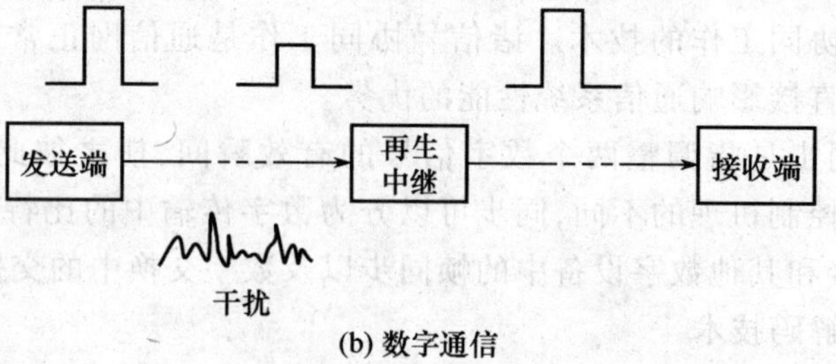

(b) 数字通信

图1.4　两类通信方式抗干扰性能比较

2）便于加密处理

信息传输的安全性和保密性越来越显得重要。数字通信的加密处理比模拟通信更容易实现，可通过简单的逻辑电路对数字信号实施规律复杂的密码加密处理，从而提高通信的安全性和保密性。以语音数字通信为例，经过数字变换后的信号就可以用简单的数字逻辑运算进行加密处理，如图 1.5 所示。图中 C 为加密码，如传输过程不产生差错，则解密输出的 y_2 应与发送端送入加密电路的 y_1 完全相同。

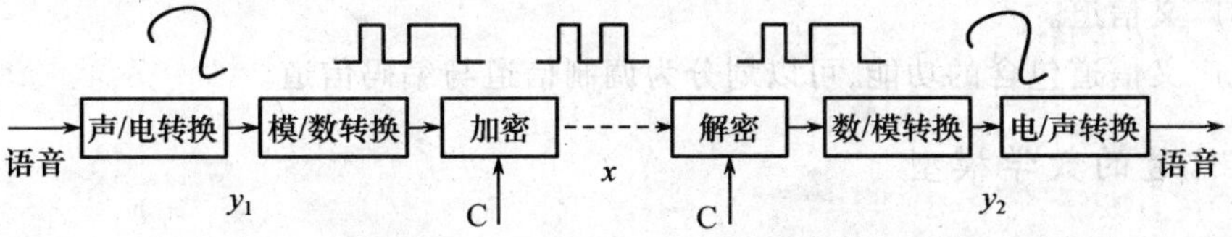

图 1.5 数字通信加密方法示意图

3）利于采用时分复用实现多路通信

时分复用是利用各种信号占用不同的时间时隙，共享信道传输，并且互不干扰。数字信号本身可以很容易地用离散时间信号表示，在两个离散时间之间可以插入多路离散时间信号以实现时分多路复用。

4）便于设备集成化、小型化

数字通信一般都采用时分多路复用技术，不需要昂贵而体积较大的滤波器。此外，数字通信设备中大部分电路都是由数字电路来实现的，而数字电路比模拟电路更易于集成化，数字信号处理技术、数字信号处理器（Digital Signal Processor，DSP）和各种中央处理器（Central Processing Unit，CPU）的迅速发展为数字通信设备的智能化创造了良好条件。大规模集成电路和超大规模集成电路的出现为数字通信设备小型化的实现奠定了坚实的基础，所以数字通信设备体积小，功耗低。

5）占用频带宽

一路数字电话频带一般为 64 kHz，而一路模拟电话所占频带仅为 4 kHz，前者是后者的 16 倍。随着信道带宽很宽的数字微波通信、卫星通信和光纤通信等系统的利用以及数字频带压缩技术的发展，数字通信占用频带宽的问题正逐步缩小。

1.4 通信信道与信道模型

信道是通信系统最基础的部分，信道模型的研究对通信系统的发展具有重要的理论和实际意义。

1.4.1 信道的定义与分类

信道是以传输介质为基础的信号通道。它可分为狭义信道和广义信道。

1）狭义信道

指信号的传输介质，如对称电缆、同轴电缆、超短波及微波视距传播路径、短波电离层反射路径、对流层散射路径以及光纤等。

2）广义信道

将传输介质和各种信号形式的转换、耦合等设备都归纳在一起，包括发送设备、接收设备，馈线与天线、调制器等部件和电路在内的传输路径或传输通路，这种范围扩大了的信道称为广义信道。

按照广义信道包含的功能，可以划分为调制信道与编码信道。

1.4.2 信道的数学模型

1）调制信道模型

调制信道可以用一个线性时变网络来表示，如图1.6所示。图中输入与输出之间的关系可以表示为

图1.6 调制信道模型

$$e_o(t) = f[e_i(t)] + n(t) = k(t)e_i(t) + n(t) \tag{1.2}$$

其中，$e_i(t)$是输入的已调信号，$e_o(t)$是信道的输出，$n(t)$为加性噪声（或称加性干扰）。$n(t)$不依赖$e_i(t)$，或者说，$n(t)$独立于$e_i(t)$。

由式(1.2)可见，信道对信号的影响可归纳为两点：一是乘性干扰$k(t)$，二是加性干扰$n(t)$。如果了解了$k(t)$和$n(t)$的特性，则信道对信号的具体影响就能确定。信道的不同特性反映在信道模型上有不同的$k(t)$和$n(t)$。

在分析研究乘性干扰$k(t)$时，可以把调制信道粗略地分为两大类：一类称为恒参信道（恒定参数信道），即它们的$k(t)$可看成不随时间变化或变化极为缓慢；另一类则称为随参信道（随机参数信道，或称变参信道），其$k(t)$随时间随机快速变化。

2）编码信道模型

编码信道的模型可用数字信号的条件转移概率来描述。在常见的二进制数字传输系统中，编码信道的简单模型如图1.7所示。之所以称这个模型是“简单的”，是因为已假设此编码信道是无记忆信道，即前后码元的差错发生是相互独立的。

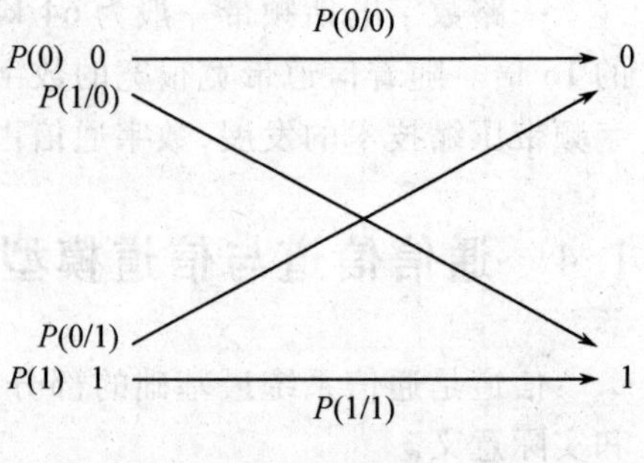

图1.7 二进制编码信道模型

图1.7所示的模型中，$P(0)$和$P(1)$分别表示发送0符号和1符号的先验概率，$P(0/0)$与$P(1/1)$是正确转移的概率，而$P(1/0)$与$P(0/1)$是错误转移的概率。

由概率论的性质可知：

$$P(0/0) + P(1/0) = 1, \quad P(1/1) + P(0/1) = 1$$

由于编码信道包含调制信道，且它的特性也紧密地依赖于调制信道，故本书主要讨论调制信道特性对信号传输的影响。

1.5 数字通信系统的主要性能指标

通信的有效性和可靠性是通信系统中最主要的性能指标。所谓有效性，是指消息传输的速率问题。可靠性主要是指消息传输的质量问题。在实际通信系统中，对有效性和可靠性这两个指标的要求经常是矛盾的，提高系统的有效性会降低可靠性，反之亦然。因此在设计通信系统时，对两者应统筹考虑。

模拟通信系统的有效性指标用所传输的信号的有效传输带宽来表征。模拟通信系统的可靠性指标用整个通信系统的输出信噪比来衡量。信噪比是信号的平均功率与噪声的平均功率之比。信噪比越高，说明噪声对信号的影响越小。显然，信噪比越高，通信质量就越好。

数字通信系统的有效性指标用传输速率和频带利用率来表征。

1）传输速率

传输速率有两种表示方法：码元传输速率 R_B 和信息传输速率 R_b。

（1）码元传输速率 R_B　码元传输速率也称信号速率或符号速率。它是指单位时间内所传输码元的数目，其单位为波特（Baud）。这里的码元可以是多进制的，也可以是二进制的。符号传输速率和信息传输速率是可以换算的。符号速率不管所传输的信号为什么进制，都代表每秒钟所传输的符号数。对于信息传输速率，则必须折合为相应的二进制码元来计算。1Baud＝1 码元/秒，比如四进制符号是以四种不同的电平来区分符号状态的，每一个符号可以代表两个二进制码元，如表 1.2 所示。

表 1.2　四进制符号与二进制码元的对应关系

四进制	二进制
0	00
1	01
2	10
3	11

按表 1.2 所示的关系，多进制的进制数与等效对应的二进制码元数的关系为

$$M = 2^n \tag{1.3}$$

其中，M 是进制数，n 是二进制码元数。

因此，信息传输速率与符号传输速率的关系是

$$R_b = R_B \cdot \log_2 M \tag{1.4}$$

其中,M 为码元(或符号)的进制数(如 $M=2$,二进制;$M=4$,四进制),R_b 为信息传输速率(b/s),R_B 为符号传输速率(码元/秒或 Baud)。

如果符号速率为 600 Baud,则在二进制时的信息传输速率为 600 b/s,在四进制时为 1 200 b/s,在八进制时为 1 800 b/s。

(2)信息传输速率 R_b　信息传输速率又称为信息速率,简称传信率。它是指系统每秒钟传送的信息量,单位是比特/秒(b/s)。

在 N 进制下,假设信息速率为 R_b,码元速率为 R_{BN},由于每个码元或符号通常都含有一定比特的信息量,因此码元速率和信息速率有确定的关系,即

$$R_b = R_{BN} H(x) \tag{1.5}$$

其中,$H(x)$ 为信源中每个符号所含的平均信息量(熵)。当离散信源的每一符号等概率出现时,熵的最大值为 $\log_2 N$(b/符号),信息速率也达到最大,即

$$R_b = R_{BN} \log_2 N \tag{1.6}$$

或

$$R_{BN} = \frac{R_b}{\log_2 N} \tag{1.7}$$

其中,N 为符号的进制数。在二进制下,码元速率与信息速率数值相等,但单位不同。

2)频带利用率 η

在比较不同通信系统的有效性时,仅看它们的传输速率是不够的,还应看在这样的传输速率下所占信道的频带宽度。频带利用率有两种表示方式:码元频带利用率和信息频带利用率。

码元频带利用率是指单位频带内的码元传输速率,即

$$\eta = \frac{R_B}{B} \tag{1.8}$$

信息频带利用率是指在单位频带上每秒传输的信息量,即

$$\eta = \frac{R_b}{B} \tag{1.9}$$

数字通信系统的可靠性指标用差错率来衡量。差错率越小,可靠性便越高。差错率也有两种表示方法:误码率和误信率。

3)误码率

误码率指接收到的错误码元数和总的传输码元数之比,即在传输中出现错误码元的概率,记为

$$P_e = \frac{\text{接收的错误码元数}}{\text{传输的总码元数}} \tag{1.10}$$

误码率的大小由传输系统特性、信道质量(即系统噪声)等因素决定,如果传输系统特

性、信道质量都很好，并且噪声较小，则系统误码率就较低；反之，系统误码率就较高。这里讲的误码是指在一个再生中继段传输过程中，前一个站的输出与下一个站判决再生输出相比而言的一个中继段的误码，指的是一个站的误码。在一个传输链路中，经多次再生中继后的总误码率是以一定方式累积的，在传输的终点以累积的结果作为总的误码率。

4）误信率

误信率又称误比特率，是指接收到的错误比特数和总的传输比特数之比，即在传输中出现错误信息量的概率，记为

$$P_b = \frac{\text{接收的错误比特数}}{\text{传输的总比特数}} \tag{1.11}$$

1.6 数字通信发展趋势

数字化、大容量、远距离、高效率、多信源以及保密性、可靠性、智能化等已成为现代通信系统的主要特点。为了叙述方便，这里主要从光纤通信、卫星通信、移动通信、微波中继通信、计算机通信网等方面了解现代通信技术的现状及未来的发展趋势。

1）光纤通信

有线通信目前仍是国内长途干线的主要手段，架空明线、对称电缆、小同轴、中同轴和海缆大同轴等组成的通信网，使通信能遍及全国大、中、小城市。有线通信中，光纤通信在国外已成了主导，无论是长途干线或市内局间都已用光缆替代原先的电缆。

光纤通信具有容量大、成本低等优点，且不怕电磁干扰，与同轴电缆相比可以大量节约有色金属和能源。因此，自1977年世界上第一个光纤通信系统在芝加哥投入运行以来，光纤通信发展极为迅速，新器件、新工艺、新技术不断涌现，性能日臻完善。世界各国纷纷广泛采用光纤通信，大西洋、太平洋的海底光缆已经开通使用。长波长激光器和单模光纤的出现，使每芯光纤的通话路数可高达百万路，中继距离将达到100 km，市话中继光纤成本也连续大幅度下降。近几年来我国光纤通信得到了快速发展，目前光缆长度累计近几十万公里。我国已不再铺设同轴电缆，新的工程将全部采用光纤通信新技术。

光纤通信的主要发展方向是单模密集波分复用（Dense Wavelength Division Multiplexing，DWDM）光纤通信、大容量数字传输以及全光网络。

2）微波中继通信

微波中继通信系统在国内外都是一种重要的通信手段。这种通信方式始于20世纪60年代，它较一般电缆通信具有易架设、建设周期短等优点。国外在数字化、大容量、更高频段（接近毫米波）和无人管理方面都已取得很大进展，实现了在40 MHz带宽内传输4×140 Mb/s多路通信。国内已新建不少微波中继专用通信网，微波中继系统主要用来传输长途电话和电视节目，其调制主要采用单边带（Single Side Band，SSB）、调频（Frequency Modulation，FM）、频分复用（Frequency Division Multiplexing，FDM）等方式。

微波中继通信的主要发展方向是数字微波，同时要不断增加系统容量，而增加容量的途径是向多电平调制技术发展。目前采用的调制方式有16QAM和64QAM，并已出现256QAM，1 024QAM等超多电平调制的方式。采用多电平调制，在40 MHz的标准频道间隔内，可传送1 920 ~ 7 680路PCM数字电话。

虽然，微波中继通信面临光纤通信的严重挑战，但它目前仍是长途通信和专用（行业）通信的一种重要手段。

3）卫星通信

卫星通信是国际上的主要通信手段，目前正向着国内通信、移动通信和直播电视等领域发展。卫星通信的特点是通信距离远，覆盖面积广，不受地理条件限制，且可以大容量传输，建设周期短、可靠性高等。自1960年第一颗卫星发射成功以来，卫星通信发展特别迅猛。卫星通信的使用范围已遍及全球，仅国际卫星通信组织就拥有数十万条话路。卫星通信的广泛应用，使国际重大活动能及时得以实况转播，使全世界人与人之间的距离缩短。

我国自20世纪70年代起已有自己发射的静止同步通信卫星，从1985年起开始国内卫星通信。目前已有多颗同步通信卫星与近200个国家和地区开通了国际卫星通信业务。我国幅员辽阔，在高山、沙漠、森林等众多的边远地区，卫星通信系统是最理想的通信手段之一。

卫星通信早期大量使用的是模拟调制、频分多路技术和频分多址技术。它的发展趋势是采用数字调制、时分多路和时分多址。卫星通信正向更高频段发展，采用多波束卫星和星上处理等新技术。地面系统的主要发展趋势是小型化。这些集中反映了调制/解调、纠错编码/解码、数字信号处理、通信专用超大规模集成电路等多项新技术的进步。

4）移动通信

移动通信是无线通信的重要手段，也是现代通信中发展最为迅速的一种通信手段，它是随着汽车、飞机、轮船、火车等交通工具的发展而同步发展起来的。在过去的十几年里，移动通信技术获得了很大的进步，从传统的单基站大功率系统到蜂窝移动系统，从本地覆盖到区域、全国覆盖，并实现了国内甚至国际漫游，从提供语音业务到提供包括低速数据的综合业务，从模拟移动通信系统到数字式移动通信系统，今后移动通信还会进一步地发展和演进，随着第三代移动通信技术的实现和移动通信与互联网的结合，未来无线数据传输速率将高达几 Mb/s，全球正在迅速向着移动信息时代迈进。未来移动通信将为无处不在的互联网提供全方位的、无缝隙的移动性接入。在此过程中，全球移动通信系统（Global System for Mobile communication，GSM）技术经过通用分组无线业务（General Packet Radio Service，GPRS）技术逐步向第三代移动通信技术推进，从而实现广域覆盖。无线局域网（例如蓝牙）等已成为现实。正是移动通信技术令人炫目的革新速度，推动着移动信息时代的发展，改善着人类社会活动的质量，实现有线、无线融为一体，固定、移动相互连通的全国规模，甚至全球范围的通信系统。

5）计算机通信网

计算机与通信的结合使通信网发展到一个新阶段,可以组成全国性的大型计算机网,使信息得到充分的利用。从通信发展前景来看,现代通信将不仅是设计点对点的通信系统,而是要满足成千上万用户的种类繁多的信源(或称为信息终端)的通信联络,即构成多点对多点之间的网络通信。数字通信作为通信主体的结果,使过去以语音为主的模拟交换网络不能满足需要。以新型的数据传输为主的计算机通信网将成为实现通信现代化的一种重要手段,这对提高劳动生产率、改善企业管理、加强技术交流和发展整个国民经济起着重大推动作用。通信网目前正向着智能化、个人化、标准化发展,正由模拟网向全数字网、由单一的电话网向综合业务数字网(Integrated Services Digital Network, ISDN)方向发展。

除以上的介绍外,还有一些新型的现代通信系统正在发展,如抗干扰能力极强的扩频通信系统、分组无线、接入网技术等。总之,通过以上对通信的现状和趋势的介绍可以看出:通信将随着经济的发展和社会的进步,成为现代社会相互联系必不可少的重要工具。未来通信发展的趋势是宽带化、多媒体化及智能化。人类通信的目标是任何人在任何地点(空间)和任何时间可向任意地方随时通信。

练习题

1. 通信系统由哪几部分组成?
2. 数字通信系统由哪几部分组成?
3. 数字通信的主要技术有哪些?
4. 数字通信的主要特点是什么?
5. 数字通信系统的主要性能指标是什么?

参考文献

[1] 樊昌信,张甫翊,徐炳祥,等.通信原理[M].北京:国防工业出版社,1993.
[2] 王兴亮.数字通信原理与技术[M].西安:西安电子科技大学出版社,2003.
[3] 冯重熙.现代数字通信技术[M].北京:人民邮电大学出版社,1987.
[4] 董兆鑫,杨述明.数字通信原理[M].北京:国防科技大学出版社,1990.
[5] Proakis J G.数字通信.3版[M].北京:电子工业出版社,2001.
[6] 李斯伟.数字通信系统原理[M].北京:人民邮电出版社,2008.

第2章 信源编码技术

名词术语释义

差分脉冲编码调制(Differential Pulse Code Modulation,DPCM) 一种对模拟信号的编码模式,根据前一个抽样值计算出一个预测值,再取当前抽样值和预测值之差来编码。

非奇异码(Nonsingular Code) 若一种分组码中的所有码字都不相同,则称此分组码为非奇异码。

分组码(Block Code) 将信源符号集中的每个信源符号固定地映射成一个码字的编码。

紧致码(Compact Code) 对于给定的信源和码符号集,若有一个唯一可译码,其平均码长小于所有其他唯一可译码,则称这种码为紧致码。

即时码(Instantaneous Code) 无需考虑后续的码符号就可以从码符号序列中译出码字,这样的唯一可译码称为即时码。

量化(Quantification) 把取值连续的信号转换成取值离散的信号,也就是用有限数量的样值代替原模拟信号无限多种样值的过程。

离散余弦变换(Discrete Cosine Transform,DCT) 是一种与傅里叶变换紧密相关的数学运算,在傅里叶级数展开式中,如果被展开的函数是实偶函数,那么其傅里叶级数中只包含余弦项,再将其离散化可导出余弦变换,称之为离散余弦变换。

唯一可译码(Uniquely Decodable Code) 任意有限长的码元序列,如果只能唯一地分割成一个个码字,便称为唯一可译码。

信源(Information Source) 产生消息和消息序列的源。

信源编码(Source Encoding) 对信源输出的消息进行适当的变换和处理,目的是为了提高信息传输的效率。

自适应差分脉冲编码调制(Adaptive Differential Pulse Code Modulation,ADPCM) 是在脉冲编码调制基础上进行的改进,对实际信号与按其前一些信号而得的预测值间的差值信号进行编码。

线性预测编码(Linear predictive coding,LPC) 采用线性预测模型将语音信号数字压缩编码并能重示其包络的编码方式。

信源编码的任务是对信源进行有效的描述,这种有效的描述可以减少存储或传输信源数据采样值所占用的存储空间或频带宽度。对于离散信源,产生低数据速率描述的能力,取决于信息内容和信源符号之间的统计相关性。对于模拟信源,在一定保真度标准下,产生低数据速率描述的能力,取决于振幅分布和信源波形时域相关性。信源编码的目标是根据给定的可达到比特速率形成高效精确的信源描述,或者说是用低比特速率来描述给定保真度的信源。

2.1 信源编码的基本概念

在讨论具体的信源编码方法之前,首先介绍信源编码中涉及的一些基本概念。

2.1.1 编码器

信源输出的符号序列,需要变换成适合信道传输的符号序列,一般称为码序列。对信源输出的原始符号按照一定的数学规则进行的这种变换称为编码,完成编码功能的器件称为编码器。接收端有一个解码器完成相反的功能。

信源编码器的输入是信源符号集 $S=\{s_1,s_2,\cdots,s_q\}$,共有 q 个信源符号。同时存在另一个符号集 $X=\{x_1,x_2,\cdots,x_r\}$,称为码符号集,共有 r 个码符号;码符号集 X 中的元素称为码元或码符号。编码器的作用就是将信源符号集 S 中的符号 $s_i(i=1,2,\cdots,q)$ 变换成由 l_i 个码符号组成的一一对应的码符号序列。编码器输出的码符号序列称为码字,并用 $w_i(i=1,2,\cdots,q)$ 来表示,它与信源符号 $s_i(i=1,2,\cdots,q)$ 之间是一一对应的关系,如图 2.1 所示。

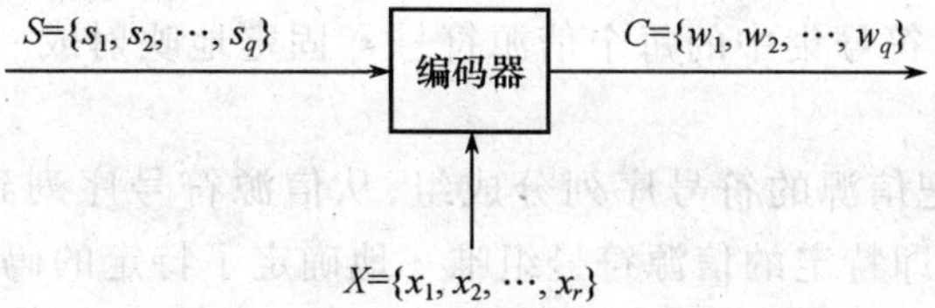

图 2.1 信源编码器

码字的集合 C 称为码,即 $C=\{w_1,w_2,\cdots,w_q\}$。信源符号 s_i 对应的码字 w_i 包含 l_i 个码符号,l_i 称为码字长度,简称码长。

所以,信源编码就是把信源符号序列变换到码符号序列的一种映射。若要实现无失真编码,那么这种映射必须是一一对应的、可逆的。一般来说,人们总是希望把信源所有的信息毫无保留地传递到接收端,即实现无失真传递,所以首先要对信源实现无失真编码。

由于信源概率分布的不均匀性和符号之间存在的相关性,使得信源存在冗余度,而实际上传送信源信息只需要传送信源极限熵大小的信息量。信源编码的主要任务就是减少冗余度,提高编码效率。具体地说,就是针对信源输出符号序列的统计特性,寻找一定的方法把信源输出符号序列变换为最短的码字序列。去除冗余度的方法有两个:一是去除相关性,使编码后码序列的各个码符号尽可能地互相独立,这一般利用对信源的符号序列进行编码而不是对单个的信源符号进行编码的方法实现;二是使编码后各个码符号出现的概率尽可能地相等,即概率分布均匀化,这可以通过概率匹配的方法实现,也就是使小概率消息对应长码,大概率消息对应短码。

一般情况下,码可分两类:一类是固定长度码,另一类是可变长度码。固定长度码又称为定长码,码中所有码字的长度都相同。可变长度码又称为变长码,码中所有码字的长短不一,即码字中码符号个数不同。

本章讨论的都是同价码,即每个码符号所占的传输时间都相同的码。显然,对同价码来说,定长码中每个码字 w_i 的传输时间相等,而变长码中每个码字的传输时间不一定相等。

对离散无记忆信源的 N 次扩展信源进行编码便得到 N 次扩展码。

假定信源符号集为 $S=\{s_1,s_2,\cdots,s_q\}$,则相应的 N 次扩展信源为 $S=\{s_1,s_2,\cdots,s_{q^N}\}$,对应的 N 次扩展码为 $C=\{w_1,w_2,\cdots,w_{q^N}\}$。

2.1.2　码的分类

1）分组码和非分组码

信源编码过程可以抽象为一种映射,即将信源符号集 $S=\{s_i,i=1,2,\cdots,q\}$ 中的每一个元素 s_i 映射为一个码中长度为 l_i 的码字 $w_i(i=1,2,\cdots,q)$。

定义 2.1　将信源符号集中的每个信源符号 s_i 固定地映射成一个码字 w_i,这样的码称为分组码。

所谓分组码就是把信源的符号序列分成组,从信源符号序列到码字序列的变换是在分组的基础上进行的,即特定的信源符号组唯一地确定了特定的码字组。

用分组码对信源符号进行编码时,为了使接收端能够迅速准确地将码译出,分组码必须具有一些直观属性。与分组码对应的是非分组码,又称为树码。树码编码器输出的码符号通常与编码器的所有信源符号都有关。

2）奇异码与非奇异码

定义 2.2　若一种分组码中的所有码字都不相同,则称此分组码为非奇异码,否则称为奇异码。

3）唯一可译码与非唯一可译码

定义 2.3　任意有限长的码元序列,如果只能唯一地分割成一个个码字,便称为唯一可译码,否则,称为非唯一可译码。

一个分组码若对于任意有限的整数 N，其 N 次扩展码均为非奇异的，则为唯一可译码。

唯一可译码的物理含义是指不仅要求不同的码字表示不同的信源符号，而且还要求对由信源符号构成的符号序列进行编码时，在接收端仍能正确解码而不发生混淆。唯一可译码首先是非奇异码，且任意有限长的码字序列不会雷同。

同是唯一可译码，其译码方法仍有不同。如表 2.1 中列出的两组唯一可译码，其译码方法不同。当传送码 1 时，信道输出端接收到一个码字后不能立即译码，还需等到下一个码字接收到时才能判断是否可以译码。若传送码 2，则无此限制，接收到一个完整码字后立即可以译码，称后一种码为逗点码，它是一种即时码，是唯一可译码的一种。

表 2.1 唯一可译码

信源符号 s_i	码 1	码 2
s_1	1	1
s_2	10	01
s_3	100	001
s_4	1000	0001

4）即时码与非即时码

定义 2.4 无需考虑后续的码符号就可以从码符号序列中译出码字，这样的唯一可译码称为即时码。

下面讨论唯一可译码成为即时码的条件。

定义 2.5 设 $w_i = x_{i_1}x_{i_2}\cdots x_{i_l}$ 为一码字，对于任意的 $1 \leqslant j \leqslant l$，称码符号序列的前 j 个元素 $x_{i_1}x_{i_2}\cdots x_{i_j}$ 为码字 w_i 的前缀。

按照上述前缀的定义，有下述结论：

定理 2.1 一个唯一可译码成为即时码的充要条件是其中任何一个码字都不是其他码字的前缀。

综上所述，可将信源编码作如下分类：

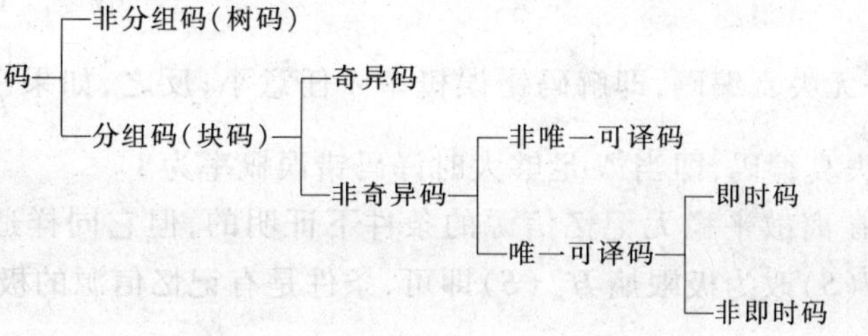

2.2 无失真信源的编码

下面分别以定长码和变长码为例来介绍无失真信源编码的实现。

2.2.1 定长编码及定长编码定理

若要实现无失真的编码,所编码必须是唯一可译码,否则就会因解码带来错误与失真。

若定长码是非奇异码,则它的任意有限长 N 次扩展码一定也是非奇异码,因此定长非奇异码一定是唯一可译码。

若对一个有 q 个信源符号的信源 S 进行定长编码,那么信源 S 存在唯一可译定长码的条件是

$$q \leqslant r^l \tag{2.1}$$

其中,r 为码符号集中的码元数,l 为定长码的码长。

如果对信源 S 的 N 次扩展信源 S^N 进行定长编码,若要编得的定长码是唯一可译码,则必须满足

$$q^N \leqslant r^l \tag{2.2}$$

其中,q 为信源 S 的符号个数,q^N 为信源 S 的 N 次扩展信源 S^N 的符号个数,r 为码符号集 X 的码符号数。对式(2.2)两边取对数得 $N\log_2 q \leqslant l\log_2 r$,则

$$\frac{l}{N} \geqslant \frac{\log_2 q}{\log_2 r} \tag{2.3}$$

其中,$\frac{l}{N}$为 S^N 中平均每个原始信源符号所需要的码符号个数,对于定长唯一可译码,平均每个原始信源符号至少需要 $\log_r q$ 个码符号来表示。

下面将要讨论的定长编码定理给出了定长编码所需码长的理论极限值。

定理 2.2 离散无记忆信源的熵为 $H(S)$,若对信源长为 N 的序列进行定长编码,码符号集 X 中有 r 个码符号,码长为 l,则对于任意 $\varepsilon > 0$,只要满足$\frac{l}{N} \geqslant \frac{H(S)+\varepsilon}{\log_2 r}$,则当 N 足够大时,可实现几乎无失真编码,即解码错误概率 δ 任意小;反之,如果$\frac{l}{N} < \frac{H(S)-2\varepsilon}{\log_2 r}$,则不可能实现几乎无失真编码,即当 N 足够大时译码错误概率为1。

定理 2.2 是在离散平稳无记忆信源的条件下证明的,但它同样适合于平稳有记忆信源,只要将式中 $H(S)$ 改为极限熵 $H_\infty(S)$ 即可,条件是有记忆信源的极限熵 $H_\infty(S)$ 和极限方差 $\sigma_\infty^2(S)$ 存在。

定长信源编码定理给出了定长编码时每个信源符号最少所需的码符号的理论极限,

该极限值由 $H(S)$ 决定。当二元编码时，$r=2$，有

$$\frac{l}{N} \geqslant H(S)+\varepsilon \tag{2.4}$$

这是定长编码时平均每个信源符号所需的二元码符号数的理论极限。比较式(2.4)与 $\frac{l}{N} \geqslant \log_r q$，当信源符号等概率分布时两公式就完全一致，但一般情况下信源符号并非等概率分布，而且符号之间有很强的关联性，故信源的熵 $H_\infty(S)$（极限熵）大大小于 $\log_r q$。根据定长信源编码定理，每个信源符号平均所需的二元码符号可大大减少，从而使编码效率提高。

定义 2.6 设熵为 $H(S)$ 的离散无记忆信源，若对信源的长为 N 的符号序列进行定长编码，码符号集中码符号个数为 r，设码字长为 l，定义 $R'=\frac{l}{N}\log_2 r$ 比特/信源符号为编码速率，它表示平均每个信源符号编码后能载荷的最大信息量。

这时，定理 2.2 的条件可表述为 $R' \geqslant H(S)+\varepsilon$，即编码速率大于信源的熵才能实现几乎无失真编码。为了衡量编码效果，引进编码效率。

定义 2.7 定义 $\eta=\frac{H(S)}{R'}=\frac{H(S)}{\frac{l}{N}\log_2 r}$ 为编码效率。

由定理 2.2 可得最佳编码效率为 $\eta=\frac{H(S)}{H(S)+\varepsilon}$，$\varepsilon>0$，所以 $\varepsilon=\frac{1-\eta}{\eta}H(S)$。由于 $P_E=P_r\{\overline{G_\varepsilon}\} \leqslant \delta(N,\varepsilon)=\frac{D[I(s_i)]}{N\varepsilon^2}$，当方差 $D[I(s_i)]$ 和 ε 均为定值时，只要 N 足够大，$\delta(N,\varepsilon)$ 就可以任意小，错误概率 P_E 就可以小于任一正数 δ。当允许错误概率 P_E 不大于某给定的 δ 时，信源序列长度 N 必满足

$$N \geqslant \frac{D[I(s_i)]}{\varepsilon^2\delta}=\frac{D[I(s_i)]}{H^2(S)}\frac{\eta^2}{(1-\eta)^2\delta} \tag{2.5}$$

式(2.5)给出了在已知方差和信源熵的条件下，信源符号序列长度 N 与最佳编码效率 η 和允许错误概率 P_E 的关系，当允许错误概率越小，要求编码效率高时，那么信源符号序列长度 N 必须越长。在实际情况下，要实现几乎无失真的定长编码，N 需要的长度将会大到难以实现。

设有一离散无记忆信源为

$$\begin{bmatrix} S \\ P \end{bmatrix}=\begin{bmatrix} s_1 & s_2 \\ 3/4 & 1/4 \end{bmatrix}$$

在 $\eta=0.96$，$\delta \leqslant 10^{-5}$ 的条件下，计算信源符号序列的长度 N。

信源熵为

$$H(S)=\frac{1}{4}\times\log_2 4+\frac{3}{4}\times\log_2\frac{4}{3}=0.811 \text{ 比特 / 信源符号}$$

自信息的方差为

$$D[I(s_i)] = \sum_{i=1}^{2} p(s_i)[-\log_2 p(s_i)] - H^2(S)$$
$$= \frac{3}{4} \times \left(\log_2 \frac{3}{4}\right)^2 + \frac{1}{4} \times \left(\log_2 \frac{1}{4}\right)^2 - 0.811^2$$
$$= 0.471\ 5$$

因为
$$\varepsilon = \frac{1-\eta}{\eta} H(S)$$

所以

$$N \geqslant \frac{D[I(s_i)]}{\varepsilon^2 \delta} = \frac{D[I(s_i)]}{\delta} \frac{\eta^2}{(1-\eta)^2 H^2(S)}$$
$$= \frac{0.471\ 5}{10^5} \times \frac{0.96^2}{0.04^2 \times 0.811^2}$$
$$= 4.13 \times 10^7$$

即信源序列长度长达 4×10^7 以上才能实现上述给定的要求，这在实际中是很难实现的。因此，一般来说，当 N 有限时，高传输效率的定长码往往要引入一定的失真和错误，但是变长码则可以在 N 不大时实现无失真编码。

2.2.2　变长编码及变长编码定理

变长码要成为唯一可译码不仅本身应是非奇异的，而且它的有限长 N 次扩展码也应是非奇异的。

1. Kraft 不等式和 McMillan 不等式

信源符号数、码符号数、码字长度之间满足什么条件才可以构成即时码和唯一可译码呢？Kraft 不等式和 McMillan 不等式回答了上述问题。这两个不等式在形式上是完全一样的。

定理 2.3　设信源符号集为 $S=\{s_1, s_2, \cdots, s_q\}$，码符号集为 $X=\{x_1, x_2, \cdots, x_r\}$，对信源进行编码，得到的码为 $C=\{w_1, w_2, \cdots, w_q\}$，码长分别为 $l_1, l_2, \cdots, l_q$。即时码存在的充要条件是

$$\sum_{i=1}^{q} r^{-l_i} \leqslant 1 \tag{2.6}$$

式(2.6)称为 Kraft 不等式。由 Kraft 不等式可知，给定 r 和 q，只要允许码字长度可以足够长，则码长总可以满足 Kraft 不等式而得到即时码，Kraft 不等式指出了即时码的码长必须满足的条件。McMillan 证明，对于唯一可译码的码长也必须满足此不等式。在码长的选择上唯一可译码并不比即时码有更宽松的条件。对于唯一可译码，该不等式又称为 McMillan 不等式。

定理 2.4 唯一可译码存在的充要条件是

$$\sum_{i=1}^{q} r^{-l_i} \leqslant 1 \tag{2.7}$$

其中,r 为码符号个数,l_i 为码字长度,q 为信源符号个数。

定理 2.4 指出了唯一可译码中 r、q、l_i 之间的关系,如果满足这个不等式的条件,则一定能够构成至少一种唯一可译码,否则无法构成唯一可译码。它给出了唯一可译变长码的存在性。

2. 无失真变长编码定理

定义 2.8 设有信源为

$$\begin{bmatrix} S \\ P \end{bmatrix} = \begin{bmatrix} s_1 & s_2 & \cdots & s_q \\ p(s_1) & p(s_2) & \cdots & p(s_q) \end{bmatrix}$$

编码后的码字分别为 $w_1, w_2, \cdots, w_q$,各码字相应的码长分别为 $l_1, l_2, \cdots, l_q$。因为是唯一可译码,信源符号 s_i 和码字 w_i 一一对应,则定义此码的平均码长为

$$\bar{L} = \sum_{i=1}^{q} p(s_i) l_i \text{ 码符号/信源符号} \tag{2.8}$$

其中,$\bar{L}$ 为每个信源符号平均需用的码元数。当信源给定时,信源熵 $H(S)$ 就确定了,而编码后每个信源符号平均用 $\bar{L}$ 个码元来变换,所以平均每个码元载荷的信息量即为编码后信源的信息传输率。

定义 2.9 编码后的信源信息传输率为

$$R = H(X) = \frac{H(S)}{\bar{L}} \tag{2.9}$$

如果传输一个码符号平均需要 t(s)时间,则编码后的信源每秒提供的信息量为

$$R_t = \frac{H(S)}{\bar{L}t} \tag{2.10}$$

从式中可以看出,$\bar{L}$ 越小,则 R_t 越大,信息传输率就越高,因此人们感兴趣的码是使平均码长 $\bar{L}$ 最短的码。

定义 2.10 对于给定的信源和码符号集,若有一个唯一可译码,其平均码长 $\bar{L}$ 小于所有其他唯一可译码,则称这种码为紧致码或最佳码。

无失真信源编码的核心问题就是寻找紧致码。下面的定理给出了紧致码的平均码长可能达到的理论极限。

定理 2.5 若一个离散无记忆信源 S,熵为 $H(S)$,用有 r 个码符号的码符号集 $X = \{x_1, x_2, \cdots, x_r\}$ 对 S 进行无失真编码,则总可以找到一种唯一可译码,其平均码长满足

$$\frac{H(S)}{\log_2 r} \leqslant \bar{L} < 1 + \frac{H(S)}{\log_2 r} \tag{2.11}$$

定理 2.5 说明,码字的平均长度 $\bar{L}$ 不能小于极限值 $\frac{H(S)}{\log_2 r}$,否则唯一可译码不存在,同时定理又给出了平均码长的上界。这不是说大于这个上界就不能构成唯一可译码,而是说即使平均码长小于这个上界也一定存在唯一可译码。另外还可以看到,平均码长的极限值与无失真定长信源编码定理中的极限值是一致的。

3. 香农第一定理

与无失真定长信源编码定理一样,无失真变长信源编码定理(香农第一定理)也是一个极限定理,是一个存在性定理。极限和定长编码的极限是一样的。

定理 2.6 设离散无记忆信源 S 的信源熵 $H(S)$,它的 N 次扩展信源 $S^N=\{s_1,s_2,\cdots,s_{q^N}\}$,其熵 $H(S^N)$,并用码符号 $X=\{x_1,x_2,\cdots,x_r\}$ 对信源 S^N 进行编码,总可以找到一种唯一可译码,使信源 S 中每个信源符号所需的平均码长满足

$$\frac{H(S)}{\log_2 r} \leqslant \frac{\bar{L}_N}{N} < \frac{H(S)}{\log_2 r}+\frac{1}{N} \tag{2.12}$$

或

$$H_r(S) \leqslant \frac{\bar{L}_N}{N} < H_r(S)+\frac{1}{N} \tag{2.13}$$

当 $N\to\infty$ 时,$\frac{\bar{L}_N}{N}=H_r(S)$,式中 $\bar{L}_N=\sum_{i=1}^{q^N} p(s_i)\lambda_i$,其中 λ_i 是扩展信源的信源符号 s_i 所对应的码字长度,因此 $\bar{L}_N$ 是扩展信源中每个符号的平均码长,而 $\frac{\bar{L}_N}{N}$ 仍是信源 S 中单个信源符号所需的平均码长。这里要注意 $\frac{\bar{L}_N}{N}$ 与 $\bar{L}$ 的区别:它们都是单个信源符号所需的码符号的平均数,但是 $\frac{\bar{L}_N}{N}$ 的含义是,为了得到这个平均值,不是对单个信源符号 s_i 进行编码,而是对 N 个信源符号的序列 s_i 进行编码,然后对 N 求平均。

定理 2.5 可以看作定理 2.6 在 $N=1$ 时的特殊情况。

当 $N\to\infty$ 时,有

$$\lim_{N\to\infty}\frac{\bar{L}_N}{N}=H_r(S) \tag{2.14}$$

定理 2.6 的结论推广到平稳遍历的有记忆信源(如马尔可夫信源),便有

$$\lim_{N\to\infty}\frac{\bar{L}_N}{N}=\frac{H_\infty}{\log_2 r} \tag{2.15}$$

其中,H_∞ 为有记忆信源的极限熵。

定理 2.6 是香农信息论的主要定理之一。定理指出,要做到无失真信源编码,每个信源符号平均所需最少的 r 元码元数就是信源的熵值(以 r 进制单位为信息量单位)。若编码的平均码长小于信源的熵值,则唯一可译码不存在,在译码或反变换时必然要带来失真

或差错。同时定理还指出,通过对扩展信源进行变长编码,当 $N\to\infty$ 时,平均码长 $\bar{L}$(这时它等于$\frac{\bar{L}_N}{N}$)可达到这个极限值。可见,信源的信息熵 $H(S)$ 是无失真信源编码码长的极限值,也可以认为信源的信息熵($H(S)$ 或 H_∞)是表示每个信源符号平均所需最少的二元码符号数。

类似于定长码的编码速率,定义变长码的编码速率 $R=\frac{\bar{L}_N}{N}\log_2 r$,表示平均每个信源符号编码后能载荷的最大信息量,也就是编码信息率。

香农第一编码定理也可以写成

$$H(S)\leqslant\frac{\bar{L}_N}{N}\log_2 r\leqslant H(S)+\frac{1}{N}\log_2 r=H(S)+\varepsilon \tag{2.16}$$

因此,也可以表述为:若 $R\geqslant H(S)$,则存在唯一可译变长码;若 $R<H(S)$,则唯一可译码不存在,不能实现无失真的信源编码。可以看到,定长码和变长码的编码信息率的理论极限是一致的,而且要达到这个极限,也就是平均单个信源符号所需的码符号数最少,所用的方法都是对信源的 N 次扩展信源进行编码,但是变长码与定长码的区别在于变长码在 N 不需很大时就能达到这个极限,而定长码的 N 值通常大到设备难以实现,而且定长码在达到这个码长极限时往往还会引入一定的失真,但是变长码则不会引入失真。

定义 2.11 编码后信道的信息传输率为

$$R=\frac{H(S)}{\bar{L}} \tag{2.17}$$

其中,$\bar{L}=\frac{\bar{L}_N}{N}\geqslant\frac{H(S)}{\log_2 r}$,所以 $R\leqslant\log_2 r$。

当平均码长 $\bar{L}$ 达到极限值$\frac{H(S)}{\log_2 r}$时,编码后信道的信息传输率为 $R=\log_2 r$,这时信道的信息传输率等于无噪无损信道的信道容量 C,信息传输效率最高。因此,无失真信源编码的实质就是对离散信源进行适当的变换,使变换后新的码符号信源(信道的输入)尽可能为等概率分布,使新信源的每个码符号平均所含的信息量达到最大,从而使信道的信息传输率 R 达到信道容量,实现信源与信道理想的统计匹配。这就是香农第一编码定理的物理意义。

无失真信源编码定理通常又称为无噪信道编码定理,此定理可以表述为:总能对信源的输出进行适当的编码,使得在无噪无损信道上能无差错地以最大信息传输率 C 传输信息,但要使信道的信息传输率 R 大于 C 而无差错地传输则是不可能的。为了衡量各种编码是否已达到极限情况,需要定义变长码的编码效率。

定义 2.12 假设对信源 S 进行无失真编码所得到的平均码长为 $\bar{L}$,则 $\bar{L}\geqslant H_r(S)$,定义

$$\eta=\frac{H_r(S)}{\bar{L}} \tag{2.18}$$

为编码效率，且可知 $\eta\leqslant1$。

对同一信源来说，码的平均码长 $\overline{L}$ 越短，越接近极限 $H_r(S)$，信道的信息传输率越高，越接近无噪无损信道的信道容量，这时 η 也越接近于 1，所以用码的编码效率 η 来衡量各种编码的优劣。

另外，为了衡量各种编码与最佳码的差距，引入码的剩余度的概念。

定义 2.13 定义

$$\gamma = 1 - \eta = 1 - \frac{H_r(S)}{\overline{L}} \tag{2.19}$$

为码的剩余度。在二元无噪无损信道中 $r=2$，$\eta=\dfrac{H(S)}{\overline{L}}$，所以在二元无噪无损信道中信息传输率 $R=\dfrac{H(S)}{\overline{L}}=\eta$。

注意，它们数值相同，单位不同。η 是个无单位的比值，而 R 的单位是比特/码符号。因此在二元信道中可直接用码的效率来衡量编码后信道的信息传输率是否提高了。当 $\eta=1$ 时，即 $R=1$，达到二元无噪无损信道的信道容量，编码效率最高，码剩余度为零。与定长码一样，通过对扩展信源进行编码，可以提高编码后信道的信息传输率。

设有一离散无记忆信源为

$$\begin{bmatrix} S \\ P \end{bmatrix} = \begin{bmatrix} s_1 & s_2 \\ 3/4 & 1/4 \end{bmatrix}$$

下面计算其信息传输率及二次、三次、四次扩展信源的信息传输率。

信源熵为

$$H(S) = \frac{1}{4}\log_2 4 + \frac{3}{4}\log_2\frac{4}{3} = 0.811$$

用二元码符号 $\{0,1\}$ 来构造一个即时码：$s_1\to0$，$s_2\to1$。这时，$\overline{L}=1$，编码效率 $\eta=\dfrac{H(S)}{\overline{L}}=0.811$，信源的信息传输率 $R=0.811$。

如果对信源 S 的二次扩展信源 S^2 进行编码，得到它的一种即时码如表 2.2 所示。这时码的平均长度为

$$\overline{L_2} = \frac{9}{16}\times1 + \frac{3}{16}\times2 + \frac{3}{16}\times3 + \frac{1}{16}\times3 = \frac{27}{16}(\text{二元码符号 /2 个信源符号})$$

信源符号的平均码长为

$$\overline{L} = \frac{\overline{L_2}}{2} = \frac{27}{32}(\text{二元码符号 / 信源符号})$$

编码效率为

$$\eta = \frac{0.811 \times 32}{27} = 0.961, R_2 = 0.961(\text{比特} / \text{二元码符号})$$

可见编码复杂了些,但信息传输效率有了提高。

表 2.2 变长编码的编码效率

s_j	$p(s_j)$	即时码
s_1s_1	9/16	0
s_1s_2	3/16	10
s_2s_1	3/16	110
s_2s_2	1/16	111

用同样方法进一步对信源 S 的三次和四次扩展信源进行编码,并求出其编码效率为 $\eta_3 = 0.985, \eta_4 = 0.991$。信道的信息传输率分别为 $R_3 = 0.985, R_4 = 0.991$。将此例与前面定长码的例子相比较,对于同一信源,要求编码效率达到96%时,变长码只需对二次扩展信源($N=2$)进行编码,而定长码则要求 $N \geqslant 4.13 \times 10^7$。因此用变长码编码时,$N$ 不需很大就可以达到相当高的编码效率,而且可实现绝对无失真编码,随着扩展信源次数 N 的增加,编码的效率越来越接近于1。编码后信道的信息传输率 R 也越来越接近于无噪无损二元信道的信道容量 $C=1$ 比特/二元码符号,从而达到信源与信道匹配,使信道得到充分利用。

4. 变长码的编码方法

变长码的常见编码方法,如香农编码、霍夫曼编码均为匹配编码,也称统计编码,都是通过使用较短的码字给出现概率较高的信源符号编码。而出现概率较小的信源符号用较长的码字来编码,从而使平均码长最短,达到最佳编码的目的。

1)香农编码

香农第一定理指出了平均码长与信源熵之间的关系,同时也指出了可以通过编码使码长达到极限值。如何构造这种码?香农编码的方法是选择每个码字长度 l_i 满足

$$l_i = \left\lceil \log_2 \frac{1}{p(s_i)} \right\rceil \quad i = 1,2,\cdots,q \tag{2.20}$$

其中,$\lceil x \rceil$表示不小于 x 的最小整数,即 x 为整数时等于 x,x 不是整数时等于 x 取整再加1。

由定理2.7可知,这样选择的码长一定满足 Kraft 不等式,所以一定存在即时码。然后按照这个码长 l_i 用树图法就可编出一组即时码。

按照香农编码方法构造的码,其平均码长 $\bar{L}$ 不超过上界,即 $\bar{L} \leqslant H_r(S) + 1$。只有当信源符号的概率分布满足$\left(\frac{1}{r}\right)^{\alpha_i}$($\alpha_i$ 是正整数)形式时,$\bar{L}$ 才能达到极限值 $H_r(S)$。一般情况

下,香农编码的 $\bar{L}$ 不是最短,即编出来的不是紧致码(最佳码)。其具体方法如下:

(1) 将信源发出的 q 个消息符号按其概率的递减次序排列,即 $p(s_1) \geqslant p(s_2) \geqslant \cdots \geqslant p(s_q)$。

(2) 用 $F(s_i) = \sum_{k=1}^{i-1} p(s_k)$ 计算出各个信源符号的累加概率。

(3) 按 $l_i = \left\lceil \log_2 \frac{1}{p(s_i)} \right\rceil$ 计算第 i 个消息的二元代码组的码长。

(4) 将累加概率 $F(s_i)$(十进制小数)变换成二进制小数。根据码长 l_i 取小数点后 l_i 个二进制符号作为第 i 个消息的码字。

参见表 2.3,当 $i=4$ 时,先求第 4 个信源符号的二元码的码长

$$l_4 = \lceil -\log_2 p(s_4) \rceil = 3$$

码长取为 3。再计算累加概率

$$F(s_4) = \sum_{k=1}^{3} p(s_k) = p(s_1) + p(s_2) + p(s_3) = 0.57$$

将累加概率 $F(s_4)$ 变成二进制小数

$$F(s_4) = (0.57)_{10} = (0.1001\cdots)_2$$

根据码长 $l_4=3$ 取小数点后三位作为第 4 个信源符号的二元码,即“100”,其他信源符号的编码可依次求得。

表 2.3 香农编码

信源符号 s_i	概率 $p(s_i)$	累加概率 $F(s_i)$	$-\log_2 p(s_i)$	码长 l_i	二元码
s_1	0.20	0	2.34	3	000
s_2	0.19	0.2	2.41	3	001
s_3	0.18	0.39	2.48	3	011
s_4	0.17	0.57	2.56	3	100
s_5	0.15	0.74	2.74	3	101
s_6	0.10	0.59	3.34	4	1110
s_7	0.01	0.99	6.66	7	1111110

由表 2.3 可以看出,一共有 5 个三位的二元码,各码字至少有一位码符号不同,这个码是唯一可译码,而且是即时码。

平均码长为

$$\bar{L} = \sum_{i=1}^{7} p(s_i) \quad l_i = 3.14 \text{ 码符号 / 信源符号}$$

编码后信道信息传输率为

$$R = \frac{H(S)}{\bar{L}} = \frac{2.61}{3.14} = 0.831 \text{ 比特 / 码符号}$$

2）霍夫曼编码

这是霍夫曼（D. A. Huffman）于 1952 年提出的一种构造紧致码的方法。具体方法如下：

（1）将 q 个信源符号按概率大小递减排列，即 $p(s_1) \geqslant p(s_2) \geqslant \cdots \geqslant p(s_q)$。

（2）用0、1 码符号分别代表概率最小的两个信源符号，并将这两个概率最小的信源符号合并成一个，从而得到只包含 $q-1$ 个符号的新信源，称为缩减信源 S_1。

（3）把缩减信源 S_1 的符号仍按概率大小递减次序排列，再将其最后两个概率最小的信源符号分别用 0 和 1 码符号表示，并且合并成一个符号，这样又形成了 $q-2$ 个信源符号的缩减信源 S_2。

（4）依次继续下去，直至信源最后只剩下两个信源符号为止，将这最后两个信源符号分别用二元码符号 0 和 1 表示。

（5）从最后一级缩减信源开始，进行回溯，就得到各信源符号所对应的码符号序列，即相应的码字。

例如，离散无记忆信源为

$$\begin{bmatrix} S \\ P \end{bmatrix} = \begin{bmatrix} s_1 & s_2 & s_3 & s_4 & s_5 \\ 0.4 & 0.2 & 0.2 & 0.1 & 0.1 \end{bmatrix}$$

它的两种霍夫曼编码如表 2.4 和表 2.5 所示。

表 2.4 霍夫曼编码方法 a

信源符号	概率	缩减后符号概率				码字	码长
s_1	0.4	0.4	0.4	0.6 0	1.0	00	2
s_2	0.2	0.2	0.4 0	0.4 1		10	2
s_3	0.2	0.2 0	0.2 1			11	2
s_4	0.1 0	0.2 1				010	3
s_5	0.1 1					011	3

表 2.5　霍夫曼编码方法 b

信源符号	概率	缩减后符号概率				码字	码长
s_1	0.4	0.4	0.4	0.6 (0)	1.0	1	1
s_2	0.2	0.2	0.4 (0)	0.4 (1)		01	2
s_3	0.2	0.2 (0)	0.2 (1)			000	3
s_4	0.1 (0)	0.2 (1)				0010	4
s_5	0.1 (1)					0011	4

这两种方法的霍夫曼编码的平均码长为

$$\bar{L} = \sum_{i=1}^{5} p(s_i)\ l_i = 2.2\ \text{码符号 / 信源符号}$$

编码效率为

$$\eta = \frac{H_r(S)}{\bar{L}} = \frac{2.12}{2.2} = 0.964$$

两种码有相同的平均码长和相同的编码效率,但每个信源符号的码长却不相同,其均方差也不相同。下面分别计算两种码的均方差 σ^2。

方法 a 的方差为

$$\sigma_1^2 = \sum_{i=1}^{5} p(s_i)(l_i - \bar{L})^2 = 0.16$$

方法 b 的方差为

$$\sigma_2^2 = \sum_{i=1}^{5} p(s_i)(l_i - \bar{L})^2 = 1.36$$

从上可见,方法 a 的方差比方法 b 的方差要小许多。

霍夫曼编码得到的码并非是唯一的。因为对缩减信源的两个概率最小的符号,用 0 和 1 码时是可以任意的,所以可以得到不同的码,但它们只是码字具体结构不同,而其码长不变,平均码长也不变,所以没有本质区别。另外,当缩减信源中缩减合并后的符号的概率与其他信源符号概率相同时,从编码方法上来说,对等概率的符号哪个放在上面,哪个放在下面是没有区别的,但得到的码却不同。对这两种不同的码,它们的码长各不相同,然而平均码长是相同的。在编码中,对等概率消息,若将新合并的消息排列到上支路,可以证明它将缩短码长的方差,即编出的码更接近等长码,同时可使合并的元素重复编码次数减少,使短码得到充分利用。

霍夫曼码是用概率匹配的方法进行信源编码。它有两个明显特点:

(1) 霍夫曼码的编码方法保证了概率大的信源符号对应的码长小,概率小的信源符号对应的码长大,充分利用了短码。

(2) 每次缩减信源的最长两个码字有相同的码长,并且仅仅只有最后一位码符号不同。

可以证明霍夫曼码是紧致码。

2.3 失真信源的编码

离散信源的输出是离散取值的随机序列。实际信源输出往往不是离散的,而是连续取值的随机过程,例如,语音信号和电视信号都属于这一类随机过程。由前面无失真离散信源编码分析可知,只要信息传输率 R 小于信道容量 C,总能找到一种编码,在信道上能以任意小的错误概率,任意接近信道容量的传输率来传送信息。但若信息传输率 R 大于信道容量 C,总不能实现无失真的传输,使传输错误概率任意小。而对于连续的消息(即取值是无限的,不可数的),信源的熵 H 为无限大。那么,如果要求无失真地传送连续信源的消息,信息传输率 R 必须为无限大。在信道中,由于带宽是有限的,所以信道容量受到限制。为此,在实际通信中,信息传输率总是大大超过信道容量 C,因此也就不可能实现完全无失真地传输信源的信息。此外,随着科学技术的发展,数字系统得到了广泛应用,这就需要传送、存储和处理大量的数据。为了提高传输和存储的效率,就必须对有待传送和存储的数据进行压缩,这样也会损失一定的信息,带来失真。然而,在实际生活中,人们一般并不要求完全无失真地恢复消息。通常总是要求在保证一定质量(一定保真度)的条件下近似地再现原来的消息,也就是允许一定的错误(失真)存在。例如在传送语言信号时,由于人耳接受的带宽和分辨率是有限的,所以说这种错误是允许的。又如传送图像时,也并不需要全部精确地把图像传送到观察者。因为人眼有一定的主观视觉特征,允许传送图像时有一定的误差存在。另外,根据图像使用目的不同,也允许有不同程度的误差。

在允许一定程度失真的条件下,如何能快速地传输信源的信息。这个问题在香农最初发表的论文中已经有所体现,但直到 1959 年香农又发表了《保真度准则下的离散信源编码定理》这篇重要文章之后,才引起了人们的注意。在该文中,香农定义了信息率失真函数 $R(D)$,并论述了关于这个函数的基本定理。定理指出:在允许一定失真度 D 的情况下,信源输出信息传输率可压缩到 $R(D)$ 值,这就从理论上给出了信息传输率与允许失真之间的关系,建立了信息率失真理论。信息率失真理论是量化、数模转换、频带压缩和数据压缩的理论基础。

下面主要介绍信息率失真理论的基本内容,侧重讨论离散无记忆信源。

2.3.1 失真测度

在介绍信息率失真函数之前,先引入失真函数的概念。

1. 失真函数

在实际问题中,信号有一定的失真是可以容忍的。但是,当失真大于某一限度后,信息质量将被严重损伤，甚至丧失其实用价值。要规定失真限度，必须先有一个定量的失真测度。为此可引入失真函数 $d(x,y)$，其中 x 是信源符号或样值的值，y 是经编译码以后的值。用 y 来代替 x 所产生的失真就用 $d(x,y)$ 表示。失真函数可以各种各样，应尽可能符合信源的主观特性，也就是主观上失真感觉应与 $d(x,y)$ 的值相对应。d 越大，所感觉到的失真也越大，而且最好成正比。一般地，当 $x=y$ 时，d 应为零，x 与 y 不同时，d 应为正值。这种失真函数适用于连续信源，同时也适用于离散信源。

设离散信源为

$$\begin{bmatrix}\boldsymbol{X}\\ \boldsymbol{P}\end{bmatrix}=\begin{bmatrix}x_1 & x_2 & \cdots & x_n\\ p(x_1) & p(x_2) & \cdots & p(x_n)\end{bmatrix}$$

经过信道传输后的输出序列为 $Y=(y_1y_2\cdots y_m)$，采用上面所述的一个非负的函数 $d(x_i,y_j)$ 表示信源发出符号 x_i，接收端接收到符号 y_j 的失真度的定量描述，将所有的 $d(x_i,y_j)$ 排列起来，用矩阵表示为

$$\boldsymbol{d}=\begin{bmatrix}d(x_1,y_1) & d(x_1,y_2) & \cdots & d(x_1,y_m)\\ d(x_2,y_1) & d(x_2,y_2) & \cdots & d(x_2,y_m)\\ \vdots & \vdots & & \vdots\\ d(x_n,y_1) & d(x_n,y_2) & \cdots & d(x_n,y_m)\end{bmatrix}$$

该矩阵 $\boldsymbol{d}$ 称之为失真矩阵。

常用的失真函数有四种：

(1) 均方失真

$$d(x,y)=(x-y)^2$$

(2) 绝对失真

$$d(x,y)=|x-y|$$

(3) 相对失真

$$d(x,y)=\frac{|x-y|}{|x|}$$

(4) 误码失真

$$d(x,y)=\delta(x,y)=\begin{cases}0 & x=y\\ 1 & x\neq y\end{cases}$$

前三种失真函数适用于连续信源，后一种适用于离散信源。均方失真和绝对失真只与 $(x-y)$ 有关，而不是分别与 x 及 y 有关，数学处理上比较方便；相对失真与主观特性比较匹配，因为主观感觉往往与客观量的对数成正比，但在数学处理中要困难得多。其实选择一个合适的失真函数完全与主观特性匹配已非常困难，更不用说还要易于数学处理。当然，不同的信源应有较好的失真函数，所以失真函数 $d(x,y)$ 的函数形式可以根据需要任意选取。

失真函数的定义可推广到矢量传输情况，如果假设离散矢量信源符号为矢量序列 $X=(X_1X_2\cdots X_i\cdots X_n)$，其中 N 长符号序列 $X_i=(x_{i_1}x_{i_2}\cdots x_{i_N})$，经信道传输后，接收端接收到矢量序列 $Y=(Y_1Y_2\cdots Y_j\cdots Y_m)$，其中 N 长符号序列 $Y_j=(y_{j_1}y_{j_2}\cdots y_{j_N})$，则失真函数定义为

$$d_N(X_i,Y_j)=\frac{1}{N}\sum_{k=1}^{N}d(x_{i_k},y_{j_k}) \tag{2.21}$$

其中，$d(x_{i_k},y_{j_k})$ 为信源输出的第 i 个 N 长符号 X_i 中的第 k 个符号 x_{i_k} 时，接收端接收到第 j 个 N 长符号 Y_j 中的第 k 个符号 y_{j_k} 的失真函数。

2. 平均失真

失真矩阵 $\boldsymbol{d}$ 中，由于 x_i 和 y_j 都是随机变量，因而失真函数 $d(x_i,y_j)$ 也是随机变量。限失真时的失真值，只能用它的数学期望或统计平均值，因此再定义平均失真 D：

$$\begin{aligned}D=E[d]&=\sum_{i=1}^{n}\sum_{j=1}^{m}p(x_iy_j)d(x_i,y_j)\\&=\sum_{i=1}^{n}\sum_{j=1}^{m}p(x_i)p(y_j\mid x_i)d(x_i,y_j)\end{aligned} \tag{2.22}$$

其中，$p(x_iy_j)$ 为联合分布概率，$p(x_i)$ 为信源符号的概率分布，$p(y_j\mid x_i)$ 为转移概率分布。在实际问题中，信源符号的概率分布应是已知的，而转移概率分布决定于编码方法。所以平均失真 D 是对给定信源分布 $\{p(x_i)\}$ 在给定转移概率分布为 $\{p(y_j\mid x_i)\}$ 的信道中传输时的失真的总体量度。

对于矢量传输情况，若信源输出和接收端接收到的均是 N 长符号序列，$X_i=(x_{i_1}x_{i_2}\cdots x_{i_N})$，$Y_j=(y_{j_1}y_{j_2}\cdots y_{j_N})$，则平均失真度为

$$D_N=E[d_N]=\frac{1}{N}\sum_{k=1}^{N}E[d(x_{i_k},y_{j_k})]=\frac{1}{N}\sum_{k=1}^{N}D_k \tag{2.23}$$

其中，D_k 为第 k 个符号的平均失真。

2.3.2 信息率失真函数

1. 允许信道

对于信息容量为 C 的信道传输信息传输率为 R 的信源，如果 $R>C$，就必须对信源压缩，使其压缩后的传输率 D^* 小于信道容量 C，但同时要保证压缩所引入的失真不超过预先规定的限度。

如果预先规定的平均失真度为 D^*，则称信源压缩后的失真度 D 不大于 D^* 的准则为保真度准则，即保真度准则满足：$D\leqslant D^*$。

信息压缩问题就是对于给定的信源，在满足保真度准则的前提下，使信息率尽可能小。将满足保真度准则 $D\leqslant D^*$ 的所有信道称为失真度 D^* 允许信道（D^* 试验信道），记为

$$B_{D^*}=\{p(y\mid x):D\leqslant D^*\} \tag{2.24}$$

对于离散无记忆信道，相应地有

$$B_{D^*} = \{p(y_j \mid x_i): D \leqslant D^*\} \quad i = 1,2,\cdots,n; j = 1,2,\cdots,m \tag{2.25}$$

2. 信息率失真函数

在 D^* 允许信道 B_{D^*} 中可以寻找一个信道 $p(Y \mid X)$，使给定的信源经过此信道传输时，其信道传输率 $I(X,Y)$ 达到最小，定义为信息率失真函数 $R(D)$，也称为率失真函数，即

$$R(D) = \min_{p(y \mid x) \in B_{D^*}} I(X,Y) \tag{2.26}$$

其中，$I(X,Y)$ 为互信息，即对于离散无记忆信源，信息率失真函数 $R(D)$ 可写成

$$R(D) = \min_{p(y \mid x) \in B_{D^*}} \sum_{i=1}^{n} \sum_{j=1}^{m} p(x_i)p(y_j \mid x_i) \cdot \log \frac{p(y_j \mid x_i)}{p(y_j)} \tag{2.27}$$

其中，$p(x_i)$ 为信源符号分布，$p(y_j \mid x_i)$ 为转移概率分布，$p(y_j)$ 为接收到符号概率分布。因为当信源概率分布 $p(x_i)$ 和失真函数 $d(x_i,y_j)$ 已知后，决定平均失真 D 的就只有 $p(y_j \mid x_i)$。由此可见，信息率失真函数 $R(D)$ 就是失真不大于 D 时的最小互信息；或者说，它是对信源符号进行限失真编码所需的最短代码长度。这与无损编码中的熵一样，可作为失真编码的下限，也是计算编码效率的根据。

3. 信息率失真函数 $R(D)$ 的性质

(1) $R(D)$ 的定义域为 $[D_{\min}, D_{\max}]$。

由于平均失真度 D 是失真函数 $d(x,y)$ 的数学期望，且 $d(x,y) \geqslant 0$，所以平均失真度 D 是非负的，即 $D \geqslant 0$。对应于无失真情况，其下界 $D_{\min} = 0$。信息传输率应小于或等于信源的熵，即 $R(D) \leqslant H(X)$。

由于 $I(X,Y) \geqslant 0$，而 $R(D)$ 是在约束条件下的 $I(X,Y)$ 的最小值，所以 $R(D) \geqslant 0$，是非负的函数，其最小值应为零，取满足 $R(D) = 0$ 的所有 D 中最小的，定义为 $R(D)$ 定义域的上限 $D_{\max}$，即 $D_{\max}$ 是满足 $R(D) = 0$ 的所有平均失真度 D 中的最小值。

根据前面分析，可以得到 $R(D)$ 的定义域为 $[D_{\min}, D_{\max}]$，对无失真信息传输，$D_{\min} = 0$。

$R(D)$ 定义域的上限 $D_{\max}$ 可以这样定义：令 P_D 是使 $I(X,Y) = 0$ 的全体转移概率集合，所以 $D_{\max} = \min\limits_{p(y \mid x) \in P_D} E[d(x,y)]$。

由于 $I(X,Y) = 0$ 的充要条件是 X 与 Y 统计独立，即对于所有的 $x \in X$ 和 $y \in Y$ 满足 $p(y \mid x) = p(y)$，所以有

$$D_{\max} = \min \sum_{Y} p(y) \sum_{X} p(x) d(x,y) \tag{2.28}$$

由于信源概率分布 $p(x)$ 和失真函数 $d(x,y)$ 已确定，因此求 $D_{\max}$ 相当于寻找分布 $p(y)$ 使上式右端最小。如果选取 $\sum\limits_{X} p(x) d(x,y)$ 最小时的分布 $p(y) = 1$，而对其他的 $\sum\limits_{X} p(x) d(x,y)$ 选取 $p(y) = 0$，则有

$$D_{\max} = \min_{y \in Y} \sum_{X} p(x) d(x,y) \tag{2.29}$$

(2) $R(D)$是允许失真度 D 的下(U 型)凸函数。

(3) $R(D)$函数在区间$(0,D_{max})$上是严格单调递减函数。

(2)和(3)的证明请参阅文献[8]。

根据前面的结论,可以画出离散信源信息率失真函数 $R(D)$的一般曲线图形,如图 2.2 所示。当限定失真度大于 D^* 时,信息率失真函数 $R(D^*)$是信息压缩所允许的最低限度。若 $R(D)<R(D^*)$,则必有 $D>D^*$,即若信息率压缩至 $R(D)<R(D^*)$,则失真度 D 必大于限定失真度 D^*。所以说,信息率失真函数给出了限失真条件下信息压缩允许的下界。

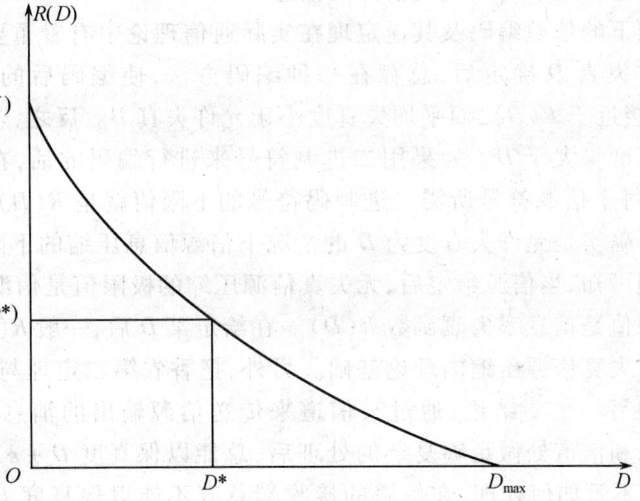

图 2.2 典型 $R(D)$曲线

2.3.3 限失真信源编码定理

本节将阐述信息率失真理论的基本定理。这些定理严格地证实了 $R(D)$函数确实是在允许失真为 D 的条件下,每个信源符号能够被压缩的最低值。本小节仅局限于介绍离散无记忆信源。

定理 2.7(保真度准则下的信源编码定理) 设 $R(D)$为一离散无记忆信源的信源率失真函数,并且有有限的失真测度。对于任意 $D\geqslant 0,\varepsilon>0$,以及任意足够长的码长 l,则一定存在一种信源编码 C,其码字个数为

$$M \leqslant e^{\{l[R(D)+\varepsilon]\}} \tag{2.30}$$

而编码后码的平均失真度为

$$d(C) \leqslant D+\varepsilon \tag{2.31}$$

该定理又称为香农第三定理。定理表明:对于任何失真度 $D\geqslant 0$,只要码长 l 足够长,总可以找到一种编码 C,使编码后每个信源符号的信息传输率为

$$R' = \frac{\log M}{L} \leqslant R(D) + \varepsilon \tag{2.32}$$

码的平均失真度 $d(C) \leqslant D$。

定理2.8(信源编码逆定理) 不存在平均失真度为 D,而平均信息传输率 $R' < R(D)$ 的任何信源码,亦即对任意码长为 l 的信源码 C,若码字个数 $M < e^{l[R(D)]}$,一定有 $d(C) > D$。

逆定理表明:如果编码后平均每个信源符号的信息传输率 R'小于信息率失真函数 $R(D)$,就不能在保真度准则下再现信源的消息。

保真度准则下的信源编码及其逆定理在实际通信理论中有着重要的意义。这两个定理证实了在允许失真 D 确定后,总存在一种编码方法,使编码后的信息传输率 R'大于 $R(D)$且可任意接近于 $R(D)$,而平均失真度小于允许失真 D。反之,若 $R' < R(D)$,那么编码后的平均失真度将大于 D。如果用二进制符号来进行编码的话,在允许一定量失真 D 的情况下,平均每个信源符号所需二进制码符号的下限值就是 $R(D)$。可见,从香农第三定理可知,$R(D)$确实是允许失真度为 D 的情况下信源信息压缩的下限值。比较香农第一定理和第三定理可知,当信源给定后,无失真信源压缩的极限值是信源熵 $H(S)$,而有失真信源压缩的极限值是信息率失真函数 $R(D)$。在给定某 D 后,一般 $R(D) < H(S)$。因此香农第三定理是有失真信源压缩的理论基础。另外,把香农第二定理与第三定理结合起来,可得信息传输的另一主要结论:通过某信道来传送信源输出的消息,如果信道容量 $C > R(D)$,则在信源和信道处做足够复杂的处理后,总能以保真度 $D+\varepsilon$ 再现信源的消息;如果 $C < R(D)$,则不管如何处理,在信道的接收端总有不能以保真度 D 的要求再现信源的消息。

在给定信源 S 和允许失真度 D 后,可以求得信源的信息失真函数 $R(D)$。若设上信源通过某信道传输,而信道的信道容量满足 $C > R(D)$,那么,根据香农第三定理,可以对给定的信源 S 先进行信源压缩编码,使编码后的信息传输率 $R' \geqslant R(D)$,并且编码的平均失真度 $d(C) < D$。这时 R'必满足

$$C > R' \geqslant R(D) \tag{2.33}$$

然后,把压缩后的信源通过信道传输,由于式(2.33)左半边不等式存在,根据香农第二定理,则存在一种信道编码,使压缩后的信源通过信道传输后,错误概率趋于零。因此在接收再现信源消息时,总的失真或错误不会超过允许失真 D。这意味着,引起的失真是由信源压缩造成的,而信道传输不会造成新的失真或错误。反之,若 $C < R(D)$,即不能保证信源压缩后的信息传输率 $R' < C$,所以第二定理不能成立。故信道中引起的失真或错误无法避免,必使在接收端再现信源的消息时,总的失真或错误大于 D。这样就可以把通信系统中信源编码和信道编码的功能完全分开来。信源编码所用的码只对给定的信源和保真度准则是最佳的,并不涉及信道的具体性质。同样,也允许信道编码的应用可不考虑信源的具体性质。因此就可以构成一个理想的通信系统。首先,通过信源编码器,从长的信源符

号序列中去除剩余度或不必要的精度，只留下由保真度准则确定的最少、最主要的信息。然后，由信道编码器重新加入特殊形式的剩余度，以提高信道传输的抗干扰性。

2.3.4 熵压缩编码的具体方法

前面讲解了熵压缩编码的理论基础——信息率失真函数和限失真编码定理，下面介绍几种常用的熵压缩编码算法。

1. 标量量化

对连续无记忆信源进行熵压缩编码的常用方法是标量量化。设标量量化器的输出符号共有 M 个，即 $\{q_1, q_2, \cdots q_M\}$，量化的过程为将取值为任意实数的信源输出符号 x 映射成 M 个可能的离散值中的一个。该映射是通过 $M-1$ 个门限 $T_1 < T_2 < \cdots < T_{M-1} < T_M$ 实现的。

$$q(x) = \begin{cases} q_1 & x \leqslant T_1 \\ q_k & T_{k-1} < x \leqslant T_k, \quad k = 2,3,\cdots,M-1 \\ q_M & x > T_{M-1} \end{cases} \tag{2.34}$$

标量量化器的输入符号序列为 $\alpha = (x_1, x_2, \cdots, x_N)$，其中 $x_n \in (-\infty, +\infty)$，其输出序列共有 M^N 种，记为 $\beta = (y_1, y_2, \cdots, y_N)$，其中 $y_n \in \{q_1, q_2, \cdots, q_M\}$。每个符号 q_k 出现的概率为

$$p(q_k) = \int_{T_{k-1}}^{T_k} p(x)\,\mathrm{d}x \tag{2.35}$$

由于此映射为多对一映射，所以通过该量化器的信息传输率 R_M 为

$$\begin{aligned} R_M &= \frac{1}{N} I(X^N, Y^N) \\ &= I(X;Y) \\ &= H(Y) - H(Y \mid X) \\ &= H(Y) \\ &= -\sum_{k=1}^{m} p(q_k) \log_2 p(q_k) \end{aligned} \tag{2.36}$$

而量化带来的平均失真 D_M 为

$$\begin{aligned} D_M &= E\left[\frac{1}{N}\sum_{n=1}^{N} d(X_n, Y_n)\right] \\ &= \frac{1}{N}\sum_{n=1}^{N} E[d(X_n, Y_n)] \\ &= E[d(X,Y)] \\ &= \sum_{k=1}^{M} \int_{T_{k-1}}^{T_k} d(x, q_k) p(x)\,\mathrm{d}x \end{aligned} \tag{2.37}$$

一般来讲，标量量化器输出符号的概率分布不一定是均匀分布。量化器输出的最大

可能比特速率 R_M^* 为

$$R_M^* = \log_2 M \tag{2.38}$$

信息传输速率 R_M、平均失真 D_M 和二元符号速率 R_M^* 是标量量化器的三个主要性能指标，选择不同的 T_k 和 q_k，量化器将有不同的 R_M、D_M 和 R_M^*。

2. 矢量量化

在前面所述的标量量化中，都是对每个信源符号单独处理。这样的处理方法忽略了信源符号之间的相关性，因此信源的冗余度没有得到有效的压缩。通过将多个符号构成的序列作为一个整体进行量化的方法可以避免标量量化的固有缺点，这种方法称为矢量量化。

先将待编码的信源符号序列划分为一个个等长的分组，每个分组含有若干个符号，形成一个矢量。每个矢量与预先生成的矢量码书中的每个码字进行比较，求出相应的失真，然后用失真最小的码字的编号作为量化器的输出就实现了矢量量化。

由于在解码端有一个同样的码书，所以译码工作只是通过接收的码字序号在码书中搜索相应的码字，算法简单，容易实现。

矢量量化的关键在于矢量码书的构造，目前最流行的算法是由 Y. Linde、A. Buzo 和 R. M. Gray 共同提出的 LBG 算法：

(1) 采集用于构造码书的训练数据，为了得到性能较好的矢量码书，一般要求训练样本的数量 N 和码字的个数 L 满足 $N \geqslant 20L$。

(2) 构造初始码书，常用的构造方法有随机码书法、白噪声码书法等。

(3) 按照初始码书对所有的训练样本进行矢量量化，得到分属不同码字的 L 个样本集合和相应的量化误差。

(4) 对每个样本集合进行聚类，根据聚类的结果修正初始码字，得到新的码书。

(5) 判断量化误差是否小于门限值，迭代次数是否超出规定值，若是，则训练结束，否则转第(3)步继续。

矢量量化中第二个重要的问题是量化误差的度量问题，即如何选择一个能准确反映量化前后失真大小的度量函数。这个问题与被编码对象的具体特性有关，没有一个统一的答案。

矢量量化的第三个问题是搜索运算量问题。在量化的过程中，需要计算待量化矢量与所有码字的失真，然后选取失真最小的码字。当码书的规模较大时需要很大的计算量。可以通过为码书安排某种特定的结构（如二叉树）来有效地降低运算量。

矢量量化具有如下特点：

(1) 矢量维数 N 越大，量化失真越小；

(2) 码字个数 L 越大，量化失真越小，相应的存储空间开销和搜索时间开销也越大。

3. 变换编码

为了去除信源符号之间的相关性，通常将信源符号序列划分为较长的分组，然后对每个分组进行统一编码。这仅仅是去除相关性的最简单的一种方法。还可以通过某种数学变换来去除信源符号之间的相关性。

将信源符号经过数学变换后再进行编码就称为变换编码。常用的数学变换有:傅里叶(Fourier)变换、小波(Wavelet)变换、沃尔什-哈达玛(Walsh-Hadamard)变换、K-L(Karhunen-Loeve)变换、余弦变换、正弦变换等。其中,K-L变换去相关性最好,但算法复杂,实现困难;而离散余弦变换(Discrete Cosine Transform, DCT)的性能接近K-L变换,也容易实现,被选为众多图像压缩编码技术标准的基本算法。

4. 预测编码

预测编码的概念最早是由PeterElias在1955年提出的,它是目前得到广泛应用的一种实用的熵压缩树码。

在预测编码的编码器和解码器中都存储有过去的符号值,并以此来预测或估计未来符号的值。编码器的输出不是信源符号本身,而是实际信源符号与预测值之间的差值。在解码端,解码器将接收到的这一差值与解码器的预测值相加,从而恢复信源符号。预测编码的编解码过程如图2.3和图2.4所示。

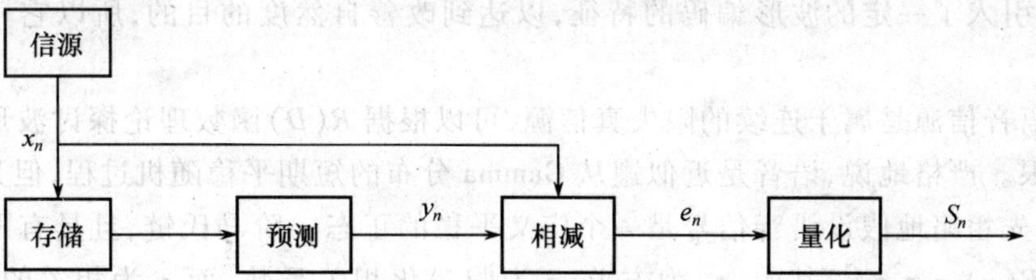

图2.3 预测编码器

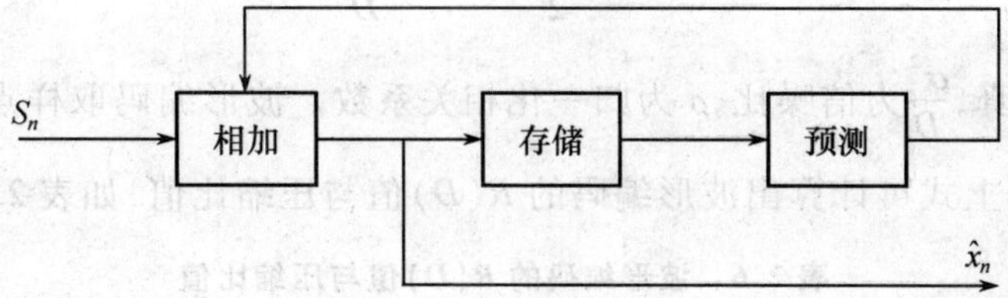

图2.4 预测解码器

根据预测器中预测值与信源符号过去时刻的值之间的函数关系,可将预测器分为线性预测器和非线性预测器,相应的预测编码称为线性预测编码和非线性预测编码。

设信源输出的符号序列为$(\cdots,x_{-2},x_{-1},x_0,x_1,x_2,\cdots)$,预测器根据所存储的过去的符号值对时刻$n$的符号进行预测,得到的预测值$y_n$与实际值$x_n$之间的差值称为预测误差$e_n$,则有

$$e_n = y_n - x_n \tag{2.39}$$

预测编码设计中的核心问题是如何选取预测函数以使预测误差 e_n 满足某种最佳条件。常见的几种条件是最小均方误差、最小平均决定误差和最大零误差概率。

不同准则下的最佳预测给出不同的预测值和不同的预测误差值,但是预测误差的分布与信源符号的一维分布具有相同的形状,其差别只是因为减去预测值所导致的分布的平移。

2.4 音频编码

语音压缩编码可划分为三大类型:波形编码、参量编码和混合编码。波形编码的目的是在接收端企图恢复发送端原始语音的波形,并以波形保真度即自然度为主要度量指标。参量编码不同于波形编码,其主要以跟踪波形产生的过程且仅传送反映波形产生的主要变化参量,并且这些参量在接收端根据语音产生过程的机理以恢复语音,故又称为声码器,其主要度量指标是可懂度。混合编码则介于波形编码与参量编码之间,即在参量编码的基础上,引入了一定的波形编码的特征,以达到改善自然度的目的,所以它一般也称为软声码器。

由于语音信源是属于连续的限失真信源,可以根据 $R(D)$ 函数理论探讨波形编码的理论压缩极限。严格地说,语音是近似遵从 Gamma 分布的短期平稳随机过程,但为了分析计算方便,首先粗略地假设语音信号是一个广义平稳的正态一阶马氏链,且具有下列形式的相关矩阵 $R(\tau)=\sigma^2\rho^{|\tau|}$,其中 σ^2 为方差,ρ 为归一化相关系数,而 τ 为相关的变化区间。其次取均方误差作为保真度准则。根据信息论可得

$$R(D) = \frac{1}{2}\log\frac{\sigma^2(1-\rho^2)}{D} \tag{2.40}$$

其中,D 为允许失真,$\frac{\sigma^2}{D}$为信噪比,ρ 为归一化相关系数。波形编码取样点间的相关系数大约为 0.96,则根据上式可计算出波形编码的 $R(D)$ 值与压缩比值,如表 2.6 所示。

表 2.6 波形编码的 $R(D)$ 值与压缩比值

信噪比/dB	35	32	28	25	23	20	17
$R(D)$值/b	4	3.5	2.5	2.34	2	1.5	1
压缩倍数	2	2.28	3.2	3.42	4	5.3	8

由上述分析,若要语音基本上达到公用网入网信噪比标准大约大于 26 dB,理论压缩倍数大约为 3.4,进一步考虑到实际语音分布和主观因素影响后,大约为 4 倍左右,即 16 kb/s。

对于参量编码,度量其质量的指标不再是保真度,而是可懂度,因此采用均方准则下的 $R(D)$ 函数计算不太适合,可利用参量编码所要求传送音素的信息率作估算。在语音分析中,语音最基本的组成单元是音素。以英语为例,其音素大约有 128 ~ 256 个,若按照通常讲话速率,每秒大约平均发出 10 个音素,这时语音信源给出信息率为

$$I = \log(256)^{10} = 80 \text{ b/s} \text{ 或 } I = \log(128)^{10} = 70 \text{ b/s}$$

可见,在不考虑讲话人音质和情绪等信息的情况下,仅从可懂度出发,语音最低理论信息率约为 70 ~ 80 b/s,与目前常用 PCM 语音 64 kb/s 相比,其理论压缩比为 $K = 64\ 000/70 = 914$(倍) 或 $K = 64\ 000/80 = 800$(倍),即 800 ~ 900 倍。

2.4.1 波形编码 ADPCM 的基本原理

自适应差分脉冲编码调制(Adaptive Differential Pulse Code Modulation, ADPCM)是在差分脉冲编码调制(Differential Pulse Code Modulation, DPCM)的基础上发展起来的。即根据信号的过去样值预测下一个样值,并将预测误差加以量化、编码后进行传输。由于预测误差的幅度变化范围小于原信号的幅度变化范围,因此在相同量化噪声条件下,DPCM 的量化比特数少于 PCM,从而达到语音压缩编码的目的。ADPCM 与 DPCM 主要区别在于:ADPCM 中的量化器和预测器采用了自适应控制,同时在解码器中多了一个同步编码调整,其作用是为了在同步级联时不产生误差积累。

20 世纪 80 年代以来,32 kb/s ADPCM 具有与 PCM 相近的质量,且能节省一半的信道容量,故受到重视。1984 年 CCITT 提出 G721 建议,采用动态锁定量化器(具有自适应控制 32 kb/s 自适应量化器),并以它作为国际标准化的语音编码方法。1986 年又对 G721 建议进行了修正,称 G726 建议。G721 建议的编、解码方框图如图 2.5 和图 2.6 所示。

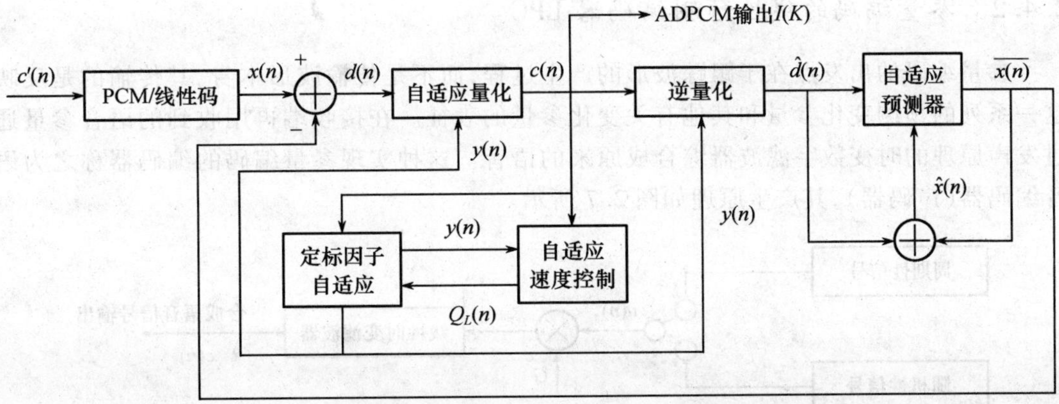

图 2.5 32 kb/s ADPCM 编码系统图

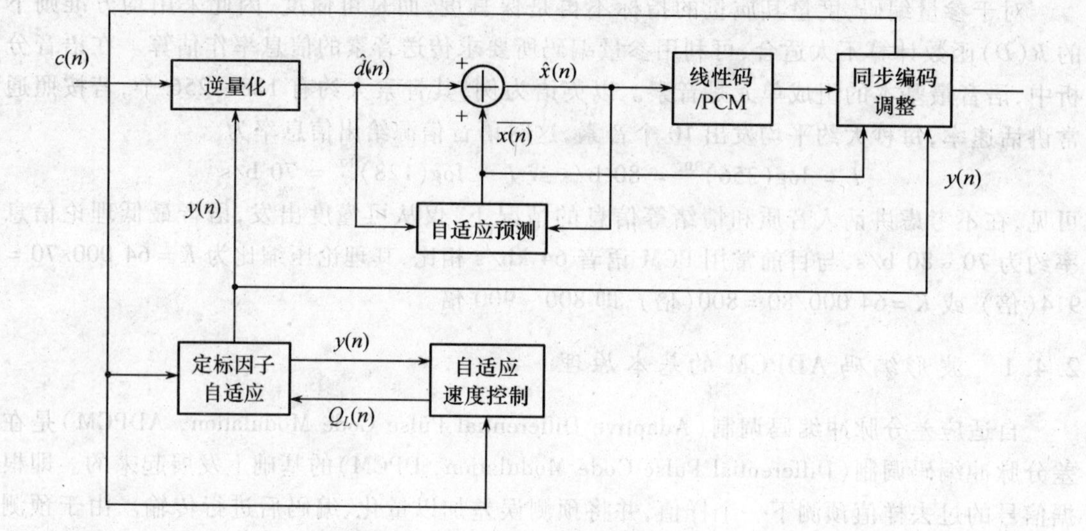

图 2.6 32 kb/s ADPCM 解码系统

从图 2.5 和图 2.6 中可见，编码器的输入信号为 PCM 码 $c'(n)$，经过 PCM/线性码转换，将 8 位非线性 PCM 码变换成 12 位线性码 $x(n)$，而 16 阶电平自适应量化器把差值信号 $d(n)$ 转化成 4 位二进制码 $c(n)$。为了使量化器能适应不同统计特性的输入信号，根据输入信号性质改变自适应速度参数来控制量化阶距大小，这一电路是由定标因子自适应和自适应速度控制两部分电路实现。解码器中解码过程大部分与编码器电路相同，只是多了一个同步编码调整电路，它的作用是为了使同步级联（指 PCM/DPCM→DPCM/PCM→PCM/DPCM→…DPCM/PCM 链路联结）工作时不产生误差积累。

2.4.2 参量编码的线性预测编码器 LPC

参量编码的出发点在于跟踪波形的产生过程，而不是传输波形本身，其传输的是反映这一系列的预测变化参量和其他有关变化参量的表征。在接收端再用收到的语音参量通过发声原理的时变数字滤波器综合成原来的语音。这种实现参量编码的编码器称之为语音编码器（声码器），其产生原理如图 2.7 所示。

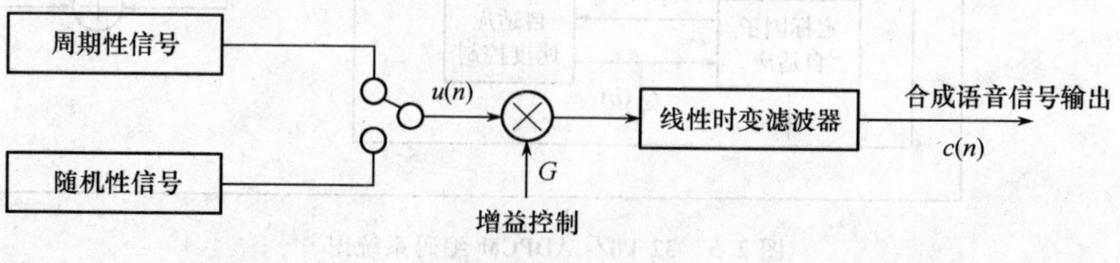

图 2.7 语音产生模型

图 2.7 中 $u(n)$ 是波形产生的激励参量，$c(n)$ 是输出的语音。而线性时变滤波器的系数则可以通过线性预测等技术获得。在一般情况下需要有 12 个系数 $\{a_i\}$ $(i=1,2,\cdots,12)$。此外，还有 3 个重要参量，即音调（基音）周期 P、清浊音判断 u/v 和代表语音强弱的增益控制参量 G。可见，语音信号中所包含的主要信息就由这 15 个参量所决定。这 15 个参量可通过对每帧语音进行分析求得，然后将其进行量化、编码传送给接收端。接收端用接收到的这 15 个参量和发声机制模型综合、复合出语音信号。其中，线性时变滤波器的系数由收到的 12 个参量 $\{a_i\}$ $(i=1,2,\cdots,12)$ 控制，激励器幅度则受增益参量 G 的控制。采用哪一类信号源则由收到的清浊音判断 u/v 决定，发清音时，激励伪随机白噪声源；发浊音时，激励是由基音周期控制的准周期脉冲源。采用这种编码方式进行语音信号有效传输的系统称之为线性预测编码器（Linear Predictive Coding，LPC），其实现方框图如图 2.8 所示。

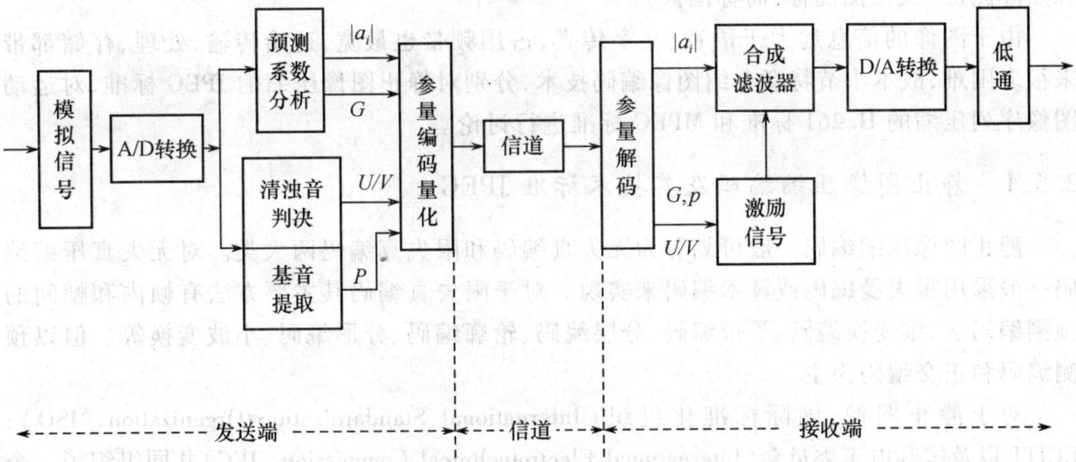

图 2.8 线性预测编解码框图

由图 2.8 可知 LPC 系统的基本结构以及提取 LPC 参量的方法。语音参量取得后就直接将它们量化编码传送出去，这种直接递归算法对于系数变化十分敏感，很容易造成系统不稳定。为了保持预测器的稳定就要求有较高预测精度，即需要较高比特的量化，为了获得满意综合语音质量，一般对每个预测系数需用 11 bit 编码。这样 12 个预测系数就需 $11 \times 12 = 132$ bit，再加上音调 6 bit，增益 5 bit，清浊音判断 1 bit，总共在一帧内需要 144 bit。若语音按每 10 ms 或 20 ms 1 帧，总比特数将达 14.4 kb/s（或 7.2 kb/s）。这对 LPC 来说显然速率偏高，故经常采用一类反射系数格形算法，用对数面积比系数代替预测系数可进一步降低传送的比特率。

线性预测分析目前仍是声码器技术的主流。但近年来在以下三个方面值得注意：

(1) 提高合成语音质量（如采用余数激励声码器 RELP、多脉冲激励声码器 MELP 以及声道参数模型的改善等措施）；

（2）进一步降低速率（如采用变换技术、优化编码、矢量编码技术等）；

（3）参量自适应特性，一般预测系数$\{a_i\}$自适应范围大致在30次/s至400次/s，而对音调基音周期P和增益G的时间自适应范围大致在100次/s至200次/s。

2.5 视频编码

视觉是人类最重要的感觉器官，外部世界丰富多彩的信息大多数（70%以上）是通过视觉感知的。从表现形态上看，各种物理图像的数字表示有静止图像和活动图像两大类。活动图像又称为运动图像或序列图像，以电视信号为典型载体；而静止图像可看成活动图像序列中某一帧画面的定格或冻结，按其描述方法的不同，又可分为矢量图像（简称图形）和点阵图像（或位图图像，简称图像）。

由于图像的信息远大于语音、文字传真，占用频带也最宽，这给传输、处理、存储都带来很多困难，故本小节特意介绍图像编码技术，分别对静止图像压缩的JPEG标准、对运动图像序列压缩的H.261标准和MPEG标准进行讨论。

2.5.1 静止图像压缩编码及其技术标准JPEG

静止图像压缩编码一般可划分为无失真编码和限失真编码两大类。对无失真压缩编码一般采用霍夫曼编码或算术编码来实现。对于限失真编码其主要方法有帧内和帧间的预测编码、二维变换编码、子带编码、分层编码、轮廓编码、分形编码、小波变换等。但以预测编码和正交编码为主。

对于静止图像，国际标准化组织（International Standardization Organization，ISO）、CCITT以及国际电工委员会（International Electrotechnical Commission，IEC）共同组织了一个专家小组共同研究并制定了标准，人们称为JPEG标准（Joint Photographic Experts Group）。

JPEG标准分为两类：基于DPCM的无失真编码系统和基于DCT的限失真编码系统。JPEG标准按照CCIR601建议，对自然景色图像，按$Y:C_r:C_b=4:2:2$格式标准，经16 b/Pixel变化，其处理结果如下：

（1）压缩100倍，即将16 b/Pixel压缩到0.15 b/Pixel。对这类高压缩比，压缩后图像仍可识别，并可满足某些应用。

（2）压缩64倍，即将16 b/Pixel压缩到0.25 b/Pixel。对这类较高压缩比，压缩后图像质量较好，并选定多数应用。

（3）压缩20倍，即将16 b/Pixel压缩到0.75 b/Pixel。对这类一般压缩比，压缩后图像质量很好，可满足大多数应用。

（4）压缩10倍，即将16 b/Pixel压缩到1.5 b/Pixel。对这类较低压缩比，压缩后图像质量已看不出与原始图像的差异。

1. 基于 DPCM 的无失真编码系统

无失真编码又称为可逆编码，是一种信息保持的技术产生失真的编码，其压缩比较低（一般为 4 倍左右）。它是以二维空间 DPCM 方式为基础加上以霍夫曼编码或者算术编码方式实现的熵编码，这种无失真编码系统是后加进 JPEG 标准的，其实现原理图如图 2.9 所示。

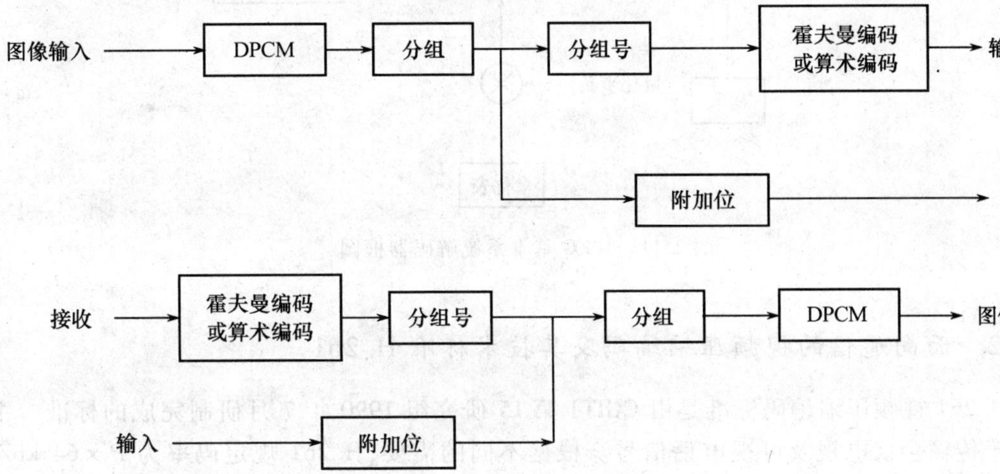

图 2.9 JPEG 的无失真编码系统

2. DCT 的限失真编码系统

它是以离散余弦变换 DCT 为基础，并辅以量化的熵编码，属于不可逆压缩编码。它可以用较少的比特数获得较好的图像质量，是 JPEG 标准的主流和基础。此系统可分为两大系统：基本系统，即保证必需的功能，实现编、解码最小功能集；扩展系统，即为扩展应用而设置，可用的编译码器由可选功能决定，但若同一功能对方不存在，扩展系统应返回到基本系统。其基本系统编码器和解码器框图分别如图 2.10、图 2.11 所示。在该系统框图中

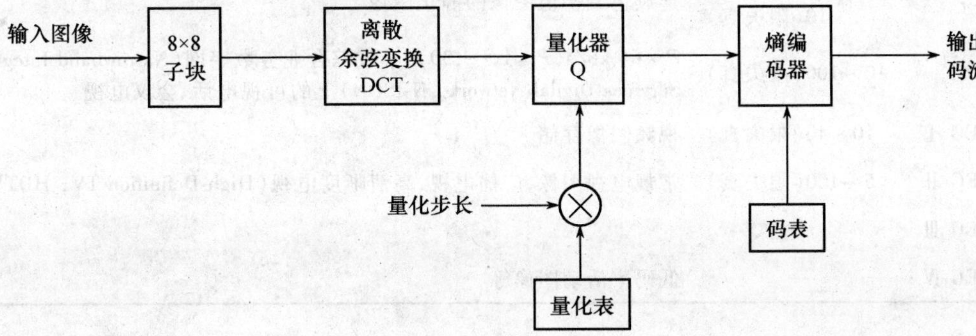

图 2.10 JPEG 基本系统编码器框图

熵编码既可用霍夫曼编码也可采用算术编码，但其 DCT 的交直流分量编码方式不同，编、解码器所采用的量化表和码表必须一致，彩色图像应按亮度和色亮比例分量输入，然后对其压缩一起输出。

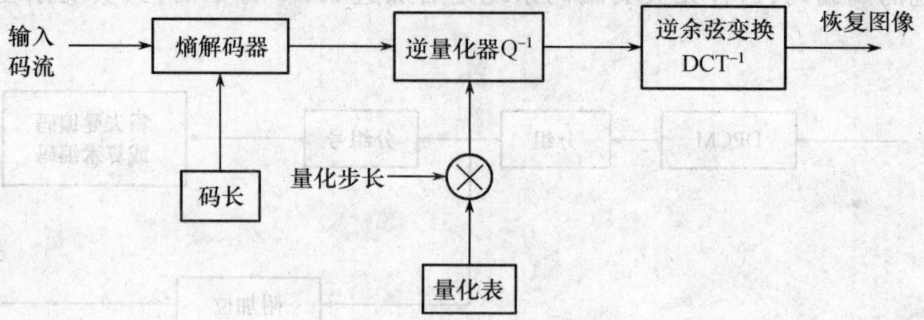

图 2.11 JPEG 基本系统解码器框图

2.5.2 面向通信的视频压缩编码及其技术标准 H.261

H.261 视频压缩编码标准是由 CCITT 第 15 研究组 1990 年 7 月研制完成的标准。主要用于传输会议电视及可视电话信号。根据不同的需要，H.261 规定码率为 $P\times 64$ kb/s（$P=1\sim 30$）。由于在国际上电视形式没有统一标准，而会议电视和可视电话都是按照所在国家电视标准制定的，为了解决不同制式的传输问题，H.261 采用了统一的中间格式 CIF 和 QCIF（见表 2.7、表 2.8）。H.261 图像编码采用块匹配运动补偿和二维 DCT 变换，其系统框图如图 2.12 所示。

表 2.7 图像压缩编码标准

标准	一般压缩比	应用范围
JBIG	10（无失真）	二值图像，也可用于灰度图像无失真压缩
JPEG	4（无失真） 10（限失真）	连续色调多值图像的静止图像
H.261	10 ~ 100（限失真）	$P\times 64$ kb/s（$P=1,\cdots,30$），窄带综合业务数字网（Narrowband Integrated Services Digital Network，N-ISDN）上的可视电话、会议电视
MPEG Ⅰ	10 ~ 40（限失真）	视频图像存储
MPEG Ⅱ	5 ~ 100（限失真）	常规电视图像，广播电视，高清晰度电视（High-Definition TV，HDTV）
MPEG Ⅲ	—	
MPEG Ⅳ	—	低码率活动图像等

表 2.8 数字电视的原始数码率

	量化比特	每行样量	每帧行数	帧频	色度因子	数字码率
HDTV SMPTE24oM	8	1 920	1 080	30	1.5	746.5 Mb/s
CCIR 601PAL	8	720	576	25	2	165.9 Mb/s
CCIR 601NTSC	8	720	480	30	2	165.9 Mb/s
CIF	8	352	288	30	1.5	36.5 Mb/s
QCIF	8	176	144	30	1.5	9.1 Mb/s

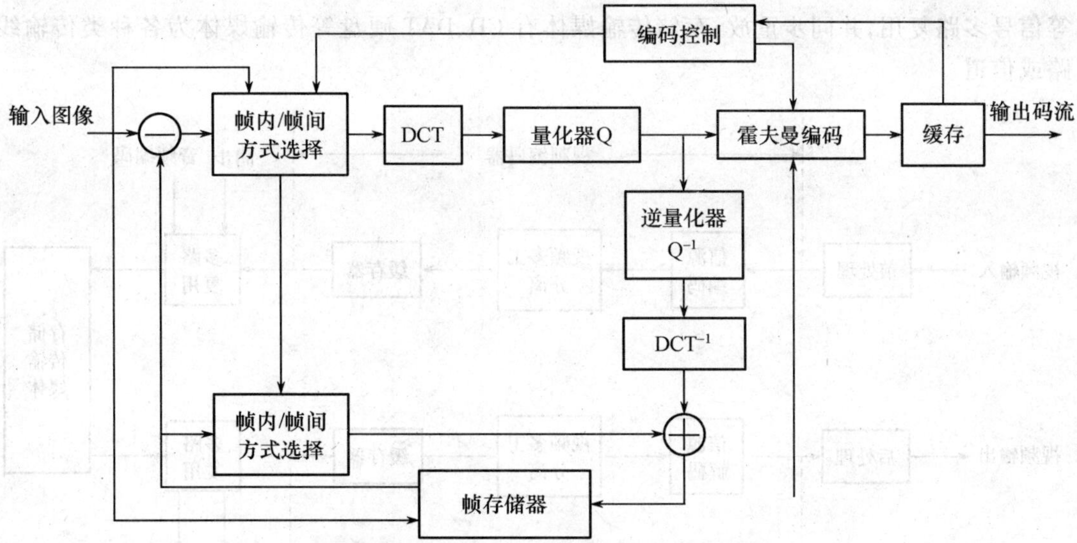

图 2.12 H.261 编码系统框图

H.261 编码的关键步骤是：

（1）通过运动估值器计算运动矢量，并进行运动补偿的帧间预测，以消除图像在时间域内的相关性。

（2）将经过帧间预测后的误差进行 8×8 像素的离散余弦变换 DCT，以消除图像在空间域内的相关性。

（3）对 DCT 系数进行自适应量化，以充分利用人眼视觉生理特性。

（4）利用霍夫曼变长的熵编码，实现统计匹配编码。

（5）采用输出缓冲存储器，以实现平滑数码流，达到保持输出码率恒定的目的。

2.5.3　活动图像压缩编码及其技术标准 MPEG

国际标准化组织和图像电工委员会于 1988 年正式成立了一个研究活动图像的专家组(Moving Picture Experts Group——MPEG)。最初工作是拟建立 1.5 Mb/s、10 Mb/s、40 Mb/s 三种码率的国际标准,又分别称为 MPEG-1、MPEG-2、MPEG-3,后因 MPEG-3 的功能完全可由 MPEG-2 所涵盖,没有形成任何正式文件,于 1992 年被取消。另外,MPEG-4 的标准制定工作亦于 1992 年开始进行,它是一种极低码率下的可视音频编码标准。介于本书篇幅原因,本节将只介绍 MPEG-1 标准。MPEG-1 视频编译码系统框图如图 2.13 所示。其中:前处理的主要功能是将各种输入视频信号变换成编码器所需要的数据格式;视频编码器的主要功能是对视频信号进行压缩编码处理;多路复用器将视频、音频、同步等信号多路复用,并同步重放;存储传输媒体有 CD、DAT 硬盘等传输媒体为各种类传输线路或信道。

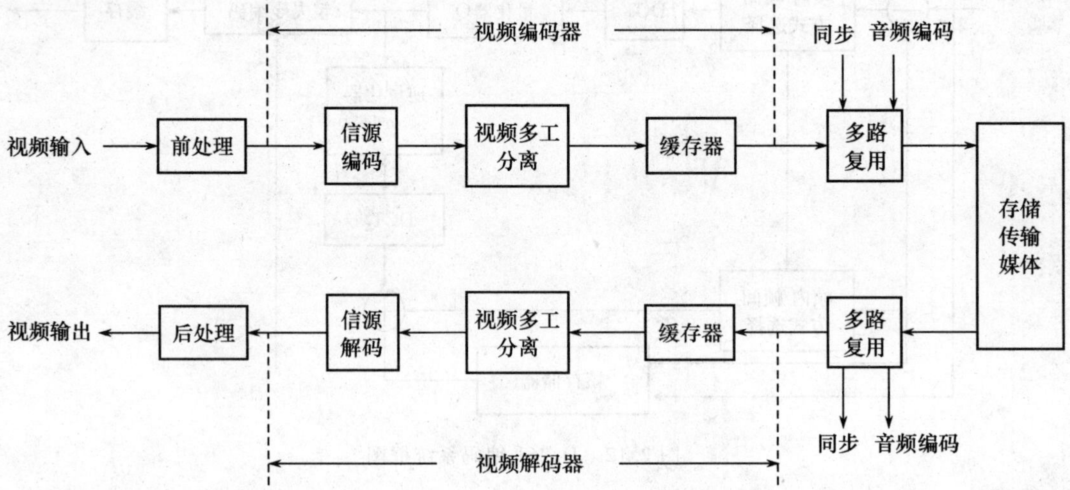

图 2.13　MPEG-1 视频编解码系统框图

下面重点介绍视频编码器,其原理方框图如图 2.14 所示。MPEG-1 视频压缩编码的基本技术与 H.261 差不多,都采用了 DCT、DPCM,自适应量化以及运动补偿等技术。为了获得高压缩比,采用帧内压缩减少空间相关性,帧间压缩减少时间相关性,这样必然要给数据的随机存储带来一些困难。

MPEG-1 标准图像帧也分为三类:I 帧、P 帧和 B 帧。

(1) I 帧,即帧内编码帧,与 H.261 帧编码方法相同。

(2) P 帧,即前向预测编码帧,与 H.261 帧编码方法相同。

(3) B 帧,即双向预测编码帧,B 帧插于 I 帧和 P 帧或 P 帧和 P 帧之间,B 帧由前后相

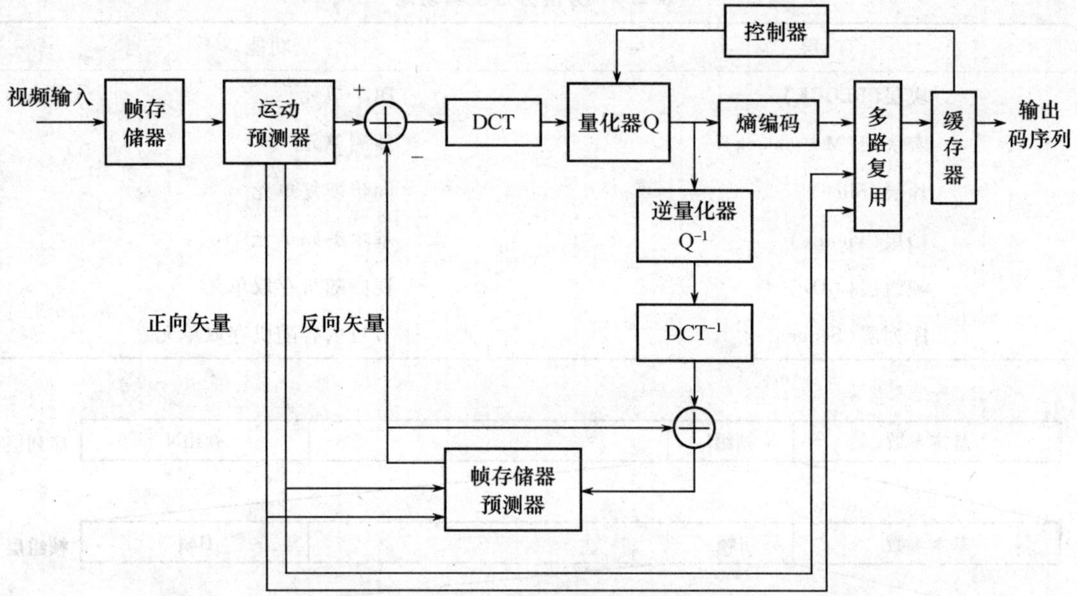

图 2.14 MPEG－1 视频编码器方框图

邻部分 I 帧或 P 帧运动补偿后，再对其补偿误差进行 DCT 变换编码。

由于存在双向预测编码问题，编码器需对输入图像序列重新排序，它是由视频输入端帧存储器来完成的。重新排存示意图见图 2.15。在编码时将原帧序按图 2.15(b) 重新排序，而在解码时输入将恢复输入图像的原来帧序，如图 2.15(a) 所示。

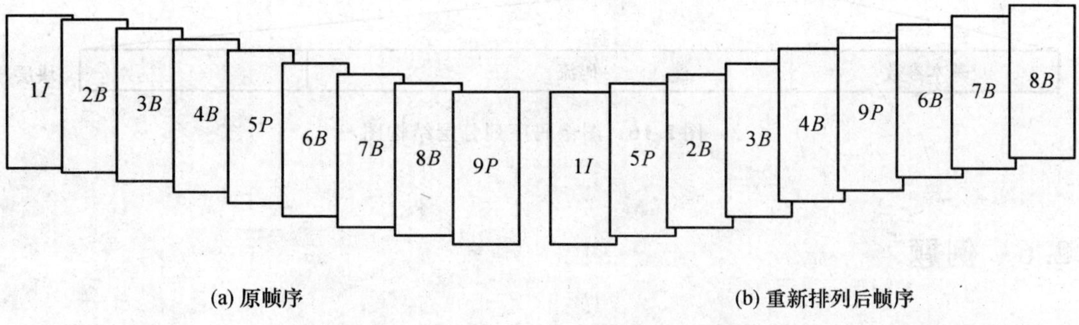

图 2.15 MPEG 输入图像序列重新排列示意图

MPEG 标准的码序列的分层结构由 6 个层构成，各层的功能、分层方法、结构及其实际图像的关系分别如表 2.9、图 2.16 所示。

表 2.9　分层方法及其功能

层	功能
块层(BLOCK)	DCT 单元
宏块层(Macroblock)	预测单元
片层(Slice)	同步恢复单元
帧层(Picture)	基本编码单元
帧组层(GOP)	视频随机存取单元
序列层(Sequence)	节目内容随机存取单元

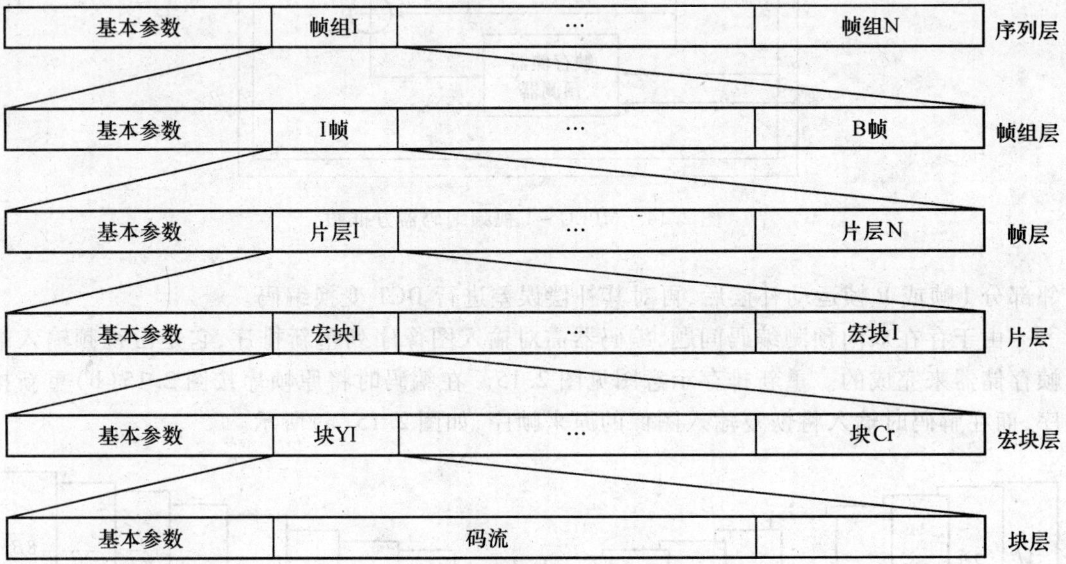

图 2.16　图像码序列分层结构图

2.6　例题

例 2.1　对于编码{000，10，00，11}，请分别回答：

(1) 此码的码长分布是否满足 Kraft-McMillan 不等式？

(2) 此码是否是即时码？

(3) 此码是否是唯一可译码？

解：

(1) 此码满足 Kraft-McMillan 不等式

$$\frac{1}{2^3}+\frac{1}{2^2}+\frac{1}{2^2}+\frac{1}{2^2}=\frac{7}{8}<1$$

(2) 此码不是即时码,因为码字 00 是码字 000 的前缀。

(3) 此码不是唯一可译码,因为符号序列 000000 可以译码为 00, 00, 00,也可以译码为 000, 000。

例 2.2 设 X_1, X_2, X_3 为独立的二进制随机变量,并且有 $P\{X_1=1\}=\frac{1}{2}, P\{X_2=1\}=\frac{1}{3}, P\{X_3=1\}=\frac{1}{4}$,请给出联合随机变量 (X_1, X_2, X_3) 的霍夫曼编码,并求其平均码长。

解:由题意,可以得到联合随机变量 (X_1, X_2, X_3) 的概率分布,如表 2.10 所示。

表 2.10 例 2.2 联合随机变量 (X_1, X_2, X_3) 的概率分布

$x_1x_2x_3$	$p(x_1x_2x_3)$	$x_1x_2x_3$	$p(x_1x_2x_3)$
000	1/4	100	1/4
001	1/12	101	1/12
010	1/8	110	1/8
011	1/24	111	1/24

然后根据霍夫曼编码算法得到编码结果如表 2.11 所示。

表 2.11 例 2.2 编码结果

$x_1x_2x_3$	码字	$x_1x_2x_3$	码字
000	01	100	10
001	0000	101	0001
010	001	110	110
011	1110	111	1111

平均码长为 $\bar{L}=2\times2\times\frac{1}{4}+2\times4\times\frac{1}{12}+2\times3\times\frac{1}{8}+2\times4\times\frac{1}{24}=2.75$

例 2.3 请问下述编码中哪些不可能是任何概率分布对应的霍夫曼编码:

(1) {0, 10, 11}。

(2) {00, 01, 10, 110}。

解:

(1) {0, 10, 11} 是概率分布 {1/2, 1/4, 1/4} 的霍夫曼编码。

(2) {00, 01, 10, 110} 可以被改进为 {00, 01, 10, 11} 而不丧失其即时可译性,因此原码不是最佳码,因此也就不是一个霍夫曼编码。

例 2.4 利用 $R(D)$ 的性质，画出一般 $R(D)$ 的曲线，并说明其物理意义。试问为什么 $R(D)$ 是非负且非增的？

解：由 $R(D_{\min}) = H(X)$ 和 $R(D_{\max}) = 0$ 可以定出 $R(D)$ 的两个端点。再根据 $R(D)$ 在其定义域内非负、下凸和严格递减，可以得到如图 2.17 所示曲线（$D_{\min} = 0$）。

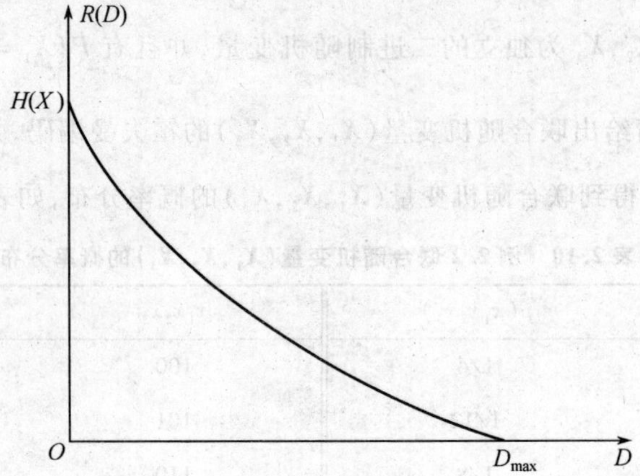

图 2.17 例 2.4 图

因为 $R(D)$ 的物理意义为满足失真度不大于 D 的最小信息速率，而信息速率一定是非负的，所以整个曲线非负。

允许的失真门限越大，信息速率就可以降得越低，所以曲线是严格递减的。

练习题

1. 通信系统中进行信源编码的目的是什么？
2. 设有一离散信源：

$$\begin{Bmatrix} S \\ P \end{Bmatrix} = \begin{Bmatrix} s_1 & s_2 & s_3 & s_4 & s_5 & s_6 & s_7 \\ 0.20 & 0.19 & 0.18 & 0.17 & 0.15 & 0.10 & 0.01 \end{Bmatrix}$$

试用香农编码法编成二元唯一可译码，并计算其编码效率。

3. 设有一离散信源：

$$\begin{Bmatrix} S \\ P \end{Bmatrix} = \begin{Bmatrix} s_1 & s_2 & s_3 & s_4 & s_5 & s_6 & s_7 & s_8 & s_9 \\ 0.49 & 0.14 & 0.14 & 0.07 & 0.07 & 0.04 & 0.02 & 0.02 & 0.01 \end{Bmatrix}$$

试用霍夫曼码编成二元唯一可译码，并计算其编码效率。

4. 什么是信息率失真函数？它有哪些性质？
5. 熵压缩编码有哪几种具体算法？
6. MPEG 标准的码序列的分层结构中各层名称及其功能分别是什么？

参考文献

[1] 陈运.信息论与编码[M].北京:电子工业出版社,2007.

[2] 黎洪松.数字通信原理[M].西安:西安电子科技大学出版社,2005.

[3] 李亦农,李梅.信息论基础教程[M].北京:北京邮电大学出版社,2004.

[4] 田丽华.信息论、编码与密码学[M].西安:西安电子科技大学出版社,2008.

[5] 曲炜,朱诗兵,刘作学.信息论与编码理论[M].北京:科学出版社,2005.

[6] 余成波.信息论与编码[M].重庆:重庆大学出版社,2002.

[7] 桑林,郝建军,刘丹谱.数字通信[M].北京:北京邮电大学出版社,2002.

[8] 傅祖芸.信息论——基础理论与应用[M].北京:电子工业出版社,2001.

第3章　基带传输技术

名词术语释义

三阶高密度双极性码(High Density Bipolar, HDB3)　一种交替反转码的改进型,其连续0个数不超过3。

部分响应系统(Partial Response System)　一种无码间串扰基带传输系统,通过人为引入的受控码间串扰实现高频带利用率和快速衰减的冲击响应。

抽样判决器(Sample Sentence Browser)　对接收滤波器的输出进行判决,以恢复或再生基带信号。

传号交替反转码(Alternative Mark Inversion, AMI)　将二进制符号1交替编码为+1和-1的编码方式。

横向滤波器(Transversal Filter)　一种数字滤波器,由很多横向排列的延迟单元及抽头系数组成。

基带信号(Base-band Fignal)　来自数据终端的原始数据信号,通常从零频或零频附近开始,功率集中在一个有限带宽内。

均衡器(Equalizer)　在基带传输系统中插入的一种可调滤波器,用以补偿系统设计误差以及信道特性变化。

码间串扰(Intersymbol Crosstalk)　在当前判决码之上叠加的相邻码元的干扰。

脉冲幅度调制(Pulse Amplitude Modulation, PAM)　数字序列调制脉冲载波的幅度。

脉冲宽度调制(Pulse Density Modulation, PDM)　数字序列调制脉冲载波的宽度。

脉冲位置调制(Pulse Position Modulation, PPM)　数字序列调制脉冲载波的位置。

密勒码(Miller)　又称延迟调制码,双相码的一种变形。

奈奎斯特带宽(Nyquist Bandwidth)　在抽样时刻无码间串扰条件下基带系统所提供的最小传输带宽。

扰码(Scramble)　在不增加多余码元的情况下改变数字信号统计特性,使其有类似于白噪声的统计特性。

双相码(Manchester) 又称曼彻斯特码,用两个具有不同相位的新码取代二进制码的编码方式。

同步系统(Synchronization System) 提取同步信号,控制抽样判决器在适当时刻抽样。

误码增殖(BER Proliferation) 由于信道中产生的单个误码导致解码输出信息中出现多个错误的现象。

信号形成器(Signal Shaper) 通过码型变换和波形变换把原始基带信号变换成与信道匹配的信号。

眼图(Eye Pattern) 一种由多个随机码元波形共同形成的类似于人眼的稳定图形。

占空比(Duty Cycle) 码元不为零的时间占一个码元间隔的百分比。

未对载波调制的待传信号称为基带信号,所占的频带称为基带,基带的高限频率与低限频率之比通常远大于1。将基带信号的频谱搬移到较高的频带(用基带信号对载波进行调制)再传输,则称为频带传输。基带传输是一种不搬移基带信号频谱的传输方式。选用基带传输或频带传输,是与信道的适用频带有关的。例如,计算机或脉码调制电话终端机输出的数字脉冲信号是基带信号,可以利用电缆作基带传输,不必对载波进行调制和解调(通常经码型变换)。与频带传输相比,基带传输的优点是设备较简单,线路衰减小,有利于增加传输距离。对于不适合基带信号直接通过的信道(如无线信道),则可将脉冲信号经过数字调制后再传输。

基带传输广泛使用双绞线和同轴电缆等传送数字电话信号,同时,在数据传输方面的应用也日益扩大。频带传输系统中调制前和调制后对基带信号处理仍需利用基带传输原理,采用线性调制的频带传输系统可以变换为等效基带传输来分析。

3.1 数字基带传输的基本概念

来自数据终端的原始数据信号,如计算机输出的二进制序列,或者是来自模拟信号经数字化处理后的PCM码序列等都是数字信号,这些信号都有一个共同的特点,就是它的频谱都是从零频或者零频附近开始的,其功率主要集中在一个有限的频带,这种信号通常称为基带信号。在一些有线信道中,特别是传输距离不太远的情况下,数字基带信号可以不经过载波调制,只对其波形做适当调整(例如形成升余弦等)进行传输,这种传输方式称为数字信号的基带传输,该系统称为数字基带传输系统,显然基带传输系统具有低通的性质。而很多信道,例如无线信道,不能传输低频分量或直流分量,数字基带信号必须经过对高频载波信号进行数字调制传输,接收端通过相应解调器进行解调,由于数字调制信号的频带具有带通性质,所以也称为数字频带传输系统。

数字基带传输系统的基本结构如图3.1所示。它主要由信号形成器、信道、接收滤波器和抽样判决器组成。为了保证系统可靠有序地工作,还应有同步系统。

图中各部分的作用简述如下:基带传输系统的输入脉冲序列往往不适合直接送到信

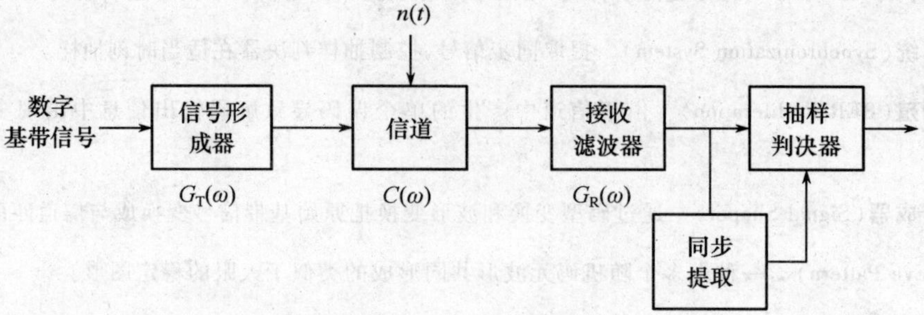

图 3.1 数字基带传输系统

道中传输。信号形成器的作用就是把原始基带信号变换成适合于信道传输的基带信号。这种变换主要是通过码型变换和波形变换来实现的,其目的是与信道匹配,便于传输,减小码间串扰,利于同步提取和抽样判决。信道是允许基带信号通过的介质,基带传输通常为有线信道。信道的传输特性一般不满足无失真传输条件,甚至是随机变化的,且还会有噪声。在通信系统的分析中,常常把噪声等效,集中在信道中引入。接收滤波器的主要作用是滤除带外噪声,对信道特性均衡,使输出的基带波形有利于抽样判决。抽样判决器是在传输特性不理想及噪声背景下,在规定时刻(由位定时脉冲控制)对接收滤波器的输出波形进行抽样判决,以恢复或再生基带信号。而用来抽样的位定时脉冲则依靠同步提取电路从接收信号中提取,位定时的准确与否将直接影响判决效果。

目前,虽然在实际应用中,数字基带传输不如频带传输那样广泛,但对于基带传输系统的研究仍是十分有意义的。一是因为在利用对称电缆构成的近程数据通信系统中广泛采用了这种传输方式;二是因为数字基带传输中包含频带传输的许多基本问题,也就是说,基带传输系统的许多问题也是频带传输系统必须考虑的问题;三是如果把调制解调部分看做是信道的组成部分,即信道是广义的信道,则所有的数字传输系统都可以看做是数字基带传输系统。

3.2 数字基带信号波形

数字脉冲传输有三种基本方法:用数字序列调制脉冲载波的幅度,可得到脉冲幅度调制(Pulse Amplitude Modulation, PAM)信号;调制脉冲载波的位置,得到脉冲位置调制(Pulse Position Modulation, PPM)信号;调制脉冲载波的宽度,得到脉冲宽度调制(Pulse Duration Modulation, PDM)信号。由于脉冲幅度调制的频带利用率高,所以数字 PAM 信号特别适用于在限带基带信道中传输,故本章仅考虑 PAM。

3.2.1 基带信号时域表示

数字 PAM 信号是以脉冲载波的幅度携带数字信息。产生 M 进制 PAM(MPAM)信号的原理框图如图 3.2 所示。

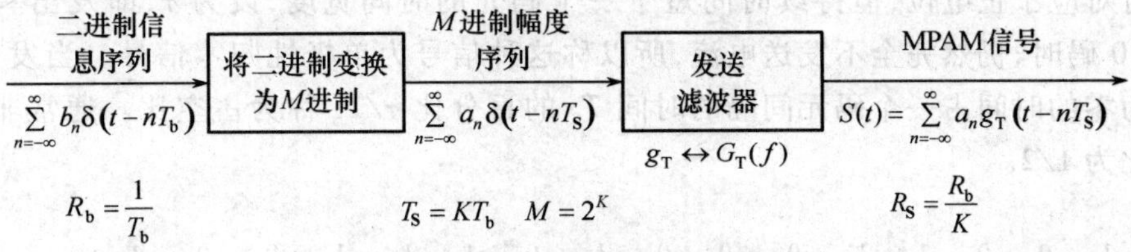

图 3.2 MPAM 信号产生原理框图

MPAM 数字信号一般可以表示为如下形式的时间函数：

$$S(t) = \sum_{n=-\infty}^{\infty} a_n g_T(t - nT_S) \tag{3.1}$$

MPAM 信号波形也可表示为另一形式：

$$s_i(t) = a_i g_T(t) \quad i = 1,2,\cdots,M \quad 0 \leqslant t \leqslant T \tag{3.2}$$

其中,$\{a_i, i=1,2,\cdots,M\}$ 表示与 M 进制符号相对应的 M 个可能的离散值。

对于 MPAM 来说,在 M 进制符号间隔 T_S 内,每输入 K 个二进制符号,可映射为 M 个可能信号波形 $s_i(t)$ 之一,而其中 MPAM 信号波形的形状由 $g_T(t)$ 决定。

数字基带信号的类型很多,下面以四种矩形脉冲构成的基带信号为例来研究这些基带信号的时域波形。四种信号包括单极性非归零信号、单极性归零信号、双极性非归零信号和双极性归零信号。

1. 单极性非归零信号

假设消息代码由二进制符号 0、1 组成,则单极性非归零信号的时域波形如图 3.3 所示。非归零(No Return-to-Zero,NRZ)是指基本脉冲的波形在一个码元的持续时间 T_S 内,脉冲不会降到 0 电平。这种码型的特点是容易产生,但由于其功率谱含有直流分量以及

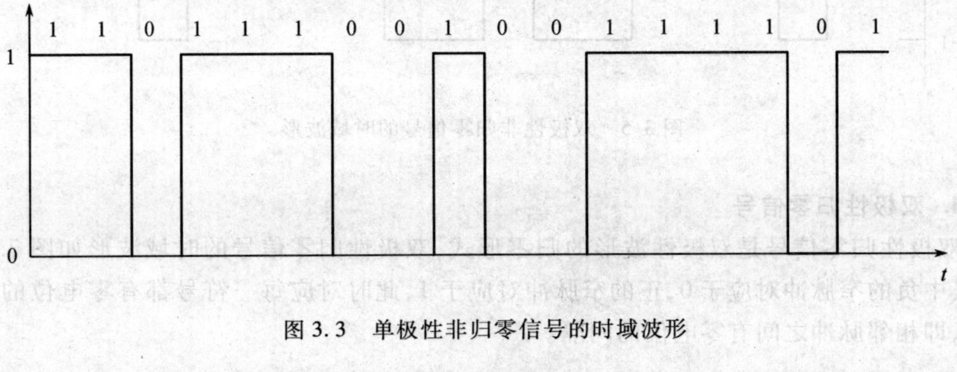

图 3.3 单极性非归零信号的时域波形

在零频附近的功率谱密度比较大，传输通道必须要有直流通路，所以这种码型不适合远距离传输。

2. 单极性归零信号

假设消息代码由二进制符号0、1组成，则单极性归零信号的时域波形如图3.4所示，发1码时对应于正电位，但持续时间短于一个码元的时间宽度，设为τ，即发出一个窄脉冲，当发0码时，仍然完全不发送电流，所以称这种信号为单极性归零信号。当发1码时，码元不为零的时间占一个码元间隔的时间T_S的百分比τ/T_S称为占空比。通常非归零码的占空比为1/2。

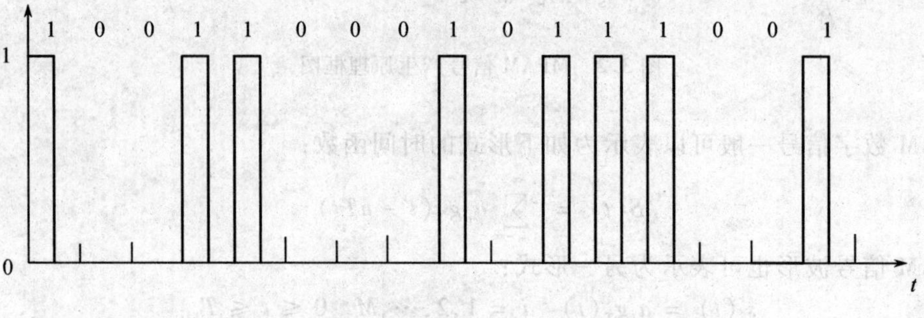

图3.4 单极性归零信号的时域波形

3. 双极性非归零信号

假设消息代码由二进制符号0、1组成，则双极性非归零信号的时域波形如图3.5所示，其中基带信号的负电位对应于0，正电位对应于1。

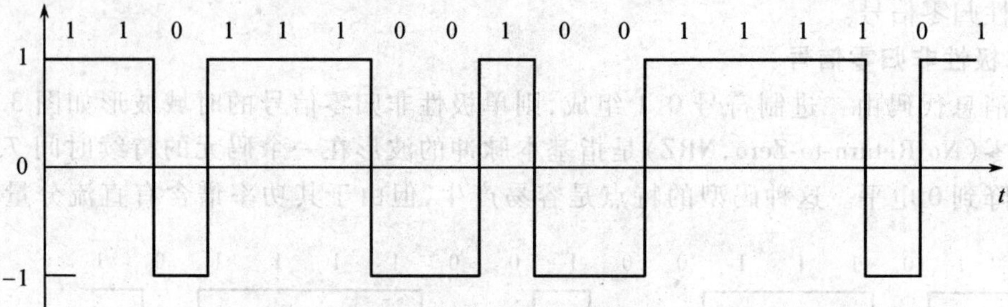

图3.5 双极性非归零信号的时域波形

4. 双极性归零信号

双极性归零信号是双极性波形的归零形式，双极性归零信号的时域波形如图3.6所示，其中负的窄脉冲对应于0，正的窄脉冲对应于1，此时对应每一符号都有零电位的间隙产生，即相邻脉冲之间有零电位的间隔。

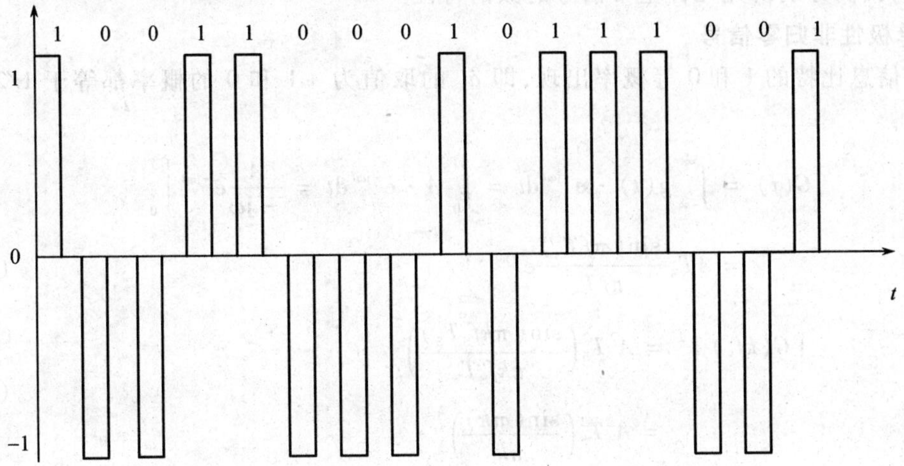

图 3.6 双极性归零信号的时域波形

3.2.2 基带信号频域表示

由于基带信号一般是随机的,频域的特性是由功率谱描述的。数字基带信号的功率谱可以通过理论分析得到一个功率谱表达式,也可以通过计算机仿真求得。理论分析一般先求数字基带信号的自相关函数,然后根据维纳-辛钦定理,用傅氏变换的方法求得其功率谱密度函数。

随机过程功率谱理论分析一般来说都比较复杂,这里只给出一个结果,详细推导过程可以在相关的参考书中找到。对具有同一基本脉冲形状的数字基带信号,若其数字符号是互不相关的,可以证明,对形式如式(3.1)的数字基带信号,其功率谱密度函数为

$$P(f) = \sigma_a^2 \frac{1}{T_S} \mid G(f) \mid^2 + \left(m_a \frac{1}{T_S} \right)^2 \sum_{k=-\infty}^{\infty} \mid G(kf_S) \mid^2 \delta(f - kf_S) \tag{3.3}$$

其中,T_S 为符号脉冲宽度且 $f_S = 1/T_S$ 为码元速率。$G(f)$ 为脉冲波形的傅氏变换,即 $f(t) \leftrightarrow G(f)$,是频率 f 的连续函数。m_a 为数据序列 a_n 的均值,即

$$m_a = E\{a_n\} \tag{3.4}$$

σ_a^2 为 a_n 的方差,即

$$\sigma_n^2 = E\{[a_n - m_a]^2\} = E\{a_n^2\} - m_a^2 \tag{3.5}$$

由式3.3可以看出,数字基带信号的功率谱特性是由线路码型和数据序列的统计特性(这里是 m_a 和 σ_a^2)所决定的。功率谱由两部分组成:第一项代表一个连续谱;第二项包含有以频率为变量的冲激函数,代表一个离散谱。对一个随机信号来说,功率谱 $\sigma_a^2 \neq 0$,因此连续谱总是存在的。而对一些线路码来说,会有 $m_a = 0$,此时信号的功率谱就不存在离散分量。

下面,我们分别研究几种基带信号的频谱特性。

1. 单极性非归零信号

假设信息比特的 1 和 0 等概率出现,即 a_n 的取值为 +1 和 0 的概率都等于 1/2。于是有

$$G(f) = \int_{-\infty}^{\infty} g(t) \cdot e^{-j\omega t} dt = \int_{0}^{T_S} A \cdot e^{-j\omega t} dt = \frac{A}{-j\omega} e^{-j\omega t} \Big|_{0}^{T_S}$$
$$= AT_S \frac{\sin(\pi f T_S)}{\pi f T_S} e^{-j\omega T_S/2} \tag{3.6}$$

$$|G(kf_S)|^2 = A^2 T_S^2 \left(\frac{\sin(\pi k f_S T_S)}{\pi k f_S T_S} \right)^2$$
$$= A^2 T_S^2 \left(\frac{\sin(\pi k)}{\pi k} \right)^2 \tag{3.7}$$

$$|G(kf_S)|^2 = \begin{cases} A^2 T_S^2 & k = 0 \\ 0 & k \neq 0 \end{cases} \tag{3.8}$$

$$E(a_n^2) = \frac{1}{2} \times (+1)^2 + \frac{1}{2} \times 0 = \frac{1}{2} \tag{3.9}$$

这里,单极性基本脉冲 $g(t)$ 是一个方波,脉冲持续时间等于 T_S,在这期间脉冲保持电平 $+A$ 不变,它的傅里叶变换如下:

$$G(f) = \int_{-\infty}^{\infty} g(t) \cdot e^{-j\omega t} dt = \int_{0}^{T_S} A \times e^{-j\omega t} dt = \frac{A}{-j\omega} e^{-j\omega t} \Big|_{0}^{T_S}$$
$$= AT_S \frac{\sin(\pi f T_S)}{\pi f T_S} e^{-j\omega T_S/2} \tag{3.10}$$

$$|G(f)|^2 = \frac{A^2 T_S^4}{4} \left(\frac{\sin(\pi f T_S/2)}{\pi f T_S/2} \right)^2 \tag{3.11}$$

$$P(f) = \frac{A^2 T_S}{16} \cdot \left(\frac{\sin(\pi f T_S/2)}{\pi f T_S/2} \right)^2 + \frac{A^2}{16} \sum_{k=-\infty}^{\infty} \left(\frac{\sin(k\pi/2)}{k\pi/2} \right)^2$$
$$\times \delta(f - kf_S), \quad f = f_S = R_b \tag{3.12}$$

$$|G(kf_S)|^2 = A^2 T_S^2 \left(\frac{\sin(\pi k f_S T_S)}{\pi k f_S T_S} \right)^2$$
$$= A^2 T_S^2 \left(\frac{\sin(\pi k)}{\pi k} \right)^2 \tag{3.13}$$

因为式(3.13)只有 $K=0$ 时 $|G(kf)|$ 不为零,即

$$|G(kf_S)|^2 = \begin{cases} A^2 T_S^2 & k = 0 \\ 0 & k \neq 0 \end{cases} \tag{3.14}$$

把式(3.8)、(3.9)、(3.10)、(3.13)、(3.14)代入式(3.3),得到单极性非归零码的功率谱密度函数为

$$P(f) = \frac{A^2 T_S}{4} \cdot \left(\frac{\sin(\pi f T_S)}{\pi f T_S}\right)^2 + \frac{A^2}{4}\delta(f)\tau/T_S \tag{3.15}$$

由式(3.15)可知,它的功率谱存在着连续谱和离散谱。连续谱的第一个零点发生在 $f=f_S$ 处。对于二进制来说 $T_b = T_S$,因此 $R_b = f_B = f_S$ 冲击函数出现在 $f=0$ 处,表示离散分量出现在零频,即存在直流分量。功率谱密度特性曲线如图 3.7 所示。

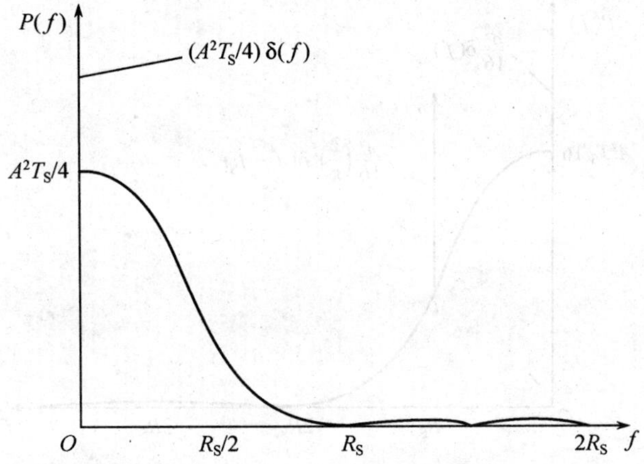

图 3.7 单极性非归零信号功率谱密度

由该码型的功率谱曲线可以看到,其具有直流分量并且在零频附近的功率谱密度较大,因此其传输通道必须要有直流通路,不适合远距离传输。

2. 单极性归零信号

单极性的意义和前面介绍的相同,即 a_n 取值为 +1 和 0。归零码(Rrturn-to-Zero,RZ)的基本脉冲在一个码元期间只有一段时间 τ 为高电平,其余时间降低到 0 电平。码元不为零的时间占一个码元间隔的时间 T_S 的百分比 τ/T_S 称为占空比。通常非归零码的占空比为 1/2。

若信息比特的 1 和 0 是等概率出现,因为是单极性,a_n 统计特性可由式(3.6)、(3.7)确定。对归零码的基本脉冲,其傅里叶变换为

$$G(f) = \int_0^{T_S/2} A e^{-j\omega t} dt = \frac{A}{-j\omega} e^{-j\omega t}\Big|_0^{T_S/2} = \frac{AT_S}{2} \frac{\sin(\pi f T_S/2)}{\pi f T_S/2} e^{-j\omega T_S/4} \tag{3.16}$$

则有

$$|G(f)|^2 = \frac{A^2 T_S^4}{4}\left(\frac{\sin(\pi f T_S/2)}{\pi f T_S/2}\right)^2 \tag{3.17}$$

把式(3.6)、(3.7)、(3.14)代入式(3.3)得到单极性归零码的功率谱密度函数为

$$P(f) = \frac{A^2 T_S}{16} \cdot \left(\frac{\sin(\pi f T_S/2)}{\pi f T_S/2}\right)^2 + \frac{A^2}{16}\sum_{k=-\infty}^{\infty}\left(\frac{\sin(k\pi/2)}{k\pi/2}\right)^2 \delta(f - kf_S) \tag{3.18}$$

功率谱密度特性曲线如图3.8所示。由式(3.18)可知,它的功率谱存在着连续谱和离散谱。连续谱的第一个零点发生在$f=2f_S$处,冲激函数出现在$f=kf_S$处,其中K为奇数,表示离散分量出现在R_B的奇数倍频率上,因此可用窄带滤波器从该基带信号中提取码元同步的定时信息,即$f=f_S=R_B$。

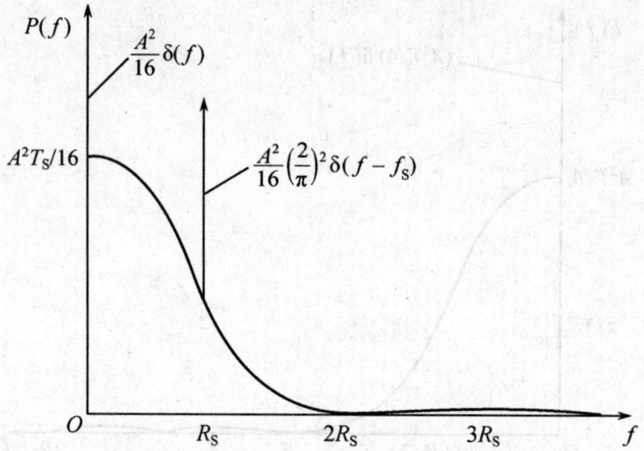

图3.8 单极性归零信号功率谱密度

3. 双极性非归零信号

二进制的双极性是指a_n取值+1和−1。当a_n取值的概率相等,即等于1/2时,有

$$m_n = E\{a_n\} = \frac{1}{2}\times(+1) + \frac{1}{2}\times(-1) = 0 \tag{3.19}$$

$$\begin{aligned} E\{a_n^2\} &= \frac{1}{2}\times(+1)^2 + \frac{1}{2}\times(-1)^2 = 1 \\ \sigma_a^2 &= E\{a_n^2\} - m_a^2 = 1 - 0 = 1 \end{aligned} \tag{3.20}$$

已知非归零信号的基本脉冲的傅里叶变换如式(3.8)。由于$m_a=0$,根据式(3.3)可知,它的功率谱不存在离散分量,只有连续谱。由式(3.9)、(3.17)得到功率谱密度函数为

$$P(f) = A^2 T_S \cdot \left(\frac{\sin(\pi f T_S)}{\pi f T_S}\right)^2 \tag{3.21}$$

它的特征曲线如图3.9所示。

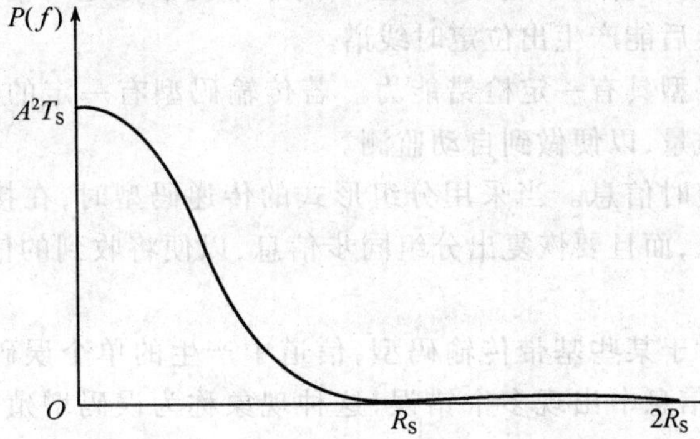

图 3.9 双极性非归零信号功率谱密度

3.3 基带传输码型与码型变换

在实际的基带传输系统中,并不是所有代码的电波形都能在信道中传输。例如,前面介绍的含有直流分量和较丰富低频分量的单极性基带波形就不适宜在低频传输特性差的信道中传输,因为它有可能造成信号严重畸变。又如,当消息代码中包含长串的连续 1 或 0 符号时,非归零波形呈现出连续的固定电平,因而无法获取定时信息。单极性归零码在传送连续 0 时,存在同样的问题。因此,必须对传输码型进行选择。

3.3.1 基带传输码型的特点

数字基带信号,即消息代码的电脉冲表示——电波形。在实际基带传输系统中,并非所有的原始数字基带信号都能在信道中传输,例如直流分量造成的信号畸变、连续的 0 符号造成的同步信息提取困难等,因此对基带信号存在各种可能的要求。传输码(常称为线路码)的结构将取决于实际信道的特性和系统工作的条件。设计数字基带信号码型时应考虑以下原则:

(1) 频谱特性。对于传输频带低端受限的信道,线路传输码型的频谱中应不含直流分量,并且码型中高频分量应尽量少。这样既可以节省传输频带,提高信道的频带利用率,还可以减少串扰。串扰是指同一电缆内不同线路之间的相互干扰,基带信号的高频分量越大,则对邻近线路产生的干扰就越严重。

(2) 透明性。码型变换(码型编译码)过程对任何信源应该具有透明性,即与信源的统计特性无关。所谓信源的统计特性是指信源产生各种数字信息的概率分布。

(3) 提取位定时信息。在基带传输系统中,位定时信息是接收端再生原始信息所必需的。在某些应用中位定时信息可以用单独的信道与基带信号同时传输,但在远距离传输系统中这常常是不经济的。因而需要从基带信号中提取位定时信息,这就要求基带信号经简单的非线性变换后能产生出位定时线谱。

(4) 检错能力。码型具有一定检错能力。若传输码型有一定的规律性,则可根据这一规律性来检测传输质量,以便做到自动监测。

(5) 提取分组的定时信息。当采用分组形式的传递码型时,在接收端不但要从基带信号中提取位定时信息,而且要恢复出分组同步信息,以便将收到的信号正确地划分成固定长度的码组。

(6) 误码增殖。对于某些基带传输码型,信道中产生的单个误码会扰乱一段解码过程,从而导致解码输出信息中出现多个错误,这种现象称为误码增殖,数字基带信号码型应尽量减少误码增殖。

(7) 编码和解码设备应尽量简单。

3.3.2 常见基带传输码型

1. AMI码

AMI码是传号交替反转码,将输入于编码器的二进制符号0编为AMI码0符号,并映射为相应的零电平波形;将二进制符号1编为交替出现的+1和-1的AMI码,相应映射的信号波形是幅度为+A和-A的半占空归零脉冲。所以,AMI编码是将二元码变换为三元码并引入相关性,用以改变信号波形的功率谱结构。

下面举例说明。

(1) 消息代码:

1 0 0 1 1 0 0 0 0 0 0 0 1 1 0 0 1 1 …

(2) AMI码:

+1 0 0 -1 +1 0 0 0 0 0 0 0 -1 +1 0 0 -1 +1 …

由于AMI(RZ)码的1交替反转,所以其信号波形的功率谱中无离散的直流分量,低频及高频分量也很小,功率谱集中于频率为二分之一码速率附近。虽然它的功率谱中无离散的时钟分量,在接收端,只要将双极性归零码的波形经简单的全波整流变为单极性归零码,即可从中提取定时信息。此外,AMI码还具有检错能力,如果在传输过程中,因1极性交替规律受到破坏而出现误码时,接收端很容易发现这种错误。

AMI码的不足是:当源码出现连续的0符号时,信号的电平长时间不跳变,造成提取定时信号的困难,也就是说它的功率谱特性与信源统计特性有密切关系,功率谱形状随信息序列改变。在实际数字通信中,所采用的方法之一是使用扰码,将输入的二进制信息序列先进行扰码,进行随机化处理,使信息序列成为伪随机序列,然后再进行AMI编码。随机化处理可以缩短连续0数,并使AMI码功率谱形状不受信息序列统计特性的影响,但是随机化处理的缺点是产生误码扩散,使误码率增大。

AMI码的符号间有相关性,序列的自相关函数 $R(0)=1/2, R(m)=1/4(|m|=1)$,

$R(m)=0(|m|>1)$。可求出占空比为50%的AMI码功率谱计算公式为

$$P(f)=\frac{1}{T_b}P_a(f)\,|G_T(f)|^2=\frac{1}{T_b}\sin^2(\pi fT_b)\frac{A_b^2T_b^2}{4}\sin c^2\left(\frac{fT_b}{2}\right) \tag{3.22}$$

其功率谱密度如图3.10所示。

2. HDB3码

HDB3码的全称是三阶高密度双极性码,它是AMI码的一种改进型,其目的是为了保持AMI码的优点而克服其缺点,使连续0个数不超过3个。与AMI码类似,它也是将信息符号1变换为+1或-1的线路码,其相应的信号波形分别是幅度为+A和-A的半占空归零码,但与AMI码不同的是:HDB3编码中的连续0个数被限制为不大于3,当信息符号中出现4个连续0码时,就用特定码组取代,该特定码组称为取代节,人为地在取代节中设置破坏点,在这些破坏点处1极性交替规律受到破坏。编码规则如下:

(1) 当信码的连续0个数不超过3时,仍按AMI码规则编,即传号极性交替出现。

(2) 当连续0个数超过3时,则将第4个0改为非0脉冲,记为+V或-V,称之为破坏脉冲。相邻V码的极性必须交替出现,以确保码中无直流成分。

(3) 为了便于识别,V码的极性应与其前一个非0脉冲的极性相同,否则,将4连续0的第一个0更改为与该破坏脉冲相同极性的脉冲,并记为+B或-B。

(4) 破坏脉冲之后的传号码极性也要交替出现。

例如:

(1) 消息码 1 0 0 0 0 1 0 0 0 0 1 1 0 0 0 0 1 1

(2) AMI码 -1 0 0 0 0 +1 0 0 0 0 -1 +1 0 0 0 0 -1 +1

(3) HDB3码 -1 0 0 0 -V +1 0 0 0 +V -1 +1 -B 0 0 -V +1 -1

其中的±V脉冲和±B脉冲与±1脉冲波形相同,用V或B符号的目的是为了示意将原信码的0变换成1码。

可根据以下两点来检查所编的HDB3码是否正确。

(1) 检查V符号是否每4个连续0串的第4个0换成V符号,V符号的极性是否与前一非0符号同极性,相邻V符号的极性应符合交替反转规律。

(2) 将已编HDB3码中的V符号暂时取下,然后观察剩下的码字(含B符号)是否符合正负极性交替规律。

HDB3码除了保持AMI码的优点外,还增加了使连续0符号减少到至多3个的优点,因此其信号波形的功率谱与信源的统计特性无关,这对于接收端定时信息的提取十分有利。HDB3码的功率谱如图3.10所示。

虽然HDB3码的编码规则比较复杂,但译码却比较简单。

从上述原理看出,每一个破坏符号V总是与前一非0符号同极性(包括B在内)。这就是说,从收到的符号序列中可以容易地找到破坏点V,于是也断定V符号及其前面的3

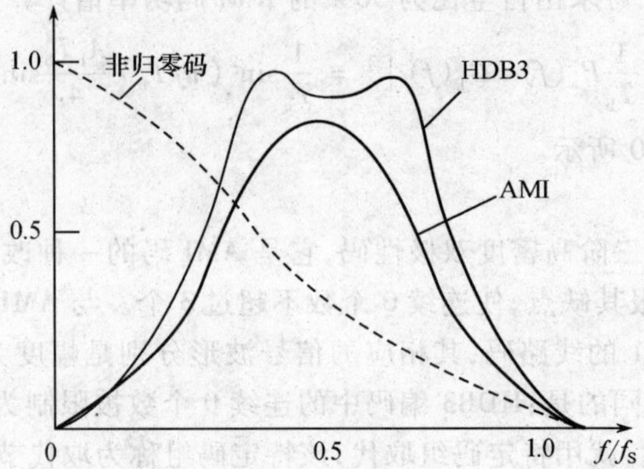

图 3.10 AMI 码及 HDB3 码功率谱密度

个符号必是连 0 符号，从而恢复 4 个连续 0 码，再将所有 −1 变成 +1 后便得到源码。

HDB3 码保持了 AMI 码的优点外，同时还将连续 0 码的个数限制在 3 个以内，故有利于位定时信号的提取。HDB3 码是应用最为广泛的码型，A 律 PCM 四次群以下的接口码型均为 HDB3 码。

3. 双相码

双相码，又称 Manchester 码，即曼彻斯特码。一种用电平跳变来表示 1 或 0 的编码，其变化规则很简单，即每个码元均用 2 个不同相位的电平信号表示，也就是 1 个周期的方波，但 0 码和 1 码的相位正好相反。编码规则之一是：

0→01（零相位的 1 个周期的方波）

1→10（π 相位的 1 个周期的方波）

例如：

消息码　1　1　0　0　1　0　1

双相码　10　10　01　01　10　01　10

双相码的特点是只使用 2 个电平，而不像前面介绍的 AMI 码和 HDB3 码具有 3 个电平。这种码既能提供足够的定时分量，又无直流漂移，编码过程简单，但这种码的带宽要宽些（与前两种码相比）。

双相码又称为绝对双相码，与它对应的另一种双相码称为差分双相码。差分双相码先把输入的 NRZ 波形变换成差分波形，用差分波形实行绝对双相码编码。双相码的优点是在接收端利用简单的非线性变换后提取时钟方便，如可利用电平的正负跳变提取定时。但是它所提取的时钟频率是符号速率的两倍，再由它分频得到的定时信号必定存在相位的不确定问题。该码常用在本地局域网中，比如在双胶线中传输 10 Mb/s 数据。

4. Miller（密勒）码

密勒码，又称延迟调制码，可看做是双相码的一种变形。编码规则：1 用码元持续时间中心点出现跃变来表示，即用 01 或 10 表示。0 分两种情况处理：对于单个 0 时，在码元持续时间内不出现电平跃变，且在相邻码元的边界处也不跃变；对于连续 0 时，在两个 0 码的边界处出现电平跃变，即 00 与 11 交替。代码序列为 11010010 时，其双相码和密勒码的波形，如图 3.11(a)和(b)所示。从图中可见，若两个 1 码中间有一个 0 码时，密勒码流中出现最大宽度为 $2T_S$ 的波形，即两个码元周期。这一性质可用来进行误码检测。

比较双相码和密勒码的波形可以看出，双相码的下降沿正好是密勒码的跃变沿，因此，用双相码的下降沿去触发双稳电路，即可输出密勒码。密勒码最初用于气象卫星和磁记录，现在也用于低速基带传输中。

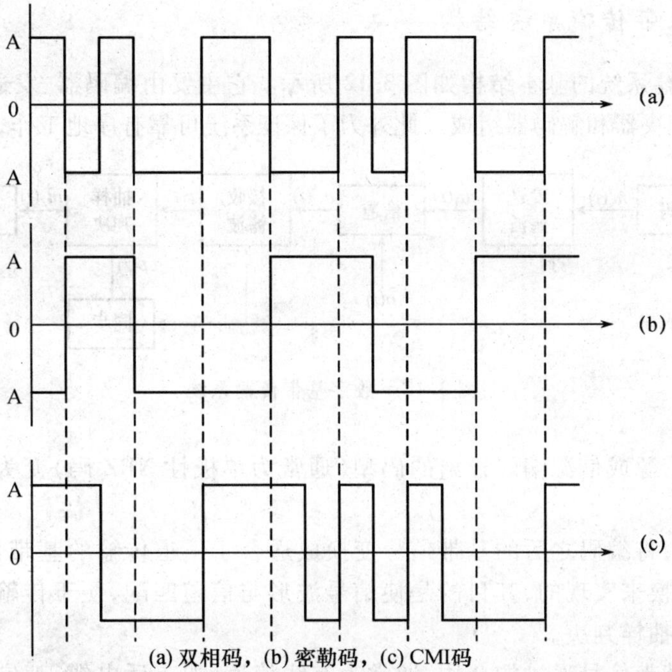

(a) 双相码，(b) 密勒码，(c) CMI码

图 3.11　双相码、密勒码、CMI 码的波形

5. CMI 码

CMI 码是传号反转码的简称，其编码规则为：1 码交替用 11 和 00 表示，0 码用 01 表示，波形如图 3.11(c)所示。这种码型有较多的电平跃变，因此含丰富的定时信息。该码已经被 CCITT 推荐为 PCM 四次群的接口码型。在光缆传输系统中有时也用做线路传输码型。

6. nBmB 码

这是一类分组码，它把原始信息码流的 n 位二进制作为一组，变换为 m 位二进制作为新的码组。由于 $m>n$，新码组可能有 2^m 种组合，故多出 (2^m-2^n) 种组合。从中选择一部分有利码组作为可用码组,其余为禁用码组,以获得好的特性。前面介绍的双相码、密勒码、和 CMI 码都可以看做是 1B2B 码。

3.4 数字基带传输系统

在一些有线信道中,特别是传输距离不太远的情况下,数字基带信号可以不经过载波调制,只对其波形做适当调整(例如形成升余弦等)进行传输,这种传输所形成的系统称为数字基带传输系统。

3.4.1 数字基带传输系统结构

数字基带传输系统的基本结构如图 3.12 所示。它主要由编码器、发送滤波器、信道、接收滤波器、抽样判决器和解码器组成。此外为了保证系统可靠有序地工作,还应有同步系统。

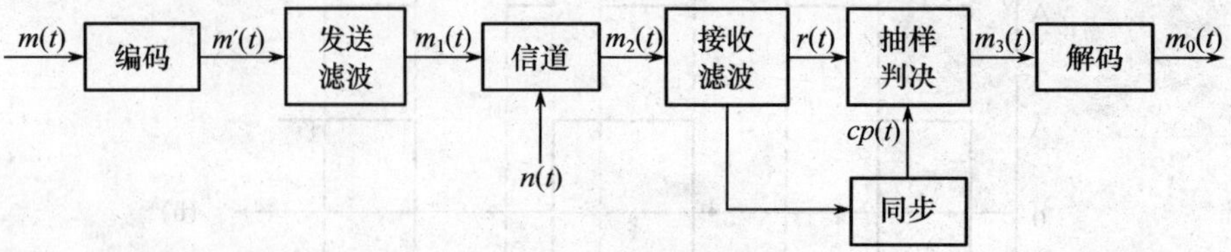

图 3.12 数字基带传输系统

编码器:将信源或信源编码输出的码型(通常为单极性 NRZ 码)变为适合于信道传输的码型。

发送滤波器:将编码之后的基带信号变换成适合于信道传输的基带信号,这种变换主要是通过波形变换来实现的,其目的是使信号波形与信道匹配,便于传输,减小码间串扰,利于同步提取和抽样判决。

信道:允许基带信号通过的介质,通常为有线信道,如市话电缆、架空明线等。信道的传输特性通常不满足无失真传输条件,甚至是随机变化的。另外信道还会额外引入噪声。

接收滤波器:主要作用是滤除带外噪声,对信道特性均衡,使输出的基带波形无码间串扰,有利于抽样判决。

抽样判决器:它是在传输特性不理想及噪声背景下,在规定的时刻(由位定时脉冲控制)对接收滤波器的输出波形进行抽样判决,以恢复或再生基带信号。

解码器:对抽样判决器输出的信号进行译码,使输出码型符合接收终端的要求。

同步器:提取位同步信号,一般要求同步脉冲的频率等于码速率。

图 3.12 中,$m(t)$是输入的基带信号,这里是最常见的单极性非归零信号;$m'(t)$是进行码型变换后的波形;$m_1(t)$是进行发送滤波成型之后的一种适合在信道中传输的波形;$m_2(t)$是信道输出信号,显然由于信道频率特性不理想,波形发生失真并叠加了噪声;$r(t)$

是接收滤波器输出波形，与 $m_2(t)$ 相比，失真和噪声得到减弱；$cp(t)$ 是位定时同步脉冲；$m_3(t)$ 是抽样判决之后恢复的信息；$m_0(t)$ 是译码之后获得的接收信息。

由以上过程可以看出，接收端能否正确恢复出信息，主要在于能否有效地抑制噪声和减小码间串扰。

3.4.2 无失真基带传输

本节将定量分析基带脉冲传输过程，分析模型如图 3.13 所示。

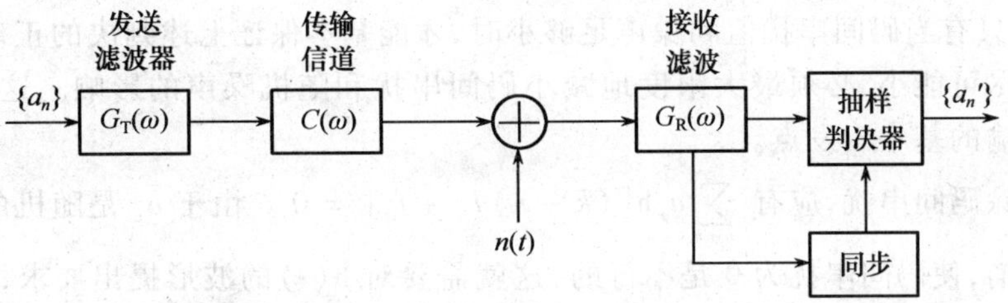

图 3.13 数字基带传输系统分析模型

图 3.13 中，$\{a_n\}$ 为发送滤波器的输入符号序列，在二进制的情况下，a_n 取值为 0、1 或 −1、+1。为了分析方便，假设 $\{a_n\}$ 对应的基带信号 $d(t)$ 是间隔为 T_S，强度由 a_n 决定的单位冲击序列，即 $d(t)=a_n\delta(t-nT_S)$。此信号激励发送滤波器（即信道信号形成器）时，发送滤波器的输出信号为 $s(t)=d(t)\otimes g_T(t-nT_S)$。$g_T(t)$ 是单个 $\delta(t)$ 脉冲作用下形成的发送基本波形，即发送滤波器的冲激响应。

若发送滤波器的传输特性为 $G_T(\omega)$，若再设信道的传输特性为 $C(\omega)$，接收滤波器的传输特性为 $G_R(\omega)$，则图 3.13 所示的基带传输系统的总传输特性为

$$H(\omega) = G_T(\omega)C(\omega)G_R(\omega) \tag{3.23}$$

单位冲激响应为

$$\mathrm{h}(t) = \frac{1}{2\pi}\int_{-\infty}^{+\infty} H(\omega)\mathrm{e}^{\mathrm{j}\omega t}\mathrm{d}\omega \tag{3.24}$$

因此在 δ 序列 $d(t)=a_n\delta(t-nT_S)$ 作用下，接收滤波器输出信号 $y(t)$ 可表示为

$$y(t) = d(t)\otimes \mathrm{h}(t) + n_R(t) \tag{3.25}$$

其中，$n_R(t)$ 是加性噪声 $n(t)$ 经过接收滤波器后输出的噪声。抽样判决器对 $y(t)$ 进行抽样判决，以确定所传输的数字信息序列 $\{a_n\}$。例如对第 k 个码元 a_k 进行判决，应在 $t=kT_S+t_0$ 时刻上（其中时间 t_0 是信道和接收滤波器所造成的系统传输延迟）对接收到的信号 $y(t)$ 进行抽样，则可以得到判决值：

$$y(kT_S+t_0) = a_k\mathrm{h}(t_0) + \sum_{n\neq k} a_n\mathrm{h}[(k-n)T_S+t_0] + n_R(kT_S+t_0) \tag{3.26}$$

其中，第一项 $a_k\mathrm{h}(t_0)$ 是第 k 个码元波形的抽样值，它是确定 a_k 的依据。第二项

$\sum_{n \neq k} a_n \mathrm{h}[(k-n)T_S + t_0]$ 是除第 k 个码元以外的其他码元波形在第 k 个抽样时刻上的总和,它对当前码元 a_k 的判决起着干扰的作用,所以称为码间串扰值。由于 a_n 是概率出现的,故码间串扰值通常是一个随机变量。第三项 $n_R(kT_S + t_0)$ 是输出噪声在抽样瞬间的值,它是一种随机干扰,也影响对第 k 个码元的正确判决。

由于码间串扰和随机噪声的存在,当 $y(kT_S + t_0)$ 加到判决电路时,对 a_k 取值的判决可能判对,也可能判错。例如,在二进制数字通信时,a_k 的可能取值为 0 或 1,判决电路的判决门限为 V_0。判决规则为:当 $y(kT_S + t_0) > V_0$ 时,判 a_k 为 1;当 $y(kT_S + t_0) < V_0$ 时,判 a_k 为 0。显然,只有当码间串扰值和噪声足够小时,才能基本保证上述判决的正确。因此,为了使误码率尽可能小,必须最大限度地减小码间串扰和随机噪声的影响。这也正是研究基带脉冲传输的基本出发点。

若想消除码间串扰,应有 $\sum_{n \neq k} a_n \mathrm{h}[(k-n)T_S + t_0] = 0$。由于 a_n 是随机的,要想通过各项相互抵消,使码间串扰为 0 是不行的,这就需要对 $\mathrm{h}(t)$ 的波形提出要求,如果相邻码元的前一个码元的波形到达后一个码元抽样判决时刻时已经衰减到 0,如图 3.14(a)所示的波形,便可满足要求。但这样的波形不易实现,因为实际中的 $\mathrm{h}(t)$ 波形有很长的拖尾,也正是由于每个码元拖尾造成对相邻码元的串扰,但只要让它在 $t_0 + T_S$,$t_0 + 2T_S$ 等后面码元抽样判决时刻上正好为 0,便可消除码间串扰,如图 3.14(b)所示。这也是消除码间串扰的基本思想。

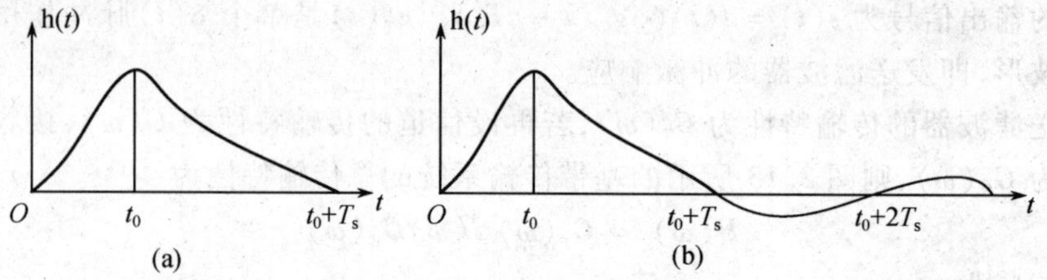

图 3.14 消除码间串扰原理

由 $\mathrm{h}(t)$ 与 $H(\omega)$ 的关系可知,如何形成合适的 $\mathrm{h}(t)$ 波形,实际是如何设计 $H(\omega)$ 特性的问题。下面,在不考虑噪声时研究如何设计基带传输特性 $H(\omega)$,以形成在抽样时刻上无码间串扰的冲激响应波形 $\mathrm{h}(t)$。

根据上面的分析,在假设信道和接收滤波器所造成的延迟 $t_0 = 0$ 时,无码间串扰的基带系统冲激响应应满足

$$\mathrm{h}(kT_S) = \begin{cases} 1 & k = 0 \\ 0 & k \neq 0 \end{cases} \tag{3.27}$$

式(3.27)说明,无码间串扰的基带系统冲激响应除 $t = 0$ 时取值不为零外,其他抽样时刻 $t = kT_S$ 上的抽样值均为零。下面我们来推导符合以上条件的 $H(\omega)$。

由于 $h(t) = \frac{1}{2\pi}\int_{-\infty}^{\infty} H(\omega)e^{j\omega t}d\omega$，所以在 $t = kT_S$ 时，有

$$
\begin{aligned}
h(kT_S) &= \frac{1}{2\pi}\int_{-\infty}^{\infty} H(\omega)e^{j\omega T_S}d\omega \\
&= \frac{1}{2\pi}\int_{(2i-1)\pi/T_S}^{(2i+1)\pi/T_S} H(\omega)e^{j\omega T_S}d\omega \\
&= \frac{1}{2\pi}\int_{-\pi/T_S}^{\pi/T_S} \sum_i H\left(\omega + \frac{2i\pi}{T_S}\right)e^{j\omega T_S}d\omega \qquad (3.28)
\end{aligned}
$$

将无码间串扰时域条件代入上式，便可得到无码间串扰时基带传输特性应满足的频域条件

$$\frac{1}{T_S}\sum_i H\left(\omega + \frac{2i\pi}{T_S}\right) = 1 \qquad |\omega| \leqslant \frac{\pi}{T_S}$$

该条件称为奈奎斯特第一准则，它提供了检验一个给定的系统特性 $H(\omega)$ 是否产生码间串扰的一种方法。上式的含义是，将 $H(\omega)$ 在 ω 轴上移位 $2\pi i/T_S$，$(i=0, \pm1, \pm2, \cdots)$，然后把各项与在 $|\omega| \leqslant \frac{\pi}{T_S}$ 区间内的内容进行叠加。例如，设 $H(\omega)$ 具有图 3.15(a) 所示的特性，则有

$$\sum_i H\left(\omega + \frac{2i\pi}{T_S}\right) = H\left(\omega - \frac{2\pi}{T_S}\right) + H(\omega) + H\left(\omega + \frac{2\pi}{T_S}\right) \qquad (3.29)$$

将 $H(\omega)$ 在 ω 轴上以 $2\pi/T_S$ 间隔切开，然后分段沿 ω 轴平移到 $(-\pi/T_S, \pi/T_S)$ 区间内进行叠加，其结果应当为一常数（不必一定是 T_S），如图 3.15(e) 所示。这种特性称为等效理想低通特性，记为 $H_{eq}(\omega)$。

$$H_{eq}(\omega) = \begin{cases} \sum_i H\left(\omega + \frac{2i\pi}{T_S}\right) = T_S & |\omega| \leqslant \frac{\pi}{T_S} \\ 0 & \text{其他} \end{cases} \qquad (3.30)$$

这时，$H_{eq}(\omega)$ 为一理想低通滤波器，它的冲激响应为 $h(t) = \frac{\sin \pi t/T_S}{\pi t/T_S} = \text{Sa}(\pi t/T_S)$，如图 3.16 所示。$h(t)$ 在 $t = \pm kT_S (k \neq 0)$ 时有周期性零点，当发送序列的间隔为 T_S 时正好巧妙地利用了这些零点（见图 3.16(b) 中虚线），实现了无码间串扰传输。可以看出，输入序列若以 $1/T_S$ 波特的速率进行传输时，所需的最小传输带宽为 π/T_S。这是在抽样时刻无码间串扰条件下基带系统所能达到的极限情况。此时基带系统所能提供的最高频带利用率为 $\eta=2$。通常，我们把 $1/2T_S$ 称为奈奎斯特带宽，记为 W_1，则该系统无码间串扰的最高传输速率为 $2W_1$ 波特，称为奈奎斯特速率。显然，如果该系统用高于 $1/T_S$ 波特的码元速率传送时将存在码间串扰。

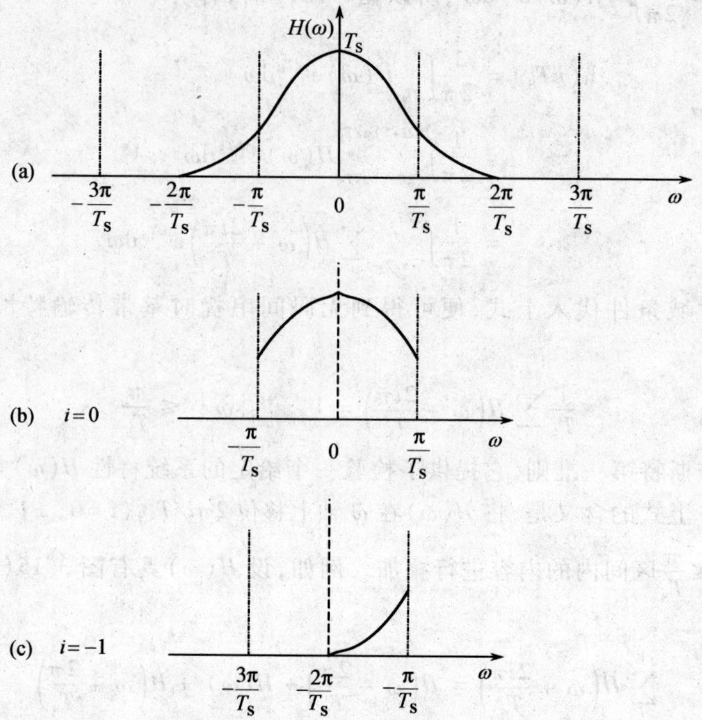

图 3.15　$H_{eq}(\omega)$的形成

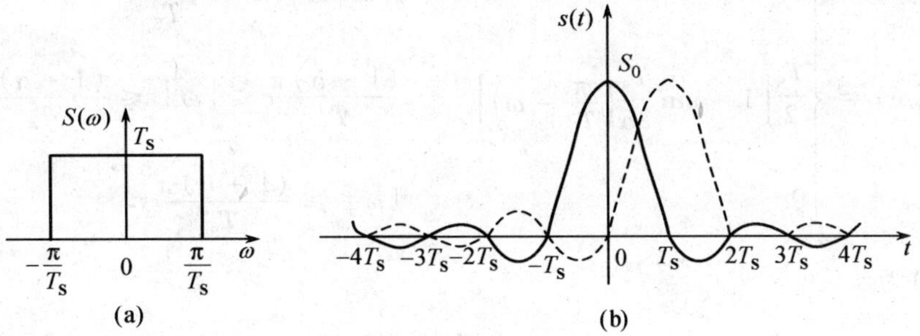

图 3.16 理想低通系统

从上面的讨论可知,理想低通传输特性的基带系统有最大的频带利用率。但令人遗憾的是理想低通系统在实际应用中存在两个问题:一是理想矩形特性的物理实现极为困难;二是理想的冲激响应 h(t) 的“尾巴”很长,衰减很慢,当定时存在偏差时,可能出现严重的码间串扰。考虑到实际的传输系统可能存在定时误差,因而,一般不采用 $H_{eq}(\omega)=H(\omega)$,而只把这种情况作为理想的标准或者作为与别的系统特性进行比较时的基础。

考虑到理想冲激响应 h(t) 的尾巴衰减慢的原因是系统的频率截止特性过于陡峭,这启发我们可以按图 3.17 所示的构造思想去设计 $H(\omega)$ 特性,只要图中的 $Y(\omega)$ 具有对 ω_1 呈奇对称的振幅特性,则 $H(\omega)$ 即为所要求的。这种设计也可看成是理想低通特性按奇对称条件进行“圆滑”的结果,上述的“圆滑”通常称为“滚降”。

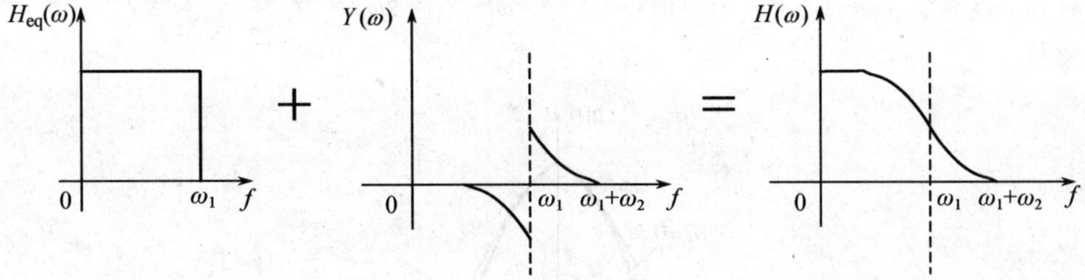

图 3.17 滚降特性的构成

定义滚降系数为 $\alpha=\omega_2/\omega_1$,其中 ω_1 是无滚降时的截止频率,ω_2 为滚降部分的截止频率。显然 $0\leqslant\alpha\leqslant1$。不同的 α 有不同的滚降特性。图 3.18 画出了按余弦滚降的三种滚降特性和冲激响应。具有滚降系数 α 的余弦滚降特性 $H(\omega)$ 可表示为

$$H(\omega)=\begin{cases}T_s & 0\leqslant|\omega|\leqslant\dfrac{(1-\alpha)\pi}{T_s}\\[2ex] \dfrac{T_s}{2}\left[1+\sin\dfrac{T_s}{2\alpha}\left(\dfrac{\pi}{T_s}-\omega\right)\right] & \dfrac{(1-\alpha)\pi}{T_s}\leqslant|\omega|\leqslant\dfrac{(1+\alpha)\pi}{T_s}\\[2ex] 0 & |\omega|\geqslant\dfrac{(1+\alpha)\pi}{T_s}\end{cases}\tag{3.31}$$

相应的 h(t)为

$$\mathrm{h}(t)=\frac{\sin\dfrac{\pi}{T_s}t}{\dfrac{\pi}{T_s}t}\frac{\cos\alpha\dfrac{\pi t}{T_s}}{1-4\alpha^2\dfrac{t^2}{T_s}}\tag{3.32}$$

实际的 $H(\omega)$可按不同的 α 来选取。图 3.18 为不同滚降系数下的传输特性和冲击响应。由图可知,升余弦滚降系统的 h(t)满足抽样值上无串扰的传输条件,且各抽样值之间又增加了一个零点,其尾部衰减较快(与 t^2 成反比),这有利于减小码间串扰和位定时误差的影

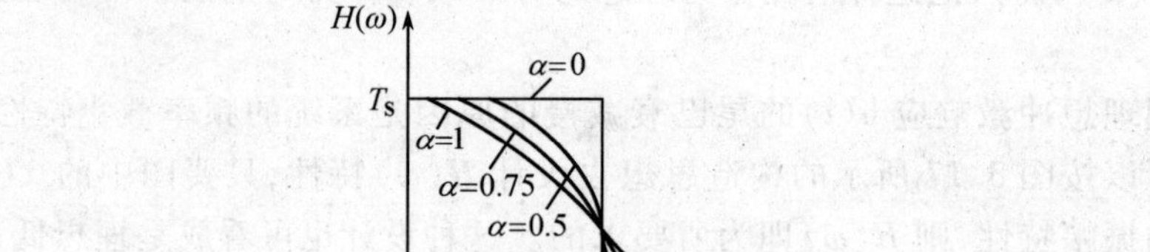

图 3.18　余弦滚降系统特性

响。但这种系统的频谱宽度是 $\alpha=0$ 的 2 倍，因而频带利用率是最高利用率的一半。若 $0<\alpha<1$ 时，带宽 $B=1+\alpha/2T_S$，频带利用率 $\eta=2/1+\alpha$。应当指出，在以上讨论中并没有涉及 $H(\omega)$ 的相移特性，但实际上它的相移特性一般不为零，故需要加以考虑。

3.4.3 部分响应系统

前面分析了两种无码间串扰系统：理想低通和升余弦滚降。理想低通滤波特性的频带利用率虽达到基带系统的理论极限值 2 Baud/Hz，但难以实现，且它的 h(t) 的尾巴振荡幅度大、收敛慢，从而对定时要求十分严格；升余弦滤波特性虽然克服了上述缺点，但所需频带加宽，频带利用率下降，因此不能适应高速传输的发展。

那么，能否寻求一种传输系统，它允许存在一定的、受控制的码间串扰，并在接收端可消除这些干扰。这样的系统能使频带利用率提高到理论上的最大值，又可形成尾巴衰减大，收敛快的传输波形，从而降低对定时取样精度的要求，这类系统称为部分响应系统。它的传输波形称为部分响应波形。

波形 $\sin x/x$ 拖尾严重，但通过观察图 3.16 所示的 $\sin x/x$ 波形，可发现相距一个码元间隔的两个 $\sin x/x$ 波形的拖尾刚好正负相反，利用这样的波形组合肯定可以构成拖尾衰减很快的脉冲波形。

用两个间隔为一个码元长度 T_S 的 $\sin x/x$ 合成波形来代替 $\sin x/x$，如图 3.19 所示，其合成波形

$$g(t)=\sin\left[\frac{\pi}{T_S}\left(t+\frac{T_S}{2}\right)\right]\bigg/\frac{\pi}{T_S}\left(t+\frac{T_S}{2}\right)+\sin\left[\frac{\pi}{T_S}\left(t-\frac{T_S}{2}\right)\right]\bigg/\frac{\pi}{T_S}\left(t+\frac{T_S}{2}\right)$$

对其作傅里叶变换，得其频谱函数为

$$G(\omega)=2T_S\cos\frac{\omega T_S}{2}\qquad |\omega|\leqslant\frac{\pi}{T_S}$$

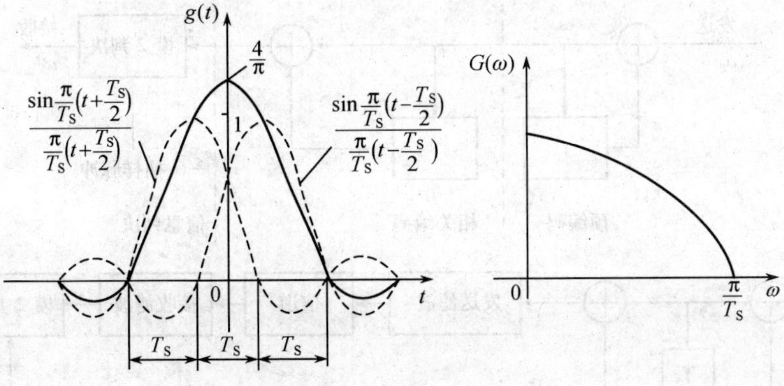

图 3.19 $g(t)$ 及其频谱

显见，$g(t)$的频谱限制在$(-\pi/T_S,\pi/T_S)$内，且呈缓慢变化的半余弦滤波特性，其传输带宽为$B=1/2T_S$，达到基带系统在传输二进制序列时的理论极限值。

下面讨论$g(t)$的波形特点：

(1) $g(t)$波形的拖尾幅度与t^2成反比，而$\sin x/x$波形幅度与t成反比，这说明$g(t)$波形拖尾的衰减速度加快了。相距一个码元间隔的两个$\sin x/x$波形的拖尾正负相反而相互抵消，使合成波形拖尾迅速衰减。

(2) 若用$g(t)$作为传送波形，且码元间隔为T_S，则在抽样时刻上仅发生发送码元的样值受到前一码元的相同幅度样值的串扰，而与其他码元不会发生串扰。但由于这种串扰是确定的、可控的，在接收端可以消除，故仍可按$1/T_S$传输速率传送码元。由于存在前一码元留下的有规律的串扰，可能会造成误码的传播扩散。

(3) 当发送码元a_k时，接收波形$g(t)$在第k个时刻上获得的样值C_k应是a_k与前一码元在第k个时刻的串扰值之和，即$C_k=a_k+a_{k-1}$。

由于串扰值和信码抽样值幅度相等，因此C_k将可能有-2、0、+2三种取值。如果a_{k-1}已经判定，则接收端可根据收到的C_k减去a_{k-1}便可得到a_k的取值，即$a_k=C_k-a_{k-1}$。

但这样的接收方式存在一个问题：因为a_k的恢复不仅仅由C_k来确定，而是必须参考前一码元a_{k-1}的判决结果，如果$\{C_k\}$序列中某个抽样值因干扰而发生差错，则不但会造成当前恢复的a_k值错误，而且还会影响到以后所有的$a_{k+1},a_{k+2},\cdots$的抽样值，我们把这种现象称为误码增殖。

为了克服误码增殖，先将输入码a_k变成b_k，其规则是$b_k=a_k\oplus b_{k-1}$，亦即$a_k=b_k\oplus b_{k-1}$。然后，把$\{b\}_k$作为发送序列，形成$g(t)$波形序列，对接收到的C_k作$C_k=b_k+b_{k-1}$模2处理后便直接得到发送端的a_k。此时不需要预先知道a_{k-1}，因而不存在错误传播现象。通常把a_k按式$b_k=a_k\oplus b_{k-1}$编成b_k的过程，称为预编码，而把式$C_k=b_k+b_{k-1}$的关系称为相关编码，如图3.20所示。

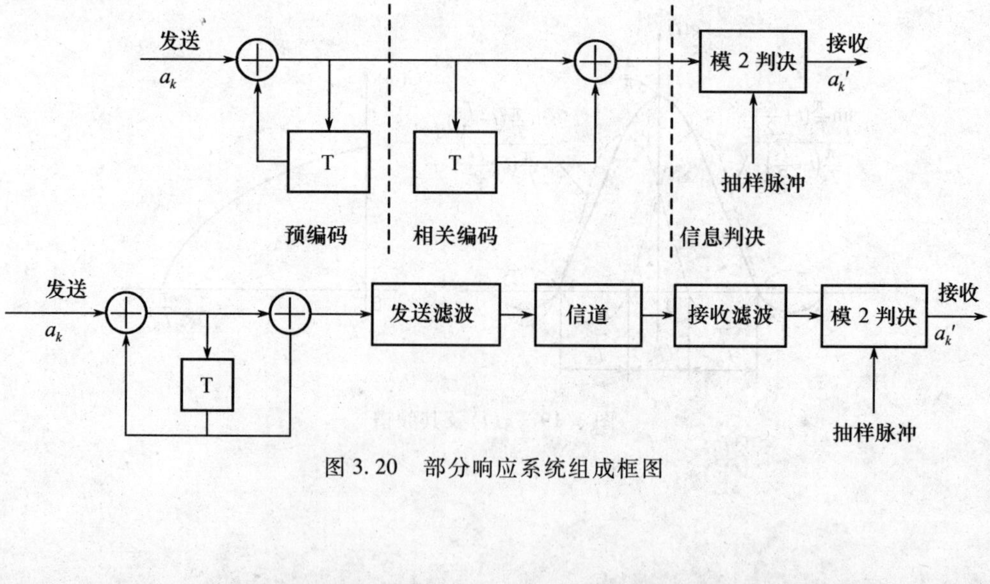

图 3.20　部分响应系统组成框图

应当指出,部分响应信号是预编码器、相关编码器、发送滤波器、信道和接收滤波器共同产生的。这意味着如果相关编码器输出为 δ 脉冲序列,发送滤波器、信道和接收滤波器的传输函数应为理想低通特性。但由于部分响应信号的频谱是滚降衰减的,因此对理想低通特性的要求可以略有放松。

3.4.4 无码间串扰基带系统抗噪声性能

上节讨论了无噪声影响时能够消除码间串扰的基带传输特性。本节中将讨论无码间串扰的基带传输系统叠加噪声后的抗噪声性能。

基带传输系统在无码间串扰又无噪声的情况下,通过抽样判决电路便可没有差错地恢复出原始的基带信号。但是当存在加性噪声时,即使无码间串扰,判决电路也不能保证无差错地恢复出原始的基带信号。图 3.21 分别给出了无噪声和有噪声时判决电路的输入波形。此时的判决门限为 0 电平,抽样判决规则为:

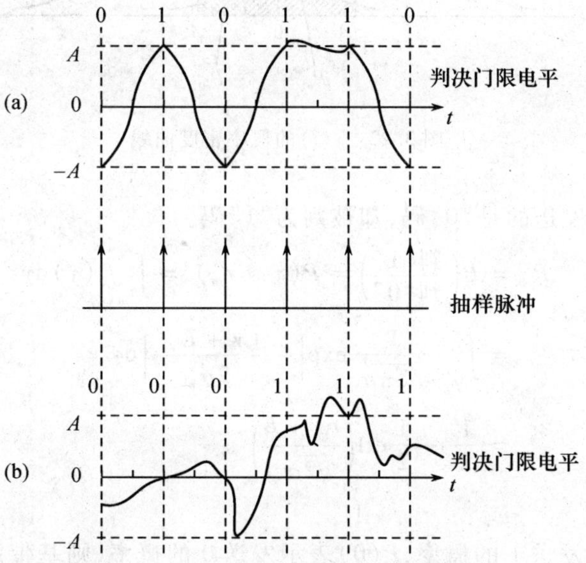

图 3.21 无噪声时判决电路的输入波形

(1) 抽样值大于 0 电平时,判为 1;

(2) 抽样值小于 0 电平时,判为 0。

从图 3.21(a)中可以看出,无噪声时能够恢复出原发送的基带信号,有噪声时就可能出现判决错误。

图 3.21(b)示出波形在抽样判决时的误码情况。

第一种情况是,发送的是 1 码,却被判为 0 码。

设判决门限为 r_{th},则将 1 判为 0 的概率 P_{e1} 为

$$P_{e1} = P\left(\frac{判“0”}{判“1”}\right) = P(r < r_{th}) = \int_{-\infty}^{r_{th}} f_1(y)\,\mathrm{d}y$$

$$= \int_{-\infty}^{r_{th}} \frac{1}{\sqrt{2\pi}\sigma_n}\exp\left[-\frac{(y-E)^2}{2\sigma_n^2}\right]\mathrm{d}y$$

$$= \frac{1}{2} + \frac{1}{2}\mathrm{erf}\left(\frac{r_{th}-E}{\sqrt{2}\sigma_n}\right) \tag{3.33}$$

如图3.22所示。

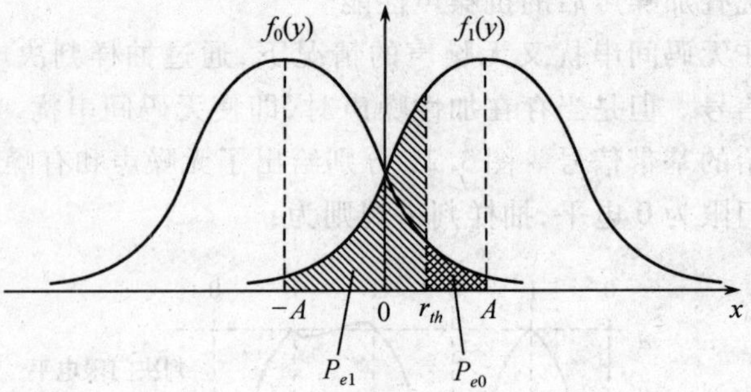

图3.22　$y(t)$的概率密度曲线

第二种情况是,发送的是“0”码,却被判为“1”码。

$$P_{e0} = P\left(\frac{判“1”}{判“0”}\right) = P(r > r_{th}) = \int_{r_{th}}^{\infty} f_0(y)\,\mathrm{d}y$$

$$= \int_{r_{th}}^{\infty} \frac{1}{\sqrt{2\pi}\sigma_n}\exp\left[-\frac{(y+E)^2}{2\sigma_n^2}\right]\mathrm{d}y$$

$$= \frac{1}{2} - \frac{1}{2}\mathrm{erf}\left(\frac{r_{th}+E}{\sqrt{2}\sigma_n}\right) \tag{3.34}$$

如图3.22所示。

若用$P(1)$表示发送1的概率,$P(0)$表示发送0的概率,则基带系统总的误码率$P_e = P(1)P_{e1} + P(0)P_{e0}$。这时,基带系统总的误码率为

$$P_e = P(1)P_{e1} + P(0)P_{e0} = \frac{1}{2}P_{e1} + \frac{1}{2}P_{e0}$$

$$= \frac{1}{2}\left[1 - \mathrm{erf}\left(\frac{E}{\sqrt{2}\sigma_n}\right)\right] = \frac{1}{2}\mathrm{erfc}\left(\frac{E}{\sqrt{2}\sigma_n}\right) \tag{3.35}$$

从上式中可以看出,系统总的误码率取决于信号峰值E与噪声均方根值σ_n之比,当比值E/σ_n越大,则P_e则越小。

如果采用单极性基带波形,最佳判决门限电平为

$$r_{th}^{*} = \frac{E}{2} + \frac{\sigma_n^2}{E}\ln\frac{P(0)}{P(1)}$$

这时,基带系统总的误码率为

$$P_e = P(1)P_{e1} + P(0)P_{e0} = \frac{1}{2}P_{e1} + \frac{1}{2}P_{e0}$$

$$= \frac{1}{2}\left[1 - \mathrm{erf}\left(\frac{E}{2\sqrt{2}\sigma_n}\right)\right] = \frac{1}{2}\mathrm{erfc}\left(\frac{E}{2\sqrt{2}\sigma_n}\right) \tag{3.36}$$

比较式(3.35)和式(3.36),在单极性和双极性基带波形的峰值 E 相等,噪声均方根值 σ_n 也相同时,双极性基带系统的抗噪声性能优于单极性基带系统。

在实际信道中,传输特性总是偏离理想情况。在信道特性不完全确定时,得不到定量分析方法。

3.4.5　时域均衡

尽管理论上存在理想的基带传输特性,但实际实现时总是存在设计误差和信道特性的变化,故在抽样时刻上总是存在一定码间串扰,从而导致系统性能下降。

理论与实践都表明,在基带系统中插入一种可调滤波器能减小码间串扰的影响。这种起补偿作用的滤波器统称为均衡器。

目前,均衡器名目繁多,按研究的领域可分为频域均衡器和时域均衡器两大类。频域均衡器的基本思想是利用可调滤波器的频率特性去补偿基带系统的频率特性,使包括可调滤波器在内的基带系统的总特性满足实际性能的要求。这种方法一般是直观的和容易理解的。本节讨论另一种均衡器——时域均衡器的基本原理,这种方法在日趋完善的数字通信中占有重要的地位。

假设插入可调滤波器前的基带系统如图 3.13 所示,总特性由 $H(\omega) = G_T(\omega)C(\omega)G_R(\omega)$ 表示,且已知 $H(\omega)$ 不满足式(3.30)的无码间串扰的条件,即存在一定码间串扰。下面证明,如果在接收端滤波 $G_R(\omega)$ 之后插入一个称为横向滤波器的可调滤波器,其冲激响应为 $h_T(t) = \sum_{n=-\infty}^{\infty} C_n\delta(t - nT_S)$,其中,$C_n$ 完全依赖于 $H(\omega)$,那么,理论上就可以消除抽样时刻上的码间串扰。

设插入滤波器的频率特性为 $T(\omega)$,则当

$$T(\omega)H(\omega) = H'(\omega) \tag{3.37}$$

满足无码间串扰的条件时,即满足

$$\sum_i H'\left(\omega + \frac{2\pi i}{T_S}\right) = T_S \quad |\omega| \leqslant \frac{\pi}{T_S} \tag{3.38}$$

此时,这个包括 $T(\omega)$ 在内的总特性 $H'(\omega)$ 将可消除码间串扰。

对于式(3.38),因为

$$\sum_i H'\left(\omega + \frac{2\pi i}{T_S}\right) = \sum_i H\left(\omega + \frac{2\pi i}{T_S}\right) T\left(\omega + \frac{2\pi i}{T_S}\right) \tag{3.39}$$

于是,如果 $T(\omega + 2\pi i/T_S)$ 对不同的 i 有相同的函数形式,即 $T(\omega)$ 是以 $2\pi/T_S$ 为周期的周期函数,则当 $T(\omega)$ 在 $(-\pi/T_S, \pi/T_S)$ 内有

$$T(\omega) = \frac{T_S}{\sum_i H\left(\omega + \frac{2\pi i}{T_S}\right)} \qquad |\omega| \leqslant \frac{\pi}{T_S} \tag{3.40}$$

则有

$$\sum_i H'\left(\omega + \frac{2\pi i}{T_S}\right) = T_S \tag{3.41}$$

即式(3.38)成立

既然 $T(\omega)$ 是按式(3.40)开拓的周期为 $2\pi/T_S$ 的函数,则 $T(\omega)$ 可用傅里叶级数展开来表示,即

$$T(\omega) = \sum_{-\infty}^{\infty} C_n e^{-jnT_S\omega} \tag{3.42}$$

其中

$$C_n = \frac{T_S}{2\pi}\int_{-\pi/T_S}^{\pi/T_S} T(\omega) e^{jnT_S\omega} \cdot d\omega \tag{3.43}$$

或

$$C_n = \frac{T_S}{2\pi}\int_{-\pi/T_S}^{\pi/T_S} \frac{T_S}{\sum_i H\left(\omega + \frac{2\pi i}{T_S}\right)} e^{jnT_S\omega} \cdot d\omega \tag{3.44}$$

由上式看出,傅里叶系数 C_n 由 $H(\omega)$ 决定。

对式(3.42)求傅里叶反变换,则可求得其单位冲击响应为

$$h_T(t) = F^{-1}[T(\omega)] = \sum_{n=-\infty}^{\infty} C_n \delta(t - nT_S) \tag{3.45}$$

这就得到了需要证明的结果。

由上述证明过程看出,给定一个系统特性 $H(\omega)$ 就可唯一地确定 $T(\omega)$,于是就找到消除码间串扰的新的总特性 $H'(\omega)$。

那么,为什么 $T(\omega)$ 称为横向滤波器呢,由式(3.45)可知,$h_T(t)$ 是图 3.23 所示的网络的单位冲击响应,而该网络是由无限多的按横向排列的延迟单元及抽头系数组成的。它的功能是将输入端(即接受滤波器输出端)抽样时刻上有码间串扰的响应变换成(利用它产生的无限多响应波形之和)抽样时刻上无码间串扰的响应波形。当然,这种变换过程不是一目了然的,因为此时的横向滤波器是无限长的。倘若它是有限长的,则这个过程将可明显看出。由于横向滤波器的均衡原理是建立在时域响应波形上的,故把这种均衡称为时域均衡。

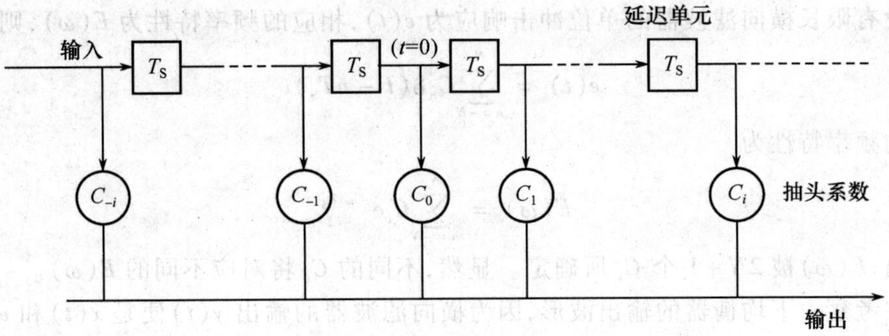

图 3.23 横向滤波器

横向滤波器的特性完全取决于各抽头系数，不同的抽头系数对应不同的冲激响应，由此表明，如果各抽头系数是可调整的，则图 3.23 所示的滤波器是通用的。另外，抽头系数设计成可调的，也为随时动态调整系统的响应提供了可能。

通过以上分析可以看出，借助横向滤波器实现时域均衡是可能的。只要使用无限长横向滤波器，那么在理论上消除码间串扰的影响是完全可行的。然而，使横向滤波器的抽头无限多是不现实的，这不仅受到经济条件的限制，而且也会受到每一系数调整精度的限制。因此，有必要进一步讨论有限长横向滤波器的抽头增益调整问题。

设在基带系统接收滤波器与判决电路之间插入一个具有 $2N+1$ 个抽头的横向滤波器，如图 3.24(a)所示，它的输入为 $x(t)$，$x(t)$ 被认为是均衡的对象，并设它不附加噪声，如图 3.24(b)所示。

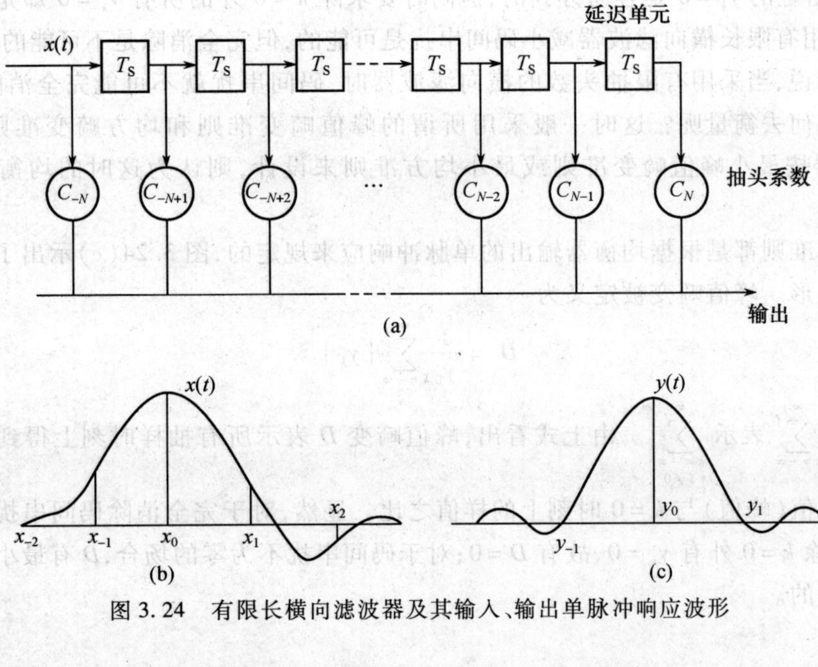

图 3.24 有限长横向滤波器及其输入、输出单脉冲响应波形

若设有限长横向滤波器的单位冲击响应为$e(t)$,相应的频率特性为$E(\omega)$,则

$$e(t) = \sum_{n=-N}^{N} C_n \delta(t - nT_S) \tag{3.46}$$

其相应的频率特性为

$$E(\omega) = \sum_{n=-N}^{N} C_i e^{-j\omega i T_S} \tag{3.47}$$

由此看出,$E(\omega)$被$2N+1$个C_i所确定。显然,不同的C_i将对应不同的$E(\omega)$。

现在考察一下均衡器的输出波形,因为横向滤波器的输出$y(t)$便是$x(t)$和$e(t)$的卷积,故利用式(3.46)的特点,得

$$y(t) = x(t) * e(t) = \sum_{i=-N}^{N} C_i x(t - iT_S) \tag{3.48}$$

于是,在抽样时刻$kT_S + t_0$(t_0即为图3.24(b)所示的x_0出现的时刻)就有

$$y(kT_S + t_0) = \sum_{i=-N}^{N} C_i x(kT_S + t_0 - iT_S) = \sum_{i=-N}^{N} C_i x[(k-i)T_S + t_0] \tag{3.49}$$

或者简写为

$$y_k = \sum_{i=-N}^{N} C_i x_{k-i} \tag{3.50}$$

式3.50说明,均衡器在第k抽样时刻上得到的样值y_k将由$2N+1$个C_i与x_{k-i}乘积之和来确定。但我们期望所有的$y_k=0$。因此,现在面临的问题是什么样的C_i才能使式(3.50)给出的y_k达到期望值。不难看出,当输入波形$x(t)$给定,即各种可能的x_{k-i}确定时,通过调整C_i使指定的$y_k=0$是容易办到的,但同时要求除$k=0$外的所有$y_k=0$却是很难办到的,这说明用有限长横向滤波器减小码间串扰是可能的,但完全消除是不可能的。

如上所说,当采用有限抽头数的横向滤波器时,码间串扰就不可能完全消除。那么,均衡效果如何去衡量呢?这时一般采用所谓的峰值畸变准则和均方畸变准则来衡量。如果均衡器按最小峰值畸变准则或最小均方准则来设计,则认为这时的均衡效果是最佳的。

这两种准则都是根据均衡器输出的单脉冲响应来规定的,图3.24(c)示出了一个单脉冲激响应波形。峰值畸变被定义为

$$D = \frac{1}{y_0} \sum_{k=-\infty}^{\infty}{}' |y_k| \tag{3.51}$$

其中,符号$\sum\limits_{k=-\infty}^{\infty}{}'$表示$\sum\limits_{\substack{k=-\infty \\ k\neq 0}}^{\infty}$。由上式看出,峰值畸变$D$表示所有抽样时刻上得到的码间串扰最大可能值(峰值)与$k=0$时刻上的样值之比。显然,对于完全消除码间串扰的均衡器而言,由于除$k=0$外有$y_k=0$,故有$D=0$;对于码间串扰不为零的场合,D有最小值自然是我们所希望的。

均方畸变准则定义

$$\varepsilon^2 = \frac{1}{y_0^2}\sum_{k=-\infty}^{\infty}{}' y_k^2 \tag{3.52}$$

其物理意义与峰值畸变准则非常相似。

下面以最小峰值畸变准则为基础，指出在该准则意义下时域均衡器的工作原理。与式(3.51)相应，用 D_0 表示均衡器的输入峰值畸变，即

$$D_0 = \frac{1}{x_0}\sum_{k=-\infty}^{\infty}{}' |x_k| \tag{3.53}$$

若 x_k 是归一化的，且 $x_0=1$，则上式变为

$$D_0 = \sum_{k=-\infty}^{\infty}{}' |x_k| \tag{3.54}$$

为方便计算，把样值 y_k 也归一化，且令 $y_0=1$，则根据式(3.50)可得

$$y_0 = \sum_{i=-N}^{N} C_i x_{-i} \tag{3.55}$$

或有

$$C_0 x_0 + \sum_{i=-N}^{N}{}' C_i x_{-i} = 1 \tag{3.56}$$

于是

$$C_0 = 1 - \sum_{i=-N}^{N}{}' C_i x_{-i} \tag{3.57}$$

将式(3.57)代入式(3.50)，则可得

$$y_k = \sum_{i=-N}^{N}{}' C_i (x_{k-i} - x_k x_{-i}) + x_k \tag{3.58}$$

再将式(3.58)代入式(3.51)，则有

$$D = \sum_{k=-\infty}^{\infty}{}' \left| \sum_{i=-N}^{N}{}' C_i (x_{k-i} - x_k x_{-i}) + x_k \right| \tag{3.59}$$

可见，在输入序列$\{x_k\}$给定的情况下，峰值畸变 D 是各抽头增益 C_i(除 C_0 外)的函数。显然，求解使 D 最小的 C_i 是我们所关心的。经过复杂的数学推演证明：峰值畸变 D 是抽头增益($2N$ 个)的连续分段线性函数，这个函数有一个极小值。如果起始畸变 $D_0<1$，那么，这个极小值一定发生在对应于横向滤波器的 $2N$ 个抽头位置的那些输出样值同时为零时的位置。这一结论说明，在数学上，所求的增益$\{C_i\}$应为 $y_k=0, 1\leqslant |k| \leqslant N$ 且 $y_0=1$ 的 $2N+1$ 个联立方程的解；在物理意义上，如果在均衡器输出端 $D_0<1$ 调整 C_0 外的 $2N$ 个抽头增益，并迫使其输出的各个样值 $y_k=0$，就可获得最佳的调整。这种调整通常称为“迫零调整”。

3.5 眼图

在实际工作中常用示波器来观察接收信号波形以判决系统的传输质量，其方法是把示波器的扫描周期调整到码元间隔 T 的整数倍。在这种情况下，示波器荧光屏上就能显示出一种由多个随机码元波形共同形成的稳定图形，类似于人眼，因此称为眼图。

图3.25所示即为二值电平数据信号的眼图。图中示波器的扫描周期调整到 $4T$，因此显示图像似睁开的四只眼。当示波器的扫描频率与信号速率同步，又不存在码间串扰和噪声时，利用示波器的余辉作用，每次扫描的迹线与上一次完全重合。对于多电平信号，其眼图将是若干排平行的眼孔。

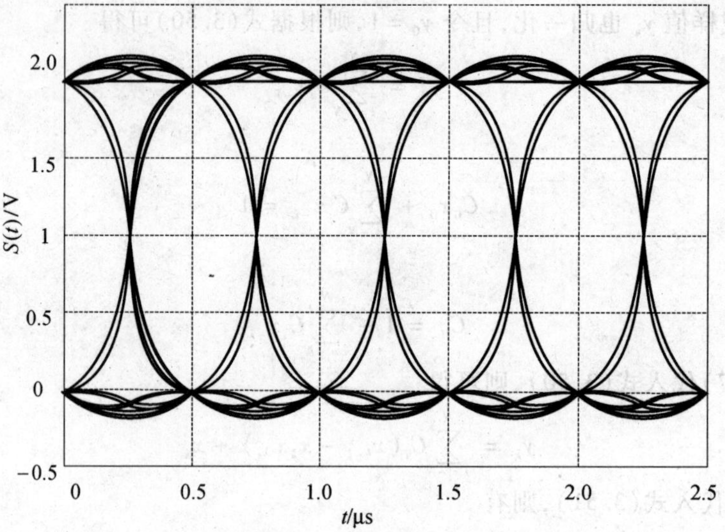

图3.25 眼图示意

当传输存在码间串扰和噪声时每次扫描迹线将不能完全重合，因而在示波器上的扫描迹线将加宽，从而使眼孔变小，说明传输质量下降。

为了分析符号间干扰和噪声对传输质量的影响，可将眼图模型化，并指出它与系统性能的关系，如图3.26所示。从图中得到以下的分析：

(1) 对接收波形的最佳取样时刻应出现在眼的最张开处。

(2) 眼孔随取样时刻变化而改变其闭合的程度表示系统对定时误差的灵敏度，也就是眼图上边(或下边)的两条人字形斜线收得越拢，灵敏度越高，对系统的影响越大。

(3) 噪声边际或噪声容限是由取样时刻(不一定是最佳时刻)距离判决门限最近的迹线到判决门限的距离所决定。

(4) 有些接收机的定时标准是从通过判决门限点的平均位置决定的，这时过判决门

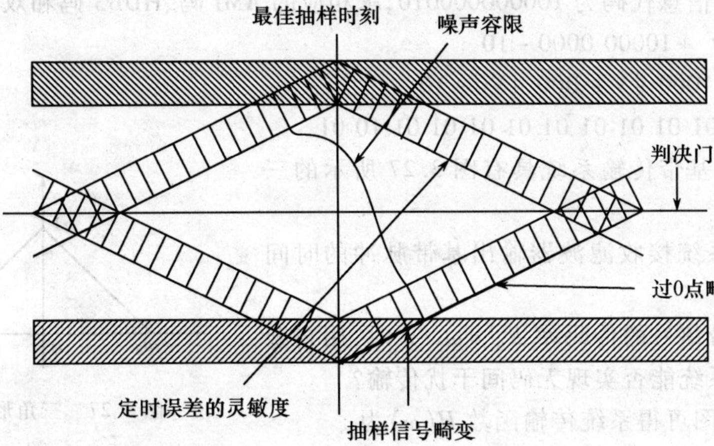

图 3.26 眼图模型

限点的失真越大,对定时标准的提取越不利。

3.6 例题

例 3.1 设二进制符号序列为 10101000110,试以矩形脉冲为例,分别画出相应的单极性码波形、双极性码波形、单极性归零码波形和双极性归零码波形。

解:

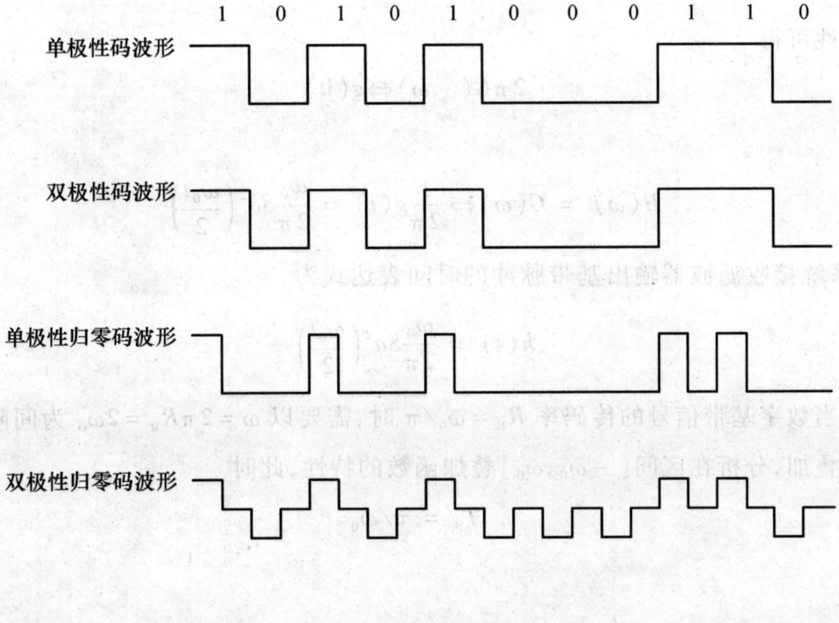

例 3.2 已知信息代码为 100000000010，求相应的 AMI 码、HDB3 码和双相码。

解：AMI 码为 +10000 0000 -10

HDB3 码为 +1000 +V -B00 -V0 +10

双相码为 10 01 01 01 01 01 01 01 01 01 10 01

例 3.3 设某基带传输系统具有图 3.27 所示的三角形传输函数。

(1) 写出该系统接收滤波器输出基带脉冲的时间表达式。

(2) 数字基带信号的传码率 $R_B=\omega_0/\pi$ 时，用奈奎斯特准则验证该系统能否实现无码间干扰传输？

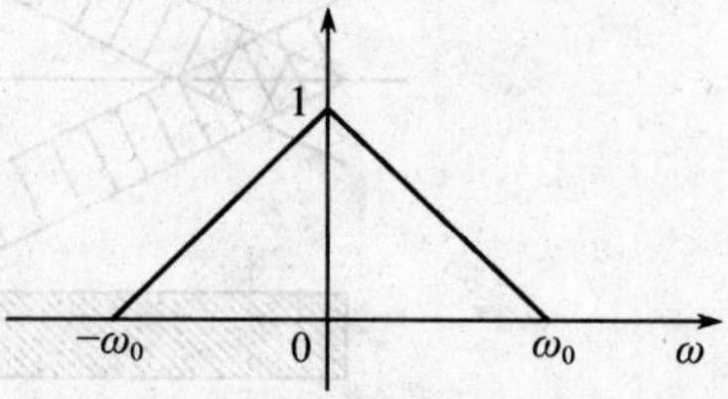

图 3.27 三角形传输函数

解： (1) 由图可得系统传输函数 $H(\omega)$ 为

$$H(\omega)=\begin{cases}\left(1-\dfrac{1}{\omega_0}|\omega|\right) & |t|\leqslant\dfrac{T_S}{2}\\ 0 & \text{其他}\end{cases}$$

由

$$g(t)=\begin{cases}\left(1-\dfrac{1}{T_S}|t|\right) & |t|\leqslant T_S\\ 0 & \text{其他}\end{cases}$$

可得 $g(t)$ 的傅里叶变换为

$$G(\omega)=T_S\cdot Sa^2\left(\frac{T_S\omega}{2}\right)$$

根据对称性可得

$$2\pi G(-\omega)\Leftrightarrow g(\mathrm{j}t)$$

则

$$H(\omega)=G(\omega)\Leftrightarrow\frac{1}{2\pi}g(t)=\frac{\omega_0}{2\pi}Sa^2\left(\frac{\omega_0 t}{2}\right)$$

所以，该系统接收滤波器输出基带脉冲的时间表达式为

$$h(t)=\frac{\omega_0}{2\pi}Sa^2\left(\frac{\omega_0 t}{2}\right)$$

(2) 当数字基带信号的传码率 $R_B=\omega_0/\pi$ 时，需要以 $\omega=2\pi R_B=2\omega_0$ 为间隔对 $H(\omega)$ 进行分段叠加，分析在区间 $[-\omega_0,\omega_0]$ 叠加函数的特性，此时

$$T_S=\pi/\omega_0$$

因为

$$\sum_i H\left(\omega + \frac{2\pi i}{T_S}\right) = \sum_i H(\omega + 2i\omega_0)$$

则

$$\sum_i H\left(\omega + \frac{2\pi i}{T_S}\right) = \begin{cases} 1 - \dfrac{|\omega|}{\omega_0} & |\omega| \leqslant \omega_0 \\ 0 & \text{其他} \end{cases}$$

根据无码间干扰传输条件，所以该系统不能以 $R_B = \omega_0/\pi$ 速率实现无码间干扰传输。

练习题

1. 数字基带传输系统的基本模型是什么？它包括哪几部分？它们对信号的传输各有什么作用？
2. 数字基带信号有哪些常见形式？各有什么特点？
3. 什么是奈奎斯特频带、间隔和速率？
4. 什么是码间干扰？为了消除码间干扰，基带传输系统的传输函数应满足什么条件？
5. 什么是时域均衡？横向滤波器为什么能实现时域均衡？
6. 什么是眼图？由眼图能说明基带传输系统的哪些性能？

参考文献

[1] 樊昌信，张甫翊，徐炳祥，等. 通信原理[M]. 5 版. 北京：国防工业出版社，2001.
[2] 张卫钢. 通信原理与通信技术[M]. 西安：西安电子科技大学出版社，2003.
[3] 周炯槃，庞沁华，续大我，等. 通信原理. 合订本[M]. 北京：北京邮电大学出版社，2005.
[4] 李宗豪. 基本通信原理[M]. 北京：北京邮电大学出版社，2006.
[5] 曹志刚，钱亚生. 现代通信原理[M]. 北京：清华大学出版社，1992.

第4章　现代数字调制技术

名词术语释义

差分相移键控(Differential Phase-shift Keying, DPSK)　利用相邻码元的相对相位表示数字信息的一种方式。

非归零码(Non-return-to-zero Code)　用一个稳定的状态(如正电平)表示数字1,用另一个稳定的状态(如负电平)表示数字0,而没有任何其他的中间状态的一种线路码型。

高斯型最小频移键控(Gaussian Minimum Shift Keying,GMSK)　在最小频移键控前增加一级高斯型预调制滤波器,得到高斯型最小频移键控。

加性白高斯噪声(Additive White Gaussian Noise,AWGN)　通信信道中混叠在信号上的符合高斯分布的随机白噪声。

连续相位频移键控(Continuous-Phase Frequency Shift Keying,CPFSK)　保证已调信号的相位连续的一类对载波频率进行调制的数字键控方式。

连续相位调制(Continuous Phase Modulation,CPM)　保证已调信号的相位连续的一类调制方式。

码分多址(Code Division Multiple Access,CDMA)　一种利用扩频码进行扩频,从而允许多个用户在同一个物理信道上接入的多址接入技术。

四相相移键控(Quadrature Phase-Shift Keying, QPSK)　一种采用四种不同的载波相位代表四种不同的二进制数字序列组合信息,相位差为90°的多相相移键控技术。

跳频扩频(Frequency-Hopping Spread Spectrum, FHSS)　用扩频码进行频移键控调制,使载波频率不断跳变,跳变频率范围远大于要传送信息所占的频谱宽度的一种扩频技术。

网格编码调制(Trellis Coded Modulation, TCM)　将纠错编码与调制联合起来进行设计,通过对调制星座图进行集分割的方式达到同样速率下的更低差错概率的调制方式。

伪随机序列(Pseudo Noise Sequence)　一种符号近似随机出现的周期性序列,其随机性与噪声相似,常用在扩频通信中。

维特比译码(Viterbi Decoding)　一种从纠错编码的网格状态图中寻求最短可能路径的译码方式。

星座图(Constellation Diagram) 在二维平面上表示 PSK 或 QAM 信号幅度和相位的矢量图。

直接序列扩频(Direct-Sequence Spread Spectrum,DSSS) 在发送端直接用具有高码率的扩频码序列与信号相乘,扩展信号的频谱。在接收端用相同的扩频码序列进行解扩,把展宽的扩频信号还原成原始的信息的一种扩频方式。

最小频移键控(Minimum-Shift Keying, MSK) 已调信号具有最小频差并在相邻符号交界处相位保持连续的一种特殊的频移键控方式。

交错四相相移键控(Offset Quaternary Phase Shift Keying, OQPSK) QPSK 的改进型,调制的两支路码元发生半周期偏移而成的四相相移键控。

平滑调频(Tamed Frequency Modulation, TFM) MSK 的改进型,将 MSK 调制时附加相位的尖锐转折处加以平滑的调频方式。

正弦频移键控(Sinusoidal Frequency Shift Keying, SFSK) 在一个码元时间内线性相位轨迹上叠加正弦波实现的频移键控。

第 3 章详细讨论了数字信息的基带传输。然而,实际的通信信道有不少都不能直接传送基带信号,这就要求数字通信系统在很多时候必须用数字基带信号对载波波形的某些参量进行控制,使载波的这些参量随基带信号的变化而变化,进而将信号传输出去。这种传输方式就是数字调制。同模拟调制一样,数字调制也可以有调幅、调频和调相三种基本形式,分别是幅移键控、频移键控和相移键控。随着时代的发展和通信需求的提高,为了实现数字信息的远距离和大容量的传输,在这些基本的数字调制方式基础上又演变出了很多适应现代数字通信要求的先进的数字调制技术以及扩展信号频带技术。这些现代数字调制技术给高速率、大容量和高质量的数字通信提供了坚实的基础。本章在介绍几种简单数字调制技术原理的基础上介绍具有代表性的现代数字调制方法的原理并讨论各自的性能特点,最后对已被广泛应用于现代数字通信系统中的扩频技术的原理和性能做一些讨论。

4.1 简单数字调制

数字调制的基本原理和模拟调制类似,都是用基带信号去控制高频载波的某些参量。调制后的信号经过发送端的滤波器送入信道进行传输。接收端为了能够从接收到的被噪声污染和被信道畸变的信号中解出原始信号,要进行接收滤波和相应的解调操作,整个过程如图 4.1 所示,但是,这里的基带信号输入的是离散的数字信号而不是连续的模拟信号,对载波参量的控制也是离散地进行的。因此,数字调制又称为键控。

在数字调制中,数字信号可以用二进制的 0 和 1 对载波参量进行控制,也可以采用更高进制的数码。但是,高进制的数字调制都是以二进制为基础的,而且其实现方式和性能分析上都要比二进制调制更加复杂。这里首先介绍三种简单的二进制数字调制技术的原

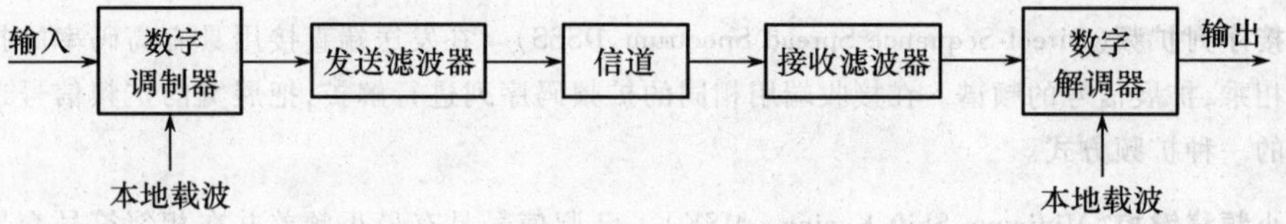

图 4.1 数字调制解调基本框图

理和实现,更复杂的数字调制方式将在后续章节中结合现代数字通信的特点予以有重点地介绍和讨论。

根据控制的载波参量不同,可以将二进制数字调制分为二进制幅移键控(2ASK)、二进制频移键控(2FSK)和二进制相移键控(2PSK)。下面分别讨论这三种数字调制原理。

4.1.1 二进制幅移键控

二进制幅移键控(2ASK)是按照二进制基带信号电平的高低控制载波的高频振荡器输出信号通断的方法来实现,即载波的振幅随基带二进制信号的高低而变化。当基带信号为 0 时,调制后的信号为 0;当基带信号为 1 时,调制后的信号为一段载波信号。若基带信号 $s(t)$ 采用二进制单极性波形,则调制后的信号 $y(t)$ 可以表示成基带信号和载波信号的乘积形式:

$$y(t) = s(t)\cos\omega t \tag{4.1}$$

其中,$\cos\omega t$ 为被调制的载波信号。

通常,2ASK 信号的产生方法有两种。一种是依据式(4.1)延用模拟调制方法,只是这里的基带波形是数字信号,如图 4.2(a)所示;另一种是采用键控方法,让电路开关受基带数字信号控制,如图 4.2(b)所示。两种方式产生的最终调制信号是一样的,其与基带信号的关系如图 4.3 所示。采用 2ASK,可以在数字通信系统中通过这种载波信号的有无来表示基带信号的 0 和 1。接收时也就通过检测载波信号的有无来解出基带数字信号。

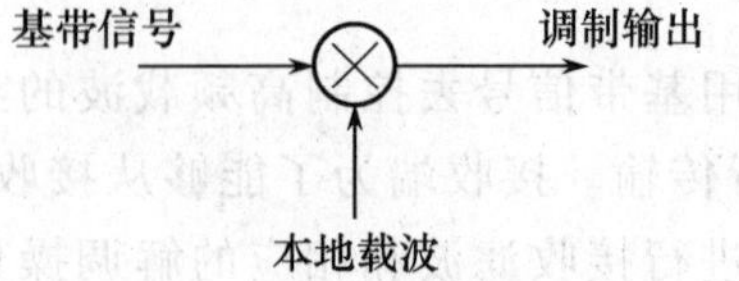

(a) 模拟调制法

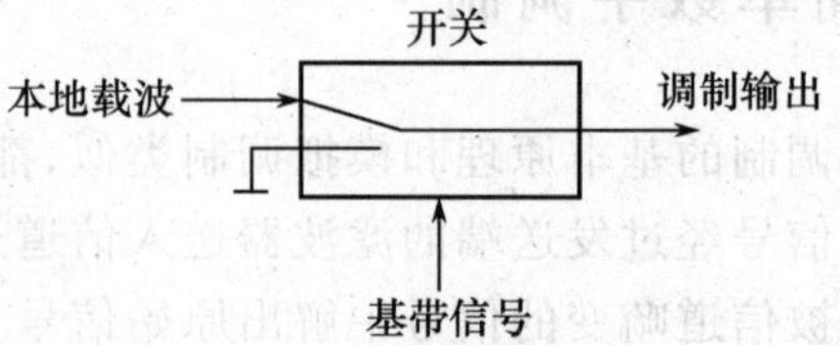

(b) 键控方法

图 4.2 二进制幅移键控信号产生原理图

对 2ASK 信号的解调也可以有两种方式。一种是采用相干的方式在接收端将接收信号乘以载波,经过低通滤波器后,高频分量被滤除,进而抽样判决,如图 4.4(a)所示;另一种则是类似于模拟调幅信号的包络检波,将接收信号经过半波或全波整流器,再进行抽样判决,如图 4.4(b)所示。图 4.4(a)所示方法原理简单,但由于要恢复相干载波,实现较为复杂。图 4.4(b)所示方法,由于无需恢复载波,因而实现起来较为简单。2ASK 方式最初是在电报系统中应用的,是出现最早,也最简单的一种数字调制方式,然而,其抗噪声能力并不强,因此在现代数字通信中并不经常使用。

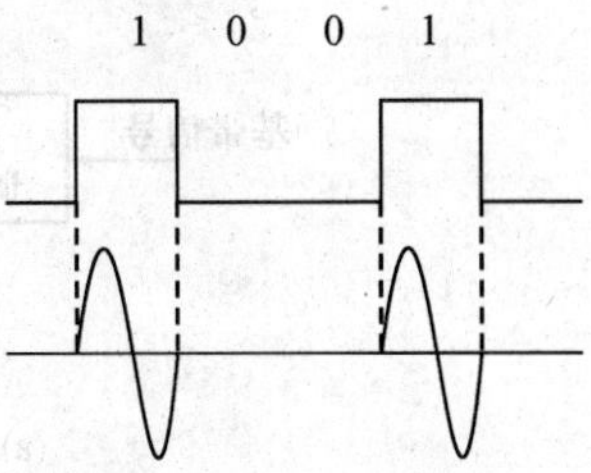

图 4.3 二进制幅移键控信号波形对应图

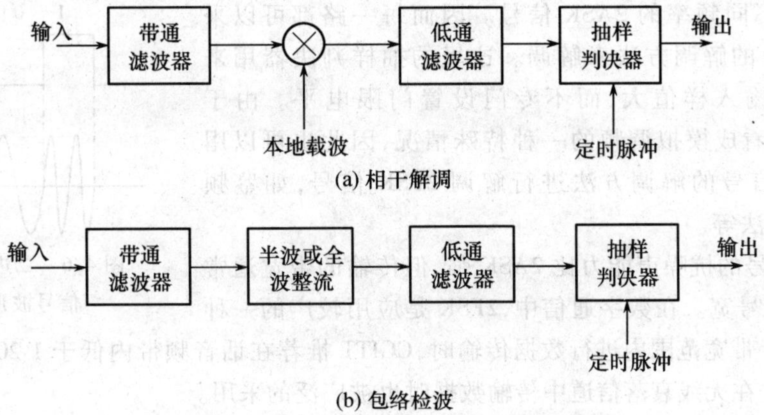

图 4.4 二进制幅移键控解调系统框图

4.1.2 二进制频移键控

二进制频移键控(2FSK)是用二进制基带数字信号去控制载波的频率,符号 0 对应载波频率 f_1,而符号 1 对应载波频率 f_2,两个频率间的切换是在瞬间完成的。因此,可以得到 2FSK 的数学表达式

$$y(t) = \begin{cases} \cos 2\pi f_1 t & s_n = 0 \\ \cos 2\pi f_2 t & s_n = 1 \end{cases} \tag{4.2}$$

其中,s_n 为二进制基带数字信息比特。

最初的 2FSK 信号是通过一个矩形脉冲序列对一个载波进行调频而得,即利用模拟调频的方法,通过控制压控振荡器的振荡频率得到数字调频信号,如图 4.5(a)所示。另外,与 2ASK 一样,2FSK 信号还可以通过键控的方法得到,即利用受矩形脉冲序列控制的开关电路对两个独立的不同频率源选通,如图 4.5(b)所示。以上两种方法产生的波形和基带信号的对应关系如图 4.6 所示。这里,已调信号频率的高低包含了要传输的基带信息。

对 2FSK 的解调也可以有多种方式,通常采用的有非相干检测和相干检测,如图 4.7(a)、(b)所示。对于图 4.7 中的上下两路信号来说,由于经过了带通滤波器,可以认为是

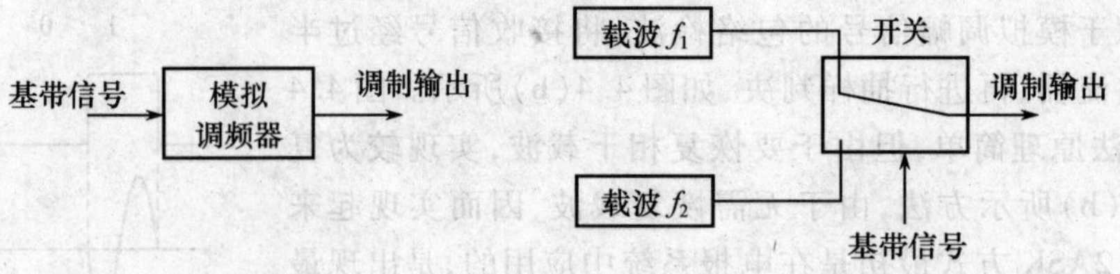

(a) 模拟调频法　　(b) 开关选频法

图 4.5　二进制频移键控信号产生原理图

分成了两路不同频率的 2ASK 信号。因而每一路都可以采用前面 2ASK 的解调方法来解调。这里的抽样判决器用来判定哪一路输入样值大,而不专门设置门限电平。由于 2FSK 也可以看成模拟调频的一种特殊情况,因此也可以用对模拟调频信号的解调方法进行解调 2FSK 信号,如鉴频法、过零检测法等。

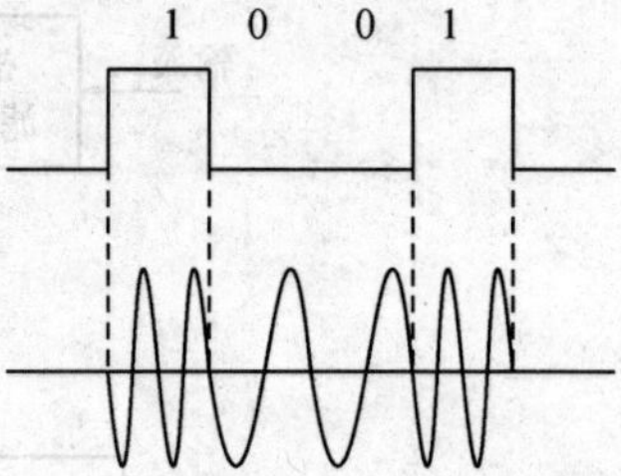

图 4.6　二进制频移键控信号波形对应图

2FSK 信号的抗噪声能力比 2ASK 强,但传输的带宽通常要比 2ASK 信号宽。在数字通信中,2FSK 是应用较广的一种方式。在语音带宽范围内进行数据传输时,CCITT 推荐在话音频带内低于 1 200 b/s 时使用 FSK 方式。这在无线衰落信道中传输数据时也被广泛的采用。

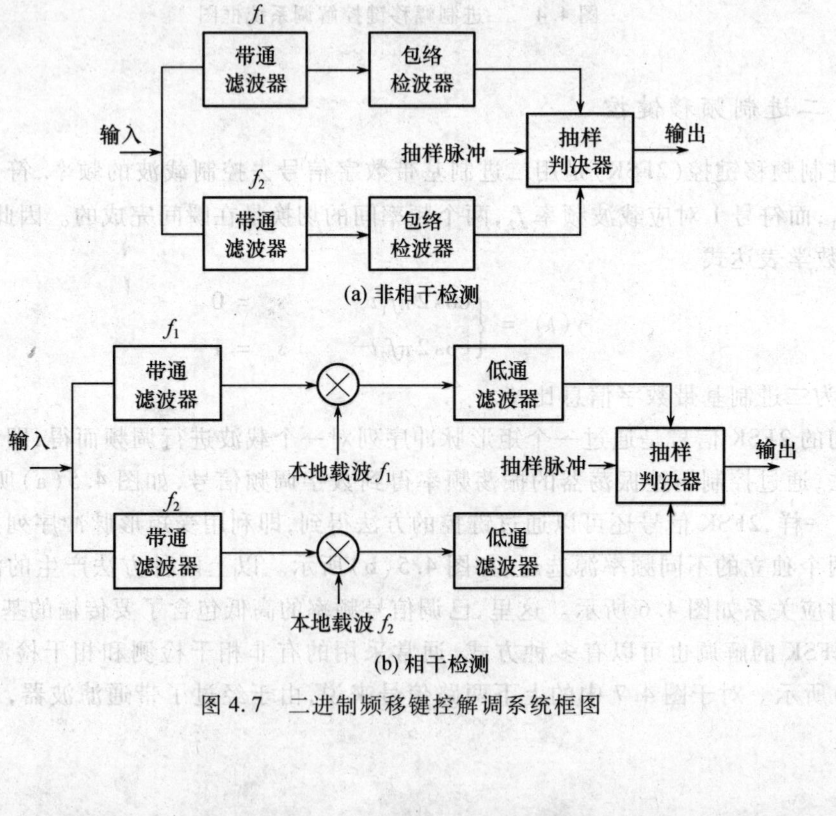

(a) 非相干检测

(b) 相干检测

图 4.7　二进制频移键控解调系统框图

4.1.3 二进制相移键控

二进制相移键控(2PSK)就是载波相位受二进制基带数字信号控制。一般地,2PSK 可以有 A 和 B 两种方式,如图 4.8 所示。A 方式,载波相位在 0 和 π 之间变化;B 方式,载波相位在 $\pm\frac{\pi}{2}$之间变化。

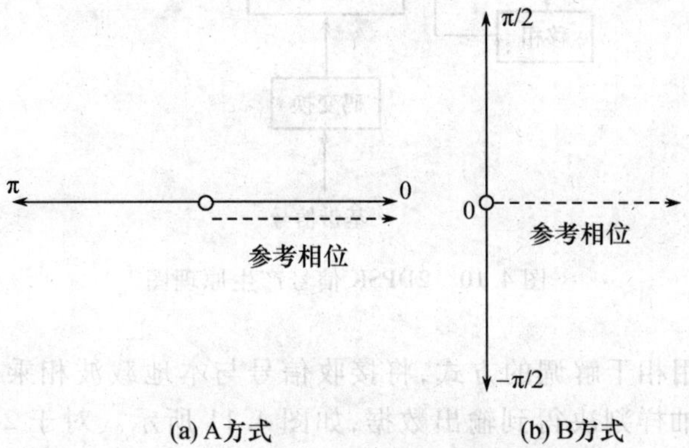

图 4.8 二进制相移键控信号矢量图

实现 2PSK 调制同样可以采用模拟相乘方式和键控方式,如图 4.9(a)、(b)所示。在采用模拟相乘方式时,基带数字信号应当采用双极性波形。2PSK 信号的数学表达式可以写为

$$y(t) = s(t)\cos(\omega t + \theta) \tag{4.3}$$

其中,$s(t)$为采用双极性波形的二进制数字基带信号,θ为载波参考相位。

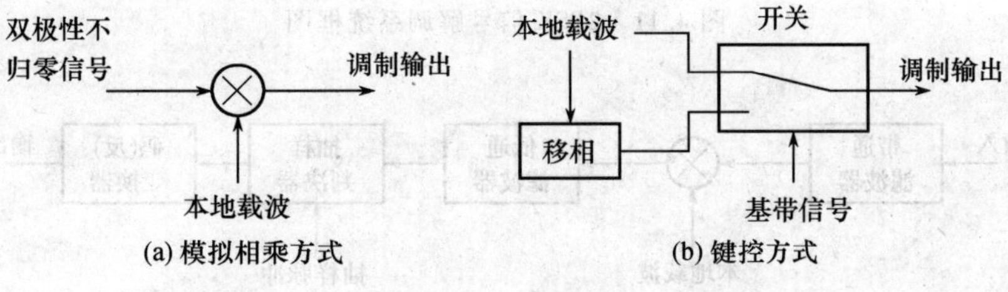

图 4.9 二进制相移键控信号产生原理图

实际通信系统中可能存在参考基准相位的随机跳变,且在通信过程中不易被发觉。这样,2PSK 调制的信号就可能会在接收端被错误地恢复。这种现象通常称为 2PSK 的“倒π”现象,也称为“反向工作”现象或是相位模糊。为此,在实际通信系统中,一般不采用 2PSK 方式,而是采用一种所谓的相对(差分)相移(2DPSK)方式。2DPSK 就是利用前后相邻码元的相对载波相位值表示数字信息的一种方式。例如:对于 2PSK,令 0 相表示数字信

息 1,π 相表示数字信息 0。对于 2DPSK,令前后相位差 0 表示数字信息 1,前后相位差 π 表示数字信息 1。为了实现 2DPSK,通常是对输入数字信息的绝对码进行前后码元的模 2 运算得到相对码元,再根据相对码元进行相移调制,如图 4.10 所示。

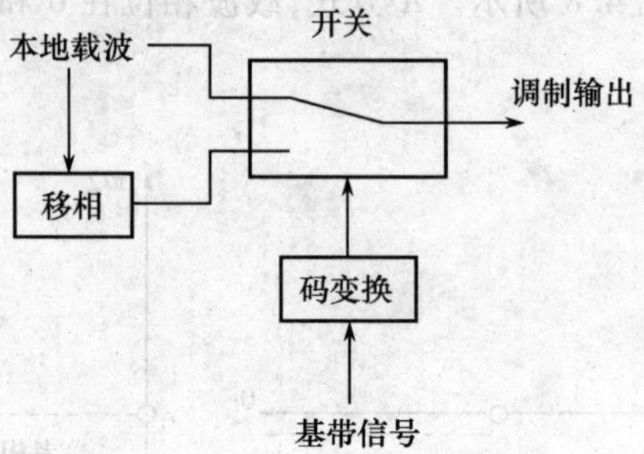

图 4.10 2DPSK 信号产生原理图

2PSK 的解调采用相干解调的方式,将接收信号与本地载波相乘,再经过低通滤波器滤除高频分量,进而抽样判决得到输出数据,如图 4.11 所示。对于 2DPSK 的解调可以采用这种相干解调的方式再经过码反变换得到基带信号,如图 4.12(a)所示,也可以采用非相干解调的方式,将接收信号和自身延迟了一个码元后的信号相乘得到解调输出,如图 4.12(b)所示。

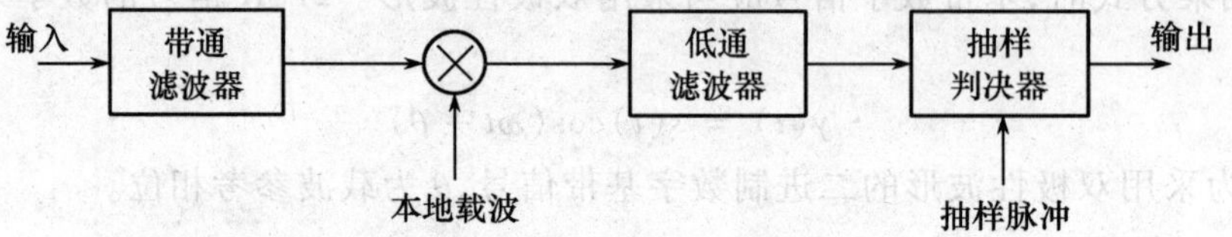

图 4.11 2PSK 信号解调系统框图

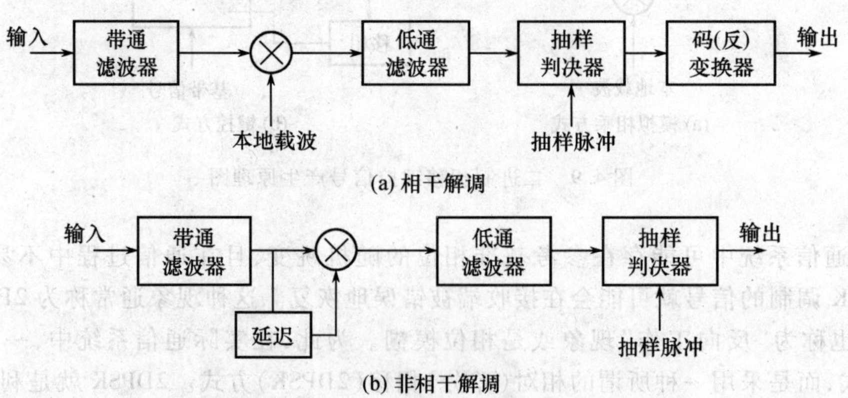

图 4.12 2DPSK 信号解调系统框图

2PSK 的抗噪声性能比 2ASK 和 2FSK 要强，同时信号带宽与 2ASK 相同，因而被广泛应用在数字通信中。考虑到 2PSK 的相位模糊问题，其改进型 2DPSK 受到广泛的重视，如在话带内以中速率传输数据时，2DPSK 是 CCITT 建议的一种数字调制方式。

4.2 多相相移键控

前面介绍了几种简单的二进制数字调制方式，其中，二进制相移键控（2PSK）以其较强的抗干扰能力和较窄的信号带宽广泛应用于数字通信中。当使用多进制调制时，多个信息比特映射成一个符号码元，在相同的符号传输速率下，多进制系统的信息传输速率要比二进制的高。因此，为了提高信息传输的速率，实际通信系统中采用多进制的调制方式。而当采用这种多进制系统时，与二进制类似，相移键控方式可以有较低的信号带宽和较高抗噪声能力，因而多相相移键控也就受到了广泛的重视。

多相相移键控（Multiphase Shift Keying, MPSK）就是利用载波的多个不同相位来表征不同数字信息组合的调制方式。假设采用 M 相位调制方式，M 种相位需要 K 个比特来表示，两者之间的关系是 $M=2^K$，即 K 比特信息组合后映射成 1 个符号码元，该符号码元的取值有 M 种情况。当 $K=1$ 时，多相相移键控退化为二相相移键控（Binary Phase Shift Keying, BPSK），也就是前面介绍的二进制相移键控（2PSK）。因此，可以说 BPSK 是 MPSK 的一种特殊情况。

在多相相移键控中，使用最广泛的是四相相移键控（Quadrature Phase Shift Keying, QPSK）和八相相移键控（8PSK）。这里先以 QPSK 为例说明多相相移键控的基本原理，再扩展到 8PSK 等更高阶的多相相移键控。

4.2.1 四相相移键控

四种不同的相位可以代表四种不同的数字信息，因此，对于输入的二进制数字序列可以将每两个比特编为一组，然后用四种不同的载波相位去表征。例如：用 0°相位表示数字信息 00；用 90°相位表示数字信息 01；用 180°相位表示数字信息 10；用 270°相位表示数字信息 11。这样，每种相位的正弦信号可以表示两位二进制信息，信号之间的相位差为 90°，这种相移键控技术称为 QPSK。由于 4 个相位与四进制的 4 个符号相对应，也称四进制相移键控（4PSK）。这里可以认为，数字信息比特首先被映射成由双比特表示的四种符号码元，然后四种不同的符号码元去调制载波相位。因每种相位的正弦信号可以表示两位二进制信息，与 BPSK 相比，其编码效率提高了一倍。实际系统中，QPSK 的这种比特映射关系也可以有 A 和 B 两种方式。通常将前一比特记作 a，后一比特记作 b，其与载波相位的关系如表 4.1 所示。矢量关系如图 4.13 所示。图 4.13(a) 表示 A 方式的 QPSK 信号矢量图，图 4.13(b) 表示 B 方式的 QPSK 信号矢量图。

表 4.1　QPSK 双比特码元与载波相位的关系

双比特码元		载波相位	
a	b	A 方式	B 方式
0	0	0°	45°
0	1	90°	135°
1	1	180°	225°
1	0	270°	315°

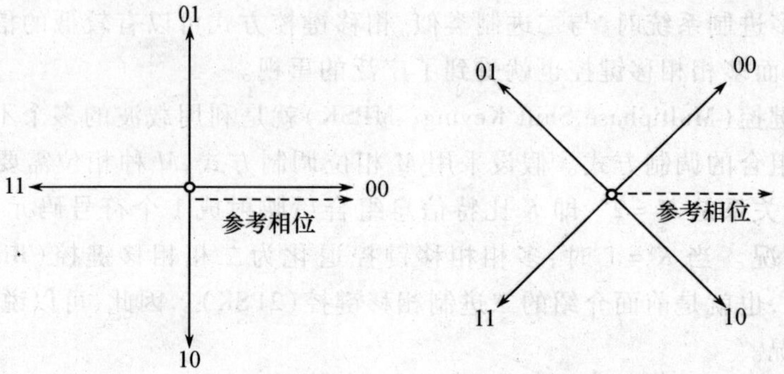

(a) A方式　　(b) B方式

图 4.13　QPSK 信号矢量图

根据信号矢量图的分解关系，QPSK 可以看做是两个正交的二相相移键控的合成，也可以通过直接对载波的相位进行选择而得到。因此，QPSK 的调制方式可以有调相法和相位选择法两种，如图 4.14 所示。

图 4.14(a)给出了调相法的系统框图，信号首先经过串/并转换分成上下两条支路，分别对应双比特码元的前一比特和后一比特。两条支路分别采用双极性波形对载波相位进行调制，即 BPSK 调制，最后两条支路的信号相加得到 QPSK 已调信号的输出。其信号分解合成关系矢量图如图 4.15 所示，实线表示四相相移信号矢量图，虚线表示上下两条支路对前后比特信息的调制信号矢量图。图 4.14(b)给出了相位选择法的系统框图。其原理是根据基带信息比特组合直接利用逻辑选相电路对四相载波发生器产生的载波进行选择。

由于 QPSK 信号可以看做是两个正交的 BPSK 信号的合成，解调也就可以采用 BPSK 类似的方法进行，即由两个 BPSK 信号的相干解调器构成，其系统框图如图 4.16 所示。图中并/串转换的作用和调制时的串/并转换刚好相反，是将上下两个支路的信息比特合成

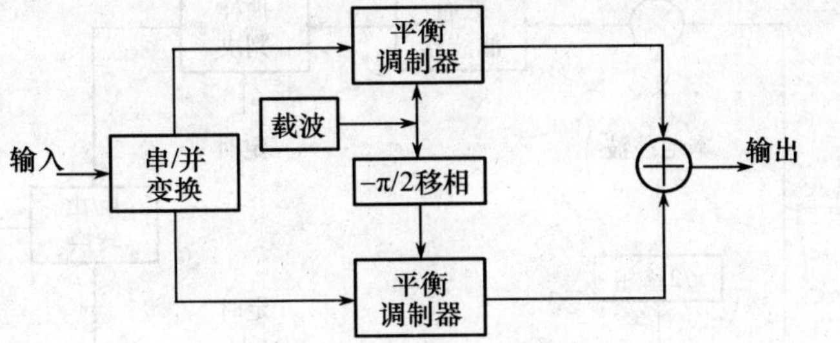

(a) 调相法

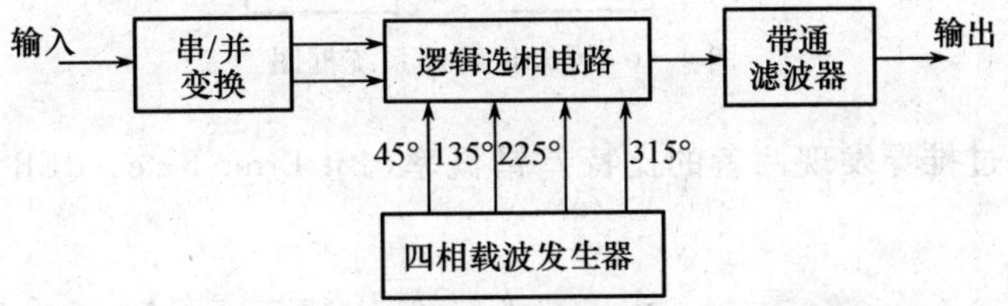

(b) 相位选择法

图 4.14 QPSK 调制系统框图

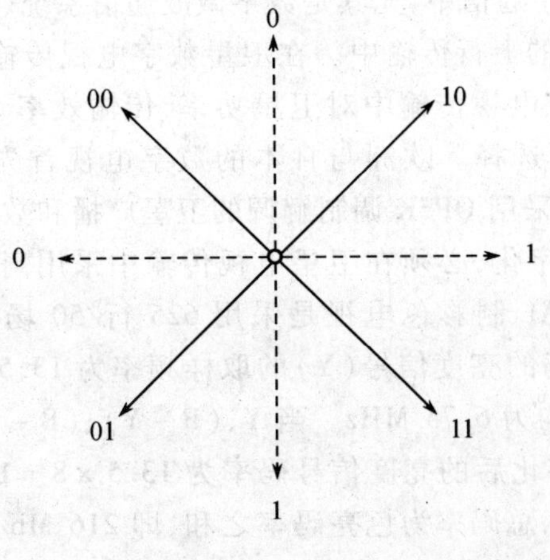

图 4.15 QPSK 信号分解合成关系矢量图

一组串行的数据输出。

由于 QPSK 可以看做是两个正交的二相相移调制的合成,因此其功率谱密度分布和 BPSK 的相同。而在抗噪声能力方面,QPSK 的信号矢量图比 BPSK 的多了两条矢量线,因而 QPSK 信号矢量之间的距离更近,当有噪声污染时也就更不容易分辨出来,符号判断错误的可能性就更大。但是,QPSK 是由两个比特组成一个符号码元,而 BPSK 一个比特就是

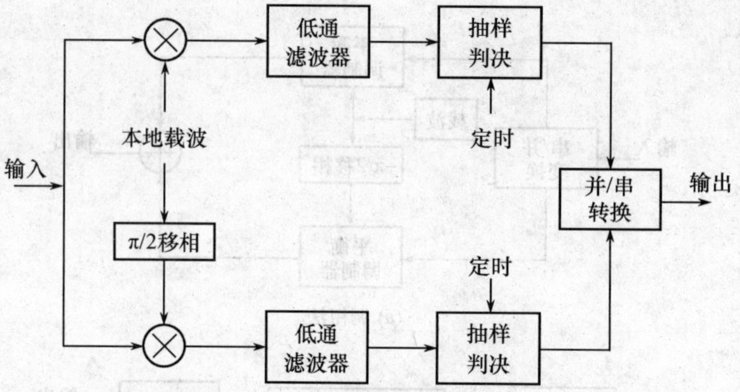

图 4.16 QPSK 解调系统框图

一个符号码元,经过推导发现两者的比特差错概率(Bit Error Rate, BER)P_B 是相同的,均可以表示为

$$P_B = Q\left(\sqrt{\frac{2E_B}{N_0}}\right) \tag{4.4}$$

其中,E_B 为一个比特的能量,N_0 为噪声的功率谱密度。

由于 QPSK 的信息比特传输速率比 BPSK 的高一倍,而比特差错概率与 BPSK 相同,所以 QPSK 被广泛应用在数字通信中,尤其是数字微波通信系统、数字卫星通信系统、宽带接入与移动通信及有线电视的上行传输中。在卫星数字电视传输中普遍采用的 QPSK 调谐器,可以说是当今卫星数字电视传输中对卫星功率、传输效率、抗干扰性以及天线尺寸等多种因素综合考虑的最佳选择。欧洲与日本的数字电视首先考虑的是卫星信道,采用 QPSK 调制,我国也出现了采用 QPSK 调制解调的卫星广播和数字电视机。

要实现卫星电视的数字化,必须在卫星电视传输中采用高效的调制器和先进的压缩技术。因为我国现行的 PAL 制彩色电视是采用 625 行/50 场,其视频带宽 5 MHz,根据 4:2:2 的标准,625 行/50 场的亮度信号(Y)的取样频率为 13.5 MHz,每个色差信号(R − Y)和(B − Y)的取样频率均为 6.75 MHz。当 Y、(R − Y)、(B − Y)信号的每个取样为 8 比特量化时,电视信号经数字化后的亮度信号码率为 13.5 × 8 = 108 Mb/s,色度信号的码率为 6.75 × 8 × 2 = 108 Mb/s,总码率为色亮码率之和,即 216 Mb/s,在现有的传输介质中要传送这样宽带的数字电视信号是不可能的。采用 QPSK 调制之后,可把传输的带宽降到 100 MHz 左右,再使用电视图像及伴音压缩编码技术(常用 MPEG − 2),可以把数字电视信号中包含的冗余信息去除,即在保证接收端图像质量的前提下,采用数字视频压缩技术可以降低传送码率,使传送带宽减少,实现多路传输。目前,已经可以做到把 216 Mb/s 速率的数字电视信号压缩到 5 Mb/s,使原来只能传送 1 路模拟电视的 36 Mb/s 卫星转发器同时传送 5 路数字电视信号。这样,数字信号经码率压缩技术处理后,信号传输容量会得到数倍甚至数十倍的增加。

与 BPSK 类似，QPSK 的调制也会遇到相位模糊的问题，因而也就需要使用相对(差分)相移的方法进行克服，进而也就有了相对四相相移键控(Differential Quadrature Phase Shift Keying, DQPSK)。DQPSK 也是利用载波间的相位相对变化来表示信息比特的。双比特码元和载波相对相位变化关系如表 4.2 所示。

表 4.2 DQPSK 双比特码元与载波相位变化的关系

双比特码元		载波相位变化
a	b	
0	0	0°
0	1	90°
1	1	180°
1	0	270°

DQPSK 的调制方法和 DBPSK 类似，即在 QPSK 的基础上插入码变换器，将绝对信息比特转换成相对信息比特再进行调制，系统框图如图 4.17 所示。其解调原理也是先采用两路正交解调，再经过码反变换，系统框图如图 4.18 所示，正交解调的判决规则如表 4.3 所示。

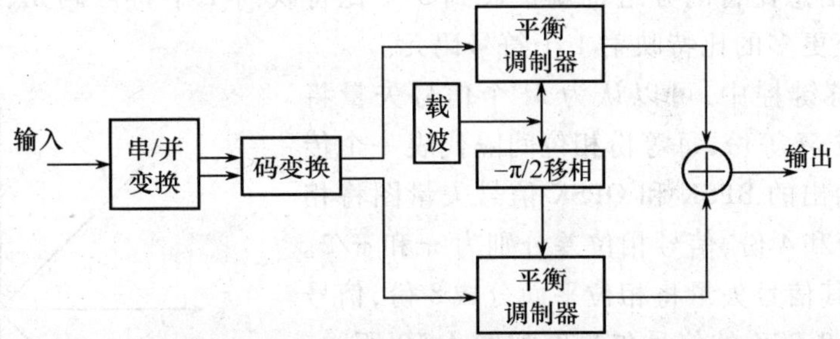

图 4.17 DQPSK 调制系统框图

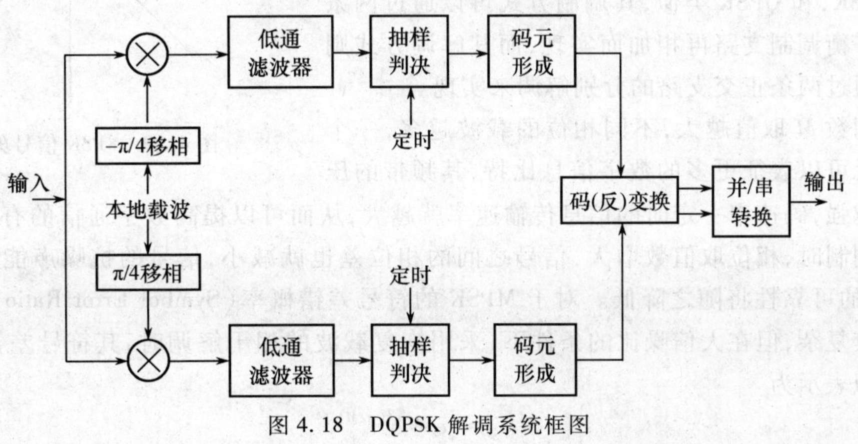

图 4.18 DQPSK 解调系统框图

表 4.3　DQPSK 信号正交解调的判决规则

载波相位	上支路极性	下支路极性	判决输出	
			c	d
0°	+	+	0	0
90°	−	+	1	0
180°	−	−	1	1
270°	+	−	0	1

DQPSK 的抗噪声能力要略低于 QPSK,大信噪比下,其信噪比约损失 2.3 dB。但是由于其可以克服绝对相移时的相位模糊的缺点,因此也受到了重视。一般,在四线租用电话线路上采用速率为 2 400 b/s 的 DQPSK 方式。

4.2.2　高阶多相相移键控

类似于 QPSK 的定义方式,当调制时采用的不同相位载波数为 8、16 甚至更多时,可以将这些数字调制方式分别称为八相相移键控(8 PSK)、十六相相移键控(16 PSK)等。这时,对基带数字信息比特的分组也就扩展到 3 个比特映射 1 个符号码元、4 个比特映射 1 个符号码元甚至更多的比特映射 1 个符号码元。

在 M 相相移键控中,可以认为 M 个信号矢量将相位平面划分成 M 等份,每等份相位间隔代表一个传输信号。前面给出的 BPSK 和 QPSK 信号矢量图将相位平面分成 2 份和 4 份,信号相位差分别为 π 和 π/2。而当 8 PSK 时,其信号矢量将相位平面分成 8 份,信号相位差为 π/4。8 PSK 的信号矢量图如图 4.19 所示。对于 MPSK,和 QPSK 类似,其调制方式可以通过两条正交的平衡调制支路再相加而实现,而其解调方式则也可以通过两条正交支路的分别解调来实现。

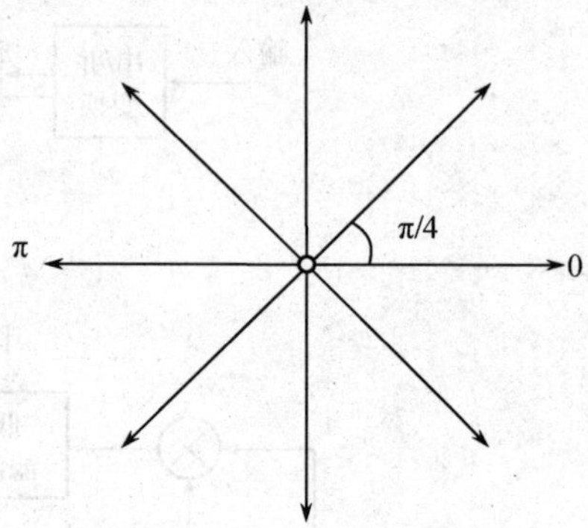

图 4.19　8PSK 信号矢量图

进制数 M 取值越大,不同相位的载波越多,一个符号码元可以表征更多的数字信息比特,其频带的压缩能力越强,码速率一定时的信息传输速率就越大,从而可以提高数字通信的有效性。但在多相调制时,相位取值数增大,信号之间的相位差也就减小,信号的抗噪声能力也就越差,传输的可靠性将随之降低。对于 MPSK 的符号差错概率(Symbol Error Ratio, SER)的计算比较复杂,但在大信噪比的条件下,采用恢复载波的相干解调时,其符号差错概率 P_S 可以近似表示为

$$P_S \approx e^{-\gamma \sin^2(\pi/M)} \tag{4.5}$$

其中,γ 为每符号载波和噪声功率比。由式(4.5)可以看出,M 取值越大,符号差错概率 P_S 越大。

正是由于以上通信有效性和可靠性的折中存在,MPSK 的进制数不宜取得太高,因而实际中用得较多的还是 QPSK 和 8PSK。

对于高阶的 MPSK 也存在相位模糊的问题,因而对高阶的 MPSK 而言,DPSK 也是需要重视的。当采用 DPSK 时,大信噪比下的符号差错概率可以近似表示为

$$P_S \approx e^{-2\gamma\sin^2\left(\frac{\pi}{2M}\right)} \tag{4.6}$$

由式(4.6)可以看出 DPSK 的符号差错概率也是随着进制数的增大而上升的。比较式(4.5)和式(4.6)可以发现,进制数相同时,DPSK 的符号差错概率比绝对相移键控的要高,也可以说在相同符号差错概率下相对相移键控比绝对相移键控的信噪比要求更高。当 M 取值很大时,两者信噪比之差约为 3 dB。

4.3 正交振幅调制

从前面的讨论中可以看出,MPSK 方式可以有效地提高信息传输的速率。但是,随着进制数的提高,信号矢量之间的距离也在逐渐下降,进而就导致在接收端的符号差错概率上升。如果要达到相同的误码率要求,更高阶的 MPSK 就需要更大的发射功率。因此,MPSK 的高传输速率是通过牺牲功率效率来换取的。

另一方面,目前通信系统中的用户数量和业务种类不断增加,传统通信系统的容量已经越来越不能满足通信的要求,而可用频带资源有限,也不能靠无限增加频道数目来解决系统容量问题。因此,现代的数字通信系统在选择调制方案时,就不能只考虑抗干扰性能,而应更多考虑频带利用率与灵活性。

正是由于以上两方面的原因,需要在实际数字通信系统中利用一种支持高信息传输速率同时功率效率又较高的数字调制技术。正交振幅调制(Quadrature Amplitude Modulation, QAM)就是这样一种现代数字调制技术。它是一种具有高频谱利用率,且可以根据传输环境与传输信源的不同,自适应地调整其调制速率的调制技术,并且其设备组成也比较简单,因此能很好地缓和可用频带紧张状况及实现多速率的多媒体综合业务传输。

4.3.1 QAM 基本原理

单独使用振幅或相位携带信息时,不能充分地利用信号平面,这可以由已调信号矢量图中信号矢量端点的分布直接观察到。多进制的振幅调制是控制载波的振幅大小,因此信号的矢量端点是在一条轴上分布;多进制的相位调制是控制载波的相位变化,正如前面给出的一样,信号矢量端点是在一个圆上分布。随着进制数 M 的增大,这些矢量端点之间的最小距离也随之减小。但如果我们充分利用整个平面,将矢量端点重新合理地分布,则有可能在不减小最小距离的情况下增加信号矢量的数目,提高通信有效性。基于上述概

念,可以引出振幅与相位这两个正交量的联合调制方式。这种将载波幅相联合在一起进行调制的数字调制方式称为 QAM。

QAM 的一般表达式为

$$y(t) = s_n\cos(\omega_C t + \theta_n) \quad 0 \leqslant t < T_S \tag{4.7}$$

其中,s_n 为基带信号波形幅度用以调制载波的振幅,这里为了简化,将载波振幅设为 1,θ_n 为受到调制的载波相位。s_n 和 θ_n 都是随着基带信号的变化而变化的,即基带信号既调制了载波的振幅又调制了载波的相位。T_S 为一个符号时间长度。利用正余弦的变换公式,上式还可以变化为

$$y(t) = A_n\cos\omega_C t + B_n\sin\omega_C t \quad 0 \leqslant t < T_S \tag{4.8}$$

其中,A_n 和 B_n 为离散的振幅值,$\cos\omega_C t$ 为同相信号,或 I 信号,$\sin\omega_C t$ 为正交信号,或 Q 信号。由此可以看出,已调信号是由两路相互正交的载波叠加而成的,每路载波被一组离散的振幅$\{A_n\}$和$\{B_n\}$所调制。其振幅 A_n 和 B_n 可以表示为

$$\begin{cases} A_n = s_n\cos\theta_n \\ B_n = -s_n\sin\theta_n \end{cases} \tag{4.9}$$

QAM 有时也称为星座调制。这是因为其信号矢量在平面上分布有如星座一般,也正是这个原因使得信号的矢量图又可以称为星座图。与 PSK 调制方法一样,QAM 也可以有多进制的形式。常用的 QAM 有 4、16、32、64、128、256QAM 等。4QAM 是用信号平面上的 4 个点表示 4 种不同的符号码元,每个码元由 2 比特信息映射而成;16QAM 是用信号平面上的 16 个点表示 16 种不同的符号码元,每个码元由 4 比特信息映射而成;32QAM 是用信号平面上的 32 个点表示 32 种不同的符号码元,每个码元由 5 比特信息映射而成。图 4.20(a)、(b)分别给出了 4QAM 和 16QAM 的星座图。作为比较,图 4.20(c)还给出了 16PSK 的星座图。从图中可以发现,4QAM 的星座图即为前面已给出的 QPSK 调制信号矢量图,即 4QAM 其实已经退化成了 QPSK 调制。而图 4.20(b)、(c)之间的比较可以发现,16QAM 的信号星座点之间的最小距离要比 16PSK 的大一些,因而接收端出错的可能被降低了,但两者同样都是 4 比特信息表示一个符号码元,即信息传输速率相同。由此比较可以看出,在相同信息传输速率的前提下,QAM 比相移键控有着较高的抗噪声能力,或者说功率效率较高。这就是 QAM 技术被广泛应用在数字通信系统的重要原因之一。有线数字电视的前端调制和接收、甚高速数字用户环路(Very-high-bit-rate Digital Subscriber Loop, VDSL)传输和诺基亚、爱立信等企业推出的第四代移动通信技术标准中都推荐 QAM 作为调制技术。

QAM 技术还有一个优点就是其调制解调设备组成比较简单。由式(4.8)得知,QAM 信号的产生可以由两条对正交载波的双边带调制支路组成,分别对应同相信号的同相支路和正交信号的正交支路。因此,QAM 信号常用的调制方法是正交调幅法,这种方法只需要两条互相正交的双边带调制支路,简单易行。另外,复合相移法也可以产生 QAM 信号。

正交调幅法的原理系统框图如图 4.21 所示。输入数据经过串/并变换分为两路,在分

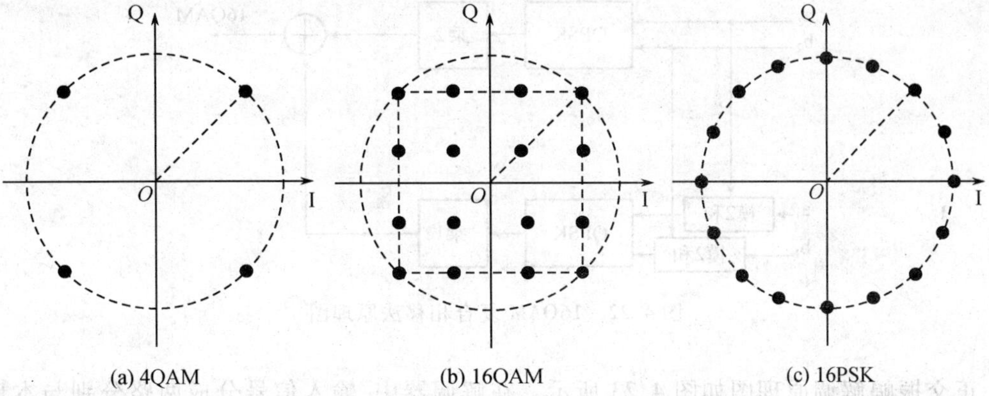

图 4.20 4QAM、16QAM 和 16PSK 星座图

别经过二值电平到 L 电平的变换，形成 A_n 和 B_n。为了抑制已调信号的带外辐射，A_n 和 B_n 要通过预调低通滤波器，再分别与相互正交的两路载波相乘，形成两路多进制 ASK 调制信号，最后将两路信号相加就可以得到不同的幅度和相位的已调 QAM 输出信号。系统可在一路 ASK 信号频带宽度的信道内完成两路信号的同时传输，所以利用正交载波调制技术传输信号，可使频带利用率提高一倍。

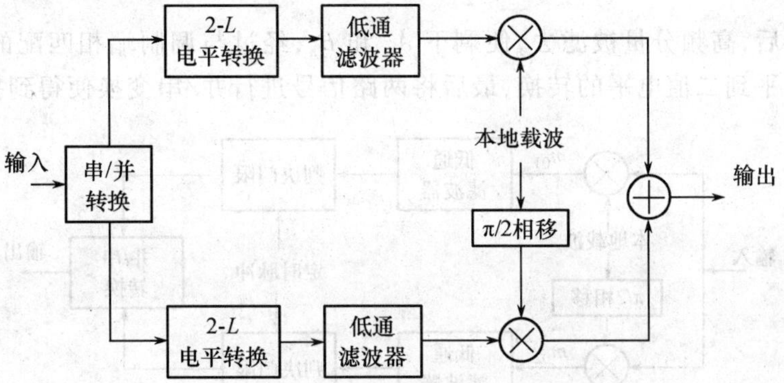

图 4.21 QAM 正交调幅法原理框图

复合相移法的原理如图 4.22 所示。复合相移法又称四相叠加法。多电平正交 PSK 信号可以分解为若干个 QPSK 信号的线性组合，根据这个原理构成复合相移法。其中大，小 QPSK 的幅值比为 2:1。用这种方法产生的 16QAM 信号，其同相与正交的多电平基带信号分量满足自然码的电平逻辑。在多电平信号进行检测并恢复到二进制码时，采用格雷码具有更好的误码率。因此，希望产生的 QAM 信号具有格雷码的电平逻辑。这需要在相位键控前对输入的二进制码做从自然码到格雷码的逻辑变换。

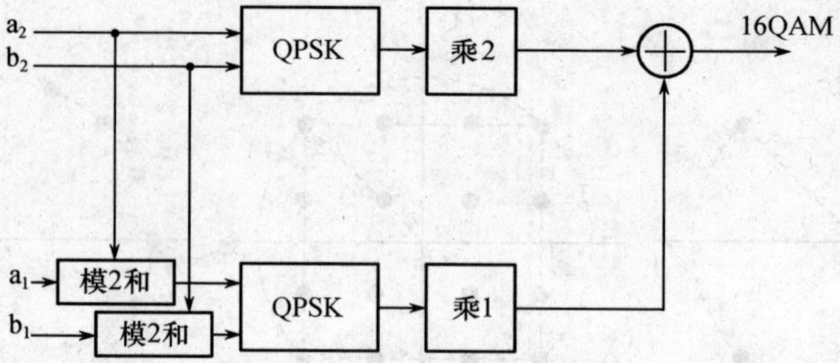

图 4.22　16QAM 复合相移法原理图

正交振幅解调原理图如图 4.23 所示。在解调器中，输入信号分成两路分别与本地恢复的两个正交载波相乘。若信道具有理想传输特性，则加到解调器输入端的信号是 $y(t)$。假设接收端所产生的相干载波与发送端的完全相同，那么，两个乘法器的输出分别为

$$\begin{aligned} m_{01} &= (A_n\cos\omega_C t + B_n\sin\omega_C t)\cos\omega_C t \\ &= \frac{1}{2}A_n + \frac{1}{2}(A_n\cos 2\omega_C t + B_n\sin 2\omega_C t) \end{aligned} \tag{4.10}$$

$$\begin{aligned} m_{02} &= (A_n\cos\omega_C t + B_n\sin\omega_C t)\sin\omega_C t \\ &= \frac{1}{2}B_n + \frac{1}{2}(A_n\sin 2\omega_C t - B_n\cos 2\omega_C t) \end{aligned} \tag{4.11}$$

经低通滤波器后，高频分量被滤去，便剩下 A_n 和 B_n，经过与调制端相匹配的低通滤波、抽样判决和 L 电平到二值电平的转换，最后将两路信号进行并/串变换便得到接收数据。

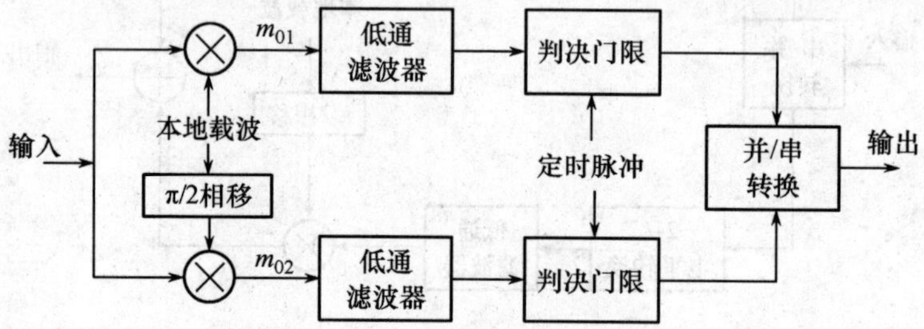

图 4.23　QAM 正交振幅解调原理图

将以上的调制和解调框图合起来，便可以得到 QAM 的整个系统构成，如图 4.24 所示。从图中可以看出，要得到 QAM 信号，关键是同相支路和正交支路的平衡调制和解调。当然，这仅仅是一个原理示意图，实际的系统还包含其他保证同步和恢复载波的模块，远比该系统复杂。

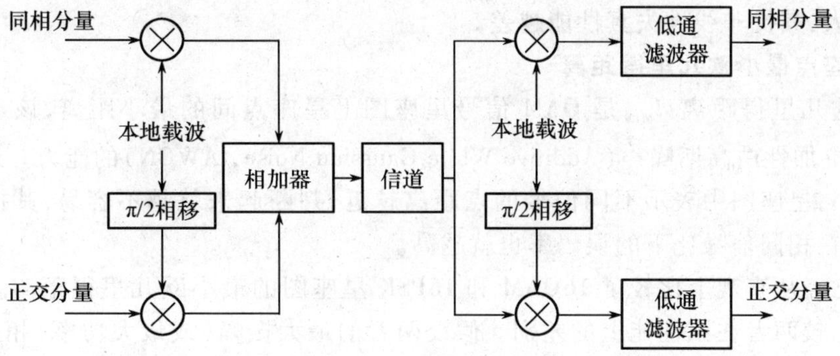

图 4.24 正交振幅调制系统组成框图

4.3.2 QAM 性能分析

在采用 QAM 技术时除了要考虑具有通常意义的系统传输误码率和频带利用率外，还需要考虑一些有关该调制方式的性能参数，如，QAM 信号的峰值与均值比 γ，星座点间最小的欧几里得距离 d_{MIN} 和信号最小相位偏移 θ_{MIN}。对于不同的传输系统，这些参数的要求各不相同，下面对这些性能进行逐个分析。

1. 信号峰值与均值比

幅度最大值与能量平均值的比值称为峰值与均值比。它也可以表示成峰值功率与平均功率的比值。假设 QAM 信号的最大可能幅度为 A。A 也就是星座图中距离原点最远的星座点到原点的距离。星座图中的每个点代表一个可能出现的信号，那么可以将每个可能出现的 QAM 的信号按照其在信号平面上的位置写成复数表达形式

$$y = A(d_i + \mathrm{j}e_i) \quad i = 1,2,\cdots,M \tag{4.12}$$

d_i 和 e_i 分别是第 i 个可能出现的信号的实轴坐标和虚轴坐标。M 为 QAM 进制数。QAM 信号的平均功率 P_{AV} 与峰值功率 P_{PK} 可分别表示为

$$P_{\mathrm{AV}} = A\sum_{i=1}^{M}\frac{d_i^2 + e_i^2}{M} \tag{4.13}$$

$$P_{\mathrm{PK}} = A\max\{d_i^2 + e_i^2\} \quad i = 1,2,\cdots,M \tag{4.14}$$

因此，QAM 信号的峰值与均值比 γ 可以表示为

$$\gamma = \frac{P_{\mathrm{PK}}}{P_{\mathrm{AV}}} \tag{4.15}$$

该性能参数的大小反映了系统的抗非线性失真能力。传输系统高的峰值与均值比将会造成传输器的平均功率下降与传输动态范围的减少，而且会增加数模和模数转换器的复杂度。此外在多载波系统中为了避免副载波之间的干扰与频带外辐射，功率放大器必须工作在线性范围内。较高的峰值与均值比则需要较大的线性范围，不利于功率放大器的工作。因此，QAM 信号的峰值与均值比 γ 的大小就反映了 QAM 信号的抗非线性失真能

力，γ 值越大，其抗非线性失真性能越差。

2. 星座点最小欧几里得距离

最小欧几里得距离 d_{MIN} 是 QAM 信号星座图上星座点间的最小距离，该参数反映了 QAM 信号抗加性白高斯噪声（Additive White Gaussian Noise, AWGN）的能力。最小欧几里得距离越小，星座图中表示不同信号的点距离越近，判断起来就越不容易，其抗噪声能力也就越弱，在相同信噪比下的误码率也就越高。

前面已经从直观上比较了 16QAM 和 16PSK 星座图的最小欧几里得距离。这里从定量的角度比较两者在该性能上的差别。假设两者的最大振幅（或最大功率）相等，均为 A。通过几何知识，根据图 4.20 可以得到 16QAM 和 16PSK 的最小欧几里得距离 d_1、d_2 分别为

$$d_1 = \frac{\sqrt{2}}{3}A = 0.47A \tag{4.16}$$

$$d_2 \approx 2A\sin\frac{\pi}{16} = 0.39A \tag{4.17}$$

这个结果表明，16QAM 的最小欧几里得距离超过 16PSK 约 1.64 dB。

上面的结果是在两种调制方式最大振幅相等的假设下得到的。实际上，若以信号的平均功率相等为条件来比较上述信号的距离才是较为合理的。根据前面的峰值功率与平均功率之比可以得到，当 16QAM 和 16PSK 的信号平均功率相等时，16QAM 的相邻信号距离超过 16PSK 约 4.19 dB。可以看出，16QAM 在信号判决时，判错的可能性要小于 16PSK。

QAM 信号星座图有圆形星座图、不均匀圆形星座图和方形星座图三大类型，如图 4.25 所示。对于不同的 QAM 星座图，其最小欧几里得距离 d_{MIN} 是不一样的。在实际应用中，可以通过优化 QAM 信号的星座点分布来得到相同进制下的最大距离，从而获得同一进制下的抗干扰性能更好的 QAM 方案。当信号平均功率一定时，可以证明，在采用相同进制数时，方形星座图的最小欧几里得距离 d_{MIN} 最大，而圆形星座图 d_{MIN} 的最小，即方形星座图的抗高斯白噪声能力最强，最适宜在典型的高斯白噪声信道中使用。

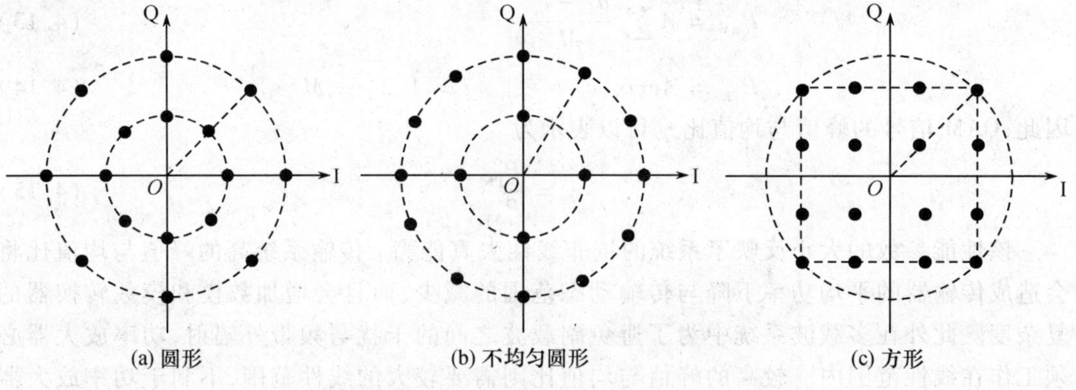

图 4.25 QAM 信号星座图

3. 最小相位偏移

最小相位偏移 θ_{MIN} 是 QAM 信号星座点相位的最小偏移，该参数反映 QAM 信号抗相位抖动能力和对时钟恢复精确度的敏感性，同样可以通过优化 QAM 信号的星座点分布来获得最大的 θ_{MIN}，从而获得更好的传输性能。在抗相位抖动及抗非线性失真等性能上，方形星座图不如圆形星座图和不均匀圆形星座图，因为其最小相位偏移 θ_{MIN} 最小，且峰值与均值比都大于后两者。因此，圆形星座图的调制方式更加适用于存在非线性失真和相位抖动的瑞利衰落。

为了充分利用方形星座图所具有的抗高斯白噪声的优点，并且克服其峰值与均值比高的缺点，人们设计了各种变形的方形星座图，如矩形星座图和梯形星座图等。这些星座图不但具有与方形星座图相同的抗高斯白噪声性能，还在一定程度上克服了方形星座图的缺陷。

4. 频带利用率

系统的频带利用率可用系统允许最大传输带宽与信号的有效带宽之比来表征。在 M 进制系统中，一个符号码元由 K 个比特表示。M 与 K 的关系是 $M=2^K$。一个符号码元的时间长度为 T_S。因此，系统比特速率 R 可表达为

$$R=\frac{K}{T_S}=\frac{\log_2 M}{T_S}\tag{4.18}$$

当采用带宽为 W Hz 时，在 T_S 内传输 K 个比特的带宽效率为

$$\frac{R}{W}=\frac{\log_2 M}{T_S W}\tag{4.19}$$

由式(4.19)可以看出，采用的进制数越高，频带利用率也就越大。而 QAM 信号却可以在较高的频带利用率下保证较高的抗噪声能力，具有很强的可应用性。

5. 误码率

选取的信号星座图不同，所产生的传输误码率也不相同。下面分别对两种类型的星座图在高斯白噪声信道中的误码率做初步的分析。

1) 矩形星座图的 QAM 误码率

一个 QAM 信号点实际上可以分解成两个独立的振幅调制信号。图 4.26 给出了 16QAM 的方形星座图的信号空间图形以及其判决门限。由图中可以看出，每个振幅调制信号均由 d、-d、3d、-3d 四个不同的振幅值进行调制。

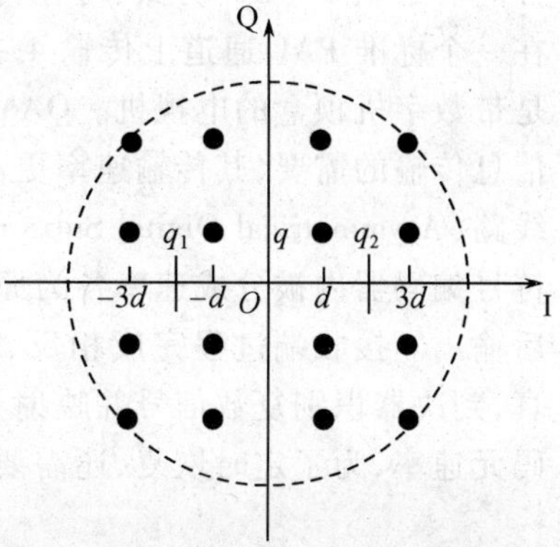

图 4.26 16QAM 信号星座与判决门限

图 4.26 给出了 3 个判决边界 q、q_1 和 q_2，根据误差分析，方形 M 进制 QAM 的误码率可以表示为

$$P_{\mathrm{E,MQAM}}=\frac{4}{\log_2 M}\left(1-\frac{1}{\sqrt{M}}\right)\sum_{i=1}^{\sqrt{M/2}}Q\left[(2i-1)\sqrt{\frac{3E_{\mathrm{B}}\log_2 M}{(M-1)N_0}}\right] \tag{4.20}$$

2）圆形星座图 MQAM 的传输误码率

这里只考虑各圆环上相位点数相同，且圆环相位点数及圆环数均为 2 的幂次方的均匀圆形 M 进制 QAM 误码率的计算，$E_{\mathrm{B}k}$ 为第 k 个圆环上信号点的平均信号功率。

圆形 16QAM 信号矢量点可以分解为两个信号，每个信号矢量点可用 4 比特 $a_0b_0b_1b_2$ 编码，其中 a_0 表示不同的圆环半径，而 $b_0b_1b_2$ 则对每个圆环上的 8 个相位点进行格雷码编码。a_0 的硬判决边界为 Q 轴，可求出比特 a_0 的误码率为

$$P_{\mathrm{E}}(a_0)=Q\left(\frac{d}{\sqrt{\frac{N_0}{2}}}\right)=Q\left(\frac{A_1\sin\frac{\pi}{8}}{\sqrt{\frac{N_0}{2}}}\right) \tag{4.21}$$

进而可得，圆形 M 进制 QAM 的误码率的一般表达式为

$$P_{\mathrm{E,MQAM}}=\frac{L}{\log_2 M}\sum_{k=1}^{L}\sum_{i=1}^{n/4}Q\left[\sqrt{\frac{2E_{\mathrm{B}k}}{N_0}}\sin\frac{(2i-1)\pi}{n}\right]+\frac{2\log_2 L}{L\log_2 M}\sum_{k=1}^{L/2}Q\left[\frac{(2k-1)\sin\frac{\pi}{n}}{\sqrt{N_0/2}}\right] \tag{4.22}$$

其中，N_0 为噪声功率谱密度，L 为星座图上信号在水平轴或垂直轴上投影的电平数。

通过上面的讨论和分析可以看到，QAM 具有频带利用率高、抗噪声能力强、调制解调系统简单等优点。尤其是与 MPSK 比较起来更是有着明显的优势。目前，QAM 主要用在有线数字视频广播和宽带接入等通信系统。QAM 方式的多媒体高速宽带数据广播系统采用数字有线广播系统标准（Digital Video Broadcasting for Cable，DVB-C），代表数字化发展方向。采用 64QAM 方式，可在传统的 8 MHz 模拟频道带宽上传输约 40 Mb/s 数据流，可在一个标准 PAL 通道上传输 4～8 套数字电视节目，它的末端用户可以是计算机，也可以是带数字机顶盒的电视机。QAM 在安全授权方面比 QPSK 调制方式更可靠，可满足海量信息传输的需要，其传输速率更高，通道还可优化。QAM 目前还广泛用于非对称数字用户线路（Asymmetrical Digital Subscriber Loop，ADSL）调制技术，在 QAM 中，发送数据在比特/符号编码器内被分成速率各为原来 1/2 的两路信号，分别与一对正交调制分量相乘，求和后输出。接收端过程完成相反，正交解调出两个相反码流，均衡器补偿由信道引起的失真，判决器识别复数信号并映射还原二进制信号。采用 QAM 技术，信道带宽至少要等于码元速率，为了定时恢复，还需要另外的带宽，一般要增加 15% 左右。

4.4　恒包络调制

在现代数字通信系统中，采用的各种调制信号按照其包络的变化方式可以分为恒包

络和非恒包络两种。前面讨论的调制方式（如 QPSK、16QAM 等）都伴随着相位的突变。这种相位上的突变可以导致已调信号在经过射频端的功率放大器后的包络不恒定，进而频谱会被展宽，已调信号会泄漏到别的频带中去。这种情况的出现一方面使信号占用的带宽变宽，接收的波形被畸变；另一方面又使用户可以接收到其他用户的信号，进而降低了通信的保密程度。因此，需要使用包络恒定的调制方式来克服这个问题。

常用的恒包络调制技术有最小频移键控（Minimum-shift Keying, MSK）、高斯型最小频移键控（Gaussian Minimum Shift Keying, GMSK）、正弦频移键控（Sinusoidal Frequency Shift Keying, SFSK）和平滑调频（Tamed Frequency Modulation, TFM）等。这些调制技术都是利用已调信号波形相位变化连续的特点来达到信号通过射频放大器后包络恒定的目的。它们的共同特点是包络恒定或起伏很小以及已调波具有快速高频滚降特性。但是，在提出这些恒包络调制技术之前，人们通过对非恒包络调制技术的改进，提出了一系列准恒包络调制技术。这些调制技术的相位变化还是不连续的，但其相位跳变要比非恒包络调制小，进而已调信号波形的包络也就趋于恒定。这些技术主要有基于 QPSK 改进的交错四相相移键控（Offset Quadrature Phase Shift Keying, OQPSK）和 π/4 相对四相相移键控（π/4 - DQPSK）。这些准恒包络调制技术是设计恒包络调制技术的基础，下面先介绍准恒包络调制技术，再详细讨论恒包络调制技术。

4.4.1 准恒包络调制技术

1. OQPSK

前面讨论过 QPSK 信号，它的频带利用率较高，理论值达 2 b/s/Hz。但当信息比特中出现 0011 或 0110 时，QPSK 信号将在比特 0 向比特 1 转换时产生 180°的载波相位跳变，这种相位跳变引起包络起伏。当信号通过射频功放等非线性部件后，已经滤除的带外分量又被恢复出来，导致频谱扩展，增加对相邻波道的干扰。为了消除 180°的相位跳变，在 QPSK 基础上提出了 OQPSK 的数字调制技术。

OQPSK 是在 QPSK 基础上发展起来的一种准恒包络数字调制技术。OQPSK 也可以称为偏移四相相移键控，是 QPSK 的改进型。它与 QPSK 有同样的相位关系，也是把输入码流分成两路，然后进行正交调制。不同点在于它将同相和正交两支路的码流在时间上错开了半个码元周期。由于两支路码元半周期的偏移，每次只有一路可能发生极性翻转，不会发生两支路码元极性同时翻转的现象。因此，OQPSK 信号相位只能跳变 0°、±90°，不会出现 180°的相位跳变。这样，已调信号包络的恒定性得到了增强。

图 4.27 示出了 OQPSK 信号的产生原理。图中 Q 支路的延迟电路是为了保证 I、Q 两路码元偏移半个码元周期。带通滤波器（Band Pass Filter, BPF）的作用是形成 OQPSK 信号的频谱形状，保持包络恒定。除此之外均与 QPSK 作用相同。图 4.28 示出了 OQPSK 信号波形相位变化和输入信息比特之间的映射关系。从图中可以很清楚地看出 OQPSK 信号的相位跳变情况。与调制实现一样，OQPSK 的解调方式也与 QPSK 很相似，只是在另一

条支路(I支路)再延迟半个码元。

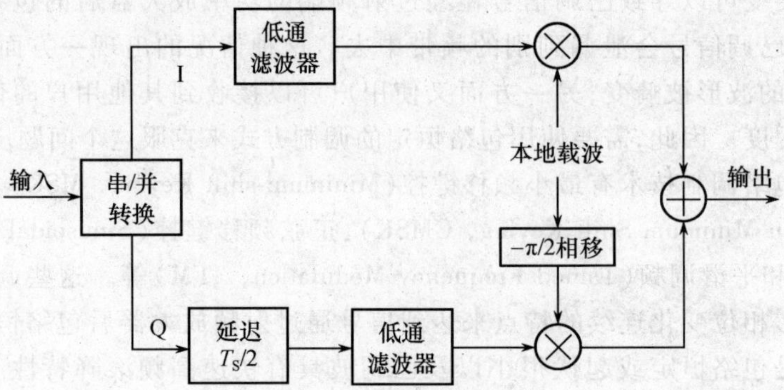

图4.27　OQPSK信号产生原理框图

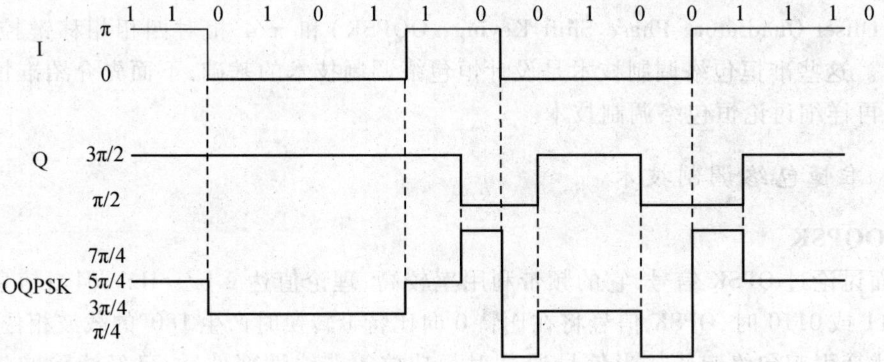

图4.28　OQPSK信号相位变化对应图

OQPSK克服了QPSK的180°的相位跳变，信号通过BPF后包络起伏小，性能得到了改善，因此受到了广泛重视。但是，当码元转换时，相位变化不连续，存在90°的相位跳变，因而高频滚降慢，频带仍然较宽。

2. π/4－DQPSK

π/4－DQPSK是QPSK的另一种改进形式，是一种线性窄带数字调制技术。其载波相移限制为±π/4和±3π/4，信号星座的转换不经过原点，相位没有瞬间的±π变化，具有更好的输出频谱特性。此外，π/4－DQPSK采用差分编码方式，这决定了它除了可以采用常用的相干解调方式外，还可以采用差分检测方式，差分检测避免了本地同步载波的恢复，降低了接收端的实现复杂度。π/4－DQPSK差分检测能够获得快速同步，对需要快速同步的窄带时分多址信道和突发工作模式的时分多址系统差分检测都非常合适。在快衰落信道中，差分检测还能获得比相干解调更低的误码率。π/4－DQPSK的另一个优点是提供的鉴频器检测方式可以容易实现数字/模拟接收。鉴频检测既可以用于模拟调频也可以用于 π/4 – DQPSK 的解调，所以可从模拟系统平滑过渡到数字系统。当然，π/4 – DQPSK 也只是一种准恒包络调制方式，若在发射中采用非线性功率放大器，仍然会使已调信号的频谱展宽，从而降低了频谱利用率。并且，在 AWGN 信道中，差分检测比相干检测有 3 dB 的损失。

π/4 – DQPSK 中的 DQPSK 即差分四相相移键控，表示 4 个不同编码相位状态描述了 00、11、01、和 10。π/4 表示在每个符号改变时向量跟 45°联系在一起。这看似与八值电平调制方式一样，实际上并不一样。任何相位之间的变化都避免了通过八值电平调制格式的中心，如果通过中心便意味着存在 100% 调幅成分。π/4 – DQPSK 的调幅成分被限制在 70%。

在 π/4 – DQPSK 调制器中，已调信号的信号点从相互偏移 π/4 的两个 QPSK 星座图中选取。图 4.29 给出了由两个相互偏移 π/4 的 QPSK 信号星座图合并成的 π/4 – DQPSK 星座图，图中信号点之间的连线表示可能的相位跳变。可以看到在相位上虽然只是 QPSK 的旋转 π/4，但它并不是简单地把 QPSK 的载波相位移相 π/4，因为旋转 π/4 仍是 QPSK。它们的主要区别在于相移路径不同。在 QPSK 中，相位跳变 ± π，故频谱特性差。而 π/4 – QPSK 的相移路径即使从 + π/4 变到 5π/4，其路径也不是按 π 直接跳变的，而是经过两段的变化，这样就缓和了相位的跳变，因而频谱特性就好得多。图 4.29 中有 8 个相位，4 个标有"○"符号的相位是调制应到达的相位。调制过程中相移的路径要先经过图中 4 个标记为"●"的相位之一。但是经过哪一个，还要看前一符号的相位和要达到的相位，使相位变化路径最小。总之，π/4 – DQPSK 调制相移路径避免了 QPSK 中 180°的不连续相位变化。

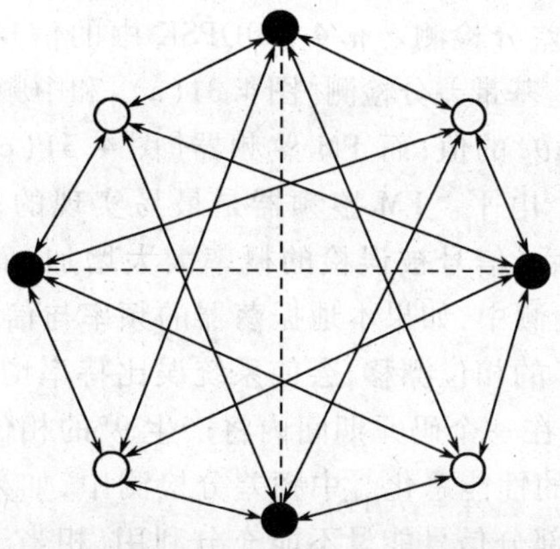

图 4.29 π/4 – DQPSK 信号星座图

π/4 – DQPSK 的调制框图如图 4.30 所示，输入的串行二进制序列先通过串/并转换电路分成奇偶两路。Y_k 路需要延时 T（串行输入的码元宽度）保持与 X_k 路对齐，每路码元的宽度为 $2T$。再经差分相位编码将比特信息与 π/4 - DQPSK 星座点的位置信息相对应输出正交的 I、Q 两路信号。相位映射后的信号还是脉冲信号，具有大量的高频分量，不适合在信道上传输。成形滤波后，信号频谱发生变化，高频部分被抑制，并且避免信号间串扰，以减小误码率。所用的滤波器系数满足奈奎斯特第一定律，一般采用具有线性相位特性和平方根升余弦特性的低通滤波器。滤波后离散的基带 I、Q 采样值与振荡器输出的离散正交载波相乘，完成频谱搬移，把基带信号调制成中频信号，送至后续的上变频电路进行处理。

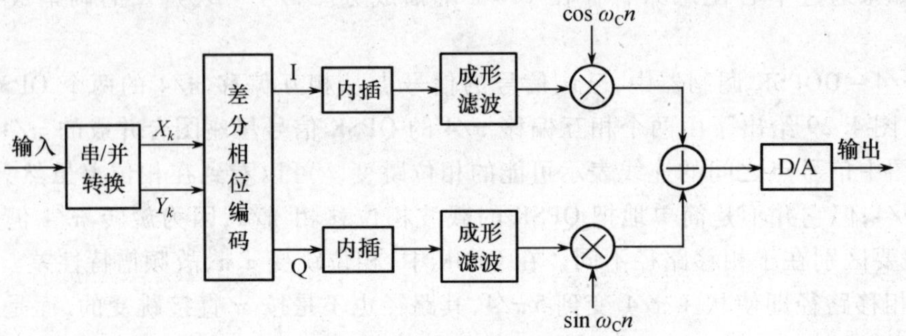

图 4.30 π/4 - DQPSK 调制原理框图

π/4 - DQPSK 信号的解调方式可以归为两类：相干检测和差分检测，其中差分检测又可分为鉴频器检测、中频差分检测和基带差分检测三类。在静态接收时，相干检测的性能比差分检测好，但相干检测中要求的相干载波在实际通信系统中很难取得，因而在移动接收时，其接收性能反而不及差分检测。π/4 - DQPSK 中的信息完全包含在载波的相位变量 $\Delta\theta_k$ 之中，便于差分检测。基带差分检测[图 4.31(a)]和中频差分检测[图 4.31(b)]通过判决 $\Delta\theta_k$ 的正余弦值确定 $\Delta\theta_k$ 的值；而 FM 鉴频器[图 4.31(c)]直接检测出相差 $\Delta\theta_k$，并使 4 个可能的相差对应 4 个电平。FM 鉴频器是最易实现的，由于系统采用四值电平检测，经多径效应严重的信道后，信号被误检的概率大大增加，而且对带通滤波器要求也增加了实现难度。基带差分检测中，如果本地振荡器的频率与信号的载频存在频差 Δf，则在一个码元内，将存在 $2\pi\Delta fT$ 的相位漂移，会使系统误比特率增加，当 $\Delta fT = 0.025$，即频率偏差为码元速率的 2.5% 时在一个码元期间内将产生 9°的相位差，在误码率为 10^{-5}时，该相位差将会引起 1 dB 左右的性能恶化。中频差分检测中，如果延迟的时间不是准确地等于一个码元长度，就会有一部分信号能量不能充分利用，相当于损失一部分信噪比。比较三种解调方式，中频差分检测不需要接收端产生本地载波，简化了接收端的实现难度，同时其易实现快速同步。

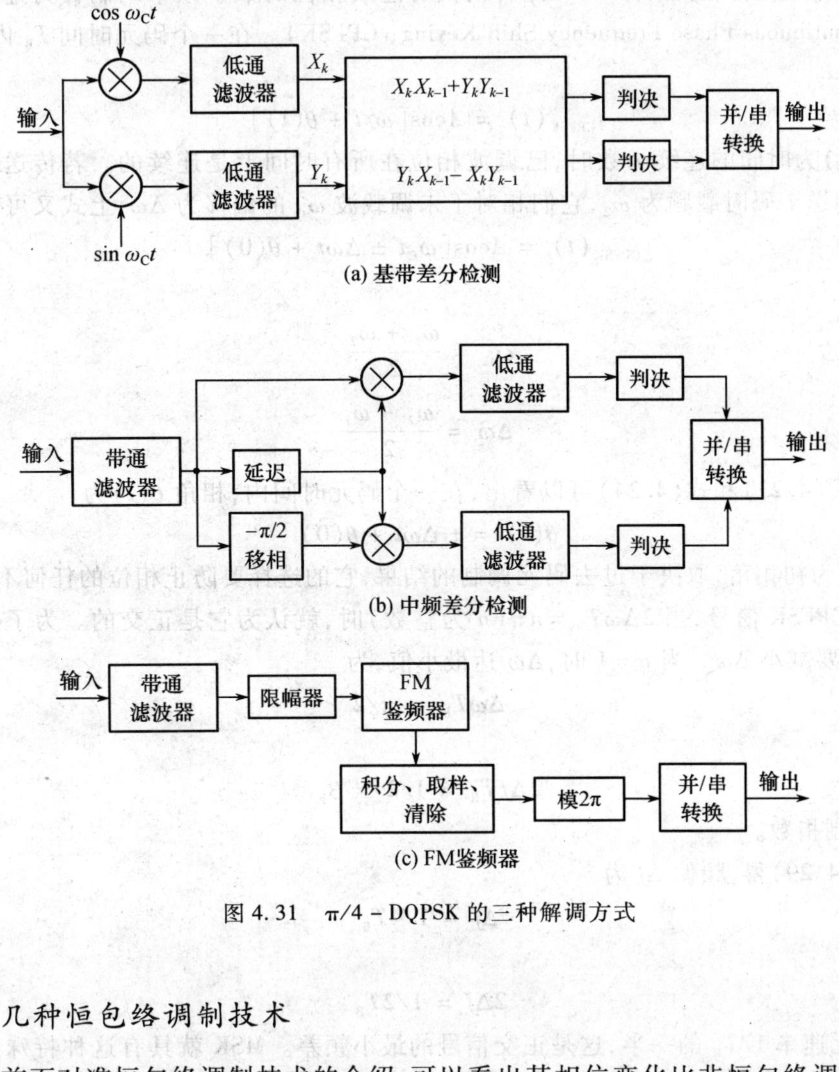

图 4.31　π/4 – DQPSK 的三种解调方式

4.4.2　几种恒包络调制技术

通过前面对准恒包络调制技术的介绍,可以看出其相位变化比非恒包络调制小,已调信号波形的包络趋于恒定。但是,在对相位变化和信号带外衰减要求严格的应用场合,准恒包络调制无法满足应用要求,需要采用相位变化连续和信号带外衰减更大的恒包络调制。下面介绍几种主要的恒包络调制。

1. MSK

OQPSK 和 π/4 – DQPSK 虽然消除了 QPSK 信号中的 180°相位突变,但并没有从根本上解决包络起伏问题。在数字频率调制中,由于只调制载波的频率而不改变载波相位,因而可以得到连续相位的调制信号波形。其中,一种能够产生恒定包络、连续相位信号的调制称为 MSK。MSK 是 2FSK 的一种特殊情况,它具有正交信号的最小频差,在相邻符号交界处相位保持连续。通常,像 MSK 这样的具有连续相位的数字频率调制称为连续相位频移键控(Continuous Phase Frequency Shift Keying, CPFSK)。在一个码元时间 T_B 内, CPFSK 可表示为

$$s_{CPFSK}(t) = A\cos[\omega_C t + \theta(t)] \tag{4.23}$$

当 $\theta(t)$ 为时间的连续函数时,已调波相位在所有时间上是连续的。若传送 0 码时载频为 ω_1,传送 1 码时载频为 ω_2,它们相对于未调载波 ω_C 的偏移为 $\Delta\omega$,上式又可写为

$$s_{CPFSK}(t) = A\cos[\omega_C t \pm \Delta\omega t + \theta(0)] \tag{4.24}$$

其中

$$\omega_C = \frac{\omega_1 + \omega_2}{2} \tag{4.25}$$

$$\Delta\omega = \frac{\omega_2 - \omega_1}{2} \tag{4.26}$$

比较式(4.23)和式(4.24)可以看出,在一个码元时间内,相角 $\theta(t)$ 为

$$\theta(t) = \pm \Delta\omega t + \theta(0) \tag{4.27}$$

其中,$\theta(0)$ 为初相角,取决于过去码元调制的结果,它的选择要防止相位的任何不连续性。

对于 CPFSK 信号,当 $2\Delta\omega T_B = n\pi$(n 为整数)时,就认为它是正交的。为了提高频带利用率,需要减小 $\Delta\omega$。当 $n=1$ 时,$\Delta\omega$ 达最小值,为

$$\Delta\omega T_B = \pi/2 \tag{4.28}$$

或

$$2\Delta f T_B = 1/2 = \beta_F \tag{4.29}$$

β_F 称为调制指数。

由式(4.29)得,频偏 Δf 为

$$\Delta f = 1/4T_B \tag{4.30}$$

频差为

$$2\Delta f = 1/2T_B \tag{4.31}$$

它等于码元速率 $1/T_B$ 的一半,这是正交信号的最小频差。MSK 就具有这种特殊选择的最小频差,因而称为最小频移键控。

由式(4.28)还可以得到

$$\Delta\omega = \pi/2T_B \tag{4.32}$$

将其代入式(4.27),得到

$$\theta(t) = \pm \frac{\pi}{2T_B}t + \theta(0) \tag{4.33}$$

为了方便,假定 $\theta(0)=0$,则上式变为

$$\theta(t) = \pm \frac{\pi}{2T_B}t \tag{4.34}$$

若还假定"+"号对应于1码,"-"号对应于0码,将 $t = T_B$ 代入式(4.33),该式可写为

$$\theta(T_B) - \theta(0) = \begin{cases} \pi/2 & \text{“1”} \\ -\pi/2 & \text{“0”} \end{cases} \tag{4.35}$$

当 $t>0$ 时,在几个连续码元时间内,由式(4.34)可得出图4.32所示的 $\theta(t)$ 变化曲线。图中正斜率直线表示传送1码时的相位轨迹,负斜率直线表示传送0码时的相位轨迹。这种由可能变化的相位轨迹构成的图形称为相位网格图。在每一码元时间内,相对于前一码元载波相位不是增加 $\pi/2$,就是减少 $\pi/2$。在 T_B 的奇数倍时刻相位取 $\pi/2$ 的奇数倍,在 T_B 的偶数倍时刻相位取 $\pi/2$ 的偶数倍。因此,MSK 波形的相位 $\theta(t)$ 在每一码元结束时必定为 $\pi/2$ 的整数倍。

要产生这种 MSK 信号主要还是利用同相支路和正交支路两路平衡调制方式。MSK 信号的产生过程为:① 对输入数据序列进行差分编码;② 把差分编码器的输出数据用串/并变换器分成两路,并相互交错一个比特宽度;③ 再用加权函数 $\cos(\pi t/2T_B)$ 和 $\sin(\pi t/2T_B)$ 分别对两路数据进行加权;④ 用两路加权后的数据分别对正交载波进行调制;⑤ 把两路输出信号进行叠加。同样,对 MSK 的解调也是分成这两个支路进行相干解调,当然在将相对码解调之后,还需要进行差分解码才能得到绝对码。图4.33(a)和(b)分别给出了 MSK 调制和解调的原理框图。

MSK 的信号相位连续,但和 QPSK 相比其比特差错概率略高。经过推导,可以得到在加性高斯白噪声信道环境下,其比特差错概率为

$$P_B = Q\left(\sqrt{\frac{1.7E_B}{N_0}}\right) \tag{4.36}$$

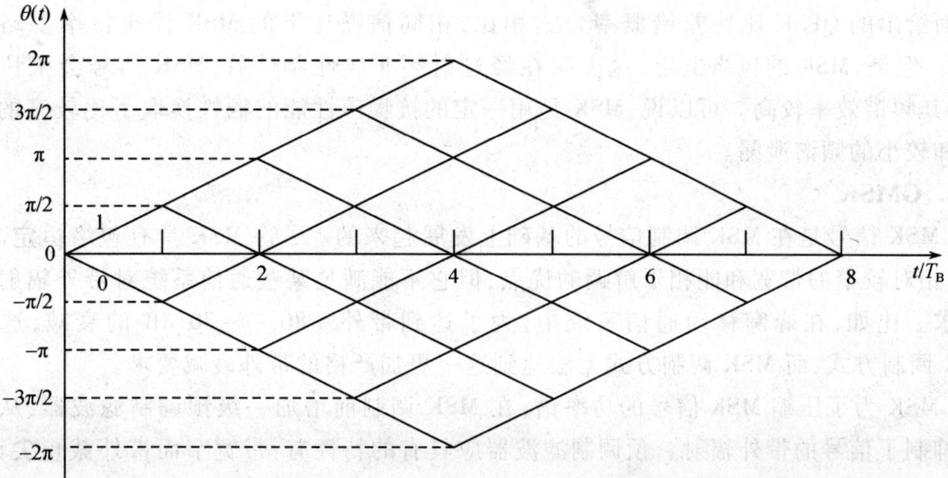

图4.32 MSK 信号相位 $\theta(t)$ 变化曲线图

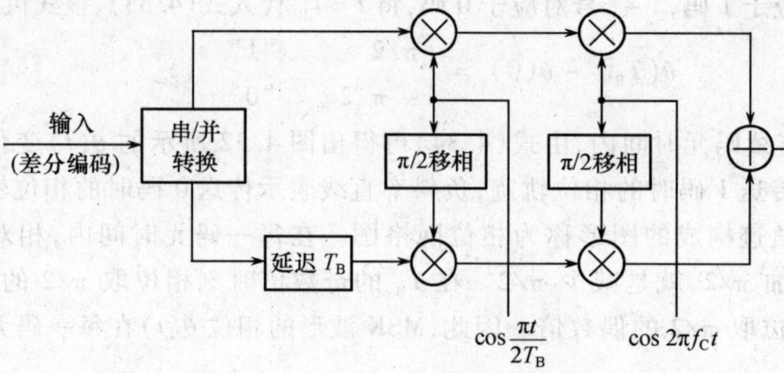

(a) 调制

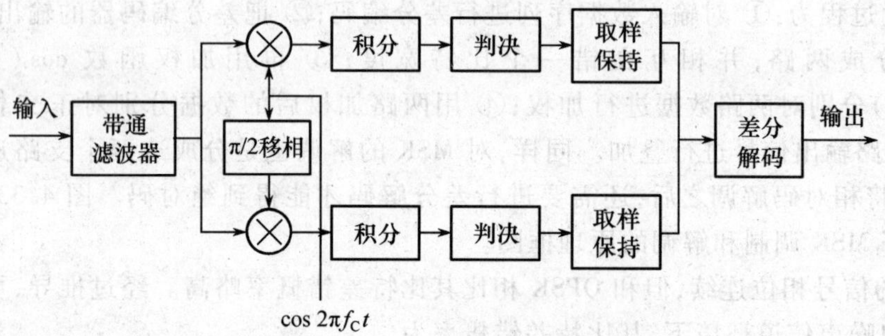

(b) 解调

图 4.33　MSK 调制解调原理框图

与前面给出的 QPSK 比特差错概率公式相比，相同信噪比下的 MSK 误比特率要略高于 QPSK。但是，MSK 的包络恒定，这表明在经过射频非线性器件后，MSK 信号会很快地衰减，即其频谱效率较高。可以说，MSK 是用一定的抗噪声性能的牺牲换取了比较高的带外衰减和较小的频谱泄漏。

2. GMSK

GMSK 信号是在 MSK 调制信号的基础上发展起来的。尽管 MSK 具有包络恒定、相位连续、相对较窄的带宽和能相干解调的优点，但它不能满足某些通信系统对带外辐射的严格要求。比如，在蜂窝移动通信系统中，为了达到带外 −80 ~ −70 dB 的衰减，选择了 GMSK 调制方式，而 MSK 调制方式无法达到这一更加严格的带外衰减要求。

GMSK 为了压缩 MSK 信号的功率谱，在 MSK 调制前增加一级预调制滤波器，从而有效地抑制了信号的带外辐射。预调制滤波器应具有的特性有：带宽窄而带外截止尖锐，以抑制不需要的高频分量；脉冲响应的过冲量较小，防止调制器产生不必要的瞬时频偏；输出脉冲响应曲线的面积对应于 π/2 的相移量，使调制指数为 0.5。选择高斯型滤波器可以满足以上这些特性。

根据上面的讨论可以看出,GMSK 信号可以由一个高斯型滤波器和一般的 MSK 调制器组成。其中高斯型滤波器的频率响应 $G(f)$ 可以表示为

$$G(f) = K\mathrm{e}^{-(\pi Bf)^2} \tag{4.37}$$

而其冲激响应 $g(t)$ 则可以表示为

$$g(t) = K\mathrm{e}^{-\frac{t^2}{B^2}} \tag{4.38}$$

其中,B 为高斯滤波器 3 dB 带宽。$g(t)$ 的导数在 $(-\infty, +\infty)$ 范围内部是连续的。

GMSK 信号就是预调制滤波器为高斯低通滤波器的 MSK 信号。由于它具有优良的功率谱特性(功率谱旁瓣快衰减特性),在对信号频带严格限制的各种数字通信领域中得到广泛的应用。又由于其包络恒定,在具有限幅特性的 C 类放大器构成的非线性信道中体现出比 BPSK 和 QPSK 等相位调制更多的优势,因而在无线通信领域得到了广泛应用,如 GSM、GPRS 系统、无线局域网、航空数据链、卫星通信等。目前,GMSK 信号已经成为地面蜂窝移动通信系统的一种标准。GMSK 信号生成框图如图 4.34 所示。由图中可以看出,要得到 GMSK 信号,首先要将二进制数字序列转化为双极性 NRZ 码。具体变化的规则是用正电平和负电平分别表示二进制数字"1"和"0",在码元期间电平保持不变。双极性 NRZ 码通过高斯低通滤波器之后就可以直接进入 MSK 调制模块,进而得到 GMSK 信号。

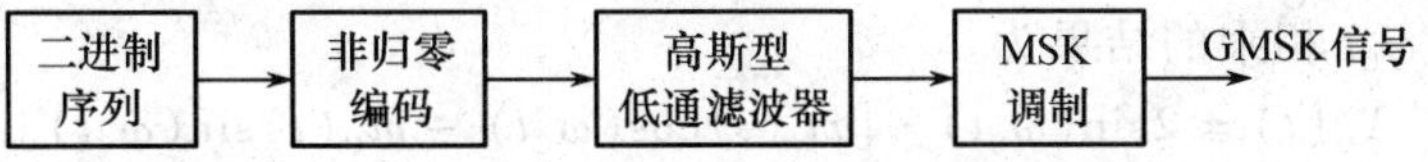

图 4.34　GMSK 信号产生框图

GMSK 实质上是以高斯信号做基带信号波形并利用了部分响应技术的 MSK 调制,它既达到压缩频带的目的,又保证了 GMSK 信号的相位变化路径连续,而且在码元转换时刻平滑,使得信号的带外衰减更快。图 4.35 给出了 GMSK 的相位变化和 MSK 的相位变化曲线,可以看到,GMSK 信号的相位不但连续,而且比 MSK 更加平滑。

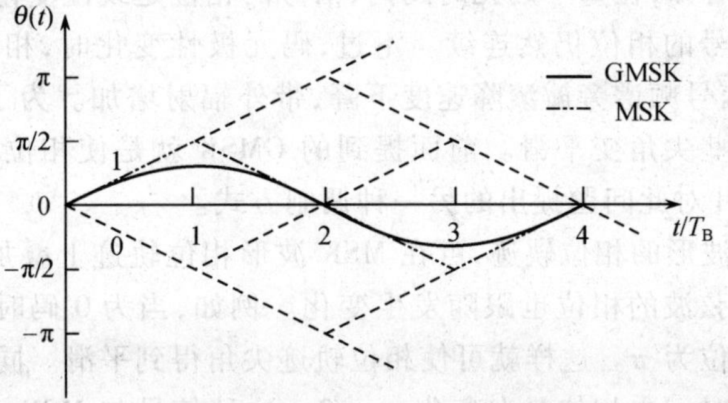

图 4.35　GMSK 信号相位变化图

GMSK 解调原理框图如图 4.36 所示。

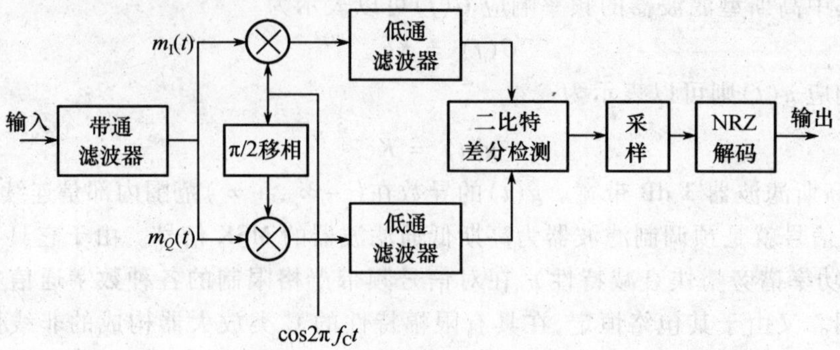

图 4.36　GMSK 解调原理框图

接收到的信号分成两路，分别与各自调制时同频同相的载波 $\cos\omega_C t$ 和 $\sin\omega_C t$ 相乘。I 路信号与 $\cos\omega_C t$ 相乘的结果为

$$\begin{aligned} X_I(t) &= 2\cos(\omega_C t)\cdot[m_I(t)\cos(\omega_C t) - m_Q(t)\sin(\omega_C t)] \\ &= m_I(t) + m_I(t)\cos(2\omega_C t) + m_Q(t)\sin(2\omega_C t) \end{aligned} \tag{4.39}$$

Q 路信号与 $\sin\omega_C t$ 相乘的结果为

$$\begin{aligned} X_Q(t) &= 2\sin(\omega_C t)\cdot[m_I(t)\cos(\omega_C t) - m_Q(t)\sin(\omega_C t)] \\ &= m_Q(t) - m_Q(t)\cos(2\omega_C t) - m_I(t)\sin(2\omega_C t) \end{aligned} \tag{4.40}$$

两路信号再分别通过低通滤波器滤除高频分量，则 I 路仅剩下 $m_I(t)$、Q 路仅剩下 $m_Q(t)$。在得到 I 路和 Q 路分量后，使用 1 比特差分检测算法判决。根据 1 比特差分检测算法找出在 1 比特周期内接收到的信号在相位上的改变 $\Delta\varphi(t)$。当 $\Delta\varphi(t)$ 的值大于或等于零时，接收到的数据是“1”，当 $\Delta\varphi(t)$ 的值小于零时，接收到的数据是“0”。

3. 其他恒包络调制技术

由 MSK 的讨论可知，在每一码元时间内，信号的相位是线性变化的。当调制码元极性发生变化时，已调信号的相位仍然连续。不过，码元极性变化时，相位轨迹曲线会出现一尖角，这导致 MSK 信号频谱旁瓣滚降速度下降，带外辐射增加。为了减小带外辐射，提高频带利用率，应使这些尖角变平滑。前面提到的 GMSK 就是使相位变化变得平滑的一种方法，而 SFSK 则是针对此问题提出的另一种调制方式。

为了平滑 MSK 波形的相位轨迹，可在 MSK 波形相位轨迹上叠加一正弦波，当输入码元极性变化时，该正弦波的相位也跟随发生变化。例如，当为 0 码时，正弦波相位为 0；当为 1 码时，正弦波相位为 π。这样就可使相位轨迹尖角得到平滑。同时，还能保留 MSK 的优点，即在一个码元时间内相位最大变化 ±π/2。这种信号与 MSK 相同，当输入码元为 1 时，相位增加 π/2；为 0 码时，相位减少 π/2。因此，在码元间隔 T_B 的偶数倍上相对于载波的相位值为 π/2 的偶数倍；反之，在码元间隔 T_B 的奇数倍上，相位为 π/2 的奇数倍。

根据上述原则,可得到图 4.37 所示的 SFSK 信号相位轨迹曲线。显然,它将 MSK 波形的相位轨迹尖角平滑了,因而加快了 SFSK 信号频谱的滚降速度。

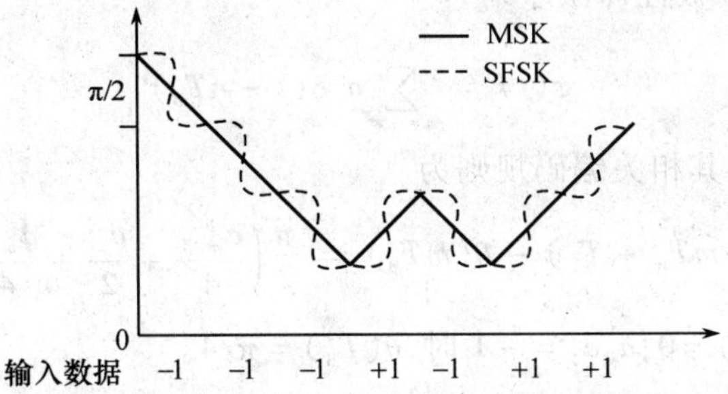

图 4.37 SFSK 相位轨迹曲线

为了达到上述要求的一个码元时间内的相位特性,应采用升余弦频移函数对载波调频。该频移函数为

$$s(t)=\frac{\pi}{2T_{\mathrm{B}}}a_k\left(1-\cos\frac{2\pi}{T_{\mathrm{B}}}t\right) \tag{4.41}$$

其中,第一项与 MSK 中的频移函数相同,在一个码元时间内引起的相位变化是线性的;第二项是新增加的,在一个码元时间内引起的相位变化是正弦的。两者相加,得到一个在线性基础上变化的正弦相位波,即

$$\theta(t)=\int s(t)\,\mathrm{d}t=a_k\left(\frac{\pi}{2T_{\mathrm{B}}}t-\frac{1}{4}\sin\frac{2\pi}{T_{\mathrm{B}}}t\right)+\theta_0 \tag{4.42}$$

其中,θ_0 由码元转换点上的相位连续条件决定。这样,SFSK 波形可表示为

$$s_{\mathrm{SFSK}}(t)=A\cos\left[\omega_0 t+a_k\left(\frac{\pi}{2T_{\mathrm{B}}}t-\frac{1}{4}\sin\frac{2\pi}{T_{\mathrm{B}}}t\right)+\theta_0\right] \tag{4.43}$$

其中,a_k 为二进制双极性码元。

SFSK 平滑了 MSK 相位轨迹中的尖角,它是通过在一个码元时间内线性相位轨迹上叠加正弦波来实现的。但是,在 SFSK 波形中,每一码元的中点附近,其相位轨迹变化率超过 MSK,这导致 SFSK 频谱的主瓣宽度也超过 MSK。为了保留 SFSK 的优点,克服其缺点,产生了 SFSK 的改进型——TFM。

TFM 改进 SFSK 的做法是,保留 SFSK 相位轨迹在码元转换点上变化率为零的优点,同时,设法减小相位轨迹在一个码元内各时刻的斜率,从而使频谱滚降加快,带外辐射减小,频谱主瓣变窄。理论分析表明,TFM 主瓣宽度小于 SFSK,几乎没有旁瓣。

在数学上调频波可表示为 $\cos[\omega_0 t+\theta(t)]$,这是一个通用的表达式。对于不同的调制方式有不同的 $\theta(t)$,因而也就有不同的相位轨迹。MSK 信号的相位轨迹在一个码元内是线性的,SFSK 信号用一个正弦相位函数平滑了 MSK 的线性特性,这种平滑是在一个码元内进行的。如果采取相关编码技术,可把相位轨迹的平滑过程扩展到几个码元时间内,

选择 $\theta(t)$ 适当的函数形式，能改善频谱形状。TFM 采用了相关编码技术，使相位特性得到改善，因而具有良好的频谱特性，下面分析 TFM 的相位轨迹特性。

若调制器输入为双极性冲激序列

$$s(t) = \sum_{n=-\infty}^{+\infty} a_n \delta(t - nT_B) \tag{4.44}$$

式中，$a_n = +1$ 或 -1。其相关编码规则为

$$\theta(mT_B + T_B) - \theta(mT_B) = \frac{\pi}{2}\left(\frac{a_{m-1}}{4} + \frac{a_m}{2} + \frac{a_{m+1}}{4}\right) \tag{4.45}$$

且当 $a_0 a_1 = 1$ 时，$\theta(T_B) = 0$；$a_0 a_1 = -1$ 时，$\theta(T_B) = \pi/4$。

式(4.45)表明，第 m 个码元内的相位变化值不仅与 a_m 有关，而且还与相邻码元 a_{m-1} 和 a_{m+1} 有关。由上述编码规则决定的 TFM 波的相位轨迹的特点是：在一个码元内，$\Delta\theta(T_B)$ 的可能值为 0、$\pm\pi/4$、$\pm\pi/2$，究竟取何值，取决于这 3 个码元之间的组合。$\Delta\theta(T_B)$ 的取值与基带信号的码组关系如表 4.4 所示。

表 4.4 $\Delta\theta(T_B)$ 取值

码组	+1, +1, +1	−1, −1, −1	+1, −1, +1	−1, +1, −1	+1, +1, −1	+1, −1, −1	−1, +1, +1	−1, −1, +1
$\Delta\theta(T_B)$	$+\pi/2$	$-\pi/2$	0	0	$+\pi/4$	$-\pi/4$	$+\pi/4$	$-\pi/4$

根据上述编码原则，图 4.38 示出了图中码流情况下的 TFM 相位轨迹以及与 MSK 和 SFSK 的比较。可以看到，在一个码元内 TFM 的相位轨迹平均变化率小于 SFSK，并且也更加平滑。这是因为当输入码元极性交替时，TFM 的相位维持恒定，因而变化率等于零。此外，在一个码元内 $\Delta\theta(T_B)$ 只变化 $\pm\pi/4$，而 SFSK 变化 $\pm\pi/2$，因此 TFM 的相位变化率小于 SFSK。

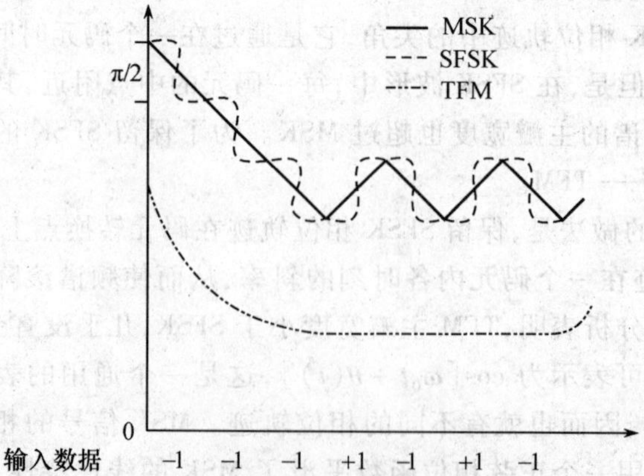

图 4.38 TFM 相位轨迹图

4.5 网格编码调制

在数字通信系统中,人们总是希望能够更快更好地进行信息的传输,使传输过程中差错率尽可能地小,充分提高信道的利用率,也就是要在尽量窄的频带中,使信息的传输速率最大,并尽可能地减小能量消耗,降低所需的信噪比。总之,在保证信息可靠传输的前提下,使信道资源得到充分有效的利用。

通过香农定理,可以得到,在存在干扰的环境下,只要信息的传输速率不超过信道容量,总可以找到一种编码方法,使信息的传输速率任意逼近信道容量,而传输的错误概率任意趋近于零,或者传输的失真度能够逼近给定的要求。在这里,香农定理为我们指出了进行高效而可靠的通信途径可以通过编码来实现。但是,定理本身并没有给出具体的编码方法和码的结构。

为了能够达到高的可靠性,可以采用一般的纠错编码技术。但是,其对性能的改善是以带宽的扩展为代价而换取的。因此,在带宽受限的信道中,依靠传统的纠错编码是难于在提高信息传输可靠性的前提下提高信道的利用率的。然而,20 世纪 80 年代以来,纠错编码领域取得了飞速的发展,出现了所谓的网格编码调制(Trellis Coded Modulation,TCM)方案。这一打破传统纠错编码的新型方案给数字通信带来了发展的新的契机。网格编码调制由 G. Ungerboeck 于 1982 年提出的,它将编码和调制结合为一体,可以在不改变信号速率、不增加带宽的前提下,获得可观的编码增益。经过多年来不断完善,目前 TCM 已从研究阶段进入了实用阶段。采用的方案已被推荐为 9.6 kb/s 和 14.4 kb/s 速率话路解调器的国际标准并已经投入商用。目前,TCM 技术正逐渐应用到无线、微波、卫星和移动通信等领域中。

下面将首先讨论 TCM 的基本编码和解码原理,再介绍一些 TCM 的研究和应用的新发展。

4.5.1 TCM 基本原理

在传统的纠错编码技术中,编码和调制是分别独立进行设计的。编码主要是通过引入冗余的比特来实现的。不难看出,误码性能的改善是以信息速率的降低而换取的。另外,当编码和调制被分别考虑时,还存在下面一些问题。由于解调器是在解码之前首先对接收信号进行了独立的“硬”判决,这将引起接收信息时不可恢复的损失,从而不能得到令人满意的结果。对此,可以采用软判决解码,即解码器直接对调制信道的无限量化的软输出抽样进行处理,以最小欧几里得距离为量度进行维特比(Viterbi)译码。其译码原理可以由下式简单给出

$$|r_n - \hat{a}_n|^2 = \min_{\{a_n\}\in C} \sum |r_n - a_n|^2 \tag{4.46}$$

这里，$\{r_n\}$是接收信号序列的采样，$\{a_n\}$是发送序列，C 是所有编码组成的码字空间。译码实际上就是在码字空间中确定一组编码信号序列$\{\hat{a}_n\}$，使其最接近于接收到的序列$\{r_n\}$。

然而，当以欧几里得距离为量度对序列作最佳译码判决时，由于传统的纠错编码是以汉明距离为量度进行设计的，汉明距离与欧几里得距离之间不存在一一对应的单调映射关系。在汉明距离意义上为最佳的编码符号，在映射成非二进制信号时并不能保证得到具有最佳欧几里得距离的结构。

针对以上问题，容易看出，解决的途径在于编码应该按欧几里得距离来进行设计而不是按汉明距离。因而，应该把编码与调制作为一个整体考虑，用统一的观点设计调制和纠错编码，这就是 TCM 的指导思想。

TCM 通常是将信号集扩展，为纠错编码提供所需的冗余，以避免因编码而导致的信号带宽的增加。然后根据信号星座的对称性，把信号集分割为若干个子集。当数字信号输入时，在每一个编码调制间隔内，设有 m 个待传输的信息比特。其中的 $\tilde{m}$ 比特通过一个码率为 $\tilde{m}/\tilde{m}+1$ 的二进制卷积编码器扩展成 $\tilde{m}+1$ 比特。这 $\tilde{m}+1$ 比特用来选择 $2^{\tilde{m}+1}$ 个调制信号子集中的一个，余下的 $m-\tilde{m}$ 个未编码比特用来在所选定的子集中选择 $2^{m-\tilde{m}}$ 个信号中的某一个，然后送入信道进行传输。图 4.39 给出了这样的 TCM 调制编码器的结构。

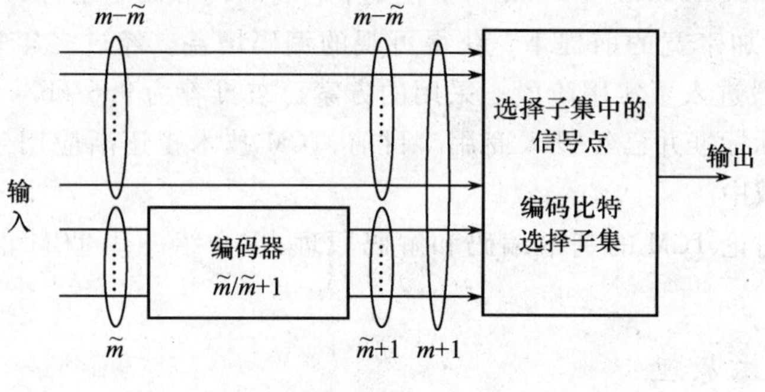

图 4.39　TCM 调制编码器结构

在 TCM 中，集分割是其核心部分。所谓集分割是将一个空间信号点集连续地分割成较小的子集，并使分割后的子集内的最小空间距离得到最大的增加。每一次分割都是将一较大的信号集分割成较小的两个或多个子集，每经过一级分割，子集数就增多，而子集内最小距离增大。设经过 i 级分割后子集内最小距离为 $\Delta_i(i=0,1,\cdots,n)$，则有 $\Delta_0<\Delta_1<\cdots<\Delta_n$。设计 TCM 方案时，将调制信号集作 $k+1$ 级分割，直至 Δ_{k+1} 大于所需的自由距离为止。衡量 TCM 码抗干扰性能的重要指标是星座点之间的最小平方欧几里得距离，这个距离越大越好。星座图通过集合划分可得到若干个子集，各子集内部点之间的距离会增大，每划

分一次,子集内点间距离就增大一次。图 4.40 给出了在 8PSK 下的集分割示例。

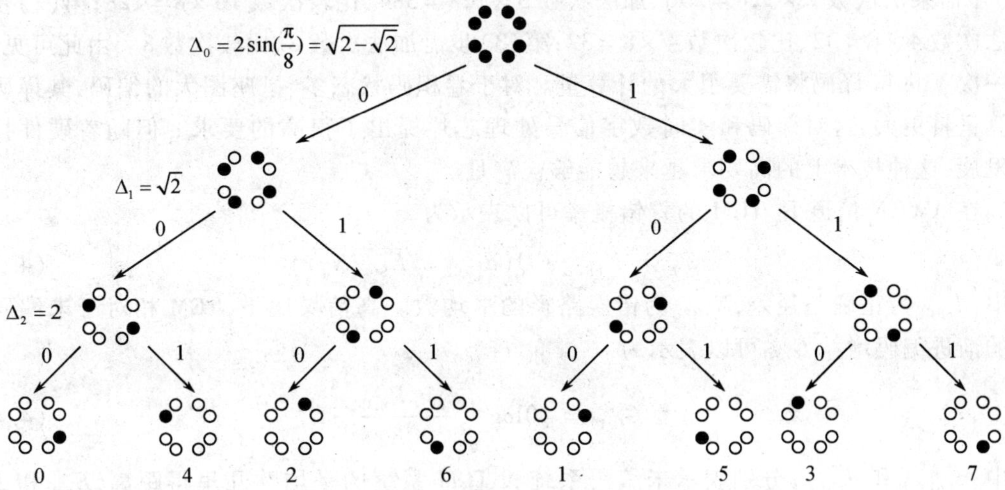

图 4.40 8PSK 集合划分

在 TCM 中发送方的纠错编码采用卷积码实现,然后再用适当的调制方式(常用 PSK 或 QAM)进行调制。接收方的译码采用了基于欧几里得距离的 Viterbi 译码算法。卷积码的这种译码方法就是要从卷积码的格状图中寻求最短的可能路径。

(1) 对应于卷积码的格状图中每一个分支定义一个度量,如果是加性白高斯信道,则这个分支度量就是接收信号点与星座上各点的欧几里得距离。

(2) 某一路径段对应各分支度量的总和称为这一路径段的累积度量。

(3) 对于每一状态,都有数条路径段与之对应,只保留其中具有最小累积度量的一条,并定义它为幸存路径。

(4) 在下一时刻,将所有的幸存路径延伸一个时间单元,计算延伸后的路径段的累积量度,然后重复步骤(3)。如此循环下去,最终得到的幸存路径就是我们求解的最大似然路径,与之对应的码序列就是译码输出。

在接收端,Viterbi 译码需要完成的任务是:

(1) 计算和比较支路量度选择最小的支路量度以消除并行转移。Viterbi 译码对码组中没有参与卷积编码的比特,因此没有纠错能力,对它们的判决只能采用一般的距离的概念,即从每一个子集中选取 Z_k 同与之最近的星座点间的距离作为该子集的支路量度。

(2) 计算并比较累积量度,选择并存储最小累积量度的幸存路径。

(3) 用幸存路径中累积量度的最小值对所有幸存路径的累积度量归一化,然后强行判决。

以 CCITT 的 V.17 标准建议中的格状编码器为例,当传输速率为 14 400 b/s 时,对应星座图中有128个点。按照这种途径进行译码,容易估算出各步骤所需要的运算量。第(1)步需乘法次数 $2\times128=256$、加法次数 $3\times128=384$、比较次数 $16\times8=128$;第(2)步需加法次数 $4\times8=32$、比较次数 $4\times8=32$;第(3)步需加法次数8、比较次数8。由此可见,完成一次 Viterbi 译码将需要很大的计算量。对于卷积码状态多、星座图大的编码,其译码的运算量将更大,这对译码和实时数字信号处理芯片提出了很高的要求。但随着硬件技术的发展,这种技术上的高要求越来越能够被满足。

在 AWGN 信道下,TCM 的差错概率可以表示为

$$P_{\mathrm{E}} = N_{\mathrm{FREE}} \cdot \mathrm{Q}\left(d_{\mathrm{FREE}} \sqrt{E_{\mathrm{S}}/2N_0}\right) \tag{4.47}$$

其中,d_{FREE} 为正确路径差,N_{FREE} 为错误路径的平均数。高信噪比下,TCM 相对于未编码系统的渐进编码增益 $G_{\mathrm{C/U}}$ 可以表示为

$$G_{\mathrm{C/U}} = 10\log\frac{d_{\mathrm{FREE,C}}^2 E_{\mathrm{S,U}}}{d_{\mathrm{FREE,U}}^2 E_{\mathrm{S,C}}} \tag{4.48}$$

其中,$d_{\mathrm{FREE,U}}$ 和 $d_{\mathrm{FREE,C}}$ 分别表示未编码系统和 TCM 系统的平均欧几里得距离,$E_{\mathrm{S,U}}$ 和 $E_{\mathrm{S,C}}$ 则分别是未编码系统和 TCM 系统的平均信号能量。在两者平均信号能量相同的情况下,其渐进编码增益为

$$G_{\mathrm{C/U}} = 10\log\frac{d_{\mathrm{FREE,C}}^2}{d_{\mathrm{FREE,U}}^2} \tag{4.49}$$

以调制方式 QPSK 为例,TCM 将其星座图分割为两个 BPSK 进行编码调制。编码系统的欧几里得距离是未编码系统的 $\sqrt{2}$ 倍,因此编码增益为 3 dB。

4.5.2 TCM 的研究和应用发展

TCM 问世以来,经过十多年不断的研究和探索,已形成了一套严格的理论体系,在理论和实践上正逐步趋于完善。

TCM 调制由二维向多维发展。多维是指在一个编码周期内,一个码字对应于多个调制信号。从信号空间的角度来看,多维的信号空间相当于二维信号空间的叉积。因此,提高了信号空间的对称度,通过集分割映射,可以得到更加精细的子集,从而使性能得到进一步提高。近年来的研究成果表明,采用组合预编码的四维 TCM 方案,可使比特传输速率提高到 24 kb/s,更加逼近了香农极限,大大提高了信道的利用率。

TCM 最初只是针对线性调制信道(如 PSK 或 QAM)而提出来的,近年来,TCM 与非线性调制,如与连续相位调制(Continuous Phase Modulation, CPM)相结合也取得了很大的进展。由于信号的包络为常量,减小了带外辐射,因而特别适用于卫星、移动等有特定要求的通信方式。由此而来,TCM 的应用领域也得到了进一步的拓展。

随着扩频技术在第三代移动通信等通信系统的广泛应用,TCM 与扩频多址技术也逐渐地结合起来。自20世纪90年代初开始,以前作为军事通信专利的扩频通信技术开始向

民用方向转化,在各种主要多址扩频通信系统中,码分多址(Code Division Multiple Access, CDMA)方式由于其具有抗干扰性强、系统容量大、频率利用率高等多种优点,普遍被技术界看好,并日益成为以北美国家为主的未来通信技术发展的主流。但是由于"多址干扰"这一CDMA中的致命弱点,使得将扩频技术应用于移动环境中时,在很恶劣的多径衰落信道干扰基础上又增加了新的问题,更要求有效设计的纠错抗干扰方案来保证通信系统的误码性能,以达到理论上设计的通信的信道容量。在这种情况下,人们自然考虑到了性能优良的TCM编码调制技术,并迅速将已有的TCM在AWGN和衰落信道下的各种研究成果应用到CDMA中。针对室内扩频无线信道,在采用指数型多径模型下,BPSK和TCM构成的抗干扰方案的性能已经被研究得到,并且具有混合扩频和天线分集情况下TCM性能的上界也被得到。众所周知,CDMA系统性能的好坏,理论的系统容量是否被充分发挥,在很大程度上取决于码分多址中采用的正交码设计。因此用不同的方法,从各个技术角度去设计正交性能优良的正交码一直是一个极其重要的课题。以至有人认为CDMA的全部取决于一个好的正交结构的码。在这方面的研究中,已经有人提出了将网格码作为正交信号星座的设想,作为正交信号集的格状码应用到直接扩频码分多址系统中。在TCM正交码设计时,人们已经采用了具有好的纠错能力的分组码,达到良好的纠错和正交设计的目的。慢跳频技术也是扩频通信技术的一种方式,它可以有效地抗多径干扰。在陆地多径干扰系统中,8PSK和16PSK的TCM码加慢跳频以及有效交织相结合的一体化抗干扰系统方案被提出,空间分集也被采用,最佳交织尺寸以及跳频信道的数目都相继得到了运用。

TCM还与其他编码方式相结合,组成级连码,使其性能得到互补,进一步提高系统的性能。这方面在理论和实践上也取得了较大的进展。

TCM是20世纪80年代在数字编码通信领域中取得的重大成果之一,对于高效可靠地进行信息传输具有划时代的意义。编码与调制相结合的思想启发了人们:通过系统内部的组合优化可以使系统的整体性能得到很大的提高。因此,人们可以再去寻求其他技术的结合和优化,比如,信源编码和信道编码的结合、纠错与加密的结合、均衡与分集的结合等,同时也启发人们从更高的层次去考虑对数字通信系统的整体优化。总之,TCM的出现无疑将对数字通信领域的变革产生深刻的影响。

4.6 扩频技术

在现代数字通信系统中,越来越多的支持大容量、高速率、高质量信息传输的调制技术被提出并被广泛应用。然而,这些高效的调制技术在一些情况下也不能完全适应应用环境的要求。比如,在个人数字移动通信系统中,抗干扰和网络化都是必须要满足的性能要求。这时,仅仅利用先进的调制技术就无法完全满足这些要求,尤其是在频谱资源越来越紧张而干扰信号也越来越多的今天,抗干扰和多用户并存于网络中是尤其值得关注的。

随着时代的发展,人们发现扩频技术可以很好地解决上述问题,因而就越来越受到人们的重视并广泛应用到以第三代移动通信为首的各种现代数字通信中。

从发展上说,扩频通信技术最初是在军事抗干扰通信中发展起来的,后来又在移动通信中得到广泛的应用,目前它在这两个领域仍占据重要的地位。有关扩频通信技术的观点最初并非来自军方,而是由好莱坞女演员 H. Lamarr 和钢琴家 G. Antheil 提出的基于对鱼雷控制的安全无线通信的思路,他们申请了美国专利。后来在第二次世界大战期间,干扰和抗干扰技术成为决定胜负的重要因素。在战后得出了"最好的抗干扰措施就是好的工程设计和扩展工作频率"的结论。该技术引起了美国军方的重视,最初的应用包括军事抗干扰通信、导航系统、抗多径实验系统及其他方面。

在扩频通信技术发展的前几十年,其应用一直是在军事通信领域,而个人通信业务(Personal Communications Service, PCS)的发展终于使扩频技术迎来了另一次大发展的机遇。美国联邦通信委员会(Federal Communications Commission, FCC)于1985年5月发布了一份关于将扩频技术应用到民用通信的报告。从此,扩频通信技术获得了更加广阔的应用空间。

20世纪80年代末,美国FCC规划出了工业、科学和医药(Industrial, Scientific and Medical, ISM)频段,即开放频段,可以由采用扩频通信机制的商用通信使用,为扩频通信技术在民用领域的应用打开了大门。而以CDMA为主要技术的第三代移动通信则真正使扩频通信技术成为当今通信领域研究热点。20世纪90年代初,在第一代模拟蜂窝通信系统的基础上,出现了个人通信业务研究的热潮,但接踵而至的就出现了频段分配的问题。要实现长远的个人通信需求,需要FCC为其分配100~200 MHz的带宽,而当时频谱资源的分配已十分拥挤,无法满足这一需求。为了解决这一矛盾,提出了多址技术,其思想是让多个用户共同分享一段频谱,从而提高了频谱利用率,节省了频谱资源,为个人通信的实现提供了技术支撑。由于采用CDMA技术能够实现与传统用户共享频谱,因此它也就成为PCS首选的多址方案。

随着PCS以及蜂窝移动通信的发展,CDMA技术已经成为不可或缺的关键技术,而扩频通信技术也在民用通信中找到更为广阔的应用空间。

下面将从扩频系统的基本原理开始,逐步讨论扩频技术的分类、伪随机序列的产生、扩频技术的性能特点和其广泛的应用。

4.6.1 扩频技术原理

扩频通信的具体方式不尽相同,但其基本原理都是在调制之前增加一个扩频处理环节。本小节将首先介绍扩频通信的基本原理,进而介绍各种具体的扩频技术方式。

1. 基本原理

扩频通信就其调制方式而言,与传统的数据通信没有什么差别,也包括ASK、FSK、PSK等调制方式,不同之处是在调制之前增加了一个扩频处理环节,把待传送符号用特征码进行扩展,扩展后的符号称为码片;在接收端同样增加了一个解扩处理的环节,将 N 个码片恢复为一个符号。这即是扩频通信的基本原理。

扩频技术是把要发送的信号扩展到一个很宽的频带上,然后再发送出去,系统的射频带宽比原始信号的带宽宽得多。这样做,系统的复杂度比常规的系统复杂度要高很多,付出的代价也比较昂贵。但是,根据香农定理给出的公式可以看出,这种代价是值得的,可以获得很好的性能改善。

香农定理指出:在高斯白噪声干扰条件下,通信系统的极限传输速率,即信道容量为

$$C = B\log_2\left(1 + \frac{S}{N}\right) \tag{4.50}$$

B 为信号带宽,S 为信号平均功率,N 为噪声功率。

一般系统中都不可避免地存在白噪声,这里先考虑白噪声状况下的信道容量。白噪声的功率谱密度为 n_0,噪声功率 $N = n_0 B$。可以看出 n_0、B、S 确定后,信道容量就确定了。根据香农第二定理,若信源的信息速率 R 小于或等于信道容量 C,通过编码,信源信息能以任意小的差错概率通过信道传输。因此,为了使产生的信息以尽可能高的信息速率通过信道,提高信道容量是我们所期望的。从式(4.50)可以看出,增加信道容量的方法可以通过增加传输信号带宽 B,或者增加信噪比 S/N 来实现。B 与 C 成正比,而 C 与 S/N 呈对数关系,因此增加 B 比增加 S/N 更有效。

从另一个方面来讲,当信道容量 C 为常数时,带宽 B 与信噪比可以相互转换,即可以通过增加带宽 B 来降低系统对信噪比 S/N 的要求。

因此,从上面的分析可以看出,扩频的理论基础是通过增加带宽来降低系统所需的信噪比,使系统性能优化的。

在发送端输入的信码由伪随机(Pseudo Noise, PN)序列发生器产生的扩频码序列调制以展宽其频谱,然后将展宽后的信号调制到射频发送出去。在接收端将收到的宽带射频信号相关解调至中频,然后由本地产生的与发送端相同的 PN 码序列去相关解扩,恢复成原始信码。

从上面的讨论可以看出,扩展频谱通信可简单表述为:扩频通信技术是一种信息传输方式,其信号所占有的频带宽度远大于所传信息必需的最小带宽;频带的扩展是通过一个独立的码序列来完成,用编码及调制的方法来实现的,与所传信息数据无关;在接收端则用同样的码进行相关同步接收、解扩并恢复所传信息数据。

2. 扩频技术分类

实现扩频通信的基本工作方式主要有直接序列扩频、跳频扩频、跳时扩频和线性调频四种。

1) 直接序列扩频(Direct Sequence Spread Spectrum, DSSS)

要传送的信息经数字化后变成二元数字序列,用伪随机序列编码后对载波进行调制。伪随机序列是由数字电路产生的快速比特流,因其速率远大于要传送的信息速率,从而使

受调制信号的频谱宽度扩展,远大于要传送的频谱宽度,故称为扩频。直接序列扩频方式能够获得更低的信号功率谱和更大的信号吞吐量,具有抗白噪声、单频干扰、窄带干扰和多径干扰能力,已广泛应用于军事卫星通信抗干扰系统。伪随机码的速率决定了直接序列扩频信号频谱的宽度,码片速率增加,频谱更宽,而带宽决定了直接序列扩频的抗干扰能力。不过由于技术的限制,目前扩频信号速率一般还不超过 50 Mchip/s,因此其抗干扰能力还不能做到很高。

2) 跳频扩频(Frequency Hopping Spread Spectrum, FHSS)

用扩频序列码进行频移键控调制,使载波频率不断跳变,跳变频率范围远大于要传送信息所占的频谱宽度,所以跳频也属于扩频技术的一种。在 FHSS 系统中,频率跳变速率越高,抗干扰能力越强。跳频方式具有抗单频干扰和抗窄带干扰能力强的特点,只要受干扰的频率数不超过总频率数的三分之一,则对通信的影响就不大。由于快跳频具有频率分集作用,因此抗多径衰落的能力也强。此外,由于跳频带宽易于做得很宽,因此卫星通信系统常采用跳频技术进行扩频以达到较高的抗干扰能力。

3) 跳时扩频(Time Hopping Spread Spectrum, THSS)

这种系统与跳频系统类似,区别在于前者是控制频率,后者是控制时间。即 THSS 系统是用编码序列控制发射时间的长短。

4) 线性调频(Chirp Modulation)

如果发射的射频脉冲信号在一个周期内,其载频的频率作线性变化,则称为线性调频。线性调频是一种不需要用伪码序列调制的扩频调制技术。由于线性调频信号占用的频带宽度远大于信息带宽,从而也可获得很大的处理增益。

另外,通过对上述几种扩频方法进行某种适当组合,可以得到混合系统(Hybrid System)。这种系统可以兼容各种扩频方式的优点,克服单一系统的某些缺点,进一步改善整个系统性能或简化设备,获得设计上的更大灵活性。例如,在要求处理增益比较高的场合,单独使用一种扩频方法可能会遇到技术实现的困难,这时可采用跳频和直序扩频(Frequency Hopping/Direct Sequence, FH/DS)混合系统。要有效地解决远近问题可采用跳频和跳时(Frequency Hopping/Time Hopping, FH/TH)混合系统。要解决直接序列扩频系统中的互相关性好的序列对不多的问题,可采用跳时和直接序列(Time Hopping/Direct Sequence, TH/DS)混合系统。对于 DS/FH/TH,它把三种扩频方式组合在一起,在技术实现上是很复杂的。但是对于一个有多种功能要求的系统,DS、FH、TH 可分别实现各自独特的功能。在实际系统中,以上扩频技术常用的是直接序列扩频和跳频扩频。

DSSS 直接用具有高码率的扩频码序列在发端去扩展信号的频谱。而在接收端,用相同的扩频码序列去进行解扩,把展宽的扩频信号还原成原始的信息。全球定位系统(Global Position System, GPS)、航天飞机用的跟踪和数据中继卫星系统(Tracking and Data Relay Satellite System, TDRSS)都是直序扩频技术应用的实例,其基本结构如图 4.41 所示。

输入的数据信息(基带带宽为 B_1)经过编码后,由伪随机编码(如 m 序列)调制成基带

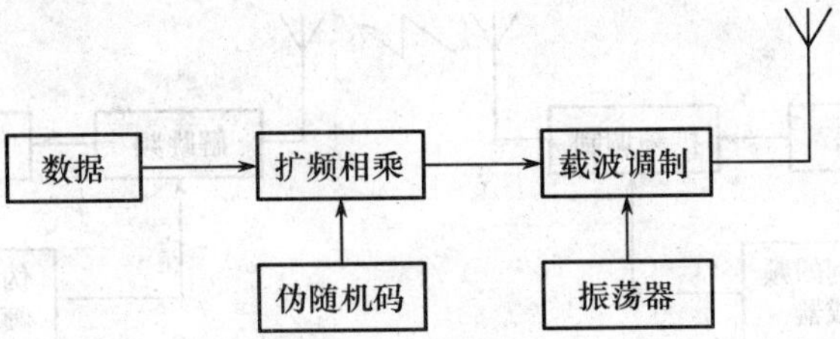

(a) 发射

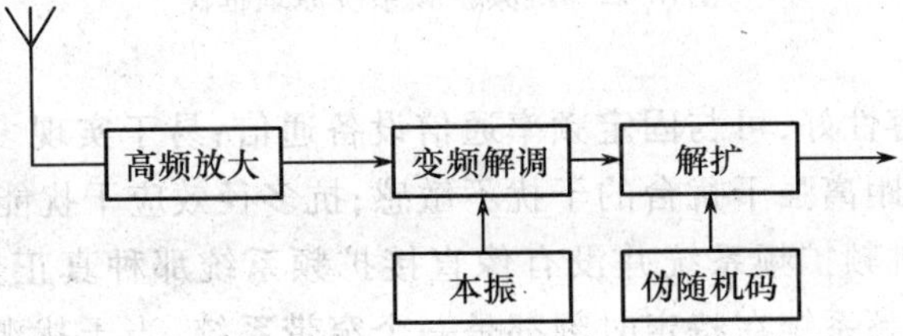

(b) 接收

图 4.41 直接序列扩频系统基本结构

带宽为 B_2 的宽带信号，由于扩频信号带宽大于数据信号带宽，所以信号扩展的带宽由伪随机码控制，而与数据信号无关。经扩频调制的信号再经射频调制后即可发送。

接收到的信号经混频得到中频信号后，首先通过同步电路捕捉并跟踪发端伪码的准确相位，由此产生与发端伪码相位完全一致的伪随机码作为扩频解扩的本地扩频码，再与中频信号进行相关解扩，恢复出扩频前的窄带信号；而在解扩处理中，干扰和噪声与伪随机码不相关，故被扩展，通过滤波使之受到抑制。这样就可在较高的解扩输出信噪比条件下进行信息解调解码，最终获得信息数据。

直接序列扩频系统使通信带宽增大，便于低功率传输。当多径到达的和直达的两信号之差大于扩频码码元宽度时，多径干扰信号与直达信号不再相干，直接序列扩频系统就可以抵抗多径干扰。另外，扩频通信还具有隐蔽性，又可用同一频率通信，且便于实现多址通信。在卫星通信系统中，当各通信终端之间距离差别不太大时，由于扩频码的相关性，扩频通信的相互干扰可以很小。

FHSS 就是用一定码序列进行选择的多频率频移键控（在实际工程中，选取的码序列应具有伪随机特性）。也就是说，用扩频码序列去进行频移键控调制，使载波频率不断地跳变，所以称为跳频。在扩频码的控制下，通过改变跳频等级 n 值使射频振荡器输出的频率有规律地跳变，其跳频间隔为 $\Delta\omega$。跳频系统的发射信号可表示为

$$s(t) = d(t)\sin[(\omega_C \pm n\Delta\omega)t + \varphi_n] \tag{4.51}$$

跳频扩频系统的原理框图如图 4.42 所示。

跳频使通信带宽增大，便于低功率传输，比直接序列扩频系统有更好的保密性和抗干扰性。长周期的扩频码和高跳变速率使通信难于破获、跟踪，窄带干扰因跳频而被避开。

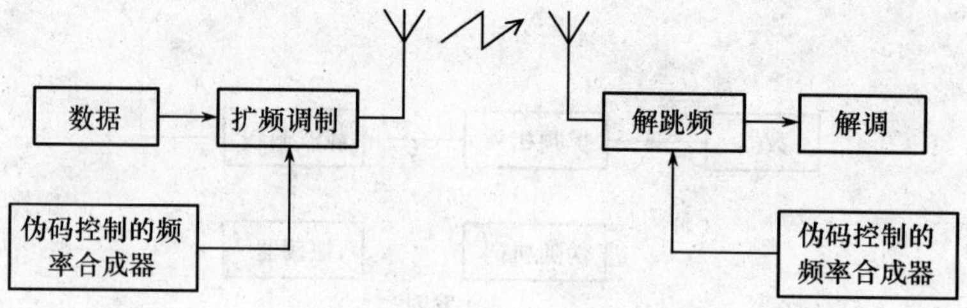

图 4.42　跳频扩频系统原理框图

另外，跳频还具有兼容性好，可与固定频率通信设备通信；易于实现多址，不同用户同网工作，互不干扰；对于近距离强干扰台的干扰不敏感；抗多径效应干扰能力强等优点。

应该指出的是，跳频扩频系统并没有像直接扩频系统那种真正数学意义的扩频增益效应。单纯的跳频扩频系统在特定时刻都是一个窄带系统，当干扰源为窄带信号时，干扰信号频率只有与窄带信号重合且时间相同时才会发生干扰，当跳频点数为 N 时，在特定时刻对此窄带系统的干扰的概率最大为 $1/N$，因此增大跳频点数 N，就可以降低 FHSS 系统被干扰的概率，从而提高系统的抗干扰性能。当干扰源为宽带信号时，即使覆盖了全部通信频谱，但由于干扰信号功率谱密度相对降低，它对信号的干扰程度也就下降了，从而带来了所谓的扩频处理增益。

4.6.2　伪随机序列

在扩频系统中，信号的频谱扩展需要扩频码的加入才能实现。扩频码对整个系统的性能起着决定性的作用。系统的抗干扰、抗噪声、抗衰落、抗截获、信息的隐蔽和保密、多址通信以及实现同步与捕获等都是与扩频码的设计密切相关的。能满足上述要求的扩频编码应具有如下理想特性：

（1）扩频码应具有良好的自相关和互相关性，以利于接收时的捕获和跟踪，以及多用户应用。

（2）有足够的可用码序列，使通信系统的通信容量不受地址码数量的限制。

（3）易于产生。

（4）具有尽可能长的周期，使干扰者难以从其中的一小段去重建伪码序列。

（5）频谱分布尽量的宽，而且均匀。

香农曾经证明：在高斯噪声的干扰下，在有限平均功率的信道上，实现有效和可靠通信的最佳信号是具有白噪声统计特性的信号。这是因为高斯白噪声信号具有理想的自相关特性。但完全具有白噪声统计特性的随机序列无规律可言，接收端无法产生一个与发送端扩频码同步的副本。因此，实际中采用具有类似于带限白噪声统计特性的伪随机码来逼近它，即采用伪随机序列（Pseudo Noise Sequence）。

伪随机序列有一个很大的家族，例如，m 序列、M 序列、Gold 序列、R－S 码等。m 序列用 n 位的移位寄存器加适当反馈产生，周期 $N=2n-1$，一般用于扩频通信。M 序列是通过 m 序列插 0 产生的，周期 $N=2n$，其同族有更多的序列，可用于跳频和加密通信，保密性强。Gold 序列是两个码长相同的 m 序列优选对组成的复合码，用于 CDMA 系统给大量用户分配地址，允许大量用户共存。R－S 序列其相关特性好，扩频增益大，有比 m 序列大得多的跳频图案供用户使用。这里主要介绍在实际中应用最广泛的 m 序列。

m 序列是最简单、最易实现的一种周期性伪随机序列，是最长线性反馈移位寄存器序列的简称，是伪随机序列中最重要的序列一种。这种序列易于产生，有优良的自相关特性。在直接扩频系统中，m 序列用于扩展要传递的信号，在跳频系统中 m 序列用来控制跳频系统的频率合成器，组成随机跳频图案。

m 序列是最长线性移位寄存器序列，是由移位寄存器加反馈后形成的，其生成结构框图如图 4.43 所示。

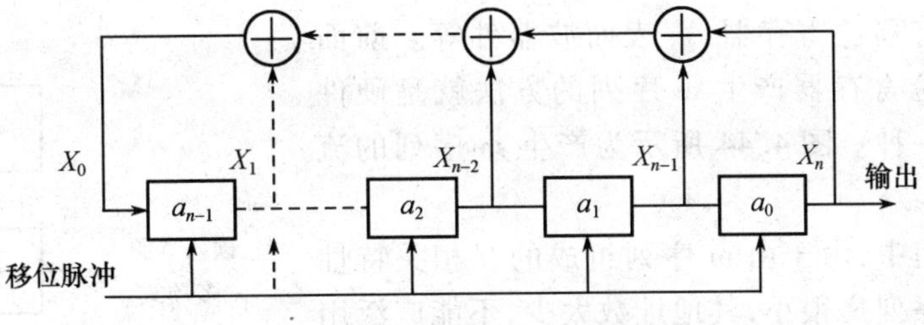

图 4.43 反馈移位寄存器结构

图中 $a_{n-i}(i=1,2,\cdots,n)$ 为移位寄存器中每一位寄存器的状态。X_i 为第 i 位寄存器的反馈系数，分别用 1 和 0 代表该条反馈支路的通与断。X_0 不能为零，因为这样就不能构成周期性序列，无反馈，成为静态移位寄存器。X_n 也不能为零，即第 n 位寄存器一定要参加反馈，否则，n 级的反馈移位寄存器将退化为 $n-1$ 级的或者更低的反馈移位寄存器。不同的反馈逻辑将产生不同的移位寄存器。以反馈连接系数矩阵 $[X_0,X_1,\cdots,X_n]$ 表示，则有 m 序列发生器的特征多项式为

$$\mathrm{f}(x)=X_0+X_1x+\cdots+X_nx^n=\sum_{i=0}^{n}X_ix^i \tag{4.52}$$

它是 n 级移位寄存器的反馈连接形式的多项式表达。$\mathrm{f}(x)$ 满足下列条件：

$\mathrm{f}(x)$ 是不可约的；$\mathrm{f}(x)$ 能整除 x^p+1，$p=2^n-1$；$\mathrm{f}(x)$ 不能整除 $x^q+1(q<p)$。

满足上述条件的多项式称为本原多项式。这时，输出 m 序列具有如下特点：

(1) 周期性，以 $N=2^n-1$ 为周期；

(2) 均衡性，以 N 为周期的序列中“1”与“0”的个数基本相等；

(3) 游程分布，m 序列的一个周期中，游程总个数为 2^{n-1}，其中“0”游程和“1”游程各

占一半。$n \geqslant 2$ 时,长为 $i(1 \leqslant i \leqslant n-2)$ 的游程数占总游程数的$\frac{1}{2^i}$。

任意 m 序列的循环移位仍是 m 序列,任意一个 m 序列和其自身的循环移位的模 2 和仍然是一个 m 序列。经过计算,m 序列的自相关函数 $R(\tau)$ 可以表示为

$$R(\tau)=\begin{cases}1 & \tau=0(\bmod N),\\ -\dfrac{1}{N} & \tau \neq 0(\bmod N).\end{cases} \tag{4.53}$$

可见 m 序列有近似于最佳的自相关特性。当 m 序列和自身模 2 和时,得到的输出最大;而它与其他移位后的序列模 2 和时,得到的输出都非常小。这就使得经 m 序列伪随机码扩频的信号可以在接收端用相关器解调出来。

PN 码的产生可以由软件产生和硬件产生两种方法。硬件产生有移位寄存器,声表面波器件等。前面介绍的利用移位寄存器产生 m 序列的方法就是硬件产生方法中的一种。图 4.44 所示为产生 m 序列的流程图。

在多址通信中,由于由 m 序列组成的互相关特性好的优选对的序列集很小,其地址数太少,不能广泛用在码分多址通信系统中。Gold 序列是基于 m 序列优选对的码序列,它是 m 序列的组合码,由优选对的两个 m 序列逐位模 2 加得到。当改变其中一个序列的相位时,又可得到一个新的 Gold 序列。Gold 序列数比 m 序列数多得多,并且它们具有优良的自相关和互相关特性,完全可以满足实际系统为众多用户分配地址的需求。

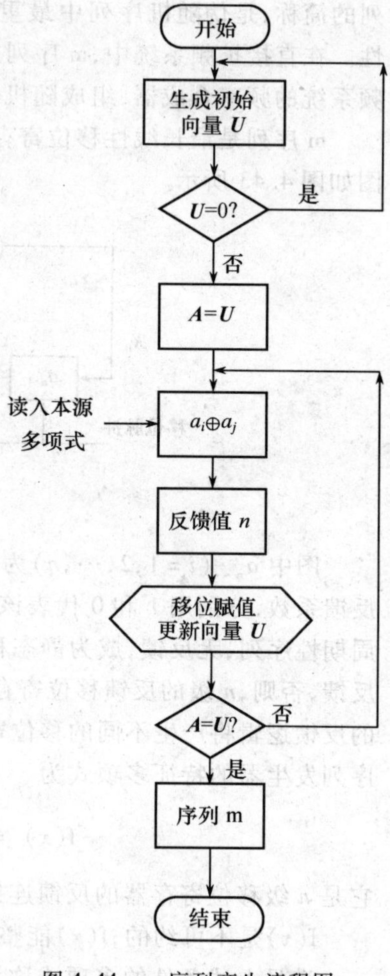

图 4.44 m 序列产生流程图

4.6.3 扩频技术的性能特点

1. 扩频技术的优势

扩频通信的优势是由扩频操作所使用的特征码——伪随机序列带来的。伪随机码具有双值自相关特性,它保证了同步相关操作获得的输出远大于非同步相关的输出值,这样就大大降低了当两条传播路径的时差在一个码片以上时彼此之间的干扰。这即是通常所说的扩频抗多径原理。同时,相关解扩处理还可够大大降低窄带脉冲干扰,如一般的工业噪声、环境噪声等。特别值得

一提的是，由于解扩处理是对 n 个码片的能量进行累加，因此，可以允许接收的信号电平在噪声以下，只要保证累加获得的能量满足信号判决的要求即可。这一性能使得扩频通信技术首先在军队保密通信系统中获得了广泛的应用。扩频通信抗多径的性能使得移动通信信道的相关带宽不再成为限制通信速率的障碍，因此在扩频通信方式下可以实现高速数据通信。可见，扩频技术在提高数据通信速率和改善数据通信的可靠性方面大大优于常规数字通信。同时，由于所有用户可以共用同一频带，大大简化了网络系统的规划，使得系统在适应不断增长变化的业务方面，具有很高的灵活性。

扩频通信方式与常规的窄带通信方式有着很大的区别。一是信息的频谱扩展后形成宽带传输，二是相关处理后恢复成窄带信息数据。正是由于这两大特点，使扩频通信有很大的优势。

1）抗干扰能力

扩频通信系统之所以具有较强的抗干扰能力，主要是由于在采用扩频技术的通信系统中，每一个用户都被分配一个唯一的伪随机扩频码，并与其他用户的扩频码近似正交，接收机可以根据这些扩频码将各个用户分开。因此，扩频信号中同一频率的干扰（多址干扰）可以忽略不计。这里分别从窄带干扰和宽带干扰来分析。

设干扰信号为 $i(t)$，发射数据信号为 $d(t)$，扩频码为 $c(t)$，原始数据信号为 $v(t)$，则接收机接收到的信号为

$$r(t) = d(t) + i(t) = v(t)c(t) + i(t) \tag{4.54}$$

接收信号与接收端扩频码相乘后得到

$$\begin{aligned} r(t)c(t) &= d(t)c(t) + i(t)c(t) = v(t)c(t)^2 + i(t)c(t) \\ &= v(t) + i(t)c(t) \end{aligned} \tag{4.55}$$

这时原始数据 $v(t)$ 被恢复出来，同时还有干扰信号和解扩码乘积项 $i(t)c(t)$。干扰信号 $i(t)$ 和解扩码 $c(t)$ 相乘起到了发送端扩频过程一样的作用。因为噪声和干扰与伪随机码不相关，经过这个相乘过程，噪声和干扰的带宽展宽了，功率谱密度也就降低了。解扩后恢复出的数据 $v(t)$ 是窄带信号，而干扰信号则变为宽带信号。将解扩后的信号经过低通滤波器后，滤除大部分的干扰信号，这样干扰信号的影响就被降低了 G_P 倍，即为原来的 $1/G_P$。G_P 称为扩频增益。

对于窄带干扰，如前所述，经过解扩，只有原来窄带干扰能量的 $1/G_P$ 留在数据带宽内，从而使系统对抗窄带干扰的性能提高了 G_P 倍。这个性能改善的本质原因是在整个扩频系统中用数据 $v(t)$ 与扩频码 $c(t)$ 相乘了两次，而干扰信号只相乘了一次。

对于宽带干扰，干扰信号的来源主要是其他用户的干扰。接收信号经过解扩后，原始数据被解扩出来，而由其他用户产生的干扰信号因为与 PN 码不相关，经过乘法器后则实现了再次扩频，频谱密度更低，因而产生的干扰就更小。

2）扩频技术的保密性

因为只有目的接收机才知道 PN 码序列，任何其他不知道 PN 码序列的接收机都不能

解调信号。因此,使用扩频码进行扩频通信实现了一般通信过程不能达到的高保密性。这种高保密性和抗干扰性是以增加信道带宽和系统复杂度换取的。

3）扩频技术的码分多址性能

扩频系统具有良好的码分多址性能。扩频系统的特性决定了在相同频带内可以同时传输不同的扩频信号,因此可以利用这一点在同一通信频带内同时传输若干个用户的通信信号。这种不同的发送/接收用户对利用不同的扩频码在同一频带内进行传输的方式称为码分多址,即通常所说的CDMA。

理想情况下,在CDMA系统中,各个用户的扩频码互相正交,并且信号同时传输,各个用户之间没有干扰。但实际系统中,各个码并非完全正交,用户码之间的互相关值引起了性能的衰减,从而限制了一个CDMA系统的最大用户数。在数字蜂窝通信系统中,一个基站使用N_U个不同的相互正交的PN码发送信号给N_U个用户。这组信号同时传输,同时到达各个用户,因为相互的正交性,各个目的用户各自解调相应的扩频信号,而不受其他同一频带内传输信号的干扰。

4）扩频技术的低截获率

扩频信号的功率相当均匀地被分布在很宽的频率范围内,被传输信号的功率密度很低,侦察接收机难以检测,因此,扩频系统具有低截获概率性。

2. 扩频技术的主要性能参数

根据前面有关扩频技术性能优势的讨论,可以得到扩频系统主要的处理增益和抗干扰容限两个性能参数。

1）处理增益G_P

传输信号所占用的频带宽度W远大于原始信息本身实际所需的最小(有效)带宽ΔF。这两者的比值称为处理增益(G_P),可以表示为

$$G_P = W/\Delta F \tag{4.56}$$

在扩频通信系统中,接收机做扩频解调后,只提取伪随机编码相关处理后带宽为ΔF的信息,而排除频带W中的外部干扰、噪声和其他用户的通信影响。因此,处理增益反映了扩频通信系统信噪比改善的程度。扩频通信的G_P值可以高达上千倍,因而被称为宽带通信。

2）抗干扰容限

抗干扰容限M_J是指扩频通信系统能在多大干扰环境下正常工作的能力,其定义为

$$M_J = G_P - (S/N)_{OUT} + L_S \tag{4.57}$$

其中,$(S/N)_{OUT}$为接收信息数据要求的最小输出信噪比,L_S为接收机的工作损耗。

抗干扰容限M_J与G_P成正比,扩频处理增益提高后,抗干扰容限大大提高,甚至信号在一定的噪声淹没下也能正常通信。通常的扩频设备总是将用户信息(待传输信息)的带宽扩展到数十倍、上百倍甚至千倍,以尽可能地提高处理增益。

3. 扩频技术的抗干扰方法

扩频通信系统之所以具有较强的抗干扰能力，主要是由于在采用扩频技术的通信系统中，每一个用户都被分配一个唯一的伪随机扩频码，并与其他用户的扩频码近似正交，接收机可以根据这些扩频码将每个用户分开。而且，由于窄带干扰在接收端与本地的扩频序列做互相关运算后扩展到直扩信号的整个频带，使得干扰等效为一幅度较低、频谱较平坦的噪声。因此扩频可以用来减小干扰对接收性能的影响，起到抑制窄带干扰的作用。同时，由于多径衰落使得延时的 PN 信号和原 PN 序列互相关性变差，使其就像一个不相关的用户信号被接收机忽略，所以扩频系统具有良好的抗多径干扰的能力。

虽然在许多情况下，扩频系统本身所固有的扩频增益可以提供足够的抗干扰能力，但在有些强干扰情况下，系统性能会严重恶化。例如，对直接序列扩频系统，在其扩展频谱的中心频率附近，利用高功率电平的单音连续波干扰或多音干扰可以恶化系统性能。从理论上讲，通过提高扩频系统的处理增益可以得到任意等级的抗干扰能力，但为此所付出的代价是传输带宽的增加。在实际应用中，也不可能无限制地提高处理增益，许多因素诸如发送/接收机的复杂性以及可用带宽等都限制了处理增益的提高。因此，必须考虑用信号处理技术来弥补扩频处理增益的不足。在不增加带宽的情况下提高系统处理能力，增强系统的干扰抑制性能。扩频通信中的干扰抑制技术通常置于解扩处理之前，用于削弱强干扰，使信干比达到解扩门限，以便解扩能够正常发挥作用。

常用的信号处理抗干扰技术包括时域处理技术、频域处理技术以及时频域处理技术。时域和频域处理技术常用于抑制窄带平稳干扰，时频域处理技术则适用于抑制宽带、时变非平稳干扰。基于时域的窄带干扰抑制技术的基本思想是利用窄带信号和宽带信号在可预测性上的差异而达到抑制窄带干扰的目的。时域窄带干扰抑制技术主要分为线性预测自适应滤波和非线性预测自适应滤波。频域窄带干扰抑制技术主要是利用窄带干扰信号的功率谱集中在很窄的频带中，表现为脉冲形状这一特点，通过合适的变换，将干扰映射到很窄的变换域子带，通过设置阈值和门限检测出干扰的位置，控制开关将相应的子带分量置零，从而达到减轻或抑制窄带干扰的目的。另外，还有各种新型的抗干扰技术，如多用户检测技术。

1）窄带干扰抑制技术

窄带干扰抑制技术分为线性窄带干扰抑制算法和非线性窄带干扰抑制算法。线性自适应陷形滤波技术，包括预测/估计滤波、判决反馈滤波以及变换域处理。其基本思想是利用 DSSS 信号频谱宽而且扁平，窄带干扰频谱却窄而尖锐的特性，挖去或削平干扰频谱。

由于伪随机序列是独立等概率分布的二进制序列，是非高斯的，所以对于干扰抑制，意味着滤波环境是非高斯的。由信号滤波理论可知，此时非线性技术比线性技术更有效。当干扰的统计特性未知时，可由自适应非线性滤波器来估计干扰的参数并将其抑制。

2）宽带干扰抑制技术

系统受到的宽带干扰主要有多径干扰、多址干扰和人为宽带干扰。对于多径干扰，其抑制方法主要有分集、均衡、交织编码、多进制传输等。多址干扰是存在于直接序列码分多址(Direct Sequence-Code Division Multiple Access, DS-CDMA)系统中的典型宽带干扰,减小多址干扰的主要途径有多用户检测技术,近年在这一领域发表大量论文。人为的宽带干扰抑制问题即是单用户的检测问题,即接收机只需知道一个期望用户的扩频码和时延,而无需知道其他用户的信息。

3) 多用户检测技术

多用户检测技术是将多个用户的信息合起来进行检测,从而获得比传统检测更好的效果。它可有效地抑制窄带干扰、多径干扰和多址干扰。多用户检测技术又分为线性多用户检测技术和非线性多用户检测技术。

针对多址干扰,基于最大似然检测和 Viterbi 译码的最佳检测方法指出对每个用户信号的检测不是独立进行,而是将输入信号经过一组匹配滤波器后得到多个用户的充分估计量,共同应用于每个用户进行联合检测。该方法改变了传统检测方法,其主要目的是寻找输入序列,使条件概率或给定输出序列似然性最大,即最大似然序列估计(Maximum Likelihood Sequence Estimation, MLSE),具体是由 K 个匹配滤波器和其后的算法实现的。尽管最佳多用户检测在性能上比传统的检测方法有根本的提高,但其算法的复杂度随用户数的增加成指数增加,而且要预先估计出信号的幅度和相位等信息,因此国内外很多学者又提出了各种次优检测方法。其中,线性去相关检测不仅能使复杂性降低,而且不需要知道用户的幅度信息,它对匹配滤波器的输出作线性处理,其变换矩阵是互相关系数矩阵的逆矩阵。

线性多用户检测对于非同步的扩频系统仍非常复杂,而且只适用于使用短扩频码的系统,对于使用长扩频码的系统,线性多用户检测技术几乎无法使用,而非线性多用户检测技术则能很好地解决这些问题。非线性多用户检测技术主要包括串联干扰抵消和并联干扰抵消。其基本思想是用接收信号减去在本地重建的干扰信号,以减少多址干扰。串联干扰抵消技术是通过连续几级来逐个逼近多址干扰,并联干扰抵消技术是同时将所有干扰信号并行估计抵消掉,一般采用多级实现。

4.6.4 扩频技术应用

近年来,扩频技术在各种通信系统,特别是军事通信系统中得到了广泛的应用。尤其是大规模和超大规模集成电路的发展,微处理器的应用以及一些新型器件的研制成功,使扩频技术的应用达到了新的高潮。目前扩频技术已广泛应用于通信、导航、雷达、定位、测距、跟踪、电子对抗、移动通信、测量及医疗电子等领域。

1. 地面战术移动通信系统

在战术移动通信中,由于地形对传播的影响,为了提高通信距离,通常采用甚高频的低频范围(30 ~ 90 MHz),这也是传统野战通信电台的频率范围。在此范围内由于带宽较窄,仅有 60 MHz,而用户又非常多,因此主要采用 FH,有的也采用 DS/FH 混合扩频方式。

目前在应用的著名的扩频电台有英国 Marconi 公司生产的 Scimitar-H 及美国 Harris 公司生产的 RF－3090P 系统。

2. 卫星通信系统

卫星通信采用扩频技术，除了利用扩频通信的抗干扰能力强，隐蔽性和保密性好等优点外，还有一个重要的原因，就是要利用直扩的 CDMA 能力。多址问题是一个非常重要的问题。传统的码分多址方式是各用户都用同一载波，信息码被高速扩频码扩展成一个带宽信号，但各个用户的扩频码不同。当要接收某一用户信号时，只要对此地址码信号进行相关接收即可。因此，卫星通信采用码分多址技术具有很多优点，如卫星转发器的频带可以得到有效的利用，不需要设立保护频带，具有随机选址的能力等。目前，为航天飞机和地面之间提供通信服务的跟踪与数据中继卫星系统——TDRS 能使用户卫星通过 TDRS 建立通信，如其从 TDRS 到用户卫星的 S 波段前向通信链路采用的是 QPSK 直接序列跳频调制。

3. 民用移动通信系统

蜂窝式公众移动通信系统是 20 世纪 80 年代发展起来的，集无线、有线、传输、交换和处理技术于一身的现代移动通信技术，是典型的民用移动通信系统。由于移动台的运动，使基地台与移动台之间的位置和距离不同，从而使接收机收到的信号由于传播造成的时间延迟不同，其最大值由移动台处于小区边缘时决定，而且多径干扰限制了时分制系统的最高传输速率。采用扩频技术，利用伪码序列尖锐的自相关性，可以消除多径影响，从而突破多径时延的限制，使传输速率大大增加，提高系统容量。

目前，各种新兴的现代数字调制技术和扩频技术受到极大的重视，被广泛应用到现代数字通信系统中去。采用这些新技术的目的是在通信的可靠性和有效性之间达到更好的折中，即高速率、高质量、大容量地传输数据和最大化地优化通信网络性能。相信随着科技的发展，越来越多的先进调制方式被提出和应用，这将给数字通信系统的发展带来有效的促进。

4.7 例题

例 4.1 采用 QPSK 传送二进制数字信息。已知码元速率 $R_B = 10^6$Baud，接收机输入的高斯白噪声的单边带频谱密度为 $N_0 = 2 \times 10^{-10}$ (W/Hz)，要求系统误比特率不大于 10^{-4}，求采用相干解调时，接收机输入所需的信号功率。

解：采用 QPSK 传输，根据式(4.4)得误比特率

$$P_B = Q\left(\sqrt{\frac{2E_B}{N_0}}\right) \leqslant 10^{-4}$$

根据 Q 函数关系反推得到

$$\sqrt{\frac{2E_{\mathrm{B}}}{N_0}} \geqslant 3.70$$

每比特能量为

$$E_{\mathrm{B}} \geqslant \frac{3.70^2 N_0}{2} = 13.69 \times 10^{-10}$$

比特率为

$$R_{\mathrm{b}} = 2R_{\mathrm{B}} = 2 \times 10^6 \mathrm{b/s}$$

接收机输入所需的信号功率为

$$P_{\mathrm{S}} = E_{\mathrm{B}} R_{\mathrm{b}} \geqslant 2.74 \times 10^{-3} \mathrm{W} = 4.38 \mathrm{\ dBm}$$

例 4.2 采用 16QAM 和 16PSK 传送二进制数字信号。设两者信号最大可能幅度 $A=1$。16QAM 采用矩形星座图。求：(1) 16QAM 信号的峰值与均值比 γ；(2) 16QAM 和 16PSK 的最小欧几里得距离。

解：(1) 根据式(4.15)可得 16QAM 信号的峰值与均值比为

$$\gamma = \frac{P_{\mathrm{PK}}}{P_{\mathrm{AV}}} = \frac{A\max\{d_i^2 + e_i^2\}}{A\sum_{i=1}^{M}\frac{d_i^2 + e_i^2}{M}} = \frac{\max\{d_i^2 + e_i^2\}}{\sum_{i=1}^{16}\frac{d_i^2 + e_i^2}{16}} \approx 1.69$$

(2) 根据式(4.16)可得 16QAM 最小欧几里得距离为

$$d_1 = \frac{\sqrt{2}}{3}A = 0.47A = 0.47$$

根据式(4.17)可得 16PSK 最小欧几里得距离为

$$d_2 \approx 2A\sin\left(\frac{\pi}{16}\right) = 0.39A = 0.39$$

例 4.3 设发送数字信息序列为 +1 −1 −1 −1 −1 −1 +1 +1，画出 MSK 信号的相位变化图形。若二进制符号速率为 10^6 Baud，求 MSK 信号的带宽。

解：MSK 信号的相位变化曲线和时间波形如图 4.45 所示

根据式(4.31)可得 MSK 频差为

$$f_{\mathrm{D}} = 2\Delta f = \frac{1}{2T_{\mathrm{B}}} = \frac{1}{2}R_{\mathrm{B}} = 5 \times 10^5 \mathrm{Hz}$$

MSK 信号的带宽为

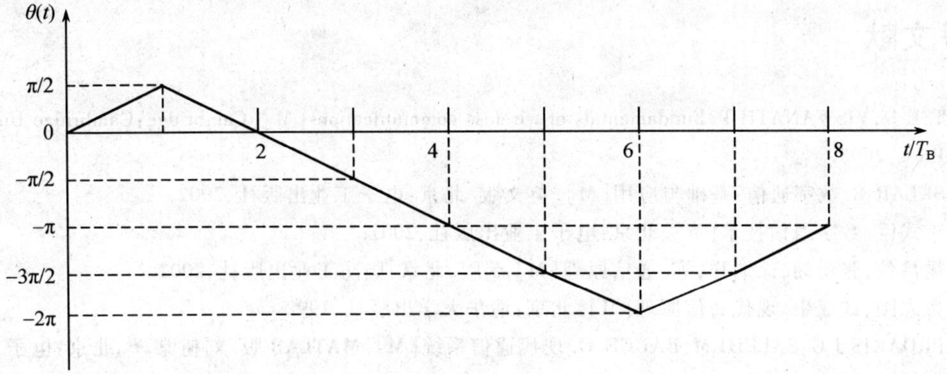

图 4.45　例 4.3 图

$$BW = R_B + f_D = 1.5 \times 10^6\ \text{Hz}$$

例 4.4　采用 $n=3$ 级反馈移位寄存器生成 m 序列。求：该 m 序列的周期、游程个数及自相关函数。

解：根据 m 序列性质，其周期为

$$N = 2^n - 1 = 2^3 - 1 = 7$$

游程个数为

$$N_P = 2^{n-1} = 4$$

根据式(4.53)自相关函数为

$$R(\tau) = \begin{cases} 1 & \tau = 0(\mathrm{mod}\,7) \\ -\dfrac{1}{7} & \tau \neq 0(\mathrm{mod}\,7) \end{cases}$$

练习题

1. 什么是数字调制？它和模拟调制有何异同点？
2. 什么是绝对相移？什么是相对相移？它们有何区别？
3. 什么是多相相移键控？什么是正交幅度调制？两者有何区别？
4. 调制的进制数增高会给通信的有效性和可靠性带来什么影响？
5. 什么是恒包络调制？其在相位和频谱上有何特点？
6. MSK 信号有何特点？GMSK 与 MSK 有何不同？
7. 什么是 TCM 调制中的集分割？每次集分割后信号点间的最小距离如何变化？
8. 扩频技术一般有哪几种？什么是扩频序列？
9. m 序列的特点是什么？自相关函数是什么？
10. 扩频技术性能上的优势有哪些？有何应用？

参考文献

[1] TSE D, VISWANATH P. Fundamentals of wireless communications[M]. Cambridge: Cambridge University Press, 2005.

[2] SKLAR B. 数字通信:基础与应用[M]. 英文版. 北京:电子工业出版社, 2002.

[3] 李式巨. 数字通信技术[M]. 北京:电子工业出版社, 2007.

[4] 樊昌信, 张甫翊, 徐炳祥, 等. 通信原理[M]. 5版. 北京:国防工业出版社, 2001.

[5] 曹志刚, 钱亚生. 现代通信原理[M]. 北京:清华大学出版社, 1992.

[6] PROAKIS J G, SALEHI M, BAUCH G. 现代通信系统[M]. MATLAB版. 刘树棠译. 北京:电子工业出版社, 2005.

[7] PAPPAPORT T S, ANNAMALAI A, MBUEHRER R. Wireless communications: past events and a future perspective[J]. IEEE Communications Magazine, 2002, 40(5): 148-161.

[8] 袁东风, 曹志刚. 网格编码调制的最新进展及其在多径衰落信道中的应用[J]. 电子学报, 1997, 25(10): 70-78.

[9] 史双宁, 尚勇, 梁庆林. 一种新的线性多用户检测器[J]. 电子学报, 2007, 35(3): 426-429.

[10] 王建新, 宋辉. 基于星座图的数字调制方式识别[J]. 通信学报, 2004, 25(6): 166-173.

第5章 同步技术

名词术语释义

包络(Envelope) 平面曲线族中每一条曲线都和不在此族中的一条曲线 c 相切,并且曲线 c 上任何一点都是它和曲线族中某一条曲线相切的切点,曲线 c 称为这个曲线族的包络。

导频信号(Pilot Frequencies) 不载有任何数据的信号,主要为了便于用户增强跟踪性能。

多径效应(Multipath Effects) 由多条路径传播引起的干涉时延效应。

单极性非归零码(Unipolar Non-return to Zero) 无电压表示“0”,恒定正电压表示“1”的码型。

基带信号(Baseband Signal) 由数据终端设备产生的未经调制的原始信号。

滑码(Slip Code) 由于时钟频率的偏差引起码元的漏读与重读,相应地导致数码的丢失与增加的现象。

群码(Group Code) 一定数目的码元组成一个个的“字”或“句”,即组成一个个的“群”。

群同步(Group Synchronization) 根据信息流中的某些“标记”,有效地区分每一码组(字或句)起点的技术。

锁相环(Phase Locked Loop,PLL) 利用输入信号与输出信号之间的相位误差来自动调节输出信号的相位,使之达到与输入信号的相位一致,或保持一个很小的相位差,实现自动调节功能的闭环控制系统。

漂移(Drifting) 数字信号的各有效瞬间相对于其理想参考时间位置的缓慢偏移。

抑制载波(Suppressed Carrier) 已调信号的频谱中完全不含载波成分的调制方式。

压控振荡器(Voltage-Controlled Oscillator, VCO) 一种以电压输入来控制振荡频率的电子振荡电路设计。

窄带信号(Narrow Band Signal) 带宽远小于相干带宽的信号。

自动增益控制(Automatic Gain Control) 能根据接收机输入信号的强弱而自动调整增益的

过程。

自相关(Autocorrelation) 信号在某时刻的瞬时值与另一时刻的瞬时值之间的依赖关系,是对随机信号的时域相关性的描述。

复接(Multiplexing) 把若干个低速数字信号合并成一个高速数字信号来提高信道利用效率的技术。

准同步复接(Quasi-Synchronous Multiplexing) 各支路信号的时钟由不同的时钟源提供,但这些时钟源标称值相等且瞬时值在一定的容差范围内情况下的复接。

任何一个数字处理系统都是按一定的时间关系进行信息处理,例如数字电话通信中发端的抽样、量化、编码,收端的译码、判决等处理,都必须按严格的时间关系进行。所以任何一个数字处理系统中都有一个控制各环节按一定时序动作的指挥系统,这就是定时系统。定时系统产生各类定时脉冲控制整个系统各部分电路的同步工作。对于数字通信系统而言,不仅各通信设备内部需要同步工作,还存在收发两端的同步问题,即接收端如何正确无误地对接收的数字码流进行判决、解码和分路的问题。接收端要能正确地解码和判决,必须能自动识别接收到的数字码流的时序,并产生时序一致的接收端定时脉冲,这样才能保证发送端和接收端协调一致的工作。完成这一任务的就是接收端的同步系统。由此可见,在通信系统中,同步具有相当重要的作用。通信系统能否有效地、可靠地工作,在很大程度上依赖于有无良好的同步系统。所谓同步是指收发双方在时间上步调一致,故也称为定时。

5.1 同步技术分类

同步的种类很多。在数字通信中,按照同步的功用可以将同步技术分为载波同步、位同步、帧同步和网同步。

(1) 载波同步:在相干解调时,接收端需要提供一个与接收信号中的调制载波同频同相的相干载波。这个载波的获取称为载波提取或载波同步。在模拟调制以及数字调制过程中,要想实现相干解调,必须有相干载波。因此,载波同步是实现相干解调的先决条件。

(2) 位同步:又称为码元同步。在数字通信系统中,任何消息都是通过一连串码元序列传送的,所以接收时需要知道每个码元的起止时刻,以便在恰当的时刻进行取样判决。这就要求接收端必须提供一个位定时脉冲序列,该序列的重复频率与码元速率相同,相位与最佳取样判决时刻一致。提取这种定时脉冲序列的过程即称为位同步。

(3) 帧同步:在数字通信中,信息流用若干码元组成一个帧。在接收这些数字信息时,必须知道这些帧的起止时刻,否则接收端将无法正确恢复信息。对于数字时分多路通信系统,如 PCM30/32 电话系统,各路码元都安排在指定的时隙内传送,形成一定的帧结构。为了使接收端能正确分离各路信号,在发送端必须提供每帧的起止标记,在接收端检测并获取这一标志的过程,称为帧同步。

(4) 网同步:在获得了以上讨论的载波同步、位同步、帧同步之后,两点间的数字通信就可以有序、准确、可靠地进行了。然而,随着数字通信的发展,尤其是计算机通信的发展,多个用户之间的通信和数据交换,构成了数字通信网。显然,为了保证通信网内各用户之间可靠地通信和数据交换,全网必须有一个统一的标准时钟,这就是网同步的问题。

另一方面,同步也可以看做是一种信息,按照获取和传输同步信息方式的不同,又可分为外同步法和自同步法。

(1) 外同步法:由发送端发送专门的同步信息(常称为导频),接收端把这个导频提取出来作为同步信号的方法,称为外同步法。

(2) 自同步法:发送端不发送专门的同步信息,接收端设法从收到的信号中提取同步信息的方法,称为自同步法。自同步法是人们最希望的同步方法,因为可以把全部功率和带宽分配给信号传输。在载波同步和位同步中,两种方法都采用,但自同步法正得到越来越广泛的应用。帧同步一般都采用外同步法。

同步本身虽然不包含所要传送的信息,但只有收发设备之间建立了同步后才能开始传送信息,所以同步是进行信息传输的必要和前提。同步性能的好坏又将直接影响着通信系统的性能。如果出现同步误差或失去同步就会导致通信系统性能下降或通信中断。因此,同步系统应具有比信息传输系统更高的可靠性和更好的质量指标,如同步误差小、相位抖动小以及同步建立时间短、保持时间长等。

本章将详细介绍几种主要同步技术的基本原理和实现手段,同时对它们的性能指标进行简要分析。

5.2 载波同步技术

提取载波的方法一般分为两类:一类是不专门发送导频,而在接收端直接从发送信号中提取载波,这类方法称为直接法,也称为自同步法;另一类是在发送有用信号的同时,在适当的频率位置上插入一个(或多个)称为导频的正弦波,接收端利用导频提取出载波,这类方法称为插入导频法,也称为外同步法。

5.2.1 直接法

有些信号(如抑制载波的双边带信号等)虽然本身不包含载波分量,但对该信号进行某些非线性变换以后,就可以直接从中提取出载波分量来,这就是直接法提取同步载波的基本原理。

1. 非线性变换——滤波法

1）平方变换法

设调制信号为 $m(t)$，$m(t)$ 中无直流分量，则抑制载波的双边带信号为

$$s(t) = m(t)\cos\omega_C t \tag{5.1}$$

接收端将该信号进行平方变换，即经过一个平方律部件后就得到

$$e(t) = m^2(t)\cos^2\omega_C t = \frac{m^2(t)}{2} + \frac{1}{2}m^2(t)\cos 2\omega_C t \tag{5.2}$$

由式(5.2)可以看出，虽然前面假设 $m(t)$ 中无直流分量，但 $m^2(t)$ 却一定有直流分量，这是因为 $m^2(t)$ 必为大于等于0的数，因此，$m^2(t)$ 的均值必大于0，而这个均值就是 $m^2(t)$ 的直流分量，$e(t)$ 的第二项中包含 $2f_c$ 频率的分量。例如，对于2PSK信号，$m(t)$ 为双极性矩形脉冲序列，设 $m(t)$ 为 ±1，那么 $m^2(t) = 1$，这样经过平方律部件后可以得到

$$e(t) = m^2(t)\cos^2\omega_C t = \frac{1}{2} + \frac{1}{2}\cos 2\omega_C t \tag{5.3}$$

由式(5.3)可知，通过 $2f_C$ 窄带滤波器从 $e(t)$ 中很容易取出 $2f_C$ 频率分量。经过一个二分频器可以得到 f_C 的频率成分，这就是所需要的同步载波。因而，利用图5.1所示的方框图即可以提取出载波。

图5.1 平方变换法提取载波

2）平方环法

为了改善平方变换的性能，可以在平方变换法的基础上把窄带滤波器用锁相环替代，构成如图5.2所示框图，这样就实现了平方环法提取载波。由于锁相环具有良好的跟踪、窄带滤波和记忆性能，因此平方环法比一般的平方变换法具有更好的性能，因而得到广泛的应用。

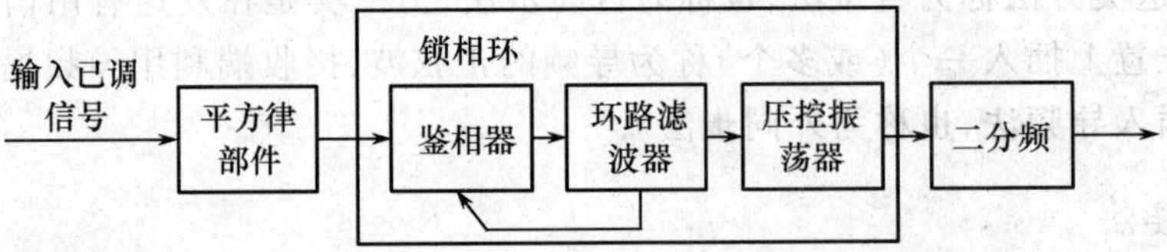

图5.2 平方环法提取载波

在上面两个提取载波的方框图中都用了一个二分频电路，因此，提取的载波存在 π 相位模糊问题。对移相信号而言，解决这个问题的常用方法就是采用前面已介绍过的相对移相。

2. 特殊锁相环法

利用锁相环提取载波的另一种常用方法如图 5.3 所示。加于两个乘法器的本地信号分别为压控振荡器的输出信号 $\cos(\omega_C t+\theta)$ 和它的正交信号 $\sin(\omega_C t+\theta)$，因此，通常称这种环路为同相正交环，有时也称为科斯塔斯(Costas)环。

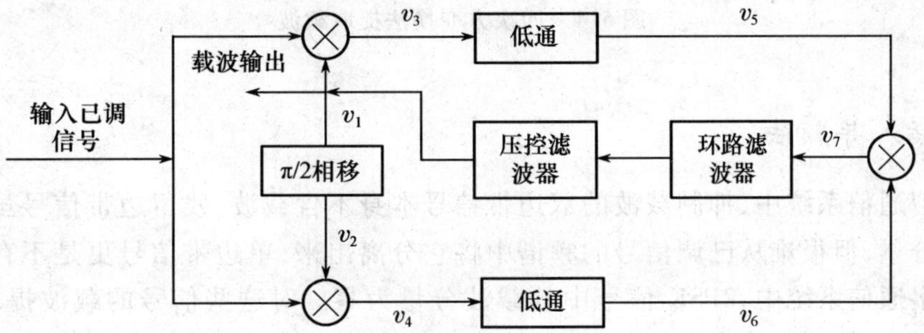

图 5.3 同相正交环法提取载波

设输入的抑制载波双边带信号为 $m(t)\cos\omega_C t$，则

$$\begin{cases} v_3 = m(t)\cos\omega_C t\cos(\omega_C t+\theta) = \dfrac{1}{2}m(t)[\cos\theta + \cos(2\omega_C t+\theta)] \\ v_4 = m(t)\cos\omega_C t\sin(\omega_C t+\theta) = \dfrac{1}{2}m(t)[\sin\theta + \sin(2\omega_C t+\theta)] \end{cases} \tag{5.4}$$

低通滤波后的输出分别为

$$\begin{cases} v_5 = \dfrac{1}{2}m(t)\cos\theta \\ v_6 = \dfrac{1}{2}m(t)\sin\theta \end{cases} \tag{5.5}$$

乘法器的输出为

$$v_7 = v_5 v_6 = \frac{1}{4}m^2(t)\sin\theta\cos\theta = \frac{1}{8}m^2(t)\sin 2\theta \tag{5.6}$$

其中，θ 是压控振荡器输出信号与输入已调信号载波之间的相位误差。当 θ 较小时，式(5.6)可以近似地表示为

$$v_7 = \frac{1}{4}m^2(t)\theta \tag{5.7}$$

式(5.7)中 v_7 的大小与相位误差 θ 成正比，因此，它相当于一个鉴相器的输出。用 v_7 去调整压控振荡器输出信号的相位，最后便可以使稳态相位误差 θ 减小到很小的数值。这样压控振荡器的输出 v_1 就是所需要提取的载波。

数字通信中经常使用多相移相信号，这类信号同样可以利用多次方变换法从已调信号中提取载波信息。如以四相移相信号为例,图 5.4 示出了从四相移相信号中提取同步载波的方法。

图 5.4 四次方变换法提取载波

5.2.2 插入导频法

在模拟通信系统中,抑制载波的双边带信号本身不含载波,残留边带信号虽然一般都含有载波分量,但很难从已调信号的频谱中将它分离出来,单边带信号更是不存在载波分量。在数字通信系统中,2PSK 信号中的载波分量为零。对这些信号的载波提取,都可以用插入导频法,特别是单边带调制信号,只能用插入导频法提取载波。本节将分别讨论抑制载波的双边带信号和残留边带信号的插入导频法。

1. 抑制载波的双边带信号中插入导频

对于抑制载波的双边带调制而言,在载频处,已调信号的频谱分量为零,同时对调制信号 $m(t)$ 进行适当的处理,可以使已调信号在载频附近的频谱分量很小,这样便可以插入导频,这时插入的导频对信号的影响最小。但插入的导频并不是加在调制器的那个载波,而是将该载波移相 90°后的正交载波。根据上述原理,就可构成插入导频的发送端方框图如图 5.5(a)所示。根据图 5.5(a)的结构,其输出信号可表示为

$$u_0(t) = a_C m(t)\sin\omega_C t - a_C\cos\omega_C t \tag{5.8}$$

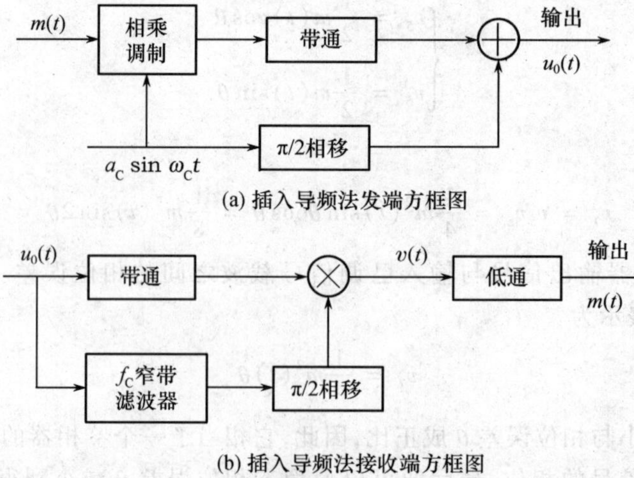

(a) 插入导频法发端方框图

(b) 插入导频法接收端方框图

图 5.5 插入导频法

设接收端接收到的信号与发送端输出信号相同，则接收端用一个中心频率为 f_C 的窄带滤波器得到导频 $-a_C\cos\omega_C t$，再将它移相 90°，得到与调制载波同频同相的信号 $a_C\sin\omega_C t$。接收端的方框图如图 5.5(b)所示，从图 5.5 中可得到

$$
\begin{aligned}
v(t) &= [a_C m(t)\sin\omega_C t - a_C\cos\omega_C t]a_C\sin\omega_C t \\
&= \frac{a_C^2 m(t)}{2} - \frac{a_C^2 m(t)}{2}\cos 2\omega_C t - \frac{a_C^2}{2}\sin 2\omega_C t
\end{aligned} \tag{5.9}
$$

经过低通滤波器后，可恢复调制信号 $m(t)$。然而，如果发送端加入的导频不是正交载波而是调制载波，这时发送端的输出信号可表示为

$$
u_0(t) = a_C m(t)\sin\omega_C t + a_C\sin\omega_C t \tag{5.10}
$$

接收端用窄带滤波器取出 $a_c\sin\omega_c t$ 后直接作为同步载波，但此时经过乘法器和低通滤波器解调后输出为 $a_C^2 m(t)/2 + a_C^2/2$，多了一个不需要的直流成分 $a_C^2/2$，这就是发端采用正交载波作为导频的原因。

2. 残留边带信号中插入导频

为了在残留边带信号中插入导频，有必要了解残留边带信号的频谱特点。以取下边带为例，边带滤波器应具有如图 5.6 所示的传输特性。利用这样的传输函数，可以使下边带信号绝大部分通过，而使上边带信号小部分残留。由于 f_C 附近有信号分量，所以，如果直接在 f_C 处插入导频，那么，该导频必然会干扰 f_C 附近的信号，同时也会被信号干扰。为此，可以在信号频谱之外插入两个导频 f_1 和 f_2，使它们在接收端经过某些变换后产生所需要的 f_C。设两导频与信号频谱两端的间隔分别为 Δf_1 和 Δf_2，则

$$
\left.\begin{aligned}
f_1 &= f_C - f_m - \Delta f_1 \\
f_2 &= f_C + f_r - \Delta f_2
\end{aligned}\right\} \tag{5.11}
$$

其中，f_r 是残留边带形成滤波器传输函数中滚降部分所占带宽的一半，而 f_m 是调制信号的带宽。

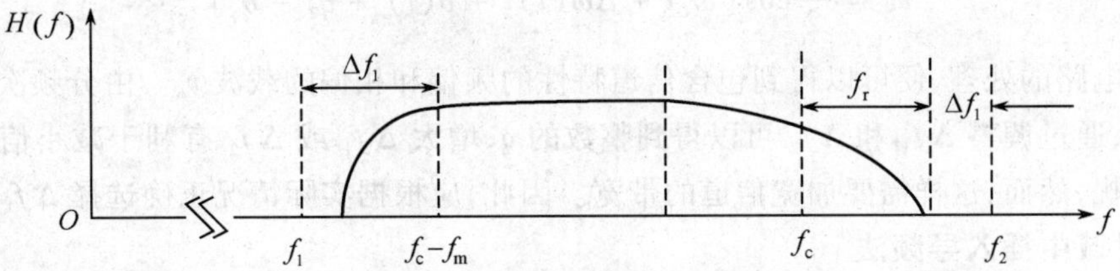

图 5.6 残留边带信号形成滤波器的传输函数

对于式(5.11)定义的各个频率值，可以利用图 5.7 实现载波提取。

设两导频分别为 $\cos(\omega_1 t+\theta_1)$ 和 $\cos(\omega_2 t+\theta_2)$，其中 θ_1 和 θ_2 是两导频信号的初始相位。如果经信道传输后，使两个导频和已调信号中的载波都产生了频偏 $\Delta\omega(t)$ 和相偏 $\theta(t)$，那么提取出的载波也应该有相同的频偏和相偏才能达到真正的相干解调。由图 5.7

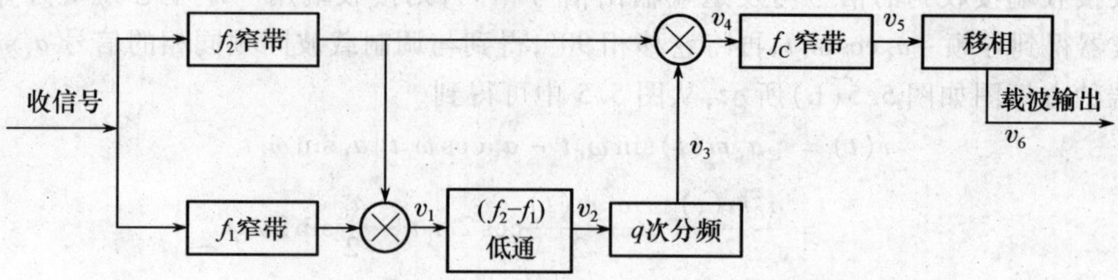

图 5.7 残留边带信号形插入导频法接收端方框图

可见，两导频信号经乘法器相乘后的输出应为

$$v_1 = \cos[\omega_1 t + \Delta\omega(t)t + \theta_1 + \theta(t)]\cos[\omega_2 t + \Delta\omega(t)t + \theta_2 + \theta(t)] \tag{5.12}$$

滤波器输出的差频信号为

$$\begin{aligned} v_2 &= \frac{1}{2}\cos[(\omega_2 - \omega_1)t + \theta_1 - \theta_2] = \frac{1}{2}\cos[2\pi(f_r + \Delta f_2 + f_m + \Delta f_1)t + \theta_1 - \theta_2] \\ &= \frac{1}{2}\cos\left[2\pi(f_r + \Delta f_2)\left(1 + \frac{f_m + \Delta f_1}{f_r + \Delta f_2}\right)t + \theta_1 - \theta_2\right] \\ &= \frac{1}{2}\cos[2\pi(f_r + \Delta f_2)qt + \theta_1 - \theta_2] \end{aligned} \tag{5.13}$$

其中，$1 + \dfrac{f_m + \Delta f_1}{f_r + \Delta f_2} = q$，对 v_2 进行 q 次分频后可得

$$v_3 = \frac{1}{2}\cos[2\pi(f_r + \Delta f_2)t + \theta_q] \tag{5.14}$$

式(5.14)中 θ_q 为分频输出的初始相位，它是一个常数。将 v_3 与 $\cos(\omega_2 t + \theta_2)$ 相乘取差频，再通过中心频率为 f_c 的窄带滤波器，可得到

$$v_5 = \frac{1}{2}\cos[\omega_C t + \Delta\omega(t)t + \theta(t) + \theta_2 - \theta_q] \tag{5.15}$$

经过移相电路的处理，便可以得到包含信道特性的频偏和相偏的载波 v_6。由分频次数 q 的表示式看出，通过调整 Δf_1 和 Δf_2 可以得到整数的 q，增大 Δf_1 或 Δf_2 有利于减小信号频谱对导频的干扰，然而，这样需要加宽信道的带宽。因此，应根据实际情况正确选择 Δf_1 和 Δf_2。

3. 时域中插入导频法

插入导频法提取载波要使用窄带滤波器，这个窄带滤波器也可以用锁相环来代替，这是因为锁相环本身就是一个性能良好的窄带滤波器，因而使用锁相环后，载波提取的性能将有改善。除了在频域插入导频的方法以外，还可以在时域插入导频以传送和提取同步载波。时域插入导频法中对被传输的数据信号和导频信号在时间上加以区别，具体分配情况如图 5.8(a)所示。在每一帧中，除了包含一定数目的数字信息外，在 $t_0 - t_1$ 的时间内传送位同步信号，在 $t_1 - t_2$ 的时间内传送帧同步信号，在 $t_2 - t_3$ 的时间内传送载波同步信号,而在 t_3-t_4 时间内才传送数字信息。可以发现,这种时域插入导频方式只是在每帧的一小段时间内才作为载频标准,其余时间是没有载频标准的。

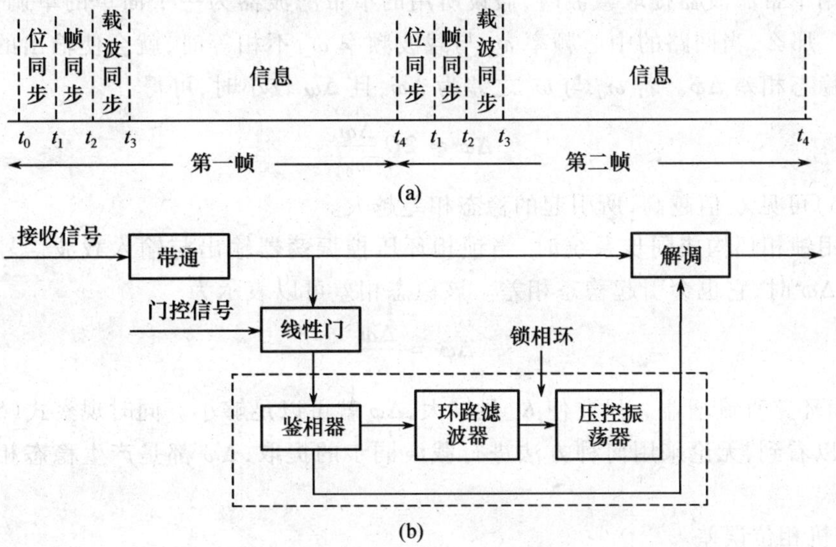

图 5.8 时域插入导频法

在接收端用相应的控制信号将载频标准信号取出以形成解调用的同步载波。但是由于发送端发送的载波标准信号是不连续的,在一帧内只有很少一部分时间存在,因此,如果用窄带滤波器取出这个间断的载波信号是不能应用的。对于这种时域插入导频方式的载波信号提取往往采用锁相环路,其方框图如图 5.8(b)所示。在锁相环中,压控振荡器的自由振荡频率应尽量和载波标准信号频率相等,而且要有足够的频率稳定度,鉴相器每隔一帧时间与门控信号取出的载波标准信号比较一次,并通过它去控制压控振荡器。当载频标准信号消失后,压控振荡器具有足够的同步保持时间,直到下一帧载波标准信号出现时再进行比较和调整。适当地设计锁相环路,就可以使恢复的同步载波的频率和相位的变化控制在允许的范围以内。

5.2.3 载波同步系统性能指标

载波同步系统的性能指标包括效率、精度、同步建立时间和同步保持时间。

1. 效率

效率是指为了获得载波信号而尽量少消耗发送功率。直接法由于不需要专门发送导频,因而效率高,而插入导频法由于插入导频要消耗一部分发送功率,因而效率要低些。

2. 精度

精度是指提取的同步载波信号与载波标准信号比较,它们之间的相位误差大小。通常又习惯地将这种误差分为稳态相位误差和随机相位误差。

1）稳态相位误差

当利用窄带滤波器提取载波时，假设所用的窄带滤波器为一个简单的单调谐回路，其 Q 值一定。那么，当回路的中心频率 ω_0 与载波频率 ω_c 不相等时，就会使输出的载波同步信号引起稳态相差 $\Delta\varphi$。若 ω_0 与 ω_c 之差为 $\Delta\omega$，且 $\Delta\omega$ 较小时，可得

$$\Delta\varphi \approx 2Q\frac{\Delta\omega}{\omega_0} \tag{5.16}$$

由式(5.16)可见 Q 值越高，所引起的稳态相差越大。

当利用锁相环构成同步系统时，当锁相环压控振荡器输出与输入载波信号之间会存在频率差 $\Delta\omega$ 时，它也会引起稳态相差。该稳态相差可以表示为

$$\Delta\varphi = \frac{\Delta\omega}{K_v} \tag{5.17}$$

其中，K_v 为环路直流增益。只要使 K_v 足够大，$\Delta\varphi$ 就可以足够小。同时观察式(5.16)和式(5.17)可以看到，无论采用何种方法进行载波同步的提取，$\Delta\omega$ 都是产生稳态相位误差的重要因素。

2）随机相位误差

从物理概念上讲，正弦波加上随机噪声以后，相位变化是随机的。它与噪声的性质和信噪比有关。经过分析，当噪声为窄带高斯噪声时，随机相位 θ_n 的平方均值 $\overline{\theta_n^2}$ 与信噪功率比 r 之间的关系式为

$$\overline{\theta_n^2} = 1/2r \tag{5.18}$$

显然，信噪比越大随机相位误差越小。

如果用窄带滤波器提取载波，设噪声为高斯白噪声，其单边功率谱密度为 n_0，B_n 为滤波器的等效噪声带宽，如果窄带滤波器用的是简单谐振电路，则

$$B_n = \frac{\pi f_0}{2Q} \tag{5.19}$$

f_0 为谐振电路的谐振频率，由此得功率信噪比为

$$r = \left(\frac{A^2}{2}\right)\Big/(n_0 B_n) = \frac{A^2}{2n_0 B_n} = \frac{A^2 Q}{\pi n_0 f_0} \tag{5.20}$$

将式(5.20)代入式(5.18)可以得到

$$\overline{\theta_n^2} = 1/2r = (\pi \cdot n_0 \cdot f_0)/(2A^2 \cdot Q) \tag{5.21}$$

由式(5.21)可见，滤波器的 Q 值越高，随机相位误差越小。但从式(5.16)又可看出，Q 值越高，稳态相位误差越大。可见，在用这种窄带滤波器提取载波时，稳态相位误差和随机相位误差对其 Q 值的要求是相互矛盾的。

3. 同步建立时间和保持时间

当窄带滤波器采用单谐振电路时，假设信号在 $t=0$ 时刻加到单谐振电路上，则回路两

端输出电压为

$$u(t) = U\left[1 - \exp\left(-\frac{\omega_0 t}{2Q}\right)\right]\cos\omega_0 t \tag{5.22}$$

在实际应用中，通常把同步建立的时间 t_S 确定为 $u(t)$ 的幅度达到 U 的一定百分比 k 即可。这样，$u(t)$ 达到 kU 的时间被定义为同步建立时间 t_S，可以求得

$$t_S = \frac{2Q}{\omega_0}\ln\frac{1}{1-k} \tag{5.23}$$

当建立同步以后，如果信号突然消失（例如时域插入导频法，或者信号出现短时间的衰落），同步载波应能保持一定时间，保持时间 t_C 可以按振幅下降到 kU 来计算。信号消失，回路两端电压为

$$u(t) = U\exp\left(-\frac{\omega_0 t}{2Q}\right)\cos\omega_0 t \tag{5.24}$$

利用式(5.24)，可以求出

$$t_C = \frac{2Q}{\omega_0}\ln\frac{1}{k} \tag{5.25}$$

通常，令 $k = 1/e$，此时可求得

$$t_S = 0.46\left(\frac{2Q}{\omega_0}\right) \quad t_C = \frac{2Q}{\omega_0} \tag{5.26}$$

从式(5.26)可以看到，要使建立时间变短，则需要减小 Q 值；要延长保持时间，则要增大 Q 值。因此这两个参数对 Q 值的要求是矛盾的。

4. 误差对解调性能的影响

对于既有频差又有相位差的情况，解调后的信号为

$$m'(t) = \frac{1}{2}m(t)\cos(\Delta\omega t + \Delta\varphi) \tag{5.27}$$

对于只有相位差的情况，载波相位误差对解调性能的影响主要体现在所提取载波与接收信号中的载波的相位误差。相位误差为稳态相位差与相位抖动之和，即

$$\varphi = \Delta\varphi + \theta_n \tag{5.28}$$

提取的相干载波为

$$s_c(t) = \cos(\omega_c t + \varphi) \quad s(t) = m(t)\cos\omega_c t \tag{5.29}$$

则解调时，乘法器的输出经过低通滤波后为

$$u_o(t) = \frac{1}{2}m(t)\cos\varphi \tag{5.30}$$

所以相位误差导致信噪比将下降为原来的 $\cos^2\varphi$。

对于 2PSK 信号而言，会使误码率增大，即

$$P_e = \frac{1}{2}erfc\left(|\cos\Delta\varphi|\sqrt{E/n_0}\right) \tag{5.31}$$

综上所述,可以得到如下结论:

1) 直接法的优缺点

(1) 不占用导频功率,因此信噪功率比可以大一些;

(2) 可以防止插入导频法中导频和信号间由于滤波不好而引起的互相干扰,也可以防止信道不理想引起导频相位的误差;

(3) 有的调制系统不能用直接法(如 SSB 系统)。

2) 插入导频法的优缺点

(1) 有单独的导频信号,一方面可以提取同步载波,另一方面可以利用它作为自动增益控制;

(2) 有些不能用直接法提取同步载波的调制系统只能用插入导频法;

(3) 插入导频法要多消耗一部分不带信息的功率。因此,与直接法比较,在总功率相同条件下实际信噪功率比要小一些。

不同的载波同步环路有着各自不同的特点,因此它们应用的场合也不尽相同。在实际应用中,应该根据不同的情况选择最优的环路。

5.3 位同步技术

在数字通信系统中,发送端按照确定的时间顺序,逐个传输数字脉冲序列中的每个码元,接收端必须有准确的抽样判决时刻才能正确判决所发送的码元。因此,接收端必须提供一个确定抽样判决时刻的定时脉冲序列。这个定时脉冲序列的重复频率必须与发送的数码脉冲序列一致,同时在最佳判决时刻(或称为最佳相位时刻)对接收码元进行抽样判决。把在接收端产生这样的定时脉冲序列称为码元同步,或称位同步。

实现位同步的方法和载波同步类似,也有直接法(自同步法)和插入导频法(外同步法)两种,在直接法中也分为滤波法和锁相法。

5.3.1 外同步法

1. 插入导频法

为了得到码元同步的定时信号,首先要确定接收到的信息数据流中是否包含有位定时的频率分量。如果存在此分量,就可以利用滤波器从信息数据流中把位定时信息提取出来。

若基带信号为随机的二进制不归零码序列,这种信号本身不包含位同步信号,为了获得位同步信号,需在基带信号中插入位同步的导频信号,或者对该基带信号进行某种码型变换以得到位同步信息。

插入导频法与载波同步时的插入导频法类似,它也是在基带信号频谱的零点插入所需的导频信号,如图 5.9(a)所示。若经某种相关编码处理后的基带信号,其频谱的第一个零点在 $f=1/(2T_B)$ 处时,插入导频信号就应在 $1/(2T_B)$ 处,如图 5.9(b)所示。

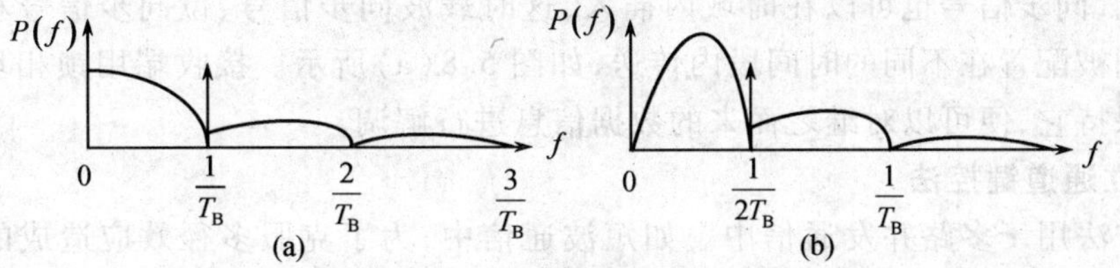

图 5.9 插入导频法频谱图

在接收端，对图 5.9(a)所示的情况，经中心频率为 $f=1/T_B$ 的窄带滤波器，可从解调后的基带信号中提取位同步所需的信号。这时，位同步脉冲的周期与插入导频的周期是一致的。对图 5.9(b)所示的情况，窄带滤波器的中心频率应为 $f=1/(2T_B)$，因为这时位同步脉冲的周期为插入导频周期的 1/2，故需将插入导频 2 倍频，才获得所需的位同步脉冲。图 5.10 给出了位同步插入导频法方框图。

在图 5.10(a)中基带信号经相关编码器处理，信号频谱在 $1/(2T_B)$ 位置为零，这样就可以在 $1/(2T_B)$ 位置插入位定时导频。接收端的结构如图 5.10(b)所示，从图中可以看到，由窄带滤波器取出的导频($f_B/2$)经过移相和倒相后，再经过加法器把基带数字信号中的导频成分抵消。由窄带滤波器取出导频的另一路经过移相、放大限幅、微分全波整流、整形等电路，产生位定时脉冲，微分全波整流电路起到倍频器的作用，因此，虽然导频是 $f_B/2$，但定时脉冲的重复频率变为与码元速率相同的 f_B。图中两个移相器都是用来消除由窄带滤波器等引起的相移，这两个移相器可以合用。

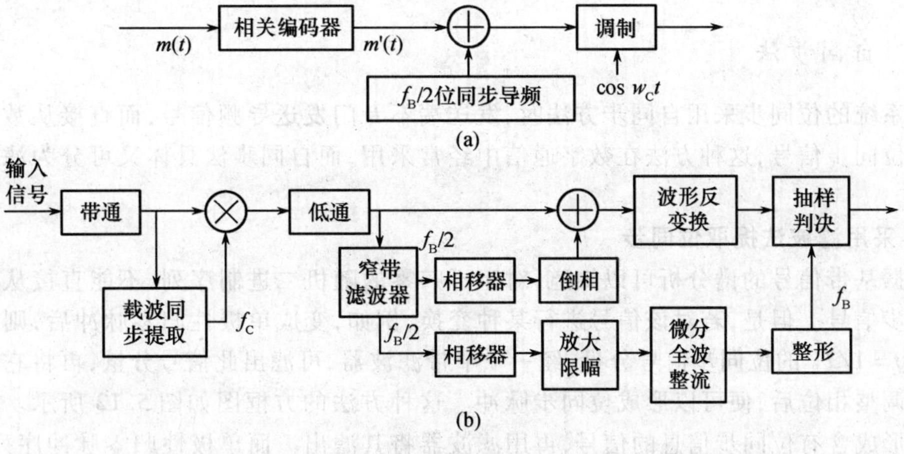

图 5.10 位同步插入导频法方框图

插入导频法的另一种形式是使数字信号的包络按位同步信号的某种波形变化。例如，PSK 信号和 FSK 信号都是包络不变的等幅信号，因此，可将位导频信号调制在它们的包络上，而接收端只要用普通的包络检波器便可恢复位同步信号。

事实上,同步信号也可以在时域内插入,这时载波同步信号、位同步信号和数据信号等信息分别被配置在不同的时间段内传送,如图 5.8(a)所示。接收端用锁相环路提取同步信号并保持它,便可以对继之而来的数据信息进行解调。

2. 独立通道键控法

这种方法用于多路并发通信中。如短波通信中,为了克服多径效应造成的符号间干扰,码元间隔选得足够长,即每路信号速率很低,如 100 波特左右。为了达到所要求的信号速率,采用多路并发的方法,即将数字符号通过串/并转换变成多路信号,再用频分多路方式传送。在多路并发的体制中可以抽出一路来传送位同步信号,如图 5.11 所示。

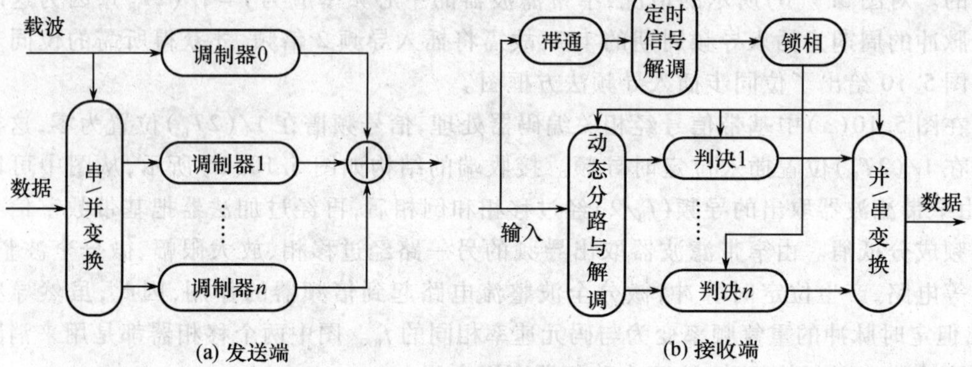

图 5.11 独立通道键控法

5.3.2 自同步法

当系统的位同步采用自同步方法时,发送端不专门发送导频信号,而直接从数字信号中提取位同步信号,这种方法在数字通信中经常采用,而自同步法具体又可分为滤波法和锁相法。

1. 采用滤波法提取位同步

根据基带信号的谱分析可以知道,对于不归零的随机二进制序列,不能直接从其中滤出位同步信号。但是,若对该信号进行某种变换,例如,变成单极性归零脉冲后,则该序列中就有 $f=1/T_B$ 的位同步信号分量,经一个窄带滤波器,可滤出此信号分量,再将它通过一移相器调整相位后,便可以形成位同步脉冲。这种方法的方框图如图 5.12 所示。它的特点是先形成含有位同步信息的信号,再用滤波器将其滤出。而单极性归零脉冲序列,由于其包含 $f=1/T_B$ 的位同步信号分量,一般作为提取位同步信号的中间变换过程。

图 5.12 中的波形变换,在实际应用中由微分、整流电路构成,经微分、整流后的基带信号波形如图 5.13 所示。图 5.13(c)为单极性归零信号,它包含有位同步信号分量,可以通过滤波器进行提取。

另一种常用的波形变换方法是对带限信号进行包络检波。在某些数字微波中继通信

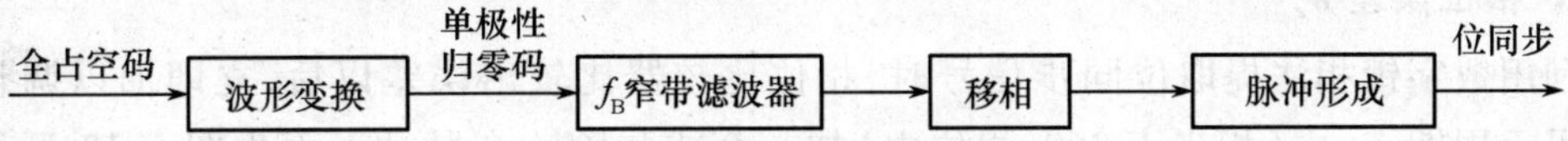

图 5.12 滤波法原理框图

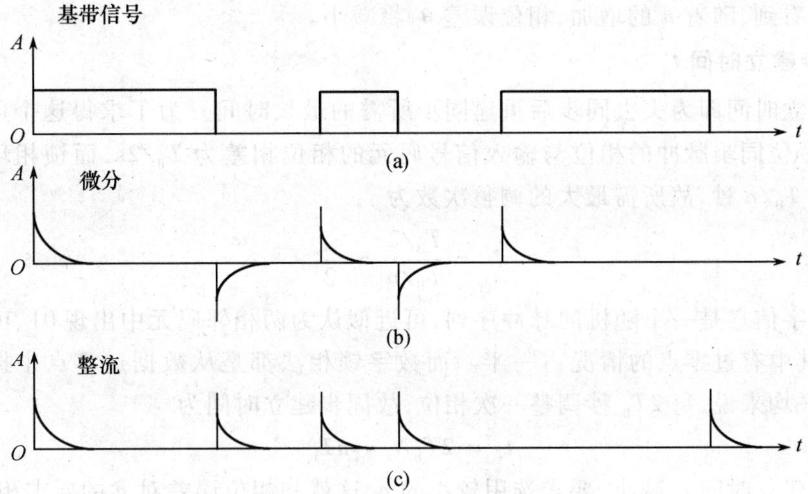

图 5.13 基带信号的微分整流波形

系统中,经常在中频上用对频带受限的 2PSK 信号进行包络检波,用这种方法来提取位同步信号。由于频带受限,在相邻码元的相位变换点附近会产生幅度的平滑“陷落”。经包络检波后,可以得到位同步信号。

2. 采用锁相法提取位同步

与载波同步的提取类似,把采用锁相环来提取位同步信号的方法称为锁相法。在数字通信中,这种锁相电路常采用数字锁相环来实现。它由高稳定度振荡器(晶振)、分频器、相位比较器和控制电路组成。其中,控制电路包括扣除门、附加门和“或门”。高稳定度振荡器产生的信号经整形电路变成周期性脉冲,然后经控制器再送到分频器,输出位同步脉冲序列。输入相位基准与由高稳定振荡器产生的经过整形的 n 次分频后的相位脉冲进行比较,由两者相位的超前或滞后来确定扣除或附加一个脉冲,以调整位同步脉冲的相位。

5.3.3 位同步系统的性能指标

位同步系统的性能指标除了效率以外,主要有相位误差(精度)、同步建立时间、同步保持时间和同步带宽。下面对数字锁相法位同步系统的性能指标进行分析。

1. 相位误差 θ_e

利用数字锁相法提取位同步信号时，相位比较器比较出误差以后，立即加以调整，在一个码元周期 T_B 内（相当于360°相位内）加一个或扣除一个脉冲。而由图5.13可见，一个码元周期内从晶振及整形电路来的脉冲数为 n 个，因此，最大调整相位为

$$\theta_e = 360°/n \tag{5.32}$$

从上式可以看到，随着 n 的增加，相位误差 θ_e 将减小。

2. 同步建立时间 t_S

同步建立时间即为失去同步后重建同步所需的最长时间。为了求得这个可能出现的最长时间，令位同步脉冲的相位与输入信号码元的相位相差为 $T_B/2$s，而锁相环每调整一步仅能调整 T_B/n 秒，故所需最大的调整次数为

$$N = \frac{T_B/2}{T_B/n} = \frac{n}{2} \tag{5.33}$$

由于数字信息是一个随机的脉冲序列，可近似认为两相邻码元中出现01、10、11、00的概率相等，其中有过零点的情况占一半。而数字锁相法都是从数据过零点中提取标准脉冲的，因此平均来说，每 $2T_B$ 秒调整一次相位，故同步建立时间为

$$t_s = 2T_B N = nT_B \tag{5.34}$$

为了使同步建立时间 t_s 减小，要求选用较小的 n，这就和相位误差对 n 的要求相矛盾。

3. 同步保持时间 t_c

同步建立后，一旦输入信号中断，或者遇到长连续0码、长连续1码时，由于接收的码元没有过零脉冲，锁相系统便因为没有输入相位基准而不起作用，另外收发双方的固有位定时重复频率之间总存在频差 ΔF，接收端位同步信号的相位就会逐渐发生漂移，时间越长，相位漂移量越大，直至漂移量达到某一准许的最大值后便算失步了。

设接收端和发送端固有的码元周期分别为 $T_1 = 1/F_1$ 和 $T_2 = 1/F_2$，则

$$|T_1 - T_2| = |1/F_1 - 1/F_2| = \frac{|F_2 - F_1|}{F_2 F_1} = \frac{\Delta F}{F_0^2} \tag{5.35}$$

其中，F_0 为接收端和发送端固有码元重复频率的几何平均值，且有 $T_0 = 1/F_0$，这样由式(5.35)可得

$$F_0 \cdot |T_0 - T_1| = \frac{\Delta F}{F_0} = \frac{|T_0 - T_1|}{F} \tag{5.36}$$

式(5.36)说明，当接收端和发送端存在频差 ΔF 时，每经过 T_0 时间，接收端和发送端就会产生 $|T_1 - T_2|$ 的时间漂移。反过来，若规定两端容许的最大时间漂移为 T_0/K 秒（K 为一常数），需要经过多长时间才会达到此值呢？这样求出的时间就是同步保持时间

$$\frac{T_0/K}{t_C} = \frac{\Delta F}{F_0} \Rightarrow t_C = \frac{1}{\Delta F K} \quad 或 \quad \Delta F = \frac{1}{t_C K} \tag{5.37}$$

设接收端和发送端的频率稳定度相同，每个振荡器的频率误差均为 $\Delta F/2$，则每个振荡器频率稳定度为

$$\frac{\Delta F/2}{F_0}=\frac{\Delta F}{2F_0}=\frac{1}{2F_0Kt_C}\quad 或\quad t_C=\frac{1}{2FK\dfrac{\Delta F/2}{F_0}} \tag{5.38}$$

式(5.38)说明，要想延长同步保持时间 t_C，需要提高接收端和发送端振荡器的频率稳定度。

4. 同步带宽 Δf

如果输入信号码元的重复频率和接收端固有位定时脉冲的重复频率不相等时，每经过 T_0 时间（近似地说，也就是每隔一个码元周期），该频差会引起 $|T_1-T_2|$ 的时间漂移。而根据数字锁相环的工作原理，锁相环每次所能调整的时间为 $T_B/n(T_B/n\approx T_0/n)$，如果对随机数字来说，平均每两个码元周期才能调整一次，那么平均一个码元周期内，锁相环能调整的时间只有 $T_0/2n$。很显然，如果输入信号码元的周期与接收端固有位定时脉冲的周期之差为

$$|T_1-T_2|>T_0/2 \tag{5.39}$$

则锁相环将无法使接收端位同步脉冲的相位与输入信号的相位同步，这时由频差所造成的相位差就会逐渐积累。这样就可以得到 $|T_1-T_2|$ 的最大值

$$|T_1-T_2|=\frac{T_0}{2n}=\frac{1}{2nF_0} \tag{5.40}$$

结合式(5.35)和式(5.40)可以得到

$$|T_1-T_2|=\frac{|\Delta f|}{F_0^2}=\frac{1}{2nF_0}\Rightarrow|\Delta f|=\frac{F_0}{2n} \tag{5.41}$$

式(5.41)就是求得的同步带宽表示式，要增加同步带宽 $|\Delta f|$，需要减小 n。

5.4 帧同步技术

在数字通信时，一般总是以一定数目的码元组成一个个的“字”或“句”，即组成一个个的“群”进行传输的。因此，帧同步信号的频率很容易由位同步信号经分频而得出。但是，每个群的开头和末尾时刻却无法由分频器的输出决定。帧同步的任务就是在位同步信息的基础上，识别出数字信息群（“字”或“句”）的起止时刻，或者说给出每个群的“开头”和“末尾”时刻。

帧同步有时也称为群同步。为了实现帧同步，可以在数字信息流中插入一些特殊码字作为每个群的头尾标记，这些特殊的码字应该在信息码元序列中不会出现，或者是偶然可能出现，但不会重复出现，此时只要将这个特殊码字连发几次，接收端就能识别出来，接收端根据这些特殊码字的位置就可以实现帧同步。

插入特殊码字实现帧同步的方法有两种,即连贯式插入法和间隔式插入法。在介绍这两种方法以前,先简单介绍一种在电传机中广泛使用的起止式帧同步法。

5.4.1 起止同步法

目前在电传机中广泛使用的同步方法是起止式帧同步法,下面就以电传机为例,简要地介绍这种帧同步方法的工作原理。

电传报文的一个字由 7.5 个码元组成,假设电传报文传送的数字序列为 10010,则其码元结构如图 5.14 所示。从图中可以看到,在每个字开头,先发一个码元的起脉冲(负值),中间 5 个码元是信息,字的末尾是 1.5 码元宽度的止脉冲(正值),接收端根据正电平第一次变为负电平这一特殊规律,确定一个字的起始位置,因而就实现了帧同步。由于这种同步方式中的止脉冲宽度与码元宽度不一致,会给同步数字传输带来不便。另外,在这种同步方式中,7.5 个码元中只有 5 个码元用于传递信息,因此编码效率较低。但起止同步的优点是结构简单,易于实现,它特别适合于异步低速数字传输方式。

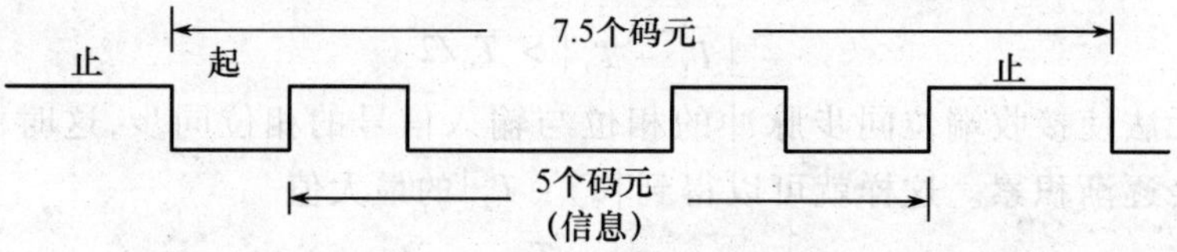

图 5.14 起止同步的信号波形

5.4.2 连贯式插入法

连贯式插入法就是在每群的开头集中插入帧同步码字的同步方法。作帧同步码字用的特殊码字首先应该具有尖锐单峰特性的局部自相关特性,其次这个特殊码字在信息码元序列组合中不易出现,最后帧同步识别器需要尽量简单。目前已经找到的最常用的帧同步码字,就是巴克码。

1. 巴克码

巴克码是一种具有特殊规律的二进制码字。它的特殊规律是:若一个 n 位的巴克码 $\{x_1, x_2, x_3, \cdots, x_n\}$,每个码元 x_i 只可能取值 +1 或 -1,则它必然满足条件

$$R(j) = \sum_{i=1}^{n-j} x_i x_{i+j} = \begin{cases} n & j = 0 \\ 0, +1, -1 & 0 < j < n \end{cases} \tag{5.42}$$

式(5.42)中,$R(j)$称为局部自相关函数。从巴克码计算的局部自相关函数可以看到,它满足作为帧同步码字的第一条特性,也就是说巴克码的局部自相关函数具有尖锐单峰特性,从后面的分析同样可以看出,它的识别器结构非常简单。目前人们已找到了多个巴克码字,具体情况如表 5.1 所示。表中 + 表示 +1,- 表示 -1。

表 5.1　巴克码字

位数 n	巴克码字
2	+ +; − +
3	+ + −
4	+ + + −; + + − +
5	+ + + − +
7	+ + + − − + −
11	+ + + − − − + − − + −
13	+ + + + + − − + + − + − +

以 $n=7$ 的巴克码为例,它的局部自相关函数计算结果如下:

$$R(0)=\sum_{i=1}^{7}x_i^2=1+1+1+1+1+1+1=7\quad j=0$$

$$R(1)=\sum_{i=1}^{6}x_ix_{i+1}=1+1-1+1-1-1=0\quad j=1$$

$$R(2)=\sum_{i=1}^{5}x_ix_{i+1}=1-1-1-1+1=-1\quad j=2$$

同样可以求出 $j=3$、4、5、6、7 以及 $j=-1$、-2、-3、-4、-5、-6、-7 时 $R(j)$ 的值为

$$\left.\begin{aligned}R(j)&=7 & j&=0\\ R(j)&=0 & j&=\pm1,\pm3,\pm5,\pm7\\ R(j)&=-1 & j&=\pm2,\pm4,\pm6\end{aligned}\right\}\tag{5.43}$$

根据式(5.43)计算出来的值,可以画出 7 位巴克码 $R(j)$ 与 j 的关系曲线,如图 5.15 所示,可以看出,自相关函数在 $j=0$ 时具有尖锐的单峰特性。局部自相关函数具有尖锐的单峰特性正是连贯式插入帧同步码字的主要要求之一。

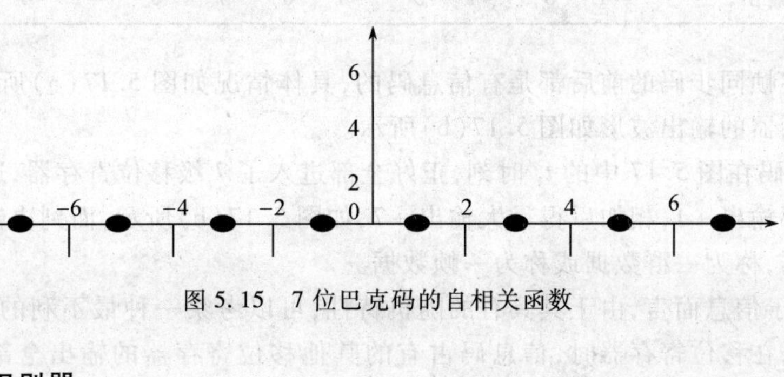

图 5.15　7 位巴克码的自相关函数

2. 巴克码识别器

巴克码识别器是比较容易实现的,这里以 7 位巴克码为例,用 7 级移位寄存器、相加器

和判决器就可以组成识别器，具体结构如图 5.16 所示。7 级移位寄存器的 1、0 端输出按照 1110010 的顺序连接到加法器输入，接法与巴克码的规律一致。当输入数据的 1 存入移位寄存器时，1 端的输出电平为 +1，而 0 端的输出电平为 −1；反之，存入数据 0 时，0 端的输出电平为 +1，1 端的电平为 −1。

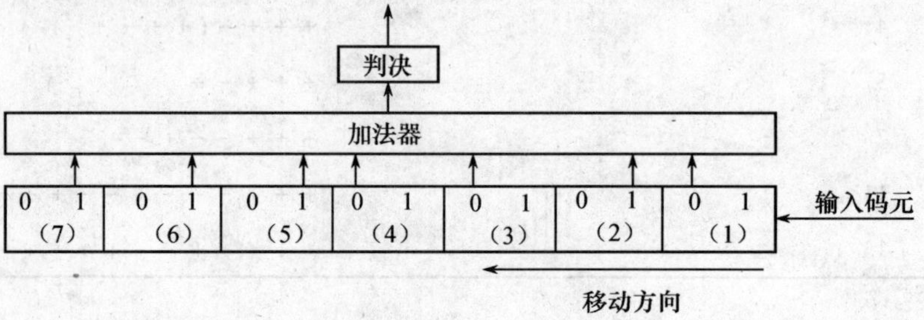

图 5.16　7 位巴克码识别器

当发送端送来的码元自右向左进入时，首先考虑一个简单的情况：假设只计算巴克码(1110010)进入的几个移位寄存器的输出，此时将有巴克码进入 1 位，2 位，…，7 位全部进入，第 1 位移出尚留 6 位……前 6 位移出只留 1 位等 13 种情况。经过计算可得相加器的输出就是自相关函数，设码元进入移位寄存器数目为 a，码元尚留在移位寄存器的数目是 b，这是就可以得到 a、b 和 j 之间的关系式为

$$a = 7 - j \quad b = 7 + j \tag{5.44}$$

根据上述关系可以得到表 5.2，它反映了相加器输出与 a、b 之间的关系。

表 5.2　加法器输出与 a、b 之间的关系

	a						$a=b$						b
巴克码进入(或留下)位数	1	2	3	4	5	6	7	6	5	4	3	2	1
加法器输出	−1	0	−1	0	−1	0	7	0	−1	0	−1	0	−1

实际上述帧同步码的前后都是有信息码的，具体情况如图 5.17(a)所示，在这种情况下巴克码识别器的输出波形如图 5.17(b)所示。

7 位巴克码在图 5.17 中的 t_1 时刻，正好全部进入了 7 级移位寄存器，这时 7 个移位寄存器输出端都输出 +1，相加后得最大输出 +7，如图 5.17(b)所示，而判决器输出的两个脉冲之间的数据，称为一群数据或称为一帧数据。

当然，对于信息而言，由于其具有的随机特性，可以考察一种最不利的情况，即当巴克码只有部分码在移位寄存器时，信息码占有的其他移位寄存器的输出全部是 +1，在这样一种对于帧同步最不利的情况下，加法器的输出将如表 5.3 所示。由此可得到加法器的输出波形如图 5.18 所示。图中横坐标用 a 表示，由 a、b 和 j 之间的关系可知 $a = 14 - b$。

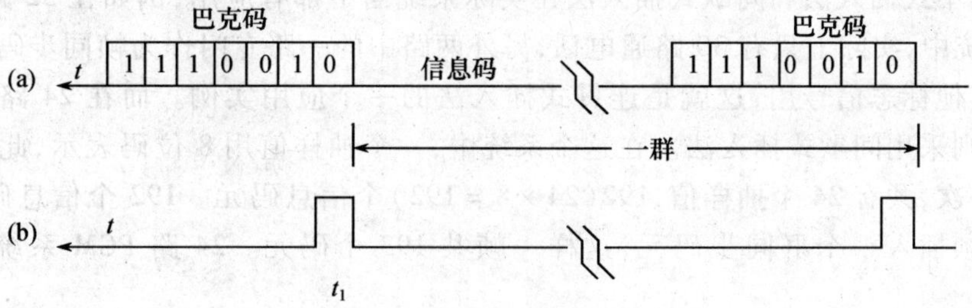

图 5.17 识别器输入和输出波形

表 5.3 加法器的输出

			a				a = b				b		
巴克码进入(或留下)位数	1	2	3	4	5	6	7	6	5	4	3	2	1
相加器输出	5	5	3	3	1	1	7	1	1	3	3	5	5

由图 5.18 可以看出,如果判决电平选择为 6,就可以根据 $a=7$ 时加法器输出的 7,大于判决电平 6 而判定巴克码全部进入移位寄存器的位置。此时识别器输出一个帧同步脉冲,表示群的开头。一般情况下,信息码不会正好都使移位寄存器的输出均为 +1,因此实际上更容易判定巴克码全部进入移位寄存器的位置。后面还要讲到如果巴克码中有误码时,只要错一个码,当 $a=7$ 时加法器输出将由 7 变为 5,低于判决器的判决电平。因此,为了提高帧同步的抗干扰性能,防止漏同步,判决电平可以改为 4。但改为 4 以后容易发生假同步,这些问题在性能分析时要进一步讨论。

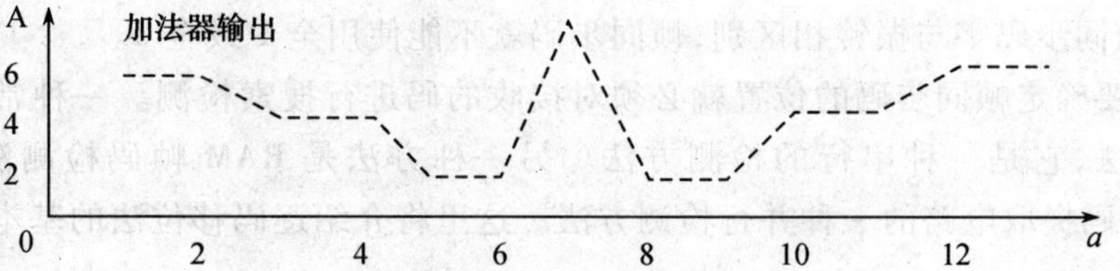

图 5.18 加法器输出波形

5.4.3 间歇式插入法

在某些情况下,帧同步码字不再是集中插入在信息码流中,而是将它分散地插入,即每隔一定数量的信息码元,插入一个帧同步码字。这种帧同步码字的插入方式称为间歇式插入法。

当然集中式插入法和间歇式插入法在实际系统当中都有应用,例如在32路的数字电话PCM系统中,实际上只有30路通电话,另外两路中的一路专门作为帧同步码传输,而另一路作为其他标志信号用,这就是连贯式插入法的一个应用实例。而在24路PCM系统中,帧同步则采用间歇式插入法。在这个系统中,一个抽样值用8位码表示,此时24路电话都抽样一次,共有24个抽样值,192(24×8=192)个信息码元。192个信息码元作为一帧,在这一帧插入一个群同步码元,这样一帧共193个码元。24路PCM系统如图5.19所示。

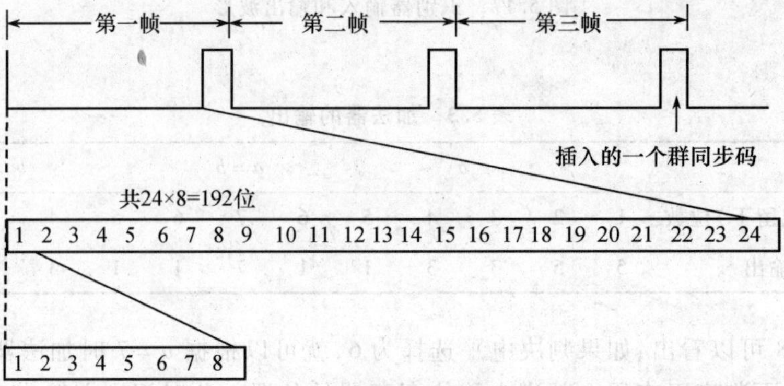

图5.19 24路PCM的帧结构

由于间歇式插入法是将帧同步码元分散地插入到信息流中,因此,帧同步码型的选择有一定的要求,其主要原则是:(1) 要便于接收端识别,即要求帧同步码具有特定的规律性,这种码型可以是全1码、1和0交替码等;(2) 要使帧同步码的码型尽量和信息码相区别,例如在某些PCM多路数字电话系统中,用全0码代表振铃,用全1码代表不振铃,这时,为了使帧同步码字与振铃相区别,帧同步码就不能使用全1或全0。

接收端要确定帧同步码的位置就必须对接收的码进行搜索检测。一种常用检测方法是逐码移位法,它是一种串行的检测方法。另一种方法是RAM帧码检测法,它是利用RAM构成帧码提取电路的一种并行检测方法。这里将介绍逐码移位法的基本原理和实现同步的过程。

逐码移位法的基本原理是:由位同步脉冲(位同步码)经过 n 次分频以后的本地群码(频率是正确的,但相位不确定)与接收到码元中间歇式插入的帧同步码进行源码移位比较,使本地群码与发送来的帧同步码同步。其原理结构框图如图5.20所示。

图5.20中异或门、延迟一位和禁门是专门用来扣除位同步码元以调整本地群码相位的,具体过程可以通过图5.21看到。

设接收码(波形c)中的帧同步码位于画斜线码元的位置,后面依次安排各路信息码1、2、3(为简单起见,这里只包含3路信息码)。如果系统已经实现了帧同步,则位同步码

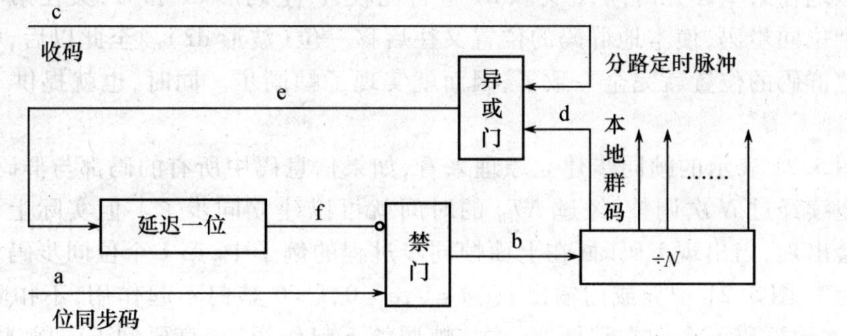

图 5.20　逐次移位法帧同步

(波形 a)经四次分频后,就可以使得本地群码的相位与收信码中的帧同步码的相位一致。

现在假设开始时如波形 d 所示,本地群码的位置与波形 c 收信码中的群码位置相差两个码元位。为了易于看出逐码移位法的工作过程,假设群码为全 1 码,其余的信息码均与群码不同,为 0。在第一码元时间,波形 c 与 d 不一致,原理图中的异或门有输出(波形 e),经延迟一个码元后,得波形 f 加于禁门,扣掉位同步码的第 2 个码元(波形 b 的第 2 个码元位置用加一叉号表示),这样分频器的状态在第 2 码元期间没有变化,因而分频器本地群码的输出仍保持和第 1 码元时相同。这时,它的位置只与收信码中的群码位置相差一位了(波形 d1)。

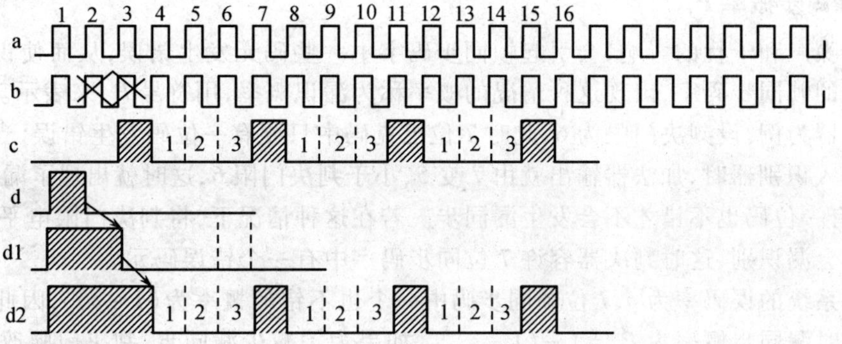

图 5.21　逐次移位法帧同步各点的波形输出

类似地在第2码元时间，c又和d1进行比较，产生码形e1和f1，又在第3码元位置上扣掉一个位同步码，使本地群码的位置又往后移一位（波形d2）。至此以后，收信码中的群码与本地群码的位置就完全一致了，因而就实现了帧同步。同时，也就提供了各路的定时信号。

从图5.21表示的帧同步建立原理来看，如果信息码中所有的码都与群码不同，那么最多只要连续经过N次调整，经过NT_B的时间就可以建立同步了。但实际上信息码中1、0码元均会出现，当出现1码时，在上面帧同步过程的例子中，第1个位同步码对应的时间内信息码为1，图5.21中异或门输出$c \oplus d=0, e=0$，f=0禁门不起作用，不扣除第2位同步码，因此本地群码不会向右移展宽，这一帧调整不起作用，一直要到下一帧才有可能调整。假如下一帧本地群码d还是与信码中“1”码元相对应，则调整又不起作用。当信息码中1、0码等概率出现时，即$P(1)=P(0)=0.5$时，经过计算，帧同步平均建立的时间近似为

$$t_S \approx N^2 T_B \tag{5.45}$$

5.4.4 帧同步系统性能指标

对于帧同步系统而言，希望其建立的时间要短、建立同步以后应该具有较强的抗干扰能力。因此，在通常情况下，用三个性能指标来表示帧同步性能的好坏，它们是：漏同步概率P_1、假同步概率P_2、帧同步平均建立时间t_S。

不同形式的同步系统性能也不同。在此将主要分析集中插入方式的帧同步系统的性能。

1. 漏同步概率 P_1

由于噪声和干扰的影响，会引起帧同步码字中一些码元发生错误，从而使识别器漏识别已发出的帧同步码字，出现这种情况的概率称为漏识概率，用符号P_1来表示。以7位巴克码识别器为例，设判决门限为6，此时7位巴克码中只要有一位码发生错误，当7位巴克码全部进入识别器时，加法器输出就由7变5，小于判决门限6，这时就出现了漏同步情况，因此，只有一位码也不错才不会发生漏同步。若在这种情况下，将判决门限电平降为4，识别器就不会漏识别，这时判决器容许7位同步码字中有一个错误码元。

假设系统的误码率为p，7位帧同步码中一个也不错的概率为$(1-p)^7$，因此判决门限电平为6时漏同步概率为$P_1=1-(1-p)^7$。如果为了减少漏同步，判决门限改为4，此时容许有一个错码，则出现一个错码的概率为$C_7^1(1-p)^7$。漏同步概率为$P_1=1-(1-p)^7-C_7^1p(1-p)^6$。假设帧同步码字的码元数目为$n$，判决器容许帧同步码字中最大错码数为$m$，这时漏同步概率的通式可以写为

$$P_1 = 1 - \sum_{r=1}^{m} C_n^r p^r (1-p)^{n-r} \tag{5.46}$$

2. 假同步概率 P_2

在信息码中也可能出现与所要识别的帧同步码字相同的码字，这时识别器会把它误

认为帧同步码字而出现假同步。出现这种情况的概率就被称为假同步概率,用符号 P_2 表示。

因此,计算假同步概率 P_2 就是计算信息码元中能被判为同步码字的组合数与所有可能的码字数之比。设二进制信息码中 1 和 0 码等概率出现,也就是 $P(1)=P(0)=0.5$,则由该二进制码元组成 n 位码字的所有可能的码字数为 2^n 个,而其中能被判为同步码字的组合数也与 m 有关,这里 m 表示判决器容许帧同步码字中最大错码数,若 $m=0$ 时,只有 C_n^0 个码字能识别;若 $m=1$,则有 $C_n^0+C_n^1$ 个码字能识别。以此类推,就可求出信息码元中可以被判为同步码字的组合数,这个数可以表示为 $\sum_{r=0}^{m} C_n^r$,由此可得假同步概率的表达式为

$$P_2 = 2^{-n} \cdot \sum_{r=0}^{m} C_n^r \tag{5.47}$$

从式(5.46)和式(5.47)可以看到,随着 m 的增大,也就是随着判决门限电平降低,P_1 减小,但 P_2 将增大,所以这两项指标是相互矛盾的。所以,判决门限的选取要兼顾漏同步概率和假同步概率。

3. 帧同步平均建立时间 t_s

对于连贯式插入的帧同步而言,设漏同步和假同步都不发生,也就是 $P1=0$ 和 $P2=0$。在最不利的情况下,实现帧同步最多需要一群的时间。设每群的码元数为 N(其中 m 位为帧同步码),每码元时间为 T_B,则一群码的时间为 NT_B。考虑到出现一次漏同步或一次假同步大致要多花费 NT_B 的时间才能建立起帧同步,故帧同步的平均建立时间大致为

$$t_S = (1+P_1+P_2)NT_B \tag{5.48}$$

这个时间与利用式(5.45)计算的间歇式插入法平均建立时间 $t_S \approx N^2 T_B$ 相比,连贯式的 t_S 小得多,这就是连贯式插入法得到广泛应用的原因之一。

5.4.5 帧同步的保护

1. 连贯式插入法中的帧同步保护

连贯式插入法中的帧同步保护电路如图 5.22 所示。在帧同步尚未建立时,系统处于捕捉态,状态触发器 C 的 Q 端为低电平,帧同步码字识别器的判决门限电平较高,因而就减小了假同步概率 P_2。这时在保护电路中,由于把判决门限电平调高,假同步的概率已很小,故保护电路中的 n 分频器被置零,禁止位同步 n 分频后输出。这里的 n 表示一帧数据的长度,因此,当置零信号无效时,位同步 n 分频后可以输出一个与帧同步同频的信号,但脉冲位置不能保证与帧同步脉冲位置相同,而这个脉冲位置也正是需要捕捉的。

一旦识别器有输出脉冲,由于触发器的 $\overline{Q}$ 此时为高电平,于是经或门,使与门 1 有输出。与门 1 的一路输出至分频器 n,使之置“1”,这时分频器就输出一脉冲加至与门 2,与此同时,分频器 n 开始对位同步信号分频产生帧同步脉冲,帧同步脉冲还分出一路经过或门又加至与门 1。与门 1 的另一路输出加至状态触发器 C,使系统由捕捉态转为维持态,

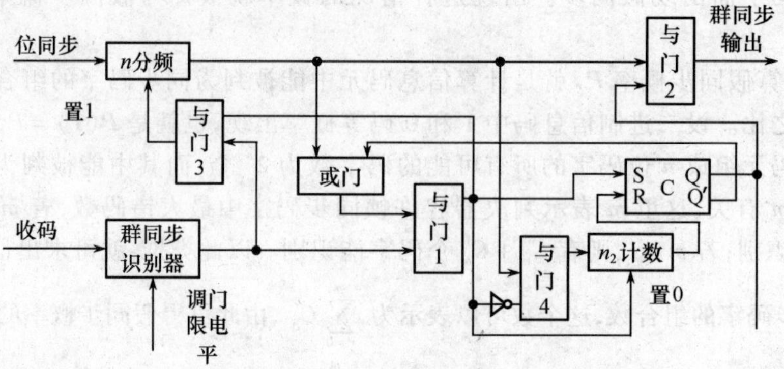

图 5.22 连贯式插入法帧同步保护电路

这时 Q 端变为高电平，打开与门 2，分频器 n 输出的脉冲就通与门 2 形成帧同步脉冲输出，因而同步建立。

同步建立后，系统处于维持态。为了提高系统的抗干扰性能，减小漏同步概率，在维持态时触发器 Q 端输出低电平，用这个信号来降低识别器的判决门限电平，这样就可以减小漏同步概率。另外，还可以利用 n_2 计数电路增加系统的抗干扰性能。

利用 n_2 计数电路增加系统抗干扰性能的工作原理如下：当同步建立以后，若在分频器输出帧同步脉冲的时刻，识别器无输出，这有可能是系统真正失步，也有可能是由于干扰偶尔出现的情况。只有连续出现 n_2 次这种情况以后，才能认为是真正失步，这时与门 1 连续无输出，经“非”后加至与门 4 的便是高电平。分频器每输出一脉冲，与门 4 就输出一脉冲，这样连续 n_2 个脉冲使 n_2 计数电路溢出，随即便输出一个脉冲至触发器 C，使系统电路状态由维持态转为捕捉态。当与门 1 不是连续无输出时，n_2 计数电路未计满被置 0，状态不会转换，因而系统增加了抗干扰能力。

同步建立后，信息码元中的假同步码字也可能会使识别器有输出而造成干扰。然而在维持态下，这种假识别的输出与分频器的输出不是同时出现的。因而这时与门 1 没有输出，故不会影响分频器的工作。因此，这种干扰对系统没有影响。

2. 间歇式插入法中帧同步的保护

在间歇式插入法中如果采用逐码移位法实现帧同步，信息码中与帧同步相同的码元约占一半，因而在建立同步的过程中，假同步的概率很大。为了解决这个问题，可以利用如图 5.23 所示的电路原理图实现帧同步的保护。

从图 5.23 中可以看到，为了减小假同步的概率，必须连续 n_1 次接收的码元与本地群码相一致，才被认为是建立了同步，采用这种方法可使假同步的概率大大减小。图 5.23 是在图 5.21 基础上构成的，图中的 c、d、e、f 分别对应图 5.21 中的标注。

状态触发器 C 在同步未建立时处于捕捉态（此时 Q 端为低电平）。本地群码和接收码

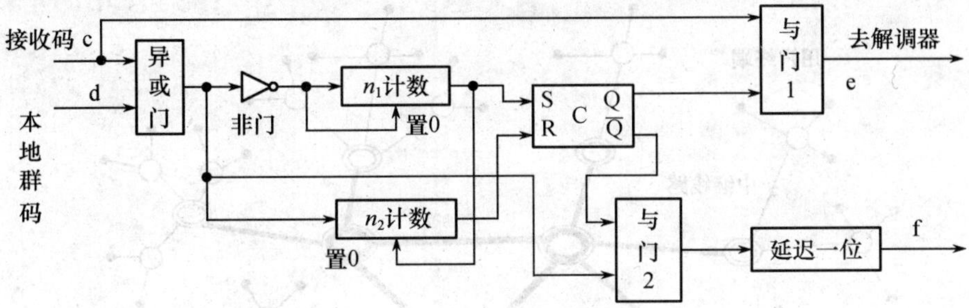

图 5.23 连贯式插入法帧同步保护电路

只有连续 n_1 次一致时,n_1 计数电路才输出一个脉冲使状态触发器的 Q 端由低电平变为高电平,帧同步系统就由捕捉态转为维持态,表示同步已经建立。这样接收码就可通过与门 1 加至解调器。偶然的一致是不会使状态触发器改变状态的,因为 n_1 次中只要有一次不一致,就会使计数电路置“0”。

同步建立以后,可以利用状态触发器 C 和 n_2 计数电路来防止漏同步,以提高同步系统的抗干扰能力。一旦转为维持状态以后,触发器 C 的 $\overline{Q}$ 端变为低电平,将与门 2 封闭。这时即使由于某些干扰使 e 有输出,也不会调整本地群码的相位。如果是真正的失步,e 就会不断地将输出加到 n_2 计数电路,同时 e 也不断将 n_1 计数电路置 0。这时 n_1 计数电路也不会再有输出加到 n_2 计数电路的置“0”端上,而当 n_2 计数电路输入脉冲的累计数达到 n_2 时,就输出一个脉冲使状态触发器由维持态转为捕捉态,C 触发器的 $\overline{Q}$ 端转为高电平。这样,一方面与门 2 打开,帧同步系统又重新进行逐码移位,另一方面封闭与门 1,使解调器暂停工作。由此可以看出,将逐码移位法帧同步系统划分为捕捉态和维持态后,既提高了同步系统的可靠性,又增加了系统的抗干扰能力。

5.5 网同步

在数字通信网中(见图 5.24),交换局为了对来自不同方向的数字信息进行分路、交换与合路必须建立交换局间的时钟同步,我们把这种数字通信网中的局间时钟同步称为网同步。常见的网同步方法包括主从同步法、相互同步法、码速调整法、水库法等。

如果在数字交换设备之间的时钟频率不一致,就会使数字交换系统的缓冲存储器中产生码元的丢失和重复,即导致在传输节点中出现滑码,如图 5.25 所示。在话音通信中,滑码现象的出现会导致“喀喇”声;而在视频通信中,滑码会导致画面定格的现象。为降低滑码率,必须使网络中各个单元使用共同的基准时钟频率,实现各网元之间的时钟同步。

当数据流以帧的形式传输时,滑动 1 比特将会使帧同步错位,引起帧同步信号的丢失,使系统进入失步状态,直到重新建立帧同步为止。因此,滑动 1 比特将会使通信网系

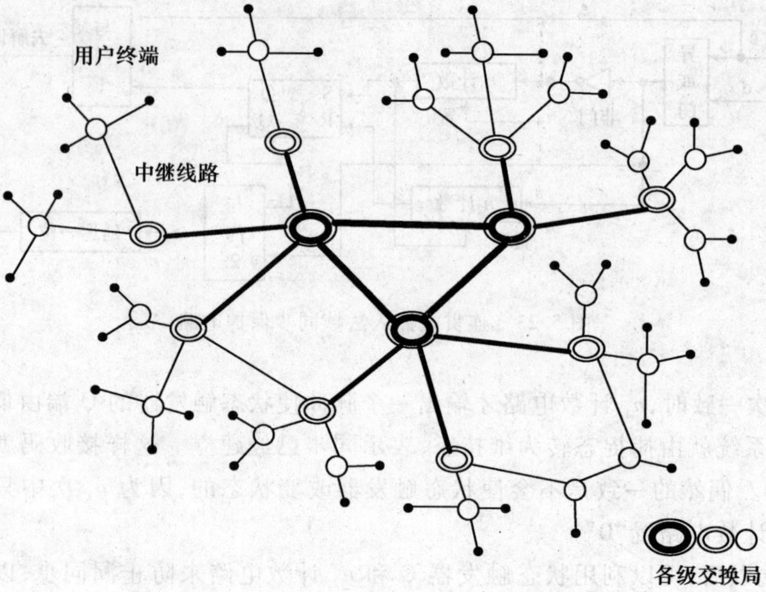

图 5.24 通信网示意图

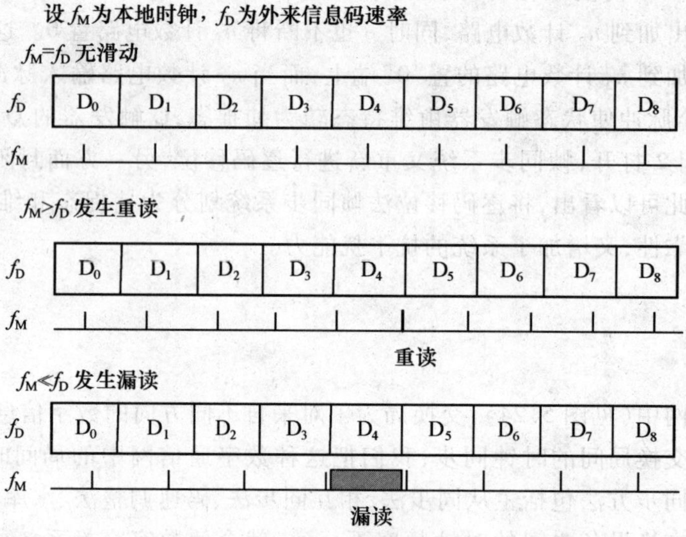

图 5.25 码元的重读和漏读

统的性能受到严重损伤。为了防止这一性能的恶化，可以采用帧存储器进行缓冲，构成帧调整器。如图 5.26 所示，采用帧调整器后，每次滑动都将丢失或插入一个数字帧，但滑动不再引起帧同步的丢失，大大减小了由滑动产生的性能恶化。

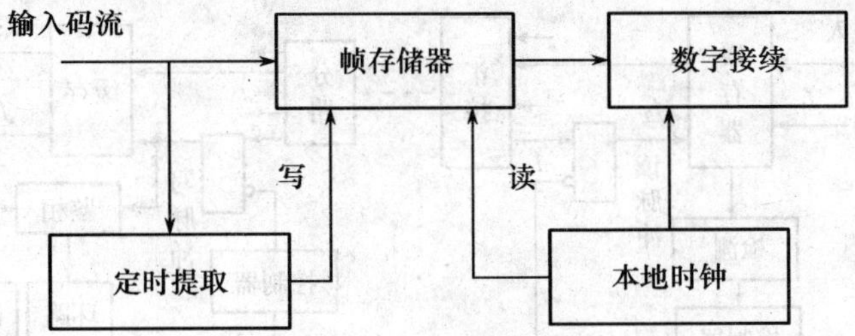

图 5.26 帧调整器

5.5.1 准同步方式

数字通信网中各节点各自使用独立的高稳定时钟,不受其他站点控制(见图 5.27)。

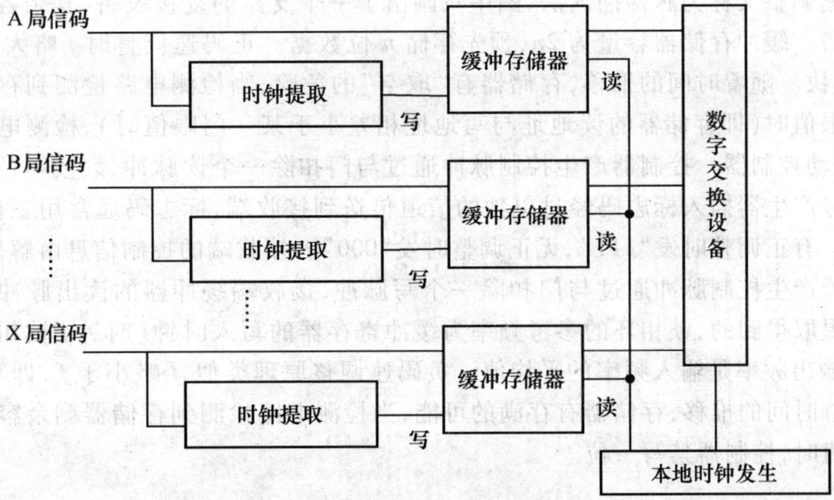

图 5.27 速率调整

由于独立时钟总有一定偏差,所以准同步方式总会发生滑码,对通信业务的质量有损伤。为了减小对通信业务的损伤,时钟必须有很高的精度,通常要求采用原子钟,需要较大的投资。

5.5.2 码速调整法

为了进行准同步复接,各支路都要进行码速调整,使之调整到复接支路的时钟速率。码速调整法有正码速调整、负码速调整、正负码速调整和正/零/负码速调整四大类。在 PDH 系统中最常用的是正码速调整(见图 5.28)。

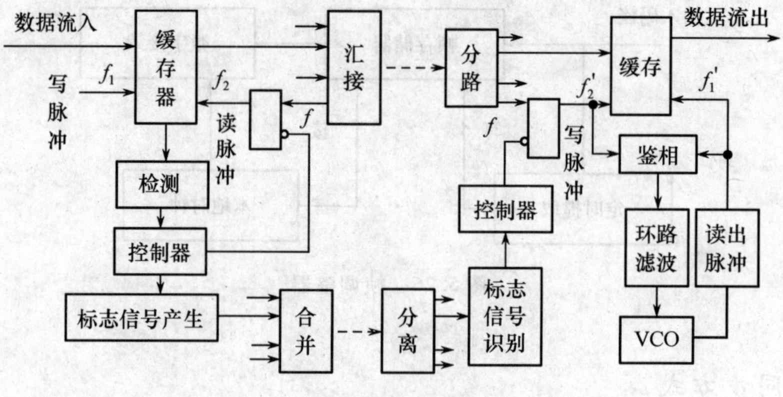

图 5.28　正码速率调整准同步复接原理图

正码速调整又称为脉冲插入法，图中只画出了一个支路的复接设备，其余各支路都有相同的设备。缓冲存储器容量为 $2n$，预先存储 n 位数据。正码速调整时 f 略大于 f_i，即写入慢、读出快。随着时间的推移，存储器有“取空”的危险，当检测电路检测到存储量减少到某一门限值时（即存储器的读地址与写地址相差小于某一门限值时），检测电路产生一个脉冲，启动控制器。控制器产生控制脉冲通过与门扣除一个读脉冲，禁读一位。同时启动标志信号产生器插入标志码经过单独的信道传送到接收端，标志码通常用三位码传送，容错一位。有正调整时发“111”，无正调整时发“000”。接收端的控制信息由解码器解出，并由控制器产生控制脉冲通过与门扣除一个写脉冲，接收端缓冲器的读出脉冲序列是利用锁相环提取得到的，锁相环的参考频率为缓冲寄存器的写入时钟（时钟 f 被扣除了若干脉冲），其输出频率是输入频率的平均值。负码速调整原理类似，f 略小于 f_i，即写入快、读出慢。随着时间的推移，存储器有存满的可能，当检测电路检测到存储器剩余容量减少到某一门限值时，控制器禁写一位。

5.5.3　水库法

水库法（见图 5.29）是依靠通信系统中各站的高稳定度时钟以及大容量的缓冲器，虽然写入脉冲和读出脉冲频率不相等，但缓冲器在很长时间内不会发生“取空”或“溢出”现象，无需进行码速调整。但每隔一个相当长的时间总会发生“取空”或“溢出”现象，因此水库法也需要定期对系统时钟进行校准。

各交换站设置极高稳定度的时钟源和大容量的缓冲存储器，使得很长时间不发生“取空”或“溢出”现象。大容量的存储器像水库一样很难将水灌满，也很难将水抽干。设存储器位数为 $2n$，起始为半满状态，读出与写入的速率之差为 Δf，则发生一次“取空”或“溢出”现象时的时间 T 为

$$T = \frac{n}{|\Delta f|} \tag{5.49}$$

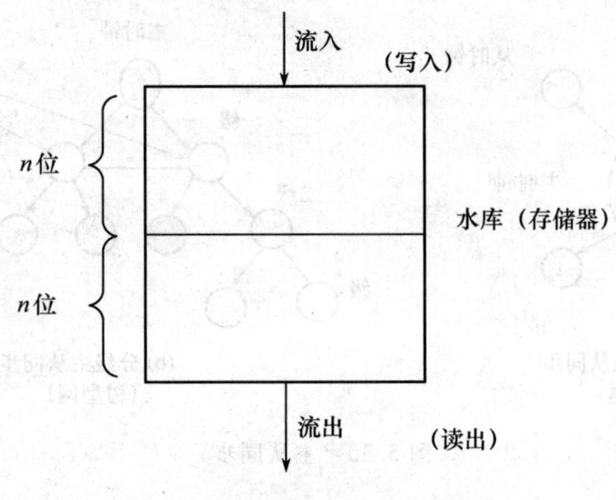

图 5.29 水库法

频率稳定度(准确度)为

$$S = \frac{|\Delta f|}{f} \tag{5.50}$$

所以可推得

$$T = \frac{n}{Sf} \tag{5.51}$$

5.5.4 主从同步法

主从同步法是在通信网中某一网元(主站)设置一个高稳定的主时钟,其他各网元(从站)的时钟频率和相位同步于主时钟的频率和相位,并设置时延调整电路,以调整因传输时延造成的相位偏差,如图 5.30 所示。主从同步法具有简单、易于实现的优点,被广泛应用于电话通信系统中。实际引用中,为提高可靠性还可以采用双备份时钟源的设置。各站时钟的频率和相位也可以同步于其他能够提供标准时钟信号的系统,例如 CDMA 2000 系统的空中接口即是采用 GPS 信号进行同步。

这种同步方式是在全网设置一个主局,该主局装备有高稳定度的时钟,产生网内的标准频率,并把这个主时钟产生的定时信号逐级分配到下级各从局,去锁定各从局的时钟。

1) 优点

(1) 克服了周期性的滑动。

(2) 锁相环压控振荡器值要求较低的频率稳定度,大大降低了费用。

2) 缺点

(1) 任何传输链路的扰动都将导致定时基准的扰动,而且会沿传输链路逐级积累。

(2) 主节点基准时钟和传输链路故障将造成全系统或局部系统丧失网同步能力。克服的方法是主节点时钟必须备份,或当主时钟发生故障时自动选择一个网中最高级别的

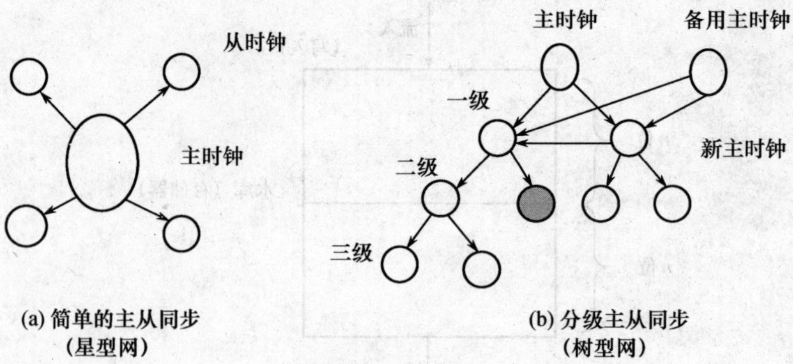

图 5.30　主从同步

时钟为新主钟。

5.5.5　相互同步法

相互同步法是在通信网内各网元设有独立时钟，它们的固有频率存在一定偏差，各站所使用的时钟频率锁定在网内各站固有频率的平均值上（此平均值称为网频），如图 5.31 所示。相互同步法的优点是单一网元的故障不会影响其他网元的正常工作

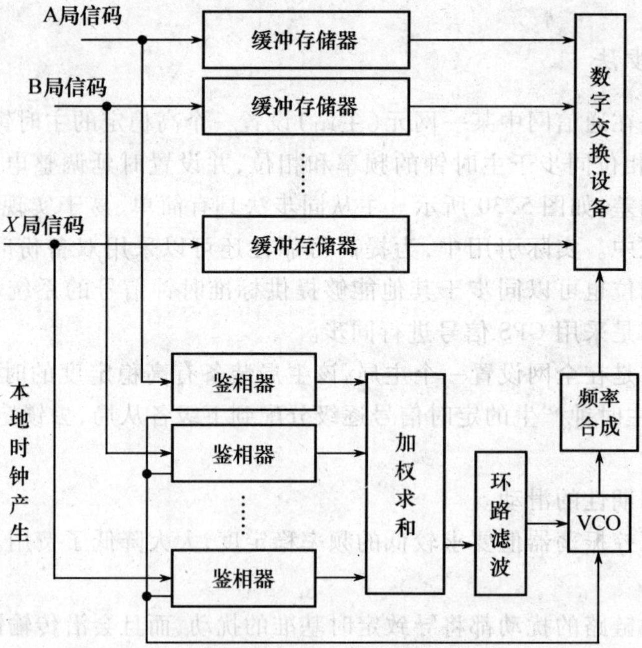

图 5.31　速率调整

上述网同步方法各有特点，比较来看，主从法具有更多优点，技术上比较成熟。在世界多数国家的国内数字网的同步都采用主从同步法(有的国家也使用两种或两种以上的同步方式)，我国数字网同步采用分级主从同步的方式。

5.6 例题

例 5.1 数字通信系统的同步是指哪几种同步？它们各有哪几种同步的方法？

解：在数字通信系统中，按照同步的功用可以将同步技术分为载波同步、位同步、帧同步和网同步。载波同步主要有直接法和插入导频法；位同步主要有外同步法和自同步法；帧同步主要有起止同步法、连贯式插入法和间歇式插入法；网同步主要有码速调整法、水库法、主从同步法和相互同步法。

例 5.2 传输速率为 2 kb/s 的一个通信系统，设误码率 $P_e = 10^{-4}$，帧同步采用连贯式插入的方法，同步码组的位数 $n = 7$，试计算识别器容许最大码元错误数 $m = 0$ 时，漏同步概率 P_1 和假同步概率 P_2 各为多少？若每帧中的信息位数为 253，估算同步的平均建立时间。

解：由题意可得

$$P_1 = 1 - (1 - P_e)^7 = 1 - (1 - 10^{-4})^7 = 6.997\,9 \times 10^{-4}$$

$$P_2 = \frac{1}{2^7} = 7.8 \times 10^{-3}$$

平均建立时间为

$$\begin{aligned} t_S &= (1 + P_1 + P_2)NT_b \\ &= (1 + 6.9979 \times 10^{-4} + 7.8 \times 10^{-3}) \times (253 + 7) \times \frac{1}{2000} \\ &= 0.1311 \text{ s} \end{aligned}$$

例 5.3 当例 5.1 中识别器容许最大码元错误数 $m = 1$ 时，其他条件不变，重新计算漏同步概率 P_1 和假同步概率 P_2 以及同步的平均建立时间。

解：由题意可得

$$\begin{aligned} P_1 &= 1 - (1 - P_e)^7 - C_7^1 P_e (1 - P_e)^6 \\ &= 1 - (1 - 10^{-4})^7 - 7 \times 10^{-4} \times (1 - 10^{-4})^6 \\ &= 2.0993 \times 10^{-7} \end{aligned}$$

$$P_2 = \frac{C_7^0 + C_7^1}{2^7} = 6.25 \times 10^{-2}$$

平均建立时间为

$$t_s = (1 + P_1 + P_2)NT_b$$

$$= (1 + 2.0993 \times 10^{-7} + 6.25 \times 10^{-2}) \times (253 + 7) \times \frac{1}{2000}$$
$$= 0.1381\text{s}$$

例 5.4 设一个数字通信系统采用“水库法”进行码速调整,已知数据率为 8.192 Mb/s,存储器参量 $Z_n = 100$ 位,时钟频率的稳定度为 $S = \left| \pm \frac{\Delta f}{f} \right| = 10^{-10}$,计算应每隔多少时间校正一次?

解:校正间隔时间为

$$T = \frac{n}{Sf} = \frac{Z_n/2}{Sf} = \frac{100/2}{10^{-10} \times 8.192 \times 10^6} = 6.1035 \times 10^4\text{s}$$

练习题

1. 同步技术可分为几类?各自的特征是什么?
2. 载波同步技术有哪几种实现方式?其性能指标是什么?
3. 位同步技术有哪几种实现方式?其性能指标是什么?
4. 帧同步技术有哪几种实现方式?其性能指标是什么?
5. 网同步技术有哪几种实现方式?各自的原理是什么?

参考文献

[1] 李式巨. 数字通信技术 [M]. 北京:电子工业出版社,2007.
[2] 沈其聪. 数字通信原理 [M]. 北京:机械工业出版社,2004.
[3] 王龙水,李勇. 光传输网的抖动和漂移 [M]. 北京:北京邮电大学出版社,2002.
[4] John G. Proakis. 数字通信 [M]. 北京:电子工业出版社,2001.
[5] 李建新,郭峰,强刚,等. 高速突发通信系统中伪码时钟的快速同步 [J]. 西安电子科技大学学报,1998,25(3):318-325.

第6章 多用户检测技术

名词术语释义

渐近多用户有效性(Asymptotic Multi-user Efficiency) 在多用户通信系统中,衡量干扰用户对期望用户的比特差错率影响程度的测度,它是有效信噪比和数字通信中一般意义的信噪比在噪声功率谱密度趋近于0时的极限。

解相关检测器(De-correlation Detector) 在多用户通信系统中,解相关检测器是一种线性多用户检测的形式,它对多用户信号的联合滤波采用等效于在数学上左乘相关矩阵的逆矩阵的方法,消除用户信号之间的干扰。

干扰抵消(Interference Cancellation) 一种多用户检测的方法,采用从信号中消除其他用户干扰的方法,进行联合检测接收,提高多用户系统的容量。

最大似然序列估计(Maximum Likelihood Sequence Estimation, MLSE) 统计信号检测的应用数学方法之一;构造以观测值为随机变量、估计量为条件参量的条件概率或者该条件概率的对数;当取得观测值后,估计量可以被看作条件概率的自变量,称为似然函数;优化的准则是选取使似然函数取最大的估计值。

最小均方误差检测器(Minimum Mean Square Error, MMSE) 以最小均方误差准则为寻优方法的检测器。

最小输出能量(Minimum Output Energy, MOE) 在多用户检测技术中,最小输出能量指一种盲多用户检测算法,线性接收机的冲激响应被分解成目标用户的特征波形加上一个与之正交并可自适应调整的分量,固定前者并通过调整估计参数使后者自适应地调整,选取使平均输出能量最小化的参数作为估计值。

多址干扰(Multiple Access Interference, MAI) 在实际的多用户通信系统中,由于各用户的信号空间不严格正交而引起的不同用户信号之间的干扰。

多用户检测(Multi-user Detection, MUD) 多用户检测是一种从干扰和噪声中接收期望信号的接收机设计技术,用以在多用户系统中利用信号的结构、时间传播特性的差异,进行联合滤波和判决,消除信号之间的干扰。

远近效应问题(Near-Far Problem)　在多用户通信系统中,临近接收机的干扰信号可能阻塞离接收机较远的用户的微弱信号的现象。

连续干扰抵消(Successive Interference Cancellation, SIC)　干扰抵消多用户检测中的一种形式,它采用逐步检测各路用户的发送信息,并利用该信息在下一次检测中依次扣除已检测信号对当前信号的干扰。

子空间斜投影(Sub-space Oblique Project, SOP)　一种线性多用户检测技术,它依据单用户最大似然准则进行设计,采用信号的线性空间处理,使判决前的滤波器输出满足信号功率与多址干扰功率之比趋于无穷,它与解相关检测器是等效的。

维纳-霍夫方程(Wiener-Hopf's Equation)　在随机分析和估计理论中,对于待测向量和观测(随机)向量,Wiener-Hopf方程反应最小均方误差估计的加权矩阵满足的等式条件,即:该矩阵左乘待测向量和观测向量的互协方差矩阵,应等于观测向量的自协方差矩阵。

迫零判决反馈多用户检测器(Zero-forcing Decision Feedback Detection, ZF-DFD)　将判决后得到的全部或部分估计值反馈回来去调整其他信号,再对这些信号进行判决,得到估计值;采用迫零判决得到部分用户信号的估计值,进行"前向"干扰抵消的多用户检测器被称为迫零判决反馈多用户检测器。

并行干扰抵消(Parallel Interference Cancellation, PIC)　根据初步的估计值,在接收端进行扩频,模拟多址干扰的情况,然后并行地将它们从接收信号中消除。

多级干扰抵消(Multistep Interference Cancellation, MIC)　利用前级检测结果(全部或部分地)向下级反馈,下级利用已检测的其他用户的信息抵消多址干扰。

码间干扰(Inter-symbol Interference, ISI)　由于信道的延时性能造成接收端符号展宽从而引起的符号间串扰。

频分多址(Frequency Division Multiple Access, FDMA)　利用频率分割构成不同的信道区分用户。

时分多址(Time Division Multiple Access, TDMA)　利用时隙分割构成不同的信道区分用户。

正交频分复用技术(Orthogonal Frequency Division Multiplexing, OFDM)　将信道分成若干正交子信道,将高速数据信号转换成并行的低速子数据流,调制到在每个子信道上进行传输的技术。

多址接入是多用户通信系统的基础,因而是形成有线和无线通信网络的基础。而多用户系统的容量取决于多个用户协同工作的程度,特别是在多个用户通过码分多址分享时间和频带资源的情况下,接收端信号检测利用多个用户信号空间结构的协同程度,决定了系统的容量。本章首先简要介绍多路复用与多址的概念和多址接入的方法,并以多用户信息论为指导,比较频分多址(Frequency Division Multiple Access, FDMA)、时分多址(Time Division Multiple Access, TDMA)和CDMA多用户通信系统的容量,然后针对CDMA系统的多用户检测(Multi-User Detection,MUD)进行研究与讨论。

6.1 多路复用与多址接入

多路复用与多址接入都是为了解决通信资源的共享问题,但是在概念上有细微的差别,如图6.1所示,多路复用的共享发生在本地局部端点,由于通信资源的需求是固定的,或是缓慢变化的,资源已预先分配,没有分配的开销;而多址接入解决的是远程资源共享的问题,通常要根据用户的需求动态地分配资源,或是进行资源竞争接入。

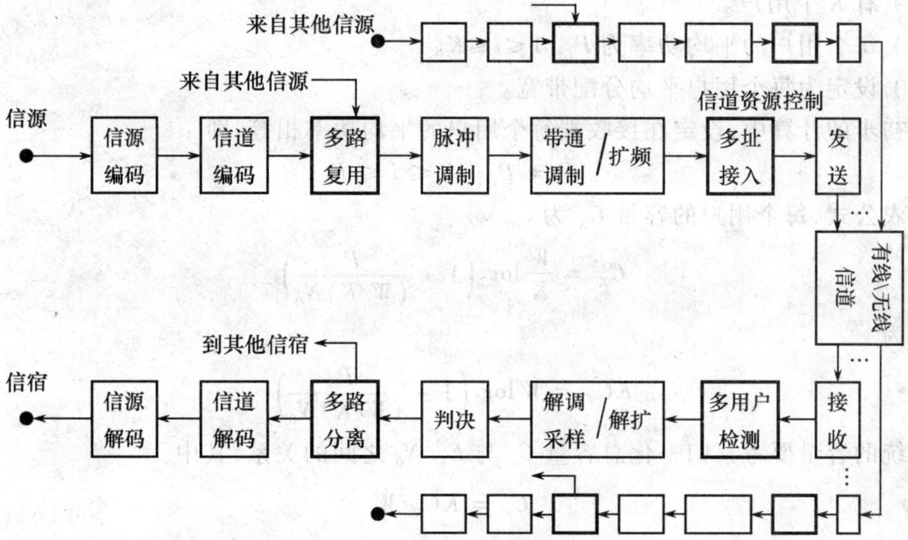

图6.1 多路复用和多址接入通信系统的模型

通信资源在物理上占据频率域、时间域和空间,所以通信资源的分割也是对这些物理对象进行的,分别对应于多路复用与多址接入,传统上采用的分割方式为:

(1) FDM/FDMA——频分多路复用/频分多址。

(2) TDM/TDMA——时分多路复用/时分多址。

(3) 空分多址:利用天线的方向性,对多波束频率进行再利用,有时还利用电磁波的极化方向进行双极化频带再利用。

无论怎样分割,都是要保证用户传输子信道之间的正交性。如果利用扩频码序列或跳时/跳频码序列的正交性来保证,则构成CDMA通信系统。CDMA系统中的各个用户均一地分享通信资源,功率密度均匀,使无缝的综合业务发送和接收技术成为可能。

另外,与传统的通过划分子频带和保护间隔的频分系统不同,采用正交的子载波形成正交频分复用(Orthogonal Frequency Division Multiplexing, OFDM)系统。值得说明的是,虽然这种体制也可以扩展为多路访问,但在大多数场合OFDM技术用于多载波调制技术,主要是为了解决宽带通信的问题——将高速数据流经并/串转换调制到正交的副载波上发送，接收方经过信号处理后再将各路并行数据进行并/串转换。

6.2 FDMA 系统及 TDMA 系统容量

设信道中 AWGN 噪声的单边功率谱密度为 N_0，频带宽度为 W。对于 FDMA 系统，设定：

(1) 有 K 个用户。

(2) 每个用户的平均功率为 P_i，$1 \leqslant i \leqslant K$。

(3) 设定为每个用户平均分配带宽。

在初步的计算中，设定在接收端每个用户的平均功率相等，即

$$P = P_i \quad 1 \leqslant i \leqslant K \tag{6.1}$$

根据香农公式，每个用户的容量 C_K 为

$$C_K = \frac{W}{K}\log_2\left(1 + \frac{P}{(W/K)N_0}\right) \tag{6.2}$$

总容量为

$$KC_K = W\log_2\left(1 + \frac{P}{(W/K)N_0}\right) \tag{6.3}$$

通信系统的容量要考察归一化总容量 C_n 与 E_b/N_0 之间的关系，其中

$$C_n = KC_K/W \tag{6.4}$$

另外，E_b 为平均每比特数据的能量，E_b/N_0 作为数字通信系统的信噪比指标，通常作为误码率函数的自变量，有

$$\frac{E_b}{N_0} = \frac{P/C_K}{N_0} \tag{6.5}$$

根据式(6.4)和式(6.5)对式(6.3)进行整理，可以得到

$$C_n = \log_2\left(1 + C_n\frac{E_b}{N_0}\right) \tag{6.6}$$

式(6.6)说明 C_n 与信噪比 E_b/N_0 基本上是对数关系(比对数增长略快一些)，并且它与用户数 K 无关，说明在功率与带宽资源匹配的情况下(由下文说明)，FDMA 的容量(忽略子频带之间的保护间隔)与单用户系统的容量相同。

对于 TDMA 系统，设每个用户在 $1/K$ 的时间内通过带宽为 W 的信道进行通信，为了便于与 FDMA 系统比较，设接收功率为 KP，则每个用户的容量为

$$C_K = \left(\frac{1}{K}\right)W\log_2\left(1 + \frac{KP}{WN_0}\right) \tag{6.7}$$

该式与式(6.2)相同,所以 TDMA 系统容量的分析也与上面对 FDMA 系统相同。值得说明的是,这里假设每个用户都知晓其他用户发送的时间,并且在某个用户发送的时候保持沉默;否则,还要考虑其他用户的干扰能量,使各用户的可达速率进一步减小。

6.3 CDMA 系统容量

设定有 K 个用户,AWGN 信道单边功率谱密度为 N_0,每个用户的伪随机信号的带宽为 W,在初步的计算中设定每个用户的平均功率为 P。

6.3.1 CDMA 系统容量——单用户检测

CDMA 系统的容量取决于多个用户信号检测协同的程度。作为完全非协同的情况,是单用户检测,即:每个用户信号的接收机不知道其他用户的扩频波形,或是在解调过程中忽略它们。单用户检测条件下多用户接收的模型是由一组 K 个单用户接收机组成,其他用户的信号被看做是干扰——每个用户的信号将受到功率为 $(K-1)P$ 的其他用户信号的干扰,以及 WN_0 的加性白噪声的恶化,每个用户的容量为

$$C_K = W\log_2\left[1 + \frac{P}{WN_0 + (K-1)P}\right] \tag{6.8}$$

利用对数换底公式和不等式 $\ln(1+x) \leqslant x$,并根据式(6.4)和式(6.5)对上式进行代换,得到归一化总容量 C_n 和 E_b/N_0 的关系为

$$C_n \leqslant \log_2 e - \frac{1}{E_b/N_0} < \frac{1}{\ln 2} \tag{6.9}$$

式(6.9)的含义是,随着 E_b/N_0 的增加,归一化总容量 C_n 趋近于$(1/\ln 2)$。由此可见,对 CDMA 系统采用单用户检测,具有容量的瓶颈。在 20 世纪 80 年代中期,发展码分体制的个人通信网络的时候就遇到这个问题,直到 Verdu 等学者论证该容量的限制并不是 CDMA 的本质的限制,而是取决于接收机的实现,传统的单用户匹配滤波、硬判决检测的接收机并不是多用户 CDMA 系统的最佳接收机。

6.3.2 CDMA 系统容量——多用户检测

假设接收机将多用户的信号进行联合解调与检测。设定每个用户的速率是 R_i。如果各个用户的功率相同,可获得的速率组合由如下的不等式组决定:

$$R_i < C_i = W\log_2\left(1 + \frac{P_i}{WN_0}\right) \tag{6.10}$$

$$R_i + R_j < W\log_2\left(1 + \frac{P_i + P_j}{WN_0}\right)$$

$$\vdots$$

$$R_{sum}^{MUD} = \sum_{i=1}^{K} R_i < W\log_2\left(1 + \frac{\sum_{i=1}^{K} P_i}{WN_0}\right)$$

在各用户速率的坐标系下,这组不等式形成可达速率$\{R_i\}$的区域,注意到后面的不等式约束比前面的不等式更具有优势,即

$$\log_2\left(1 + \frac{KP}{WN_0}\right) < \sum_{K} \log_2\left(1 + \frac{P}{WN_0}\right)$$

因而作为可达速率区域中的严格的边界约束。以两个用户张成的可达速率对的区域为例,如图 6.2 所示,图 6.2 中还标出了单用户检测可以到达的速率区域,如阴影部分所示。

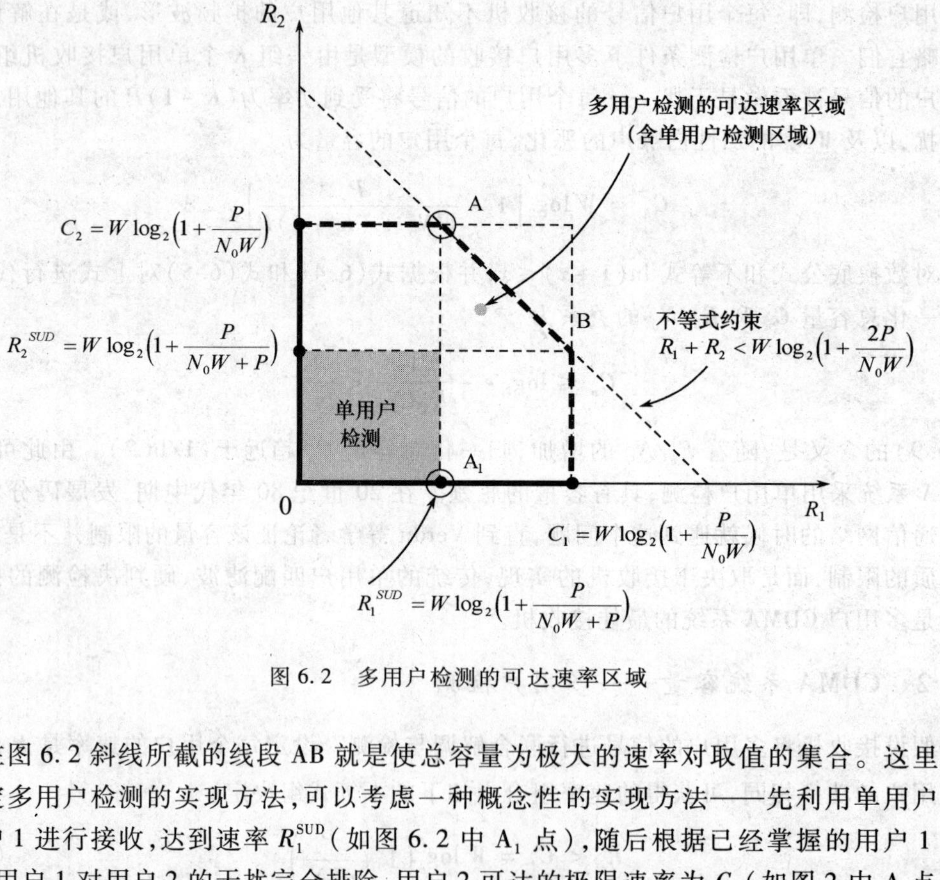

图 6.2　多用户检测的可达速率区域

在图 6.2 斜线所截的线段 AB 就是使总容量为极大的速率对取值的集合。这里并没有指定多用户检测的实现方法,可以考虑一种概念性的实现方法——先利用单用户检测对用户 1 进行接收,达到速率 R_1^{SUD}(如图 6.2 中 A_1 点),随后根据已经掌握的用户 1 的信息,将用户 1 对用户 2 的干扰完全排除,用户 2 可达的极限速率为 C_2(如图 2 中 A 点),说明多用户检测可以获得比单用户检测更大的系统容量。

6.3.3 FDMA、TDMA 和 CDMA 多用户系统容量的比较

当 CDMA 系统中所有用户的速率都等于 R，并具有相同功率 P 的条件下，采用多用户检测，存在

$$R < \frac{W}{K}\log_2\left(1+\frac{KP}{WN_0}\right)$$

与 FDMA 和 TDMA 多用户系统的容量相比[参见式(6.8)]，速率极限是相同的，在这种情况下，CDMA 系统并没有获得比 FDMA 或 TDMA 系统更高的速率。然而，如果考虑 K 个用户的速率不等，且与它们的功率不匹配，则可以在 CDMA 系统的可达速率区域内找到一些速率组合，可以使 K 个用户的速率之和超过 FDMA 或 TDMA 系统的容量。

为了便于理解，考虑 $K=2$ 的情况，以 FDMA 为例，设通信资源的分配方案是：

$$W_1 + W_2 = W, \quad W_1 = \alpha W, \quad W_2 = (1-\alpha)W$$

两个用户的功率分别是 P_1，P_2，且 $P_1+P_2=P$。不失一般性，令 $W=1$，$P=1$，$N_0=1$，则容量为

$$(C_1 + C_2)(\alpha, P_1) = \alpha\log_2\left(1+\frac{P_1}{\alpha}\right) + (1-\alpha)\log_2\left(1+\frac{1-P_1}{1-\alpha}\right)$$

图 6.3 给出了两个用户的容量(C_1, C_2)在带宽分配因子 $\alpha=0.1,0.2,\cdots,0.9$ 的情况

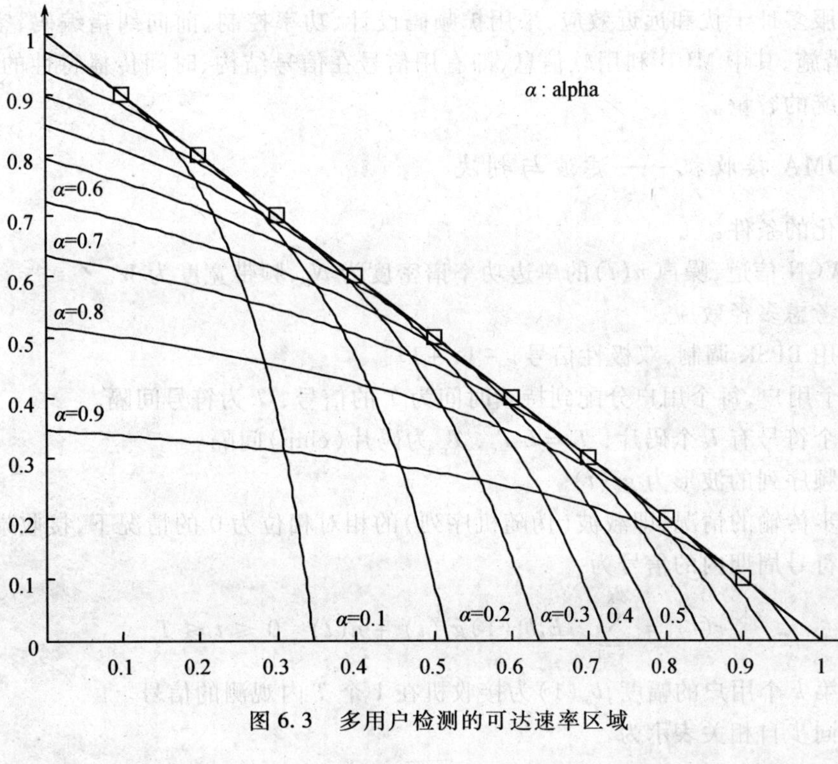

图 6.3　多用户检测的可达速率区域

下随功率分配变化的情况。总容量 C_1+C_2 的最大值为1,在不同的 α 参数下所对应的点形成香农容量可达区域的前沿面,此处功率与带宽之间的关系是:$P_1/P_2=W_1/W_2$。

可见,只有在功率与带宽资源匹配的情况下,FDMA系统才能取得可达容量的最大值。然而,接收功率容易随着距离的变化而变化,对于FDMA系统,带宽资源的分配是固定的,除非留有功率余量,否则无法应付失配的情况。上述情况对于时隙固定分配的TDMA系统也是同样的。反之,由于CDMA系统中每个用户的功率总是均一地占据带宽和时间资源,因而在可达速率区域中可能找到一些速率组合,使得CDMA中多个用户的速率之和超过FDMA和TDMA的容量。

6.4　DS-CDMA系统多用户检测

在实际的CDMA通信系统中,由于扩频序列不严格正交,或是由信号的异步传输引起,各个信号之间存在着一定的相关性,导致存在多址干扰(Multiple Access Interference,MAI)。随着用户数的增加和功率的增大,MAI成为CDMA多用户系统的主要干扰形式之一。

另外,在干扰用户比目标用户离接收机近得多的情况下,干扰用户在接收机端对目标用户的信号构成的MAI就很严重,被称为远近效应问题(Near-far Problem),它使多址干扰影响更加严重和复杂。

为了克服多址干扰和远近效应,采用扩频码设计、功率控制、前向纠错编码、空间滤波和MUD等措施,其中MUD利用软信息,即有用信号在信号结构、时间传播特性的差异,扩大多用户系统的容量。

6.4.1　CDMA接收机——滤波与判决

考虑简化的条件:

(1) AWGN信道,噪声 $n(t)$ 的单边功率谱密度为 N_0,频带宽度为 W。

(2) 不考虑多径效应。

(3) 采用BPSK调制,双极性信号 $\{-1,+1\}$。

(4) K 个用户,每个用户分配到持续时间为 T 的信号,T 为符号间隔。

(5) 每个符号有 L 个码片,$T=L\,T_c$,T_c 为码片(chip)间隔。

(6) 扩频序列的波形为 $g_k(t)$。

对于同步传输的情况,即载波(伪随机序列)的相对相位为0的情况下,接收端观测到在一个完整符号周期内的信号为

$$r(t)=\sum_{k=1}^{K}\sqrt{E_k}b_k(1)g_k(t)+n(t)\quad 0\leqslant t\leqslant T \tag{6.11}$$

其中 $\sqrt{E_k}$ 为第 k 个用户的幅度,$b_k(1)$ 为接收机在1个 T 内观测的信号。

波形的同步自相关表示为

$$\int_0^{T} g_k^2(t)\,\mathrm{d}t = 1 \tag{6.12}$$

同步互相关为

$$\rho_{ij}(0) = \int_0^T g_i(t) g_j(t)\,\mathrm{d}t \tag{6.13}$$

其中 $\rho_{ij}(0)$ 中的“0”表示相位差 $\tau=0$，即同步传输。

对于异步传输的情况，则要考虑更一般的情况，设每个用户的比特块的长度为 N，观测接收信号的时间长度为 $NT+2T$，扩频波形的自相关和互相关则可用含有相位延迟参数的分块矩阵表示。

以同步传输为例，对于单用户检测器，采用匹配滤波器和硬判决的方式，如图 6.4 所示。

（1）对于 $0\leqslant t\leqslant T$ 内的信号，第 k 个用户相关器的输出为

$$r_k = \int_0^T r(t) g_k(t)\,\mathrm{d}t = \sqrt{E_k} b_k(1) + \sum_{j=1, j\neq k}^{K} \sqrt{E_j} b_j(1) \rho_{jk}(0) + n_k(1) \tag{6.14}$$

其中，$n_k(1)$ 为白噪声通过匹配滤波器的信号，为

$$n_k(1) = \int_0^T n(t) g_k(t)\,\mathrm{d}t \tag{6.15}$$

$n_k(1)$ 为有色噪声，它的方差是

$$E[n_k^2(1)] = \frac{1}{2}N_0 \int_0^T g_k^2(t)\,\mathrm{d}t = \frac{1}{2}N_0 \tag{6.16}$$

（2）$\hat{b}_k(1)$ 是根据相关器的输出做判决，即得到信号 $b_k(1)$ 的估计。对于硬判决，通过判断相关器的输出 r_k 的极性，决定 +1 或 −1，又称为迫零检测。

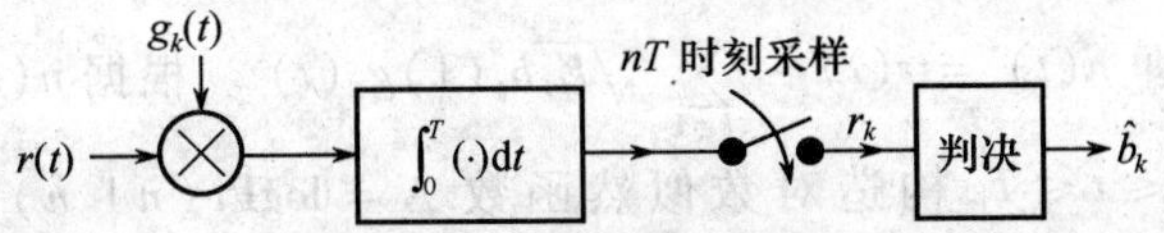

图 6.4 匹配滤波和判决

对于多用户检测，则需要在滤波和/或判决环节进行联合检测。

6.4.2 多用户检测技术的发展与分类

1979 年，Schneider 提出了解相关多用户检测器。1983 年，Knhno 提出了干扰抵消型多用户检测器。这是两种基本类型的次佳多用户检测器。直到 20 世纪 80 年代中期，Verdu 系统地论证并发展了 MUD 理论，提出最佳多用户检测接收机的概念模型，促进了 MUD 研究的全面展开。随后，提出了各种类型的多用户检测器，包括最小均方误差（minimum mean square error，MMSE）检测器、多项式展开（Polynomial Expand，PE）检测器以及各种类型的自适应多用户检测器和盲多用户检测器。图 6.5 给出 MUD 检测器的不严格的分类。

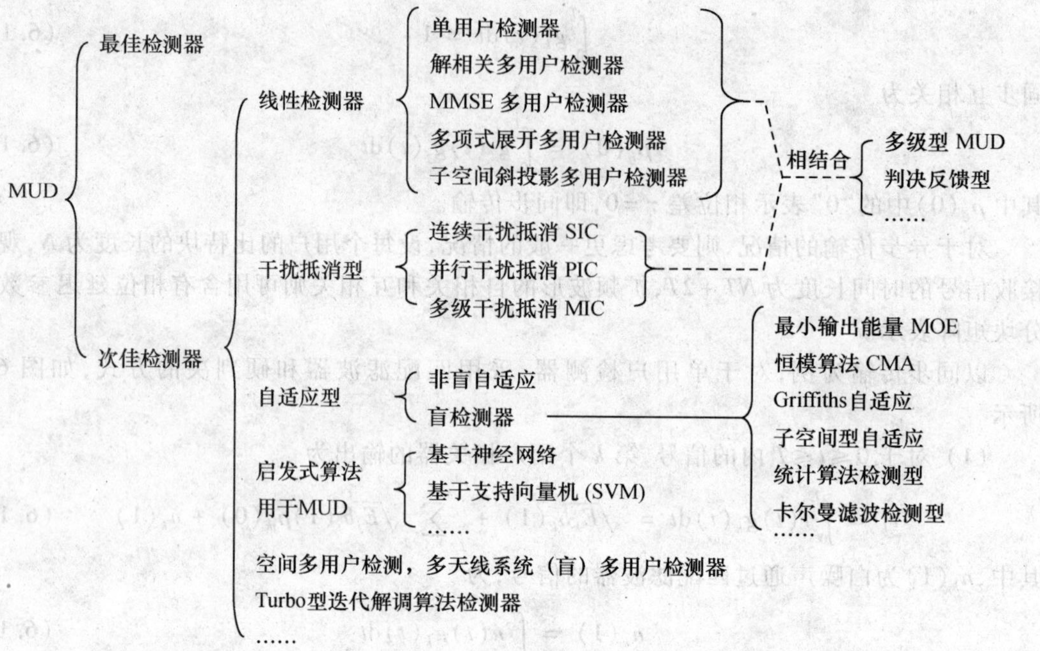

图 6.5 多用户检测器的分类

6.4.3 最佳多用户检测接收机

采用最大似然序列估计(MLSE)的多用户联合检测接收机是最佳多用户接收机。

以同步传输条件下得最佳多用户接收机为例,对于观测 $r(t)$(参见式(11)),存在随机过程 $n(t) \sim \text{AWGN}$,即 $n(t) = r(t) - \sum_{k=1}^{K} \sqrt{E_k} b_k(1) g_k(t)$。根据 $n(t)$ 的概率密度分布函数,在观测时间域 $0 \leqslant t \leqslant T$,构造对数似然函数 $\Lambda = \log\Pr(n \mid \hat{n})$,它以 $\boldsymbol{b} = [b_1(1), b_2(1), \cdots, b_K(1)]^{\mathrm{T}}$ 为参数,$\boldsymbol{b}$ 亦即是被估计的序列,估计准则是使似然函数为最大。表达式为(由于符号的关系,这里是使 $\Lambda(\boldsymbol{b})$ 为最小)

$$\Lambda(\boldsymbol{b}) = \int_0^T \left[r(t) - \sum_{k=1}^{K} \sqrt{E_k} b_k(1) g_k(t) \mathrm{d}t \right]^2 \mathrm{d}t \tag{6.17}$$

对式(6.17)进行平方展开,消去与优化无关的项,调整符号,并且:

(1) 根据 r_k 的表达式[参见式(6.14)]表示接收信号 $r(t)$ 与 K 个扩频波形中每一个 $g_k(t)$ 的互相关,在实现上可用匹配滤波器代替相关器

(2) 以 $\rho_{jk}(0)$[参见式(6.12)、(6.13)]表示扩频波形的自相关和互相关

则似然函数可以用相关度量的形式表达为

$$\boldsymbol{C}(\boldsymbol{r}_K, \boldsymbol{b}_K) = 2\sum_{k=1}^{K} \sqrt{E_k} b_k(1) r_k(1) - \sum_{j=1}^{K}\sum_{k=1}^{K} \sqrt{E_j E_k} b_j(1) b_k(1) \rho_{jk}(0) \tag{6.18}$$

采用矢量内积的形式表达为

$$C(\boldsymbol{r}_K,\boldsymbol{b}_K) = 2\boldsymbol{b}_K^t\boldsymbol{r}_K - \boldsymbol{b}_K^t\boldsymbol{R}_S\boldsymbol{b}_K \tag{6.19}$$

其中，$\boldsymbol{R}_S$ 为相关矩阵，它的元素是 $\rho_{jk}(0)$。

同步传输的最佳多用户接收机原理如图 6.6 所示。

检测器选择相对于最大相关度量的序列，序列的选择是使似然函数最大的过程，可以采用维特比(Viterbi)序贯算法。

虽然最佳接收机在理论上具有最优的性能，但它的应用局限性在于：

(1) 计算复杂性。计算量是以每个调制符号算术运算得次数(加法和乘除法)来衡量，对于 K 个用户，每次检测器要给出 2^K 种(对于异步传输为 2^{NK} 种)可能的发送信息的相关度量，计算复杂性随着 K 呈指数增长，以至于在实际应用中只限于用户数极少(例如 $K<10$)的通信系统。

(2) 边信息。接收机必须已知 K 个用户的接收能量$\{E_k\}$和传输延迟$\{\tau_k\}$(对于异步传输通信系统)，这些参数必须在接受机中被测出或是由用户通过某个控制信道收到(这是这些信息称为边信息)。为了使实际中多用户检测的计算量可以承受，采用次优的多用户检测接收机，而最佳多用户检测接收机作为理论模型，充当衡量多用户检测接收机性能的参考标准。

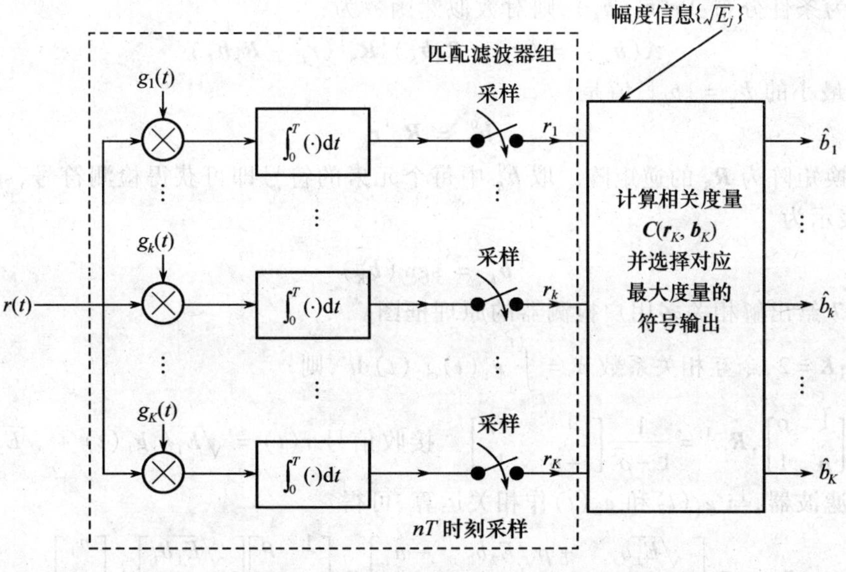

图 6.6 同步传输多用户检测接收机模型

6.4.4 线性检测器

线性检测器是对匹配滤波器组的输出 $\boldsymbol{r}_K$ 作线性变换，求得$\hat{\boldsymbol{b}}_K(1)$。对于同步传输的

系统,K 个匹配滤波器的输出为

$$\boldsymbol{r}_K = \boldsymbol{R}_S \boldsymbol{b}_K + \boldsymbol{n}_K \tag{6.20}$$

其中:

- $\boldsymbol{r}_K = [r_1(1), r_2(1), \cdots, r_K(1)]^T$ 表示接收机信号与 K 个扩频标记序列中的每一个的互相关。
- $\boldsymbol{b}_K = [\sqrt{E_1}b_1(1), \sqrt{E_2}b_2(1), \cdots, \sqrt{E_K}b_K(1)]^T$,$\boldsymbol{R}_S$ 为标记序列之间的相关系数矩阵,"S"表示"同步"。
- $\boldsymbol{n}_K$ 为有色的噪声向量,高斯分布,其协方差为 $E[\boldsymbol{n}_K \boldsymbol{n}_K^T] = N_0 \boldsymbol{R}_S/2$ 。

线性检测器的通式为

$$\boldsymbol{b}_K^0 = \boldsymbol{C} \cdot \boldsymbol{r}_K \tag{6.21}$$

其中,$\boldsymbol{b}_K^0$ 为经过线性变换后的软输出(尚未经过硬判决),$\boldsymbol{C}$ 为变换矩阵。对于单用户检测,$\boldsymbol{C}$ 等于单位对角阵,而对于不同的优化准则,不同的多用户线性检测算法对应不同的变换矩阵。

1. 解相关多用户检测器

$\boldsymbol{r}_K$ 可由均值为 $\boldsymbol{R}_S\boldsymbol{b}_K$,协方差为 $N_0\boldsymbol{R}_S/2$ 的 K 维高斯随机变量描述[参见式(6.20)],可以被表达为条件分布:$\Pr(\boldsymbol{r}_K|\boldsymbol{b}_K)$,则对数似然函数为:

$$\Lambda(\boldsymbol{b}_K) = (\boldsymbol{r}_K - \boldsymbol{R}_S\boldsymbol{b}_K)^T \boldsymbol{R}_S^{-1} (\boldsymbol{r}_K - \boldsymbol{R}_S\boldsymbol{b}_K) \tag{6.22}$$

令 $\Lambda(\boldsymbol{b}_K)$ 最小的 $\boldsymbol{b}_K = \{b_k\}$ 值是

$$\boldsymbol{b}_K^0 = \boldsymbol{R}_S^{-1}\boldsymbol{r}_K \tag{6.23}$$

即线性变换矩阵为 $\boldsymbol{R}_S$ 的逆矩阵。取 $\boldsymbol{b}_K^0$ 中每个元素的符号即可获得检测符号,sgn( )为符号函数,表示为

$$\hat{\boldsymbol{b}}_K = \mathrm{sgn}(\boldsymbol{b}_K^0) \tag{6.24}$$

图 6.7 给出解相关多用户检测器的原理框图。

例如:$K=2$,令互相关系数 $\rho = \int_0^T g_1(t)g_2(t)\,dt$,则

$\boldsymbol{R}_S = \begin{bmatrix} 1 & \rho \\ \rho & 1 \end{bmatrix}$,$\boldsymbol{R}_S^{-1} = \frac{1}{1-\rho^2}\begin{bmatrix} 1 & -\rho \\ -\rho & 1 \end{bmatrix}$。接收信号 $r(t) = \sqrt{E_1}b_1g_1(t) + \sqrt{E_2}b_2g_2(t)$。经过匹配滤波器,与 $g_1(t)$ 和 $g_2(t)$ 作相关运算,可得

$$\boldsymbol{r}_{K=2} = \begin{bmatrix} \sqrt{E_1}b_1 + \rho\sqrt{E_2}b_2 + n_1 \\ \rho\sqrt{E_1}b_1 + \sqrt{E_2}b_2 + n_2 \end{bmatrix} = \begin{bmatrix} 1 & \rho \\ \rho & 1 \end{bmatrix}\begin{bmatrix} \sqrt{E_1}b_1 \\ \sqrt{E_2}b_2 \end{bmatrix} + \begin{bmatrix} n_1 \\ n_2 \end{bmatrix}$$

因此

$$\boldsymbol{b}_{K=2}^0 = \boldsymbol{R}_S^{-1}\boldsymbol{r}_{K=2} = \begin{bmatrix} \sqrt{E_1}b_1 \\ \sqrt{E_2}b_2 \end{bmatrix} + \frac{1}{1-\rho^2}\begin{bmatrix} n_1 - \rho n_2 \\ n_2 - \rho n_1 \end{bmatrix}$$

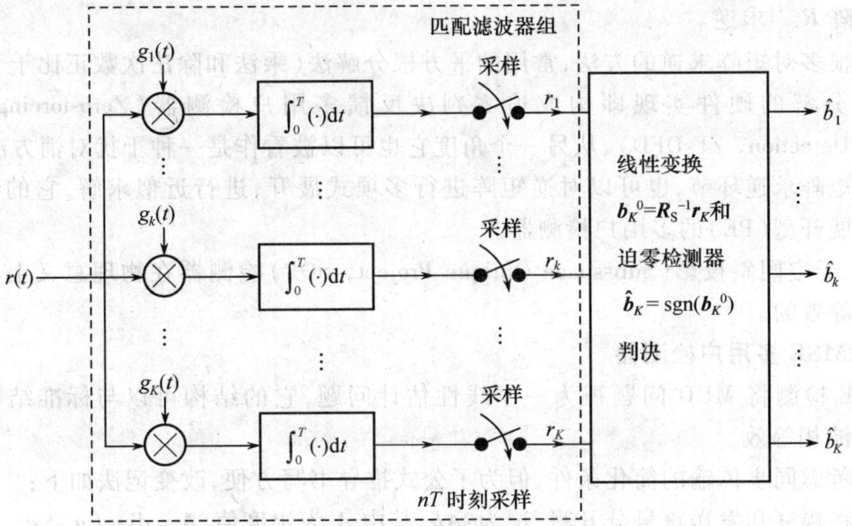

图 6.7 解相关多用户检测接收机模型

通过模型和实例，可以归纳出解相关检测器的特点：

(1) 线性变换，变换 $\boldsymbol{R}_S^{-1}$ 消除了两个用户之间的干扰（相关）分量，因而从消除 MAI 的根本入手，消除了远近干扰。

(2) 无偏估计，将式(6.20)代入式(6.23)，可得

$$\boldsymbol{b}_K^0 = \boldsymbol{b}_K + \boldsymbol{R}_S^{-1}\boldsymbol{n}_K \tag{6.25}$$

所以这意味着 $\boldsymbol{b}_K^0$ 是 $\boldsymbol{b}_K$ 的无偏估计值。

(3) 多用户检测和 MAI 消除过程中不需要知道各用户的幅值，即不需估计用户信号功率。

(4) 噪声分量：相关器输出 n_1 和 n_2 是有色噪声分量，线性变换后噪声功率被放大到 $\frac{N_0}{2}(\boldsymbol{R}^{-1})_{k,k}$，其中$(\boldsymbol{R}^{-1})_{k,k}$表示相关矩阵的逆矩阵的对角线元素，在 $K=2$ 的算例中，噪声分量之一的功率为 $\sigma^2\left(\frac{n_1-\rho n_2}{1-\rho^2}\right)=\frac{1}{1-\rho^2}\frac{N_0}{2}$。

(5) 可以将对匹配滤波器 $\boldsymbol{r}_K$ 的线性变换前移到相关运算，例如，在 $K=2$ 的算例中，可以令 $\begin{bmatrix} g_1'(t) \\ g_2'(t) \end{bmatrix} = \begin{bmatrix} 1 & -\rho \\ -\rho & 1 \end{bmatrix}\begin{bmatrix} g_1(t) \\ g_2(t) \end{bmatrix}$，用扩频波形序列$[g_1'(t), g_2'(t)]^T$ 与 $r(t)$作相关运算。

由于解相关检测器在左乘 R^{-1} 的过程中放大了噪声，因而对于小信号的处理效果不理想。

另外，分析解相关检测器的计算复杂性与计算的实现方法——因为通过对相关器的输出的向量进行线性变换即可得到 $\boldsymbol{b}_K$ 的估值，所以计算复杂性与 K 呈线性关系。计算的

关键是矩阵 $\boldsymbol{R}_{\mathrm{S}}^{-1}$ 求逆。

存在很多对矩阵求逆的方法,常用的平方根分解法(乘法和除法次数正比于 K^3),而对于平方根分解的硬件实现即构成迫零判决反馈多用户检测器(Zero-forcing Decision Feedback Detection, ZF-DFD),从另一个角度它也可以被看作是一种干扰对消方法。

对于矩阵求逆环节,也可以对逆矩阵进行多项式展开,进行近似求解,它的物理实现是多项式展开型(PE)的多用户检测器。

另外,子空间斜投影(Sub-space Oblique Project, SOP)检测器在物理意义上与解相关检测器是等效的。

2. MMSE 多用户检测器

MMSE 检测将 MUD 问题视为一个线性估计问题,它的结构可以与标准结构的线性 Wiener 滤波相等效。

仍然考虑同步传输的简化条件,但为了公式推导书写方便,改变记法如下:

(1) 将幅度和发送符号分开写,记为:$\boldsymbol{Ab}$,其中 $\boldsymbol{A}$ 为幅度值,$\boldsymbol{A}=\mathrm{diag}(a_1, a_2, \cdots, a_K)$,$\boldsymbol{b}$ 为 BPSK 的$\{+1,-1\}$符号,即 $\boldsymbol{b}=(b_1, b_2, \cdots, b_K)^{\mathrm{T}}$;

(2) 令 $\boldsymbol{D}=\boldsymbol{A}^2$;

(3) 将匹配滤波器的输出简记为 $\boldsymbol{r}$,匹配滤波器输出的有色高斯噪声矢量简记为 $\boldsymbol{n}$;

(4) 这样,匹配滤波器的输出为:

$$\boldsymbol{r} = \boldsymbol{R}_{\mathrm{S}}\boldsymbol{Ab} + \boldsymbol{n} \tag{6.26}$$

考虑线性检测器的结构,令线性变换阵为 $\boldsymbol{C}$,则估计为 $\boldsymbol{b}^0=\boldsymbol{Cr}$,误差为 $\boldsymbol{e}=\boldsymbol{b}-\boldsymbol{Cr}$。均方误差标量为

$$J_{\mathrm{b}}(\boldsymbol{C}) = E[\|\boldsymbol{b}-\boldsymbol{Cr}\|^2] = E[(\boldsymbol{b}-\boldsymbol{Cr})^{\mathrm{T}}(\boldsymbol{b}-\boldsymbol{Cr})] \tag{6.27}$$

在 MMSE 准则下,存在 Wiener-Hopf 方程,使得 $\boldsymbol{C}_{\mathrm{MMSE}}^0$(使 J_{b} 最小的 $\boldsymbol{C}$)满足

$$E[\boldsymbol{br}^{\mathrm{T}}] - \boldsymbol{C}E[\boldsymbol{rr}^{\mathrm{T}}] = 0 \tag{6.28}$$

其中,$\boldsymbol{R}_{\boldsymbol{br}}=E[\boldsymbol{br}^{\mathrm{T}}]$是 $\boldsymbol{r}$ 和 $\boldsymbol{b}$ 的互相关,$\boldsymbol{R}_{\boldsymbol{rr}}=E(\boldsymbol{rr}^{\mathrm{T}})$是观测向量的协方差矩阵。

根据式(6.28),并将式(6.26)代入,即 $E[\boldsymbol{br}^{\mathrm{T}}]=\boldsymbol{R}_{\mathrm{S}}\boldsymbol{A}$,$E(\boldsymbol{rr}^{\mathrm{T}})=(\boldsymbol{R}_{\mathrm{S}}\boldsymbol{A}^2\boldsymbol{R}_{\mathrm{S}}^{\mathrm{T}}+(N_0/2)\boldsymbol{R}_{\mathrm{S}}^{\mathrm{T}})$。整理后并消去常数阵,得

$$\boldsymbol{C}_{\mathrm{MMSE}}^0 = (\boldsymbol{R}_{\mathrm{S}}\boldsymbol{A}^2 + (N_0/2)\boldsymbol{I})^{-1} \tag{6.29}$$

则 $\boldsymbol{b}^0=\boldsymbol{C}_{\mathrm{MMSE}}^0\cdot\boldsymbol{r}$,且有 $\hat{\boldsymbol{b}}=\mathrm{sgn}(\boldsymbol{C}_{\mathrm{MMSE}}^0\cdot\boldsymbol{r})=\mathrm{sgn}\left[\left(\boldsymbol{R}_{\mathrm{S}}\boldsymbol{D}+\dfrac{N_0}{2}\cdot\boldsymbol{I}\right)^{-1}\boldsymbol{r}\right]$。

为了便于与解相关检测器比较,$\boldsymbol{C}^0$ 的另一种形式为

$$\boldsymbol{C}^0 = (\boldsymbol{R}_{\mathrm{S}} + (N_0/2)\boldsymbol{D}^{-1})^{-1} \tag{6.30}$$

可见,当噪声电平与 $\boldsymbol{D}$ 的对角元素相比较小时,$\boldsymbol{C}^0$ 接近于 $\boldsymbol{R}_{\mathrm{S}}^{-1}$,MMSE 的解接近于解相关检测器的值;当噪声电平与 $\boldsymbol{D}$ 的对角元素相比较大时,$\boldsymbol{C}^0$ 接近于信号能量对角阵 $\boldsymbol{D}$ 除以噪声的双边功率谱密度 $N_0/2$,这是一种低信噪比(Signal Noise Ratio, SNR)的情况,加性噪

声起支配的作用。MMSE 检测器部分修正相关矩阵求逆，而修正量与背景噪声直接成比例，在消除 MAI 和不希望加剧背景噪声之间实现了一种权衡。

MMSE 的 MUD 类似于符号间干扰的线性 MMSE 均衡器。并且，MMSE 检测器有一个重要的特点：每一个用户的均方误差可以单独进行最小化，即，根据 MMSE 准则，第 k 个用户的线性 MMSE 检测器的变换阵行向量（滤波器的权）c_k，应是使均方误差 J_{b_k} 最小化：

$$J_{b_k}(\boldsymbol{c}_k) = E\left\{ \| b_k - \boldsymbol{c}_k^H \boldsymbol{r} \|^2 \right\} \tag{6.31}$$

至于实际中的矩阵求逆，也可以采用平方分解法，或采用多项式展开逼进的方法。

6.4.5　干扰抵消型检测器

连续干扰抵消型（Successive Interference Cancellation，SIC）检测器的思想是检测到干扰波形时，一次一个地将它们从接收信号中除去。首先要将信号按照接收功率从大到小排序，先接收并检测功率较大的信号，然后将它对其他信号的干扰除去。因此，第 k 个用户的信息比特判决是（以同步传输系统为例）：

$$\hat{b}_k = \operatorname{sgn}\left[r_k - \sum_{j=1}^{k-1} \sqrt{E_j}\, \rho_{jk}(0)\, \hat{b}_j \right] \tag{6.32}$$

SIC 是次佳检测器，因为理想的干扰抵消是：

$$\hat{b}_k = \operatorname{sgn}\left[r_k - \sum_{j \neq k} \sqrt{E_j}\, \rho_{jk}(0)\, \hat{b}_j \right] \tag{6.33}$$

并行干扰抵消（Parallel Interference Cancellation，PIC）则根据初步的估计值 $[\hat{b}_1(0), \hat{b}_2(0), \cdots, \hat{b}_k(0)]^{\mathrm{T}}$ 和幅度估计值 $[A_1, A_2, \cdots, A_K]$，在接收端进行扩频，模拟 MAI 的情况，然后并行地将它们从接收信号中消除，随后进行单用户匹配滤波和判决。PIC 检测的示意图如图 6.8 所示。

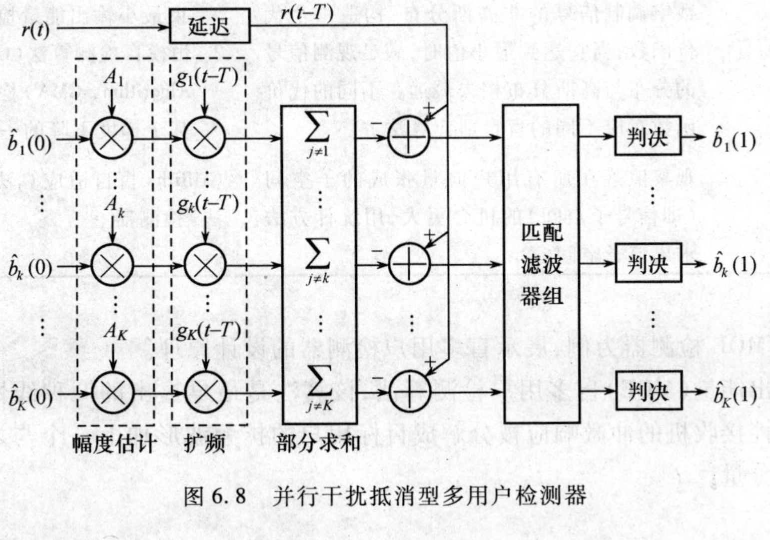

图 6.8　并行干扰抵消型多用户检测器

多级干扰抵消(Multistep Interference Cancellation, MIC)属于集成检测方式,其基本思想是利用前级检测结果(全部或部分地)向下级反馈,下级利用已检测的其他用户的信息抵消MAI。其中,各级干扰抵消检测结构可以是SIC,也可以是PIC。当两次连续的迭代之间的判决没有发生变化时,即可以中止计算。MIC是次佳检测器,它并不收敛于理想的干扰抵消检测器。

6.4.6 盲多用户检测

时变多径信道下,多用户相关干扰等已知的扩频码结构信息参量是时变的,需要接收机跟踪信号和信道环境的变化。时间色散信道存在码间串扰(Inter-symbol Interference, ISI),用户接收机既要面对ISI,也要面对MAI,自适应干扰抑制算法类似于均衡算法。自适应检测器在一些情况下可以避免繁杂的运算,给系统的实现带来方便。

对于非盲的自适应检测器,在信道响应突然发生变化或呈现新的用户加入或现有用户退出的时候,训练序列需要重新发送。

1995年Honing和Madhow提出了盲多用户检测的思想,自适应算法被设计为无需任何训练符号序列也能收敛,除了接收信号,不需要其他用户的信息。盲多用户检测器本质上是一种单用户抗多径自适应检测器。

盲多用户检测器的原理可以分为利用信号的统计分布特性和利用信号子空间的性质两种,其具体分类如表6.1所示。

表6.1 盲多用检测的原理与分类

原理	说明	检测器举例
利用信号的统计分布特性	有限字符特性(finite alphabet):信号码元只会在有限个状态中取值。 数字调制信号的非高斯分布:构造一个代价函数,当它达到最小值时,满足观测信号的分布与高斯分布相去最远。不同的代价函数对应不同的盲自适应算法。	1. 最小输出能量(Minimum Output Energy, MOE)检测器(又称为约束最小输出能量检测器)。 2. 恒模盲检测算法(Constant Modulus Algorithm, CMA)检测器:CMA是基于梯度下降的一种收敛算法。
利用信号子空间的性质	观察值落在所有用户向量张成的子空间(即信号子空间)的机会更大,用统计方法求出该子空间。	Griffiths盲自适应算法(一种投影算法)检测器

下面以MOE检测器为例,展示盲多用户检测器的设计原理。

最小输出能量(MOE)盲多用户检测算法,该算法是最早提出的一种线性盲多用户检测算法。线性接收机的冲激响应被分解成目标用户的扩频波形加上一个与之正交并可自适应调整的分量。

设扩频序列的长度为 L，对于给定的用户（用户 1），检测 $\hat{b}_1$，有

$$\hat{b}_1 = \text{sgn}(<\boldsymbol{r},\boldsymbol{c}_1>) \tag{6.34}$$

MOE MUD 规定如下的约束条件：

（1）$\boldsymbol{c}_1=\boldsymbol{s}_1-\boldsymbol{x}_1$，且 $\boldsymbol{x}_1$ 与 $\boldsymbol{s}_1$ 正交，其中 $\boldsymbol{s}_1$ 为非自适应部分，$\boldsymbol{x}_1$ 为自适应部分；

（2）$<\boldsymbol{c}_1,\boldsymbol{s}_1>=|\boldsymbol{s}_1|=1$。

如果不固定 $\boldsymbol{s}_1$，输出能量在 $\boldsymbol{c}_1=0$ 时最小化。但 MOE 检测算法就是要求固定 $\boldsymbol{s}_1$ 调整 $\boldsymbol{x}_1$ 时，使平均输出能量最小化的 $\boldsymbol{c}_1$。输出能量最小实际指的是接收机输出的均方值。最小化输出能量可以实现干扰部分的能量最小。

MOE 准则下的更新公式推导如下：

$$\boldsymbol{x}_1(i) = \boldsymbol{x}_1(i-1) - \mu\cdot\boldsymbol{T}\cdot\hat{\nabla}_{x_1}\text{MOE}(\boldsymbol{x}_1)$$

其中，$\hat{\nabla}_{x_1}\text{MOE}(\boldsymbol{x}_1)=<\boldsymbol{r},\boldsymbol{s}_1+\boldsymbol{x}_1>\boldsymbol{r}$，由于 $\boldsymbol{x}_1(i)$ 必须与 $\boldsymbol{s}_1$ 正交，所以 $\boldsymbol{T}\cdot\hat{\nabla}_{x_1}\text{MOE}(\boldsymbol{x}_1)$ 是将 $\hat{\nabla}_{\text{MOE}}$ 延 $\boldsymbol{s}_1$ 方向正交投影，则

$$\boldsymbol{T}\cdot\hat{\nabla}_{x_1}\text{MOE}(\boldsymbol{x}_1) = <\boldsymbol{r},\boldsymbol{s}_1+\boldsymbol{x}_1>\boldsymbol{T}\cdot\boldsymbol{r} = <\boldsymbol{r},\boldsymbol{s}_1+\boldsymbol{x}_1>(\boldsymbol{r}-<\boldsymbol{r},\boldsymbol{s}_1>\boldsymbol{s}_1)$$

所以，更新方程为

$$\boldsymbol{x}_1(i) = \boldsymbol{x}_1(i-1) - \mu<\boldsymbol{r}(i),\boldsymbol{s}_1+\boldsymbol{x}_1(i-1)>(\boldsymbol{r}(i)-<\boldsymbol{r}(i),\boldsymbol{s}_1>\boldsymbol{s}_1)$$

图 6.9 给出滤波器结构实现的 MOE 检测器，其中 $Z[i]=<\boldsymbol{r}(i),\boldsymbol{s}_1+\boldsymbol{x}_1(i-1)>$，$Z_{\text{MF}}[i]=<\boldsymbol{r}(i),\boldsymbol{s}_1>$，更新方程可以写为

$$\boldsymbol{x}_1(i) = \boldsymbol{x}_1(i-1) - \mu Z[i](\boldsymbol{r}(i)-Z_{\text{MF}}[i]\boldsymbol{s}_1)。$$

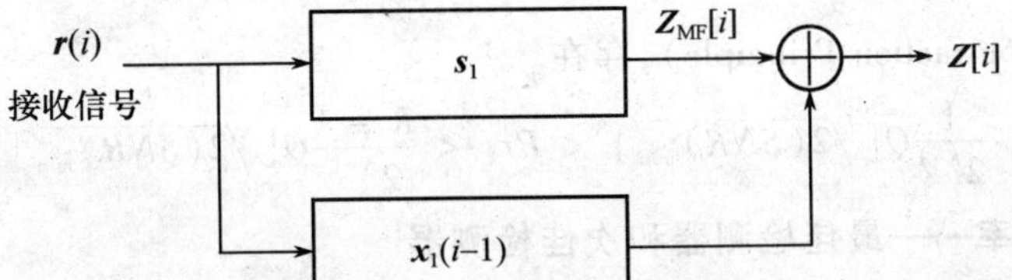

图 6.9 MOE 算法的匹配滤波器结构

6.5 多用户检测器的性能

对于带有多用户检测器的接收机，性能指标除了比特差错率 BER 之外，还要考虑渐近多用户有效性（Asymptotic Multi-user Efficiency）和抗远近效应能力（Near-far Resistance）。

6.5.1 比特差错率

在不存在干扰用户时,具有每比特能量 E_k 的单用户系统的误码率定义为

$$Pr_{\mathrm{BER,SU},k}(\gamma_k) = Q(\sqrt{2\gamma_k}) \tag{6.35}$$

其中,$\gamma_k = \dfrac{E_k}{N_0}$,$Q$ 为标准正态分布的拖尾概率。

在考虑 MAI 和噪声的条件下,误码率会增大,此时用户 k 的误码率的自变量为其他用户的比特序列,定义为

$$Pr_{\mathrm{BER,MAI},k}(\boldsymbol{b}_{\{i\}}, k \notin \{i\}) = Pr_k(\boldsymbol{b}_{\{i\}} \mid k \notin \{i\}) = Q\left(\sqrt{\frac{E_k(\boldsymbol{b}_{\{i\}})}{\sigma^2(\boldsymbol{b}_{\{i\}})}}\right) \tag{6.36}$$

1. 比特差错率——单用户检测器

参照式(6.36),在多用户系统中,用一组常规单用户检测器进行检测的比特差错率为

$$Pr_k \cdot (\boldsymbol{b}_{\{i\}}) = Q\left(\sqrt{2\Big[\sqrt{E_k} + \sum_{j \neq k}^{K} \sqrt{E_j} b_j(1)\rho_{jk}(0)\Big]^2 / N_0}\right)$$

其中,矢量 $\boldsymbol{b}_{\{i\}}$ 表示一组可能的取值,即 $\boldsymbol{b}_{\{i\}} = [b_{1,\{i\}}, \cdots, b_{k-1,\{i\}}, b_{k+1,\{i\}}, \cdots, b_{K,\{i\}}]^{\mathrm{T}}$。平均差错概率为

$$Pr_k = \frac{1}{2^{K-1}} \sum_{i=1}^{2^{K-1}} Pr_k(\boldsymbol{b}_{\{i\}})$$

定义最小的信噪比为

$$(SNR)_{\min} = \frac{1}{N_0}\Big[\sqrt{E_k} - \sum_{j=1, j\neq k}^{K} \sqrt{E_j}\,|\rho_{jk}(0)|\Big]^2$$

根据收缩原理(Contraction Principle),存在

$$\frac{1}{2^{K-1}} Q[\sqrt{2(SNR)_{\min}}] < Pr_k < \frac{K-1}{2^{K-1}} Q[\sqrt{2(SNR)_{\min}}]$$

2. 比特差错率——最佳检测器和次佳检测器

采用最大似然序列估计的最佳多用户检测接收机以及大多数采用多种优化准则设计的次佳多用户检测的比特差错率的计算比较繁琐。可以认为单个用户系统中的比特差错率[参见式(6.35)]是它的下边界,而最佳多用户检测器的性能是次优多用户检测器的性能边界极限。

值得说明的是,数字信号的检测由两部分组成:滤波与判决。滤波是为了提高信干比,判决是为了恢复发送的数字序列。在线性多用户检测器的设计中,尽管可以完全消除远近干扰(解相关),或者采用 MMSE 准则设计,但它们没有采用多用户判决方案,因而只能是一类次佳检测器。

对于解相关多用户检测器,由于其他用户的干扰被完全消除,比特差错率的表示较为简明,即

$$Pr_{\mathrm{BER,de\text{-}cor},k} = Q\left(\frac{E_k}{\sigma_k^2}\right) \tag{6.37}$$

其中,σ_k^2 为估值 $\boldsymbol{b}^0$ 的第 k 个元素中噪声的方差。将相关矩阵逆矩阵的对角线元素记为 $(\boldsymbol{R}^{-1})_{k,k}$,则 σ_k^2 的表达式为 $\sigma_k^2=(N_0/2)(\boldsymbol{R}^{-1})_{k,k}$。

6.5.2 渐近多用户有效性

1986 年,Verdu 引进渐近多用户有效性的概念,作为衡量干扰用户对期望用户的比特差错率影响程度的测度。定义为

$$\eta_k = \lim_{N_0\to 0}\frac{\gamma_{\mathrm{e},k}}{\gamma_k} \tag{6.38}$$

其中:

- γ_k 是多用户系统中用户 k 的数字通信的信噪比,即 $\gamma_k=\dfrac{E_k}{N_0}$。
- 设比特错误概率 $Pr_{\mathrm{BER},k}$ 与 γ_k 满足一定的函数关系 $Pr_{\mathrm{BER},k}(\gamma_k)$。

定义有效 SNR,记为 γ_{e}——对于给定的多用户系统中用户 k 的 $Pr_{\mathrm{BER},k}$,假设采用单用户系统[不考虑 MAI,参见式(6.35)],达到相同 BER 值的情况下,所需的信噪比,即

$$Pr_{\mathrm{BER},k}(\gamma_k) = Pr_{\mathrm{BER,SU},k}(\gamma_{e,k})$$

存在 $\gamma_{e,k}\leqslant\gamma_k$,使比值在[0,1]实数区间。

求极限 $N_0\to 0$ 的情况,在有效性分析中排除背景噪声因素的影响。

渐近多用户有效性 η_k 的计算比直接计算比特差错率简单(或者可以采用仿真计算的方法),并且可用于比较各种 MUD 方法。图 6.10 给出了两个用户的情况下最佳 MLSE 检测(实线)、解相关检测(虚线)和单用户检测(点画线)的渐近有效性指标的示意图,其中纵轴为用户 1 的 η_1,横轴为以干扰信号(用户 2)幅度的比例值 $\sqrt{E_2/E_1}$,ρ 为两个用户扩频波形的互相关系数。

由图 6.10 可见:

(1) 以渐近多用户有效性为评价准则,多用户检测接收机的能力:最佳多用户检测 > 解相关检测 > 单用户检测。

(2) 对于最佳多用户接收机,当 $\sqrt{E_2}=\rho\sqrt{E_1}$ 时 η_1 为最低,因为这时"干扰的功率匹配"。

(3) 对于解相关检测器,由于完全消除了 MAI,所以指标不随比值 $\sqrt{E_2/E_1}$ 变化;但噪声被放大到 $\dfrac{1}{1-\rho^2}$,所以 $\eta_1=1-\rho^2$。

(4) 对于多用户系统中的单用户系统,只要 $\rho\neq 0$,在 $\sqrt{E_2/E_1}\geqslant 1/|\rho|$ 的情况下,不论如何加大功率也无法降低 BER,因为 $\eta_{1,\mathrm{MF}}=\left\{\left[1-\sqrt{\dfrac{E_1}{E_2}}|\rho|\right]^+\right\}^2$,此时干扰已等于或大于

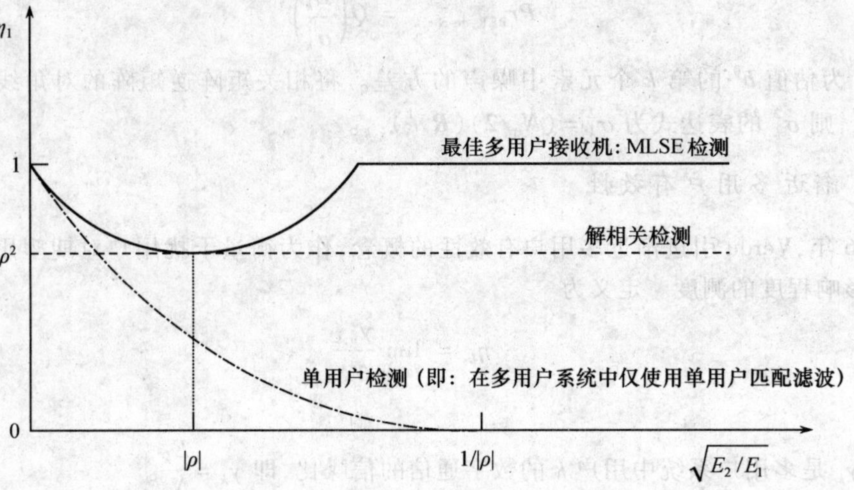

图6.10　渐近多用户有效性比较举例

信号能量。

说明：渐近有效性最大的线性多用户检测器被称为最佳线性检测器，解相关检测器就是最佳线性检测器。然而，这个称号并不意味着它一定比其他线性检测器更加优越，尽管没有任何一种线性或非线性检测器能够比解相关检测器具有更高的抗远近干扰能力（参见下节），但对于固定的能量，仍然有可能使设计的线性检测器具有比解相关检测器更高的渐近性能。另外，渐近有效性的定义 $N_0 \to 0$ 也使它无法评价在低信噪比情况下解相关检测器和 MMSE 检测器的优劣。

6.5.3　抗远近效应能力

为了对抗远近效应问题的能力进行量化，定义抗远近效应能力为所有有关用户的能量范围内测量到的最坏情况下的渐近有效性，即

$$\overline{\eta_k} = \inf_{E_j>0, j\neq k} \eta_k \tag{6.39}$$

由前面的讨论与图6.10的例子可知，最佳多用户检测和解相关检测接收机具有最佳的抗远近效应的能力。

6.6　例题

例6.1　设接收端每比特信噪比 $E_b/N_0 = 10$ dB，求 FDMA 系统归一化容量。TDMA 系统的容量是否与 FDMA 系统相同？

解：根据式(6.6)，可得 FDMA 系统归一化容量为

$$C_n = \log_2\left(1 + C_n \frac{E_b}{N_0}\right) = \log_2(1 + 10 \cdot C_n)$$

解得 $C_n \approx 5.92$。

假设每个用户都知道其他用户发送的时间，并且在其他用户发送的时候保持沉默，则 TDMA 系统的容量与 FDMA 系统相同。但如果考虑用户间干扰，各用户的可达速率将进一步减小。

例 6.2 由 2 个用户组成一个 FDMA 系统，这两个用户被分配的带宽分别是 100 kHz 和 200 kHz，两用户总功率限制为 120 mW，欲达到系统香农容量可达区域最前沿，求两个用户的功率。

解：设两用户的功率分别为 P_1 和 P_2，对应带宽为 W_1 和 W_2，欲达到系统香农容量可达区域最前沿，则

$$\frac{P_1}{P_2} = \frac{W_1}{W_2}$$

因此

$$P_1 = 0.5P_2$$

又

$$P_1 + P_2 = 120$$

则 $P_1 = 40$ mW，$P_2 = 80$ mW，即两用户功率分别为 40 mW 和 80 mW。

例 6.3 什么是最佳多用户接收机？用什么标准衡量其计算复杂性？同步传输时，当用户数 $K=5$ 时，检测器每次要给出多少种可能发送信息的相关度量，$K=10$ 时呢？

解：采用最大似然序列估计的多用户联合检测接收机是最佳多用户接收机。其计算复杂性是以每个调制符号算术运算得次数（加法和乘除法）来衡量。对于同步传输，检测器每次要给出的可能发送信息的相关度量数目为

$$N = 2^K$$

$K=5$ 时，$N=32$；$K=10$ 时，$N=1024$。

练习题

1. 请阐述多址接入与多路复用的异同点。
2. 请对 CDMA、FDMA 和 TDMA 系统的容量进行比较。
3. 最佳多用户接收机的原理是什么？
4. 线性检测器的原理是什么？
5. 多用户检测的性能指标有哪些？

参考文献

[1] Proakis J G. Digital communications[M]. 4th ed. McGraw-Hill Press, 2001.

[2] Viterbi A J. Wireless digital communications: A view based on three lessons learned [J]. IEEE Communication Magazine, 1991.

[3] Lupas R, Verdú S. Linear multiuser detectors for synchronous code-division multiple-access channels [J]. IEEE Trans, 35(1): 123 - 136.

[4] 李光平. DS-CDMA 通信系统中盲多用户检测算法的研究[D]. 湖南:湖南大学,2005.

[5] 闵利锴. CDMA 移动通信系统中的线性多用户检测的研究[D]. 吉林:吉林大学,2004.

第7章　多址接入技术

名词术语释义

多路复用(Multiplexing)　在两点之间的信道上同时传输互不干扰的多个相互独立的用户信号。

多址接入(Multiplexing Access)　在多点之间实现相互间不干扰的多边通信。

扩频(Spread-spectrum)　利用与传输数据无关的码对被传输信号扩展频谱,使之占有远远超过被传送信息所必需的最小带宽。

媒体接入控制(Media Access Control, MAC)　数据链路层的一个子层,定义数据包怎样在介质上进行传输。

吞吐量(Throughput)　总的通信数据速率。

通信资源(Communication Resource)　系统进行信号处理所能使用的时间和带宽。

外差(Heterodyning)　把一个无线电频率同另一不同的频率合在一起以便产生差拍。

扩频多址(Spread Spectrum Multiple Access, SSMA)　以扩展频谱为基础的多址方式,如CDMA。

清除发送(Clear to Send , CTS)　接收端收到发送端发送的RTS后回复的表示可以发送数据的控制帧。

请求发送(Request To Send, RTS)　发送端在发送数据之前发送的表示需要发送数据的控制帧。

频分双工(Frequency Division Duplexing, FDD)　按频率划分两个独立的信道用来发送和接收信息。

确认帧(Acknowledgement, ACK)　接收端反馈给发送端确认本次数据传送成功控制包。

时分双工(Time Division Duplexing, TDD)　按时隙划分两个独立的信道用来发送和接收信息。

无线局域网(Wireless Local Area Networks, WLAN)　以无线传输的方式构成的局域网,工作范围在100米左右。

通信的最基本任务是在信源和信宿之间建立一条传输信息的通道。当信源和信宿的数量有限时,这完全是可能的。但当信源和信宿的数量较多时,若在信源和信宿之间都建立固定的信息传输通道则会造成很大浪费。现代通信往往需要在许多通信点之间建立相互连接。建立各点间的通信链路,除了传输设施外,还需要有标准、协议等规约和相应的多点接入技术。对于一个高效的通信系统而言,如何规划系统用户之间的资源分配是一个非常重要的问题,只有通过系统的规划,才能使用户以有效的方式共享通信资源。提高通信资源的利用率主要有三种办法:一是提高发射机的有效辐射功率或降低系统损耗,从而提高接收端的信噪比;二是提供更多的信道带宽;三是更高效地分配已有的通信资源。前两种方法都是受限制的,第三种方法是多路复用和多址接入技术的主要研究领域。本文主要研究多址接入的原理及相关接入技术。

7.1 基本原理

传输技术中很重要的一点是有效性问题,也就是如何充分利用信道的问题。信道可以是有形的线路,也可以是无形的空间。充分利用信道就是要同时传输更多的用户信号。多路复用和多址接入就是指信道资源的共享。但是,多路复用和多址接入也有差别,在两点之间的信道上同时传输互不干扰的多个相互独立的用户信号是信道的"复用"问题,在多点之间实现相互间不干扰的多边通信称为多元连接或"多址通信"。就多路复用而言,用户对通信资源共享的需求是固定的或缓慢变化的,资源已经是预先分配的,共享往往发生在局部的端点内。对于多址接入而言,用户对通信资源共享的需求是动态变化的,而且共享是远程的。如果从网络分层模型的角度来看,多路复用位于物理层,多址接入位于数据链路层。

如图7.1所示,可以看到多址接入在通信系统中的位置。多址接入利用信号特征上的差异(例如利用信号的工作频率、信号的出现时间以及信号具有的特定波形等)来区分不同通信点间的信号,从而实现远程资源共享,通常要根据用户的需求动态地分配资源,或进行资源竞争。例如,在移动通信中,许多移动台要同时通过一个基站进行通信,基站必须区分出是哪一个移动台发出来的信号;在卫星通信中,卫星必须区分来自不同地球站的信号。此时,便需要应用多址接入技术。

多址接入的理论基础是信号分割理论,即赋予每个信号不同的特征,即打上不同的"地址",然后根据各个信号特征之间的差异来区分,按"地址"分发,实现互不干扰的通信。

信号分割有两方面的要求:一是在采用各种手段(如调制、编码、变换等)赋予各个信号不同的特征时,要能忠实地还原各个原始信号,就是说,这些手段应该是可逆的;二是要有效地分割各个信号,所谓有效,就是在分割时,各个信号之间互不干扰,这就要求各个信号相互正交。

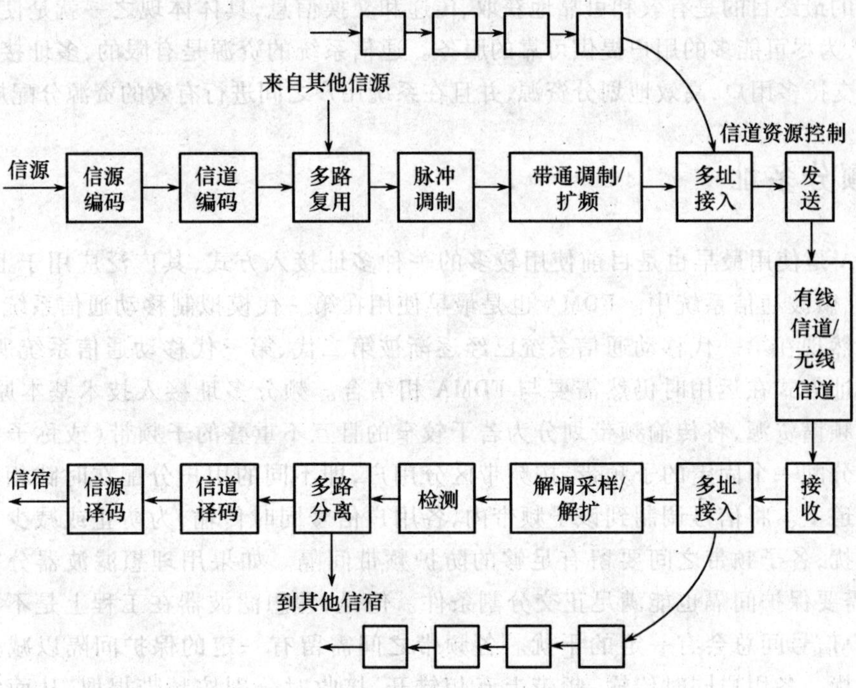

图 7.1 含多址接入的通信系统框图

如果两个信号 $f_1(x)$ 和 $f_2(x)$ 满足下面的关系式，则称 $f_1(x)$ 和 $f_2(x)$ 在 (x_1, x_2) 区间内正交，即

$$\int_{x_1}^{x_2} f_1(x) f_2(x)\,\mathrm{d}x = 0 \tag{7.1}$$

若一组信号满足下面关系

$$\int_{x_1}^{x_2} f_m(x) f_n(x)\,\mathrm{d}x = \begin{cases} 1 & m = n \\ 0 & m \neq n \end{cases} \tag{7.2}$$

则称这组信号为正交信号组，或称为正交信号集合。

多址接入技术的关键就是设计具有正交性的信号集合。在实际工作中，要做到完全正交比较困难，一般用准正交，即互相关很小，允许各个信号之间存在一定的干扰，但要设法把干扰控制在允许范围之内。常用的多址接入方式有频分多址（FDMA）、时分多址（TDMA）、码分多址（CDMA）；此外还有利用不同地域区分用户的空分多址（Space Division Multiple Access，SDMA）；利用正交极化区分的极分多址方式等。后两者往往不单独使用，而是和前三者结合使用。在数据通信中，还有多种多址接入方式，他们是按多址协议操作的。

此外，各种多址接入技术各有特点，各有使用场合。例如，频分方式中有采用模拟体制的，也有采用数字体制的；时分和码分方式一般都是采用数字体制的。

通信的最终目的是有效和可靠地获取、传递和交换信息,具体体现之一就是使系统利用率最大化,为尽可能多的用户提供可靠的服务。通信系统的资源是有限的,多址接入技术的意义就是支持多用户,高效地划分资源,并且在系统用户之间进行有效的资源分配规划。

7.2 频分多址

FDMA 是使用最早也是目前使用较多的一种多址接入方式,其广泛应用于卫星通信、移动通信、微波通信系统中。FDMA 也是最早使用在第一代模拟制移动通信系统中的多址方式。虽然现在第一代移动通信系统已经逐渐被第二代、第三代移动通信系统所取代,但是其他多址方式在运用时仍然需要与 FDMA 相结合。频分多址接入技术基本原理是:划分给定的频谱资源,将传输频带划分为若干较窄的且互不重叠的子频带(或称子信道),给每个用户分配一个固定的子频带,按频带区分用户,即不同的用户分配在时隙相同而频率不同的信道上。将信号调制到该子频带内,各用户信号同时传输,为防止或减少各路频带之间的干扰,各子频带之间要留有足够的防护频带间隔。如果用理想滤波器分割各用户信号,不需要保护间隔也能满足正交分割条件。但是,理想滤波器在工程上是不可能实现的,各用户信号间总会有一定的干扰。各频带之间需留有一定的保护间隔以减少各频带之间的串扰。各用户同时传输,频带上互相错开,接收时分别按频带提取,从而实现多址通信。各用户信号传输频带必须满足式 7.3 所示的频域正交分割条件。

$$\int_{f_1}^{f_2} x_m(f)\,x_n(f)\,\mathrm{d}f = \begin{cases}1 & m = n \\ 0 & m \neq n\end{cases} \tag{7.3}$$

通信资源可以用如图 7.2 所示的频率-时间平面描述。图中信道化的频谱便是 FDMA 的一个例子。一个信号(或用户)的频带分配是长期或永久的,通信资源可以同时

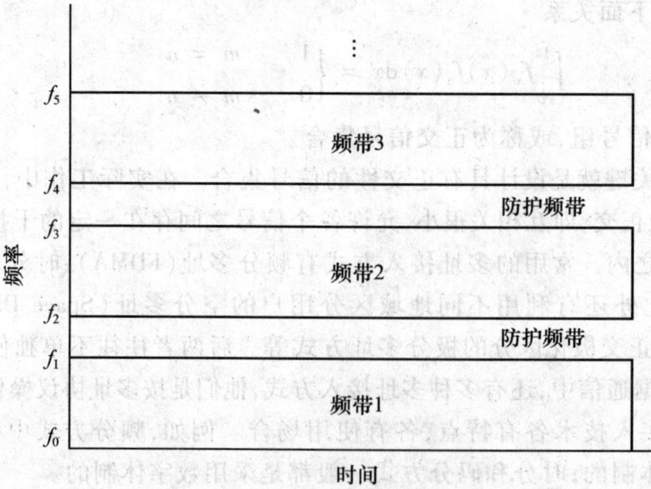

图 7.2 频分多址

包含多个频谱分离的信号。第一个频带内的信号的频率范围为 f_0 与 f_1 之间，第二个频带内的信号的频率范围为 f_2 与 f_3 之间，等等。各个分配频带之间的区域称为防护频带（Guard Band），其作用是作为减少相邻频道之间干扰的缓冲区。为了使信号占用更高的频带，可以用正弦波振荡器产生的固定频率，对信号进行外差（Heterodyning）或混频（Mixing），也称为调制（Modulating）来实现。

如果输入混频器的两个信号是频率为 f_A 与 f_B 的正弦波，混频的结果将是一个频率为 f_{A-B} 与 f_{A+B} 的信号。三角等式

$$\cos A\cos B = \frac{1}{2}[\cos(A+B)+\cos(A-B)] \tag{7.4}$$

描述了混频器作用后的结果。

图 7.3 描述了一个典型的语音电话信号 $x(t)$（基带频率范围为 300～3 400 Hz）和一个 20 kHz 正弦波相混频的过程。图 7.3(a) 描述了基带语音的双边振幅谱 $|X(f)|$。基带

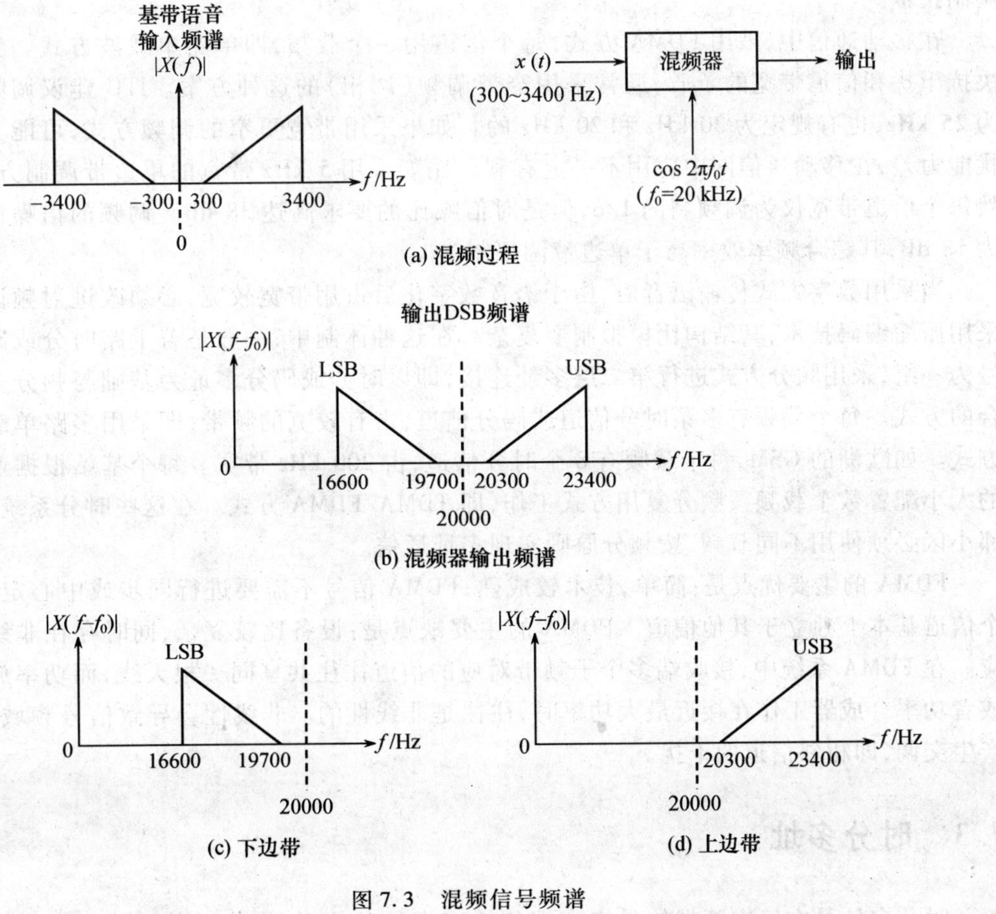

图 7.3 混频信号频谱

语音经过混频器混频后输出端的单边幅度谱$|X(f-f_0)|$,如图7.3(b)所示。混频器输出的频谱是基带频谱的频率上移,其中心为20 000 Hz晶振频率。由于信息出现以调制频率为中心的左右两个频带,所以称这种频谱为双边带(DSB)频谱。图7.3(c)给出了频率范围从16 600 Hz到19 700 Hz的下边带,是对双边带频谱进行了低通滤波的结果。这种边带有时称为反转边带(Inverted Sideband),因为它从低到高的频率分量是基带频率分量的翻转。类似地,可用高通滤波器将上边带分离出来,其频率范围是20 300 Hz到23 400 Hz,如图7.3(d)所示。这种边带有时称为正立边带(Erect Sideband),因为它从低到高的频率分量与基带频率分量相一致。双边带频谱的每个边带所包含的信息相同,因此,恢复原始系带信号只需要USB和LSB的其中一个即可。

FDMA既有采用模拟调制的,也有采用数字调制的,也可以由一组模拟信号用频分复用方式或一组数字信号用时分复用方式占用一个较宽的频带,调制到相应的子频带后传送到同一地址。模拟信号数字化后占用带宽较大,可以采用压缩编码技术和先进的数字调制技术。

在移动通信中,采用FDMA方式,每个信道用一个载频,即单路单载波方式。为了解决抗干扰和信道带宽的矛盾,通常采用窄带调频(调相)的这种方案。ITU建议调频间隔为25 kHz,也有规定为30 kHz和20 kHz的。如果采用带宽更窄的调频方式,可能其抗干扰能力差,在移动通信网中应用不一定有利。比如采用5 kHz带宽的单边带调制方式,虽然每个信道带宽仅为调频制的1/6,但是对信噪比的要求高达38 dB。调频的信噪比要求为18 dB,其综合频率效率高于单边带调幅制。

当采用数字方式传输语音时,由于语音数字化后占用带宽较宽,必须改进射频调制和采用压缩编码技术,其结构比模拟制要复杂。在这种体制中,一般是若干路时分或码分信号为一组,采用频分方式进行第二层多址连接,即以时分或码分多址为基础与频分多址结合的方式。每个载频有多条时分信道或码分信道,占有较宽的频带,即采用多路单载波的方式。如欧洲的GSM,每个载频有8个时分信道,占200 kHz带宽。每个基站根据业务量的大小配置数个载频按频分复用方式工作,即TDMA/FDMA方式。在这些时分系统中,相邻小区必须使用不同载频,按频分原则实现多址通信。

FDMA的主要优点是:简单,技术较成熟;FDMA信号不需要进行同步或中心定时;每个信道基本上独立于其他信道。FDMA的主要缺点是:设备比较复杂,同时存在非线性效应。在FDMA系统中,接收端多个子频带对应的信道往往共享同一根天线,而功率放大器或者功率合成器工作在接近最大功率时,往往是非线性的。非线性会导致信号频域扩展,产生交调,即相邻信道的干扰。

7.3 时分多址

时分多址是在给定频带的最高数据传输速率的条件下,将传递时间划分成若干时间间隙(时隙),用户的收发使用一个指定的时隙,以突发脉冲序列接收和发送信号。多个用户依次分别占用时隙,在一定带宽的载波上高速率传输信息数据,接收并解调后,各用户分别提取相应时隙的信息,按时间区分用户,从而实现多址通信。当以传输信号存在的时间不同来区分信道,建立多址接入时,称为时分多址方式。

在时分多址中时间被分割成一个个的时间间隔——帧,每帧又可以进一步划分为可供分配的用户时隙。时隙重复出现,TDMA 系统给用户分配一个或多个时隙,他们周期性地在每帧时间内出现。例如,时隙 1 分配给用户 A,则下一帧的时隙 1 也是分配给用户 A。

每个用户在分配给自己的时隙内发送数据和接收数据。在发送数据时,要使接收端的数据到达的时间与所期望的一致,所以对发送端而言,为了对齐时隙,总要提前一段时间发送数据,这个时间的提前量是通过测距进程来实现的,使得发送的数据刚好位于所分配的时间内。各用户信号在同一频带中传输,时间上相互错开,符合下式给出的时域正交条件。

$$\int_{t_1}^{t_2} x_m(t)\,x_n(t)\,\mathrm{d}t = \begin{cases} 1 & m = n \\ 0 & m \neq n \end{cases} \tag{7.5}$$

如图 7.4 所示,通信资源的共享是通过给 M 个信号或用户分配不同的时隙(Time Slot)来实现的。时隙之间未使用的时间区域称为防护时间(Guard Time),考虑到有时相邻时隙的信号之间会有不确定性,这样可以用此缓冲区域来减少干扰。对于典型的 TDMA 在卫星的应用,时间被分割成帧,每帧可以进一步分为可供分配的用户时隙,帧结构重复出现,TDMA 系统分配给用户一个或多个时隙,它们周期性地在每帧时间里出现。每个地面站在分配的时隙内突发数据,使得到达卫星的时间跟期望的一致。卫星转发器收到这些突发数据后,连同从其他站受到的突发数据一起通过下行链路转发。这些突发数据经接收站检测、分离后,将信息馈送给预期的用户。

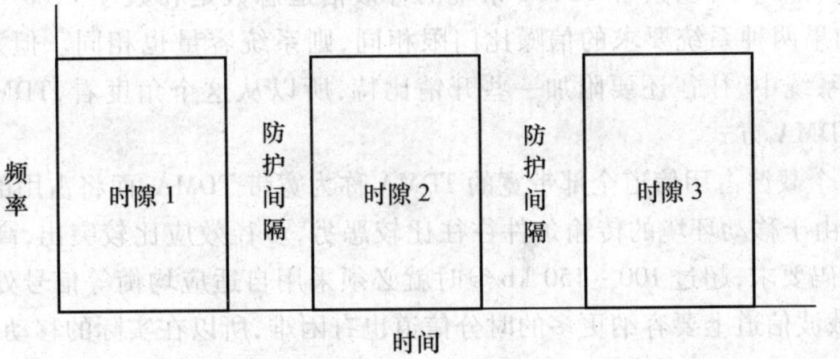

图 7.4 时分多址

目前的 TDMA 系统均采用数字体制,每个时隙可以是单个用户占用,也可以是一组时分复用的用户占用,即 TDM/TDMA 方式。TDMA 方式的主要问题是整个系统要有精确的同步,由一个基准站点提供一个系统内各个节点的时钟,才能保证各个节点准确地按时隙提取本节点所需的信息。各时隙间应留有保护间隙,以减少码间干扰的影响。而且,在信道条件差或者码速率过高时,还需要采用自适应均衡措施。

在TDMA系统中,每帧中的时隙结构(或称突发结构)的设计通常要考虑三个主要问题:一是控制和信令信息的传输;二是信道多径效应的影响;三是系统的同步。为此要在每个时隙中,专门划出部分比特用于控制和信令信息。在时隙中要插入自适应均衡所需要的训练序列,以便接收端利用均衡来克服多径等原因引起的码间干扰。整个系统要有精确的同步,由基准站统一系统内各站的时钟,才能保证各站准确地按时隙提取本站需要的信号。此外,还需要一定的比特开销,供载波恢复、定时恢复、子帧同步和地址识别使用。TDMA系统的收发双工问题可采用频分双工(Frequency Division Duplexing, FDD)方式,也可以采用时分双工(Time Division Duplexing, TDD)方式,采用TDD方式时无需使用双工器,因收发处于不同时隙,由高速开关将天线接收机和发射机之间倒换即可。

不同的通信系统的帧长度和帧结构通常是不同的,帧结构和通信系统的双工方式有关。另外,即使在同一系统中,不同传输方向(上行和下行)上的时隙结构也可能不尽相同。因此,不可能定义一种通用的时隙格式来适应各种系统的需要。

在移动通信系统的TDMA方式中,由于要进行传输帧同步、位同步等,引入一定的开销比特,还要保留部分时隙用于传输控制信息和信令,所以总的码元速率较高,大于各路码元速率的总和。在GSM中,开销比特约占全部比特的30%。

虽然在TDMA系统中,每个频道可分成n个时隙作为n个信道使用,但是简单认为其等效信道总数比数字FDMA系统的信道总数增大n倍是不正确的。因为语音编码速率确定下来后,传输一路语音的频带带宽也就确定下来了。在TDMA系统中,在一个频道上用n个时隙传n路语音,因此TDMA系统所占用的频道带宽比FDMA系统传输一路语音所需的频道带宽大n倍。所以数字TDMA系统的等效信道总数是和数字FDMA系统的信道总数相等的。如果两种系统要求的信噪比门限相同,则系统容量也相同。但是,前面已经提到,在TDMA系统中,往往还要附加一些开销比特,所以从这个角度看,TDMA方式的总体效率略低于FDMA方式。

通常将一个载波占用信道全部带宽的TDMA称为宽带TDMA,而将占用部分带宽的称为窄带TDMA。由于移动环境的传输条件往往比较恶劣,多径效应比较突出,高速传输时难以保证一定的误码要求,超过100~150 kb/s时就必须采用自适应均衡等信号处理措施。即使如此,在一条载波信道上要容纳更多的时分信道也有困难,所以在实际的移动通信系统中,往往采用窄带TDMA。由于TDMA中采用有纠错的数字制,使它们的抗干扰能力提高。

在数字TDMA技术中,还可以采用一些先进技术提高系统容量。

1）先进的语音压缩解码技术

要降低总的码元速率,必须压缩每条话路所用的比特数,必须对应进行压缩编码。先进的语音压缩编码技术不仅要降低语音编码的数据率,而且要有效地进行差错防护。比如,在一个话音帧中,根据各个比特的差错敏感的程度不同进行分类,分层进行编码保护。

这样采用先进语音编码技术的数字通信系统，在相同的话音质量要求的情况下，所需的信噪比可以减小，从而提高系统的容量。

2）小区半径减小

数字移动通信系统将所覆盖的区域划分为大量的小区，每个小区使用若干个不同的频率，称为一个频率组，组内的频率数就是该小区能同时服务的信道数。相邻小区使用不同的频率组，构成一个小区群，小区群内的小区数目就是频率组的数目，它与组内平均频率数的乘积就是该数字移动通信系统所需占用的总频率数，该乘积确定了系统所占用的频谱。

一般情况下，在系统的总信道数不变和每个小区的可用信道数不变的条件下，其小区半径越小，单位面积的通信容量越大。但是，小区半径的减小是以增加基站数量和缩短移动台越区切换时间为前提的。当在快速移动中通信时，其越区切换的频度必须增大，这就要求通信系统以更快的速度进行信道监测以及进行切换信令的传输、处理和操作。

3）跳频技术和分集技术

跳频技术和分集技术的采用，可以使所需的信噪比降低，从而使得系统容量增加。

时分多址与频分多址的性能比较如下：

(1) FDMA 和 TDMA 的比特率等效。

图 7.5 强调了 FDMA 和 TDMA 系统在能够支持全部速率为 R 的通信资源中的基本区别。在图 7.5(a)中，系统带宽被分成 M 个正交频带，因此，M 个信源的每一个 $S_i(1\leqslant i\leqslant M)$都能以 R/M 的比特速率进行同步传输。而在图 7.5(b)中，每个帧被分成 M 个正交时隙。因此，M 个信源的每一个 S_i 都以速率 R 进行传输，时间是同等 FDMA 用户的 M 倍。在这两种情况下，信源都以平均速率 R/M 传输信息。

把图 7.5 中每个信源产生的信息组织成比特群，称为包或数据分组(Packet)，共 b 比特。在 FDMA 的情况下，在这 M 个不相交的信道中，b 个比特包都可以在 T 秒内传输完。因此，需要的全部的比特率是

$$R_{\mathrm{FD}} = M\frac{b}{T} \tag{7.6}$$

在 TDMA 情况下，从每个信源发出的 b 个比特可以在 T/M 秒内传输完。因此，需要的比特率是

$$R_{\mathrm{TD}} = \frac{b}{T/M} \tag{7.7}$$

式(7.7)与式(7.6)得到了同样的结果：

$$R_{\mathrm{FD}} = R_{\mathrm{TD}} = R = \frac{Mb}{T} \tag{7.8}$$

这样，两个系统有相同的数据率。

(2) FDMA 和 TDMA 的消息延迟。

FDMA 和 TDMA 拥有同样的性能，但是，当性能度量的标准是平均包延迟时，情况就

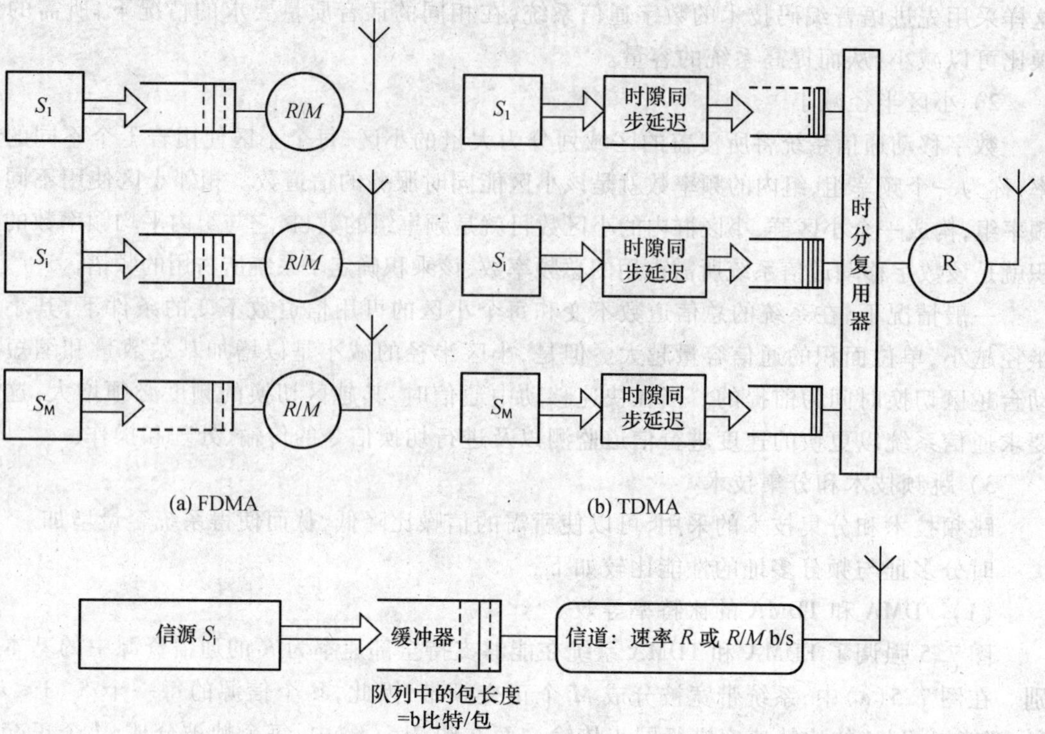

图7.5　FDMA将频率分成 M 个正交频带，TDMA将时间分成 M 个正交时隙

不是这样了。TDMA的包延迟小于FDMA包延迟，在这一方面TDMA性能优越于FDMA。

如上所述，假定FDMA情况下系统带宽分成 M 个正交频带，在TDMA的情况下帧被分成 M 个正交时隙。分析消息延迟最简单的例子是分析数据源的消息延迟。假定通信资源是100%地被使用，则在FDMA情况下，所有的频带都填充满了数据包，在TDMA情况下所有的时隙也都填满了数据包。为了简化，假定无需防护频带和防护时间间隔。消息延迟定义为

$$D = w + \tau \tag{7.9}$$

其中，w 是包的平均等待时间（传输前），τ 是包的传输时间。在FDMA情况下，每个包在 T 秒间隔上发送，所以FDMA包的传输时间为

$$\tau_{FD} = T \tag{7.10}$$

在TDMA情况下，每个包在 T/M 秒的时隙内传输完。可以根据式(7.7)得到TDMA包的传输时间为

$$\tau_{TD} = \frac{T}{M} = \frac{b}{R_{TD}} \tag{7.11}$$

既然FDMA信道是连续可用的，包一旦生成就马上被传输，所以FDMA的等待时间为

$$w_{\mathrm{FD}} = 0 \tag{7.12}$$

对于 TDMA 来说,每个用户时隙在帧中的开始时间不同,也就是包 S_{mk} 在帧产生的瞬间开始计时后的 $(m-1)T/M$ 秒才开始传输(其中,$1 \leqslant m \leqslant M$)。因此,TDMA 包在开始传输前的平均等待时间是

$$w_{\mathrm{TD}} = \frac{1}{M}\sum_{m=1}^{M}(m-1)\frac{T}{M} = \frac{T}{M^2}\sum_{n=0}^{M-1}n = \frac{T}{M^2}\frac{(M-1)M}{2} = \frac{T}{2}\left(1-\frac{1}{M}\right) \tag{7.13}$$

两个包之间传输的最大等待时间是 $(M-1)T/M$ 秒,每个包平均等待 $\frac{1}{2}(M-1)T/M = (T/2)(1-1/M)$ 秒。

为比较 FDMA 和 TDMA 的平均延迟时间 D_{FD} 和 D_{TD},将式(7.10)和式(7.12)代入式(7.9)中,并将式(7.11)和式(7.13)代入式(7.9)中,得

$$D_{\mathrm{FD}} = T \tag{7.14}$$

$$D_{\mathrm{TD}} = \frac{T}{2}\left(1-\frac{1}{M}\right) + \frac{T}{M} = D_{\mathrm{FD}} - \frac{T}{2}\left(1-\frac{1}{M}\right) \tag{7.15}$$

由式(7.8)和式(7.15)得

$$D_{\mathrm{TD}} = D_{\mathrm{FD}} - \frac{b}{2R}(M-1) \tag{7.16}$$

从以上结果表明,从消息延迟度看,TDMA 性能优于 FDMA。尽管式(7.16)假定数据源是确定性的,较小平均消息延迟的 TDMA 方案对任何到达时间独立的消息过程也是适用的。

7.4 码分多址

码分多址方式是用一个带宽大于信号带宽的高速伪随机编码信号或其他扩频码调制所需传输的信号,使原信号的带宽被拓宽,再经过载波调制后发送出去。接收端使用完全相同的扩频码序列,同步后与接收的宽带信号进行相关处理,把宽带信号解扩为原始的数据信息。在码分多址方式中,各用户信号的频率和时间相互重叠,用户信号的划分是利用地址码序列实现的,不同用户使用不同的码序列,他们可以占用相同的频带,接收机虽然能收到其他用户的信号,但是由于不能解扩,因而可以实现互不干扰的多址通信。在 CDMA 中,相互正交的编码序列就是地址码,应符合式(7.17)确定的正交条件。

$$\int_0^T c_m(t)c_n(t)\,\mathrm{d}t = \begin{cases}1 & m = n\\ 0 & m \neq n\end{cases} \tag{7.17}$$

其中,T 为信息序列码元间隔。

图 7.6 说明了通信资源被 FDMA 和 TDMA 的两种组合所分割。CDMA 以不同的互相正交的码序列区分用户,故称之为码分多址。由于它是以扩频为基础的多址方式,故也称

扩频多址(Spread Spectrum Multiple Access, SSMA)。扩频主要有FHSS和DSSS两类,相应的扩频多址也有跳频多址和直接序列多址两类。

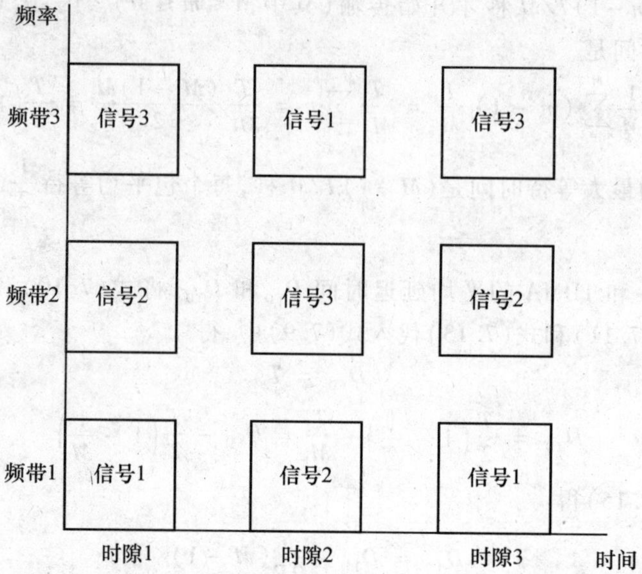

图7.6 码分多址

7.4.1 CDMA发展历史

CDMA技术的出现源自于人类对更高质量无线通信的需求。第二次世界大战期间因战争的需要而研究开发出CDMA技术,其思想初衷是防止敌方对己方通信的干扰,在战争期间广泛应用于军事抗干扰通信,后来由美国高通公司更新成为商用蜂窝电信技术。1995年,第一个CDMA商用系统运行之后,CDMA技术理论上的诸多优势在实践中得到了检验,从而在北美、南美和亚洲等地得到了迅速推广和应用。全球许多国家和地区,包括中国香港、韩国、日本、美国都已建有CDMA商用网络。在美国和日本,CDMA成为国内的主要移动通信技术。在美国,10个移动通信运营公司中有7家选用CDMA。2008年5月,中国电信市场正式重组,中国电信收购中国联通CDMA网络,并将CDMA网络规划为中国电信未来的主要发展方向。目前,CDMA的主要设备供应商有中兴通讯、阿朗、摩托罗拉、华为等。随着中兴通讯、华为这两家中国设备制造商的崛起,全球CDMA产业出现了蓬勃生机,截至2008年二季度,仅中兴通讯全球CDMA用户容量就高达1.5亿。

CDMA技术的标准化经历了几个阶段。IS-95是cdmaOne系列标准中最先发布的标准,真正在全球得到广泛应用的第一个CDMA标准是IS-95A,这一标准支持8K编码话音服务。其后又分别出版了13K话音编码器的TSB74标准,支持1.9 GHz的CDMA PCS

的 STD－008 标准，其中 13 K 编码话音服务质量已非常接近有线电话的话音质量。随着移动通信对数据业务需求的增长，1998 年 2 月，美国高通公司宣布将 IS－95B 标准用于 CDMA 基础平台上。IS－95B 可提供 CDMA 系统性能，并增加用户移动通信设备的数据流量，提供对 64 kb/s 数据业务的支持。其后，CDMA2000 成为窄带 CDMA 系统向第三代移动通信系统（3G）过渡的标准。CDMA2000 在标准研究的前期，提出了 1X 和 3X 的发展策略，但随后的研究表明，1X 和 3X 增强型技术代表了未来发展方向。

CDMA 技术的标准化，推进了这项技术在世界范围的应用。目前，在美国、韩国、日本等国家，CDMA 技术已获得了较大规模的应用。CDMA 是移动通信技术的发展方向。在第二代移动通信系统阶段，CDMA 增强型 IS95A 与 GSM 在技术体制上处于同一代产品，提供大致相同的业务。但 CDMA 技术有其独到之处，在通话质量好、掉话少、低辐射、健康环保等方面具有显著特色。在第二代移动通信系统向第三代移动通信系统过渡阶段，CDMA2000 1X RTT 与 GPRS 在技术上已有明显不同，在传输速率上 1X RTT 高于 GPRS，在新业务承载上 1X RTT 比 GPRS 成熟，可提供更多的中高速率的新业务。从 2.5G 向 3G 技术体制过渡上，CDMA2000 1.X 向 CDMA2000 3.X 过渡比 GPRS 向 WCDMA 过渡更为平滑。

目前，随着人类对移动通信和个人通信需求的日益增长，CDMA 通信系统越来越展示出它独有的优越性。人们普遍认为 CDMA 将是今后无线通信中最主要的多址手段，应用范围已涉及数字蜂窝移动通信、卫星通信、微蜂窝通信、微波通信和无线接入网等领域。它是第三代移动通信的主要体制，同时它还是未来全球个人通信的一种重要多址方式。

7.4.2 CDMA 特点

CDMA 较传统多址方式具有许多新的特点，更能满足现在人们对通信质量的需求。

1. 系统容量大

理论上，在使用相同频率资源的情况下，CDMA 移动网比模拟网容量大 20 倍，实际使用中比模拟网大 10 倍，比 GSM 要大 4～5 倍。

2. 系统容量的配置灵活

在 CDMA 系统中，用户数的增加相当于背景噪声的增加，造成话音质量的下降。但对用户数并无限制，操作者可在容量和话音质量之间折中考虑。另外，多个小区之间可根据话务量和干扰情况自动均衡。这一特点与 CDMA 的机理有关。CDMA 是一个自扰系统，所有移动用户都占用相同带宽和频率，打个比方，将带宽想象成一个大房子，所有的人将进入唯一的大房子。如果他们使用完全不同的语言，他们就可以清楚地听到同伴的声音而只受到一些来自别人谈话的干扰。在这里，房子里的空气可以被想象成宽带的载波，而不同的语言即被当作编码，可以不断地增加用户直到整个背景噪声限制住了我们。如果能控制用户的信号强度，在保持高质量通话的同时，就可以容纳更多的用户。

3. 通话质量更佳

TDMA 的信道结构最多只能支持 4 kb 的语音编码器，它不能支持 8 kb 以上的语音编码器。而 CDMA 的结构可以支持 13 kb 的语音编码器。因此可以提供更好的通话质量。CDMA 系统的声码器可以动态地调整数据传输速率,并根据适当的门限值选择不同的电平级发射。同时门限值根据背景噪声的改变而变,这样即使在背景噪声较大的情况下,也可以得到较好的通话质量。另外,TDMA 采用一种硬移交的方式,用户可以明显地感觉到通话的间断,在用户密集、基站密集的城市中,这种间断就尤为明显,因为在这样的地区每分钟会发生 2 至 4 次移交的情形。而 CDMA 系统"掉话"的现象明显减少,CDMA 系统采用软切换技术,"先连接再断开",这样完全克服了硬切换容易掉话的缺点。

4. 频率规划简单

用户按不同的序列码区分,所以不相同 CDMA 载波可在相邻的小区内使用,网络规划灵活,扩展简单。

5. 建网成本低

CDMA 技术通过在每个蜂窝的每个部分使用相同的频率,简化了整个系统的规划,在不降低话务量的情况下减少所需站点的数量从而降低部署和操作成本。CDMA 网络覆盖范围大,系统容量高,所需基站少,降低了建网成本。CDMA 数字移动技术与现在众所周知的 GSM 数字移动系统不同。模拟技术被称为第一代移动电话技术,GSM 是第二代,CDMA 是属于移动通信第二代半技术,比 GSM 更先进。

7.4.3 直接序列扩频

CDMA 由于采用了扩展频谱技术,具有高抗干扰性和低可检测性,已广泛用于军事通信系统中。近年来,在民用卫星通信中,特别是小容量多用户的通信系统中也得到了应用和发展。一般来说,利用扩频技术实现多址联接可采用直接序列扩频(DS)、跳频(FH)、跳时(TH)及其组合方式。目前在通信系统中常采用的是直接序列扩频技术。

1. 直接序列扩频原理。

直接序列扩频简称直扩。直扩通信系统是一个宽带的传输系统,系统内的用户共享一个宽带信道,即采用信道共享方式。与之相对应的是调频制窄带通信系统,这种系统内的用户各自占有一个窄带信道,即采用信道独占方式。对频带共享方式需要解决两个问题:

(1) 怎样由用户的窄带信号获得一个宽带信号;

(2) 多个用户的宽带信号叠加后如何在接受端识别或区分出来。

这就是频谱的扩展和解扩的问题。

直接序列扩展频谱的通信系统如图 7.7 所示。图中的基带数字信号(信码)的持续时间为 T_b,即信息比特速率 $R_b = 1/T_b$;地址码是一个 PN 序列,每个码片(chip)的持续时间是 T_c,则码片速率 $R_c = 1/T_c$。用基带数字信号取调制地址码便得到扩展序列。扩展序列的带宽由 R_c 决定,因为 $R_c \gg R_b$,所以使基带信号的频谱得到了扩展。扩展序列再去对射频载波 f_0 进行数字调制,通常多采用相移键控调制。扩展后的信号频谱如图 7.8(a)所示。

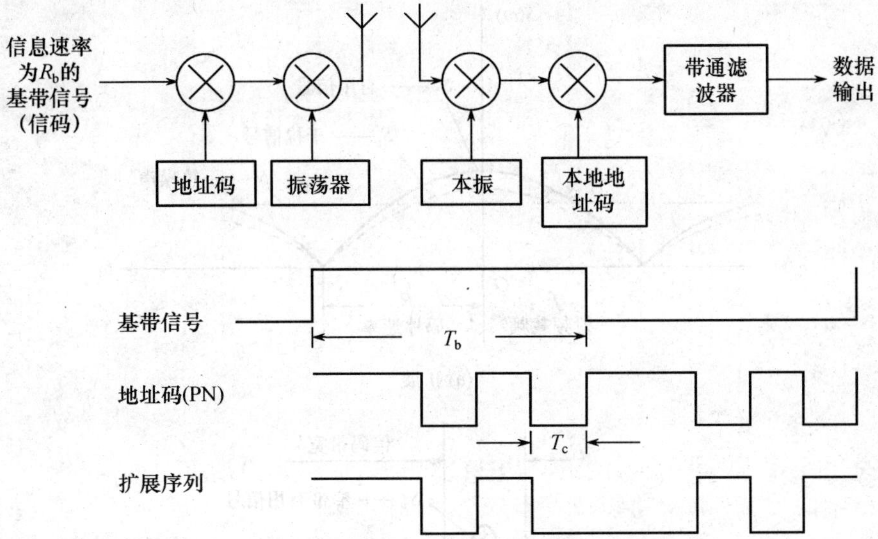

图 7.7　直接扩频系统原理图

图 7.8 中，S_Y 为发射机发送的扩展信号，也正是接收机所欲接收的信号，故称之有用信号；S_j 为系统内其他用户发射机发射的扩展信号，是干扰信号；N 为信道引入的噪声。这三种成分经接收机混频后变为中频，仍是宽带信号。但是，经过相关检测（解扩）之后，与本地地址码相同的有用信号恢复成具有信码带宽的窄带信号 S_d，而本地地址码的无用信号及噪声仍保持其原来的宽带谱，这样，经过带通滤波后，在信码带宽内的信号与噪声比就得到了显著的改善。

扩频系统信噪比性能改善的程度称为扩频处理增益，记作 $G_p = B/R_b$，其中，射频带宽 $B = 2R_c$。为了提高处理增益，一是增加码片速率 R_c（R_c 一般在几兆至一百兆比特/秒范围），二是降低信码比特率 R_b。当 G_p 足够大而扩频接收机输入端的有用信号完全被噪声或干扰淹没时，它仍能正常接收。例如，当 $G_p = 1\ 000$，信噪比为 -20 dB 时，扩频系统仍能正常工作。这是直接扩频系统的一个特点。为了获得好的扩频系统，必须认真选择地址码的序列。

2. 地址码的相关性与功率谱

地址码的正交性是用其相关性表征的。若两个码序列的周期相同，其互相关系数 R 定义为

$$R = \text{相同码元数} - \text{不同码元数}$$

归一化互相关系数 ρ 定义为

$$\rho = R/(\text{相同码元数} + \text{不同码元数})$$

当两个码序列循环移位，其相关系数对码元移位 τ 的关系称为相关函数。若一个码序列

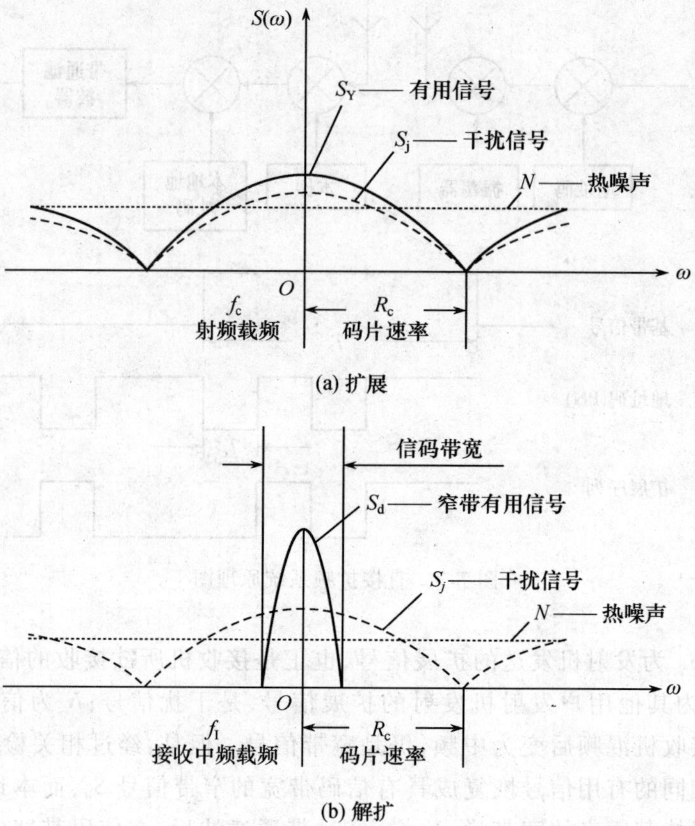

图 7.8　频谱的扩展与解扩

与其自身循环移位相关，其相关系数叫自相关系数，而自相关系数与移位(时延参量)τ 的关系称为自相关函数 $\rho(\tau)$。

地址码应选择自相关函数具有尖峰而互相关函数平坦的伪随机序列。目前码分多址系统中常用的有 m 序列和 Gold 序列。m 序列也称最长线性反馈移位寄存器序列。m 序列由移位寄存器按一定的反馈逻辑连接后产生的，若移位寄存器的级数为 n，则产生的 m 序列的长度 $M=2^n-1$。图 7.9 给出了 m 序列的归一化自相关函数的图形，它是二值电平的周期性函数，具有优良的自相关性质。

但是分析表明，能同时获得优良的互相关性(互相关性要小)的 m 序列的数目不够多，因此，用 m 序列做地址码是可供选用的地址码数目非常有限，不能满足大量用户的地址要求。实用的系统均采用 Gold 序列作为地址码，这是因为 Gold 序列不但具有良好的自相关性质(三值电平)，而且还具有良好的互相关性质，能提供大量的用户地址码。另外，Gold 序列的产生也很容易，实际上它是由两个优选的 m 序列经模二加产生的序列。

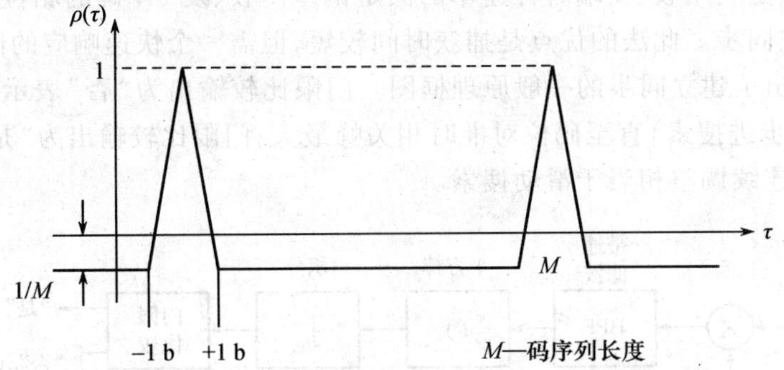

图 7.9 m 序列的自相关函数

已知相关函数,经付里叶变换可得到功率谱。m 序列的功率谱可表示成

$$S(\omega)=\frac{1}{M^2}\delta(\omega)+\frac{M+1}{M^2}\left[\frac{\sin(\omega T_c/2)}{\omega T_c/2}\right]^2\sum_{n=-\infty}^{\infty}\delta\left(\omega-\frac{2n\pi}{MT_c}\right) \tag{7.18}$$

其中,M 是 m 序列的最大长度或周期,δ(·)是狄拉克函数,T_c 是码片持续时间。

由上式可知:

(1) 它是线谱,谱线间隔为 $2\pi/MT_c$。当序列长度 M 越大时,谱线密度越大,也越接近噪声谱。

(2) 零分量的谱线强度与 M^2 成反比,其余谱线与 M 成反比,M 越大功率谱越趋于均匀分布即越接近白噪声。

(3) 第一个零点出现在 $\omega=2\pi/T_c$ 处,它决定系统应有的带宽。

通过对功率谱的研究可以得到重要结论:为了得到近似噪声的功率谱,应选取 M 尽可能的大,通常 M 应大于 511;为了获得高处理增益,应选取 T_c 尽可能的小,以便扩展带宽尽可能的宽。另外,在研究多个扩展序列公用信道同时传输的系统时,也需根据功率谱来讨论它们之间的相互影响。

3. 扩频系统的同步方式

系统的同步性能直接影响到通信系统的工作及其性能指标。直扩系统地址码的同步是用 PN 序列的相关性来实现的。同步过程一般分为两个阶段:

(1) 捕获阶段,用以建立初始同步,即实现收、发端两个地址码在一个码片内的粗调同步;

(2) 跟踪阶段,用以使收端地址码与发端保持同步。

系统的跟踪通常是利用延迟锁定环来完成的,而实现获取又可分为步进搜索法与滑动搜索法。

步进搜索法是利用对接收端本地时钟脉冲的附加或扣除的方法,使本地 PN 码以 1/4 或 1/2 个码片为步长作步进调整,直至与外来的 PN 码对准为止。此方法的优点是可用数字电路实现,但是同步建立的时间较长。

滑动搜索法是利用收、发端时钟速率的固定偏差使收、发 PN 码的相位滑动,直到相位达到一致时建立同步。此法的优点是捕获时间较短,但需一个快速响应的同步识别器。

图 7.10 给出了建立同步的一般原理框图。门限比较输出为“否”表示未同步,经过时钟的步进调整(步进搜索)直至码位对准时相关峰最大;门限比较输出为“是”,表示同步建立,停止调整。连续调整相当于滑动搜索。

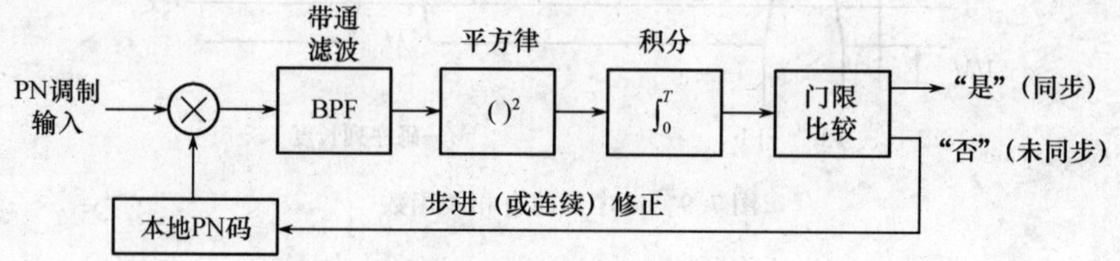

图 7.10　同步建立

7.4.4　码分多址系统性能

根据扩频原理可知,与接收机本地地址码不相同的扩频信号经检测时,因它们的互相关值很小,其相关输出可视为噪声。利用正交编码互相关性很小性质,在一个宽带信道中可以允许有 n 个不同码型的 PN 扩频信号共同传输,即可构成如图 7.11 所示的 CDMA 系统框图。

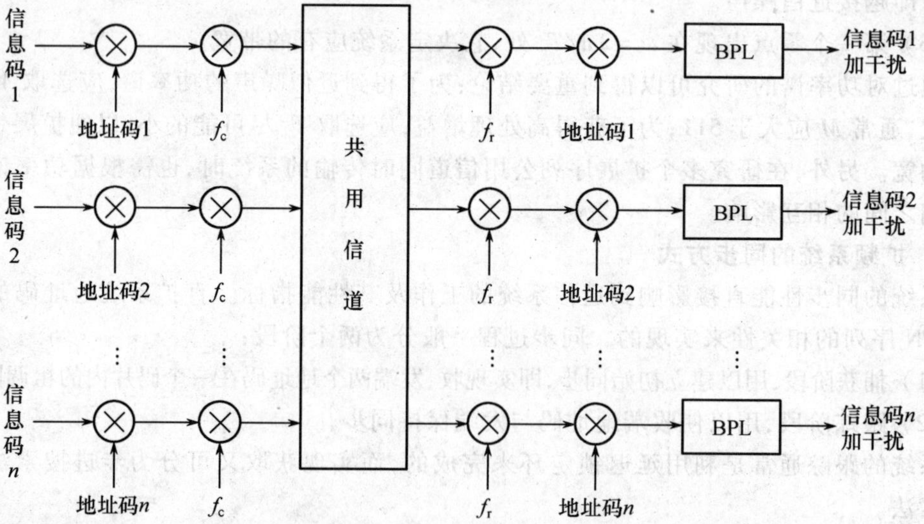

图 7.11　码分多址连接原理图

码分多址系统的性能,是在给定比特误码率条件下,用系统内可同时进行通信的用户数来表征的。当同时工作的用户数增加时,相当于噪声增加,使有用信号对噪声的功率比下降。当用户数超过一定容限时,系统的传输性能会逐渐下降。但它没有明显的界限,这一点与信道独占系统的严重阻塞情况或与 ALOHA 型系统的碰撞情况不同。换句话说,CDMA 有一定承受过载的能力,这是它的另一个优点。

现在假设 CDMA 系统内同时通信的用户数为 n,有用信号的功率为 P_0,干扰信号的功率为 P_i,则功率比为 $\alpha_i = P_i/P_0 (i = 1, 2, \cdots, n-1)$,$\alpha_i = 1$ 为等功率条件。

又设载波频率为 f_c,信码数据率 $R_b = 1/T_b$,地址码的码片速率为 $R_c = 1/T_c$。采用 BPSK 调制方式,由检测理论可知,其比特误码率的公式为

$$P_b = Q(\sqrt{2E_b/N_0}) \tag{7.19}$$

$$Q(x) = \int_x^{\infty} (2\pi)^{-\frac{1}{2}} \exp(-u^2/2)\,du \tag{7.20}$$

由此可求出误码率 P_b 与比特信号噪声功率比 E_b/N_0 的对应值,见表 7.1。

表 7.1 误码率与比特噪声功率对应值

P_b	10^{-4}	10^{-5}	10^{-6}
E_b/N_0(dB)	8.4	9.6	10.5

当只有一个用户通信时,信噪功率比为

$$SNR = (E_b/N_0)_1 \tag{7.21}$$

其中,角标 1 表示信道只被一个用户占用,N_0 为单边噪声功率谱密度。

当多个用户共用信道时,假定信道是线性的,那么多个用户的扩频信号就是互不相干的。干扰信号可被视为加性宽带噪声,它们的功率谱密度是相加的。当 T_b/T_c 很大时,只有在 $f=f_c$ 附近的功率谱才对有用信号产生干扰。因此,任一信号 i 的等效干扰为

$$N_i = P_i T_c = \alpha_i P_0 T_c \tag{7.22}$$

若共有 $n-1$ 个用户的信号产生干扰,则记总干扰为 $\sum_{i=1}^{n-1} N_i$。n 个用户通信时信噪 比为

$$SNR = (E_b/N_0)_n = E_b/\left(N_0 + \sum_{i=1}^{n-1} N_i\right) = E_b/\left(N_0 + P_0 T_c \sum_{i=1}^{n-1} \alpha_i\right) \tag{7.23}$$

当 $n>1$ 时,有 $\left(\frac{E_b}{N_0}\right)_n < \left(\frac{E_b}{N_0}\right)_1$。就是说,共用信道的用户数增加是信噪比下降的原因。

为了保证误码率 P_b 不变,必须使 $(E_b/N_0)_n$ 的值增大到 $(E_b/N_0)_1$ 的值。这时,接收端有用信号的信噪比必须提高的某个 $(E_b/N_0)_R$ 值。

由式(7.23),令 $\eta = T_b/T_c = R_c/R_b$,称为扩展系数,且有 $P_0 T_c/N_0 = \eta^{-1}(E_b/N_0)_R$,则有

$$(E_b/N_0)_n = \left\{(E_b/N_0)_R^{-1} + \eta^{-1}\left(\sum_{i=1}^{n-1} \alpha_i\right)\right\}^{-1} \tag{7.24}$$

因为当$(E_b/N_0)_n=(E_b/N_0)_1$时才满足给定的P_b值，将此条件代入式(7.24)后可得出

$$\left(\frac{E_b}{N_0}\right)_R=\frac{(E_b/N_0)_1}{1-(E_b/N_0)_1\eta^{-1}\sum_{i=1}^{n-1}\alpha_i} \tag{7.25}$$

因此可以定义信噪比下降因子DF为

$$DF=\frac{(E_b/N_0)_R}{(E_b/N_0)_1}=\frac{1}{1-\eta^{-1}(E_b/N_0)_1\sum_{i=1}^{n-1}\alpha_i} \tag{7.26}$$

当n个用户的信号功率相等时，式(7.26)可写作

$$DF=1/[1-\eta^{-1}(n-1)(E_b/N_0)_1] \tag{7.27}$$

当$n=1$时，$DF=1$，即$(E_b/N_0)_R=(E_b/N_0)_1$；当$n>1$时，扩展系数η越大，DF越小。这表明，处理增益越大，系统内可同时通信的用户数越多。

下面介绍系统内可容许的最大同时通信的用户数与扩展系数的关系。

由式(7.22)，当$\alpha_i=1$时可写成

$$(E_b/N_0)_n=1/[(E_b/N_0)_R^{-1}+(n-1)\eta^{-1}] \tag{7.28}$$

当$(E_b/N_0)_R\to\infty$时，可得到$(E_b/N_0)_n$的最大信噪比，即有

$$SNR=\lim_{(E_b/N_0)_R\to\infty}(E_b/N_0)_n=\eta/(n-1)\quad n\geqslant 2 \tag{7.29}$$

所以$n=\dfrac{\eta}{E_b/N_0}+1$。近似有

$$n\approx\frac{\eta}{E_b/N_0}=\frac{R_c/R_b}{E_b/N_0} \tag{7.30}$$

其中，n是在同等功率条件下系统内可同时通信的最大用户数。它等于扩展系数除以达到给定误码率所需要的$(E_b/N_0)_n$值。利用式(7.30)，可以估计或评价一个CDMA系统的性能。例如，要求$E_b/N_0=8$ dB，已知$R_c/R_b=2000$，则可求出$n=250$。以信噪比下降因子与用户数的关系画出的曲线，则如图7.12所示。

当n个用户功率不等时，将出现远近效应，这时应考虑功率比α_i，结果将使同时可通信的用户数比等功率时下降。但是在卫星通信中，可认为各地球站(用户)是属于等功率的情况。

当采用纠错编码时，可以提高同时通信的用户数。但采用纠错编码对扩频系统的捕获过程没有帮助，当信噪比降低时，会使捕获时间加长。

7.4.5 CDMA系统容量

假设在理想的加性白高斯噪声信道中，每个用户占据带宽W，平均功率P，系统容量取决于K个用户协同工作的程度。

对于单用户检测，每个用户的接收机不知道(或忽略)其他用户的扩频波形情况，设每

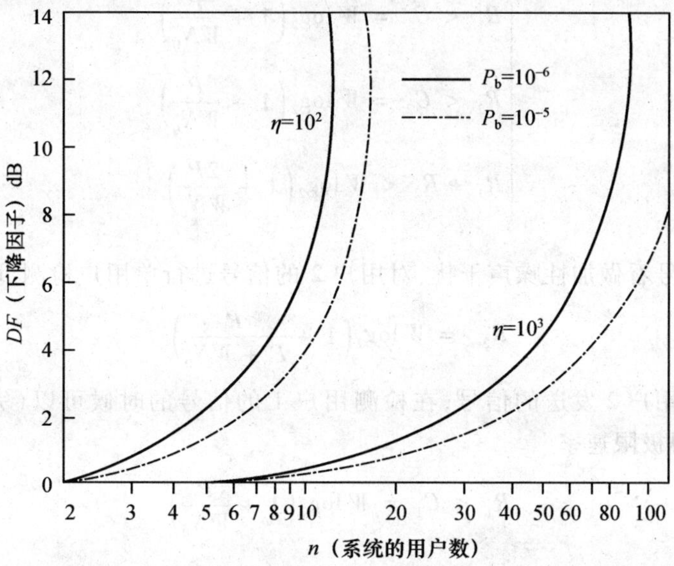

图 7.12 n 个等功率用户的 CDMA 系统的性能

个用户的伪随机波形是高斯的、加性的，则每个用户的容量为

$$C_K = W\log_2\left[1+\frac{P}{WN_0+(K-1)P}\right] \tag{7.31}$$

$$\frac{C_K}{W} = \log_2\left[1+\frac{C_K}{W}\frac{E_b/N_0}{1+(K-1)(C_K/W)(E_b/N_0)}\right] \tag{7.32}$$

用户数目 K 很多时，近似关系式 $x\approx\ln(1+x)$，从而有

$$\frac{C_K}{W} \leqslant \frac{C_K}{W}\frac{E_b/N_0}{1+K(C_K/W)(E_b/N_0)}\log_2 e \tag{7.33}$$

整理得

$$C_n \leqslant \log_2 e - \frac{1}{E_b/N_0} < \frac{1}{\ln 2} \tag{7.34}$$

由上可以看出，不论如何提高信噪比 E_b/N_0，系统总容量有上界，因为有 $K-1$ 个信号相当于噪声。

对于多用户检测，由一组 K 个单用户接收机组成多用户接收机，其他用户的扩频信号看作干扰，对多个用户的信号进行联合解调和检测，例如，对于两个用户的系统容量：

设编码速率为 R_1、R_2，则有

$$\begin{cases} R_1 < C_1 = W\log_2\left(1 + \dfrac{P}{WN_0}\right) \\ R_2 < C_2 = W\log_2\left(1 + \dfrac{P}{WN_0}\right) \\ R_1 + R_2 < W\log_2\left(1 + \dfrac{2P}{WN_0}\right) \end{cases} \tag{7.35}$$

先将用户 1 的信号看做加性噪声干扰,对用户 2 的信号进行单用户检测,取得极限速率

$$R_{2m} = W\log_2\left(1 + \frac{P}{P + WN_0}\right) \tag{7.36}$$

由于接收机知道用户 2 发送的信号,在检测用户 1 的信号的时候可以(完全)消除用户 2 对它的影响,取得极限速率

$$R_1 < C_1 = W\log_2\left(1 + \frac{P}{WN_0}\right) \tag{7.37}$$

则

$$C_1 + R_{2m} = W\log_2\left(\frac{WN_0 + P}{WN_0}\frac{WN_0 + P + P}{WN_0 + P}\right) = W\log_2\left(1 + \frac{2P}{WN_0}\right) \tag{7.38}$$

如图 7.13 所示,恰好可满足式(7.35)的约束条件。

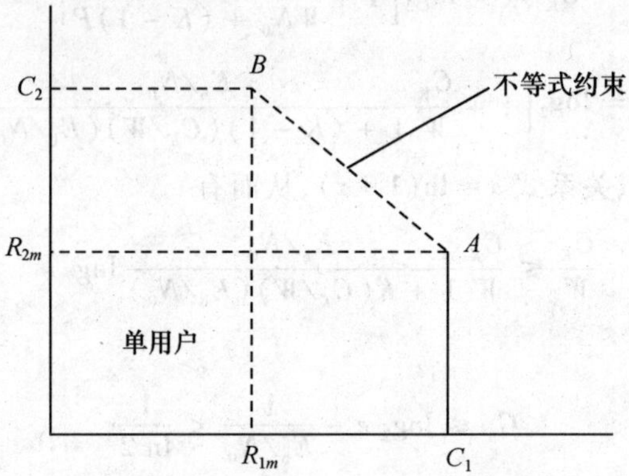

图 7.13 多用户检测速率与系统容量

7.4.6 CDMA 的两种形式

CDMA 两种主要的形式为 DS-CDMA 和跳频码分多址(Frequency Hopping-Code Division Multiple Access,FH-CDMA)。

1. DS-CDMA

DS-CDMA 即直接序列码分多址。从原理上来说,DS-CDMA 是通过将携带信息的窄带信号与高速地址码信号相乘而获得的宽带扩频信号。接收端需要用与发射端同步的相同地址码信号去控制输入变频器的载频相位,从而可实现解扩。

DS-CDMA 系统具有抗窄带干扰、抗多径衰落和保密性好的优点。此外,关于 DS-CDMA 的优点还可以罗列很多,如许多用户可以共享频率资源,无需复杂的频率分配和管理,具有软容量特性。软容量是指在一定限度内的用户数增加,只会使得信噪比下降,而不会终止通信,也就是说 DS-CDMA 没有绝对的容量限制。

DS-CDMA 也存在一些问题,DS-CDMA 所有用户均占有同一整个频段与同一整个时隙,而划分不同地址的正交参量既不是频段也不是时隙,而是不同地址码组的自相关函数,并且不同地址码组之间的非完全正交性,因此存在多址干扰问题。此外,在 DS-CDMA 系统中还存在远近效应,就是说离基站近的强信号用户会对远离基站的弱信号用户的通信形成干扰,本质上说这还是由于地址码的非完全正交性所致,而 FH-CDMA 便可以解决这些问题。

2. FH-CDMA

FH 是两种基本的调制技术之一,它是指无线传播中频率的反复交换,通常能够将远程通信中未经授权的截取或干扰降低到最低的程度。

1) FH-CDMA 原理

FH-CDMA 是指跳频码分多址,该移动通信在民用通信中并不多见,但在军事抗干扰通信中则是一种常见的通信方式。FH-CDMA 的基本原理是优选一组正交跳频码(地址码/扩频码),为每个用户分配一个唯一的跳频码,并用该跳频码控制信号载频,在一组分布较宽的跳频集中进行跳变。事实上,可以简单地将 FH-CDMA 看做是一种由跳频码控制的多进制频移键控。但与普通 DS-CDMA 的最大不同是,FH-CDMA 的频率分配是由一组相互正交的具有伪随机特性的跳频码来控制实现的,所以仍然将其归属于码分多址,同时它又是一种扩频多址。因为,虽然单独从每一跳变时隙的内部来看,FH-CDMA 是一个窄带系统,但从一个较长时间的整体效应来看,FH-CDMA 就是一个宽带扩频系统。

如图 7.14 所示,FH-CDMA 将整个时域划分为若干个子时域,同样又将整个频段划分为若干个子频段,每个用户在不同的时隙占用不同的频段,而从抗干扰的角度来看,FH-CDMA 就是一种依靠跳频码控制的快速躲避式抗干扰技术,可以解决前述 DS-CDMA 由于地址码组之间非正交引起的码间干扰及远近效应。

2) FH-CDMA 系统结构

图 7.15 所示是一种实现 FH-CDMA 的系统结构框图。基带信号对载波调制后发射,载频来自频率合成器,在跳频序列(常见 PN 序列即伪噪声序列)的控制下随机跳变(最简单的控制方法是以序列值作为频道号)。收端的本振亦来自跳频序列控制的频率合成器,接收频率随机跳变。当收发两端频率按同一跳频序列随机跳变,并且达到同步时,接收端就可解调出有用信息。当收发两端频率按不同跳频序列随机跳变时,两端频率在任何时

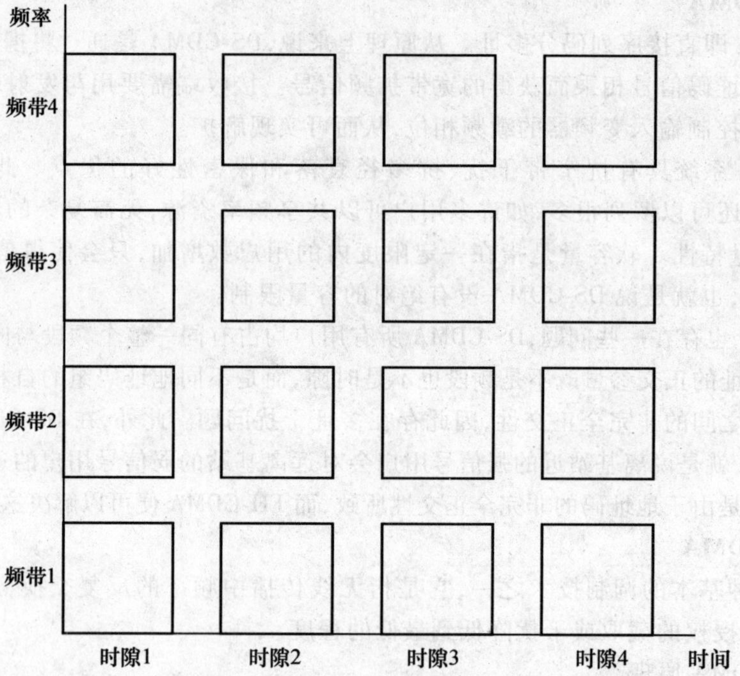

图 7.14　FH-CDMA 时间频带利用

刻都不相同或相同的概率极小，即频率序列相互正交或准正交，接收端收不到发射端的信息。以上两种情况，前者对应同地址 FH-CDMA 用户正常通信过程，后者对应不用地址 FH-CDMA 用户之间互相干扰关系。

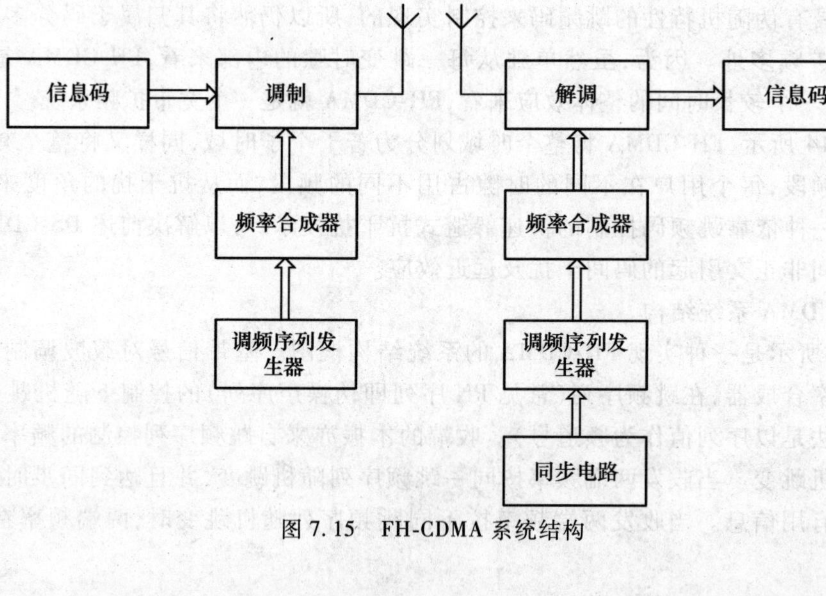

图 7.15　FH-CDMA 系统结构

在传统的定频通信系统中，发射机中的主振荡器的振荡频率是固定设置的，因而它的载波频率是固定的。为了得到载波频率是跳变的跳频信号，要求主振荡器的频率应能遵照控制指令而改变。这种产生跳频信号的装置叫跳频器。通常，跳频器是由频率合成器和跳频序列发生器构成的。被传送的信息可以是模拟的或数字的信号形式，经过调制器的相应调制，便获得副载波频率固定的调制信号，再与频率合成器输出的主载波频率信号进行混频，其输出的调制信号的载波频率达到射频通带的要求，经过高通滤波器后至天线发射出去。

跳频系统的频率合成器输出什么频率的载波信号是受跳频序列控制的。在时钟的作用下，跳频序列发生器不断地发出控制指令，频率合成器不断地改变其输出载波的频率。因此，混频器输出的已调波的载波频率也将随着指令不断地跳变，从而经高通滤波器和天线发送出去的就是跳频信号。

图 7.16 所示是一种确定跳频图案的跳频序列发生器的结构。其多项式为 $f(x) = x^{31} + x^{3} + 1$。

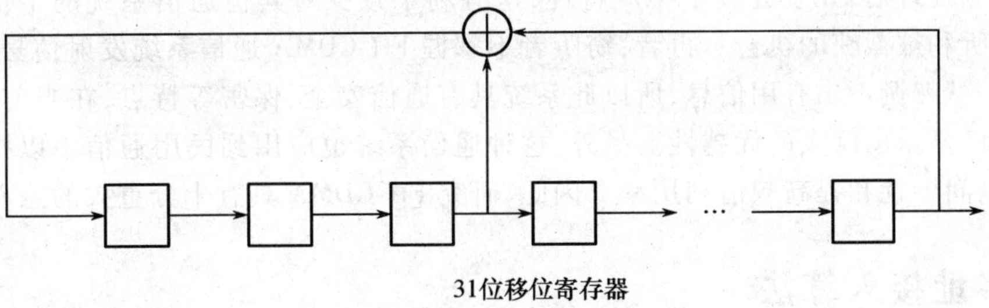

图 7.16 跳频序列发生器

把 31 级序列发生器相邻的 5 个二进制码元转成十进制后，对 20 取模，作为频率控制码。系统中不同的信道在同一时钟控制下进行全同步跳频，跳频图案为同一序列的不同偏移，这样就保证了各信道的频率各不相同，不会产生频率交叠。

图 7.17 所示是一种频率合成器的实现，它是一种直接数字式频率合成器，采用了近年来迅速发展起来的一种新的频率合成方法。这种方法简单可靠、控制方便，且具有很高的频率分辨率和转换速度，非常适合快速跳频通信的要求。

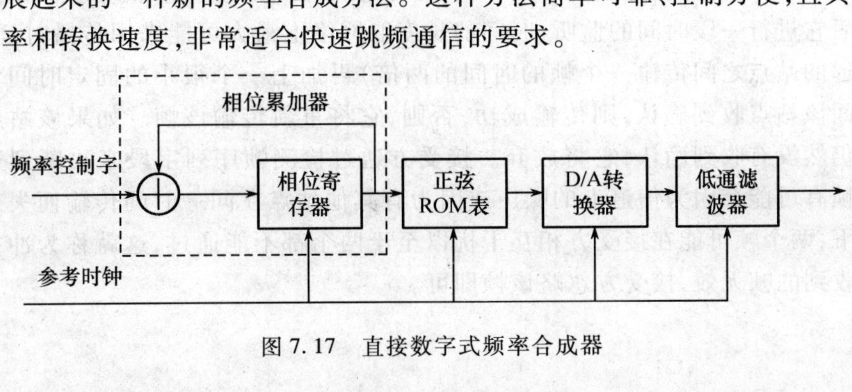

图 7.17 直接数字式频率合成器

参考时钟 f_R 由一个稳定的晶体振荡器产生，用它来同步整个合成器的各个组成部分。相位累加器由 N 位加法器与 N 位相位寄存器级联构成，类似于一个简单的加法器。每来一个时钟脉冲，加法器就将频率控制字 K 与相位寄存器输出的累加相位数据相加，然后把相加后的结果送至相位累加器的数据输入端。相位寄存器就将加法器在上一时钟作用后产生的新相位数据反馈到加法器的输入端，以使加法器在下一个时钟的作用下继续将相位数据与频率控制字相加。这样，相位累加器在参考时钟的作用下进行线性相位累加。当相位累加器累加满量时，就会产生一次溢出，完成一个周期性的动作，这个周期就合成信号的一个周期，累加器出频率也就是合成信号频率。

3）FH-CDMA 意义

由于 FH-CDMA 通信系统在发送端是将待传送的信息数据用伪随机编码调制后再传输，接收端进行解调及相关同步处理，恢复原始信息数据，具有伪码调制和同步捕获跟踪等特点，使得 FH-CDMA 移动通信系统具有其他通信方式无法比拟的优点。特别是在电子对抗环境下，采用这种通信技术，是提高通信设备抗干扰能力的最有效措施。而且发射信号通过扩频处理后，几乎近似于噪声特性，这有利于减少对其他通信系统的干扰，同时降低了被窃听和被截获的机会。再者，窃听者不掌握 FH-CDMA 通信系统发射信号所采用的伪码规律，就解调不出有用信息，所以此系统具有通信安全、保密等特点，在当前现代化的电子战中已显示出巨大的优越性。另外，这种通信系统也应用到民用通信中以抗衰落、抗多径、抗网间干扰和提高频谱利用率。因此，研究 FH-CDMA 具有十分重大的意义。

7.5 多址接入算法

20 世纪 70 年代，夏威夷大学的 Norman Abramson 和他的同事设计出了一种巧妙的新方法来解决信道的分配问题。自从那时开始，许多研究人员又进一步扩展了他们的工作。Abramson 的工作被称为 ALOHA 系统，尽管它使用了基于地面的无线电广播通信，但是它的基本思想同样也适用于其他的多个无协调关系的用户竞争单个共享信道使用权的系统。

ALOHA 协议是为无线分组交换网提出的第一个媒体接入控制（Media Access Control，MAC）层协议。不过它也能应用于任何共享的传输媒体。其指明站点可以在任何时间传输帧。然后它进行一段时间的监听，时间的长度取网络上最大可能来回传播时延（是在两个距离最远的站点之间传输一个帧的时间的两倍）再加上一个很小的固定时间增量。如果监听期间该站点收到确认，则传输成功，否则，它将重新传输该帧。如果该站点在重复传输之后仍然没有收到确认，它将放弃。接受方通过检测帧序列字段来决断到达帧的正确性。该帧有可能会因为信道上的噪声或因为有其他站点在同一时间传输而失效。在后一种情况下，两个帧可能在接受方相互干扰以至于两个都不能通过，这就称为冲突。如果确定一个收到的帧无效，接受方忽略该帧即可。

7.5.1 ALOHA 系统信息到达统计

假定系统要求信息包总的正确到达率是每秒 λ 个成功的或被接收的消息。因为冲突的存在，一些信息传输会不成功或者说被拒绝。因此，定义总的传输到达率为 λ_t，等于接收率 λ 加上拒绝率 λ_r，即

$$\lambda_t = \lambda + \lambda_r \tag{7.39}$$

把每个信息包的长度规定为 b 比特。可以用 b/s 为单位来表示信道的平均通信量或吞吐量，即

$$\rho' = b\lambda \tag{7.40}$$

也可以用 b/s 为单位来定义信道上的总负荷，即

$$G' = b\lambda_t \tag{7.41}$$

把信道容量（最大比特速率）表示成 R，定义归一化的吞吐量为

$$\rho = \frac{b\lambda}{R} \tag{7.42}$$

归一化的总负荷为

$$G = \frac{b\lambda_t}{R} \tag{7.43}$$

归一化的吞吐量 ρ 表示吞吐量在信道容量中占的比重（$0 \leqslant \rho \leqslant 1$）。归一化的总负荷 G（$0 \leqslant G \leqslant \infty$）表示总负载与信道容量的比率。注意，$G$ 的取值可以大于 1。

定义每个包的传输时间为

$$\tau = \frac{b}{R} \tag{7.44}$$

将式(7.44)代入式(7.42)和式(7.43)后，得

$$\rho = \lambda\tau \tag{7.45}$$

$$G = \lambda_t\tau \tag{7.46}$$

只要其他用户没有在前面的 τ 时间内传输信息，用户就可以连续地传输信息。如果另一位用户在前面的 τ 时间内传输信息，它的尾部会与当前要传输的信息发生冲突。如果另一位用户在后面的 τ 时间内传输信息，它会与当前要传输信息的尾部发生冲突。这样，每个信息至少需要 2τ 的时间间隔。

通信系统中不相关用户的到达过程通常作为泊松过程（Poisson Process）来处理。在 τ 时间间隔中，有 K 个新消息到达的概率为

$$P(K) = \frac{(\theta\tau)^K e^{-\lambda\tau}}{K!} \quad K \geqslant 0 \tag{7.47}$$

其中，θ 是消息平均到达率。因为在 ALOHA 系统中用户的传输不必考虑其他用户，所以，计算在一个 2τ 的时间间隔中恰好有 $K=0$ 个其他消息到达的概率时将用到这个公式。这

就是用户正确传输信息(无冲突)的概率 P_S,假定所有的传输都是泊松过程,根据式7.47中的 λ_t 和 2τ,得

$$P_S = P(K=0) = \frac{(2\tau\lambda_t)^0 e^{-2\tau\lambda_t}}{0!} = e^{-2\tau\lambda_t} \tag{7.48}$$

在式(7.39)中,根据成功的 λ 和不成功的 λ_r 来定义全部的传输到达率为 λ_t。根据定义,包成功传输的概率可以表达为

$$P_S = \frac{\lambda}{\lambda_t} \tag{7.49}$$

联合式(7.48)和式(7.49),有

$$\lambda = \lambda_t e^{-2\tau\lambda_t} \tag{7.50}$$

联合式(7.50)、(7.45)、(7.46)得

$$\rho = Ge^{-2G} \tag{7.51}$$

式(7.51)描述了 ALOHA 系统信道中归一化吞吐量 ρ 和归一化总负荷 G 之间的关系。

图7.18描述了在纯 ALOHA 中二者之间的关系:随着 G 的增长,ρ 也会增长,直到冲突率足够大,从而引起吞吐量的下降为止。ρ 的最大值等于 $1/2e=0.18$,此时 G 值为0.5。因此,纯 ALOHA 信道仅仅利用了资源的18%。控制的简单性是靠牺牲信道容量为代价的。

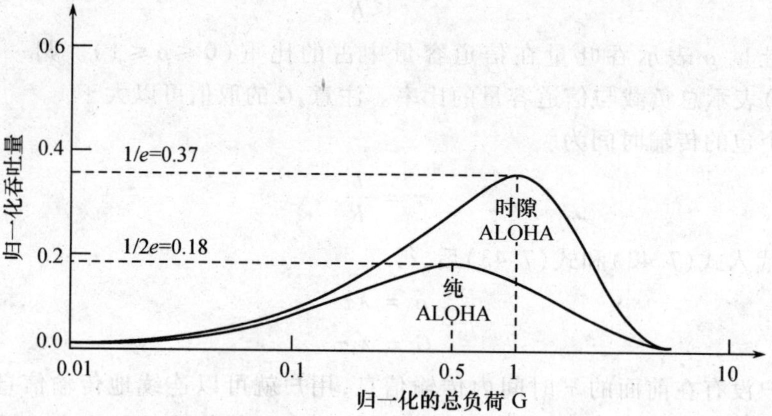

图7.18　在 ALOHA 信道中的吞吐量(成功传输量与全部的传输量之比)

纯 ALOHA 接入过程如图7.19所示。

7.5.2　时隙 ALOHA

为了提高效率,人们开发出了时隙 ALOHA(Slotted ALOHA,S-ALOHA)。在此机制下,信道上的时间组织成统一的时隙,时隙的长度等于帧的传输时间。这就需要一些中央时钟或其他技术对所有站点进行同步。所有的传输只允许在时隙的边界处开始。因此,重

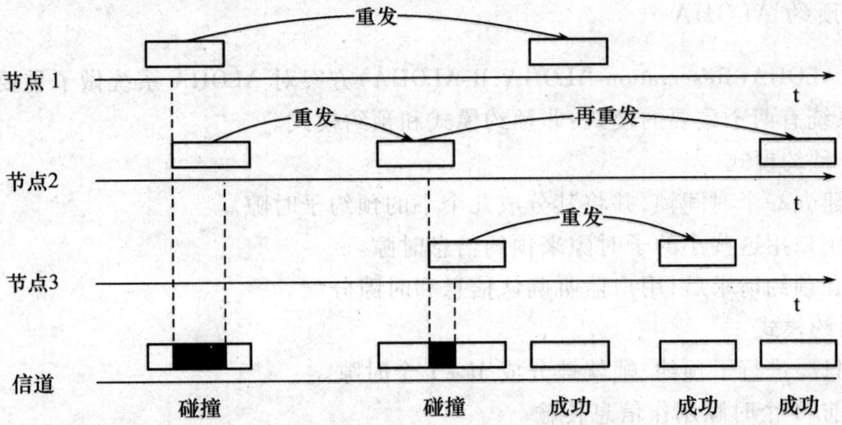

图 7.19 纯 ALOHA 多址接入过程示意图

叠的帧必然是完全重叠。

对 S-ALOHA 系统而言，冲突窗口从 2τ 减少到 τ，导致归一化的吞吐量 ρ 和归一化的总负载 G 关系为

$$\rho = Ge^{-G} \tag{7.52}$$

这就把系统的最大利用率提高到大约 37%。与纯 ALOHA 协议对比，数据的冲突时间减少了一半，提高了系统效率（最大吞吐量）两倍，如图 7.18 所示。其接入过程如图 7.20 所示。

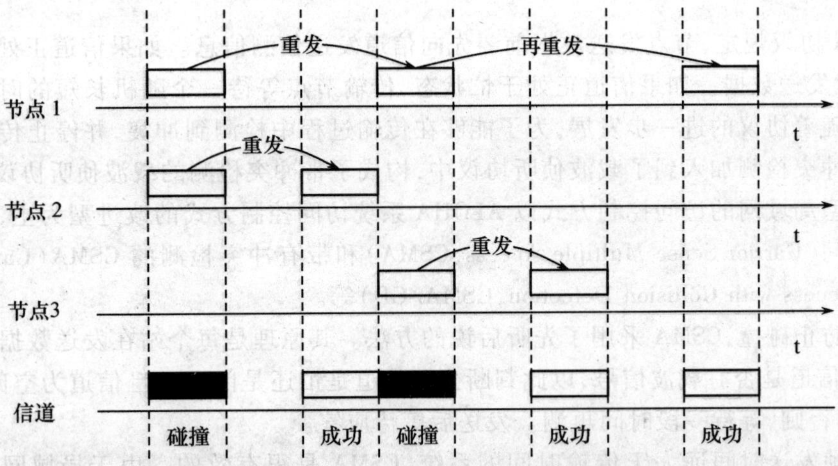

图 7.20 时隙 ALOHA 多址接入示意图

7.5.3 预约 ALOHA

预约 ALOHA(Reservation-ALOHA,R-ALOHA)方案对 ALOHA 系统做了重要改进。R-ALOHA 系统有两个重要的模式:非预约模式和预约模式。

1) 非预约模式

(1) 建立一个时间帧,并将其分成几个小的预约子时隙。

(2) 用户用这些小的子时隙来预约信息时隙。

(3) 在预约请求后,用户监听确认信息和时隙分配。

2) 预约模式

(1) 只要进行了预约,帧就被分成 $M+1$ 个时隙。

(2) 前 M 个时隙用作信息传输。

(3) 最后一个时隙被分成子时隙用于预约/请求。

(4) 用户仅在 M 个时隙中分给他们的时隙内发送信息包。

7.6 局域网多址接入技术

局域网是在小区域内各种通信设备互联在一起的通信网络,其由共享的媒体、一组与媒体的接口以及规范媒体接入的硬件和软件组成。局域网中的多址接入方法,通常称为媒体访问控制方法。局域网中的媒体访问控制方法很多,下面介绍几种常用的方法。

7.6.1 CSMA 协议

CSMA 协议规定,节点发送数据前要先向信道发送侦测信息。如果信道正处于空闲状态,节点就发送数据。如果信道正处于忙状态,传输节点等待一个随机长短的时间后再尝试传输。随着协议的进一步发展,为了能够在传输过程中检测到冲突,并停止传输然后等待重传。冲突检测加入到了载波侦听协议中,构成了带冲突检测的载波侦听协议。

总线型局域网的访问控制方式以 ALOHA 系统访问控制方式的改进型为主,即载波侦听多路访问(Carrier Sense Multiple Access,CSMA)和带有冲突检测的 CSMA(Carrier Sense Multiple Access with Collision Detection,CSMA/CD)等。

为了防止碰撞,CSMA 采用了先听后说的方法。其原理是每个站在发送数据前必须先听(检测)信道是否有载波信号,以此判断公用信道是忙还是闲。一旦信道为空闲,则立即发送数据;否则,等待一段时间再测。发送后等待应答。

对于帧发送时间远大于传输时间的系统,CSMA 是很有效的。由于局域网覆盖范围小,帧信号传输延时很短,使用 CSMA 方法碰撞机会很小,所以信道利用率远超过了 ALOHA。最大利用率取决于帧的长度和传播时延。帧越长或传播时延越短,利用率就越高。

CSMA 有三种方式,即非坚持型、1 - 坚持型和 P - 坚持型。

1）非坚持型

非坚持型 CSMA 选择发送时机的规则是:若信道空闲立即发送;若信道忙,随机延时一段时间再发送。由于随机延迟,会产生信道浪费。

2）1-坚持型

为避免非坚持型引起的信道空闲,1-坚持型选择发送时机的规则是:若信道空闲,立即发送;若信道忙,则继续侦听,直到发现信道空闲立即发送。如果信道碰撞(以没有肯定应答来确定),则等待一段随机时间再侦听,发现空闲,立即发送。

3）P-坚持型

非坚持型减少了碰撞,1-坚持型节约了信道空闲时间。结合前两者的优点,产生了 P-坚持型。P-坚持型选择发送时机的规则是:如果信道空闲,以 P 的概率发送,以 $1-P$ 的概率延迟一个时间单位,该时间单位一般等于最大传播延迟。若信道忙,则继续侦听直到信道空闲再重复上述过程。

7.6.2 带有冲突检测的 CSMA 协议

CSMA 协议效率不高的原因在于当两帧产生碰撞时整个帧的传送均无效。这期间的信道不能利用。如果节点在发送的同时继续侦听信道,一旦发现有碰撞,立即停止发送。与此同时,要发送一个短暂的干扰信号,使所有节点都知道产生了碰撞。干扰信号发送之后,随机等待一段时间再发送,这样就可避免碰撞时仍发送整个帧带来的信道损失。这种方法的工作过程可概括为先听后发、边听边发、冲突停止、随机等待重发。

7.6.3 带冲突避免的多址接入协议

带冲突避免的多址接入协议(Multiple Access Collision Avoidance, MACA)解决了 MAC 层协议经常遇到的隐终端问题。

隐终端是指在接收节点的覆盖范围之内而在发送节点覆盖范围之外的节点。由于隐终端听不到发送节点正在发送,就有可能向同样的节点发送数据包,造成数据包在接收节点处发生冲突。冲突后使得发送节点要重传冲突的数据包,从而降低了信道利用率,如图 7.21 所示。

当节点 A 向节点 B 发送数据包时,节点 C 处在节点 A 的覆盖范围以外而处在 B 的覆盖范围内,因此 C 是隐发送终端。如果 C 此时向 B 发送数据包就会产生冲突。

此协议规定,在发送数据包前,发送节点首先广播一个要发送数据的请求(Request To Send, RTS),通知其邻居节点发送节点将要发送数据。接收节点收到发送节点的 RTS 数据包后如果做好了接收数据的准备,接收节点会类似地发送一个清除发送数据帧(Clear to Send, CTS),通知其邻居节点接收节点将要接收数据包。以上过程防止了接收节点接收数据时会受到其他节点发送数据的干扰(隐终端问题)。发送节点在收到接收节点的 CTS

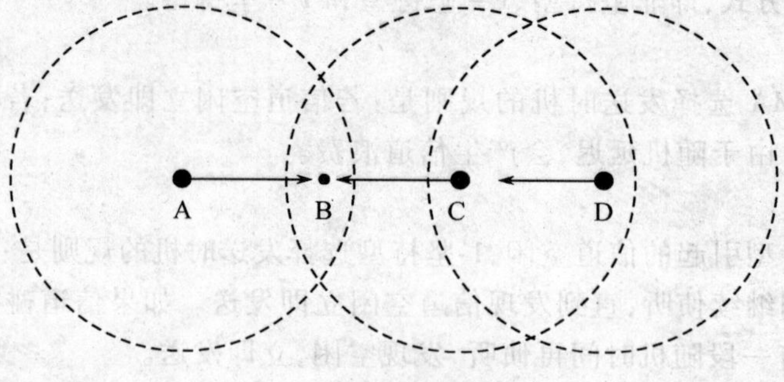

图 7.21 隐终端问题

数据包后,就可开始传输数据包。这样就可以解决隐发送终端问题。但是如果此时D向C发送RTS控制数据包请求发送数据,因为C此时不能发送任何信息,所以D就无法收到C回应的CTS,D会不断地向C重发RTS。这称为隐接收终端问题。隐接收终端问题在单信道条件下是无法解决的。

虽然MACA协议解决了隐发送终端的问题,但是它也引出了一个新的问题,暴露终端问题。

暴露终端是指在发送节点的覆盖范围之内而在接收节点覆盖范围之外的节点。暴露终端因听到发送节点发送而延迟自身数据包的发送,而实际上它处在接收节点的覆盖范围之外,它的发送不会造成数据冲突,从而引入了不必要的延迟,如图7.22所示。当节点B向节点A发送数据包时,节点C处在B的覆盖范围内而处在A的覆盖范围外,C是暴露终端。C因听到了B的发送而可能会延迟向D发送数据包,但实际上C向D发送并不会影响B向A的发送。

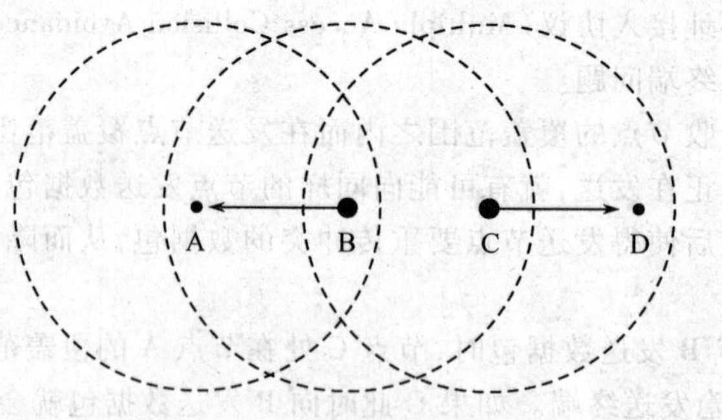

图 7.22 暴露终端问题

为了解决暴露终端问题,在原有MACA协议的基础上,Bharghavan等进一步改进了MACA,提高了它的性能,并且将他们的新协议命名为无线的带冲突避免的多址接入协议(Multiple Access Collision Avoidance for Wireless, MACAW)。其在MACA中又加入了数据发送和确认帧(Acknowledgement, ACK)数据包。这项改进提高了协议的公平性。最后,他们还增加了一种各个站点之间交换有关拥塞信息的机制以及一种使后退算法面对临时问题时反应不很强烈的方法,从而提高了系统的性能。协议具体的实现方法在 7. 6. 5 节中再详细介绍。

7.6.4 忙音多址接入协议

最初的无线网络,由于技术和设备的限制,各节点都工作在一个信道上。随着设备和相关协议的发展,多信道、甚至是多接口 - 多信道无线自组织网络已经在步入实用。多信道无线网络需要关注如何在节点间分配信道,以提高网络吞吐量,避免冲突,实现信道上的负载均衡。目前较多的做法是:将信道分为控制信道和数据信道,节点在控制信道中协商数据交换采用的数据信道,然后在相应的数据信道上进行数据通信。控制信道和数据信道的划分可能是时间上的,也可能是空间上的。比如,一个信道在某个时刻可能用作控制信道,协商好数据信道后,切换到相应的数据信道进行通信。也可能一个节点拥有几个接口,其中的一个接口固定工作在某个控制信道上,其他接口固定或者动态地使用某个数据信道。不管是哪种方式,都需要占用一定的资源用于信道协商。这种占用是值得的,目前在多信道的理论分析结果说明,在合理设计的多信道条件下,不仅可以提高整体网络容量,还可以提高每个信道的实际吞吐量。

忙音多址接入协议(Busy Tone Multiple Access, BTMA)是针对隐终端问题设计的一种多信道的 MAC 层协议。该协议将传输信道划分为两种信道:一个是数据信道、一个是控制信道。数据信道用来传输数据,控制信道用来传输忙音。在 BTMA 中,当一个节点要发送数据,它首先侦测控制信道看其是否有忙音存在,如果没有忙音存在,发送节点向控制信道发送忙音信号,然后在数据信道开始传输数据包。当邻居节点要发送数据包时,由于控制信道有忙音信号,所以邻居节点要等到前一传输完毕才能发送数据,这样就避免的数据包冲突。

还有一种双忙音多址接入技术(Dual Busy Tone Multiple Access, DBTMA)对 BTMA 做了扩展。此协议中规定了两个忙音,一个用来告知发送节点的邻居节点,发送节点正在传输数据。一个用来告知接收节点的邻居节点,接收节点正在接收数据。

7.6.5 IEEE 802.11

1990 年,电气和电子工程师协会(Institute of Electrical and Electronics Engineers, IEEE) 802 委员会特别为无线局域网成立了一个新的工作组,即 IEEE 802.11,它的宗旨就是要为无线局域网开发 MAC 协议以及物理层规约。其初衷是开发运行在 ISM(工业、科学和医药)波段内的无线局域网。但自那时起,人们对不同频率和数据率的无线局域网(Wireless Local Area Networks, WLAN)的需求就已经开始激增。为了满足这一需求,IEEE 802.11 工作组发布了一个一直在不断扩张的标准列表。

IEEE 802.11 MAC 子层协议与以太网的 MAC 子层不同,因为与有线环境相比,无线环境具有一些内在的复杂性。在以太网中,一个站只要等到以太网空闲下来,就可以开始传输了。如果在前 64 个字节以内没有收到送回来的噪声尖峰的话,则几乎可以肯定该帧已经被正确地递交了。在无线环境中,这样的条件并不成立。

首先,前面提到的隐终端问题以及暴露终端不可避免。为了解决这些问题,IEEE 802.11 支持两种操作模式。第一种模式称为分布式协调功能(Distributed Coordination Function, DCF),它并没有用到任何中心控制手段(在这一点上与以太网类似)。另一种模式称为点协调功能(Point Coordination Function,PCF),它使用接入点来控制单元内的所有活动。所有的 802.11 实现必须支持 DCF,而 PCF 则是可以选的。现在我们来讨论这两种模式。

当使用 DCF 时,IEEE 802.11 使用带有冲突避免的载波侦听多路访问(Carrier Sense Multiple Access with Collision Avoidance,CSMA/CA)协议。在这个协议中,物理信道的监听手段与虚拟信道的监听手段都用到了。CSMA/CA 支持两种操作方法。在第一种方法中,当一个站想要传送数据时,它首先监听信道。如果信道空闲,它就开始传输。在传送过程中它并不监听信道;第二种是直接送出整个帧,对于这种情况,在接收方,有可能由于干扰而使该帧数据被毁坏。如果信道正忙,则发送方推迟到信道空闲再开始传送。如果冲突发生的话,则冲突的站等待一段随机的时间(使用以太网的二元指数后退算法来计算这段时间)以后再试着重新传送。

CSMA/CA 操作的另一种模式是以 MACAW 为基础,它用到了虚拟信道监听方法,如图 7.23 所示。在这个例子中,A 希望向 B 发送数据。C 位于 A 的无线范围内(有可能也在 B 的范围内,但这无关紧要)。D 在 B 的无线范围内,但是不在 A 的范围内。

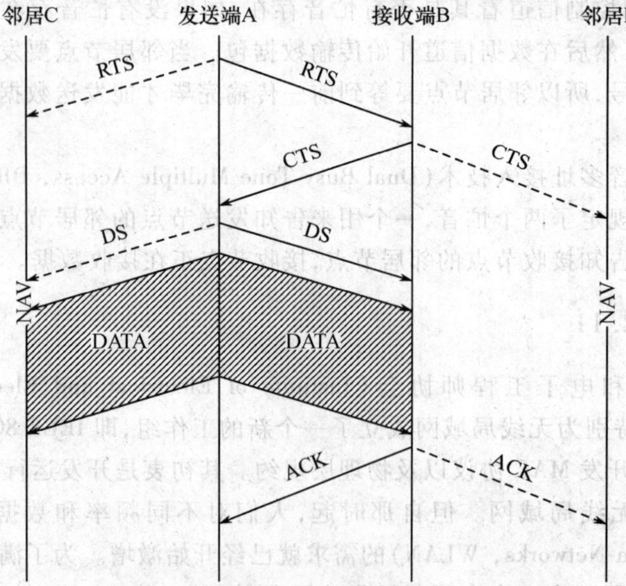

图 7.23　MACAW 协议下的数据交换过程

当A决定要向B发送数据时,协议开始工作。A首先向B发送一个RTS帧,请求一个给B发送帧的许可。当B收到该请求时,它可能会决定给予许可,在这种情况下,它送回一个CTS帧。A收到了CTS帧之后,首先发送一个数据发送包,然后开始发送帧,并启动一个ACK定时器。B在正确地收到了该数据帧之后,用一个ACK帧作为应答,从而终止协议交换过程。如果在ACK帧回到A之前,A的定时器超时了,则整个协议再重新运行。

现在从C和D的角度来考虑这个交换过程。C在A的无线范围以内,所以它可能会收到RTS帧。如果它确实收到了,则它意识到,很快有人要发送数据了,所以,为了全局着想,它不再传送任何信息,直到该协议的交换完成为为止。根据RTS请求中所提供的信息,它可以估算出该序列将需要多长时间,其中包括最终的ACK,所以它为自己声明了一种虚拟信道,并且该信道正忙,在图中用网络分配向量(Network Allocation Vector,NAV)标示出来。D并没有听到RTS,但是它听到了CTS,所以,它也声明了NAV信号。请注意,NAV信号并不传送出去,它只是一种内部的提醒信号,用来保持一定时间的安静。

与有线网络相反,无线网络是有噪声的,也是不可靠的,例如,微波炉也使用了不需要许可的ISM频段,所以会干扰无线网络。因此,一帧被成功地传送出去的概率随着帧长度的增加而减小。如果任何一位发生错误的概率为p,则长度为n的帧被正确接收的概率是$(1-p)^n$。如果一帧太长的话,它要完好无损地传输通过的几率会非常小,这样就可能不得不重传。

为了解决噪声信道的问题,IEEE 802.11协议允许传输的帧被分成小的碎片,每个分片有自己的校验和。在使用停-等协议进行传输的时候,这些分片被单独编号和确认,也就是说,发送方只有在接收到了第k个分片的确认之后才传输第$k+1$个分片。一旦一个站利用RTS和CTS获得了信道,则多个分片可以成一排被发送出去。分片序列称为一个分片串。

由于分片机制使得只需要重传损坏的分片,而无需重传整个帧,因此,它提高了整体吞吐量。标准并没有规定分片的大小,这是每个单元内部的一个参数,所以,通过基站可以调整该参数。NAV机制仅仅用于在下一个确认到来之前使其他站保持安静,然而,下面将要介绍的另一种机制可以允许一个完整的分片串发送出去而不会受到干扰。

上面所有讨论都适用于IEEE 802.11 DCF模式。在这种模式中,没有中心控制,所有的站都在竞争时间,就好像以太网中的站一样。另一种模式是PCF,在这种模式中,基站对其他站点进行表决,问它们是否要发送帧。由于在PCF模式中,传输顺序完全是由基站控制的,所以不会发生冲突。标准中规定了表决机制,但是没有规定表决频率、表决顺序,也没有规定是否所有站都需要获得同等的服务。

基本的机制是:让基站周期性地广播一个信标帧,差不多10~100次/秒。信标帧包含了调频和停延时间、时钟同步等。它同时也邀请新的站申请表决服务。一旦一个站已经申请到特定速率的表决服务,则它实际上获得了一定的带宽保证,从而就有可能具备服务质量保证。

对于移动的无线设备而言，电池的寿命往往是一个问题，所以 IEEE 802.11 也特别注意到了电池管理的问题。特别是基站可以指示一个移动站进入睡眠状态，直到由基站或者用户显示地唤醒为止。然而，基站让一个移动站进入睡眠，意味着在移动站睡眠期间基站必须负责把所有发送给该移动站的帧全部缓存起来，以后再把它们送给移动站。

在一个单元内，PCF 和 DCF 可以共存。乍看之下，一套中心控制机制和一套分布式控制机制同时运行似乎是不可能的，但是，IEEE 802.11 提供了一种办法可以做到这一点，就是通过定义帧间的时间间隔。当一帧被发送出去以后，对于任何一个站，必须等待一段特定长度的时间之后才可以发送帧数据。共有四种不同的时间间隔定义，每一种都有特殊的用途。

最短的时间间隔是短帧间间隔(Short Inter-Frame Space，SIFS)。它的用途是允许一个对话中的各个部分有机会首先发送。这包括：让接收方发送一个 CTS 来响应一个 RTS；让接收方发送一个 ACK 作为对一个分片的确定，或者对一个完整数据帧的确认；让一个分片串的发送方传输下一个分片，而无需再发送一个 RTS。

在一个 SIFS 间隔之后，总是恰好只有一个站会得到发送应答的授权。如果它未能够利用它的机会，则经过一段时间会到达 PCF 帧间间隔(PCF Inter-Frame Spacing，PIFS)时间点，基站可能会发送一个信标域，或者一个表决帧。这种机制使得一个正在发送数据帧或者分片序列的站可以在无人妨碍的情况下完成帧的发送任务，但是，当前面的发送方已经完成了发送任务时，基站无需跟饥渴的用户竞争就有机会获取信道。

如果基站不想有任何动作，则会到达 DCF 帧间间隔(DCF Inter-Frame Spacing，DIFS)时间点，任何一个站都可能试图获得信道以便发送一个新的帧。常用的竞争规则在这里仍然使用，如果冲突发生的话，则可能需要用到二元指数后退算法。

最后一个时间间隔是扩展帧间间隔(Extended Inter-Frame Spacing，EIFS)，用来报告坏帧，只有刚刚接收到坏帧或未知帧的站才会使用这个间隔。为这种事件赋予最低优先级的想法是，由于接收方可能不知道接下去该怎么办，所以它应该实实在在地等待一段时间，以避免干扰两个站之间的一个正在进行的对话。

7.7 例题

例 7.1 假定包的传输和重发都可以用泊松过程描述，计算在 S-ALOHA 系统中，一个数据包的传输与另一个用户发生冲突的概率。假定全部的传输速率是 $\lambda_t = 10$ packet/s，包持续时间是 $\tau = 10$ ms。

解：由题意可知，一个数据包的传输与另一个用户发生冲突的概率为

$$p(K=1) = \left.\frac{(\tau\lambda_t)^K e^{-\tau\lambda_t}}{K!}\right|_{K=1} = (10\times 0.01)^1 e^{-0.1} = 0.1e^{-0.1} = 0.09$$

例 7.2 归一化吞吐量 ρ 是信道利用率的一个衡量指标，它可以用成功传输的消息负荷

(单位是 b/s)除以总的消息负荷(包括被拒绝的消息)(单位是 b/s)得到。若信道最大数据传输速率是 $R=50$ kb/s,共有 $M=10$ 个地面站,每站的平均传输速率是 $\lambda=2$ packet/s,试求该信道的归一化吞吐量。假设系统格式为 $b=1350$ b/packet。

解:由题意,信道的归一化吞吐量为

$$\rho=\frac{Mb\lambda}{R}=\frac{10\times1350\times2}{50000}=0.54$$

例 7.3 假定 1 km 长的 CSMA/CD 网络的数据率为 1 Gb/s,设信号在网络上的传播速率为 200 000 km/s,求能够使用此协议的最短帧长。

解:对于 1 km 电缆,单程端到端传播时延为

$$\tau=1\div200000=5\times10^{-6}\text{s}=5\ \mu\text{s}$$

端到端往返时延为

$$2\tau=10\ \mu\text{s}$$

为了能按照 CSMA/CD 工作,最小帧的发送时延不能小于 10 μs,以 1 Gb/s 速率工作,10 μs 可发送的比特数为

$$10\times10^{-6}\times1\times10^{9}=10000\text{ b}=1250\text{ B}。$$

例 7.4 以太网使用的 CSMA/CD 协议是以争用方式接入到共享信道,这与传统的时分复用 TDM 相比优缺点如何?

解:CSMA/CD 是一种动态的媒体随机接入共享信道方式,而传统的时分复用 TDM 是一种静态的划分信道,所以对信道的利用,CSMA/CD 是用户共享信道,更灵活,可提高信道的利用率。而 TDM 为用户按照时隙分配信道,即使当用户没有数据要传送时,信道在用户时隙也是浪费的。正是因为 CSMA/CD 是用户共享信道,所以当同时有用户需要使用信道时会发生碰撞,降低信道的利用率,而在 TDM 中,用户在分配的时隙中不会与别的用户发生冲突。对局域网来说,接入信道的是相距较近的用户,因此通常信道带宽较宽,如果使用 TDM 方式,用户在自己的时隙内没有数据发送的情况会更多,不利于信道的充分利用。

练习题

1. 多路复用和多址接入的相似点和不同点是什么?
2. 通信资源的一般含义是什么?
3. 为什么用一个线性设备来做混频器是不可能的?
4. 理论上,FDMA 与 TDMA 比较有容量优势吗?
5. CDMA 与 FDMA 或 TDMA 比较有什么样的优势?

参考文献

[1] Bernard Sklar. 数字通信:基础与应用[M]. 徐平平,宋铁成,叶其慧,译. 2 版. 北京:电子工业出版

社,2002.
[2] 强世锦,荣健.数字通信原理[M].北京:清华大学出版社,2008.
[3] 赵寒梅.数字通信[M].北京:北京邮电大学出版社,2005.
[4] 刘连青.数字通信技术[M].北京:机械工业出版社,2003.
[5] John G. Proakis.数字通信[M].2版.北京:电子工业出版社,2003.
[6] 沈越泓,高媛媛,魏以民.通信原理[M].2版.北京:机械工业出版社,2008.
[7] 蒋青,吕翊.通信原理与技术[M].北京:北京邮电大学出版社,2007.
[8] Ziemer R E,Tranter W H.通信原理:系统、调制与噪声[M].北京:高等教育出版社,2004.

第8章　现代数字交换与组网技术

名词术语释义

电路交换(Circuit Switching)　两台计算机或终端在相互通信时,使用同一条实际的物理链路,通信中自始至终使用该链路进行信息传输,不许其他计算机或终端同时共享该电路。

分组交换(Packet Switching)　数据信息被分割成若干个分组,每个分组除数据信息外还包含地址信息和分组编号。每个分组在网络中都以存储转发方式独立地进行交换,同一个信息产生的不同分组在网络中的传输路径可以不同。

服务质量(Quality of Service,QoS)　指一些具体的、可量化和度量的参数,如传输延时、抖动、丢失率、带宽要求、吞吐量等指标。

开放系统互连参考模型(Open Systems Interconnection Reference model,OSI-RM)　一个描述网络层次结构的模型,保证了各种类型网络技术的兼容性、互操作性。在OSI参考模型中,每层完成一定的功能,每层都直接为上层提供服务。

脉冲编码调制(Pulse Code Modulation,PCM)　对模拟信号进行取样,将取样值量化、编码而转换为数字信号的一种编码方式。

数据包(Datagram)　网络上一种数据传输方式的名称,是无连接型(Connectionless)通信中的叫法。数据包是指将比较短的数据封装后形成的一个数据分组,是数据包型通信中处理的数据对象。

数据电路终端设备(Data Circuit Terminal Equipment,DCE)　数字通信设备,通常指调制解调器、多路复用器或数字设备。

数据终端设备(Data Terminal Equipment,DTE)　具有数据源或数据宿或二者功能兼具的设备。它的结构应包括输入/输出、输入/输出控制、传输控制等功能部件。

统计时分复用(Statistical Time Division Multiplexing)　又称为异步时分复用,它通过时隙的标头信息来区分不同的通路。用户若无信息发送,不占用时隙,可为别的用户所用,可提高时隙利用率。

信令(Signaling)　通信设备(包括用户终端、交换设备等)之间传递的除了用户信息以外的控制信号。

虚通道(Virtual Channel) 两个终端接入点的逻辑连接。

虚通路(Virtual Path) 两个终端(或网关)之间的多个虚通道聚合在一起形成的一个虚拟的管道。

异步转移模式(Asynchronous Transfer Mode) 是建立在电路交换和分组交换基础上的一种面向连接的快速分组交换技术,采用定长分组作为传输和交换的单位。

帧中继(Frame Relay) 是在用户/网络接口之间提供用户信息流的双向传送,并保持顺序不变的一种承载业务。它是以帧为单位在网络上传输,并将流量控制、纠错等功能全部交由智能终端设备处理的一种新型高速网络接口技术。

非分组型终端(Not Packet Terminal,NPT) 不具有分组数据处理能力,不能直接进行分组交换的终端。

分组型终端(Packet Terminal,PT) 与交换机连接时,具有分组处理能力的终端。

分组组装/拆装设备(Packet Assembly Disassembly,PAD) 完成虚电路建立与释放、数据转发、字符拆装功能的设备。

交换虚电路(Switching Virtual Circuit,SVC) 两个数据终端要通信时先用呼叫程序建立电路,然后发送数据,通信结束后用拆线程序拆除虚电路。

双音多频(Dual Tone Multi Frequency,DTMF) 电话系统中电话机与交换机之间的一种用户信令,一个高频信号和一个低频信号代表一个数字,通常用于发送被叫号码。

同步数字系列技术(Synchronous Digital Hierarchy,SDH) 基于光纤传输的一种将复接、线路传输及交换功能融为一体、并由统一网管系统操作的综合信息传送网络。

网络节点接口(Network Node Interface,NNI) 网络内部节点间的接口。

用户网络接口(User Network Interface,UNI) 用户与网络的接口。

永久虚电路(Permanence Virtual Circuit,PVC) 分组网内两个终端之间在申请提供永久逻辑连接,无需呼叫建立与拆线程序。

随着微电子技术、计算机技术的飞速发展,交换技术得到了空前的发展。从电话交换一直到当今数据交换、综合业务数字交换,交换技术经历了人工交换到自动交换的过程。人们对可视电话、可视图文、图像通信和多媒体等宽带业务的需求,大大地推动了异步传输技术(Asynchronous Transfer Mode, ATM)和同步数字系列技术(Synchronous Digital Hierarchy,SDH)、宽带用户接入网技术等的不断进步和广泛应用。本章将重点介绍程控交换技术、分组交换技术和 ATM 交换技术。

8.1 程控交换技术

用电子计算机按照预先编制好的程序来控制接续的电子自动交换,采用这种交换方式的系统称为程控交换系统。它通过软件(程序)和硬件相互配合,完成对交换的控制。在程控交换机中,硬件完成对外部环境条件变化的响应,建立交换所需要的通路,执行维护管理、故障测试等功能。软件则完成对硬件收集到的各种信息的处理并控制硬件工作,以完成上述各种功能。

8.1.1 程控交换机的发展历史

程控交换是由电路交换逐步发展起来的。自1876年美国贝尔发明电话以来,电路交换技术从最初的人工接续方式,经历了机电与电子式自动交换、存储程序控制的模拟和数字交换以及第三方可编程交换等技术的变革。

世界上最早的电路交换机是1878年英国人设计的磁石电话交换机,最初的磁石电话机是通过手摇发电机发送振铃信号,通知人工交换台有一个呼叫请求服务。在这种模式中,振铃信号使交换台亮灯,对应标志掉牌,人工交换台话务员观察到用户状态变化后,首先与主叫用户连接,了解主叫用户服务请求的内容并查看相关设备及被叫状态,当被叫空闲时由交换台向被叫电话机振铃,否则告诉主叫"被叫忙或机线忙"等。被叫摘机后,人工交换台话务员利用塞绳将主叫和被叫通话电路连通,主叫和被叫双方通话。当双方通话完毕时必须摇动发电机,通知人工交换台话务员通话结束,然后由话务员恢复机线为空闲。这种方式也称为Ring-Down交换模式,通过人工完成电话接续和系统管理,显然效率比较低且容易出错。

在磁石电话交换机问世15年后步进制(Step-by-Step)交换机问世,它标志着交换技术从人工时代迈入了机电自动交换时代。这种机电式交换机属于"直接控制"方式。用户通信时使用电话机的号盘进行拨号,号盘在回转过程中通过触点使连接电话机的二线馈电环路产生通断变化,以直流脉冲的形式表示所拨号码。交换机利用该直流的通断以计数方式按步直接控制接线器动作,从而自动地完成用户间通话电路的选线和接续功能。这种交换机虽然实现了自动接续,但存在着速度慢、效率低、杂音大与机械磨损严重等缺点。

1919年,瑞典工程师发明了"纵横接线器",将步进接线器的滑动摩擦式接点改为压接触方式,减少了磨损,提高了接线器寿命。纵横制(Cross Bar)交换机分别于1926年和1938年在瑞典和美国开通,接着法国、日本和英国等国也相继生产出纵横制交换机。相对于步进制交换机,纵横制交换机利用继电器控制的贵金属压接触接线器代替大幅度动作的步进接线器,减小了接线触点磨损与设备工作噪音,提高了可靠性和接续速度。另外,纵横制交换机采用间接控制方式,用户拨号不直接控制接线器动作,而是先由一个称为记发器的设备接收、存储用户号码,然后通过标志器驱动接线器来完成用户间接续。这种间接控制方式将控制部分与话路分开,提高了灵活性与控制效率,加快了接续速度,并且降低了对用户拨号号盘的要求。

随着电子技术,尤其是半导体技术的迅速发展,人们在交换机内引入电子技术,这类交换机称为电子交换机。最初是在交换机的控制部分引入电子技术,话路部分仍采用机械接点,出现了“半电子交换机”、“准电子交换机”。在微电子技术和数字技术进一步发展以后,才开始了全电子交换机的迅速发展。

1946年第一台电子计算机的诞生,对交换技术的发展起了巨大的影响。始初,由于计算机的可靠性还不十分高,而交换机对其控制部件要求却很高,要求几十年内能够连续不断地工作,这对专用于控制交换机的计算机提出了很高要求,从而提高了成本。早期的存储程序控制交换机通常采用集中控制方式,控制系统较为脆弱,它的话路部分保留机械接点或模拟开关电路,称为程控模拟空分交换机。

在20世纪60年代后期,PCM技术成功地应用在通信传输系统中,对通话质量和节约线路设备成本都产生了很大好处。随着数字通信与PCM技术的迅速发展和广泛应用,于是产生了将PCM信息直接交换的思想,各国开始研制程控数字交换机。1970年法国首先成功地开通了世界上第一台程控数字交换系统,标志着交换技术从传统的模拟交换进入到了数字交换时代。程控数字交换技术采用PCM数字传输和数字交换,非常适合信息数字化应用,除应用于普通电话通信以外,并且为开通用户电报、数据传送等非话业务提供了有利条件。目前在电信网中使用电路交换机全部为程控数字交换机,可向用户提供电路方式的固定电话业务、移动电话业务和窄带综合业务数字网(N-ISDN)业务。

8.1.2 程控交换机组成

程控交换系统是由硬件和软件两大部分组成。

控制电话交换系统的软件可分为两部分:一部分是基本上不变化的,称为操作子系统;另一部分则随使用环境和要求而改变,称为应用子系统。操作子系统是程序手段的汇总,它保证对控制设备所有资源的控制,实时有效地组织处理过程。例如,对各种不同级别程序的调度执行管理、中断管理,对故障的诊断处理以及对外部设备的控制管理等。应用子系统则指完成交换所要求的具有各种功能的软件手段。例如,在完成两个用户之间的接续时,需要进行信令(也称信号)接收、发送、分析处理、路由选择等。这些程序称为呼叫处理程序。另外,还有维护操作管理所需的程序,如话务测量、计费等。

硬件由话路子系统和控制子系统组成,如图8.1所示。

1. 话路子系统

数字程控交换设备的话路子系统由模拟用户接口、用户级、远端模块、数字用户接口、数字中继接口、模拟中继接口、信令设备和数字交换网络等部件组成。

1) 模拟用户接口

模拟用户接口是数字程控交换设备通过模拟用户线连接普通电话机的接口电路,常称为用户电路。普通电话机通常是一个无源的声电转换设备,通过二线模拟方式在终端和交换机之间传输音频信号,采用直流环路和音频信令方式。而在数字程控交换机内部,由于数字交换网络采用数字化时隙交换模式,流入、流出数字交换网络的消息信号均采用

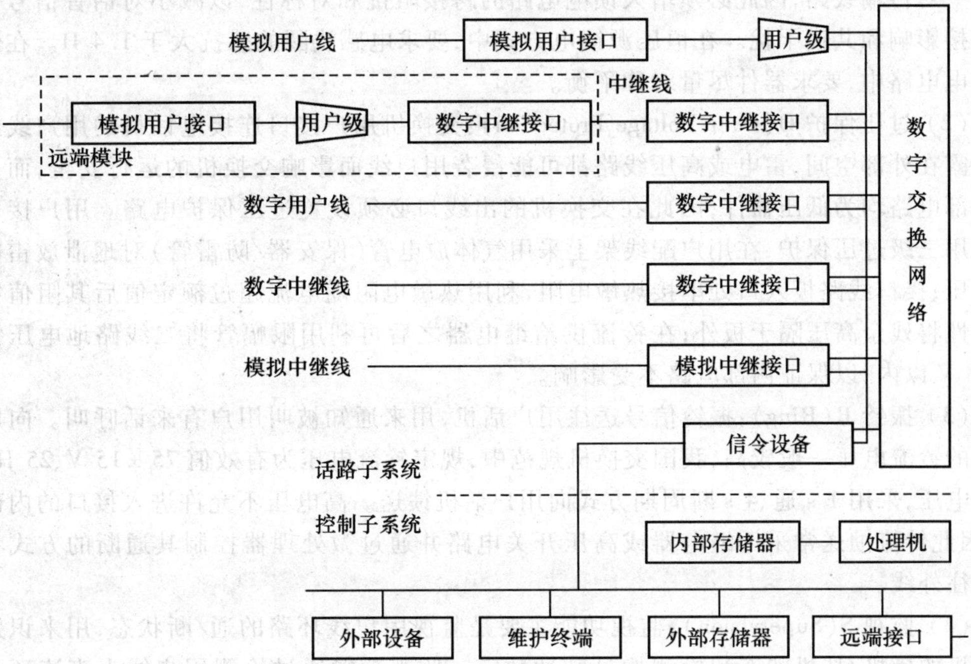

图 8.1 程控交换机硬件系统示意图

PCM 时分复用方式。数字程控交换机中的模拟用户接口电路必须使得内外两者相互匹配，因此，模拟用户电路应具有 BORSCHT 七项功能，如图 8.2 所示。

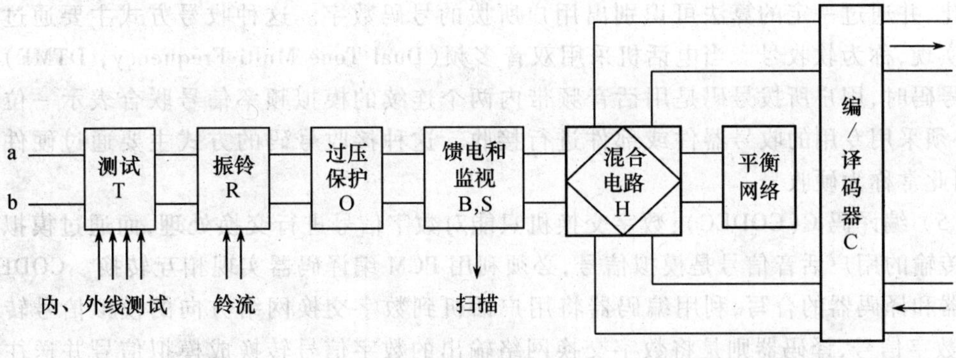

图 8.2 模拟用户接口电路示意图

(1) 馈电 B(Battery Feeding)：所有连在交换机上的普通电话机都由交换机向其馈电。数字程控交换机的馈电电压一般为 48 V，在通话时的馈电电流保持在 20 ~ 50 mA 之间。馈电方式有恒压源馈电和恒流源馈电两种。通常，交换机向电话机馈电和传输话音信号共用一对传输线路，因此必须增大馈电电路的跨接阻抗和对称性，以减小对话音信号传输的跨接影响和共模干扰。在恒压源馈电方式中，要求电感线圈的感抗大于1.4 H。在恒流源馈电电路中，要求器件尽量对称平衡。

（2）过压保护 O（Over Voltage Protection）：交换机用户接口连接电话机的用户线经常会暴露在外部空间，雷电或高压线路都可能侵袭用户线而影响交换机的运行安全，而交换机内部电路均为低压器件，因此在交换机的出线口必须设置过压保护电路。用户接口通常采用三级过压保护，在用户配线架上采用气体放电管（保安器/防雷管）对地泄放雷电等超高压；接口线路板入口处串接热敏电阻，利用热敏电阻随电流超过额定值后其阻值突增的特性将残余高压隔于板外；在铃流供给继电器之后再利用限幅管将二线路地电压钳位在48 V以内，以保证内部电路不受影响。

（3）振铃 R（Ring）：振铃信号送往用户话机，用来通知被叫用户有来话呼叫。向用户馈送的铃流电压一般较高，我国交换机规范中，规定铃流电压为有效值75±15 V、25 Hz的交流电压，采用1 s通、4 s断周期方式向用户话机馈送。高电压不允许进入接口的内部电路，因此铃流馈送常采用继电器或高压开关电路并通过微处理器控制其通断的方式将铃流送往外线。

（4）监视 S（Supervision）：监视功能主要是监视用户线环路的通/断状态，用来识别用户话机的摘机/挂机状态和检测拨号脉冲数字。监视功能通过检测用户线上直流环路有无直流流过来实现。用户挂机状态下直流环路被断开，将没有直流流过；用户摘机接通直流环路，馈电电流将保持在20 mA以上。脉冲拨号话机利用机内触点接通或断开直流环路的方式发送用户拨叫的号码，例如，操作“5”时，直流环路便会按照8～20 Hz（标准为10 Hz）的速度通断5次。呼叫处理计算机通过接收监视电路检测的用户直流环路上的状态变化，并通过一定的算法可识别出用户所拨的号码数字。这种收号方式主要通过软件程序实现，称为软收号。当电话机采用双音多频（Dual Tone Multi Frequency，DTMF）方式发送号码时，用户所拨号码是用话音频带内两个连续的模拟频率信号联合表示一位号码的，必须采用专用的收号器件或部件进行接收。这种接收号码的方式主要通过硬件来实现，因此常称为硬收号。

（5）编译码 C（CODEC）：数字交换机只能对数字信号进行交换处理，而通过模拟用户环路传输的用户话音信号是模拟信号，必须利用PCM编译码器实现相互转换。CODEC是编码器和译码器的合写，利用编码器将用户话机到数字交换网络方向的模拟信号转换成PCM数字信号，译码器则是将数字交换网络输出的数字信号转换成模拟信号并送往用户话机。

（6）混合电路 H（Hybrid Circuit）：为了节约通信成本，用户环路通常采用一对线路（二线）的方式传输来去两个方向的用户话音信号，而数字编译码器只能对单向信号进行处理，并且数字交换网络采用四线方式完成数字信号的交换和传送复用，因此必须设置混合电路完成二/四线转换。

(7) 测试 T(Test):交换机在日常运行过程中,用户线路、用户终端和用户接口电路可能发生短路、断路、碰地、搭接电力线或元件损坏等各种故障,为了确保通信设备的正常可靠运行,交换机管理系统需通过接口电路对外线和接口内部电路自动进行例行测试或指定测试。外线测试是通过继电器触点断开外线与接口电路的连接,将外线接至测试设备,由软件程序控制测试线路及用户终端的状态和相关参数。内线测试是通过继电器触点将接口电路接至一个模仿用户终端的测试设备上,通过测试软件控制执行一个完整的通话应答过程,检测接口电路的相关动作和参数。

2) 用户级

用户级是用户集线器(Line Concentration,LC)的简称,主要完成用户话务的集中和分配功能,并对用户呼叫信令进行预处理。通常用户终端的话务量一般较低,多为 0.1 erl 左右,为了简化数字交换网络的设计和提高公共设施的利用率,首先在用户级对用户接口话务按 2:1 ~8:1 的比例进行集中,然后以高速 PCM 总线接入数字交换网络。用户线信令预处理功能,负责扫描接收用户的摘/挂机状态变化和拨号信令,转换成内部信令消息递交给主控系统完成呼叫处理;接收主控系统下传的信令消息并对用户接口作相应控制操作。

3) 数字中继接口

数字中继接口是数字交换系统与数字中继线之间的接口电路,常用于长途交换机之间、市话交换机之间和其他数字传输系统之间的数字信号传输连接。

数字中继接口电路由码型变换、时钟提取、帧同步和复帧同步、帧定位、信令插入和提取、告警处理等功能模块组成,如图 8.3 所示。

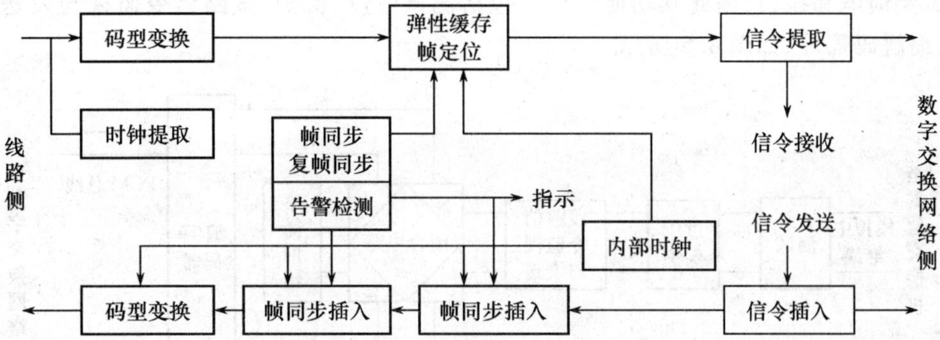

图 8.3 数字中继接口电路示意图

4) 远端模块

远端模块是设置在远离交换机主体的位于用户驻地的用户接口群设备,由用户接口电路、用户级和数字中继接口组成,并通过数字中继接口与交换母局相连。远端模块不是小型程控交换机,自身不具备话路交换能力,只完成用户话务的集中和分配,受交换母局控制和管理。设置远端模块的主要目的是为了节约用户线投资,提高组网的灵活性。

5）数字用户接口

数字用户接口是数字程控交换机在用户环线上采用数字传输方式连接数字用户终端的接口电路（见图8.4）。已标准化的数字用户接口有基本速率接口（Basic Rate Interface，BRI）和基群速率接口（Primary Rate Interface，PRI），通称V系列接口。基本速率接口的传输帧结构为2B＋D，线路传输速率为192 kb/s。基群速率接口的传输帧结构为30B＋D，线路传输速率为2.048 Mb/s，接口为1～16个的复合。其中"B"是64 kb/s的业务信道，可用来传送话音或数据，"D"是信令信道，用来传送信令和低速数据。在BRI中D信道为16 kb/s，PRI中的D信道是64 kb/s。

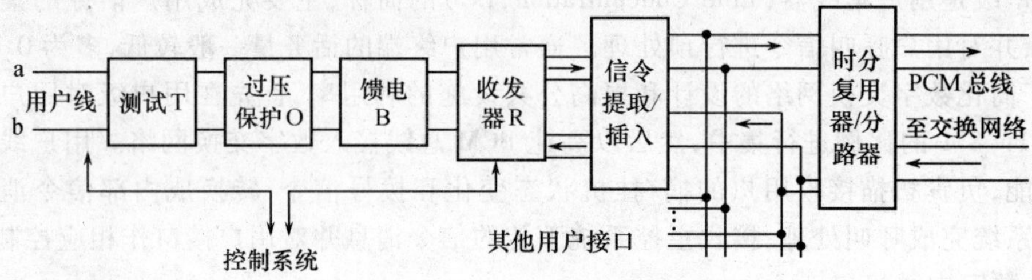

图8.4　数字用户接口电路示意图

6）模拟中继接口

模拟中继接口是数字程控交换机为了适应与模拟交换机互连而设置的中继接口电路，采用模拟中继线连接。模拟中继接口电路组成与模拟用户接口相似，由于在交换机之间不需要馈电和振铃，因此其功能组成只包括测试、过压保护、线路信令监视与发送、混合电路、编解码器等，如图8.5所示。

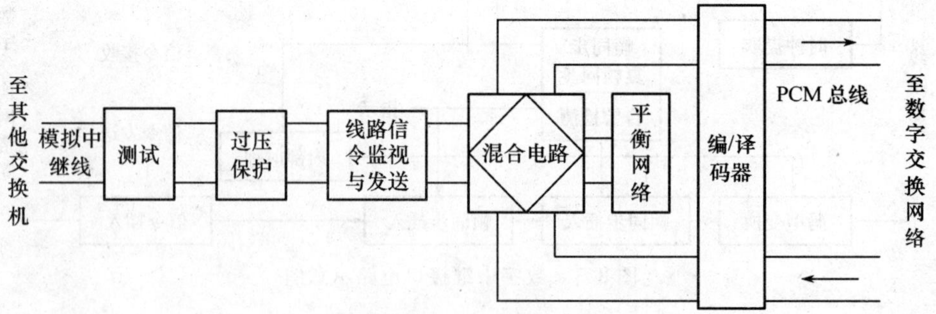

图8.5　模拟中继接口电路示意图

7）信令设备

在电路交换机中，信令的作用是通知交换控制系统实施通信电路的建立和释放，控制呼叫的进程。信令的表示方式有直流状态信令、双音多频地址信令、音信号和铃流、分组数据方式信令(No.7 信令)等,信令设备的功能就是收集来自各个接口的信令信号,并转换成适合交换控制系统处理的数据消息格式,或者将控制系统送出的数据消息格式信令转换成适配各个接口操作的形式。

8）数字交换网络

数字交换网络是实现数字程控电路变换技术的核心部件,其基本功能就是将某个时间传输的用户数据信号搬移到另一个时间输出,并递交给接收该信号的用户。交叉对两个用户实施这一操作,便可实现两个用户之间的双向通信,即在两个用户之间建立了一条通路,这就是所谓的电路交换功能。在数字程控交换机中,数字交换网络可在处理机的控制下建立任意两个终端之间的电路(时隙)连接,交换过程如图 8.6 所示。

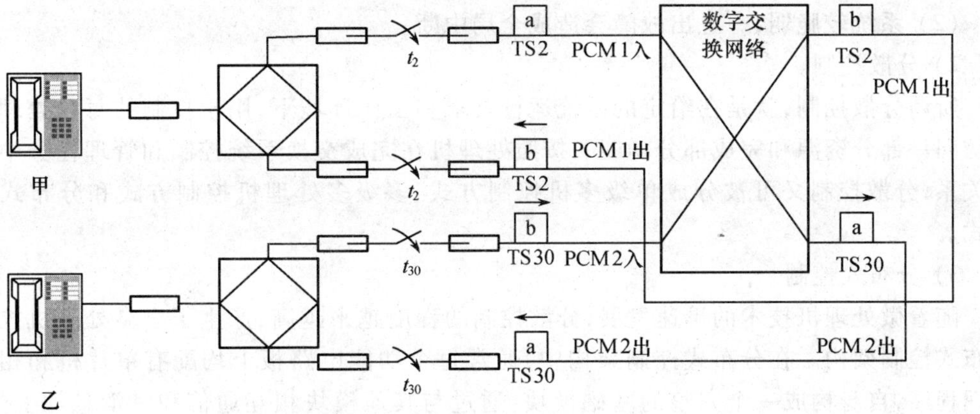

图 8.6 数字交换过程示意图

在数字交换机中,每个用户都占用一个固定的时隙,数字编码化的用户话音信号承载在所指定的时隙中。如在图 8.6 中,甲用户的来去数字话音信号固定占用第 1 条 PCM 时分复用总线的时隙,乙用户固定占用第 2 条 PCM 时分复用总线的时隙。当两个用户要相互通话时,数字交换网络所完成的操作就是将 PCM1 上输入的数据交换到 PCM2 上输出,实现甲的话音数据送给乙用户,同时完成将 PCM2 上输入的数据交换到 PCM1 上输出,实现乙的话音数据送给甲用户,为甲、乙用户建立双向通信电路。图中的 t_2 表示甲用户的接口电路在第 2 时隙的时段开门发送和接收数据,t_{30}表示乙用户接口开门时段。

2. 控制子系统

控制子系统主要由处理机组成,存储器作为处理机的辅助环境存储处理程序和交换机软硬件资源、端口等的参数及状态数据,维护终端及远程接口为管理系统/人员提供本地及远程控制接口。处理机是控制交换机完成电路接续操作的核心设备,它掌握交换机所有资源的参数和工作状态,按照存储程序的进程安排和处理方法分析端口呼叫状态及地址信息,分配相关资源并控制其动作,建立和释放电路连接等。在一个交换设备中,处理机的数量和分工可以有多种配置方式:集中控制、分散控制和分布式控制等。

1) 集中控制

早期的程控交换机或较小容量的交换机都采用这种控制方式。为了保证交换机可靠工作,集中控制子系统通常由两台或更多台处理机组成主备用工作方式,每一台处理机均装配全部相同的软件,完成相同的控制功能,可以访问所有的资源。

集中控制的主要优点是:

(1) 处理机能掌握整个系统的状态,可以访问所有资源。

(2) 控制功能的改变一般都在软件上进行,比较方便。

集中控制的主要缺点是:

(1) 软件要包括各种不同特性的功能,规模庞大,不便于管理。

(2) 系统较脆弱,一旦出故障会造成全局中断。

2) 分散控制

所谓分散控制,就是在给定的系统运行要求和工作环境下,用于控制的每台处理机只能访问一部分资源和完成部分功能。按照处理机在完成交换系统控制和管理任务中的相互关系,分散控制又可被分成单级多机控制方式、多级多处理机控制方式和分布式控制方式。

3) 分布式控制

随着微处理机技术的迅速发展,分散控制的程度越来越高,产生了全微处理机控制的分布式控制架构。在分布式控制架构中,通常每个功能电路板上均配有单片机和相关的处理程序,自身构成一个完整的基础模块,通过与其他模块相互通信和对消息加工处理,以模块化方式独立完成自己在一个呼叫处理进程中所承担的功能或作用。

8.1.3　呼叫处理的一般过程

在程控交换系统中电话接续称为呼叫处理或交换处理,是由软件辅助完成的,其中呼叫处理程序是交换系统软件中最基本的系统软件。

1. 呼叫建立阶段

任何一个用户要开始通信服务时,首先通过摘机向交换机发出请求信令。交换机收到请求信令并准备好接受该呼叫服务的环境(有空闲可用的收号器和电路资源)后即向用户送拨号音,随后用户通过拨号告知交换机需要连接的被叫。交换机收完主叫用户所拨号码后,如果被叫用户属于本交换机所辖范围,测试被叫忙闲状态,被叫空闲则向被叫振铃并向主叫送回铃音,否则向主叫送忙音。如果被叫用户不属于本交换机所辖范围,则由主叫方交换机通过交换机之间的中继线向被叫方交换机或汇接交换机发送局间信令信号,通知相关交换机协助建立主叫用户到被叫用户之间的通信电路。被叫用户收到振铃信号并摘机后,各交换机建立主、被叫用户间的双向通信电路接续,双方用户进入通信阶段。

2. 通信阶段

主叫和被叫终端间的通信链路建立后，双方用户通过用户线和交换机内部建立的接续链路以及中继线共同组成的通信电路进行双向通信。通信期间，通信双方始终独占已建立的通信电路互传信息，其间不会改变任何传输路径，也不允许其他通信使用该电路。

3. 话终释放阶段

任何一方挂机表示向本地交换机提出终止当前通信的信令，交换机收到话终请求后首先通知未挂机方通信结束，该方挂机后交换机便进行释放本次通信所占用的资源，复原内部接续链路和占用的中继线及工作状态等，以供其他呼叫使用。

图 8.7 表示电路交换呼叫接续过程的三个阶段及相应的信令交互关系。对应于上述呼叫接续的三个阶段，可以概括出对电路交换系统在呼叫处理方面有如下五项基本要求：

(1) 能随时发现呼叫的到来。

(2) 能接收并保存主叫发送的被叫号码。

(3) 能检测被叫的忙闲状态以及是否存在空闲通路。

(4) 能向空闲的被叫用户振铃，并在被叫应答时与主叫建立通话电路。

(5) 能随时发现任何一方用户挂机。

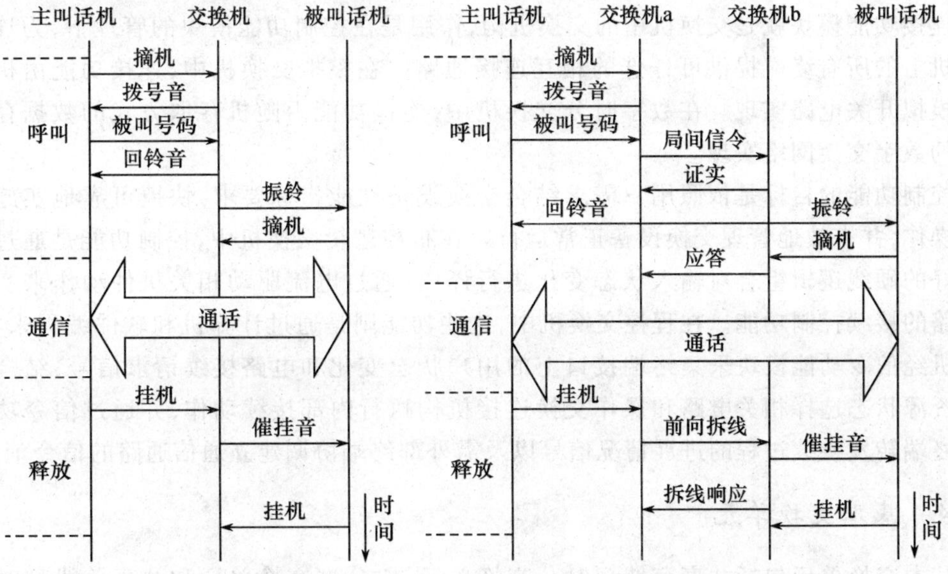

图 8.7 电路交换呼叫接续过程

从基本功能要求来看，电路交换系统必须包含终端接口功能、连接功能、信令功能和控制功能等模块组成，如图 8.8 所示。

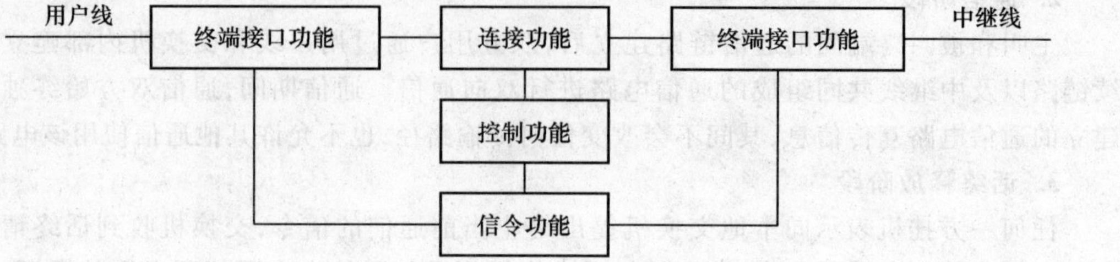

图8.8　电路交换系统功能框图

终端接口功能是交换机与用户终端以及与其他交换机连接的接口,其主要作用是适配外部线路传输信号的特性要求,将外部信号传送格式与适合交换机内部连接功能所要求的格式进行相互转换,并协同信令功能模块收发信令信息。

在面向连接的电路交换系统中,信令功能模块的作用是通过终端接口电路监视外部终端的工作状态和接收呼叫信令,并将接收的状态和信令消息转换成适合控制功能进行处理的消息格式,以及把呼叫处理的进展情况和需要其他网络设备协调建立通信通路的信令消息通知给外部终端。

连接功能模块就是交换机中的交换机构,作用是在控制功能模块的管理下,为连接在交换机上的所有终端提供可任选的相互连接通路。在模拟交换机中,连接功能由机械触点或模拟开关电路实现。在数字时分交换机中,连接功能由随机存取方式的数据存储器组成的数字交换网络实现。

控制功能的目标是依照用户需求结合交换设备性能指标要求,快捷可靠地实施电路接续操作,并有效地管理交换设备正常运行。在布控逻辑交换机中,控制功能是通过预先设置好的硬线逻辑组合对输入状态变化进行译码,通过电流驱动相关机件动作来实施通信电路的接续控制功能。在程控交换机中,这些功能则是通过计算机和软件编程来实现。计算机经信令功能模块采集终端接口上的用户状态变化和电路接续请求信号,结合交换机的资源状态选择相关电路和操作交换连接机构执行内部接续动作,并通过信令功能对外部终端转发接续过程的进展情况信号以及需外部终端协调建立通信通路的信令消息。

8.1.4　基本交换单元

基本交换单元包括共享存储型时分交换单元、空分型交换单元和共享总线型时分交换单元。

1. 共享存储器型时分交换单元

共享存储器型时分交换单元,顾名思义,就是将多个用户的数字话音信号按照一定规律存放在一个公共的存储器中,随后再按照交换的需要分时从存储器的指定单元读出数据,并送给接收该数据的用户。按照这种操作模式,以125 μs的时间间隔(称为一帧)周期地对存储器写入和读出,便可构成数字时分的电路交换单元。

共享存储器型时分交换单元的电路组织结构如图 8.9 所示,由串/并变换、并/串变换、话音存储器、控制存储器、读写信号和时序产生电路等组成。图 8.9 中,交换单元连接 32 条双向 PCM 链路,每个方向均采用 32 信道(时隙)、每信道 8 bit 数据的时分复用方式串行传输。话音存储器(Speech Memory, SM)和控制存储器(Control Memory, CM)分别由 1 024 存储单元的双端口 RAM 组成,SM 作为共享存储器暂存 32 条 PCM 输入链路上所有时隙一帧的话音数据,CM 存储呼叫处理机写入的电路接续中的时隙交换号,控制对应的话音存储器单元中的数据输出到指定的 PCM 输出链路的指定时隙上传输。串/并变换和并/串变换电路完成外部 PCM 链路串行数据传送方式到内部话音存储器并行数据操作方式之间的转换,读写信号和时序产生电路为交换单元内部电路按序操作提供各种时钟信号。

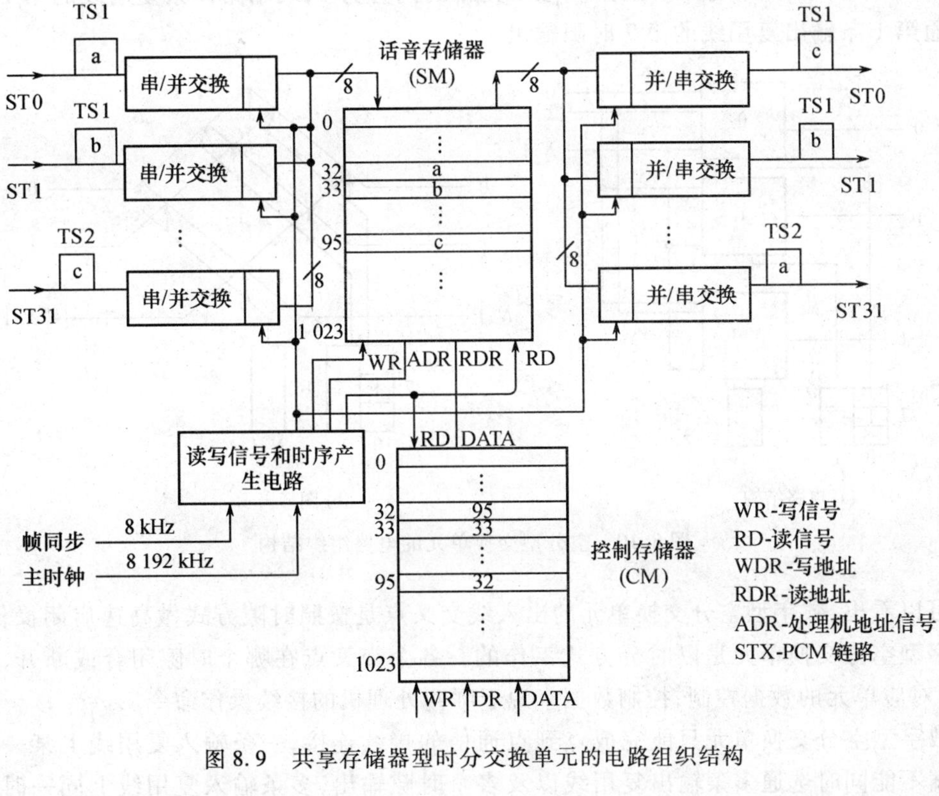

图 8.9 共享存储器型时分交换单元的电路组织结构

图中的共享存储器型交换单元,可以实现 1 024 个信道之间任意信道的数据信息交换。也就是说,该交换单元既可以实现不同 PCM 链路之间相同时隙的数据交换,也可以完成不同 PCM 链路、不同时隙之间的数据信息交换。

2. 空分型交换单元

空分型交换单元是一种利用门开关和空间线路组成的空分阵列在时分复用的数字线

路之间完成线间交换功能的设备。这里的空分型交换单元属于数字型交换方式,它只在线路之间建立瞬时连接,不改变数据的时间位置。

数字型空分交换单元的基本元素是一个可选择的门开关电路,在控制数据操作下,可选择指定的输入线路上的数字信号输出,或输入的数字信号选择指定的输出线路上输出。将多个门开关电路和控制存储器 CM 组合在一起,便可构成不同容量要求和不同控制方式的空分数字型交换单元。

数字型空分交换单元实质上是一个 $N\times N$ 的电子交叉点连接矩阵,有 N 条输入复用线和 N 条输出复用线,每条复用线上有若干个时隙,每个时隙对应一个 CM 的一个存储单元,存储单元序号对应复用线上的时隙号,数据表示要选择的输出线号。在每条输入复用线上任意一个时隙传送的数据,可以选择 N 条输出复用线的任一条的相同时隙进行输出。如图 8.10 中所示,第 0 号 CM 的第 7 号单元中的内容为 1,表示第 0 条复用线的第 7 时隙要选通第 1 条输出复用线的第 7 时隙输出。

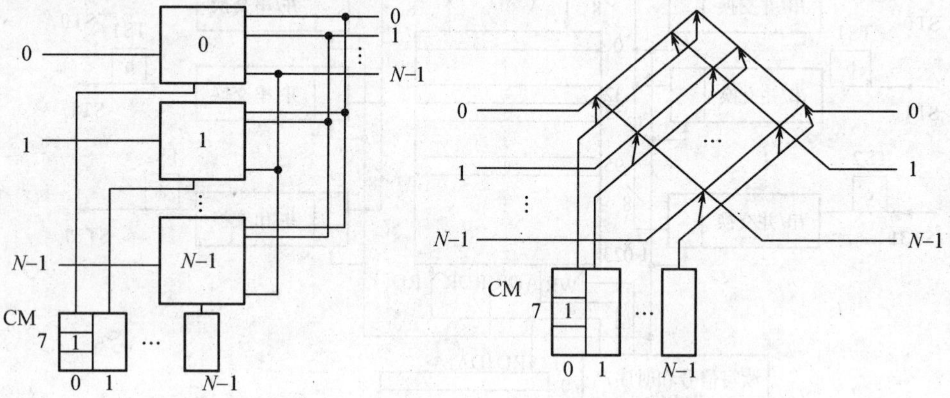

(a) 电路结构　　(b) 图形表示

图 8.10　空分型交换单元的电路组织结构

可以看出,数字型空分交换单元的出入线交叉点是按照时隙方式做高速启闭操作,因此数字型空分交换单元是以时分方式工作的。各个交叉点在哪个时隙闭合或断开,是由 CM 中对应单元的数据控制,控制数据来源于呼叫处理机的接续操作命令。

数字型空分交换单元只能完成点到点通信的接续连接,一条输入复用线上某一时隙的数据不能同时选通多条输出复用线以及多个时隙输出,多条输入复用线上同一时隙的数据也不可以同时选同一输出复用线同一时隙输出。前者是由交换单元的电路组织结构决定的,后者则是由于控制信息分配错误引起的输出电路同抢问题,应予以避免。

3. 共享总线型时分交换单元

共享总线型时分交换单元,通常是将输入/输出数据缓存在容量较小的存储单元中进行排队,各缓存单元共享时分传送总线,利用数据的选路信息在时分总线上转发和接收数据。这种交换数据的方式常用于计算机通信中，电路交换模式中采用这种方式进行时隙交换的典型系统有 s－1240 交换机。在 s－1240 交换系统中，称这种交换单元为数字交换单元。共享总线型时分交换单元电路组织结构如图 8.11 所示。

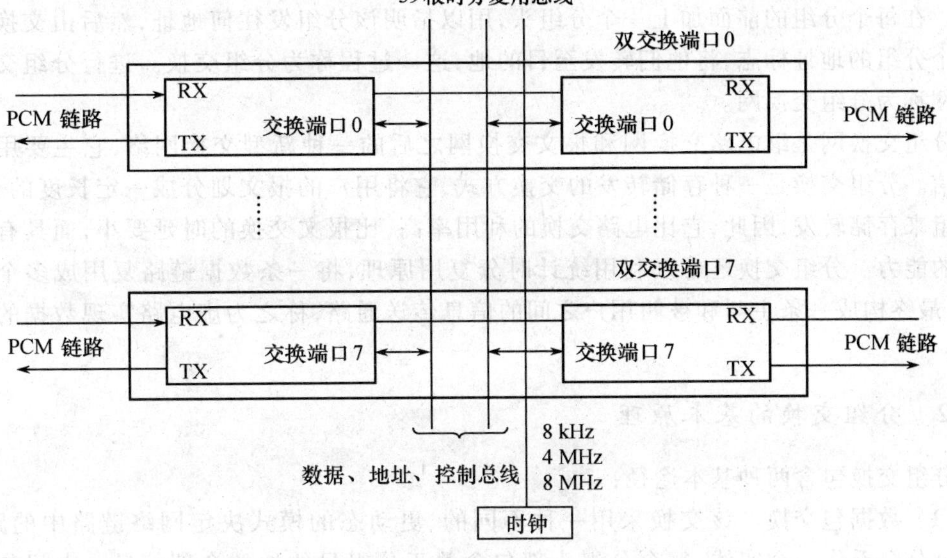

图 8.11　共享总线型时分交换单元的电路组织结构

8.2　分组交换技术

计算机技术发展到一定程度，人们除了打电话直接沟通，还要通过计算机和终端实现计算机与计算机之间的通信。分组交换技术便是在这种通信要求的背景下，在传输线路质量不高、网络技术手段还较单一的情况下应运而生的。

与电路交换相比，分组交换主要的不同点在于：其通信线路并不是专用于传送源到目的地间的信息。电路交换的特点是数据传输快速、按序到达目的地且到达速率恒定，所以电路交换适用于实时数据传输过程，如对服务质量具有较高要求的音频和视频功能。而分组交换对突发数据传输具有高效、强大的功能，且能抵御传输中的时延和抖动现象，如电子邮件信息和 Web 页面。

在分组交换网中，一条实际的电路上能够传输许多对用户终端间的数据而不互相混淆，因为每个分组中含有区分不同起点、终点的编号，称为逻辑信道号。分组方式对电路带宽采用了动态复用技术，效率明显提高。为了保证分组的可靠传输，防止分组在传输和交换过程中的丢失、错发、漏发、出错，分组通信制定了一套严密的，较为繁琐的通信协议，例如，在分组网与用户设备间的 X.25 规程就起到了上述作用，因此人们又称分组网为

"X.25 网"。

8.2.1 分组交换技术概述

分组交换也称包交换,它是将用户传送的数据划分成一定的长度,每个部分叫做一个分组。在每个分组的前面加上一个分组头,用以指明该分组发往何地址,然后由交换机根据每个分组的地址标志,将他们转发至目的地,这一过程称为分组交换。进行分组交换的通信网称为分组交换网。

分组交换网是继电路交换网和报文交换网之后的一种新型交换网络,它主要用于数据通信。分组交换是一种存储转发的交换方式,它将用户的报文划分成一定长度的分组,以分组来存储转发,因此,它比电路交换的利用率高,比报文交换的时延要小,而具有实时通信的能力。分组交换还可以利用统计时分复用原理,将一条数据链路复用成多个逻辑信道,最终构成一条主叫和被叫用户之间的信息传送通路,称之为虚电路实现数据的分组传送。

8.2.2 分组交换的基本原理

分组交换包含两种基本途径:

(1) 数据包交换。该交换采用一种不同的、更动态的模式决定网络链路中的路由。将每个分组看作一个实体,每个分组头部包含关于分组目的地的全部信息。中间节点通过检查分组头部,决定能发送分组到达目的地的节点。

(2) 虚拟电路分组交换。在两个终端节点会话期间,为传送所有分组信息,需在中间节点间建立路由,即初始安装阶段。在每个中间节点中,需要在表中注册一个实体,表示连接中需要的路由已经建立。虚拟电路分组交换的基本业务有交换虚电路(Switching Virtual Circuit, SVC)和永久虚电路(Permanence Virtual Circuit, PVC)两种。交换虚电路如同电话电路一样,即两个数据终端要通信时先用呼叫程序建立电路(即虚电路),然后发送数据,通信结束后用拆线程序拆除虚电路。永久虚电路如同专线一样,在分组网内两个终端之间在申请提供永久逻辑连接,无需呼叫建立与拆线程序,在数据传输阶段,与交换虚电路相同。

1. 数据包交换

数据包(Datagram)交换的特点是:

(1) 分组中携带完整的目的地址。

(2) 交换机或者路由器根据转发表或者路由表来转发分组。

转发表(Forwarding Table)是指网桥或者二层交换机采用源 MAC 地址学习的方法来生成帧转发表。路由表(Routing Table)是指路由器或者三层交换机通过手动配置或者运行路由协议来生成路由表。

图 8.12 所示为数据包交换原理的示意图。图中终端 A 发送分组给网络,最终目的地

为 D。网络中的交换机根据分组中的目的地址和转发表(或路由表)决定分组从哪个端口输出,图中交换机 2 接收到交换机 1 给它的分组,从路由表中读出目的地址 D 对应的输出端口为 2,于是将分组从端口 2 输出,给交换机 4。交换机 4 根据相同的原理将分组从端口 4 输出,最终到达目的地 D。

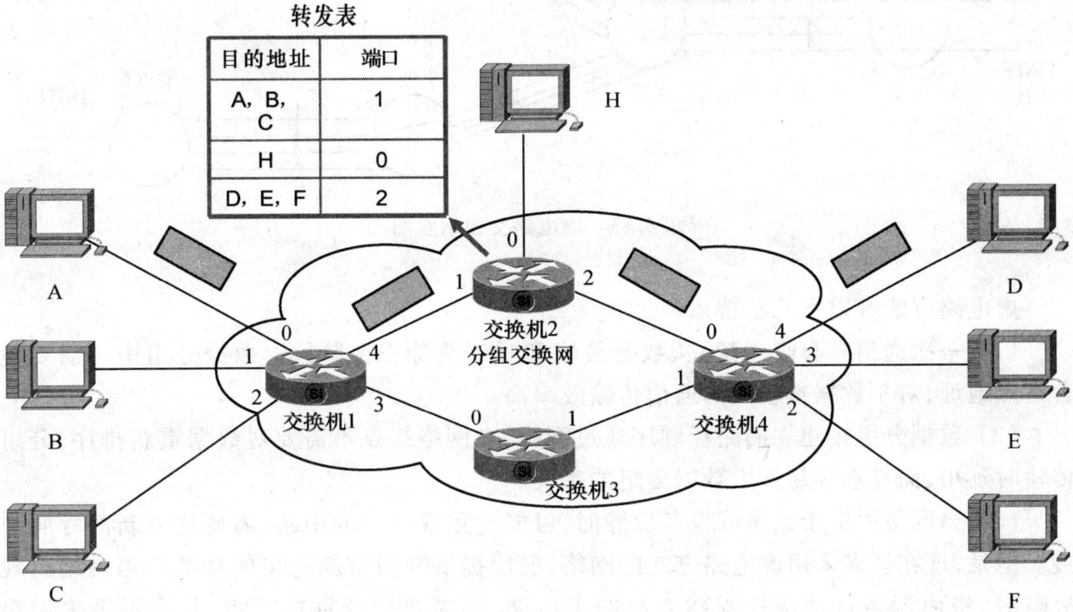

图 8.12 数据包交换示意图

2. 虚电路交换

所谓虚电路,就是两个用户终端设备在开始互相发送和接收数据之前,需要通过网络建立逻辑上的连接,一旦这种连接建立之后,就在网络中保持已建立的数据通路,用户发送的数据(以分组为单位)将按顺序通过网络到达终点。当用户不需要发送和接收数据时,可以清除这种连接。

虚电路的概念可以用图 8.13 说明。在分组网中,从源终端传到目的终端中间经过若干交换节点,各节点间在一条物理信道上有多条逻辑信道,它们是按统计复用实现复用的,如图中 1、2、3、4 条逻辑信道。所谓逻辑信道是指在两个节点之间,在通信协议中对等层之间的一种连接。在一条逻辑信道两端的交换机节点中,都对应分配一定的存储空间,在每个分组中都标明了所走的逻辑信道号。如当呼叫用户 A 要与 A′通信时,A 与 A′通过节点 1、2、3、4 建立虚电路连接,而各节点之间的逻辑信道号是不一样的,如图所示,节点 1 与节点 2 之间利用逻辑信道 1,节点 2 与节点 3 之间利用逻辑信道 1,节点 3 与节点 4 之间利用逻辑信道 4。

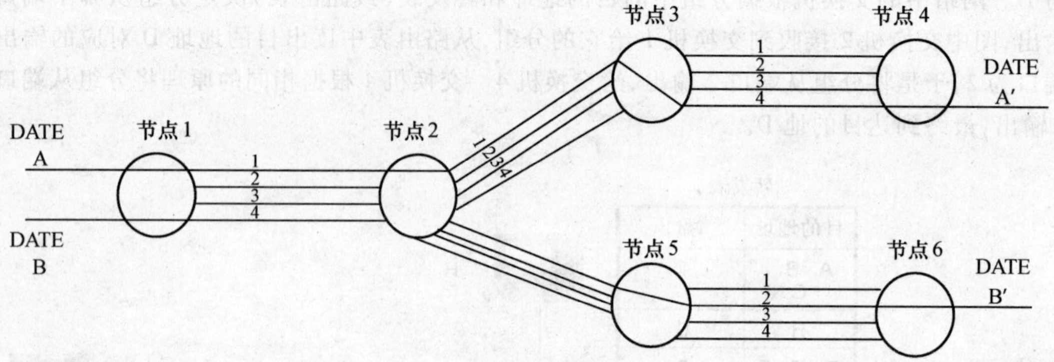

图8.13　虚电路交换示意图

虚电路方式有以下几个特点：

(1) 一次通信具有呼叫建立、数据传输和呼叫清除三个阶段。数据分组中不需要包含终点地址，对于数据量较大的通信传输效率高。

(2) 数据分组按建立的路径顺序通过网络，在网络终点不需要对数据重新排序，分组传输时延小，而且不容易产生数据分组的丢失。

(3) 当网络中由于线路或设备故障时，可能导致虚电路的中断，需要建立新的呼叫连接。但是，现在许多采用虚电路方式的网络，已能提供呼叫重新连接的功能。当网络出现故障时，将由网络自动选择并建立新的虚电路，不需要用户重新呼叫，并且不丢失用户数据。

虚电路可以是临时连接，也可以是永久连接。临时连接称为交换虚电路，用户终端在通信之前必须建立虚电路，通信结束后拆除虚电路。永久连接的称为永久虚电路，用户如果向网络预约了该项服务之后，便在两个用户之间建立永久的虚连接，用户之间的通信直接进入数据传输阶段，就好像具有一条专线一样，可随时传送数据。分组交换技术可以进行路由选择、流量控制，以保证网络内的数据流量的平滑均匀，提高网络的吞吐能力和可靠性，防止阻塞现象的发生。

8.2.3　分组交换网组成

X.25分组交换网由分组交换机、通信传输线路和用户接入设备组成。

1. 分组交换机

分组交换机是分组交换网中最关键的设备，分为中间节点交换机和本地交换机。分组交换机具有以下主要功能：

(1) 提供各种业务支持。

(2) 进行路由选择和流量控制。

(3) 提供多种协议互联,例如 X.25、X.75 等。

(4) 提供网络管理、计费和统计等功能。

2. 通信传输线路

通信传输线路分为分组交换机间的中继传输线路和用户传输线路。中继传输线路通常使用 $n\times64$ kb/s 的数字信道。用户传输线路有模拟和数字两种形式,典型的模拟形式是使用电话线路加调制解调器,目前普通调制解调器的最大速率可在 56 kb/s。

3. 用户接入设备

用户终端是 X.25 分组交换网的主要用户接入设备。用户终端设备分为分组型终端(Packet Terminal, PT)和非分组型终端(Not Packet Terminal, NPT),其中非分组型终端需要使用分组组装/拆装设备(Packet Assembly Disassembly, PAD)才能接入到分组交换网。

8.2.4 分组交换网通信协议

为了将众多不同功能、不同配置及不同使用方式的终端设备和计算机互联起来共享资源,就需要找到为解决它们之间互联而协商一致的原则。不同地理位置上两个实体相互通信,需要通过交换信息来协调它们的动作和达到同步,而信息交换必须按照预先共同约定好的过程进行,这种预先建立的原则、约定和标准就称为网络协议。

1. 协议概念和层次结构

协议是指系统间互换数据的一组规则,主要是关于相互交换信息的格式、涵义、节拍等。协议的制定和实现采用层次结构,即将复杂的协议分解为一些简单的分层协议、再组合成总的协议。协议分层总结起来有以下优点:

(1) 各层之间是独立的,任何一层不需知道下一层是如何实现的,只需知道下一层所提供的服务和本层向上一层所提供的服务。

(2) 灵活性好,任何一层发生变化,只要接口关系保持不变,其他各层均不受影响。

(3) 结构上可以隔开,各层都可采用最合适的技术来实现。

(4) 易于实现和维护。

2. 开放系统互连参考模型(Open Systems Interconnection Reference Model, OSI-RM)

为了互连就需要有一个共同的网络体系结构和技术标准。所谓开放就是只要遵循 OSI 标准,一个系统就可以和位于世界上任何地方的、也遵循这同一标准的其他系统通信。开放系统模型分层分两步进行:第一步,把全部功能划分为数据传输功能和数据处理功能,数据传输功能为数据处理功能提供传送服务;第二步,把上述两项功能进一步划分,设置七层,如图 8.14 所示。参考模型中的七层分别为物理层、数据链路层、网络层、传输层、会话层、表示层和应用层。下面简述每层的功能。

(1) 物理层控制节点与信道的连接,提供物理通道和物理连接以及同步,实现比特信息的传输。物理层协议规定"0"和"1"的电平是几伏,一个比特持续多长时间,数据终端设备(Data Terminal Equipment, DTE)与数据电路终端设备(Data Circuit-terminating

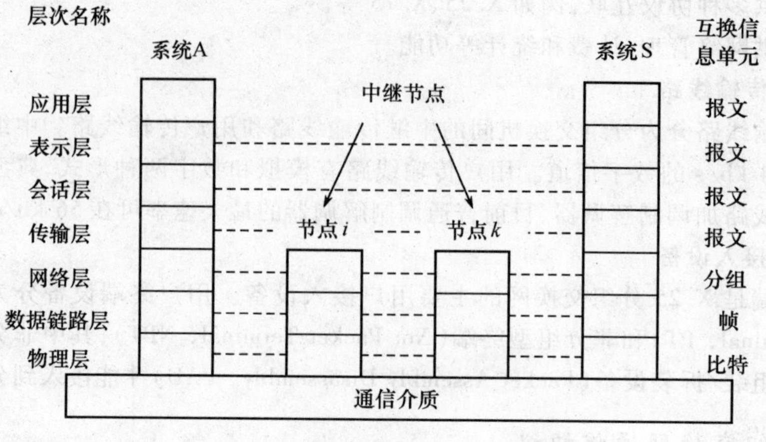

图 8.14　OSI 开放系统七层参考模型

Equipment，DCE）接口采用的接插件的形式，等等。

（2）数据链路层是两个通信实体之间一条点对点式信道，包括数据传输电路和数据电路终接设备。数据链路层协议保证数据块从数据链路的一端正确地传送到另一端，使用差错控制技术来纠正传输差错，按一定格式成帧。

（3）网络层用于控制通信子网的运行，管理从发送节点到接收节点的虚电路。协议规定网络节点和虚电路的一种标准接口，完成网络连接的建立、拆除和通信管理，包括路由选择、信息流控制、差错控制、多路复用等。

（4）传输层是主计算机到主计算机层，或者说是端到端传输控制层。传输层的主要功能是建立 、拆除和管理传送连接。

（5）会话层是用户进网的接口，着重解决面向用户的功能，例如会话建立时，双方必须核实对方是否有权参加会话，由哪一方支付通信费用，并且在各种选择功能方面取得一致。

（6）表示层主要解决用户信息的语法表示问题。表示层将数据从适合于某一用户的语法，变换为适合于 OSI 系统内部使用的传送语法。

（7）应用层的功能是假定网络上有很多不同形式的终端，各种终端的屏幕格式都不同，应用层就要设法转换。

3. OSI-RM 的数据流程

按 OSI-RM 模型设计的网络系统的通信过程其数据流程如图 8.15 所示。用户数据送入应用层后，该层给它附加控制信息 H7 后送表示层。表示层可能要对数据作适当变换（如代码转换、数据压缩）后附加控制信息 H6 再送会话层。会话层加上控制信息 H5 送传输层。传输层可能要把长报文分成若干段，给每段加上控制信息 H4 后送网络层。网络层加上控制信息 H3，形成分组送数据链路层。数据链路层给分组附加头 H2 和尾 T2 形成帧，经物理层发送到对方。对方系统则进行上述过程的逆处理，直至将数据送给用户进程为止。

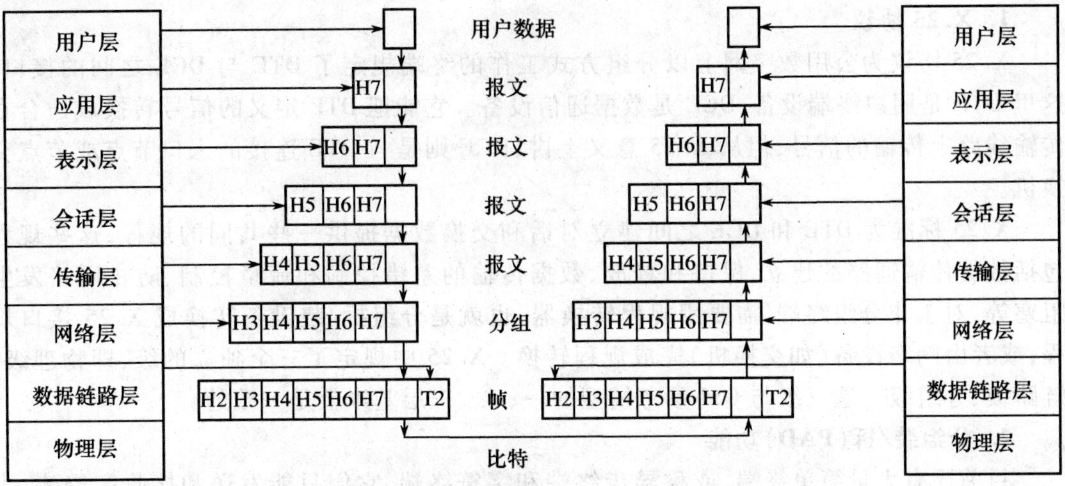

图 8.15 OSI-RM 中用户虚拟通信的实际信息流动

8.2.5 CCITT X 系列协议

公用数据网是为计算机之间进行通信，以及为远程终端接入计算机提供一种公共的手段。公用数据网由若干起交换作用的节点组成。节点的任务是把分组数据送到目的地。CCITT 制定了 X 系列协议，其名称及主要内容见表 8.1。

表 8.1 X 系列协议

编号	主要内容
X.3	公用数据通信网分组装/拆(PAD)功能
X.20	公用数据通信起止式传输业务用的 DTE 与 DCE 之间的接口
X.20bis	公用数据网内可与 V.21 建议兼容的，起止式 DTE 与 DCE 之间的接口
X.21	公用数据网内同步式 DTE 与 DCE 之间的接口
X.21bis	为与同步式 V 系列调制解调器接口设计的数据终端设备在公用数据网内的应用规程
X.24	公用数据网上 DTE－DCE 间的接口电路定义表
X.25	报文分组型公用数据网 DTE－DCE 接口
X.26	在数据通信领域内通常与集成电路设备一起使用的不平衡双流交换电路的电特性
X.27	在数据通信领域内通常与集成电路设备一起使用的平衡双流交换电路的电特性
X.28	公用数据网中，对于存取报文分组的分组装/拆设备的起止式 DTE－DCE 的接口
X.29	公用数据网中，分组式终端与分组装/拆设备之间的控制信息及用户数据的交换规程
X.75	在分组交换的公用数据网内的国际电路上用于传递数据的终端和经转接呼叫的控制规程

1. X.25 协议

X.25 协议为公用数字网上以分组方式工作的终端规定了 DTE 与 DCE 之间的接口。这里 DTE 是用户终端设备,DCE 是数据通信设备。它能把 DTE 定义的信号转换成适合在传输线路上传输的信号,但从 X.25 意义上讲,DCE 则是与 DTE 连接的入口节点或节点交换机。

X.25 标准为 DTE 和 DCE 之间建立对话和交换数据提供一些共同的规程,这些规程包括数据传输通路的建立、保持和释放、数据传输的差错控制和流量控制、防止网络发生阻塞等,对于非分组终端,需要用规程转换器,也就是分组拆/装设备转换成 X.25 接口规程,或者由网络设备(如交换机)完成规程转换。X.25 中规定了三个独立的级,即物理级、链路级、分组级。这三级与 OSI 参考模型的一、二 、三层基本上是一致的。

2. 分组装/拆(PAD)功能

目前还有大量简单终端,或称异步终端和字符终端,它们只能发送和接收字符流,为此,ITU 制定了分组装/拆(即 PAD)标准。PAD 的基本功能是:

(1) 虚电路的建立与释放。

(2) 将来自终端的字符装配成适当分组,以便发往终点主计算机。

(3) 将来自主机的数据分组拆成字符流,送往终端。

(4) 可以进行分组或字符的转发。

从层次结构的角度来看,PAD 功能是在 X.25 的低三层协议之上所提供的终端控制功能。

3. 接口协议

为使网络能连接各式各样的终端、主机和其他通信网,网络必须能支持比较齐全的终端协议与网间协议。总结起来,分组交换网涉及的主要接口协议如图 8.16 所示。

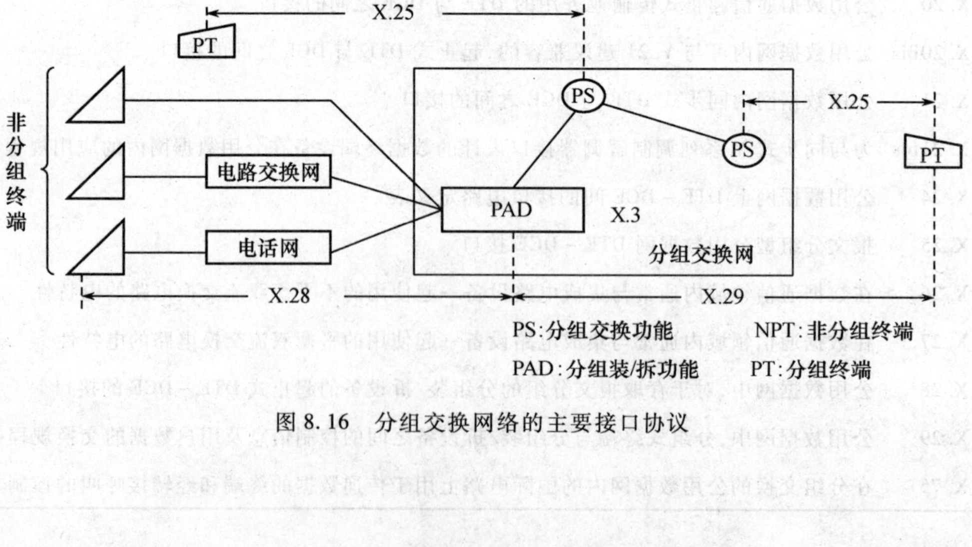

图 8.16 分组交换网络的主要接口协议

8.2.6 用户终端与分组交换网络的连接

用户终端可分为分组终端和非分组终端,其与网络的连接方式有租用专线和经过电话网两种方式。

1. 用户终端

在分组交换网中用户终端主要分为两大类:分组终端和非分组终端

(1) 分组终端:与交换机连接时,具有分组处理能力,例如,带 X. 25 规程的计算机、微机、专用终端、规程转换器等设备,可以看做是分组终端。

(2) 非分组终端:不具有分组数据处理能力,不能直接进行分组交换,必须经过 PAD 转换,不管 PAD 是放在网里还是放在网外。非分组终端的种类很多,如带有异步通信接口的计算机、微机、键盘打印机、键盘显示器、电传机、可视图文终端等。

2. 用户终端与网络的连接方式

用户终端与网络的连接主要有租用专线和经过电话网两种方式。

(1) 租用专线:租用专线可以是本地(或市内)专线,也可以是长途专线,连接方式有二线制和四线制。

(2) 经过电话网:分组终端经电话网和分组交换机相连采用 X. 25 规程。虽然两者规程不同,但物理连接方式类似,均采用带有自动应答的调制解调器。但分组终端采用同步调制解调,异步终端采用异步调制解调器。这种调制解调器的操作可选择人工呼叫,自动应答方式,或者自动呼叫、自动应答方式。

8.2.7 网间互连

随着网络的急剧增加,功能不断增强,终端用户常常需要访问一个以上的网络。例如,一个通常使用网络 A 终端,可能需要访问连在网络 B 上的一台计算机的数据库,这时,这种端到端服务就要求网络 A 和网络 B 进行互连。这一特性就称为网间互连,当前主要有三种网间互连。

1. 公用分组网之间互连

ITU 建立了 X. 75 协议作为分组网之间互连标准。X. 75 规定了两个信令终接设备之间的接口可看做具有网间接口功能的分组交换机,它们可以直接连接,如图 8. 17 所示。如果两个网络没有统一的接口,则需通过网点设备也就是网络协议转换器互连。这种情况当多种网络互连,实现起来很麻烦。现在人们又研究了一种网间互连协议(Internet Protocol, IP),它在网络层之上,使用 IP 简化了不同接口协议网络之间的网点设计。

2. 公用分组交换网与专用分组交换网的互连

专用分组网和公用分组网之间,从技术上讲可以采用 X. 75 规程互连,也可以采用 X. 25 规程互连(两网互为终端用户的互连方法),此时专用网号用的是端口号,而专用网

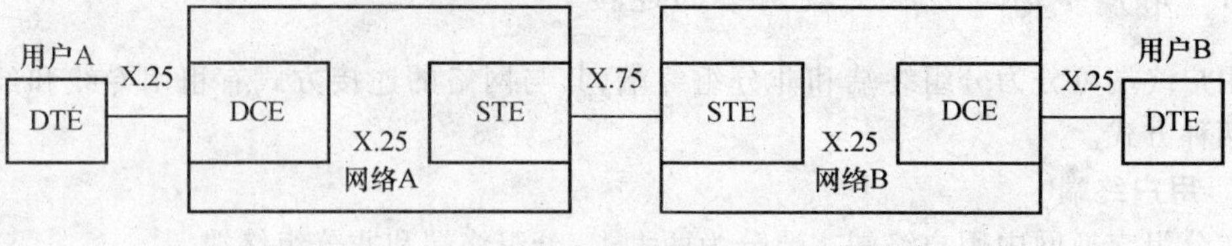

图 8.17　网络经 X.75 互连

内的地址由子地址来进行编址。

3. 分组交换网与电话网的互连

电话网四通八达,如果数据用户能够通过电话网与分组交换网连接,实现和分组网相连的其他用户之间的通信,将会使分组交换网的资源获得更充分的应用,而且大大方便了用户。

电话网把分组网特定的一些端口作为它的用户,并给它分配电话号码。公用分组交换网通常都指定多少端口用于与电话网的连接,其中用于同种通信规程和同种速率的一组接口可以使用同一电话号码。用户通过电话网接入分组网与通过专线接入组网的情况相似,也要通过调制解调器。

8.3　ATM 交换技术

在现代社会中,人们需要传递和处理的信息量越来越大,信息的种类也越来越多,其中对会议电视、高速数据传输、远程教学、视频点播等宽带新业务的需求正迅速增长。原来的各种网络都只能传输一种业务,如电话网只能提供电话业务,数据通信网只能提供数据通信业务。这种情况对于用户和网络运营者来说都是不方便和不经济的,人们因此提出了综合业务数字网(ISDN)的概念,希望能够用一种网络来传送各种业务。

ISDN 的概念是于 1972 年提出的,由于当时的技术和业务需求的限制,首先提出的是 N-ISDN。目前 N-ISDN 技术已经非常成熟,世界上已经有了许多比较成熟的 N-ISDN 网。但是由于 N-ISDN 存在着带宽有限、业务综合能力有限、中继网种类繁多、对新业务的适应性差等局限性,要求人们提出有更大的灵活性、更宽的带宽、更强的业务综合能力的新网络。自 20 世纪 80 年代以来,一些与通信相关的基础技术,如微电子、光电子技术等的发展和光纤的传输距离和传输容量的提高,为新网络的实现提供了基础。

就是在这种环境下,出现了宽带综合业务数字网(Broadband Integrated Services Digital Network, B-ISDN)。B-ISDN 能够提供高速传输业务的能力,使网络设备与业务特性无关,并使信息的转移方式与业务种类无关。为了研究开发适应 B-ISDN 的传输模式,人们提出了很多种解决方案,如多速率电路交换、帧中继、快速分组交换等。最后得到了一个最适合 B-ISDN 的传输模式——ATM。

ATM 技术作为 B-ISDN 的核心技术,已经由 ITU 于 1992 年规定为 B-ISDN 统一的信息转移模式。ATM 技术克服了电路模式和分组模式的技术局限性,采用光通信技术,提高了传输质量,同时,在网络节点上简化操作,使网络时延减小,而且采取了一系列技术,从而达到了 B-ISDN 的要求。

8.3.1 ATM 信元

ATM 信元的格式如图 8.18 所示。ATM 信元是 ATM 传送信息的基本载体。ATM 信元采用了固定长度的信元格式,只有 53 字节,其中 5 字节为信头,其余的 48 字节为信元净荷。信元的主要功能为确定虚通道,并完成相应的路由控制。

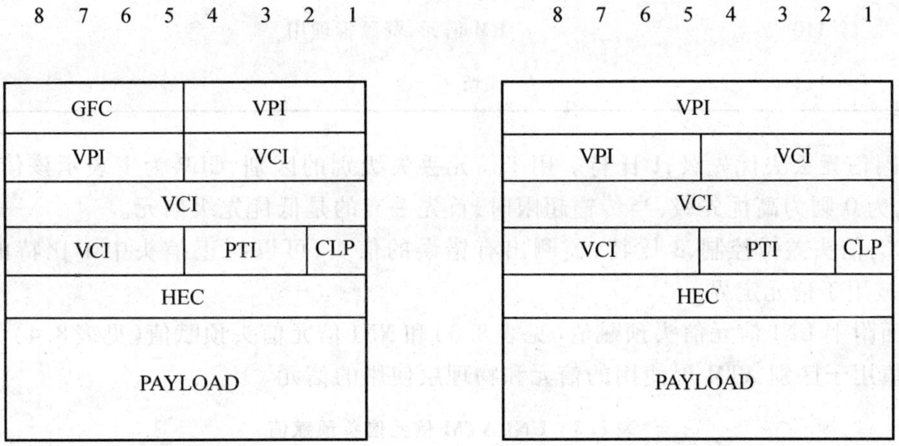

(a) UNI信头格式　　(b) NNI信头格式

图 8.18 ATM 信元结构

信头内容在用户网络接口(User Network Interface, UNI)和网络节点接口(Network Node Interface, NNI)略有区别,主要由六部分构成:GFC、VPI、VCI、PTI、CLP 和 HEC。

GFC:一般流量控制,4 比特。只用于 UNI 接口,目前置为“0000”,将来可能用于流量控制。

VPI:虚通道标识,其中 NNI 为 12 比特,UNI 为 8 比特。

VCI:虚通路标识,16 比特,标识虚通道内的虚通路,VCI 与 VPI 组合起来标识一个虚连接。

PTI:净荷类型指示,3 比特,用来指示信元类型,见表 8.2。

表 8.2　净负荷类型

编码	意义
000	用户数据信元无拥塞,SDU 类型 =0
001	用户数据信元无拥塞,SDU 类型 =1
010	用户数据信元拥塞,SDU 类型 =0
011	用户数据信元拥塞,SDU 类型 =1
100	分段 OAM 信息流相关信元
101	端到端 OAM 信息流相关信元
110	RM 信元,资源管理用
111	保留

CLP:信元丢失优先级,1 比特。用于信元丢失级别的区别,CLP 为 1 表示该信元为低优先级,为 0 则为高优先级,当传输超限时,首先丢弃的是低优先级信元。

HEC:信头差错控制,8 比特,监测出有错误的信头,可以纠正信头中 1 比特的错误。HEC 还被用于信元定界。

下面附上 UNI 信元信头预赋值(见表 8.3)和 NNI 信元信头预赋值(见表 8.4),信元信头预赋值用于区别 ATM 层使用的信元和物理层使用的信元。

表 8.3　UNI ATM 信元信头预赋值

八位组 1	八位组 2	八位组 3		八位组 4		用法
GFC	VPI	VCI		PT	CLP	
0	0	0		0	1	空闲信元
0	0	0		100	1	物理层 OAM 信元
P	0	0		PPP	1	预留给物理层
	0	0		XXX	0	无赋值信元
	Y	0		XXX	0/1	无效信元
GFC	×	0	0001	0AA	C	无信令
	×	0	0010	0AA	C	广播信令
	×	0	0101	0AA	C	点到点信令
	×	0	0011	0A0	A	段 OAM F4

续表

八位组 1	八位组 2	八位组 3		八位组 4		用法
GFC	VPI	VCI		PT	CLP	
	×	0	0100	0A0	A	端到端 OAM F4
	×	0	0110	110	A	VP 资源管理
	×	0	0111	0AA	A	保留 VP 未来功能
	×	0	1SSS	0AA	A	保留未来功能
GFC	×	000000000001	SSSS	0AA	A	保留未来功能
	×	Z		100	A	段 OAM F5
	×	Z		101	A	端到端 OAM F5
	×	Z		110	A	VC 资源管理
	×	Z		111	A	保留 VC 未来功能

注：P 留给物理层使用　　X 任意值，X = 0 时为本地
A 由 ATM 层使用　　Y 除 0 外任意值
C 始端为 0，可由网络改变　　S(SSS) 0(000) ~ 1(111)任意值
Z 除 0,011,0100,0110,0111 外的任意值

表 8.4 NNI ATM 信元信头预赋值

八位组 1	八位组 2	八位组 3		八位组 4		用法
	VPI	VCI		PTI	CLP	
	0	0		0	1	空闲信元
	0	0		100	1	物理层 OAM 信元
	0	0		PPP	1	预留给物理层
	0	0		X	0	无赋值信元
	Y	0		X	0/1	无效信元
	X	0	0101	0AA	C	NNI 信令
	X	0	0011	0A0	C	段 OAM F4 信元
	X	0	0100	0A0	C	端到端 OAM F4
	X	0	0110	110	A	VP 资源管理
	X	0	0111	0AA	A	保留 VP 未来功能
	X	0	1SSS	0AA	A	保留未来功能
	X	000000000001	SSSS	0AA	A	保留未来功能

续表

八位组 1		八位组 2		八位组 3		八位组 4		用法
	VPI			VCI			PTI	CLP	
	X			Y			100	A	段 OAM F5 信元
	X			Y			101	A	端到端 OAM F5
	X			Z			110	A	VC 资源管理
	X			Y			111	A	保留 VC 未来功能

注：P　留给物理层使用　　X　任意值，X＝0 时为本地
A　由 ATM 层使用　　Y　除 0 外的任意值
C　始端为 0，由网络改变　　Z　除 0，0110 外的任意值
S(SSS)　0(000)～1(111)的任意值

ATM 信元中信头的功能比分组交换中组头的功能大大简化了，不需要进行逐段链路的差错控制，只进行端到端的差错控制，HEC 只负责信头的差错控制。另外，只用 VPI、VCI 标识一个连接，不需要源地址、目的地址和包序号，信元顺序由网络保证。

8.3.2　B-ISDN 参考模型

B-ISDN 的协议参考模型如图 8.19 所示。它包括一个用户平面、一个控制平面和一个管理平面。用户平面主要提供用户信息流的传输以及相应的控制（如流量控制、差错控制）。控制平面主要是完成呼叫控制和连接控制的功能，通过处理信令来建立、管理和释放呼叫与连接。管理平面提供两种功能：层管理和面管理功能。面管理完成与整个系统相关的管理功能，并提供所有平面间的协调功能。层管理完成与协议实体内的资源和参数相关的管理功能，处理与特定的层相关的操作、管理与维护（Operation，Administration

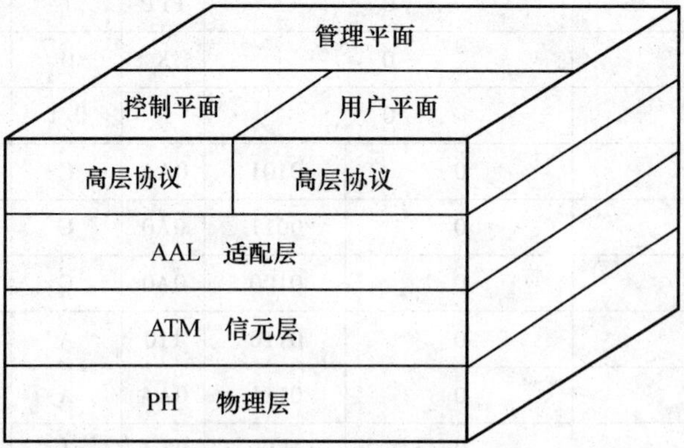

图 8.19　B-ISDN 协议参考模型

and Maintenance, OAM)信息流。

而在每个面中又是分层的,分为物理层、ATM 层、ATM 适配层(ATM Adaptation Layer, AAL)和高层,其各层间的数据传输如图 8.20 所示。下面介绍各层功能。

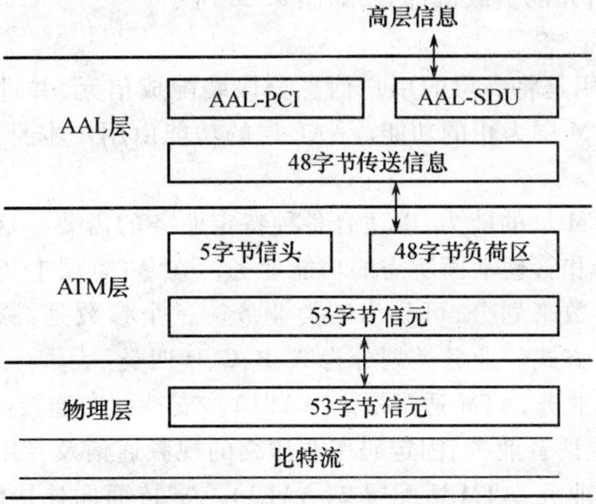

图 8.20 ATM 网络协议分层之间的数据传输

1. 物理层

物理层是承运信息流的载体,物理层有传输会聚(Transmission Convergence, TC)和物理媒体连接两个子层。

1) TC 子层

TC 子层负责将 ATM 信元嵌入正在使用的传输媒体的传输帧中,或相反从传输媒体的传输帧中提取有效的 ATM 层信元。ATM 层信元嵌入传输帧的过程如下:

ATM 信元解调(缓存)→信头差错控制 HEC 产生→信元定界→传输帧适配→传输帧生成。

从传输帧中提取有效 ATM 层信元的过程如下:

传输帧接收→传输帧适配→信元定界→信头差错控制 HEC 检验→ATM 信元排队。

TC 子层的主要功能是信元定界和信头差错控制 HEC。

2) 物理媒体连接

物理媒体连接主要由 ITU-T 和 ATM F 建议的规范执行,共有以下类型的连接:

(1) 基于直接信元传输的连接。

(2) 基于 PDH 网传输的连接。

(3) 基于 SDH 网传输的连接。

(4) 直接信元光纤传输。

(5) UTOPIA 接口(通用测试和运行物理接口)。

(6) 管理和监控信息流 OAM 传输接口。

2. 信元层

信元(ATM)层利用物理层提供的信元(53 字节)传送功能,向外部提供传送 ATM 业务数据单元(48 字节)的功能。ATM 业务数据部分是任意的 48 字节长的数据段,它在 ATM 层中成为 ATM 信元的负载区部分,如图 8.20 所示。

3. AAL 层

AAL 层的主要作用是将高层的用户信息分段装配成信元,并进行流量控制和差错控制。网络只提供到 ATM 层为止的功能。AAL 层的功能由用户本身提供,或由网络与外部的接口提供。

AAL 用于增强 ATM 层的能力,以适合各种特定业务的需要。这些业务可能是用户业务,也可能是控制平面和管理平面所需的功能业务。在 ATM 层上传送的业务可能有很多种,但根据三个基本参数来划分,可分为四类业务。三个参数是:源和目的之间的定时要求、比特率要求和连接方式。业务类划分为 A、B、C、D 四类。

A 类:固定比特率业务,ATM 适配层 1(AAL1)。支持面向连接的业务,其比特率固定,常见的业务是 64 kb/s 话音业务、固定码率非压缩的视频通信及专用数据网的租用电路。

B 类:可变比特率业务,ATM 适配层 2(AAL2)。支持面向连接的业务,其比特率是可变的,常见的业务为压缩的分组语音通信和压缩的视频传输。该业务具有传递延迟特性,其原因是接收器需要重新组装原来的非压缩语音和视频信息。

C 类:面向连接的数据服务,AAL3/4。该业务为面向连接的业务,适用于文件传递和数据网业务,其连接是在数据被传送以前建立的。它是可变比特率的,但是没有传递延迟。

D 类:无连接数据业务,常见的业务为数据包业务和数据网业务。在传递数据前连接不会建立。AAL3/4 或 AAL5 均支持此业务。

参数、业务类别和相应的 AAL 适配类型可由表 8.5 所示。

表 8.5　业务分类、AAL 类型和服务质量

<table>
<tr><th>业务
参数</th><th>A 类</th><th>B 类</th><th>C 类</th><th>D 类</th></tr>
<tr><td>源和目的定时</td><td colspan="2">需要</td><td colspan="2">不需要</td></tr>
<tr><td>比特率</td><td>固定</td><td colspan="3">可变</td></tr>
<tr><td>连接方式</td><td colspan="3">面向连接</td><td>无连接</td></tr>
<tr><td rowspan="2">AAL 类型</td><td rowspan="2">AAL 1</td><td rowspan="2">AAL 2</td><td>AAL 3</td><td>AAL 4</td></tr>
<tr><td colspan="2">AAL 5</td></tr>
<tr><td>用户业务举例</td><td>电路仿真</td><td>运动图像视频声频</td><td>面向连接数据传输</td><td>无连接数据传输</td></tr>
<tr><td>服务质量</td><td>QoS1</td><td>QoS2</td><td>QoS3</td><td>QoS4</td></tr>
</table>

注:　AAL1:恒定比特率实时业务适配协议　　AAL2:可变比特率实时业务适配协议

AAL3/4:数据业务传送适配协议　　AAL5:高效数据业务传送适配协议

恒定比特率(Constant Bit Rate,CBR)主要用来模仿铜线或者光导纤维。没有差错校验、流量控制等处理。这个类别在当前的电话系统和 B-ISDN 系统中做了比较平滑的过渡,因为话音级的 PCM 通道、T1 电路以及其他的电话系统都使用恒定速率的同步数据传输。

可变比特率(Variable Bit Rate,VBR)划分为两个子组别,分别是为实时传输和非实时传输而设立的。RT-VBR 主要用来描述具有可变数据流并且要求严格实时的服务,比如,交互式的压缩视频(如电视会议)。NRT-VBR 用于主要是定时发送的通信场合,在这种场合下,一定数量的延迟及其变化是可以被应用程序所接受的,如电子邮件。

可用比特率(Available Bit Rate,ABR)是为带宽范围已大体知道的突发性信息传输而设计的。ABR 是唯一的一种会向发送者提供速度反馈的服务类型网络。当网络中拥塞发生时会要求发送者减小发送速率。假设发送者遵守这些请求,采用 ABR 通信的信元丢失就会很低。运行着的 ABR 有点像等待机会的机动旅客。如果有空余的座位(空间),机动的旅客就会无延迟地被送到空余座位处;如果没有足够的容量,他们就必须等待(除非有些最低带宽是可用的)。

未指定比特率(Unspecified Bit Rate,UBR)不做任何承诺,对拥塞也没有反馈,这种类型很适合于发送 IP 数据包。如果发生拥塞,UBR 信元也会被丢弃,但是并不给发送者发送反馈,也不给发送者放慢速度的希望。

各种 ATM 服务类型的特性比较如表 8.6 所示。

表 8.6 ATM 服务类型的特性比较

服务特性	CBR	RT-VBR	NRT-VBR	ABR	UBR
带宽保证	是	是	是	可选	不
适用于实时通信	是	是	不	不	不
适用于突发通信	不	不	是	是	是
有关于拥塞的反馈	不	不	不	是	不

4. 各层与协议参考模型的关系

各层的功能与协议参考模型的关系如表 8.7 所示。

表 8.7 B-ISDN 各层的功能与协议参考模型的关系

高层		高层功能
AAL 层	CS 子层	会聚功能,即将业务数据变换成 CS 数据单元
	SAR 子层	分段与重组,在此层以信元为单位对 CS 数据分段或重组

续表

高层		高层功能
ATM 层		通用流量控制 信头的产生/提取 信元 VP/VC 变换 信元复用与分解
物理层	TC 子层	信元速率解耦 HEC 信头序列产生/检验 信元定界 传输帧适配 传输帧产生/恢复
	PM 子层	比特定时 物理媒体

8.3.3 ATM 交换原理

ATM 交换技术是 ATM 网络技术的核心。交换结构的性能将决定 ATM 网络的性能和规模。交换机设计的方法将影响交换吞吐量、信元阻塞、信元丢失和交换延时等,交换结构不仅影响交换机的性能和扩展特性,而且也影响交换机支持广播方式和点到点方式的能力。

现代通信网中广泛应用的交换方式有两种:电路交换方式和分组交换方式。电路交换方式包括传统电路交换、多速率电路交换、快速电路交换等,分组交换方式包括帧交换、帧中继、快速分组交换等。电路交换方式适用于话音等实时性业务,而分组交换方式适用于数据业务。在综合业务环境下,不同业务对网络的要求不同,电路交换方式和分组交换方式都不能满足综合业务环境下的使用要求。ATM 交换技术是一种融合了电路交换方式和分组交换方式优点而形成的新型交换方式。

1. ATM 交换的特点

1) 采用统计时分复用

传统的电路交换中用(Synchronous Transfer Mode,STM)方式将来自各信道上的数据组成帧格式,每路信号占固定比特位,在时间上相当于固定的时隙,即属于同步时分复用。在 ATM 方式中保持了时隙的概念,但是采用统计时分复用的方式,取消了 STM 中帧的概念,在 ATM 时隙中存放的实际上是信元。

2) 以固定长度的信元为传输单位

ATM 的信元长度比 X.25 网络中的分组长度要小得多,且长度固定(53 字节),响应时间短。这样可以降低交换节点内部缓冲区的容量要求,减少信息在这些缓冲区中的排队时延,从而保证了实时业务短时延的要求。

3) 采用面向连接并预约传输资源的方式工作

在 ATM 方式中采用的是虚电路形式,同时在呼叫过程向网络提出传输所希望使用的资源。考虑到业务具有波动的特点和网络中同时存在连接的数量,网络预分配的通信资源小于信源传输时的峰值速率(Peak Cell Rate, PCR)。

4)在 ATM 网络内部取消逐段链路的差错控制和流量控制

X.25 运行环境是误码率很高的频分复用的模拟信道,所以 X.25 执行逐段链路的差错控制。又由于 X.25 无法预约网络资源,任何链路上的数据量都可能超过链路的传输能力,因此 X.25 需要逐段链路的流量控制。而 ATM 协议运行在误码率较低的光纤传输网上,同时预约资源保证网络中传输的负载小于网络的传输能力,ATM 将差错控制和流量控制放到网络边缘的终端设备完成。

5)ATM 支持综合业务

ATM 充分综合了电路交换和分组交换的优点,既具有电路交换处理简单的特点,如支持实时业务、数据透明传输,在网络内部不对数据作复杂处理,采用端—端通信协议;又具有分组交换的特点,如支持可变比特率业务,对链路上传输的业务采用统计时分复用等,所以 ATM 支持话音、数据、图像等综合业务。

2. VP/VC 交换

在 ATM 中一个物理传输通道被分成若干的虚通路(Virtual Path,VP),一个 VP 又被上千个虚通道(Virtual Channel,VC)所复用。ATM 信元的交换既可以在 VP 级进行,也可以在 VC 级进行。VP 和 VC 都是用来描述 ATM 信元单向传输的路由。每个 VP 可以用复用方式容纳多达 65 536 个 VC,属于同一 VC 的信元群拥有相同的虚通道识别符(VC Identifier,VCI),属于同一 VP 的不同 VC 拥有相同的虚通路识别符(VP Identifier,VPI),VCI 和 VPI 都作为信元头的一部分与信元同时传输。传输通道、虚通路(VP)、虚通道(VC)是 ATM 中的三个重要概念,其关系如图 8.21 所示。

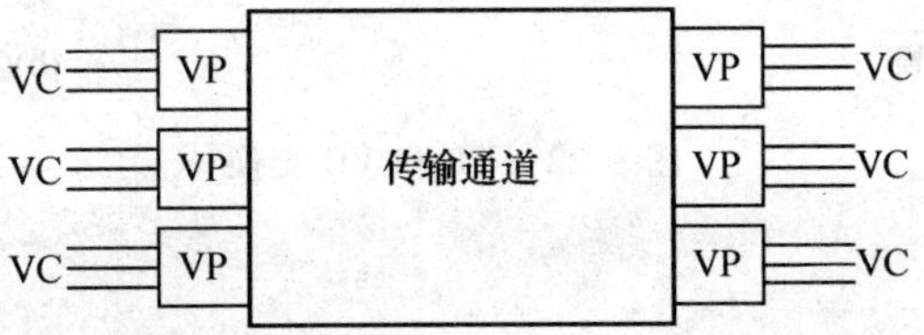

图 8.21 传输通道、虚通路(VP)、虚通道(VC)的关系

ATM 的呼叫接续不是按信元逐个地进行选路控制,而是采用分组交换中虚呼叫的概念,也就是在传送之前预先建立与某呼叫相关的信元接续路由,同一呼叫的所有信元都经过相同的路由,直至呼叫结束。其接续过程是:主叫通过用户网络接口 UNI 发送一个呼叫请求的控制信号,被叫通过网络收到该控制信号并同意建立连接后,网络中的各个交换节点经过一系列的信令交换后便会在主叫与被叫之间建立一条虚电路。虚电路是用一系列 VPI/VCI 表示的。在虚电路建立过程中,虚电路上所有的交换节点都会建立路由表,以完成输入信元 VPI/VCI 值到输出信元 VPI/VCI 值的转换。

虚电路建立起来以后,需要发送的信息被分割成信元,经过网络传送到对方。若发送端有一个以上的信息要同时发送给不同的接收端,则可建立到达各自接收端的不同虚电路,并将信元交替送出。

在虚电路中,相邻两个交换节点间信元的 VCI/VPI 值保持不变。此两点间形成一条 VC 链,一串 VC 链相连形成 VC 连接(VC Connection, VCC)。相应地,VP 链和 VP 连接 VPC 也以类似的方式形成。

VCI/VPI 值在经过 ATM 交换节点时,VP 交换点根据 VP 连接的目的地,将输入信元的 VPI 值改为新的 VPI 值并输出,该过程称为 VP 交换。可见 VP 交换完成将一条 VP 上所有的 VC 链路全部送到另一条 VP 上,而这些 VC 链路的 VCI 值保持不变。VP 交换的实现比较简单,往往只是传输通道的某个等级数字复用线的交叉连接。

如图 8.22 所示,VC 交换要和 VP 交换同时进行,因为当一条 VC 链路终止时,VP 连接(VPC)就终止了,这个 VPC 上的所有 VC 链路将各自执行交换过程,加到不同方向的 VPC 中去。

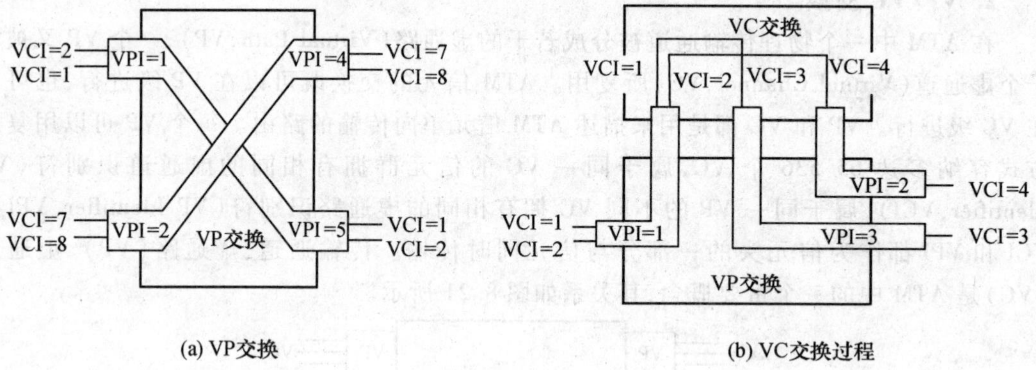

图 8.22 VP 和 VC 交换

3. ATM 交换原理

ATM 交换结构应该能够完成两方面基本功能:一是空间交换,即将信元从一条传输线交换到另一条传输线上,又称为路由选择;另一功能是时间交换,即将信元从一个时隙转移到另一时隙。

ATM 交换机从基本构成上可分为接口模块、交换模块和控制模块,如图 8.23 示。接口模块位于交换机的边缘,为交换机提供对外的接口。接口模块可分为两大类:一类是 ATM 接口模块,提供标准的 ATM 接口;另一类是业务接口模块,提供与具体业务相关的接口。

ATM 接口模块完成物理层、ATM 层的功能。业务接口模块完成业务接口处理、AAL 层和 ATM 层的功能。业务接口的处理包括物理层、数据链路层甚至更高层的功能,如业务数据帧结构的识别、分离或组装用户数据和信令。业务信令经过分析转换为 ATM 信

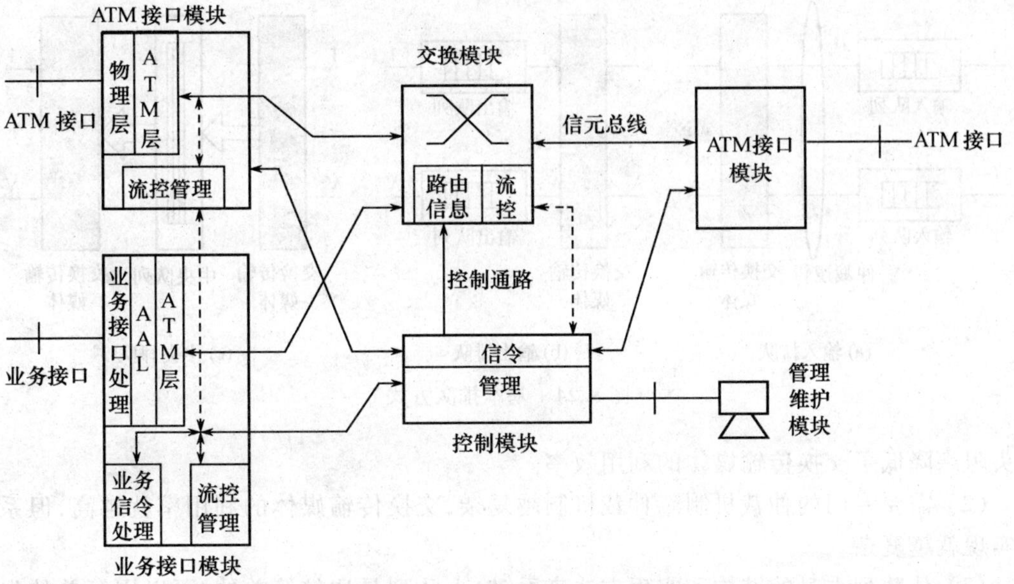

图 8.23 ATM 交换机的功能模块

令,由交换机的控制模块进行处理,业务数据则根据不同的业务类型,进行不同类型的 ATM 适配。

交换模块是整个交换机的核心模块,它提供了信元交换的通路,通过交换模块的两个基本功能(排队和选路),将信元从一个端口交换到另一个端口上去,从一个 VP/VC 交换到另一个 VP/VC。交换模块还完成一定的流量控制功能,主要是优先级控制和 ABR 业务的流量控制。

控制模块是交换机的中央枢纽,它完成 ATM 信元处理、资源管理和流量控制中的连接接纳控制,以及设备管理、网络管理等功能。在实现时,设备管理和网络管理多在外接的管理维护平台上完成。

8.3.4 基本排队机制

ATM 交换结构的基本排队机制有输入排队、输出排队和中央排队,如图 8.24 所示。

1. 输入排队

在输入排队中采用如图 8.24(a)所示的方法来解决输入端可能出现的竞争问题。在输入线上设置队列,对信元进行排队,由一个仲裁机构根据各输出线的忙闲、输入队列的状态、交换传输媒体的状态来决定那些队列中的信元可以进行交换。

输入排队的特点有:

(1) 存在信头阻塞,如线 1 队列上的第一个信元要到出线 2 上,若出线忙,队列的第一个信元出不去,则它后面的信元的出线即使空着,这些信元也不能输出,这就是信头阻塞。

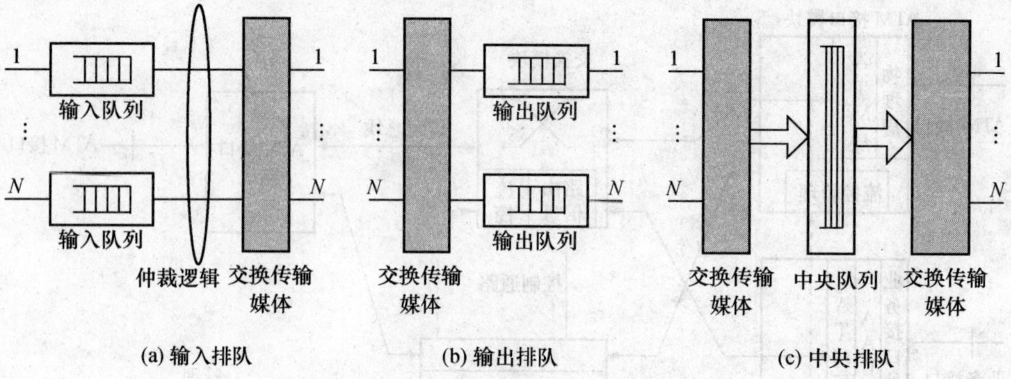

图 8.24　基本排队方式

信头阻塞降低了交换传输媒体的利用效率。

(2) 需要专门的仲裁机制。仲裁机制越复杂,交换传输媒体的利用率就越高,但系统的实现就越复杂。

(3) 从队列本身的结构和实现方法来看,输入队列是比较简单的,可以用简单的先入先出方式(First Input First Output,FIFO)来实现,对存储器速度的要求较低。

2. 输出排队

输出排队中,交换传输媒体本身可保证输入的任一信元都可以被交换到输出端,但输出线的速率是有限的,所以要在输出端进行排队,解决输出线的竞争,如图 8.24(b)所示。

输出队列有以下特点:

(1) 输出队列的控制比较简单,在输出队列中,只需判断信元的目的输出线,由交换传输媒体将信元放到相应的输出队列中即可。

(2) 输出队列本身的管理比较简单。输出队列可以由 FIFO 实现,但它要求存储器的速度较高,极端的情况是,N 个入线的信元都要求输出到同一条出线,为保证无信元丢失,要求存储器的写速率是入线速率的总和。

(3) 输出队列的利用率较低。为达到同样的信元丢失率,输出队列要求更大的存储空间,因为一个输出队列只为一个输出线利用,每个队列都需要按照最坏的情况设计存储容量。

3. 中央排队

中央排队机制中,交换传输媒体分为两部分,队列设在两个交换传输媒体中间,所有入线和出线共用一个缓冲器,所有信元都经过这一个缓冲器进行缓存,如图 8.24(c)所示。

中央排队的特点是:

(1) 存储管理复杂。由于存储器不再由一个输入、输出线所用,所以队列不能用简单的 FIFO 实现,而必须用随机寻址的存储器来实现,还有一套复杂的管理机制。

(2) 存储器利用率高。由于存储器有所有虚连接共享,相当于对每一个输入、输出线都有一个长度可变的队列。

(3) 对存储器的速度要求是三种方式中最高的。输入、输出端的存储器读/写速度都必须是所有端口的速率之和。

8.3.5 共享存储器交换机的模型

共享存储器交换机的模型包含了 ATM 交换结构和共享存储器交换结构。

1. ATM 交换结构

ATM 交换结构是 ATM 交换单元的核心。大型交换机的交换单元由多个交换结构互联而成,小型交换机有单个交换结构构成。ATM 交换结构分为时分交换结构和空分交换结构两种。

1) 时分交换结构

在时分交换结构中,各接口以时分复用的方式共享一个通信媒体。根据媒体不同,可分为共享总线和共享存储器两种。时分交换结构的交换能力受到共享媒体的限制,但是由于每个信元都沿着共享媒体传输,所以时分交换结构很容易实现点到多点传送(Point-to-Multipoint)。

(1) 共享总线结构一般如图 8.25 所示,它由总线和总线仲裁模块构成,各个接口模块都挂在总线上,当一个接口模块有信元要交换时,由接口模块首先发出总线申请,由总线仲裁模块决定是否允许发送,如果允许,则接口模块把信元发送到总线上,总线上各个接口模块根据信元携带的路由信息判断是否接收该信元,如果信元的目的地址为本模块,则从总线上把该信元拷贝下来,这样就完成了一个信元交换。共享总线交换结构的特点是结构简单,容易实现点到多点通信和优先级控制,但是它的吞吐量有限。

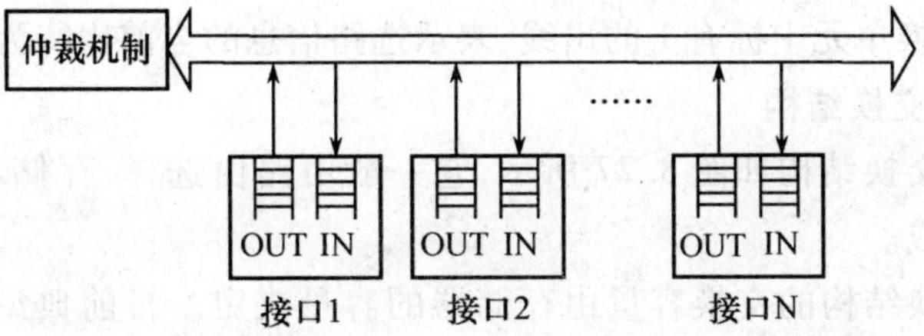

图 8.25 共享总线交换结构

(2) 共享存储器结构的交换方式是目前比较流行的一种 ATM 交换方式。

2) 空分交换结构

在空分交换结构中,输入和输出端口之间有一组通路,这些通路并行工作,使不同输入端口的信元可以同时由交换单元传送。这样交换单元的总容量就是每个通路的带宽与并行传送一个信元的通路平均数之积。因此,理论上采用空分交换结构的 ATM 交换机的总容量没有上限。空分交换结构可分为全互联网和多极互联网。

在 ATM 交换机中利用多级互联网将一些相同结构的小容量交换单元构成一个大容量的交换结构。交换单元是一个独立的交换单位，多为一个或一组交换芯片，可以完成 4×4、8×8、16×16 等容量的交换，实现方式多种多样，如可以采用共享存储器、全互联网结构。目前比较流行的连接各个交换单元的多级互联网是 Banyan 网，如图 8.26 所示。

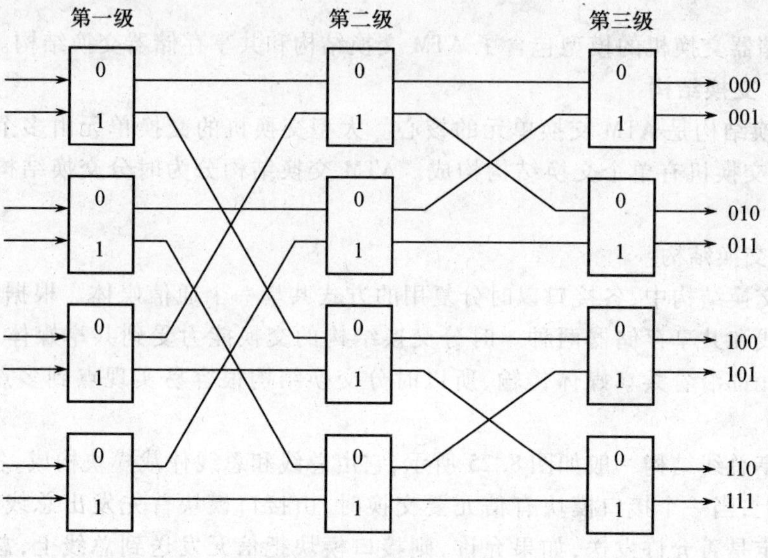

图 8.26　Banyan 网

图 8.26 中所示是一种形式的 Banyan 网，它的基本单元是 2×2 的交换单元。这是一种自选路由的网络，以目的地址为选路信息，有 N 比特的目的地址就有 N 级网络，每级解释选路信息的 1 比特，交换单元中标有 1 的出线，表示选路信息的当前比特为 1 时从此线出。

2. 共享存储器交换结构

共享存储器的交换结构如图 8.27 所示，它一般由路由选择、存储器控制、信元传输媒体和中央存储器构成。

共享存储器交换结构的交换容量由存储器的容量决定。目前典型的共享存储器交换结构都采用共享输出队列的排队机制。采用地址链表管理存储器。地址链表中存放着共享存储器的空闲地址，当一个信元到达时，就从链表中弹出一个地址，信元就存储在这个地址所指的存储区中。同时信头进入选路控制器，由它识别信元的出口线，每个出口线都对应着一个输出队列，选路控制器将信元存放的地址推入相应的输出队列中，这样各出口线只要从输出队列中取出地址，就可根据这个地址从共享存储体中取出信元了。

共享存储器交换结构有如下特点。

(1) 点到多点通信实现较复杂，一种方法是将信元拷贝多份，分别放入各个队列中；一种方法是不进行信元拷贝，而是设置一个计数器，每向一个目的输出端口传送一次信

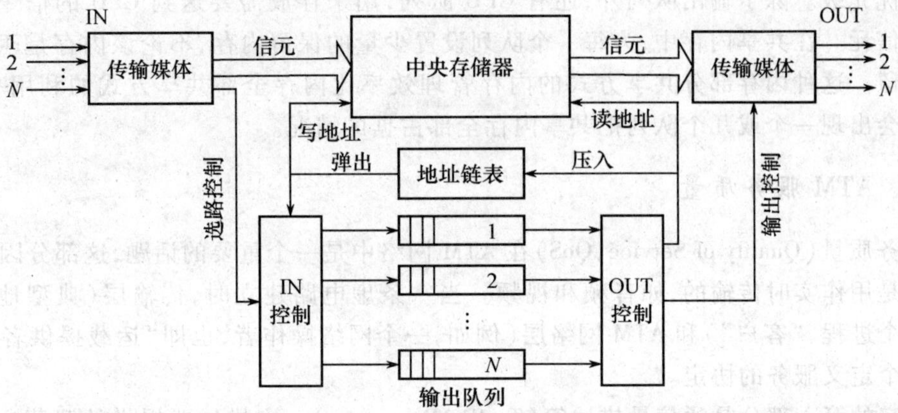

图 8.27 共享存储器交换结构

元,计数器就减 1,一直到 0,表示已向所有目的输出端口传送了广播/点到多点信元,这时才可释放该信元所占用的存储地址。

(2) 存储器控制机制较复杂。

(3) 由于存储器是一种非常通用的器件,并且存储器电路设计具有重复性,所以共享存储器交换结构从成本和交换容量上比共享总线结构要好。

(4) 存储器为所有输出共享,所以存储器利用率较高。

(5) 共享存储器结构本身也是无阻塞的,信元丢失只发生于队列溢出时。

在共享存储器交换结构中,排队管理的方式决定了共享内存的利用效率。目前较流行的排队管理如图 8.28 所示。在图中所示的例子中,每个输出端口对应 4 个队列,每个队

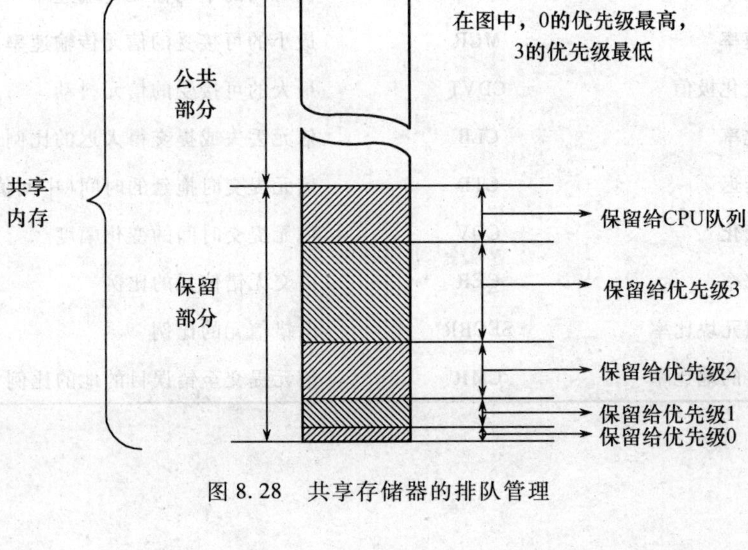

图 8.28 共享存储器的排队管理

列一个优先级。除了输出队列外,还有 CPU 队列,用来存放需要送到 CPU 的信令、OAM、网管等信元。在共享内存中,为每一个队列设置少量的保留内存,不论该内存是否使用都为其保留。这种内存部分共享方式的内存管理效率比内存全部共享方式的利用率要低,但是不会出现一个或几个队列把共享内存全部占据的情况。

8.3.6　ATM 服务质量

服务质量(Quality of Service,QoS)在 ATM 网络中是一个重要的话题,这部分因为 ATM 网络都是用作实时传输的,如音频和视频。当一条虚电路建立时,传输层(典型地为主机中的一个进程,"客户")和 ATM 网络层(例如,一个网络操作者,也即"运载提供者")都要遵守一个定义服务的协定。

协定的第一部分是通信量描述符(Traffic Descriptor)。它描述要提供的载荷。协定的第二个部分指定客户所要求的和通信提供者同意的服务质量。无论是载荷还是服务,都是要以可度量的数量来描述的,这样约定便可以被客观地决定。

为了使具体的通信量协定成为可能,ATM 标准定义了一系列的服务质量,客户和通信提供者可以协商这些参数的值。对于每一个服务质量参数,其最差情况下的值被指定了,要求通信提供者必须要达到或者超过该值。在某些情况下,参数是一个最小值,而在另外一些情况下它是一个最大值。服务质量在每个方向上都是单独指定的,其中一些比较重要的见表 8.8,但它们并不是对所有的服务类型都适用。

表 8.8　一些服务质量参数

参数	缩写词	含义
峰值信元速率	PCR	信元发送的最大速率
持续信元速率	SCR	长时间的平均信元传输速率
最小信元速率	MCR	最小的可接受的信元传输速率
信元延迟变化极值	CDVT	最大的可接受的信元抖动
信元丢失比率	CLR	信元丢失或提交得太迟的比例
信元传送延迟	CTD	信元提交时拖延的时间(中间值和最大值)
信元延迟变化	CDV	信元提交时间的变化幅度
信元错误比率	CER	提交无错信元的比例
严重错误信元块比率	SECBR	出错信元的比例
信元错误目的地比率	CMR	信元提交至错误目的地的比例

8.4 例题

例 8.1 构造 128×128 的三级严格无阻塞 CLOS 网络。要求:入口级选择 16 入线的交换单元,出口级选择 16 出线的交换单元。画出该网络连接示意图,要求标出各级交换单元的个数以及出入线数。

解:按 CLOS 网络严格无阻塞的条件进行设计。

第一级 8 个交换单元,16 条入线,31 条出线。

第二级 31 个交换单元,8 条入线,8 条出线。

第三级 8 个交换单元,31 条入线,16 条出线。

网络连接示意如图 8.29 所示。

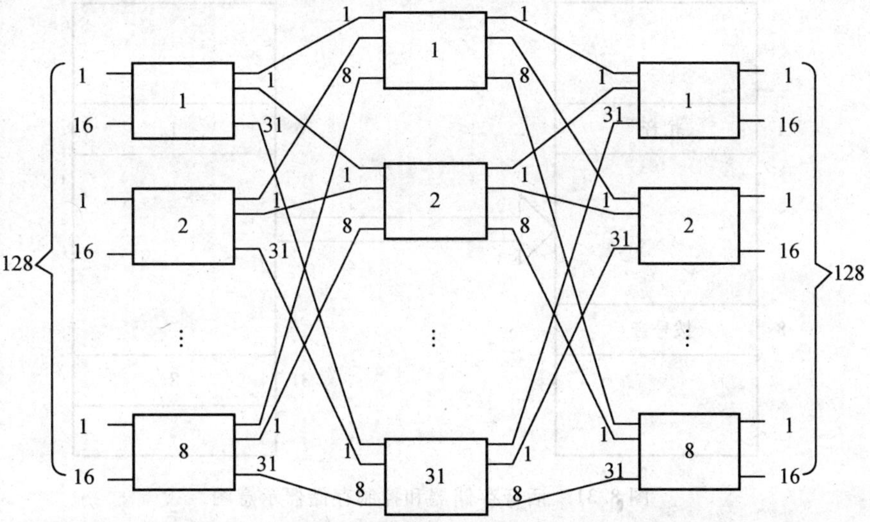

图 8.29 网络连接示意图

例 8.2 图 8.30 是交换机内部的发送音原理图,音频信号发生器在 TS8 中送出拨号音,在 TS1 中送出忙音,试画出给 B 用户送忙音、给 A 用户送拨号音时,交换网络 T 接线器的音频存储器和控制存储器(采用输出控制方式)。

解:满足上述要求的话音频存储器和控制存储器如图 8.31 所示。

例 8.3 试画出局内呼叫的用户在听拨号音状态直到振铃状态下的 SDL 图。

解:听拨号音状态直到振铃状态下的 SDL 图如图 8.32 所示。

例 8.4 在 ATM 交换网络中 A、B、C、D、E、F、G、H 用户占用的 VPI/VCI 如图 8.33 所

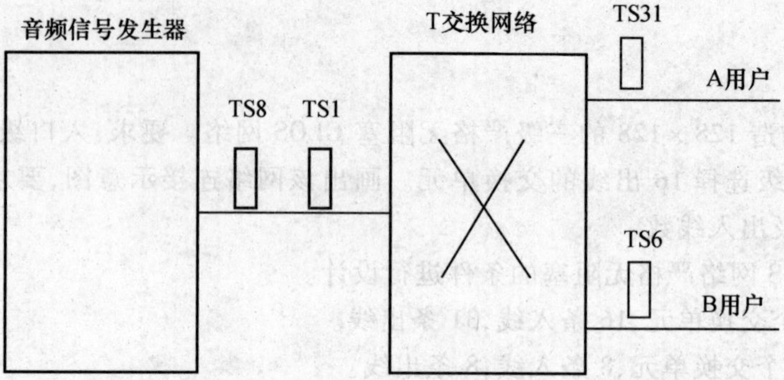

图 8.30 例 8.2 图

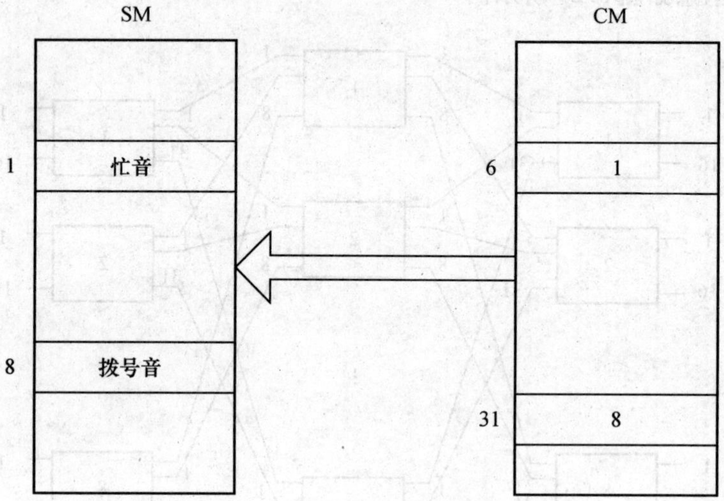

图 8.31 话音存储器和控制存储器示意图

示，为实现 A-E，B-H，C-G，D-F 的通信，请填写路由表的内容。

解：路由表内容如表 8.9 所示。

表 8.9 ATM 通信路由表

入线	入信头标签	出线	出信头标签
1	VP2/VC21	3	VP3/VC35
1	VP5/VC21	4	VP8/VC21
2	VP3/VC30	4	VP4/VC25
2	VP3/VC31	4	VP4/VC31

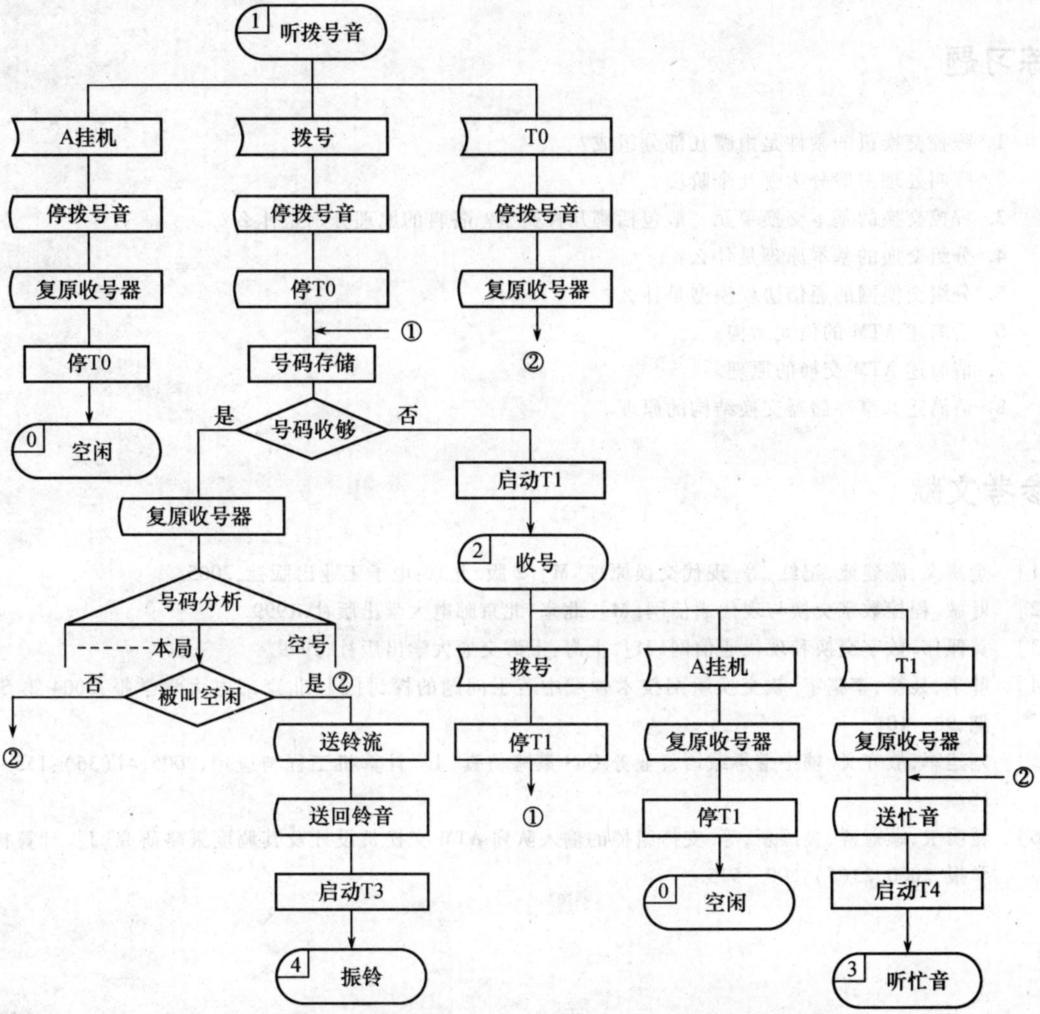

图 8.32　听拨号音状态到振铃状态下的 SDL 图

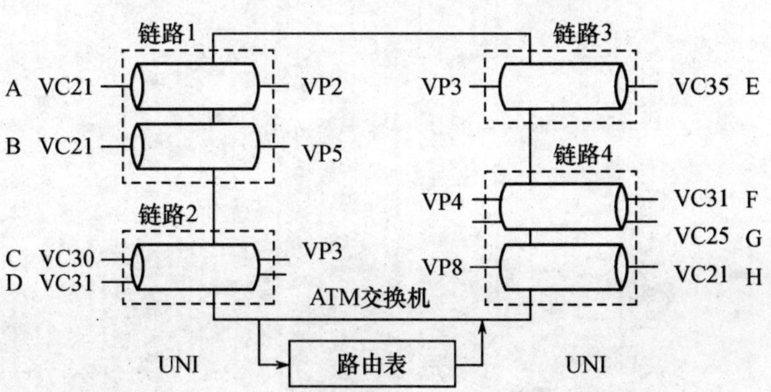

图 8.33　用户占用 VPI/VCI 示意图

练习题

1. 程控交换机的硬件是由哪几部分组成？
2. 呼叫处理一般分为哪几个阶段？
3. 程控交换的基本交换单元一般包括哪几种类型？各自的原理分别是什么？
4. 分组交换的基本原理是什么？
5. 分组交换网的通信协议模型是什么？
6. 请简述 ATM 的信元结构。
7. 请简述 ATM 交换的原理。
8. 请简述共享存储器交换结构的原理。

参考文献

[1] 金惠文,陈建亚,纪红,等. 现代交换原理[M]. 2 版. 北京:电子工业出版社,2005.
[2] 叶敏. 程控数字交换与现代通信网[M]. 北京:北京邮电大学出版社. 1999.
[3] 黄佩伟. 数字交换和现代通信网[M]. 上海:上海交通大学出版社,1999.
[4] 叶华,聂衡,李鹏宇. 软交换组网技术领域中若干问题的探讨[J]. 北京邮电大学学报,2004 第 S1 期,96－101.
[5] 刘建军,战守义. 帧中继承载语音业务 QoS 策略仿真[J]. 计算机工程与应用,2005,41(36):155－157.
[6] 翟明玉,顾冠群,吴国新,等. 支持组播的输入队列 ATM 交换机设计及其调度策略研究[J]. 计算机学报,2000,23(5):509－515.

第9章 卫星通信系统

名词术语释义

变频器(Converter) 卫星接收机、发射机的部件之一,主要功能是完成微波信号与中频信号的相互转换。

C波段(C-Band) 频率从3.7~4.2 GHz的一段频带,作为通信卫星下行传输信号的频段。

地面站(Earth Station) 在地球上,接收来自卫星的信号接收系统,主要由天线、低噪声放大器、下变频器、接收机等组成。

方位角(Azimuth) 在跟踪某一个同步地球卫星时,卫星地面站的抛物面天线在水平方向上必须转动的一个角度。

空分多址(Space Division Multiple Access,SDMA) 利用卫星上的多个窄波束天线覆盖不同区域内的地面站。

Ku波段(Ku-Band) 频率从11~14 GHz的波段,用于卫星通信和直播卫星电视。

频率复用(Frequency Reuse) 利用卫星的几何位置或天线的极化方式不同来分隔信号,以此复用有限频段内信道的频率。

射频(Radio Frequency) 无线电波的频率或相应的电振荡频率。

同步轨道(Geosynchronous Orbit) 位于赤道上空,距地球表面35 888公里绕地球的环形轨道。

TCP/IP协议(Transmission Control Protocol/Internet Protocol) 定义互联网的协议集,使各种计算机都能在一个共同的网络环境中运行,实现异机种网络之间的通信。

圆极化(Circular Polarization) 通信卫星利用圆极化天线按螺旋形式向地面传输信号。

转发器(Transponder) 由接收机、发射机和天线组成的负责转发信号的部件,是卫星实体的一个组成部分。

非静止轨道(Non-Geostationary Satellite Orbit, NGSO) 卫星不相对于地球静止的轨道。

公共交换电话网(Public Switched Telephone Network, PSTN) 一种全球语音通信电路交换网络,即

电话网。

数字视频广播(Digital Video Broadcasting, DVB) 采用数字压缩技术,将视频信息数字化广播,更可以将图像、语音、文字及各种数据信息综合到一起播出。

星上交换时分多址(Switch on Satellite Time Division Multiple Access, SS-TDMA) 卫星通信中空分多址与TDMA结合的多址方式。

人造卫星上天揭开了卫星通信的序幕,这是通信领域中的一项重大变革。1965年国际卫星组织(INTELSAT)成立,第一代国际卫星通信系统投入商用。1979年国际海事卫星组织(INMARSAT)成立,创建了第一代国际移动通信卫星系统。这两个有代表性的国际卫星通信系统以及前苏联与东欧的INTERSPUTNIK系统、欧洲的EUTELSAT系统等在20世纪80年代发展兴旺,它们曾经是全球远程通信的主流。20世纪90年代末,光纤通信和地面蜂窝移动通信的迅速发展对卫星通信提出了严峻的挑战。在信息技术高度发展的今天,在研讨会以及杂志上谈论的都是下一代网和第三代移动通信,对卫星通信的发展和应用却很少问津。其实,不论是下一代网还是第三代移动通信,没有卫星通信是完成不了无缝的全球移动个人通信的,满足不了航空、海事、地震、援救以及军事通信的需要的。本章将阐述卫星通信的基本知识和技术,并介绍卫星组网技术。

9.1 卫星通信概述

卫星通信是指地面站(或手持终端)之间、地面站与航天器之间利用通信卫星转发器实现的无线电通信,包括卫星固定通信、卫星移动通信、卫星中继通信等。

9.1.1 卫星通信的基本概念

卫星通信是航天技术和电子技术相结合而产生的一种重要通信方式,是微波中继传输技术与空间技术的结合。卫星通信有三种通信方式:宇宙站与地面站之间的通信,宇宙站之间的通信,通过宇宙站的转发或反射而进行的地面站相互之间的通信。卫星通信以空间轨道中运行的人造卫星作为中继站,地面站作为终端站,实现两个或者多个地面站之间的长距离大容量的区域性通信及全球通信。

卫星在空中起中继站的作用,即把地面站发出的电磁波放大后再返送回另一地面站。用作通信的卫星称为通信卫星,这种卫星在地球赤道上空约36 000公里的轨道上从西向东转动,方向和速度恰好与地球自转同步,在地面上看是静止不动的,所以又称为同步静止卫星。地面站用于卫星网与地面移动网、地面公共交换电话网(Public Switched Telephone Network, PSTN)之间的接口,完成协议转换、流量控制、寻址、路由选择、分组打包和拆包、计费、网管等功能。它实际上是卫星系统与地面通信网的接口,地面用户通过地面站出入卫星系统,形成通信电路。以覆盖面积来讲,一颗通信卫星可覆盖地球面积的三分之一多。若在地球赤道上等距离放上三颗卫星,就可以覆盖整个地球。

图 9.1 所示是一个最简单的卫星通信系统。地面站 A 通过定向天线向通信卫星发射的微波电信号,首先被通信卫星内的转发器所接收,由转发器进行处理(如放大、变频)后再通过卫星天线发回地面,地面站 B 接收,完成从 A 站到 B 站之间的信号传递。从地面站到通信卫星信号所经过的路线称为上行线路,由卫星到地面站信号所经过的路线称为下行线路。同样,地面站 B 也可以通过卫星转发器向地面站 A 发送信号。

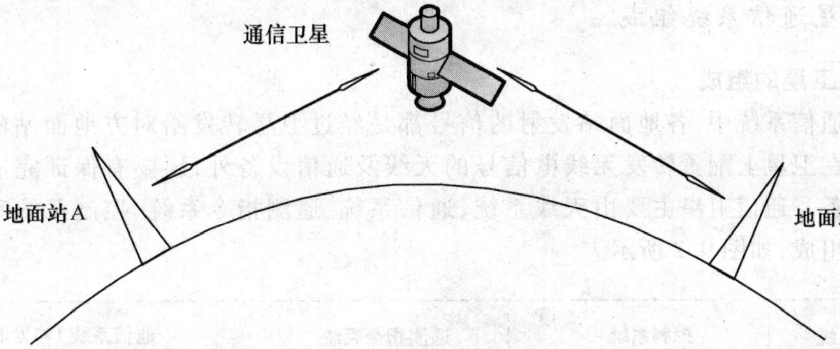

图 9.1 卫星通信示意图

9.1.2 卫星通信的特点

卫星通信系统以通信卫星为中继站。与其他的通信系统相比较,具有通信距离远、覆盖面积大、通信频带宽、性能稳定等特点。

1. 通信距离远

由于卫星距地面约 36 000 km,因此以静止卫星为中继站的通信距离最小为 18 000 km,而且不受地理条件的限制。比如,拉萨要与北京或内地进行通信,建立地面微波中继系统或光纤通信线路都是不现实的,而利用卫星通信系统十分合适。

2. 覆盖面积大,可以进行多址通信

许多类型的通信系统只能实现点对点的通信,因而是线覆盖。而卫星通信,由于静止卫星处于高空中,卫星天线波束能够发射到地球表面的很大一部分区域,这部分区域称为通信卫星的覆盖区域。这个覆盖区域不是线覆盖,而是面覆盖。在覆盖区域内的任何地方都能收到卫星转发下来的电波。因此,虽然只有一颗通信卫星,但可以供四面八方的地面站同时进行相互通信。卫星通信的这种能同时实现多方向、多个地面站之间相互联系的特性称为多址连接特性。

3. 通信频带宽、容量大

从使用的角度来看,地面微波中继通信的传输容量主要由终端站决定,而卫星通信由于具有多址连接特性,使得整个通信系统的传输容量取决于卫星转发器的带宽和发射功率。通过采用带宽转发器和增加转发器的数量,卫星通信系统的传输容量超过了其他通信工具,能够传输高质量的电视、多路电话以及各种类型的信号。

4. 性能稳定可靠

由于卫星通信的电波主要是在大气层以外的宇宙空间内传播,而宇宙空间几乎是一种真空状态,因此可以看作均匀介质的自由空间。电波在自由空间传播十分稳定,几乎不受气候和气象变化的影响,即便是发生磁暴甚至核爆炸的情况下线路仍能正常工作。

9.1.3 卫星通信系统组成

1. 通信卫星的组成

在卫星通信系统中,各地面站发射的信号都是经过卫星转发给对方地面站的,因此,除了要保证在卫星上配置转发无线电信号的天线及通信设备外,还要有保证完成通信任务的其他设备。通信卫星主要由天线系统、通信系统、遥测指令系统、控制系统和电源系统五大部分组成,如图9.2所示。

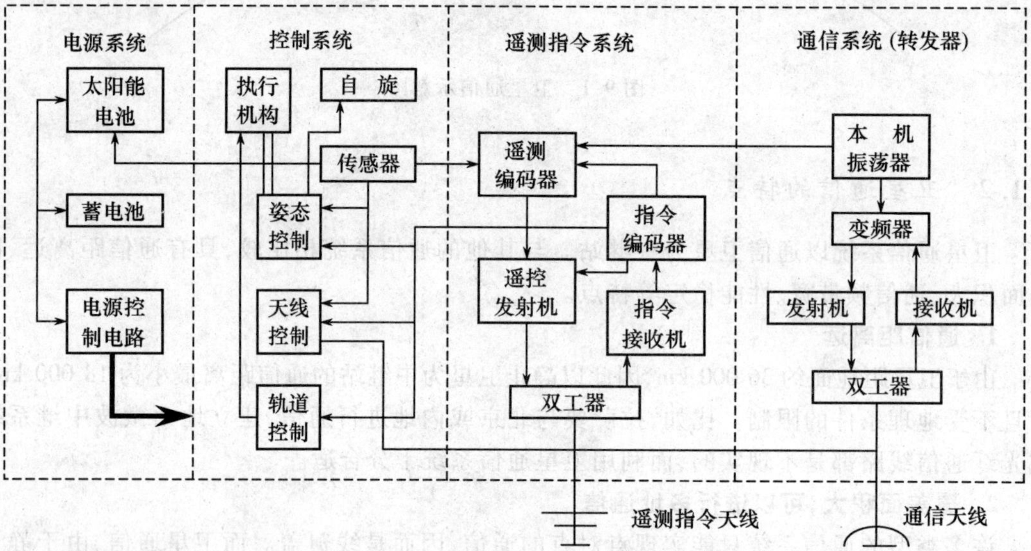

图9.2 通信卫星组成示意图

1) 天线系统

天线系统包括通信用的微波天线和遥测遥控系统用的高频(或甚高频)天线。微波天线根据波束的宽窄又可分为:覆球波束天线、区域波束天线和点波束天线。对静止卫星来说卫星覆球波束天线的波束宽度为17°~18°,其增益可达18 dB。点波束天线因波束较窄而具有较高的增益,用来把辐射的电磁波功率集中到地球上较小的区域内。

通信微波天线的波束应对准地球上的通信区域。但是,对于采用自旋稳定方式以保持姿态稳定的静止卫星，由于卫星是旋转的，故要采用消旋天线，才能使波束始终对准地球。常用的有机械消旋天线和电子消旋天线，消旋原理是用机械的方法或电子的方法，让天线的旋转方向与卫星自旋方向相反，而两者的旋转速度相等，以保证天线波束始终朝着地球上需要通信的区域。

遥测指令天线用于卫星进入静止轨道之前和之后，能向地面控制中心发射遥测信号和接收地面的指令信号。这种天线为甚高频全方向性天线，通常采用倾斜式绕杆天线和螺旋天线等天线。

2）通信系统（转发器）

静止卫星的通信系统又称为通信中继机，通常由多个（可达 24 个或更多）信道转发器互相连接而组成。其任务是把接收的信号放大，并利用变频器交换成下行频率后再发射出去。它实质上是一组宽频带收/发信机，对其要求是工作稳定可靠，附加的噪声小。

卫星转发器是通信卫星中最重要的组成部分，它能起到卫星通信中继站的作用，其性能直接影响到卫星通信系统的工作质量。

对卫星转发器的基本要求是附加噪声和失真小，要有足够的工作频带，有足够大的总增益，频率稳定度和可靠性尽量高。

卫星转发器通常分为透明转发器和处理转发器两大类。

透明转发器：这类转发器接收到地面站发来的信号后，除进行低噪声放大、变频、功率放大外，不做任何处理，只是单纯地完成转发任务。也就是说，它对工作频带内的任何信号都是“透明”的通路。透明转发器有双变频和单变频两种，前者的优点是中频增益高（可达 80 ~ 100 dB），电路工作稳定，曾用于国际通信卫星 IS-I。其缺点是中频频带窄，不适于多载波工作，已很少使用。单变频转发器是先将输入信号直接放大，再变频为下行频率，经功率放大后转发给地面站。单变频转发器实际上是微波放大式转发器，射频带宽可达 500 MHz，且由于其输入、输出特性的线性良好，允许多载波工作，适于多址连接，因此得到广泛使用。

处理转发器：指除了信号转发外，还具有信号处理功能的转发器。与上述双变频透明转发器相比，处理转发器只是在两级变频器之间增加了信号的解调器、处理单元和调制器。先将信号解调，便于信号处理，再经调制、变频、功率放大后发回地面。

3）遥测指令系统

遥测指令系统包括遥测和遥控指令系统两部分。

遥测部分的作用是在地球上测试卫星的各种设备的工作情况，包括表示有关部分电流、电压、温度等工作状态的信号，来自各传感器的信息，指令证实信号，以及作控制用的气体压力，等等。上述各种数据通过遥测系统送往地面监测中心，这些数据传送的方法与通信过程相似，即先通过多路复用、放大、编码等处理后再调制和传输。

遥控指令系统包括对卫星进行姿态和位置控制的喷射推进装置的点火控制指令，行波管高压电源的开、关控制指令、发生故障的部件与备用部件的转换指令以及其他由地面对卫星内部各种设备的控制指令等。指令信号由地面的控制站发出，在卫星转发器内被分离出来。经检波、解码后送至控制设备，以控制各种执行机构实施指令。

4）控制系统

控制系统包括位置控制和姿态控制两部分。

位置控制系统用来消除摄动的影响，以便使卫星与地球的相对位置固定。位置控制是利用装在星体上的气体喷射装置由地面控制站发出指令进行工作的。当卫星有摄动现象时，卫星上的遥测装置就发给地面控制站遥测信号，地面控制站随即向卫星发出遥控指令，以进行位置控制。

姿态控制是使卫星对地球或其他基准物保持正确的姿态，即卫星在轨道上立着还是躺着。卫星姿态是否正确，不仅影响卫星上的定向通信天线是否指向覆盖区，还会影响太阳能电池帆板是否朝向太阳。

5）电源系统

通信卫星的电源要求体积小、重量轻和寿命长。常用的电源有太阳能电池和化学能电池。平时主要使用太阳能电池，当卫星进入地球的阴影区（即星蚀）时，则使用化学能电池。

太阳能电池由光电器件组成。由太阳能电池直接供出的电压是不稳定的，必须经电压调整后才能供给负载。

化学能电池可以进行充电和放电，如镍铜蓄电池。

2. 卫星通信系统的组成

卫星通信系统由空间段和地面段两部分组成，如图9.3所示。空间段以卫星为主体，主要起中继作用。地面段是直接用来进行通信的，以地面站为主体，为保障系统的正常运行，还应包括测控系统和监控管理系统，其方框图如图9.4所示。

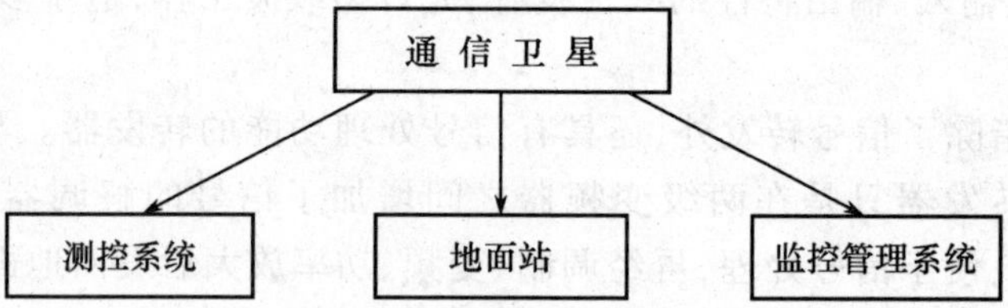

图9.3 卫星通信系统构成

1）空间分系统

空间分系统即通信卫星，主要是起无线电中继站的作用，即所有地面站发出的信号均经过卫星转发到对方地面站，而这种转发是由卫星通信装置中的转发器和天线完成的。一个卫星的通信装置可包括多个转发器，该转发器可以是透明的，也可以是含有卫星上基带数字信号处理的，也可以有卫星上交换和卫星上抗干扰转发器。为了维持天线、通信转

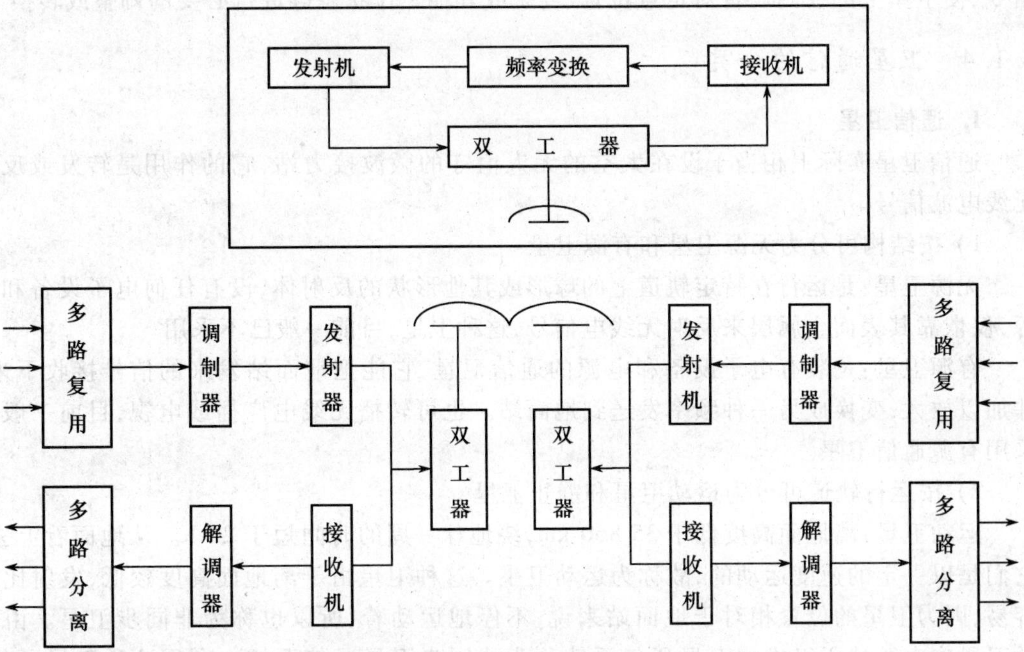

图 9.4 卫星通信系统的组成方框图

发器等卫星有效载荷并正常工作,在空间分系统中,必须具备姿态控制、遥测、遥控、能源等保障系统。

2）地面站

它是无线电接收和发射站,用户通过它们接入卫星线路进行通信。卫星通信的地面站是卫星通信系统中重要的组成部分,它是连接线路和用户的中枢。卫星中继站类似于微波接力通信系统的中继站,地面站相当于接力通信系统中的终端站,所以卫星通信地面站也称为卫星通信系统的终端站。由于卫星通信的应用范围不仅在陆地上,而且在海面上、空中都已广泛设站,所以地面站也称为地球站。

3）测控系统

测控系统的作用是在卫星发射过程中对卫星进行跟踪,且控制卫星准确地进入轨道上的定点位置。在卫星正常运行过程中,测控系统将对它的轨道校正、位置和姿态保持进行控制。测控系统由指挥控制中心、数据交换中心及各地的测控站组成。

4）监控管理系统

它的任务是对通信卫星的发射过程及在轨运行状态进行不间断的监测和必要的控制,使卫星能正确进入轨道并保持正常姿态。对于静止卫星来说,监控的重点在于保证卫星的定点精确和姿态稳定。卫星正常运行后,利用对卫星发来的信标的检测实现天线对卫星的捕获和跟踪,从而测出卫星方向的方位与仰角的精确数据。监控系统向卫星发送指令,使卫星上的控制设备对定点位置、姿态或其他工作状态等进行必要的调整或转换。

9.1.4　卫星通信的分类

1. 通信卫星

通信卫星实际上相当于设在太空的无人值守的微波接力站,它的作用是转发或反射无线电波信号。

1）按结构可分为无源卫星和有源卫星

无源卫星:是运行在特定轨道上的球形或其他形状的反射体,没有任何电子设备和电源,仅依靠其表面金属层来反射无线电信号,这种卫星,目前一般已不采用。

有源卫星:是装有电子设备和电源的通信卫星,它能把地面站发来的信号接收下来,并加以放大,变换成另一种频率发送到地面站。也可转播无线电广播或电视,目前一般均采用有源通信卫星。

2）按运行轨道可分为运动卫星和静止卫星

运动卫星:离地面高度低于35 860 km,绕地球一周的时间短于24 h。从地面看上去,它们是以一定的速度运动的,故称为运动卫星。这种卫星由于离地面高度较低,发射比较容易,因为卫星的位置相对于地面站来说,不停地运动着,所以也称为非同步卫星。由运动卫星作中继站所组成的卫星通信系统称为非同步卫星通信系统。利用这种卫星通信,如果卫星颗数不够,便不能保证地面站之间的连续通信,而要实现连续通信,就必须发射足够数量的卫星。此外,由于卫星是运动的,利用这种卫星通信时,地面站需要复杂的跟踪设备。

静止卫星:卫星位置相对于地面站来说静止不动,离地面高度正好处于35 860 km高的环形轨道上,与地球自转同向运动,卫星在这样高的轨道上绕地球一周的时间恰好等于地球自转一周的时间,即24 h。这样卫星和地球始终保持着相对静止的运动状态,因此从地面上看上去,卫星就像静止不动的,所以静止卫星并不是说卫星真的静止不动,而是与地球同步运行。这种通信卫星,称为静止通信卫星,其运行的轨道,称为静止轨道或同步轨道,由同步卫星组成的通信系统称为同步卫星通信系统。

如图9.5所示,以静止卫星向地球引两条切线,两切线的夹角为17.5°,地球上两切点

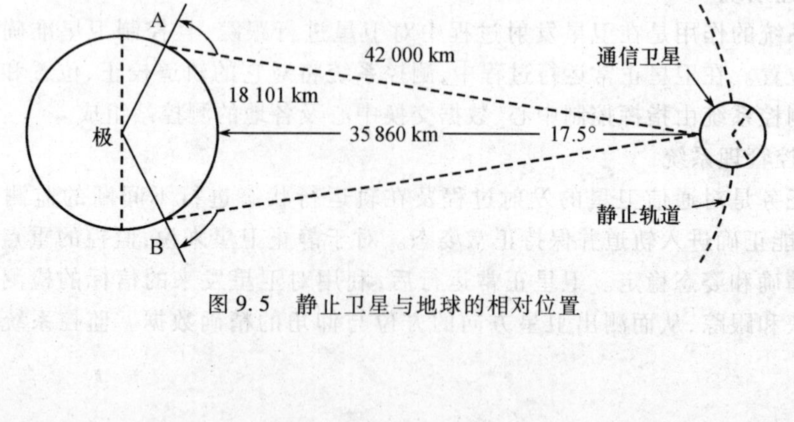

图9.5　静止卫星与地球的相对位置

(A、B)之间的跨距达 18 101 km,从卫星上能够看到的地球面积大于地球总面积的 1/3。也就是说,每颗静止通信卫星大约能够为地球上 1/3 以上的地区提供通信服务。

如果发送三颗彼此相隔 120°、相距 72 600 km 的静止通信卫星,就能基本上覆盖整个地球(两极地区除外),实现全球通信。由这三颗静止通信卫星组成的通信卫星系统,称为静止通信卫星系统,如图 9.6 所示。

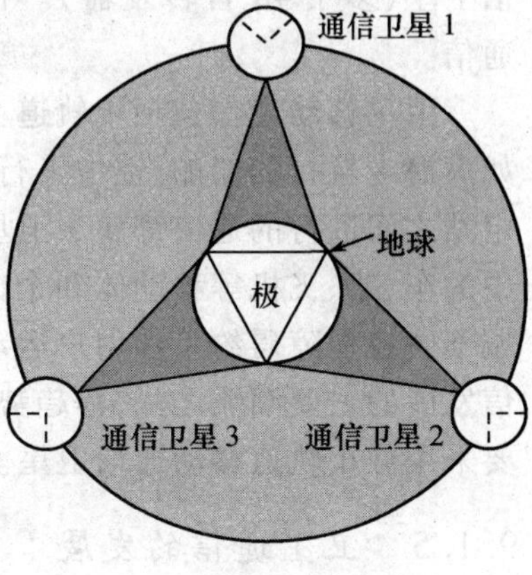

图 9.6　三颗静止卫星就能组成全球通信系统

卫星下的阴影区为有效覆盖区;中心的无阴影区为两极地区,称为通信盲区;边上的三块阴影重叠区,是两颗卫星的重叠覆盖区,在那里可建立两个静止通信卫星覆盖区之间的中继转接地面站。目前正式使用的国际通信卫星系统便是按照上述原理建立起来的,三颗静止通信卫星分别位于大西洋、印度洋和太平洋上空。

静止通信卫星系统虽然也存在着某些弱点,如两极地区为盲区,卫星的发射和控制技术比较复杂,在春分和秋分后数日内,因太阳干扰过程,每天有几分钟的通信中断等,但从使用性能和整个系统的成本来看,比运动卫星通信系统优越得多。因此,在目前已建成的国际和国内通信卫星系统中,大部分都是静止通信卫星系统。

2. 卫星通信系统

从不同的角度,可把卫星通信系统分成以下几类:

(1) 按卫星运动方式分为静止卫星通信系统和低轨道移动卫星通信系统。

(2) 按通信覆盖范围分为国际卫星通信系统、国内卫星通信系统和区域卫星通信系统。

(3) 按用户分为公用卫星通信系统和专用卫星通信系统(气象、军用等)。

(4) 按通信业务分为移动地面站卫星通信系统、广播业务卫星通信系统和科学实验卫星通信系统。

(5) 按多址方式分为频分多址卫星通信系统、时分多址卫星通信系统、空分多址卫星通信系统、码分多址卫星通信系统和混合多址卫星通信系统。

(6) 按基带信号分为模拟卫星通信系统和数字卫星通信系统。

卫星通信系统由处在地球上空一定高度的通信卫星及设在地面的地面站组成。通信卫星通常由星体和通信系统组成,用来接受地面站送来的信号,并进行处理、交换、放大等,然后再将信号按规定的方向传回地面或其他卫星系统。按地面站是否固定,可将卫星通信分为卫星固定通信和卫星移动通信。

卫星固定通信使用 C 波段和 Ku 波段。主要用于固定地面站之间的通信,通常采用地球静止轨道卫星。目前国外静止轨道通信卫星可分为四类:小容量通信卫星(约12台转发器)、中容量通信卫星(约24台转发器)、大容量通信卫星(约48台转发器)、超大容量通信卫星(多于48台转发器)。根据不同的需求,这些卫星广泛应用于国际、国内和区域通信。

卫星移动通信包括中轨道卫星通信系统、椭圆轨道卫星系统和低轨道卫星通信系统。如大海中航行的船舶、空中飞行的飞机和陆地行驶的车辆,它们与卫星之间、与陆地上固定站之间进行的通信都属于卫星移动通信。卫星通信和陆地卫星移动通信主要用于行进中的车、船、飞机等移动体和个人以及山村、边远地区的固定用户。卫星移动通信覆盖区域不受地理障碍约束和用户运动限制的优势使光纤通信相形见绌,为此它已成为卫星通信发展的主要潮流之一,其趋势是高中低轨道卫星系统并存发展。区域性移动通信将主要采用静止轨道移动通信卫星。而全球性移动通信则主要采用中、低轨道移动通信卫星。

9.1.5 卫星通信的发展

早在1945年10月,英国空军雷达专家 Arthur C. Clarker 在一篇发表在"Wireless World"的论文中提出了利用卫星进行通信的科学设想。1957年10月4日,前苏联发射了世界上第一颗人造地球卫星 Sputnik,让人们看到了真正实现卫星通信的希望。在 Clarker 提出卫星通信约20年之后,这一设想终于变成了现实。1962年7月,美国成功地发射了第一颗通信卫星 TelSat,试验了横跨大西洋的电话和电视传输,揭开了卫星通信发展的序幕。

地球同步轨道通信卫星的概念最早由阿色尔·克拉克(Arthur Clarke)于1954年10月提出。他通过研究指出,一个在地球赤道上空35 786.6 km(距离地心42 000 km)处的卫星相对于地球是静止的,而均匀分布在地球赤道上空的三颗这种卫星可以覆盖地球全部表面90%以上的地区。最早的实用同步轨道通信卫星是由美国休斯公司研制的,分别于1963年7月26日和1964年8月19日发射,其名称为 SynCom-2 和 SynCom-3。

移动通信卫星则是由按照一定的轨道平面(或者与赤道平面有一定夹角的极地轨道,或者是与赤道平面有一定夹角的大椭圆轨道平面,或者是两者混合组成的几个轨道平面)运行的不同数量的通信卫星组成。根据卫星工作方式和提供的业务,移动通信卫星系统又分为以提供话音业务为主的中、低轨道移动通信卫星系统,如 Iridium、GlobalStar 和 ICO 系统;以数据业务为主的低轨系统,如 ORBCOMM 和 LEO ONE 等;提供宽带接入的低轨系统,如 Teledesic 等。

1998年底,Iridium 系统正式投入商业运营,开创了世界通信的新时代,第一次实现了真正意义上的全球个人通信:任何人(whoever)在任何地方(wherever)、任何时候(whenever)都可以和任何人进行通信。正因为如此,Iridium 系统才在1998年被美国《大众科学》评为最佳产品之一。数十年来,随着卫星在通信、因特网、导航、广播、电视等方面的发展,尤其是蜂窝通信技术、因特网技术、多媒体技术的飞速发展,卫星通信也取得了长足的进步,涉及的业务领域和频段不断拓宽。由于具有通信距离远、费用与通信距离无关、覆盖面积大、不受地理条件限制等一系列特点,卫星通信已经成为重要的现代通信手段之一,在全球通信中大展身手,特别是军事领域,卫星以独一无二的优势,得到世界各国的高度重视。

目前,第二代移动通信系统(如GSM)在市场上仍占据主导地位,第三代移动通信系统开始商用化,而第四代移动通信系统的研究已经启动。国际移动电信标准(IMT-2000)提供了一个兼容现存的和将来使用的通信系统的统一框架。尽管地面蜂窝无线通信发展很快,给卫星移动通信造成了极大的冲击,使得卫星移动通信一度跌入低谷。但是,由于经济和技术等客观条件的限制,地面上的无线网络始终只能覆盖到有限的区域,对于广大农村和边远地区等业务量稀少地区,用地面蜂窝网进行覆盖既不经济也不现实。如何为地面无线网不能覆盖的广大地区提供有效的通信是迫切需要解决的问题,也是IMT-2000的重要要求。另外,随着地面蜂窝网的发展与壮大,将会出现越来越多的漫游用户,为其在蜂窝网覆盖之外的区域提供通信服务是应当解决的又一个问题。与此同时,卫星网独一无二的三维无缝覆盖能力也使得其必将是新一代全球移动通信系统的重要组成部分。卫星移动通信系统以其覆盖范围广、组网灵活等特点较好地解决了稀业务量地区、边远地区、地面通信网未覆盖地区等的通信问题以及全球漫游问题。此外,对于海洋地区、高山地区,以及出现地震等大的自然灾害时,只有卫星通信系统才能保证正常通信。

通信业发展十分迅猛,它包括语音、数据和图像等传统业务,目前更发展到宽带接入和多媒体通信业务等。随着因特网技术的发展,因特网不只是传递文本文件和数据,更多的将是传送语音、图像和电视节目,向用户提供远距离群组工作、远程医疗和电子商务等服务。然而根据联合国外层空间署的统计,目前世界上84%的移动电话、91%的传真机和97%的因特网主机是在发达国家,世界上仍有占人口总数一半的人从未使用过电话服务。技术的发展为通信业提出的新课题是如何使这些新的技术成果为社会广大用户所享用,如何使这些信息能够按照用户的需要更快、更直接、更便宜、更可靠地传递到地球的任何一个地方。在这方面,卫星通信以其特有的“即时方便的基础设施”这一优势,将发挥它的特殊作用。

卫星通信经过多年的发展,由传统的地球同步轨道通信卫星向多频段(涵盖从2 GHz到50 GHz或更高的L、C、Ku、Ka、Q和V频段)、高功率(星上功率达到15 000 kW或更高)、大天线、多波束(口径超过10 m以上,多波束天线类似地面的蜂窝系统)发展,从而更有效地提供直接到户业务、移动通信业务、宽带接入网和多媒体业务。对卫星和卫星通信系统的控制将由集中式控制发展到分布式控制,而对卫星本身的考虑也在发生变化,其重点是如何使其具有可升级性。“虚拟卫星”概念的采用,更有效地提高了空间轨道和频率的利用率。进一步采用模块式的结构,以便逐步使卫星的生产实现流水线,达到缩短生产周期和降低成本的目的。由于星体和天线增大及采用多波束工作,对卫星轨道和姿态的控制精度要求更高,从而对星上姿控发动机提出了更高的要求。

9.2 卫星通信调制和传输技术

卫星通信信号常用的基本技术包括调制技术与传输技术,根据信号的不同又可分为基带模拟信号、数字信号等多种方式。

9.2.1 卫星通信调制技术

通信系统通常分为模拟调制和数字调制两种,卫星通信系统对这两种均有应用。目前在卫星通信中使用的模拟调制方式主要是FM,从而可以增加传输带宽,得到大的调制增益,有利于地面站接收机获得较高的载噪比,或者在给定的载噪比的情况下可以减少卫星转发器的功率。但是FM会使调制信号频带大大增加,这对有限的卫星转发器带宽产生了巨大压力。数字调制方式最基本的有ASK、FSK和PSK,由于频率交调的存在限制了ASK方式的采用,从而较多的是FSK、PSK方式。

1. 模拟信号调制技术

信号通常要借助射频载波传送,原始信号—调制—传输—解调—复原信号,如图9.7所示。

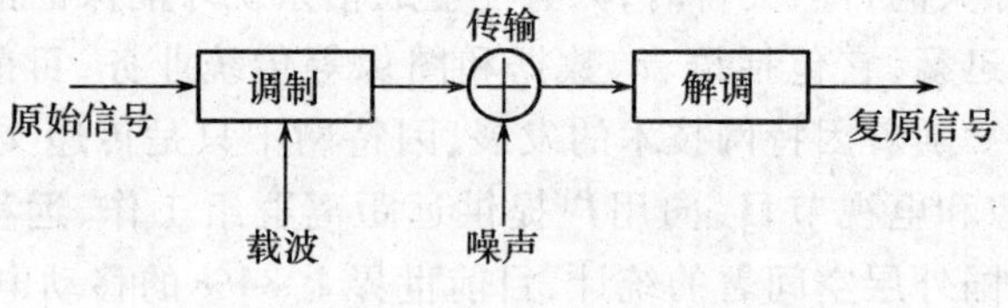

图9.7 信号传输过程

复杂系统还可以经过多次调制与解调,信号—副载波调制—载波调制—传输—载波解调—副载波解调—复原信号,如图9.8所示。对不同信号用不同频率的副载波或时间区分,通过不同调制分配功率。

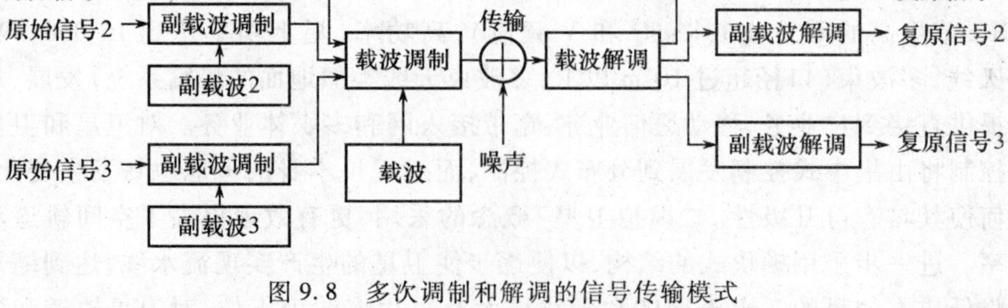

图9.8 多次调制和解调的信号传输模式

模拟信号的传输技术主要包括调频技术和调相技术。

在调频过程中,为了改善解调输出信噪比,在发送端调制之前提升输入信号的高频分量,而在接收端解调之后作反变换,压低高频分量,使信号频谱恢复原始形状,这样可减小在提升信号的高频分量后所引入的噪声功率,因为在解调后压低信号高频分量的同时高频噪声功率也受到了抑制。将压低鉴频输出信号中的高频部分以抑制高频噪声的技术称为去加重。为免信号失真预先抬高调制信号高频部分的技术称为预加重,如图9.9所示,其中加重起始频率为f_d。

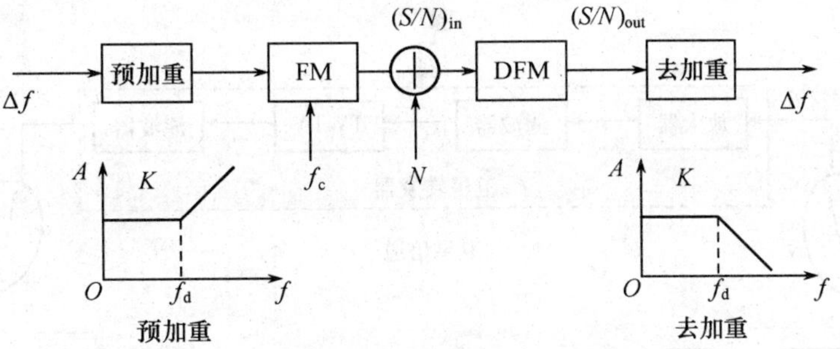

图9.9 预加重和去加重示意图

调频信号表达式为

$$s(t) = A\cos\{2\pi[f_c + f(t)]t + \phi\} \tag{9.1}$$

其中,f_c为载波频率,$f(t)$为调制信号。载波瞬时频率与调制电压瞬时值成正比。调制后信号带宽为

$$B = 2(\Delta f_{max} + f_{max}) \tag{9.2}$$

调频技术在航天器通信中应用很广泛。在测控系统中,遥控副载波、测距上行信号对载波调频,两者分时工作,星上对载波解调频;电视广播(或转播)中,模拟制式的电视广播,通常采用27 MHz带宽,一个转发器常常只传一、两路信号;单路单载波(Single Channel Per-Carrier, SCPC)的电话语音通信也采用调频;当卫星用于干线通信时,同一地面站需处理大量电话线路,可采用频分多路-调频(FDM-FM)的电话语音通信,即12路信号先分别以单边带调幅形成基群(Basic Group),再直接或进一步并成基本超群(Basic Super Group)甚至基本主群(Basic Master Group),然后调制到载波上。

调相技术表达式为

$$s(t) = \cos[\omega_c t + \beta\cos(\Omega t)] = \sum_{n=-\infty}^{\infty} J_n(\beta)\cos[(\omega_c + n\Omega)t] \tag{9.3}$$

其中,ω_c为载波频率,$\beta\cos(\Omega t)$为调制信号,β为最大相移,$J_n(\beta)$为贝塞尔函数。对于同样的已调载波,调频与调相信号互为微/积分关系。

窄角调相技术在航天通信中应用也很多。例如,在测控系统中,某些信号的上行和几乎所有测控系统的下行均采用小角度调相;遥测、遥控信号先用其他方式调制到副载波上,副载波再对上行或下行载波调制;测距信号直接或组合后对载波调制;C或S频段统一测控系统均有用到。

2. 数字信号调制技术

前面已经指出,常用的数字调制方式有ASK、FSK和PSK。但在卫星通信中,由于卫星通信信道的自身特点,ASK是很少被采用的。卫星通信信道是一个典型的带限、恒参、非线性信道,如图9.10所示。

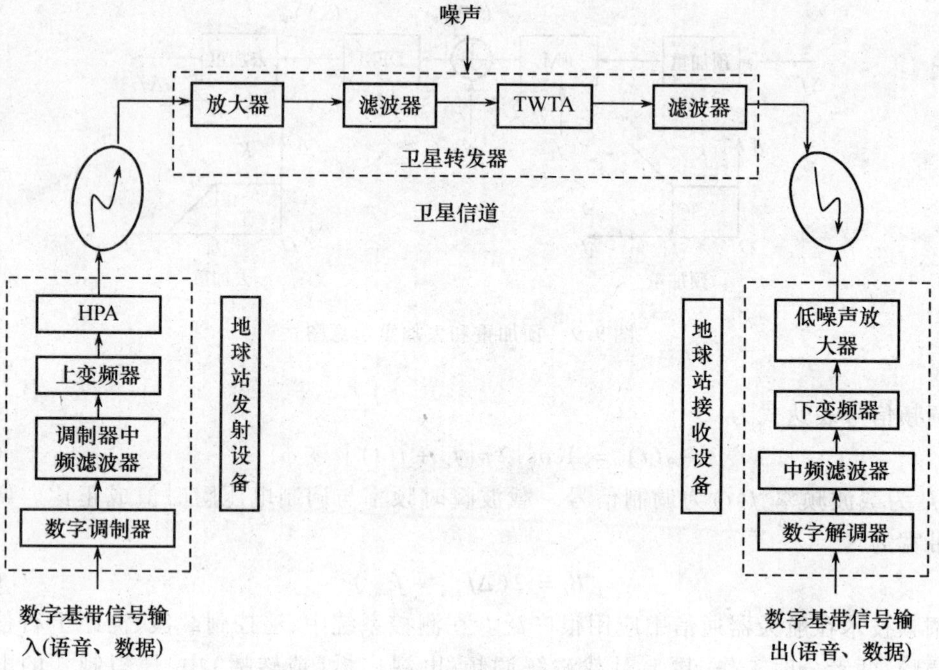

图9.10 数字卫星通信系统的简化框

图9.10中收发两端的中频滤波器使得信道的通频带具有带限的特性,发射设备的高功率放大器及转发器中的行波管放大器都是非线性器件,其输入/输出特性是非线性的,且具有幅相转换效应,即当输入信号幅度变化时,能够转换为输出信号的相位变化。要求调制后的波形尽量具有等幅包络的特点,因而卫星通信很少用ASK技术,常用的数字调制技术是PSK等。

目前,卫星通信的调制方式有BPSK,QPSK(将信息分成相互正交的I、Q两路,分别被BPSK调制),还有QAM、QPSK、QAM的衍生形式等。

3. 信号多路复用方式

主要有两种:频分多路复用(FDM)和时分多路复用(TDM)。FDM指若干信号同时占用一条信道，但这些信号是在各不相同的频率上；而在 TDM 中，分别来自各条信道的一组信号轮流使用一条信道来传送信号。

FDM 要求模拟线路，不适合由计算机来完成。而 TDM 则可以完全由数字电路来处理，但它只能用于数字信号，因而需要一个 A/D 的转换过程。注意复用与多址是两个不同的概念。复用：multiplexing，同一位置产生多个信号；多址：multiple access，信号是来自许多不同的地理位置。

9.2.2 卫星通信传输技术

卫星通信信号主要有三种传输方式：ATM 技术，帧中继，IP 和多媒体技术。

ATM 技术，即异步传输模式。它是面向连接的，在发送数据前先发送一个分组以便建立连接。具有速度快、多播、传输质量高等特点。卫星 ATM 实现起来较为复杂，与现在的卫星传输技术有很大不同。在卫星 ATM 的分层实现上，存在两种不同的观点：一是不改变现有卫星的协议结构，只是将 ATM 协议放在非 ATM 的卫星协议平台上。其优点是卫星平台对不同用户终端的协议标准是透明的，卫星访问协议止于关口站，不会被外界看到，不需要修改现行的卫星标准。但有缺点，其很难为各种不同的协议提供最好的性能。二是卫星网采用完全的 ATM 结构，其中卫星部分的 ATM 层是 S－ATM（以区别地面固定网中的 ATM 层），支持传统 ATM 业务，TCP/IP 应用和 UDP/IP 应用。其优点是适用于一个高度集成的星地间 ATM 环境。缺点是协议复杂，需要修改现有的各种卫星协议和网间接口协议。

在 ATM 传输网方面，有研究者将 IP 网的路由技术和 ATM 相融合以期更好地解决卫星多媒体业务的 QoS 问题。除此之外，在实时多媒体业务交换技术方面出现了一些新技术，如 IP 交换、tag 交换、结合 I－PNNI 的 MPOA（Multiprotocol Over ATM）技术等。这些新技术将互联网工程任务组（Internet Engineering Task Force, IETF）和 ATM 论坛新近研究的建议用于卫星宽带网的环境，希望更好地解决网际间实时多媒体业务传输的互操作问题。

帧中继本质是一个无错误控制、无流控制、面向连接的网络。因为是面向连接的，所以分组会按照发送顺序被递交。类似于一个广域的 LAN。

IP 和多媒体技术在卫星中的应用已成为一个研究热点。早在 1999 年，IP 和多媒体技术在卫星中的应用就作为新技术课题提案获得了通过，这对宽带卫星通信系统的发展具有重要影响。IP 数据包通过卫星传输的可用度和性能目标与 ITU-TG. R26 和 ITU-RS、ATM 建议要求是不同的，关键技术研究包括卫星 IP 网络结构，支持卫星 IP 运行的网络层和传输层的协议性能需求，IP 层的协议或能加强卫星链路性能的更高层协议需要做的潜在改善，IP 保密安全协议及相关问题对卫星链路的要求产生的影响，ITU-R 为提供与 ITU-T 和其他标准化组织最合适的联络应做出的安排等方面。

9.3　卫星通信多址技术

目前常用的多址技术有 FDMA、TDMA、CDMA、SDMA 以及它们的组合形式等。此外，还有利用空间分割和极化隔离技术的多址连接方式，即所谓的频率复用技术和数据通信网中普遍采用的随机多址的 ALOHA 方式。随着计算机和通信技术的结合，多址技术将得到进一步的发展。

多址方式的出现大大提高了卫星通信线路的利用率和通信连接的灵活性，只要有地面站设备，就能从卫星覆盖范围内的任何地方加入这个卫星通信网。与采用大量覆盖范围极小的基站转发信号的蜂窝通信相比，卫星通信的多址方式有其特殊性，特别是如何利用和分配公用的卫星转发器的功率和频带。卫星通信中的多址连接可以采用预先分配方式，也可以采用按需分配方式，或是两种方式结合使用。

图 9.11 所示为卫星多址通信的示意图，在卫星天线波束覆盖区内的任意两点之间都可以进行双边或多边通信，可用多种多址技术来实现这一功能。

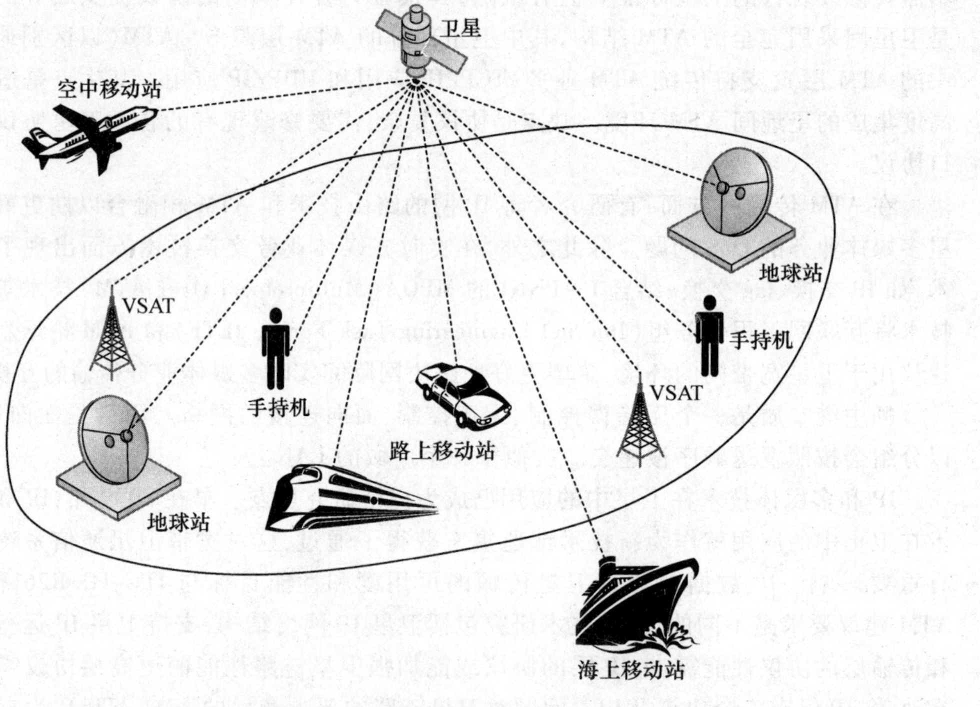

图 9.11　卫星多址通信示意图

9.3.1 卫星通信多址方式的信道分配技术

在信道分配技术中,信道一词的含义在 FDMA 方式中指的是各地面站所占用的转发器的频段;在 TDMA 方式中指的是各地面站所占用的时隙;在 CDMA 方式中指的是各站所使用的码型。目前,信道分配方式大致可分为预分配方式和按需分配方式两种。

1. 预分配方式

在预分配的卫星通信系统中,卫星信道是预先分配给各地面站的。其中,特别把在使用过程中不再变动的预分配称为固定预分配方式。相反,对应于每日通信业务量的变化而在使用过程中不断改变的预分配称为动态预分配方式。对于业务量大的地面站,分配的信道数目多,而业务量小的地面站分配的信道数目就少。例如,在时分多址方式中,事先把转发器的时帧分成若干个分帧,并分配给各地面站使用。业务量大的地面站分配的分帧长度长,而业务量少的地面站分配的分帧长度就短。这种预分配方式的优点是通信线路的建立和控制非常简便,缺点是信道的利用率低。所以,这种分配方式只适用于通信业务量大的系统中。

2. 按需分配方式

为了克服预分配方式的缺点而提出了按需分配方式,也称为按申请分配方式。这种方式是把所有信道归各中心站所公有,信道的分配是根据各地面站提出申请,再根据当时的各站通信业务量而临时安排的。可以用一句话来描述其特点,即“信道公有,按需申请,分配使用,用完归还”。例如,地面站 A 与地面站 B 通信,A 首先要向中心站提出申请,要求与 B 站通信,中心站则根据“信道忙闲表”,临时分配一对信道给 A、B 两站使用。一旦通信结束,这对信道又归公有。按需分配方式的优点是信道利用率高,特别是在地面站数目多而每站业务量小的场合更是如此。按需分配方式又分为全可变、分群全可变及随机分配方式三种。

9.3.2 卫星通信频分多址技术

在卫星的 FDMA 系统中,把卫星转发器的有效射频频带分割成若干互不重叠的频段分配给各地面站使用。各站发射的射频载波频率不同,发送的时间和覆盖的区域可重合,但调制后所占用的频带严格分开。各站接收时根据载波频率的不同区别发射站并选择所要接收的信号。

蜂窝通信中处理的是单个移动用户的呼叫连接等问题。在卫星通信中可以是单个用户,但更多的是多个用户按频分复用或时分复用方式接入,其多址连接的方式是多样的。如作为干线通信时使用的站少,载波数少,而每个载波所载的话路数多。也有的使用的站多,载波数多,而每个载波所载的话路少。每个载波传送一路信号的方式称为 SCPC 方式;每个载波传送多路信号的方式称为 MCPC 方式。组合方式有多种,图 9.12 所示为一种典型方式,每站的多路信号按频分复用方式组合,然后对射频进行频率调制。各站所用载波频率不同,分别在一个转发器内占有互不重叠的位置并分享转发器的工作频带和功率,放大后由卫星天线发出。各站按载波频率接收所需的信号,经放大、变频、解调后分出各路信号,这种方式简写为 FDM-FM-FDMA。数字制的时分复用多路信号也可以采用 FDMA 方式(见图 9.13),图中也表示了这种方式的构成,即 TDM-PSK-FDMA。当一个地面站需要与多个站进行通信时,需要多个载波分别与各站实现多元连接。

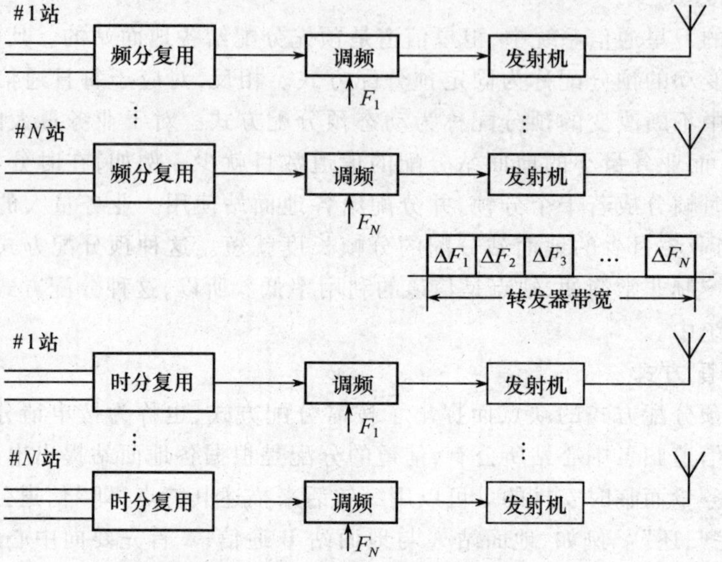

图 9.12 典型的 FDMA 卫星系统

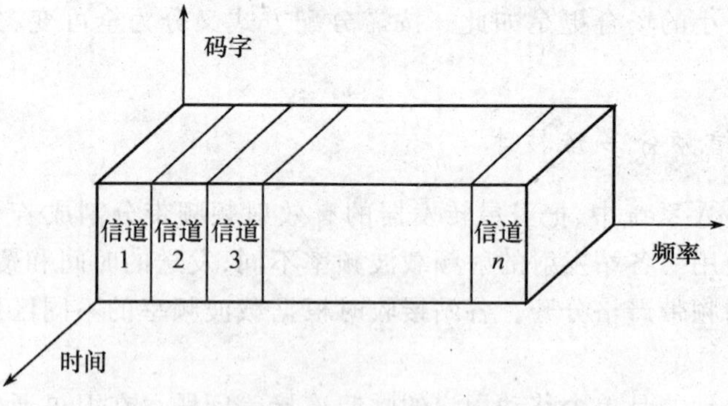

图 9.13 FDMA 信道配置图

卫星系统有一个特点,即卫星上只是透明转发信号,而且是多站信号公用卫星上转发器。多个信号通过放大器时,放大器的非线性将引起以下问题:

(1) 产生互调干扰,大部分互调产物落在工作频带以外,但三阶互调产物中的 $f_1+f_2-f_3$

项可能落入工作频带内,从而产生不良影响。设计系统时要妥善配置频率位置以避免三阶互调干扰,这是 FDMA 系统中一个特别且重要的问题。

(2) 非线性还会产生频谱扩展现象,产生临近信道干扰。

(3) 放大器的非线性将使增益随信号的强弱而变,强信号的增益较高,因此将抑制弱信号,这就是强信号抑制现象。系统要求对各站进行严格的功率控制,这在实际应用中不太方便。此外,要求系统严格控制功率还由于转发器的功率是多个用户共享所致,因此这会使某站的功率大于额定值从而侵占其他站的份额。

(4) 为了减弱非线性的影响,需要降低放大器的输出功率,但这使卫星上珍贵的功率不能得到充分的利用。

(5) 由于上述原因,当载波数增多时有效容量将急剧下降。表 9.1 给出了 INTELSAT-IV 卫星转发器具有不同载波数时容量的变化。

(6) FDMA 系统中分配给各站使用的频带中间要留出保护频带以避免互相干扰。为避免三阶互调干扰,需要让开一些频段,这些频段称为禁用频段,因此会影响转发器的频带利用率。

表 9.1 INTELSAT-IV 卫星转发器的容量

每射频占用带宽(MHz)	每个载波的话路数	每个转发器的载波数	每个转发器的有效话路数
36	900	1	900
10	156	3	456
5	60	1	456
5	60	7	420
2.5	24	14	336

多址通信中,各站的带宽和话路可以是预分配的,也可以是按需分配的,Spade 系统是典型的按需分配方式。它是“单路单载波 - PCM - 按申请分配 - FDMA”的简称,其特点是话路 PCM 编码、移相键控、每载波一个话路,转发器等间隔地安排一定数量的单话路信道,但这些信道是各站公用的,不是固定预分配给某一站使用的,因此需要根据实际情况按申请临时分配这些信道。系统设有公用的传输信道,用来执行按需分配职能。各站均有监视本系统所有载波频率忙闲的设备,当 A 站需要与 B 站通信时首先从忙闲表中选出一对空闲的载波频率供 A 与 B 收发通信之用,选定后将此信息通过公用信道发至本系统的所有地面站,由各站自动更新忙闲表。与此同时,B 站根据 A 站选定的载波频率做出应答,并及时沟通和联络。这种方式比较灵活,适合站多且每站业务量都不大的系统。它仍然采用频分多址方式,而且所用载波频率很多,频率交调的问题仍然存在。为了减少这一不利影响,可以采用话音激活技术(只有讲话时才发送载波),从而减轻转发器的负担,减少互调。

9.3.3 卫星通信时分多址技术

卫星通信中时分多址(TDMA)系统均采用数字制，其典型构成为 PCM/TDM/PSK/TDMA，如图 9.14 所示。

卫星转发器的工作时间周期性地分割为若干个互不重叠的时隙，提供给各地面发射站的信号使用。一周为一"帧"，每个时隙称为一个"子帧"。"帧"和"子帧"的典型结构如图 9.14 所示。

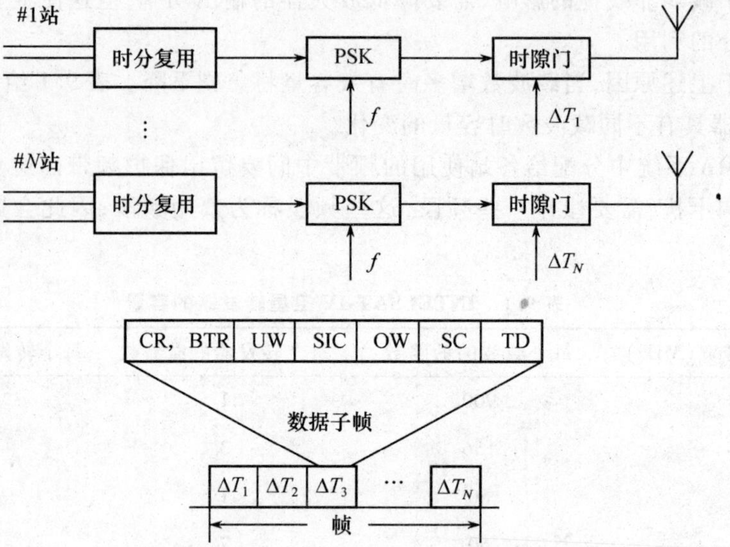

图 9.14 典型 TDMA 卫星系统

以电话通信为主时，首先对模拟话音进行数字化编码，采用 PCM 体制时用 8 kHz 取样频率，其周期为 125 μs，所以周期通常也取 125 μs 或 125 μs 的倍数。每个子帧都有一个包头，然后按时分复用方式安排某站的数字化话音信号。包头一般由以下几个部分组成：

(1) 保护时间，它是一段空隙，作为各子帧同步不准时的保护段，以避免各子帧互相重叠。

(2) 载波恢复比特定时恢复码，为收方提供恢复载波和定时同步的信息码字，以便移相键控信号解调时使用。

(3) 子帧同步码，作为本帧数字话音起始时间的标志。

(4) 发信站地址识别码。

(5) 测量和控制段，用来进行接收信道的测量，传送信道分配指令。

(6) 勤务段，供各站机务人员通信使用。

收信时必须接收并译出包头，然后根据该信息正确地选出有用信号并进行解调。

在 TDM-TDMA 系统中,时间的准确性要求极高。多个站必须按统一的时钟运行。必须有一个基准站,它的任务是发射基准子帧信号、标志一帧的开始并作为各站的定时基准,如图 9.15 所示。

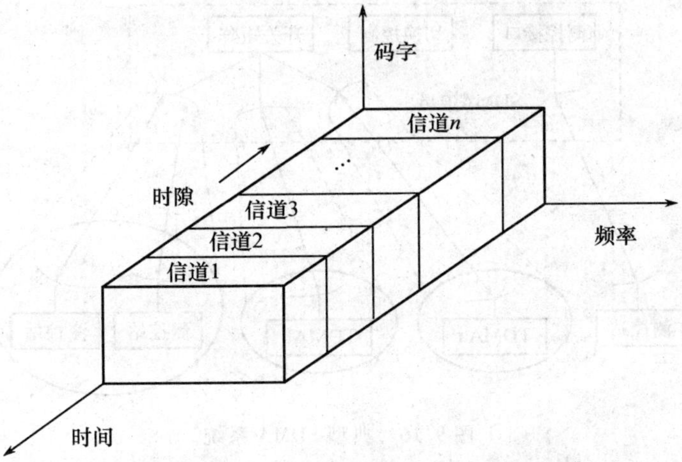

图 9.15 TDMA 信道配置图

在 TDM-TDMA 系统中,每个瞬间只有一个站的某一路信号通过转发器,不存在多路信号同时通过行波管的情况下避免了互调产生的全部问题。行波管可以工作在接近饱和点处,从而充分利用了卫星上的宝贵功率。没有互调,自然就没有禁用频带的问题,因此可以充分利用转发器的工作频带,不会产生强信号抑制弱信号的问题。大小站可以兼容,时隙宽窄调节比较容易,可以适应各个地面站业务量的变化,便于采用按申请分配的方式,也便于采用数字话音插空技术以增加系统容量。卫星信道通常具有较好的传输条件,可以承担速度较高或频带较宽的业务。

TDMA 系统虽然不需要保护频带,但在各时隙间需要保留保护间隔,还需加入同步、定时、站址识别等额外开销。这些因素会影响实际带宽利用率。

TDMA 方式的主要问题是要有精确的同步才能保证各站到达转发器的时间不重叠。该方式还要求做到接收站能正确识别站址和迅速建立载波和比特同步,这些都是难度较大、要求较高的技术。

9.3.4 卫星通信空分多址技术

空分多址(SDMA)利用卫星上的多个窄波束(或称点波束)天线覆盖不同区域内的地面站,利用波束覆盖区域的不同来区分的方式称为空分复用。

各站发出的射频信号在使用频率和工作时间上都可以相同,但它们在卫星上不会混淆,因为各站处在卫星天线的不同覆盖范围并由不同天线接收。在卫星上,应能根据各站所要发往的方向及时地将它们分别转接至相应的卫星发射天线，送至指定的地面站。在这种空分系统中，卫星具有自动交换作用，被称为空中交换（Space Switch）机，如图9.16所示。

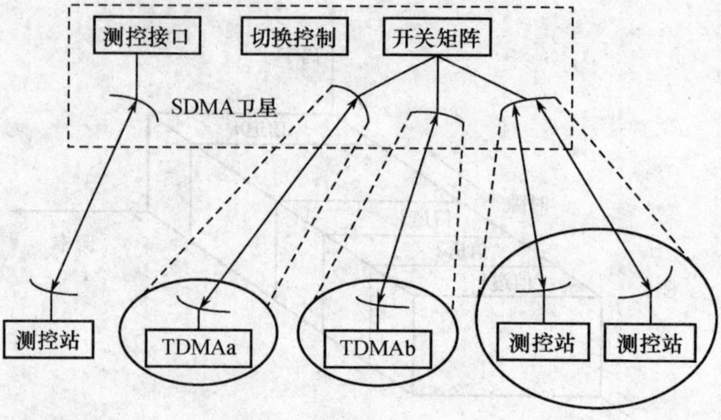

图9.16 典型SDMA系统

各站必须能控制本站发送信号的时间，保证信号能在准确的时间里交换到指定的地面站并建立帧同步。一种方法是由地面基准站发送信号以控制交换矩阵进而控制各地面站，另一种方法是以星上交换矩阵的定时为基准来同步本网中所有的地面站。

在SDMA中可以用同样的频带范围容纳更多的用户，从而起到了频率再用的效果，如图9.17所示，但SDMA方式对卫星的稳定及姿态控制提出了很高的要求，卫星天线及馈线装置很复杂，空中的交换也复杂，而且空间故障难以修复。再者，卫星在几万公里的高空，波束不可能集中到一个"点"上，即使是低轨卫星，其波束也要覆盖相当大的区域，因此要给第一个地面站分配一个卫星天线波束是很困难的。覆盖区域越大，频谱利用率越低。因此，空分多址通常要与其他三种多址方式结合使用，其中与TDMA结合的情况更多，这种方式称为星上交换时分多址（Switch on Satellite Time Division Multiple Access，SS-TDMA）方式。

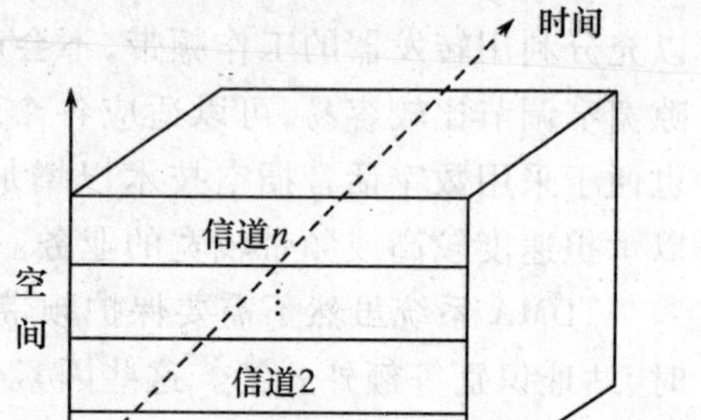

图9.17 SDMA信道配置图

9.3.5 卫星通信码分多址技术

在卫星通信中使用FDMA技术，卫星转发器的非线性将会形成交调干扰，因此就要避开一部分频带不用，还要用卫星功率进行补偿以进一步降低交调干扰，这样就浪费了卫星功率和频带等宝贵资源。TDMA 可以克服交调现象,但又面临同步问题,由于卫星地面通信站安装在运动物体上,运动物体迅速移动,要实现移动地面站往卫星同步地发射信号就很困难。码分多址(CDMA)使用不同的扩频序列,相互间影响小,频带重复利用率高。在 CDMA 中还可以采用诸如语音激活、频率复用、扇区划分等技术来增加系统容量,而在 FDMA 和 TDMA 中扩容技术实现起来难度较大。基于以上这些优势,CDMA 因此获得了广泛的应用。CDMA 的特点是各路信号由不同且相互正交或准正交的扩频序列调制,所以各站所发信号往往占用整个转发器频带,它们在时间和频率上都可能互相重叠。其地址特征由不同扩频码表示,称为地址码。接收时,只有相同的扩频码才能解扩以还原为原始信号,其他各路信号检测后只呈现为类似高斯过程的宽带噪声。同理,其他接收机接收到此信号时,无地址码解扩,所得的也是噪声,从而有利于保密。如果采用理想正交码,不同地址码检测后输出应为0。实际使用的多为准正交码,从 m 序列伪随机码中选出互相关系数较小的序列,其相互间的干扰不可避免。

CDMA 方式特别适合于军事卫星通信系统或其他小容量系统。卫星系统不同于蜂窝系统。在蜂窝系统中,小区的覆盖范围和用户数是很有限的,增大容量是靠频率或扩频序列再用技术解决的。在卫星通信中,受转发器带宽限制,往往得不到很高的处理增益,系统各站产生的干扰占支配地位,从而大大降低了系统效率。

卫星通信中,CDMA 既可以采用 DS-CDMA,也可以采用 FH-CDMA。跳频方式需要使用特制的频率合成器,其抗干扰的基本方法是"躲避",躲不开就被干扰"击中"。平均看来,其频谱与直扩相似,但从瞬时看来,频谱较集中,与 FDMA 系统相似,容易被发现。该问题可以采用自适应跳频方式解决,但增加了复杂度。典型 CDMA 卫星系统如图 9.18 所示。

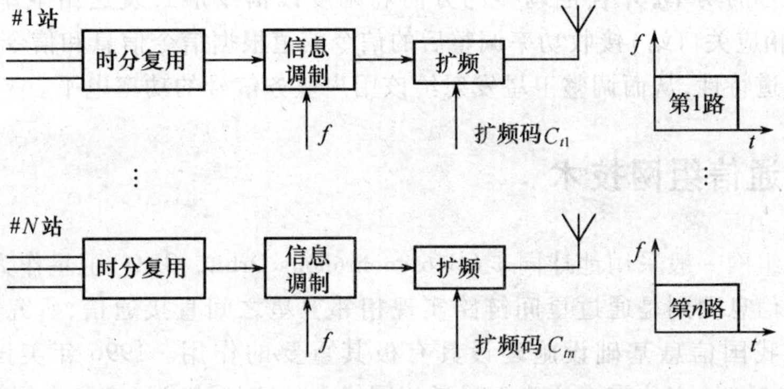

图 9.18　典型 CDMA 卫星系统

1. CDMA 技术优势

CDMA 是基于扩频通信中的一种多址方式。很多 CDMA 信号共用一个频谱,每个信号由不同的 PN 序列组成,它对载波进行调制扩展其频谱。信号在接收机中进行相关处理。只对所选的 PN 序列的信号进行解扩,并将其能量重新集中起来,其他用户的信号因其所用的 PN 序列不匹配,其频谱都被扩展,相当于噪声。CDMA 具有系统容量大、频率利用率高、软容量、软切换、扩容方便等优点。

2. CDMA 在卫星移动通信系统功率控制中的应用

用户终端处于星上天线波束形成蜂窝的不同位置时,卫星上天线方向增益不同。用户和卫星之间信道受到衰落和遮挡的状况与用户的位置有关,并且是时变的,所以,如果每个用户的用量按最恶劣条件设计又没有功率控制,不管用户处在什么位置,信道特性如何,卫星都要发射比实际需要多得多的功率,这无疑是以牺牲卫星功率从而降低系统容量为代价的。可见,功率控制对移动卫星通信系统是十分必要的,功率控制可以减少用户对星上功率的要求从而增加系统的容量。此外,对于 CDMA 系统,减少功率还能减少多址干扰。

为实现功率控制,CDMA 系统的卫星与用户之间通信信道有四种:

(1) 卫星到用户的导频信道。

(2) 卫星到用户的业务信道。

(3) 用户到卫星的信令信道。

(4) 用户到卫星的业务信道。

每个蜂窝只对应一个导频信道。在导频信道上不加功率控制,这是因为导频信道是按最恶劣条件设计的,也就是说任何条件下,无论处于蜂窝中心还是蜂窝边缘,无论信道有没有被遮挡,还是信道受到深度遮挡,用户都能跟踪和解调导频信号,根据解调门限的电平可以判断出信道的衰落特性。其余三种信道都占用了系统的绝大部分资源(包括功率),需要功率控制。用户根据导频信号的幅度估计出当前通信信道的特性,调整其发射业务和信令信号的功率,并且把调整的方向和幅度以信令形式发送给卫星(或相应关口站),卫星(或相应关口站)接收功率调整后的信令信道根据信令信息和信令信号衰减程度估计出当前信道特性,从而调整卫星发射给该用户业务信号的功率电平。

9.4 卫星通信组网技术

早期卫星组网一般采用地球同步(Geosynchronous Orbit, GEO)卫星作为中继器,而现在的卫星宽带信息网则是通过星间链路实现相邻卫星之间直接通信,研究宽带卫星组网技术对于加快我国信息基础设施建设具有极其重要的作用。1996 年美国 FCC 制定的 E911(911 紧急呼叫)定位需求成为卫星通信网络中的定位技术研究和发展的催化剂,FCC 对 E911 第二阶段的要求是各种无线蜂窝网络必须能对发出 E911 紧急呼叫的移动台提供精度在 125 m 内的定位服务,而且满足此定位精度的概率应不低于 67%。GPS 卫星定位理论已经非常成熟,目前已进入大范围普及应用阶段。

在国外,美国国防部投入巨额经费研究和建立全球信息栅格(Global Information Grid,

GIG)系统以支持天空地一体化的网络中心战的建设,2002 年投资 5 亿美元用于栅格的基础研究,2003 财年投入 23 亿美元用于网络化建设以支持 GIG。其中海军的网络中心战由三级可互操作的网络组成:由 CEC 系统构成的联合监视跟踪网络,由 16 号和 11 号战术数据链组成的联合战术网络,由 IT－21 和 NMCI 组成联合计划网络。“21 世纪信息技术”(IT－21)发展计划,通过“电子链”把海军所有的作战平台连接起来,改造 C4I 并为它的网络化系统提供共同支持,形成新的作战网络。此外,洛克希德·马丁公司正在建设海军的战区网络集成中心,协同作战能力处理器正在由雷声公司开发,现在已经有 26 个各自独立的站点与战区网络集成中心链接在一起。陆军、空军的“转型”也将以“网络中心战”为牵引。

9.4.1 卫星移动通信网络关键技术

近年来,卫星移动通信逐渐复兴,特别是在中低轨星座系统组网技术方面,取得了很大的进步。这些进步一方面归功于其因特网业务和移动电信业务的用户数快速增长,另外一方面则是人们对多媒体业务、多类型业务以及业务 QoS 保证等需求的不断增加。未来卫星通信网的最终目标在于支持任何人在任何时间任何地点以任何方式进行通信,既不需要预先占据资源,也不必担心带宽和 QoS。卫星移动通信的最终目标不仅仅是作为地面网的补充,为用户提供具有 QoS 保证的电信业务,而且还要在人们的日常生活中发挥重要的影响。当然,这些目标的实现还有很多技术问题有待解决,以下简单介绍非静止轨道卫星移动通信系统在组网方面需要解决一些关键技术。

1. 星座设计

1) 星座设计的发展

星座设计是系统设计首先需要解决的问题,最早可以追溯到 1945 年,ArthurC. Clarker 提出用 3 颗静止轨道卫星提供(准)全球通信,并得到广泛认同并成功地应用到实际系统中,如 INMARSAT 的国际卫星通信系统(只不过其卫星数不是 3 颗,而是 20 多颗)。尽管 GEO 卫星有很多的优点,但由于无法为高纬度地区,特别是两极地区提供服务,再加上其大的链路损耗和长的通信延时等不足,难以满足实时性很强的业务要求。而利用非静止轨道(Non-Geostationary Satellite Orbit, NGSO)卫星组成星座,不仅可以用于区域覆盖、间断覆盖,而且可以做到包括两极区域的真正意义上的全球连续覆盖。因此,研究重点转向了由 NGSO 卫星组成的星座系统。

从 20 世纪 60 年代起,许多学者先后提出了很多的星座设计方法,主要是利用非静止(圆)轨道卫星设计星座,如星形星座、极轨道星座(或优化极轨道星座)、Walker 星座、玫瑰星座等,其中尤以 Ballard、Walker 和 Rider 等人贡献最大,其提出的星座设计方法被普遍采用。在全球性卫星星座系统中,主要采用两种星座:① Walker 倾斜轨道星座,如 Globalstar、ICO、Celestri、GIPSE 等,其性能与玫瑰星座相当,在星座设计中,两者一般可以互换;② (优化)极轨道星座,如 Iridium、Teledesic 等。此外,由于椭圆轨道卫星对覆盖某些特定地区(高纬度)十分有利,也有少数椭圆轨道星座,如 Ellipso 等。椭圆轨道星座的轨道倾角固定为 63.4°或者 116.6°,主要用于设计对特定地区(高纬度地区)进行覆盖的星座。随着需求和技术的不断发展,星座也趋于复杂化,由当初单一类型卫星组成的星座向多类型、多层次卫星组成的复杂星座发展,提供的业务也由支持简单的电话、数据业务到支持具有 QoS 保证的宽带多媒体业务。

2) 卫星星座的分类

按照卫星所使用的轨道情况,卫星通信系统分为 GEO 卫星通信系统(如 INMARSAT、MSAT、Mobilesat 等)和 NGSO 卫星移动通信系统(如 Iridium、Globalstar、Celestri、ICO 等),NGSO 系统中又分为低轨道(Low Earth Orbit, LEO)系统(700 ~ 1 500 km)、中轨道(Middle Earth Orbit, MEO)系统(10 000 km 左右)、高轨道(High Earth Orbit, HEO)系统(20 000 km 以上)和高椭圆轨道(Highly Elliptical Orbit, HEO)系统。有时也把 MEO、LEO 星座统称为 LEO 星座。LEO 卫星移动通信系统按其所提供的业务和规模又分为小 LEO 系统(数据业务为主)和大 LEO 系统(数据和语音等多媒体业务)。按所提供业务类型和带宽,可分为窄带系统和宽带系统,窄带系统包括 Iridium、Globalstar 等,而宽带系统包括 Spaceway、Astrolink、Skybridge、Teledesic 等。按所提供覆盖的区域大小,又可分为覆盖全球的全球卫星移动通信系统和只覆盖地球部分地区的区域性卫星移动通信系统。此外,按照轨道倾角,还可以分为极轨道(或近极轨道)和倾斜轨道系统。

2. 星际链路

随着卫星通信技术的飞速发展,星际链路(Inter-Satellite Link, ISL)成为卫星通信系统的一项重要关键技术,其组网的层次模型如图 9.19 所示。尽管具有星际链路的星座系统在空间结构上较"弯管式"卫星通信系统复杂了许多,但同时也带来了巨大的优势:① 星际链路可以使得卫星移动通信网能够在不依赖于地面通信网的条件下为全球用户提供移动通信业务;② 使得卫星网络可以独立于地面网,成为地面网络的可靠备份,从而提高了整个移动通信网的可靠性;③ 新一代移动通信网要求支持交互式、实时多媒体业务,就要求卫星网络具有星上处理和星际交换功能以减小信息的传输时延和时延抖动等;④ 地面蜂窝无线通信的高速发展所带来的漫游问题也可以在一定程度上借助卫星网来解决,有利于实现真正的全球个人通信。因此,在未来的宽带卫星移动通信系统中,倾向于使用星际链路。

ISL 和点波束(SpotBeam)是卫星移动通信系统组网技术中至关重要的问题,直接影响到系统的复杂程度、建设投资、运营成本、系统容量、业务类型等多个方面。装备有星际链路的卫星星座系统可以在不依赖于地面网的条件下为用户提供服务,已经成为卫星移动通信系统的一个重要发展方向。而多波束天线的使用不仅能够提高天线增益和频率复用率,还能大大增加系统容量,也成为卫星移动通信系统中不可或缺的重要组成部分。

一般认为,星际链路是多波束天线的一种特殊波束,该波束不指向地球表面而指向其他卫星,包括相同轨道高度卫星之间的星际链路和不同轨道高度卫星之间的星际链路。相同轨道高度卫星间的星际链路又分为两种:同一轨道平面内的轨内星际链路(Intra-Orbit ISL or

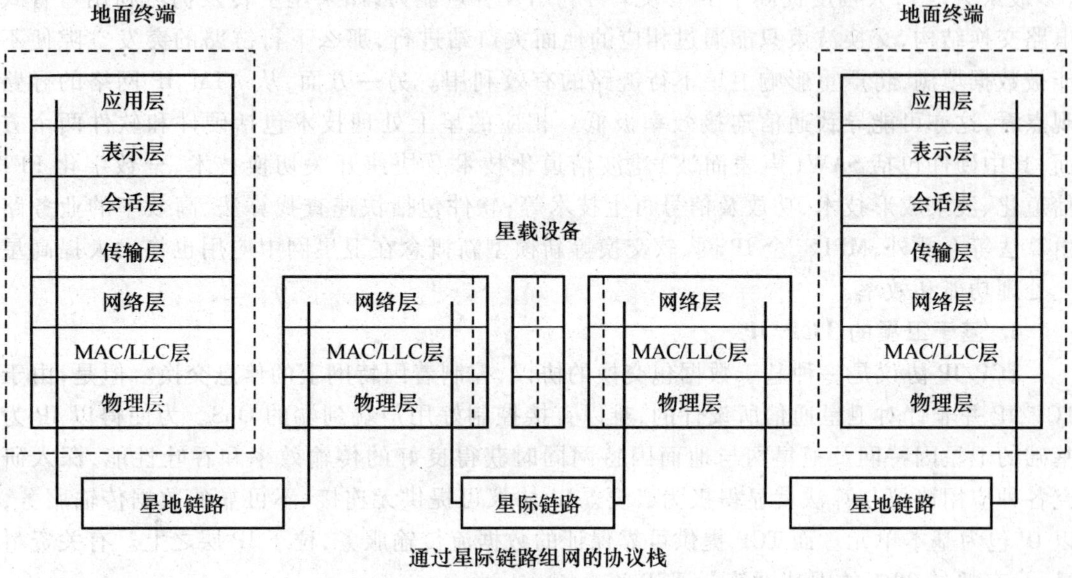

图 9.19 通过星际链路组网的层次模型

Intra-Plane ISL)和不同轨道平面之间的轨间星际链路(Inter-Orbit ISL or Inter-Plane ISL)。

在 NGSO 卫星星座通信系统中,具有星际链路的两颗卫星之间,方位角、仰角和星间距离一般随时间而变化,方位角和仰角的变化要求星载天线具有自动跟踪能力,链路距离的变化要求天线的发射功率具有自动功率控制。因此,评价不同星座星际链路建立难易程度的参数应当是方位角、仰角和星间距离的动态变化范围、变化速率。在不考虑卫星的摄动影响的情况下,处于同一轨道平面内的卫星相对位置是保持不变的,所以,轨内星际链路的星间距离、方位角和仰角变化很小,可以忽略不计。

星际链路属于无线链路,可以采用微波、毫米波或激光链路,其中激光链路最受青睐。激光链路主要优点有:宽广的频谱带宽,可以大幅度提升卫星通信的潜在容量,大大减少卫星通信部件的体积、重量,增加保密能力,实现广域大跨距的单跳连接而不需中转,减少通信延时,降低成本等。

采用激光星际链路对卫星的姿态控制要求较高。在通信过程中,卫星的姿态稍有不稳定就有可能造成通信暂时中断。美国、欧洲、日本等对激光星际链路技术极为关注,并投入了大量人力物力进行深入研究。

3. 星上处理

因特网已经成为宽带卫星业务的重要驱动力,以卫星 ATM、卫星 IP 为基础的宽带卫星是大势所趋。在新一代的宽带卫星通信系统中,星上处理技术是一项至关重要的技术,包括星上复用、星上交换和星上路由等复杂功能。因为,即使采用了多点蜂窝结构覆盖

(多波束天线),大幅度提高了卫星频率再利用及容量能力,如果星上转发仍然利用弯管式电路交换结构,交换波束只能通过相应的地面关口站进行,那么下行链路的突发空隙便不能被数据填满,将严重影响卫星下行链路的有效利用。另一方面,从ATM、IP网络的寻路观点看,这亦可能导致通信连接效率极低。相应的星上处理技术包括硬件和软件两个方面,其中硬件包括SAW(声表面波)滤波信道化技术及快速开关切换技术、全数字化FFT信道化、波束成形技术、功放及信号再生技术等;软件包括快速查找算法、高效率的业务路由算法等。此外,MPLS、全IP网、软交换等新模型新概念在卫星网中应用也将大大提高星上处理功能和效率。

4. 基于卫星的TCP/IP

TCP/IP协议是一种基于数据包交换的协议,控制着因特网上的信息交换。但是,由于TCP/IP并非针对卫星通信所设计的,难以直接控制好用户端到端的QoS。为使得以IP为基础的卫星因特网及卫星网与地面因特网同时获得良好的传输效率和吞吐性能,深入研究各种应用协议与算法就显得极为必要。IP协议可提供无连接、不可靠的数据传输服务,以IP包为基本单元。而TCP提供可靠保证的数据流传输服务,位于IP层之上。有关资料显示,有超过98%的因特网流是TCP流。

基于卫星的TCP/IP中要解决的主要问题包括误码率和延时两方面。根据RFC1072中的定义:数据管道=数据传输速率×RTT(Round Trip Time),数据管道中的任何丢包都将导致重传,将严重影响实际吞吐量。而最大数据吞吐量=最大接收窗口/RTT,所以RTT及最大接收窗口都直接影响传输速率和最大吞吐量。以GEO卫星系统为例,单跳往返延时约为540 ms,是典型的"长宽信道"(Long-Fat Channel),如果对其使用的TCP/IP协议不加以改进,将产生严重的管道效应,严重影响其吞吐性能。对此,IETF已提出了若干扩展建议。例如,RFC1323用以克服长延时、大带宽/高容量时的TCP传输瓶颈;RFC2108用以改进大窗口、长延时、高误码率时的传输效率;RFC2001及2518用以实现动态信道的有效利用和改进卫星信道非对称性引起的性能起伏。当然,增强的卫星TCP/IP还涉及很多算法策略的研究,如慢启动、拥塞控制、恢复机制、服务质量等。

9.4.2 Ad Hoc网络

随着技术的发展,卫星通信组网逐渐演变成移动Ad Hoc网络。对移动Ad Hoc网络的网络模型、位置服务、基于位置信息的路由算法及网络管理进行研究,并探讨它们在空中和外太空卫星移动网络中的应用是一个比较新的领域,有着广泛的研究内容和拓展空间,同时也面临很多前所未有的问题和挑战。

1. Ad Hoc网络的发展历史

Ad Hoc网络的前身是分组无线网(Packet Radio Network),对分组无线网的研究源于军事通信的需要。早在1972年,美国的国防部高级研究规划署(Defense Advanced Research Project Agency, DARPA)就启动了分组无线网项目PRNET,研究在战场环境下利用分组无线网进行数据通信。在此以后，DARPA 于 1983 年启动了高残存性自适应网络（Survivable Adaptive Network，SURAN）项目，研究如何将 PRNET 的研究成果加以扩展，以支持更大规模的网络。1994 年，DARPA 又启动了全球移动信息系统（Globe Mobile Information Systems，GloMo）项目，旨在对能够满足军事应用需要的、高抗毁性的移动信息系统进行全面深入的研究。成立于 1991 年的 IEEE 802.11 标准委员会采用了“Ad Hoc 网络”一词来描述这种特殊的自组织对等式多跳移动通信网络，Ad Hoc 网络就此诞生。IETF 将 Ad Hoc 网络称为移动自组织网络（Mobile Ad Hoc Network，MANET）。

2. Ad Hoc 网络的定义

Ad Hoc 网络是由一组带有无线收发装置的移动终端组成的一个多跳的临时性自治系统。移动终端具有路由功能，可以通过无线连接构成任意的网络拓扑，这种网络可以独立工作，也可以与因特网或蜂窝无线网络连接。在后一种情况中，Ad Hoc 网络通常是以末端子网的形式接入现有网络。考虑到带宽和功率的限制，MANET 一般不适用于做中间承载网络，它只允许产生于或目的地是网络内部节点的信息进出，而不让其他信息穿越网络，从而大大地减少了与现存因特网互操作的路由开销。Ad Hoc 网络中，每个移动终端兼备有路由器和主机两种功能：作为主机，终端需要运行面向用户的应用程序；作为路由器，终端需要运行相应的路由算法，根据路由策略和路由表参与分组转发和路由维护过程。在 Ad Hoc 网络中，节点间的路由通常由多跳组成，由于终端通常都依靠自己携带的电池工作，因此它们的传输范围有限，两个无法直接通信的终端往往要通过多个中间节点的转发才能实现通信。所以它又被称为多跳无线网、自组织网、无固定设施的网络或对等网络。Ad Hoc 网络同时具备移动通信网路和计算机网络的特点，可以看作是一种特殊的移动计算机通信网络。图 9.20(a)所示为 Ad Hoc 网络中的一种典型的物理网络结构，图 9.20(b)是其逻辑结构，图中终端 A 和 G 无法直接通信，但 A 和 G 可以通过路径 A—B—E—G 进行通信。

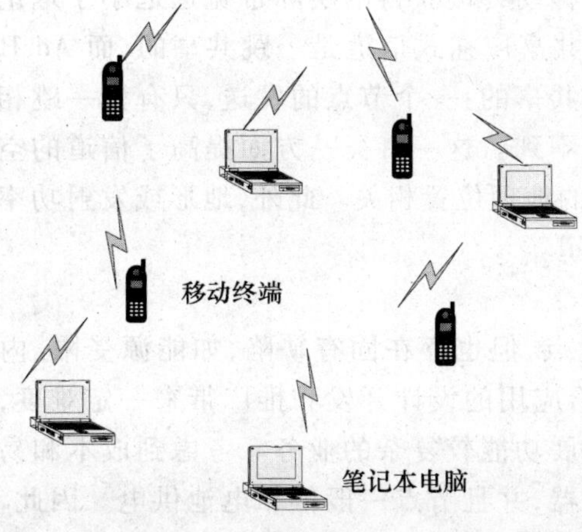

(a)

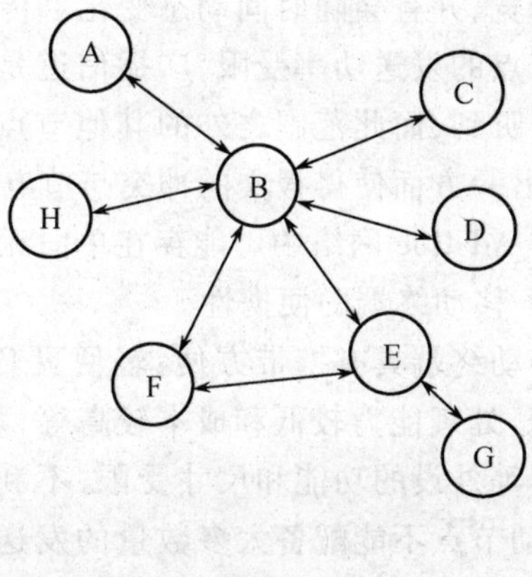

(b)

图 9.20 典型的 Ad Hoc 网络的物理结构和逻辑结构

3. Ad Hoc 网络的特点

与其他传统通信网络相比,Ad Hoc 网络具有显著特点。

1）无中心和自组织性

Ad Hoc 网络采用无中心结构,网络中没有绝对的控制中心。所有节点的地位平等,即是一个对等式网络,各节点通过分层的网络算法和分布式算法协调彼此的行为。节点可以随时加入和离开网络。任意节点的故障不会影响整个网络的运行,与有中心网络相比,具有很强的抗毁性。

2）动态变化的网络拓扑

Ad Hoc 网络中,移动终端能够以任意可能的速度和移动模式移动,并且可以随时关闭电台,加上无线发送装置的天线类型多种多样、发送功率的变化、无线信道间的互相干扰、地形和天气等综合因素的影响,移动终端间通过无线信道形成的网络拓扑随时可能发生变化,而且变化的方式和速度都难以预测。在网络拓扑图中,这些变化主要体现在节点和链路的数量及分布的变化。而对于传统有线网络,网络的拓扑结构较为稳定。

3）多跳路由

由于节点发射功率的限制,节点的覆盖范围是有限的。当要与其覆盖范围之外的节点进行通信时,需要中间节点的转发,即要经过多跳。与普通网络中的多跳不同,Ad Hoc 网络中的多跳路由是由普通节点共同完成的,而不是由专用的路由设备完成的。反过来,如果可以使用多跳路由,节点的发射功率可以很低,从而达到节省电能延长电池工作时间的目的。

4）无线传输

Ad Hoc 网络采用无线传输技术,由于无线信道本身的特性,它所能提供的网络带宽相对于有线信道要低得多,并且无线信道的质量较差。考虑到竞争共享无线信道产生的冲突、信号衰减、噪声和信道之间干扰等因素,移动终端获得的实际带宽远远小于理论上的最大带宽,并且会随时间动态变化。传统的共享广播式信道是一跳共享的,而 Ad Hoc 网络中节点的发送功率受限,广播信道是多跳共享的:一个节点的发送,只有其一跳相邻节点可以听到,而此范围之外的其他节点觉察不到。这一特征一方面提高了信道的空间重用度,另一方面使得报文的冲突与节点所处的地理位置相关。此外,地形或发射功率等因素使得 Ad Hoc 网络中可能存在单向无线信道。

5）移动终端的便携性

移动终端具有携带方便、轻便灵巧等优点,但也存在固有缺陷,如能源受限、内存较小、CPU 处理能力较低和成本较高等,从而给应用的设计开发和推广带来一定难度,同时显示屏等外设的功能和尺寸受限,不利于开展功能较复杂的业务。考虑到成本和易于携带,移动节点不能配备太多数量的发送接收器,并且节点一般依靠电池供电。因此,如何高效地使用节点的电能和延长节点的工作时间是一个十分突出的问题。

6）安全性差

Ad Hoc 网络是一种特殊的无线网络，由于采用无线信道、有限电源、分布式控制等技术，它更加容易受到被动窃听、主动入侵、拒绝服务等网络攻击。另外，Ad Hoc 网络由节点自身充当路由器，不存在命名服务器和目录服务器等网络设施，也不存在网络边界的概念。这就使得 Ad Hoc 网络中的安全问题非常复杂，传统网络中的许多安全策略和机制将不再适用。因此，信道加密、抗干扰、用户认证、密钥管理、访问控制和其他安全措施都需要特别考虑。

4. Ad Hoc 网络的关键技术

由于 Ad Hoc 网络的特殊性，传统固定网络和蜂窝移动通信网络中使用的各种算法和技术无法被直接使用，需要为 Ad Hoc 网络网路设计专门的算法和技术。Ad Hoc 网络涉及的技术很多，全球的研究人员在这方面开展了大量的研究。综合而言，主要体现在以下几个方面。

1）物理层自适应技术

由于能量的限制，自组织网络的链路层设计面临许多新的挑战。由于多径衰落引起的幅度与相位的扰动、延迟扩展引起的码间串扰、来自其他节点信号的干扰等因素，使得无线信道的单位带宽容量相对很小。自组织网路链路层设计的目标是在相对小的能量条件下，使得数据速率接近最基本的信道容量。如何充分利用有限的带宽、能量资源，基于应用的特点和对 QoS 的要求，最大化网络吞吐量，最小化能量消耗，延长能量受限网络的寿命，将是链路自适应功率控制、自适应资源分配、自适应链路调整等技术要解决的问题。

2）信道接入技术

信道接入技术是 Ad Hoc 网络算法的基础。它控制着节点如何接入无线信道，对 Ad Hoc 网络的性能起着决定性的作用。Ad Hoc 网络的无线网络不同于普通网络的共享广播信道、点对点无线信道和蜂窝移动通信系统中由基站控制的无线信道，它是多跳共享的多点信道。即一个节点发送信息时，邻居节点可以收到。此外，Ad Hoc 网络还存在隐终端和暴露终端问题。这些问题都需要专门设计的信道接入技术才能解决。

3）路由算法

路由算法是 Ad Hoc 网络的重要组成部分。要实现多跳路由，必须要有路由算法的支持。IETF 成立的 MANET 工作组目前就主要负责 Ad Hoc 网络 IP 层路由的标准化工作。

4）服务质量保证

Ad Hoc 网络出现的初期主要用于传输少量的数据信息。随着应用的不断扩展，需要在 Ad Hoc 网络中传输话音、图像等多媒体信息。多媒体信息对带宽、时延、时延抖动等都提出了很高的要求。这就需要提供一定的服务质量保证。Ad Hoc 网络中的服务质量保证是个系统性的问题，不同层都要提供相应的机制。比如，应用层要提供自适应信源编码和压缩技术，网络层要提供 QoS 路由，链路层要提供资源预留策略，等等。

5）广播和多播

由于Ad Hoc网络的特殊性,广播和多播问题也变得非常复杂,它们需要链路层和网络层的支持。

6）安全问题

Ad Hoc网络的特点之一就是安全性较差,易受窃听和攻击。因此,需要研究适用于Ad Hoc网络的安全体系结构和安全技术。

7）网络管理

网络管理的范围较广,包括Ad Hoc网络中的服务发现、移动性管理、地址管理、服务管理等。要有相应的机制解决节点定位、地址自配置等问题。

8）传输层服务

在Ad Hoc网络中,无线信道的衰落、干扰、节点移动等因素会造成报文冲突和丢失,这将严重影响TCP的性能。因此,在Ad Hoc网络中要对传输层服务进行修改,以满足数据传输的需要。

9）网络互联技术

在很多场合下,Ad Hoc网络要与其他网络互联,如在军事应用中,采用Ad Hoc网络技术的战斗网要接入更高级的战场通信系统。在有的情况下,Ad Hoc网络还要作为末端子网接入因特网。由于Ad Hoc网络采用了不同的路由算法和传输层服务,在网络互联时需要进行相应的转换工作。

9.4.3　空基移动网络

目前,我军的单一武器技术装备无法全面达到发达国家的先进水平,因此应该研究在天空地一体化环境下,综合运用不同的武器平台,构建一体化的战场信息交互网络,进行协同作战,以获得综合战斗力,大幅度提高整体作战效能。以“网络中心战”为代表的新作战模式的出现,使得这一要求更为迫切。如何利用GIG整合我军已有资源,有步骤地建设天、空、地一体化网络作战系统是当前摆在我军面前的一个迫切需要解决的重要问题。

从我军体制与技术装备的现状和现实军事需求出发,结合已有的技术基础,开展天、空、地一体化条件下多机数据链互联和自组织组网以及基于多机网络的综合信息传输技术研究,将空中的不同类型的飞机（预警机、加油机、无人机）、机群组以及地面指挥中心等整合成一个有机的整体,实现综合使用不同平台的各种战术信息的空中多机网络,是当前可行的步骤和有效的途径。

1. 空基移动网络的特点

空基移动网络具有高动态网络、资源非均衡配置和非完整性网络结构的特点。

1）高动态网络

空基移动网络中,终端用户最显著的特点就是其高速移动性。基于Ad Hoc网络模型定义了一种多跳网络,称为高动态多跳无线网络,简称高动态网络。

高动态网络中有两种类型的节点:移动基站和移动主机。其中,移动主机具备更大的随意移动性。高动态网络的典型示例如图 9.21 所示。

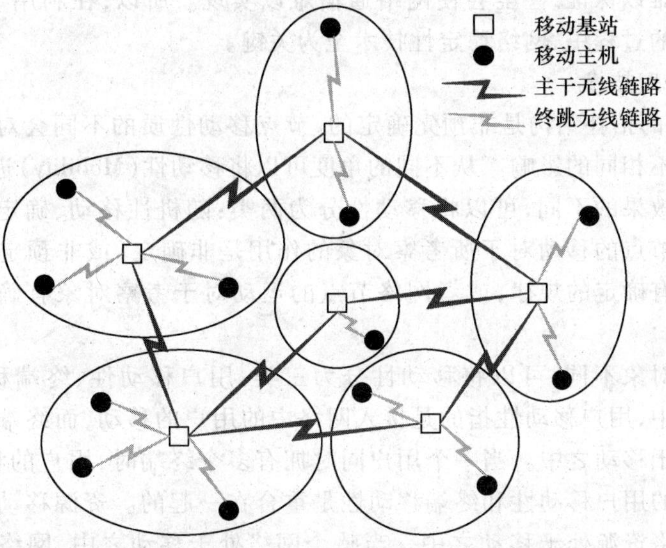

图 9.21 典型的高动态网络系统

高动态网络中的节点高度移动特性对于网络通信而言是一种难于处理的性质,它会使网络拓扑动态性加大,动态资源信息难于管理,并会使路由不稳定。

2)资源非均衡配置

空基移动网络中,包括能量供给、处理功率和存储容量等在内的节点能力是非均衡配置的。资源非均衡配置特性一方面可以减少网络节点的负担,使得自治网络形式更容易在终端得到实现;另一方面,这种非均衡配置意味着资源消耗的减少,可以节省稀缺资源,从而使自治网络在现有经济条件下得到实现。

3)非完整性网络结构

现实条件下的平面航空通信中,空基移动网络的节点有可能是稀疏分布的。一方面,终端覆盖范围内的邻节点数目稀少,这种情况下,网络中的每个节点都可能对整个网络结构的变化有着重要影响;另一方面,终端之间的距离大于直接通信的可达距离,并且它们之间没有转发节点,这种情况下必须选用其他方式实现中继通信。这种节点的稀疏分布特性使得网络自组织过程中的结构不完整,从而给网络管理带来了很大的困难。

在构建网络时,空基移动网络的高动态特性、资源非均衡配置特性以及网络结构的非完整性为传统移动 Ad Hoc 网络技术,包括位置管理技术、路由(Routing)技术、信道接入(Channel Access)技术以及 QoS 等带来了巨大的挑战。

2. 空基移动网络的技术

空基移动网络中节点的高度移动特性给 Ad Hoc 网络的稳定性带来巨大的挑战,使节点间的通信质量难以保证,甚至会使网络通信难以实现。所以,在利用 Ad Hoc 网络形式进行高动态组网的过程中,网络稳定性技术至为关键。

1) 移动性处理技术

Ad Hoc 网络的拓扑结构是非预先确定的,节点移动性质的不同会对网络的稳定性产生性质和程度各不相同的影响。从不同的角度可以将移动性(Mobility)进行分类。

(1) 按移动效果的不同,可以将移动性分为两类:随机性移动、确定性运动。随机性移动指的是网络节点的移动对于所考察对象的作用是非确定(或非预定)的。相对而言,如果节点的移动有确定的规律,或者网络节点的运动对于考察对象有确定的效果则称其为确定性运动。

(2) 按移动对象不同,可以将移动性分为三类:用户移动性、终端移动性、资源移动性。在移动通信中,用户移动性指的是接入网络中的用户的移动,而终端移动性则是指组成网络的终端处于移动之中。当一个用户同时拥有多个终端时,用户的移动可以更自由。空基移动网络中的用户移动性和终端移动性是重合在一起的。资源移动性指的是终端用户可以利用的网络资源处于移动之中。当整个网络处于移动之中,网络中可供用户使用的许多资源都表现出移动性(或动态)性,如移动的网络服务器、动态的节点位置和动态的路径等。

(3) 在有结构的网络中,可以按移动范围的不同将移动性分为三种类型:局域移动性、区域移动性、广域移动性。局域移动性指的是终端用户在很小的范围内移动。区域移动性指的是用户在一定区域内的移动。广域移动性指的是用户的移动超出了区域的范围,在整个网络中移动。这三种不同类型的移动对于网络的动态拓扑特性有很大的影响。许多研究者采用随机移动模型,模型中节点的运动速度和方向与过去无关,从而可以对节点移动进行周期性度量。但是这种模型对于意想不到的移动行为无能为力,比如突然转向或停止等机动性行为。

空基移动网络中,节点的高机动特性使得单点移动模型失去了效用。在进行军事部署的时候,通常是几个主机具有共同目标的移动。对于移动主机之间的相关性行为,一般采用群组移动模型来描述,最有代表性的是参考点群组移动(Reference Point Group Mobility,RPGM)模型。它基于时间独立性并抓住群体的一致性行为特征来描述节点间的移动相关性。如图 9.22 所示,每个群组都有一个逻辑中心(Logical Center),中心点的移动定义了组的整体移动行为(包括位置、速度、方向、加速度等)。RPGM 是一种路径模型,它通过给定路径来清晰定义了群组移动。通常,节点在组的地理范围内是均匀分布的。对于节点来说,它们将被分配一个与群组移动相一致的参考点(Reference Point,RP),每个节点可以随机地置于它的参考点周围。参考点移动方案允许其中的节点具有在群组移动之外的随机移动行为。

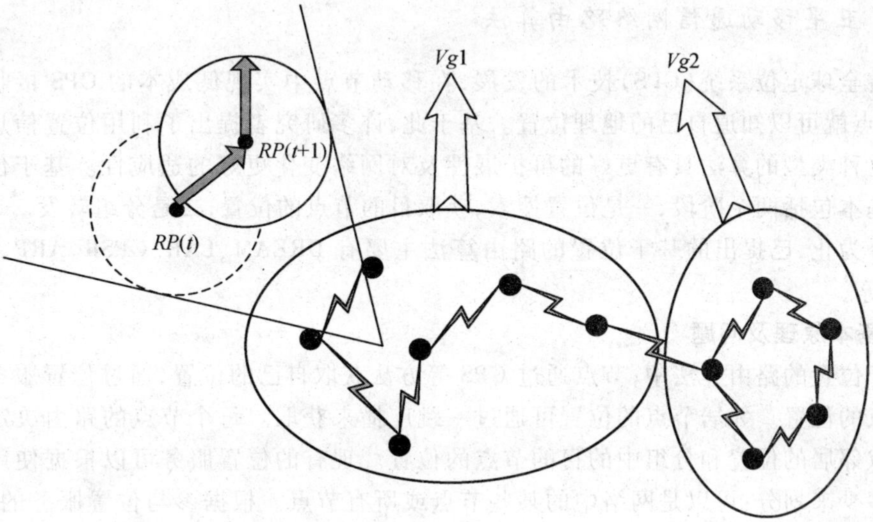

图 9.22 参考点移动模型

对于移动性的研究及处理使 Ad Hoc 网络技术能够适应网络的拓扑动态变化，如自适应路由等，从而提高了其稳定性和可靠性。

2）动态结构自形成技术

网络体系结构是组网的首要考虑，基于 Ad Hoc 构建空基移动网络的组网体系结构有两种选择：平面（Flat）结构和分层（Hierarchical）结构。平面结构以其简单性一直备受传统 Ad Hoc 网络技术的青睐，各节点地位对等，无需任何的结构维护过程。但是它的控制和管理功能不强，若采用平面结构，节点的高机动性将会严重影响网络动态拓扑的稳定性，从而使许多基于平面结构的 Ad Hoc 网络技术难以在多机组网中得到应用。

从高动态组网角度出发，空基移动网络选用分层体系结构。分层结构的最突出特点是可以通过区域自治获得局部稳定性，将其应用于空中多机组网，可以使网络内部具备相对稳定的拓扑，从而为其他网络技术的使用提供一种稳定可靠的结构支撑。同时，基于快速构建技术而形成的分层结构适应战场需要，可以增强多机协同作战的响应能力。此外，分层结构中节点的定位和寻址都要比平面结构相对容易得多，可以增强按需（On-demand）路由发现的效率。

由于空基移动网络的分层结构是非预先确定的，需要针对空中飞机高动态、大机动、多机协同等特点，研究分布式网络环境中的动态结构自形成（Self-forming）技术，主要是研究适应空中节点移动特性的分群（Clustering）算法，同时包括分群的合并、分离及重组等维护过程。动态结构自形成技术的采用使得空基移动网络产生了层次结构，从而使网络在一定程度上获得了局部稳定性，并使得网络可以向大规模扩展。

9.4.4　卫星移动通信网络路由算法

随着全球定位系统(GPS)技术的发展,在移动节点中实现低成本的GPS接收机成为可能,节点就可以知道自己的地理位置。基于此,许多研究者提出了利用位置信息的路由算法。这种类型的算法具有更好的可扩展性及对网络变化更好的适应性。基于位置的路由算法基本包括两个阶段,一是位置搜索,获取目的节点的位置;二是分组转发。

迄今为止,已提出的基于位置的路由算法主要有DREAM、LAR、GPSR、ARP、LAKER、LOTAR等。

1. 基本原理及问题

基于位置的路由算法中,节点通过GPS等方法获取自己的位置,通过位置服务来获取目的节点的位置。邻居节点的位置可通过一跳广播来获取。每个节点的路由决定依赖于转发节点邻居的位置和分组中的目的节点的位置。现有的位置服务可以根据使用服务的节点的多少来划分:可以是网络中的某些节点或所有节点。根据参与位置服务的节点数,位置服务可分为部分节点参与的位置服务和所有节点参与的位置服务。根据每个位置服务维护的位置信息可分为部分节点位置和所有节点位置。总的说来,位置服务可分为以下四种:

(1) 部分节点参与的部分节点位置服务(some-for-some)。

(2) 部分节点参与的所有节点位置服务(some-for-all)。

(3) 所有节点参与的部分节点位置服务(all-for-some)。

(4) 所有节点参与的所有节点位置服务(all-for-all)。

2. 基于移动性的距离路由影响算法

根据DREAM结构,每个节点存储了网络中所有节点的位置信息,因此它可以归纳为all-for-all。位置数据库中每条记录包含节点标识、相对于此节点的方向和距离以及此信息产生的时间。当然,此记录的准确性依赖于它的"年龄"。DREAM的位置服务算法基于距离效应和移动节点的自治性两个观点。

距离效应:指两点间距离越大它们的相对运动就越慢。图9.23所示是一个解释例子,假设A不动,B和C以相同速度向同一方向运动。在A看来,B的方向改变要比C大。

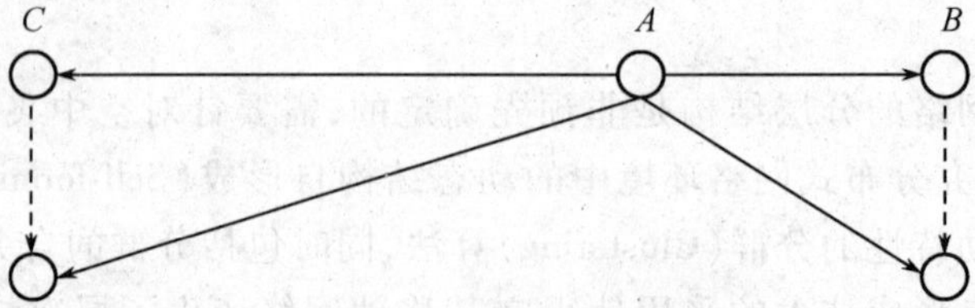

图9.23　距离的影响

移动节点的自治性:位置更新消息的触发仅仅依赖于移动节点的移动速度,即节点移动越快,位置更新消息的触发越快。

每个节点有规律地泛洪位置信息分组来更新其他节点存储的位置信息。每个分组包括一个生存时间 TTL 字段,用于控制分组的传输距离。根据上述的距离效应,TTL 值低的位置分组发送频率高。根据移动节点的自治性,DREAM 将基于移动速率来动态调整更新频率。

3. 网格定位服务

网格定位服务(Grid Location Service,GLS)是将网络包含的区域划分成分层的块。在这个阶层中,第 n 级的方块包含 4 个 $n-1$ 级的方块,形成了四叉树。每个节点有一个表,表中包含在局部一级方块里的所有节点的位置。在局部一层方块里周期地广播位置可以帮助建立表。

这里通过一个简单例子(见图 9.24)来说明这个机制。为了决定在哪里存储位置信息,GLS 给了一个"邻近节点 ID"的概念,它是指比该节点 ID 大的最小 ID。当图中的节点 10 想发布其位置信息时,它发送位置更新给周围 3 个二级方块中各自"最近"的 ID。因此,节点 15、18、73 以及所有和 10 在同一方块中的节点可以得到信息。在周围 3 个二级方块里,再次选择"最近"的 ID 存储信息,例中就是 14、25 和 29。这个过程一直要重复到覆盖网络的整个区域。于是给定节点的位置信息的密度随着与它的距离成对数地减小。

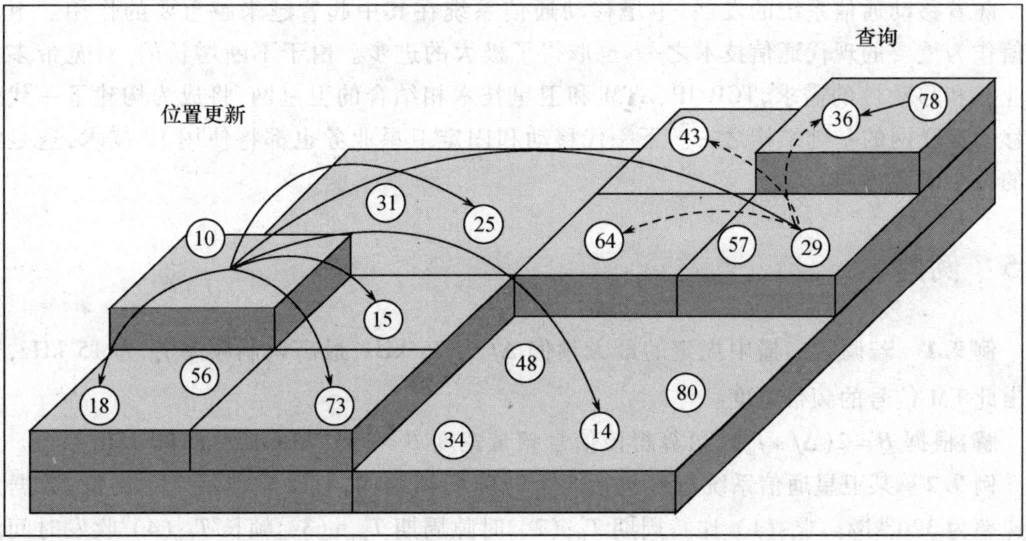

图 9.24 GLS

假设现在节点 78 想获得 10 的信息,它应当找到一个附近的知道 10 信息的节点。例中就是 29。虽然 78 不知道 29 存有它想要的信息,但它可以发现这个事实。为了了解工作过程,我们来看看29的位置服务器。它的位置存储在周围3个一级方块里的36、43和64。注意,很自然,这些节点中的每一个的ID和29一样在它们各自方块里与10最近。因此,存在一条节点ID从所有级别方块到正确的位置服务器的“轨迹”。于是对一个节点的位置请求可以被导向离请求节点最近而且有所需信息的节点,例中它就是36。最近节点不一定知道所寻找的节点,但它会知道一个更近的节点ID(29,已经是sought-after位置服务器)。过程会持续到找到一个有位置信息的节点。

4. 路由维护

路由维护对于提高路由效率是非常有必要的。由于在移动Ad Hoc网络中终端的随机移动性,一条路由在一段时间后可能就会因中间链路的断开而失效。如果能在某条路由失效前就提前发起路由发现过程,对于减小丢包率和减少路由时延都很有帮助。在Improved-LAR中,节点利用位置信息来对路由表中的路由进行预测。节点周期性地对路由表进行检测,如果某条路由即将失效(此节点及其下游节点之间即将断开),节点就在路由表中寻找到相同目的节点的可用路由。如果没有找到可替代路由,就提前为此目的节点发起一个路由发现过程。

当中间节点收到一个路由请求分组时,如果它的路由表中有合适的路由(目的节点和路由请求分组的目的节点一样),它就直接发送一个路由回复分组给源节点而不继续转发此分组。这样可以减少无谓的路由开销。

随着移动通信系统的发展,卫星移动通信系统在其中起着越来越重要的作用。卫星通信作为重要的现代通信技术之一,也取得了极大的进步。由于不断增长的、对宽带多媒体业务和移动性的需求,TCP/IP、ATM和卫星技术相结合的卫星网,将成为构建下一代全球移动互联网的基础结构之一。下一代移动和固定卫星业务也都将使用IP技术,这是将来的一个研究方向。

9.5 例题

例9.1 若调频广播中规定的最大频偏Δf为75 kHz,最高调制频率f_m为15 kHz,计算出此FM信号的频带宽度。

解:根据$B=2(\Delta f+f_m)$,可算得该信号频带宽度$B=2\times(75+15)=180$ kHz。

例9.2 某卫星通信系统每帧包括8个时隙的帧结构,每时隙包括125比特,数据发送速率为320 kb/s,求:(1) 比特周期T_b;(2) 时隙周期T_{slot};(3) 帧长T_f;(4) 收发时间间隔。

解:由题意可得

$$T_b = 1/320 = 3.125\ \mu s$$

$$T_{slot} = T_b \times 125 = 0.391\ ms$$

$$T_f = T_{slot} \times 8 = 3.125 \text{ ms}$$

收发间隔为帧长 3.125 ms。

例 9.3 CDMA 有哪些优点？它的保密性体现在哪里？

解：CDMA 具有系统容量大、频率利用率高、扩容方便、具有软容量等优点。

CDMA 的保密性体现如下：

(1) 采用扩频解调，在信道中传输所需载波与干扰噪声的功率比很低(约 -20 dB)，在低功率谱密度下传输，有用信号功率比干扰信号功率低得多，信号仿佛淹没在噪声之中，不易被对方发现，有较强的防截获能力。

(2) CDMA 采用 PN 码调制，不掌握发射信号的规律，要进行解扩是很困难的。

练习题

1. 什么是卫星通信？它的主要特点及优势是什么？
2. 卫星通信系统由哪几部分组成？各有什么作用？
3. 卫星通信信号的调制技术有哪些？它们有何不同？
4. 卫星通信有哪几种传输方式？如何应用？
5. 什么是卫星通信多址技术？为什么要采用多址技术？
6. 多址技术分为哪几类？各有什么特点？
7. 卫星组网技术有哪些？分别如何应用？
8. 什么是 Ad Hoc 网络？其有何特点？
9. 什么是空基移动网络？其有何特点？

参考文献

[1] 吕海寰，蔡剑铭，甘仲民，等. 卫星通信系统[M]. 北京：人民邮电出版社，1994.

[2] 胡光镇. 瞻望卫星通信的未来[J]. 电信科学，2003，19(2)：27 - 30.

[3] 张乃通，张中兆，李英涛. 卫星移动通信系统[M]. 北京：电子工业出版社，1997.

[4] 李式巨. 数字通信技术[M]. 北京：电子工业出版社，2007.

[5] 胡廷锋. 码分多址在卫星通信中的应用[J]. 微波与卫星通信，1995，3：5 - 11.

第 10 章　数字移动通信系统

名词术语释义

蜂窝移动通信(Cellular Mobile Telecommunications)　采用蜂窝无线组网方式,将终端和网络设备通过无线通道连接起来,进而实现用户之间的相互通信。

功率谱密度(Power Spectral Density)　单位频带内信号功率。

扩频通信(Spread Spectrum Communication)　是扩展频谱通信的简称。它是指用来传输信息的射频带宽远大于信息本身带宽的一种通信方式。

软件无线电(Software Radio)　指在开放的公共硬件平台上利用不同的可编程软件方法实现的无线电系统。

无线接入(Wireless Access)　指从交换节点到用户终端,部分或全部采用无线手段。

信息传输带宽(Bandwidth)　在固定时间内可传输的信息量,亦即在传输管道中传递数据的能力。

移动通信(Mobile Communication)　指移动终端之间的通信,或移动终端与固定终端之间的通信。

智能天线(Smart Antennas)　一种安装在基站现场的双向天线,通过一组带有可编程电子相位关系的固定天线单元获取方向性,并可以同时获取基站和移动台之间各个链路的方向特性。

正交频分复用(Orthogonal Frequency Division Multiplexing, OFDM)　一种多载波数字调制技术,各载波是一个基本振荡频率的整数倍,各个载波频段相等,且各个载波的信号频谱是正交的。

操作与支持系统(Operational Support Systems, OSS)　GSM 中用于完成移动用户管理、移动设备管理以及网络操作和维护功能的子系统。

基站(Base Station, BS)　移动通信系统中,一定的无线电覆盖区中,通过移动通信交换中心,与移动电话终端之间进行空中的无线传输的无线电收发信电台。

基站子系统(Base Station Subsystem, BSS)　GSM 中与移动台和移动交换中心相连,负责无线发送、接收和无线资源管理,并处理与交换业务中心的接口信令,完成移动用户之间或移动用户与固定用户之间的通信连接的子系统。

前向差错控制技术(Forward Error Correction, FEC)　前向传输中采用的是纠错码,在接收端直接对传输错误进行纠错。

网络交换子系统(Network Switching Subsystem, NSS) GSM 中用于完成交换功能以及用户数据管理、移动性管理、安全性管理所需的数据库功能的子系统。

移动终端(Mobile Station, MS) 在移动通信中,接收来自或发送至网络无线信号,并将终端信息适配到无线信道的设备。

自动重传请求(Auto Repeat Request, ARQ) 接收机接收信息,若校验正确,经反馈信道通知发送端,所发送的信息已被成功接收,否则,经反馈信道通知发送端重传。

本章介绍数字移动通信系统。从前几章的内容中已经知道,通信就是要实现信息的传输与交换,而人们理想中的目标则是能在任何时间、任何地方、与任何人及时地沟通、交流信息。从这点上看,没有任何一种通信方式能够与移动通信相媲美。这里首先介绍数字移动通信的基本概念,着重介绍移动通信的特点和移动通信系统的发展;其次,针对自适应链路技术、多址接入技术和扩频技术等移动通信关键技术加以阐述;然后,将分别对 GSM 和 CDMA 移动通信系统进行介绍;最后,将引入对第三代(3G)移动通信系统的介绍,并简略地阐述移动通信系统的后续发展。希望通过本章的介绍,能够使读者建立比较完整的数字移动通信系统的概念。

10.1 数字移动通信的基本概念

移动通信是移动体之间的通信,或移动体与固定体之间的通信。移动体可以是人,也可以是汽车、火车、轮船、收音机等在移动状态中的物体。对于移动通信而言,它最大的特点就是移动性,而移动性正是在设计移动通信系统时需要克服的最大困难。

10.1.1 移动通信的特点

移动通信主要具有以下几个特点:

(1) 用户的移动性。移动用户在通信的过程中一般都处于位置的变动中。这不但要求基站(Base Station, BS)能够准确地确定用户位置并实现信息的准确发送和接收,还要求终端在移动中能保持和其静止时一样良好的状态来发送和接收信息并且能适时地控制发送功率使之达到最佳。当用户运动到离基站较远的地方时,移动终端要能够通过某种方式测量出要发送的功率并将信号在这个功率上发送;而用户如果离基站较近时,终端则要以较低的功率发送信号以节省电池的电量,这同样需要终端对发送功率进行测量。

(2) 电波传输条件的恶劣性。在移动通信的过程中,信号要经过不同的无线信道从不同的方向以不同的时延和衰减到达移动终端(Mobile Station, MS)。此外,信号经衍射、反射和折射三种传播方式形成多径信号相互叠加,一起传到终端处,这将大大恶化信道特性。如何建立符合移动通信特点的信道模型,这将在下一部分中具体介绍。

(3) 噪声干扰的严重性。电波在自由空间中传播时会混入各种各样的干扰和噪声,如 AWGN、窄带干扰和突发干扰,这些干扰和噪声会进一步恶化信道特性。移动终端必须能够在这样恶劣的环境中,将有用信息检测出来,这必然使其设计起来更加复杂。因此,必须考虑滤波器的设计,它的性能直接影响终端的抗干扰性能。另外,也必须减少终端内部噪声,各种新技术也在一定程度上出于这个目的而发展起来。

(4) 系统和网络结构的复杂性。由于用户处在不断的移动中,电波传输条件比较恶劣以及越来越多的业务模式使得系统和网络结构日益复杂。

(5) 频率资源的有限性。在移动通信中,可以利用的频谱资源非常有限,而用户和业务则在与日俱增。

10.1.2 移动通信系统的发展

1. 第一代移动通信系统

1974 年,贝尔实验室提出了蜂窝移动网的概念,同年又研制出高级移动电话系统(Advanced Mobile Phone Service,AMPS),并于 1982 年在美国正式运营。

AMPS 系统采用 7 小区复用模式,并可在需要时采用扇区化和小区分裂来提高容量。与其他第一代蜂窝系统一样,AMPS 在无线传输中采用了频率调制。在美国,从移动台到基站的传输使用 824 MHz 到 849 MHz 的频段,而基站到移动台使用 869 MHz 到 894 MHz 的频段。每个无线信道实际上由一对单工信道组成,它们彼此有 45 MHz 分隔。每个基站通常有一个控制信道发射器(用来在前向控制信道上进行广播),一个控制信道接收器(用来在反向控制信道上监听蜂窝电话呼叫建立请求),以及 8 个或更多频分复用双工语音信道。模拟系统的主要缺点是:频率利用率低,不能与 ISDN 兼容,保密性差。

同一时期,英国的全接入通信系统(Total Access Communication System,TACS)和北欧的北欧移动电话(Nodic Mobile Telephone,NMT)等类似的技术也相继形成,它们都是基于模拟信号、实现全双工通信、频分多址的技术。蜂窝移动通信的出现可以说是移动通信的一次革命,其频率复用大大提高了频率利用率并增大了系统容量,网络的智能化实现了越区转接和漫游功能,扩大了客户的服务范围,但上述模拟系统有四大缺点:各系统间没有公共接口,很难开展数据承载业务;频谱利用率低,无法适应大容量的需求;安全保密性差,易被窃听;易做"假机"。尤其是在欧洲系统间没有公共接口,相互之间不能漫游,对客户造成很大的不便,现在已经被淘汰。

2. 第二代移动通信系统

1) GSM

20 世纪 80 年代中期,当模拟蜂窝移动通信系统刚投放市场时,世界上的发达国家已在研制第二代(2G)移动通信系统,但直到 20 世纪 90 年代初期才算真正完成。其中最有代表性和比较成熟的制式有泛欧 GSM,美国的 ADC(D-AMPS)、日本的 JDC(现在改名为 PDC)等数字移动通信系统。在这些数字系统中, GSM 的发展最引人注目。

1991 年 GSM 正式在欧洲问世。早在 1982 年,欧洲已有几大模拟蜂窝移动系统在运营,如北欧多国的 NMT 和英国的 TACS,西欧其他各国也提供移动业务。当时这些系统是国内系统,不可能在国外使用。为了方便欧洲统一使用移动电话,需要一种公共的系统。1982 年,北欧的国家向 CEPT(欧洲邮电行政大会)提交了一份建议书,要求制定 900 MHz 频段的公共欧洲电信业务规范。在这次大会上成立了一个在欧洲电信标准学会(ETSI)技术委员会下的移动特别小组(Group Special Mobile,GSM)来制定有关的标准和建议书。

相对于第一代移动通信系统,GSM 的功能大大增加了,具体体现在:

(1) 移动台具有漫游功能,因为在 GSM 中引入了 SIM 卡。它的设计思想是将用户和终端设备分离,用户只需携带自己的 SIM 卡即可在不同网络之间漫游。

(2) GSM 具有良好的保密功能。因为它可以对移动台识别码加密,可使窃听者无法确定用户的移动台电话号码,对用户位置起到了保密作用,保密措施是通过认证中心实现的,认证方式是一个询问—响应过程。在通信过程开始时,首先由网络向移动电话台发出一个信号,移动台收到这个信号后连同内部的电子密钥一起来启动用户认证单元,并将结果返回网络,网络在向移动台发出信号的同时,也启动自己的用户认证单元,将产生的结果与移动台返回的结果比较,若相同,则认为用户合法,否则为非法,从而确保了用户的合法使用权。

(3) GSM 具有越区切换功能。在微蜂窝移动通信系统中,高频度的越区切换是不可避免的。在 GSM 中,移动台主动参与越区切换。移动台在通话期间,不断向所在工作地基站报告本区及相邻区的无线环境的详细数据,当需要越区切换时,移动台主动向本基站发出越区切换请求。固定方根据来自移动台的数据,查找是否有替补信道。如果没有,则选择第二替补信道,直至选中一个空闲信道,使移动台切换到该信道上继续通信。

GSM 还具有网络容量大、手机号码资源丰富、通话清晰、稳定性强不易受干扰、信息灵敏、通话死角少、安全能力较强、手机耗电量低的优点。

欧洲电信标准协会在 1996 年提出了 GSM Phase 2 +,目的在于扩展和改进 GSM Phase 1 及 Phase 2 中原定的业务和性能。它主要包括客户化应用移动网络增强逻辑(CMAEL)、支持最佳路由(SO)、立即计费、GSM 900/1 800 双频段工作等内容,也包含了与全速率完全兼容的增强型话音编/解码技术,使得话音质量得到了质的改进,半速率编/解码器可使 GSM 的容量提高近一倍。在 GSM Phase2 + 阶段中,采用更密集的频率复用、多重复用结构技术,引入智能天线技术、双频段等技术,有效地克服了随着业务量剧增所引发的 GSM 容量不足的缺陷。自适应语音编码技术的应用,极大地提高了系统通话质量,GPRS/EDGE 技术的引入,使 GSM 与因特网有机地结合起来,从而使 GSM 功能得到不断增强,初步具备了支持多媒体业务的能力。

目前,全球的 GSM 移动用户已经超过 5 亿,覆盖了 1/12 的人口,GSM 技术在世界数字移动电话领域所占的比例已经超过 70%。目前,我国拥有 8 000 万以上的 GSM 用户,成为世界第一大运营网络。GSM 包括 GSM900(频段为 900 MHz)、GSM1800(频段为

1 800 MHz）以及 GSM1900（频段为 1 900 MHz）等几个频段。

2）CDMA

CDMA 的基本技术之一是扩频，因此这一多址技术具有很强的保密性，并在第二次世界大战期间便已在军事通信和电子对抗中予以采用，20 世纪 60 年代以后又在军用卫星通信中采用。

CDMA 技术的标准化经历了几个阶段。IS－95 是 cdma One 系列标准中最先发布的标准，真正在全球得到广泛应用的第一个 CDMA 标准是 IS－95A，这一标准支持 8K 编码话音服务。在第二代移动通信阶段，CDMA 增强型 IS－95A 与 GSM 在技术体制上处于同一代产品。其后又分别出版了 13K 话音编码器的 TSB74 标准，支持 1.9 GHz 的 CDMA PCS 的 STD－008 标准，其中 13K 编码话音服务质量已非常接近有线电话的话音质量。随着移动通信对数据业务需求的增长，1998 年 2 月，美国高通公司宣布将 IS－95B 标准用于 CDMA 基础平台上。IS－95B 可提供 CDMA 系统性能，并增加用户移动通信设备的数据流量，提供对 64 kb/s 数据业务的支持。其后，CDMA2000 成为窄带 CDMA 系统向第三代系统过渡的标准。

3. 第三代移动通信系统

第三代（3G）移动通信系统的概念在 1985 年就已经提出了，最初命名为 FPLMTS（未来公共陆地移动通信系统），后在 1996 年更名为 IMT2000。1992 年，ITU 召开世界无线通信系统会议，对 FPLMTS 的频率进行了划分，这次会议成为第三代移动通信标准制订进程的重要里程碑。第三代移动通信系统的目标是：世界范围内设计上的高度一致性，与固定网络各种业务的相互兼容，高服务质量，全球范围内使用的小终端，具有全球漫游能力，支持多媒体功能及广泛的业务终端。

目前 ITU 认可的第三代移动通信标准主要有三种：WCDMA、CDMA2000 与 TD-SCDMA。CDMA 是第三代移动通信系统的技术基础。CDMA 系统以其频率规划简单、系统容量大、频率复用系数高、抗多径能力强、通信质量好、软容量、软切换等特点显示出巨大的发展潜力。

4. 第四代移动通信系统

近些年来，电信业界又提出了第四代（4G）移动通信的概念。第四代移动通信系统又可称为宽带（Broadband）接入和分布网络系统，具有非对称的超过 2 Mb/s 的数据传输能力，数据率超过 UMTS，是支持高速数据率（2～20 Mb/s）连接的理想模式，上网速度从 2 Mb/s 提高到 100 Mb/s，具有不同速率间的自动切换能力。

第四代移动通信系统是多功能集成的宽带移动通信系统，在业务上、功能上和频带上都与第三代移动通信系统不同，将在不同的固定和无线平台及跨越不同频带的网络运行中提供无线服务，比第三代移动通信更接近于个人通信。第四代移动通信系统的主要优点有通信速度更快、网络频谱更宽、通信更加灵活、智能性更高、兼容性更平滑、提供各种增值服务、实现更高质量的多媒体通信、频率使用效率更高、通信费用更加便宜。

10.2 数字移动通信关键技术

数字移动通信的关键技术,主要包括自适应链路技术、多址接入技术和扩频技术。

10.2.1 自适应链路技术

传统的无线通信系统都是将大部分的系统参数,如调制方式、帧长、差错控制等,根据最坏或者平均情况的信道条件设计为固定值。由于不能跟踪这些信道的变化,所以无线通信系统的容量受限。

适应信道变化的基本策略就是根据各个用户信道状态,动态调节链路参数。其中比较常用的两种技术是自动重传请求(Auto Repeat Request, ARQ)和自适应编码调制(Adaptive Modulation and Coding, AMC)技术。

1. 自动请求重传

移动通信系统中有两种差错控制技术:前向差错控制技术(Forward Error Correction, FEC)和自动请求重传技术(ARQ)。

FEC 方案采用的是纠错码。ARQ 方案采用一个检错能力较强的码,接收机计算接收序列的伴随式。如果伴随式为零,则假定接收序列无错,接收机就接收该序列,同时接收机经反馈信道通知发送端,它所发送的码序列已被成功接收;反之,如果伴随式不为零,则说明接收序列中有错误,经反馈信道通知发送端重传。

ARQ 方案的实现有三种基本类型:

(1) 等待 ARQ,如图 10.1 所示。

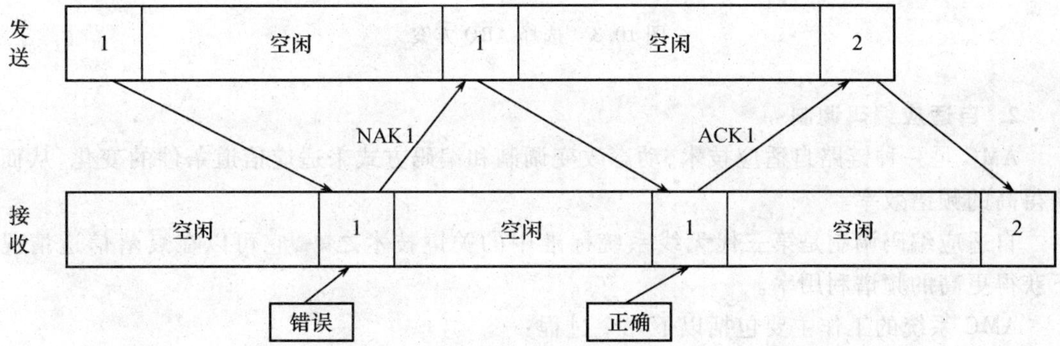

图 10.1 等待 ARQ 方案

(2) 退 N 步 ARQ,如图 10.2 所示。

(3) 选择重传 ARQ,如图 10.3 所示。

这三种基本的 ARQ 系统中,选择重传 ARQ 效率最高,但也最复杂。

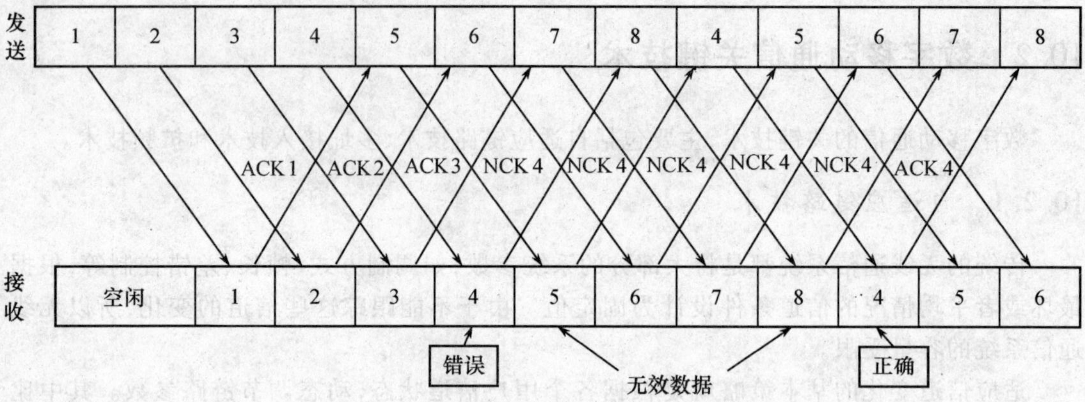

图 10.2　退 *N* 步 ARQ 方案

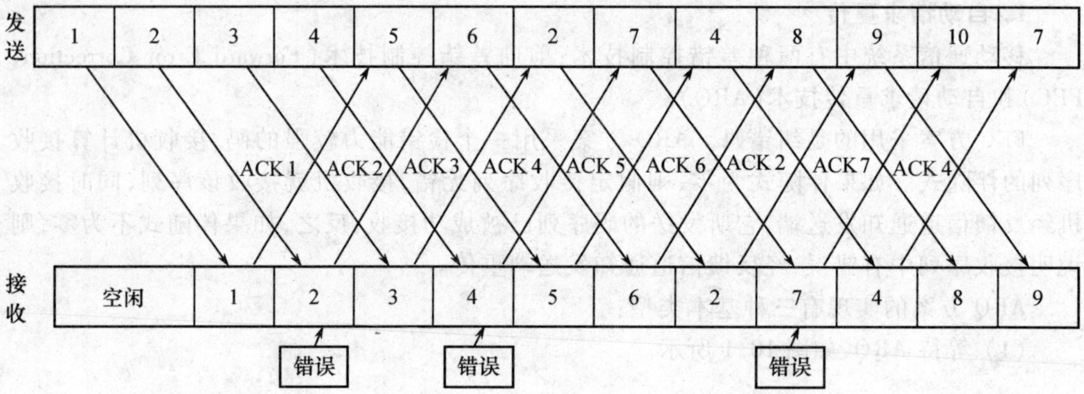

图 10.3　选择 ARQ 方案

2. 自适应编码调制

AMC 是一种链路自适应技术，动态改变调制和编码方式来适应信道条件的变化，从而获得高的频谱效率。

自适应编码调制是第三代无线系统标准中的关键技术之一，它可以在衰落信道情况下获得更高的频谱利用率。

AMC 系统的工作主要包括以下几个过程：

(1) 信道状态估计。系统主要是根据信道状态来选择确定下一次传输所用的编码调制方式，因此利用已有的传输过程来准确预测估计下次传输时的信道状态条件是很重要的。

(2) 编码调制方式门限值的选取。发射机编码调制方式根据信道质量预测值与各种编码调制方式的门限值比较而得到。

（3）控制发送端的数据传输。根据信道估计输出与门限值比较的结果确定下次传输所用的编码调制方式，并控制发送端采用该传输模式对发送数据进行编码和调制。

（4）将编码调制方式信息通知接收端。接收机要知道采用了哪种编码调制方式，才能对接收信号进行解调，错误的解调方式将会导致接收信号的误码率急剧上升。

10.2.2　多址接入技术

移动通信中用到的多址接入技术主要包括 FDMA、TDMA 和 CDMA。

FDMA 技术核心是把传输频带划分为较窄的且互不重叠的多个子频带，每个用户都被分配到一个独立的子频带中。各用户采用滤波器，分别按分配的子频带从信道上提取信号，实现多址通信。如图 10.4 所示。

TDMA 是在给定频带的最高数据传输速率的条件下，把传递时间划分为若干时间间隙，各用户按照分配的时隙，以突发脉冲序列方式接收和发送信号。如图 10.5 所示。

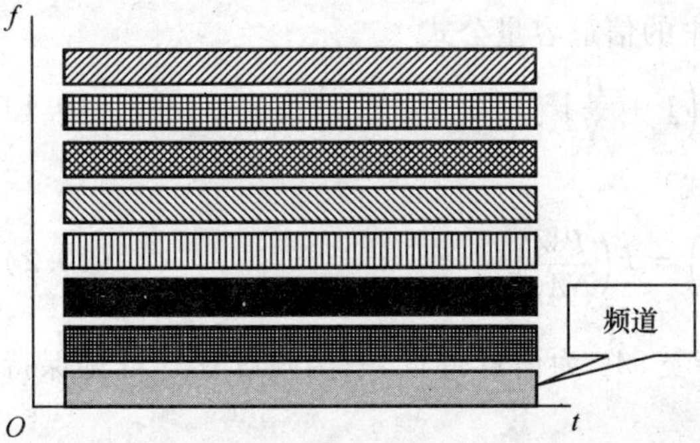

图 10.4　频分多址

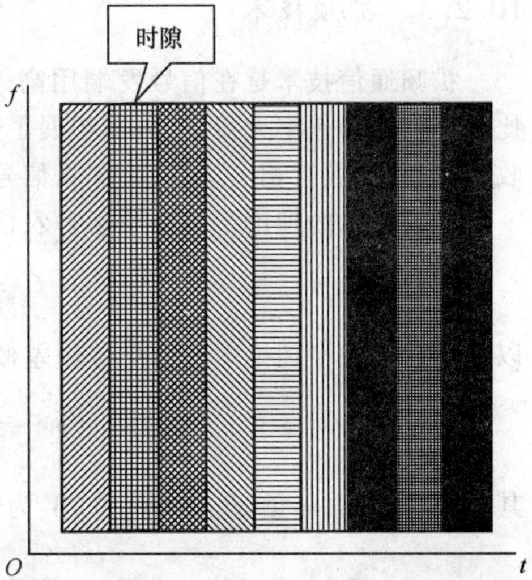

图 10.5　时分多址

CDMA 也称 SSMA 是将原信号的频带扩宽，再经调制发送出去。接收端接收到经扩频的宽带信号后，作相关处理，再将其解扩为原始数据信号。如图 10.6 所示。

TDMA、FDMA 和 CDMA 的区别，就好像在一个国际会议上，TDMA 是任何时间只有一个人讲话，其他人轮流发言；FDMA 则是把与会的人员分成几个小组，分别进行讨论；而 CDMA 就像大家在一起，每个人使用自己国家的语言进行讨论。

CDMA 蜂窝移动通信系统与 FDMA 系统或 TDMA 系统相比具有更大的系统容量，更高的话音质量以及抗干扰、保密等优点，因而近年来得到各个国家的普遍重视和关注。在第三代数字蜂窝移动通信系统中，无线传输技术采用 CDMA 技术。

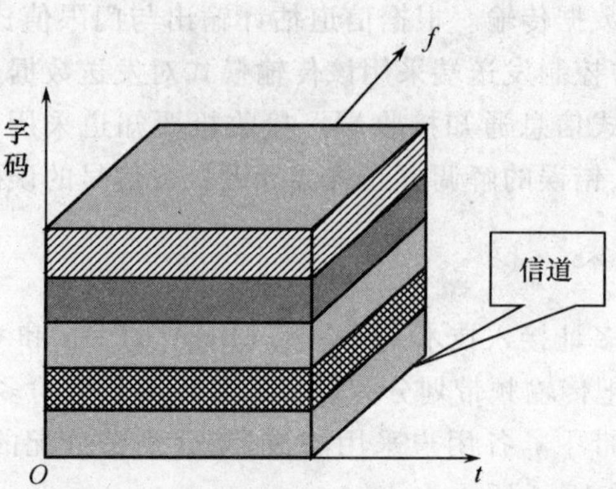

图10.6　码分多址

10.2.3　扩频技术

扩频通信技术是在信号发端用高速伪随机码与数字信号相乘，由于伪随机码的速率比数字信号的速率大得多，因而扩展了信息传输带宽。在收端，用相同的伪随机序列与接收信号相乘，进行相关运算，将扩频信号解扩。

扩频技术的理论基础来源于香农信息论中的信道容量公式

$$C = W\log\left(1 + \frac{P}{N}\right) \tag{10.1}$$

以及潜在干扰性理论中的信息传输差概率公式

$$P_{\mathrm{OUT}} = f\left(\frac{E}{N_0}\right) = F\left(\frac{PW}{NA_F}\right) \tag{10.2}$$

其中，C 为信道容量，P_{OUT} 为概率，W 为信道带宽，A_F 为信息带宽，$\frac{P}{N}$为信噪比。可见保持 C、P_{OUT}、A_F 不变，通过增加带宽 W 可降低$\frac{P}{N}$要求，从而提高通信系统的抗干扰能力，即可靠性。

在移动通信系统中，带宽是一个非常有限的资源。扩频技术使用的带宽比要求传输的信号带宽大很多，尽管这种方法对单用户来讲，带宽效率很低，但是，扩频技术的优点在于很多用户可以在同一频带中通信，可以在存在多用户干扰的环境中提高频带利用率。

扩频通信按扩频方式主要分为以下三种：

(1) 直接序列扩频。采用高码率的相互正交的伪随机码在发送端对信号进行扩频。在接收端，采用完全相同的码序列进行解扩，从而还原原始信息。CDMA 通信采用直接序列扩频。直接序列扩频抗干扰原理图如图 10.7 所示。

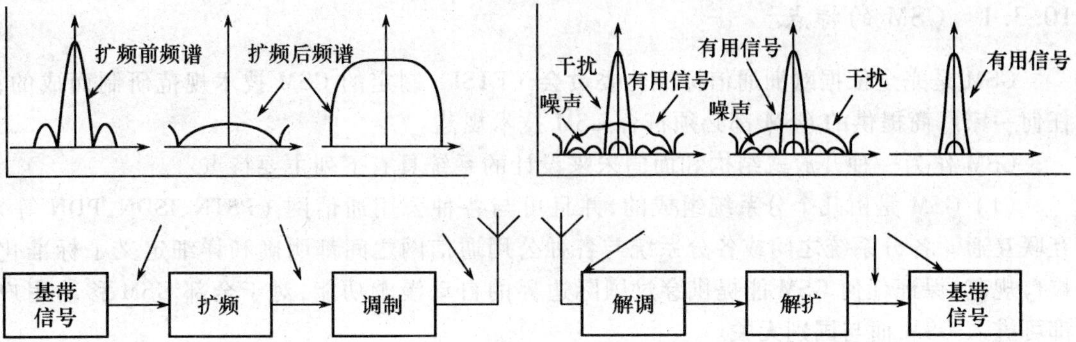

图 10.7 直接序列扩频抗干扰原理图

（2）跳频扩频。用一定码序列进行选择的多频率频移键控。

（3）跳时扩频。一种用码序列进行选择的多时隙时移键控。

10.3 蜂窝数字移动通信系统

数字移动通信系统是在蜂窝系统的基础上发展而成的。GSM 最初被设计成为一个泛欧洲的移动通信标准，能够在欧洲范围内进行国际漫游，GSM 是迄今为止商业化运营最成功的移动通信系统，世界上许多国家采用 GSM。

我国于 1987 年末在广州开通了第一个模拟蜂窝式移动通信系统，采用 ETACS 体制 900 MHz 频段，作为我国蜂窝移动通信系统的标准。

1992 年 GSM 由中国联通首先引入广州，经过十几年的发展，GSM 网络已经覆盖了全国绝大多数的城市和乡镇，其用户数量也占我国移动通信用户的大多数。

在 GSM 的发展中，陆续发展出几个系列通信系统，最初 GSM 被称为 PGSM 系统（PGSM 系统的上行频带分配为 890 ~ 915 MHz，下行频带为 935 ~ 960 MHz），在此基础上通过频带的加宽又发展成为 EGSM 系统（EGSM 系统的上行频带为 880 ~ 915 MHz，下行频带为 925 ~ 960 MHz），它的工作频带比 PGSM 的工作频带向下拓展了 10 MHz。只能在 PGSM/EGSM 系统工作的手机称为单频手机。对于一个移动通信系统来说，在同一个小区范围内的用户数量可能很多，而用于通信的频率资源是有限的，有时可能无法同时满足众多用户使用，为此，通过改变 GSM 的工作频率建立了数字通信系统（Digital Communication System，DCS）。DCS 的上行频率为 1 710 ~ 1 785 MHz，下行频率为 1 805 ~ 1 880 MHz，这样使手机在 GSM 和 DCS 通信成为可能，即双频手机。所有的 GSM 系列的移动通信系统只是工作频率和手机的发射功率有所不同，射频调制、解调方式完全相同。GSM 已经发展成为一个庞大的通信系统家族。

10.3.1　GSM的特点

GSM是完全依据欧洲通信标准化委员会（ETSI）制定的GSM技术规范研制而成的，任何一家厂商提供的GSM都必须符合GSM技术规范。

GSM作为一种开放式结构和面向未来设计的系统具有下列主要特点：

（1）GSM是由几个分系统组成的，并且可与各种公用通信网（PSTN、ISDN、PDN等）互联互通。各分系统之间或各分系统与各种公用通信网之间都明确和详细定义了标准化接口规范，保证任何GSM能提供穿过国际边界的自动漫游功能，对于全部GSM移动用户都可进入GSM而与国别无关。

（2）GSM除了可以开放话音业务，还可以开放各种承载业务、补充业务和与ISDN相关的业务。

（3）GSM具有加密和鉴权功能，能确保用户保密和网络安全。

（4）GSM具有灵活和方便的组网结构，频率重复利用率高，移动业务交换机的话务承担能力一般都很强，保证在话音和数据通信两个方面都能满足用户对大容量、高密度业务的要求。

（5）GSM抗干扰能力强，覆盖区域内的通信质量高。

（6）用户终端设备（手持机和车载机）随着大规模集成电路技术的进一步发展能向更小型、轻巧和增强功能趋势发展。

10.3.2　GSM的组成

GSM主要由基站子系统（Base Station Subsystem，BSS）、网络交换子系统（Network Switching Subsystem，NSS）、操作与支持子系统（Operational Support Systems，OSS）和移动终端（MS）等组成。如图10.8所示。

1. 基站子系统

基站子系统主要由基站控制器（Base Station Controller，BSC）和基站收发信机（Base Transceiver Station，BTS）组成。每个基站控制器可控制几个基站收发信机。该系统是由各无线小区连成的网络，这些小区的组成可覆盖整个服务区。每个小区有一基站收发信机，工作在一组无线信道上，为避免干扰，这一组通信的频率与用于相邻各小区的频率不同。一组基站收发信机由一个基站控制器控制。基站控制器用于控制切换和频率调整等。

2. 网络交换子系统

网络交换子系统包括移动交换中心（Mobile Control System，MSC）、拜访位置寄存器（Visitor Location Register，VLR）、归属位置寄存器（Home Location Register，HLR）、鉴权中心（Authentication Center，AUC）和设备识别寄存器（Equipment Identity Register，EIR）等。移动交换中心与拜访位置寄存器设在一起，是完成呼叫交换、并做位置更新与切换的控制点。拜访位置寄存器是一个数据库，包含了当前处在本区（MSC区）的全部MS的有关信

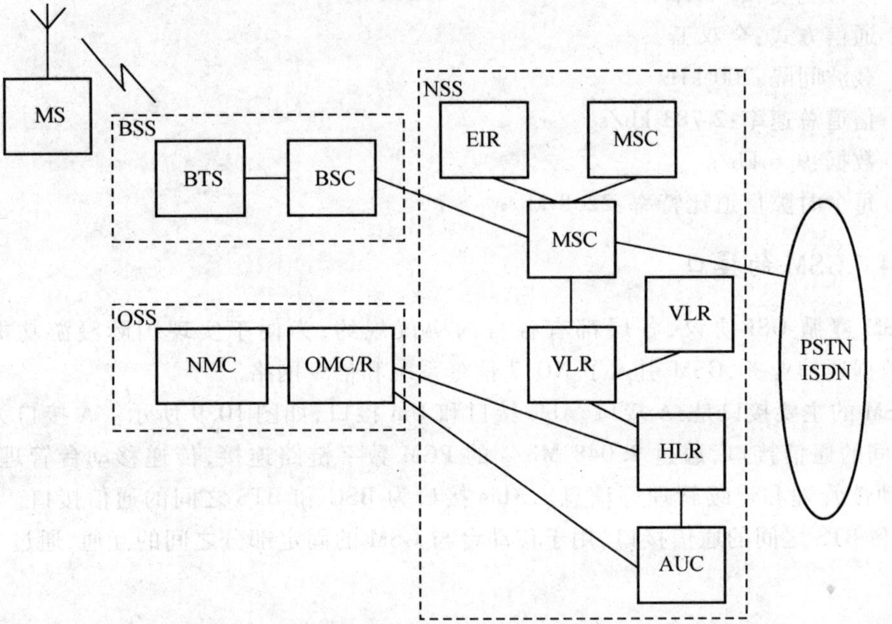

图 10.8 GSM 的组成框图

息。归属位置寄存器完成移动用户和固定用户之间的话音连接。由于移动用户的移动性,在交换子系统中需要建立一些数据库,用来保存 MS 的踪迹。这些数据库中最重要的就是归属位置寄存器。归属位置寄存器中包含了补充业务和鉴权参数等用户信息,以及 MS 的位置信息,为接受呼叫提供先决条件。

鉴权中心是与归属位置寄存器相连的,它的功能是向归属位置寄存器提供安全保证,而使用鉴权参数和密钥。

3. 操作与支持子系统

操作与支持子系统包括操作维护中心和网络管理中心。它负责全网的通信质量及运行的检验和管理,记录和收集全网运行中的各种数据。

4. 移动终端

移动终端是用户使用的终端设备,包括移动电话以及用于提供数据/传真等附加业务的终端适配器和终端设备。移动终端的主要功能有:能通过无线接入进入通信网络,完成各种控制和处理以提供主叫或被叫通信;具备与使用者之间的人机接口。

10.3.3 GSM 的主要参数

GSM 采用 TDMA + FDMA 的数字无线传输方式,增加了系统的容量。主要参数有:

- 频段:935 ~960 MHz(BS),890 ~915 MHz(MS)

- 频带宽度:25 MHz
- 通信方式:全双工
- 载波间隔:200 kHz
- 信道总速率:2 783 kb/s
- 数据:9.6 kb/s
- 每个时隙信道比特率:22.8 kb/s

10.3.4 GSM 的接口

GSM 遵循 OSI 协议,各层都有各自的协议规约,为便于实现国际漫游功能和开放 ISDN 数据通信业务,GSM 引入了 NO.7 信令系统和信令网络。

GSM 的主要接口是:A 接口、Abis 接口和 Um 接口,如图 10.9 所示。A 接口为 NSS 与 BSS 之间的通信接口,通过 2.048 Mb/s 的 PCM 数字链路连接,传递移动台管理、基站管理、移动性管理和连续管理等信息。Abis 接口为 BSC 和 BTS 之间的通信接口。Um 接口为 MS 和 BTS 之间的通信接口,用于移动台与 GSM 的固定部分之间的互通,通过无线链路实现。

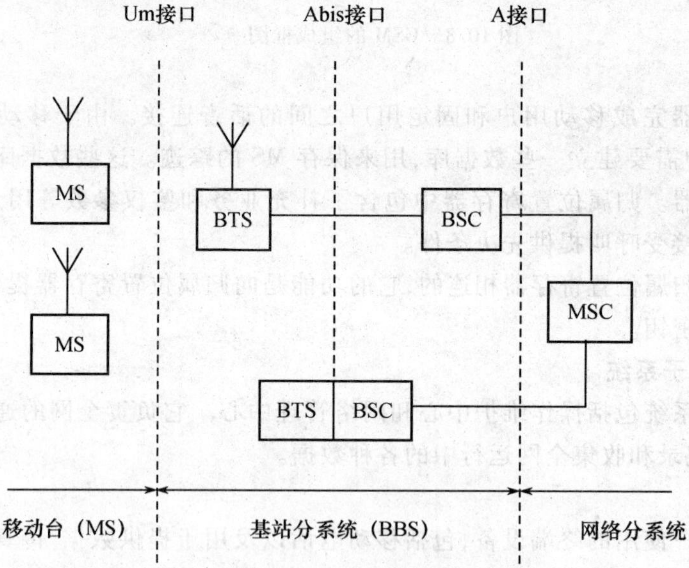

图 10.9 GSM 的主要接口

另外,GSM 通过 MSC 与 PSTN、ISDN 等网络互连,物理连接方式为标准的 2.048 Mb/s 的 PCM 数字传输,实现的接口须满足 CCITT 的有关接口和信令标准及各国邮电运营部门制定的与这些电信网有关的接口和信令标准。

10.3.5 GSM 的传输方式

GSM 中 MS 到 BSS 的传输方式为射频通信，采用多址方式进行传输。

GSM 采用了 FDMA 和 TDMA 的多址方式，在给定的上行、下行频带中根据 FDMA 规则，按照每 0.2 MHz 一个信道，将 PGSM 分割为 1 ~ 124 信道，DCS 分为 512 ~ 885 信道，在每个信道频带中按照 TDMA 的方式分为 8 个时隙，每个时隙供一个用户使用，也就是说一个信道可同时供 8 个用户使用。

1. 实际信道

为了系统控制，GSM 将上行和下行频带分成成对的上行和下行频带的数字编号，称为实际信道，也叫物理信道，其相应的信道编号称为绝对射频信道号（Absoluteness RF Channel Number，ARFCN）。一个 ARFCN 对应一对上行和下行信道，称为 GSM 的实际信道。

DCS 和 PCS 的实际信道有多处重合，PCS 仅限于北美使用，北美没有 DCS，也就是说 DCS 和 PCS 不可能在同一地区存在。

2. TDMA 方式

GSM 是一个时分多址的通信系统，通常 8 个用户复用一个信道，而手机的发射信号是脉冲形式的，TDMA Burst 的概念是手机在一个脉冲时间内发射的所有频谱分量的集合，它携带着一个脉冲中所要传输的所有信息，同时系统对一个 Burst 在每段时间的频谱宽度与幅度都有严格的要求，对手机发射和接收也有规定，手机在接收信号的时隙后第三个时隙发射信号，而手机实际工作中，在发射与接收的间隙，手机将接收频率调到邻近小区的广播信道上来监听邻近小区的场强，以便系统判断何时进行越区切换。GSM 手机都以此规定为原则，这样，在同一时刻手机只能是发射、接收、监听或待机四种工作状态之一。

3. 功率控制

PAC（Power Autoexec Control）即为功率自动控制。对于一个小区来讲，手机用户可能很多，当多个用户同时与基站进行通信时，如果手机的发射功率都相同，离基站近的手机就会对离基站远的手机造成阻塞效应。离基站近的手机发射功率大电池消耗也比较大，所以基站必须能够对手机发射功率进行调整，手机必须具备改变发射功率的功能。

PGSM 手机发射功率规定为 1—15，共 15 功率级，1—5 功率级发射功率相同并最大，均为 33 dBm，15 功率级最小为 13 dBm，也就是说从 5 功率级以下，按每 2 dBm 为单位进行衰减。

EGSM 手机发射功率规定为 1—19，共 19 功率级。

DCS 和 PCS 都规定了 0—15，共 16 功率级，最大功率级为 30 dBm，其他与 PGSM 规定相同。

10.3.6 GSM 身份鉴别

手机接入网络之前,GSM 需要确认每个用户是否具有合法身份。身份鉴别分为 IMEI 鉴别和 SIM 卡鉴别,但通常是鉴别用户的 SIM 卡身份。

1. 设备号

国际移动设备鉴别号(International Mobile Equipment Identification,IMEI),是国际唯一的号码,通常可用手机键盘输入。

2. 用户 SIM 卡

SIM(Subscriber Identification Module)卡记录着用户身份信息,网络根据 SIM 卡的信息确定用户的合法性。SIM 卡作为一个独立的部件插入手机,主要记录的内容包括 IMSI、MCC、MNC 和用户的数据信息(如电话本、短信息等)。

(1) 国际移动用户身份鉴别信息(International Mobile Subscriber Identification,IMSI)为国际唯一的号码,代表用户的身份,在手机登录系统时,系统根据此信息查找用户信息。

(2) 移动国家号(Mobile Country Code,MCC)代表用户归属网络所在国家的编号。

(3) 移动网络号(Mobile Network Code,MNC)代表用户归属网络运营商的编号。

10.3.7 GSM 呼叫建立过程

建立呼叫的过程分为登录网络,手机呼叫,基站呼叫三个环节。

1. 登录网络

手机开机后,首先在下行的各个信道上,搜索信号,并将搜索到的信号按照强弱顺序排列,检查是否有广播信道(Broadcast Channel,BCH),当发现一个 BCH 后,频率纠错信道(Frequency Correction Channel,FCH)和同步信道(Synchronization Channel,SCH)调整内部频率和时序,与 BCH 同步,然后手机通过比较本机 SIM 卡所记录的 MCC 和 MNC 是否与广播控制信道(Broadcast Control Channel,BCCH)上发送的信息一致,手机一直不断重复以上过程直到找到并锁定属于本网络的最好的 BCH。之后,手机向基站报告用户手机的位置和信息,并发送随机接入信道请求(Random Access Channel,RACH),基站回应允许接入信道指令(Access Grant channel,AGCH),然后进入独立专用控制信道(Stand-Alone Dedicated Control Channel,SDCCH),进行双向通信,交换数据信息,最后结束呼叫,完成登录网络,此时,手机便可进行发出呼叫和接听来电了。

2. 手机发起呼叫和基站发起呼叫

当手机找到网络后,用户输入电话号码,手机向基站发出 RACH 脉冲,基站通过公用控制信道(Common Control Channel,CCCH)中的子信道 AGCH,应答手机的请求。手机收到 AGCH 后,按照指令,转到指定的 ARFCN 和时隙上,与基站在 SDCCH 上进行双向通信,手机首先接到 SDCCH 中的慢速随路控制信道(Slow Associated Control Channel,SACCH)的信息,得到基站发来的时序调整脉冲和功率控制信号,这时基站已经根据 RACH 脉冲到达手机的时间计算出时序的调整时间并传输给手机，当手机接收到调整时间后发送正确的脉冲长度，之后，手机在 1 ~2 秒内从 SDCCH 转到流量信道（Traffic CHannel，TCH）上进行语音数据通信。

基站发起的呼叫和手机呼叫大部分相同，首先基站在 CCCH 的寻呼信道（Paging Channel，PCH）子信道上发送一个寻呼信息，包括手机的号码，手机收到 PCH 后，回送一个 RACH 信号，其他过程与手机的呼叫完全相同。

10.3.8 GSM 关键技术

要使 GSM 很好地运作，需要解决很多与其他通信技术不同的难点。它的关键技术主要包括工作频段的分配、时分多址技术、语音编码、信道编码、保密措施、跳频技术等。

这里详细介绍工作频段的分配、时分多址技术以及保密措施。

1. 工作频段的分配

我国陆地公用蜂窝数字移动通信网 GSM 通信系统采用 900 MHz 频段：905 ~915（移动台发、基站收），950 ~960（基站发、移动台收）。随着业务的发展，需要向下扩展或向 1.8 GHz 频段的 DCS1800 过渡，即 1800 MHz 频段。该频段频道间隔，即相邻两频道间隔为 200 kHz，每个频道采用 TDMA 方式，分为 8 个时隙，即 8 个信道（全速率）。每信道占用带宽 25 kHz，同模拟网 TACS 制式每个信道占用的频率带宽。从这点看两者具有同样的频谱利用率。

频率复用指在不同的地理区域上用相同的载波频率进行覆盖。可用频道分成若干组，若所有可用的频道 $N=49$，分成 F 组（如 9 组），则每组的频道数为 $N/F=5.4$，即有些组的频道数为 5 个，有些为 6 个。因总的频道数 N 是固定的，所以分组数 F 越少则每组的频道数就越多。但是，频率分组数的减少也使同频道复用距离减小，导致系统中平均载干比值降低。因此，在工程实际使用中是把同频干扰保护比值加 3 dB 冗余来保护，采用 12 分组方式，即 4 个基站，12 组频率。

2. 时分多址技术

在 GSM，无线路径上是采用时分多址方式，每一频点（频道或载频）上可分成 8 个时隙，每一时隙为一个信道。

3. 保密措施

GSM 在安全性方面有了显著的改进，其主要是在下列部分加强了保护：接入网络方面采用了对客户鉴权，无线路径上采用对通信信息加密，对移动设备采用设备识别，对客户识别码用临时识别码保护，SIM 卡用 PIN 码保护。

客户的鉴权与加密是通过系统提供的客户三参数组来完成的。三参数组的产生是在 GSM 的 AUL（鉴权中心）中完成，由产生密钥和响应数的 READ 与密钥、响应数一起组成该客户的一个三参数组，传送给 HLR，存储在该客户的客户资料库中。

鉴权的作用是保护网络，防止非法盗用。同时通过拒绝假冒合法客户的“入侵”而保护GSM移动网络的客户。在每次登记、呼叫建立尝试、位置更新以及在补充业务的激活、去活、登记或删除之前均需要鉴权。

GSM中的加密是指无线路径上的加密，即BTS和MS之间交换客户信息和客户参数时不被非法个人或团体所得或监听。

PIN码在GSM中，客户签约等信息均被记录在一个客户识别模块SIM中，此模块称为客户卡。客户卡插到某个GSM终端设备中，便视作自己的电话机，通话的计费账单便记录在此客户卡户名下。

10.3.9　GSM网络规划设计流程

GSM网络规划设计大致可分为以下几个步骤：

（1）工程总体建设目标的确定。它是指通过对市场的调研和预测，结合建设单位的经营策略以及网络建设的现状，制定本期工程建设的总体思路和方向。

（2）基础资料的分析。对基础资料的分析是指对人文资料和现有网络的情况进行分析。从人文角度分析和研究，使基站的设置方案更加准确和更具有科学性。全面、深入地掌握现有网络的情况和本地区的人文情况是做好网络规划设计的根本保证。

（3）基站的设置和网络组网设计。基站的设置包括了基站设置的位置和基站的具体技术参数的设计，最佳的基站位置和最合理的参数设置是无线网络现状设计的中心。网络组网设计则是要将基站通过基站控制器连接起来，并接入移动交换中心，优化各自负载流量，组成统一的网络。

10.3.10　GSM支持的业务

GSM网络能提供六类、十种电信业务，主要包括电话、紧急呼叫、短消息、智能用户电报传送和承载等业务。

1. 电话业务

电话业务是GSM网提供的最重要业务。经过GSM网和PSTN网，能为数字移动客户之间、数字蜂窝移动电话客户与模拟蜂窝移动电话客户之间以及与固定客户之间，提供实时双向通信，其中包括各种特服呼叫、各类查询业务和申告业务，以及提供人工、自动无线电寻呼业务。

2. 紧急呼叫业务

紧急呼叫业务来源于电话业务，紧急呼叫业务优先于其他业务。它允许数字移动客户在紧急情况下进行紧急呼叫操作，如拨119或110等，依据客户所处基站位置，就近接入火警中心、匪警中心等。

3. 短消息业务

短消息业务可分为包括移动台起始和移动台终止的点对点的短消息业务和点对多点的小区广播短消息业务。移动台起始的短消息业务能使GSM客户发送短消息给其他

GSM 点对点客户；点对点移动台终止的短消息业务则可使 GSM 客户接收由其他 GSM 客户发送的短消息。

4. 智能用户电报传送

智能用户电报传送可提供智能用户电报终端间的文本通信业务。此类终端具有文本信息的编辑、存储处理等功能。

5. 承载业务

GSM 一开始就考虑兼容多种在 ISDN 中定义的承载业务，满足 GSM 移动客户对数据通信服务的需要。GSM 设计的承载业务不仅使移动客户之间能完成数据通信，更重要的是可为移动客户与 PSTN 或 ISDN 客户之间提供数据通信服务，还可使 GSM 移动通信网与其他公用数据网互通，例如公用分组数据网和公用电路数据网。

10.3.11 GSM 发展前景

近十多年来，GSM 在全球范围内得到迅猛发展并呈方兴未艾之势，社会信息化进程越来越快，仅仅通话已不能满足人们对信息交流的需要。

移动通信正向两个方面发展，一是移动网与因特网的结合；二是宽带化，提供移动多媒体业务。电信业、信息技术业及娱乐业的技术融合、市场融合是现代通信网络发展的大趋势。

在我国，第二代移动通信是当前发展的主流，我国应抓住机遇，积极开展第三代移动通信系统的关键技术的研究工作，如组网技术、多用户检测、多址划分、功率控制、智能天线、系统优化等，争取有所突破，形成自己的专利技术，提高中国电信业的独立性和与国外电信厂商的竞争能力，为建立我国移动通信产业做好技术上的准备，从而带动相关的民族工业，促进我国移动通信工业的发展。

10.4 CDMA 移动通信系统

本节主要介绍 CDMA 的原理、系统结构、提供的服务、特点、关键技术和无线链路。

10.4.1 CDMA 原理

频谱扩展理论是 CDMA 移动通信系统的理论基础。根据香农公式有

$$C = W\log\left(1 + \frac{P}{N}\right) \tag{10.3}$$

其中，C 为信道容量，W 为频带宽度，P 为信号功率，N 为白噪声功率。

式(10.3)的物理意义是：在信号功率 P、白噪声功率 N 和传输带宽 W 给定后，信道就能以 C 的传输速率（或信道容量）进行低差错率的传输。

从式(10.3)可知，只要保证 W 与对数 $\log_2\left(1 + \frac{P}{N}\right)$ 的积不变，就能保证传输速率（或信

道容量)不变。换句话说,带宽 W 和信噪比$\frac{P}{N}$可以互换。基于实际应用时信噪比很小的原因,式(10.3)可改写为

$$C = 1.44W\frac{P}{N} \tag{10.4}$$

式(10.4)更明显地给出这样的信息:W 和$\frac{P}{N}$可以互换,即只要传输带宽 W 足够地宽,即使信号淹没在噪声之中,仍可以速率 C 进行可靠通信。

在潜在抗干扰性理论中,信息传输差错概率可以表达为

$$P_e = f\left(\frac{E}{N_0}\right) \tag{10.5}$$

其中,E 为信号能量,N_0 为噪声功率谱密度。

由于

$$E = \frac{P}{\Delta F} \tag{10.6}$$

$$N = N_0 \times W$$

即

$$N_0 = \frac{N}{W} \tag{10.7}$$

将式(10.6)、(10.7)代入式(10.5),得

$$P_E = f\left(\frac{P}{\Delta F} \times \frac{1}{N/W}\right) = f\left(\frac{P}{N} \times \frac{W}{\Delta F}\right) \tag{10.8}$$

式(10.8)的物理意义是:P_E 是输入信号与噪声功率之比$\frac{P}{N}$和信道带宽 W 与信号带宽 ΔF 之比的乘积的函数。

式(10.8)还有一个隐含义:当传输信号的 ΔF 一定时,为维持一定的传输差错概率 P_E,信号的信噪比与带宽之积也是确定的。这也说明,信噪比可以和传输带宽互换。

上面说的概念和以前所知道的窄带通信系统是不同的。以前强调的是通信频带要窄一些,给定频带(段)后,可以将它划分成更多的信道,从而容纳更多的用户。而信噪比要高的话,用户的通信质量就会高一些。现在说的是,只要带宽足够宽,信号即使小到淹没在噪声之中也没问题,通信质量仍可确保。也说明了信号在噪声中不易被发觉,信号的隐蔽性好,这就是频谱扩展理论首先用于军事上的原因之一。

为了达到扩展频谱的目的,有三种基本方法,即直接序列扩频、跳频扩频、跳时扩频,前面两种方法使用较多。图10.10所示的扩频方法为直接序列扩频,它用基带信号与伪随机码直接相乘。

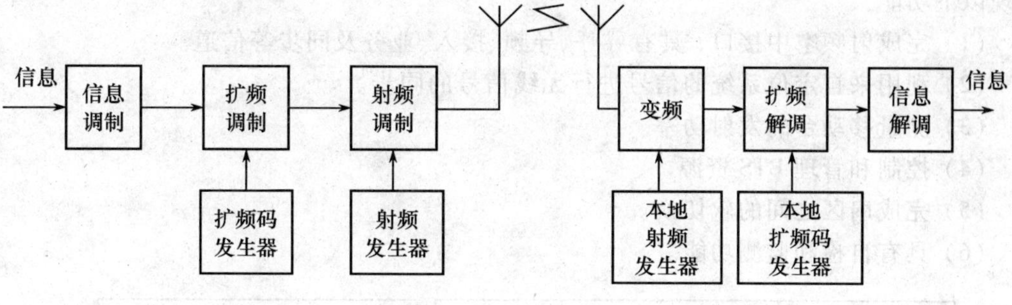

图 10.10 直接序列扩频

10.4.2 CDMA 移动通信系统的结构

CDMA 移动通信系统的网络结构与欧洲 GSM 制式类似，由 BTS、BSC、MSC、操作管理中心(Operation and Management Center, OMC)组成，其中还有两个存储器，用于记录本地用户信息和外来访问用户信息，如图 10.11 所示。一个 MSC 可控制多个 BSC，BTS 接收 BSC 的命令发射信号。

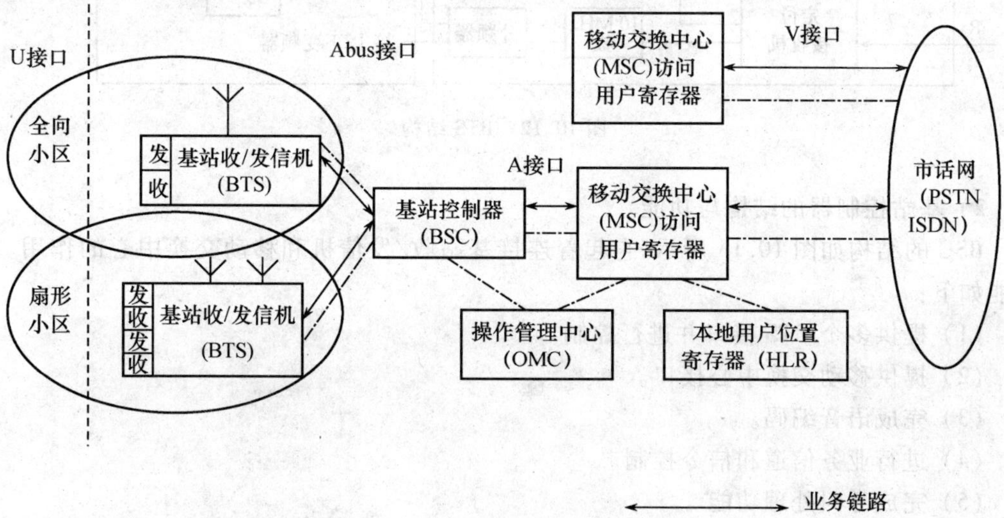

图 10.11 CDMA 的网络结构

下面分别介绍各个子系统的结构及其在整个系统中完成的功能。

1）基站收/发信机结构与功能

图 10.12 示出了 BTS 的基本组成。BTS 是连接移动台和基站控制器的接口部分，主要

实现以下功能:

(1) 完成射频空中接口,具有寻呼、导频、接入、业务及同步等信道。

(2) 利用来自定位系统的信号进行无线信号的同步。

(3) 测量移动台的发射功率。

(4) 控制和管理BTS资源。

(5) 完成扇区之间的软切换。

(6) 具有自检和监测功能。

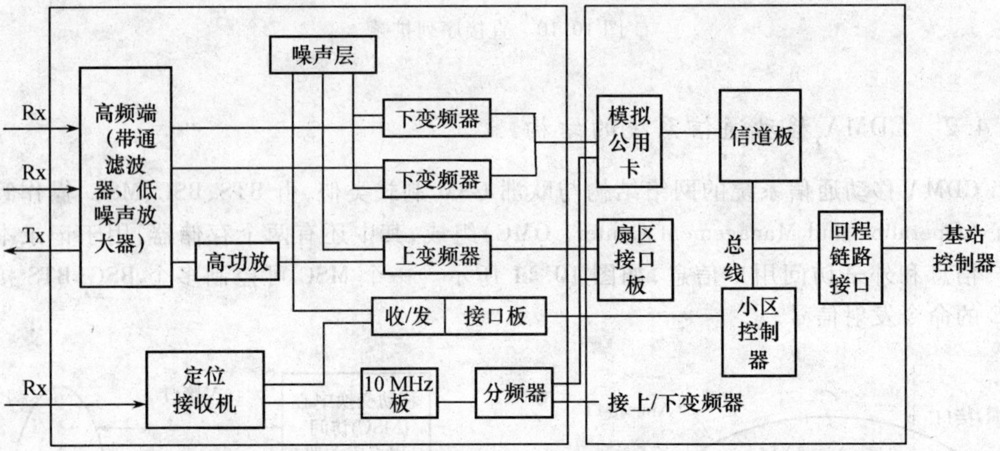

图10.12　BTS结构

2) 基站控制器的结构与功能

BSC的结构如图10.13所示,它起着连接基站收/发信机和移动交换中心的作用。其功能如下:

(1) 提供多个BTS接口并进行控制。

(2) 提供移动交换中心接口。

(3) 完成语音编码。

(4) 进行业务信道和信令控制。

(5) 完成呼叫处理功能。

(6) 实现冗余纠错和双重控制。

(7) 进行小区间的软越区切换。

3) 移动交换中心的结构与功能

图10.14为MSC的组成结构。MSC完成基站控制器与公用市话网或综合业务数字网之间的联系。其功能主要有:

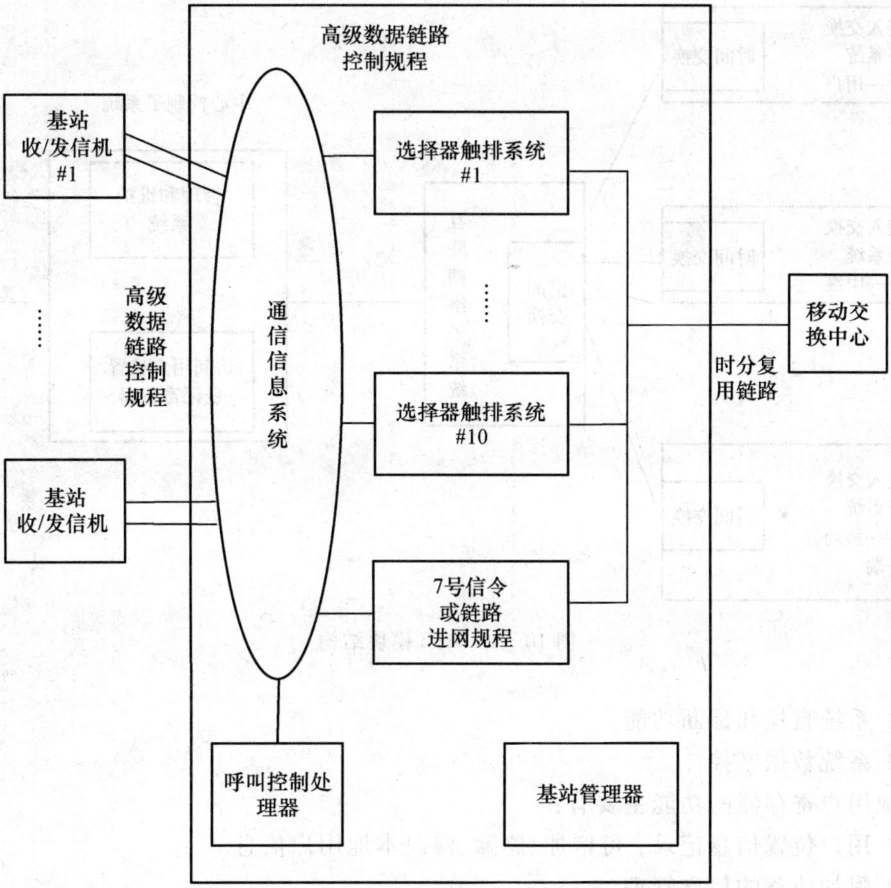

图 10.13 BSC 结构

(1) 交换功能。

(2) 完成市话到移动台、移动台到市话、移动台到移动台的呼叫处理。

(3) 越区切换控制,包含寻呼、寻找漫游路径、用户鉴别等功能。

(4) 静态数据收集并进行处理。

(5) 实现附加业务。

与移动交换中心相连的还有一些软件设备,如操作管理中心和本地用户位置寄存器。操作管理中心的功能由运营部门提出,一般具有以下方面的功能:

(1) 记账、信息管理。

(2) 告警和突发故障处理。

(3) 系统设备性能管理。

(4) 静态业务处理。

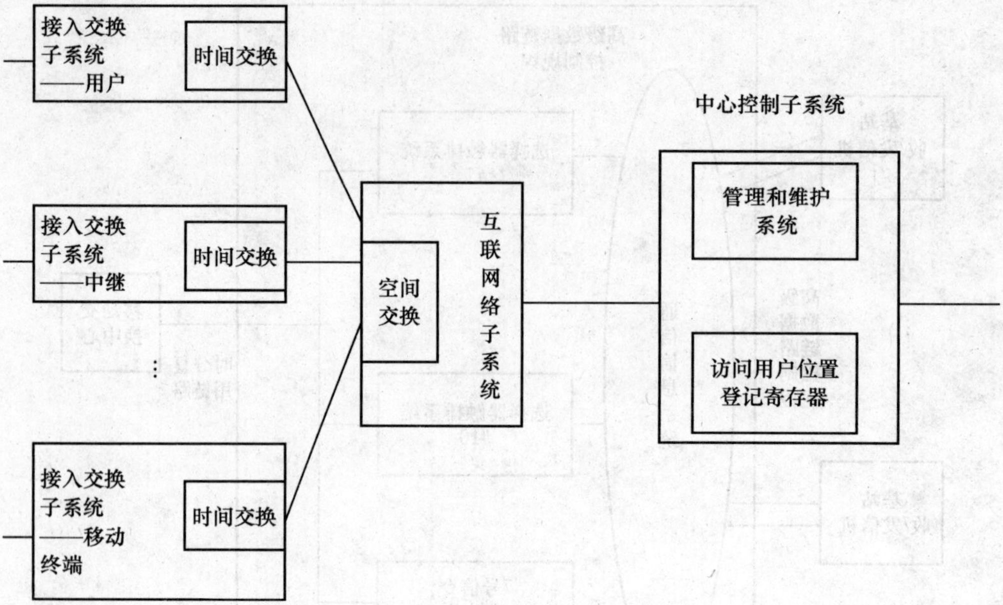

图 10.14 MSC 模块结构

(5) 系统自检和诊断功能。

(6) 系统数据键控。

本地用户寄存器的功能主要有:

(1) 用户位置信息记录,可增加、删除、修改本地用户信息。

(2) 附加业务的信息管理。

(3) 用户漫游信息管理。

(4) 用户计费信息管理。

(5) 漫游用户的分配。

(6) 提供 CCITT 7 号信令网络接口。

10.4.3 CDMA 移动通信系统提供的服务

CDMA 移动通信系统所提供的主要服务有三大类:电信业务、数据业务和附加业务。

(1) 电信业务:包括电话业务、紧急呼叫业务、短消息业务、语音信箱业务、传真业务、可视图文业务、智能电报业务、交替语音与传真业务等。

(2) 数据业务:能够提供 1 200 ~ 9 600 b/s 的同步数据、1 200 ~ 9 600 b/s 异步 PAD 接入、交替话音 1 200 ~ 9 600 b/s 数据。

(3) 附加业务:目前各种附加业务正在不断地推出。

10.4.4 CDMA 移动通信系统的特点

CDMA 移动通信网是由扩频、多址接入、蜂窝组网和频率复用等技术结合而成的，含有频域、时域和码域三维信号处理的一种协作，因此它具有抗干扰性好，抗多径衰落，保密安全性高，同频率可在多个小区内重复使用，容量和质量之间可做权衡取舍等属性。

1. 系统容量大

系统容量大即频谱利用率高，指的是 CDMA 在与 GSM 同样的频段下可以允许更多的用户使用。理论上使用相同频率资源的情况下，CDMA 移动网容量比模拟网容量大 20 倍，实际使用中比模拟网大 10 倍，比 GSM 要大 4～5 倍。

在 CDMA 系统中，由于不同的扇区也可以使用相同频率，当小区使用定向天线（即 120°扇形天线）时，干扰减为原有干扰的 1/3，整个系统所提供的容量又可提高约 3 倍。并且小区容量将随着扇区数的增大而增大。

2. 软容量

CDMA 系统是一个自干扰系统，用户数和服务级别之间有着更灵活的关系，用户数的增加相当于背景噪声的增加，造成话音质量的下降。如果能控制用户的信号强度，在保持高质量通话的同时就可以容纳更多的用户。

体现软容量的另一种形式是小区呼吸功能。所谓小区呼吸功能是指各个小区的覆盖大小是动态的。当相邻两小区负荷一轻一重时，负荷重的小区通过减少导频发射功率，使本小区的边缘用户由于导频强度不足，切换到相邻小区，通过这种方式可以使负荷分担，即相当于增加了容量。

另外，CDMA 系统还提供多级别服务，例如目前已经有了两种语音编码——13 kb/s 和 8 kb/s。如果用户支付较高费用，则可获得高级别服务。

3. 通话质量更佳

CDMA 系统的声码器可以动态地调整数据传输速率，并根据适当的门限值选择不同的电平级发射。同时门限值根据背景噪声的改变而变，这样即使在背景噪声较大的情况下也可以得到较好的通话质量。

目前 CDMA 系统普遍采用 8 kb/s 的可变速率声码器，声码器使用的是码激励线性预测（Code Excited Linear Prediction, CELP）和 CDMA 特有的算法，称为高通码激励线性预测（Qualcomm Code Excited Linear Prediction, QCELP）。

可变速率声码器的一个重要特点是使用适当的门限值来决定所需速率，门限值随背景噪声电平的变化而变化，即使在喧闹的环境下也能得到良好的话音质量。

4. 移动台辅助软切换

FDMA 和 TDMA 移动通信系统使用硬切换，而 CDMA 移动通信系统使用软切换和更软切换。

所谓软切换就是当移动台需要与一个新的基站通信时，先连接再断开（make before

break)，并不先中断与原基站的联系。移动台在切换过程中与原小区和新小区同时保持通话，以保证电话的畅通。软切换只能在具有相同频率的CDMA信道间进行。

更软切换是一种蜂窝内的切换，发生在两个扇区或三个扇区之间。这种类型的切换只发生在蜂窝内，而不涉及移动交换中心。

软切换的主要优点是：

(1) 无缝切换，保持通话的连续性。

(2) 减少掉话可能性，由于在软切换过程中，在任何时候移动台至少可与一个基站保持联系，减少了掉话的可能性。

(3) 处于切换区域的移动台发射功率降低，减少发射功率是通过分集接收来实现的，降低发射功率有利于增加反向容量。

软切换的缺点是：

(1) 导致硬件设备数量的增加。

(2) 降低了前向容量，但由于CDMA系统前向容量大于反向容量，所以适量减少前向容量不会导致整个系统容量的降低。

5. 频率规划简单，建网成本低，辐射弱，保密性强

用户按不同的序列码区分，所以不同的CDMA载波可在相邻的小区内使用，网络规划灵活，扩展简单。CDMA系统发射功率最高只有200 mW，普通通话功率可控制在1 mW以下，其辐射作用可以忽略不计。CDMA信号的扰频方式提供了高度的保密性，CDMA码字是伪随机码，而且共有4.4万亿种可能的排列，因此，要破解密码或窃听通话内容是很困难的，因此提高了通信的保密性能。

6. 话音激活

CDMA在不通话时传输速率降低，减轻了对其他用户的干扰，这就是CDMA系统中的话音激活特点。

人类对话的特征是不连续的，对话的激活期(占空比)通常只有35%左右。在许多用户共享一个无线信道时，如果利用话音激活技术，使通信中的用户有话音才发射信号，没有话音就停止发射信号，那么任一用户在话音发生停顿时，所有其他通信中的用户都会因为背景干扰减小而受益。话音停顿可以使背景干扰减小65%，能提高系统容量2.86倍。

FDMA和TDMA两种系统都能利用这种话音特性，实现信道的动态分配，以获得不同程度的容量提高。不过要做到这一点，两者都必须增加额外的控制开销，而且要实现信道的动态分配必然会带来时间延迟。

7. 接通率高

CDMA源于军用抗干扰系统，其中“处理增益”的参数远远高于其他系统，再加上CDMA的信号占用整个频段，几乎是普通窄带调制效率的7倍，因此综合来看，对于相同的带宽，CDMA系统是GSM容量的4～5倍，网络阻塞大大下降，接通率自然就高了。

10.4.5 CDMA 移动通信系统的关键技术

CDMA 移动通信系统的关键技术主要有功率控制技术、PN 码技术、RAKE 多径分集接收技术、软切换技术、话音编码技术、智能天线技术、软件无线电技术和同步技术。

1. 功率控制技术

在基于 CDMA 的移动通信系统中，由于多个用户在同一时隙同一频率上进行通信，且各用户的扩频码存在着非理想的相关特性，用户发射功率的大小将直接影响系统的总容量，从而使得功率控制技术成为 CDMA 系统中最为重要的核心技术之一。CDMA 系统有一套精确的功率控制方法，即开环、闭环和外环三种功率控制技术，这三种功率控制技术在实际系统中的功能和作用有所不同，但是互相结合，形成了整体的功率控制系统。

开环功率控制用于确定用户的初始发射功率，或用户接收功率发生突变时的发射功率调节。闭环功率控制可较好地解决因上行和下行信道电波功率的不对称性，其精确性难以保证的问题，通过对接收功率测量值与信噪比门限值的对比，确定功率控制比特信息，然后通过信道把功率控制比特信息传送到发射端，并据此调节发射功率的大小。外环功率控制技术是通过对接收误帧率的计算，确定闭环功率控制所需的信噪比门限。外环功率控制技术通常需要采用变步长方法，以加快上述信噪比门限的调节速度。正是由于这些精确的功率控制，才使 CDMA 手机能保持适当的发射功率。

在 WCDMA 和 CDMA2000 系统中，上行信道采用开环、闭环和外环功率控制技术，下行信道则采用闭环和外环功率控制技术。但两者的闭环功率控制速度有所不同，前者为 1 500 次/s，后者为 800 次/s。当然，功率控制技术也存在一些缺点，首先是不能从根本上消除多址干扰，其极限是各个用户的接收功率都相同时的接收性能；其次是占用信道传递功率控制信息，算法收敛速度和性能与用户移动速度有关和系统复杂等。

2. PN 码技术

PN 码技术是 CDMA 的关键技术之一。为了同时使用同一频率的载波，CDMA 使用了频谱扩展通信技术，将原始信息的带宽变换成更宽的类噪声信号。cdmaOne 和 WCDMA 中使用的是 DSSS（直接序列扩频）方式。DSSS 系统通过将伪噪声序列直接与基带脉冲数据相乘来扩展基带数据，其伪噪声序列由伪噪声生成器产生。

DS 方式最初使用的是信息调制，它把声音和控制信息搭载在正弦波上。在把信息变换为 0 和 1 数字信号进行通信的数字移动电话系统中，DS 方式多采用 PSK。PSK 把数字信号同正弦波进行对比，数字信号位为 0 的部分正弦波相位保持不变，为 1 的部分则把正弦波的相位改变 180°（把波形反过来）。信息调制之后，又采用扩频调制。

所谓扩频调制是指扩大载波的占有带宽，使其变为功率密度低的电波，然后再进行处理。在扩频调制中使用 PN 码，PN 码是一种自相关的二进制序列，在一段周期内其自相关性类似于随机二进制序列。PN 码为取值为 +1 或 -1 的矩形波，一个矩形波称为一个片。PN 码值的变化速度称为片速率，单位为 chip/s。而位速率是数字信号位的切换速度，以

b/s为单位。把PN码同载波进行比较,如PN码的值为1则载波相位保持不变,如为-1则把载波相位改变180°。利用PN码的扩频调制也可以说是一种PSK。PN片速率必须比原来的数字信号位速率高出许多(约为10~1 000倍)。速率比越大,越可扩大载波的占有带宽,并使功率密度下降。

以上是DS方式概要,但未必在扩频调制之前都需要信息调制。实际上,用PN码扩大带宽的载波,如果再一次用相同的PN码调制,便可恢复为原来的载波(解调)。CDMA便是利用这一特性实现多址连接的。即使在多载波的环境中,如果对载波使用不同的PN码,接收方也只能对使用特定PN码的载波进行解调。PN码形成了所谓有"相移寄存器"的回路,即只对特定相位调制的电波才进行解调。在实际解调时,接收方不希望解调的载波也会被调制,这就希望功率密度有点不一样。就是说,希望接收的电波以外的多个载波的功率密度之和,如果比所希望波的功率密度低得多,则不会妨碍该波的通信。这也正是抑制干扰、能够同时利用同一频率载波的秘诀。此外,当希望波比其他载波的正交性高时,可进一步抑制干扰。在cdmaOne中,为了提高正交性,除了使用PN码外还同时使用Walsh代码。例如4位的Walsh有0000、0101、0011、0110这样的组合,实际采用的是64位的Walsh代码。

3. RAKE多径分集接收技术

移动通信是在复杂的电波环境下进行的,如何克服电波传输所造成的多径衰落现象是移动通信的另一个基本问题。在CDMA移动通信系统中,由于信号带宽较宽,因而在时间上可分辨比较细微的多径信号。对分辨出的多径信号分别进行加权调整,使合成后的信号得以增强,从而可在较大程度上降低多径衰落信道所造成的负面影响。这种技术称为RAKE多径分集接收技术。为实现相干形式的RAKE接收,需发送未经调制的导频信号,以使接收端能在确知已发数据的条件下估计出多径信号的相位,并在此基础上实现相干方式的最大信噪比合并。WCDMA系统采用用户专用的导频信号,而CDMA 2000下行链路采用公用的导频信号,用户专用的导频信号仅作为备选方案用于使用智能天线的系统,上行信道则采用用户专用的导频信道。

RAKE多径分集接收技术的另一种极为重要的体现形式是宏分集及越区软切换技术。当移动台处于越区切换状态时,参与越区切换的基站向该移动台发送相同的信息,移动台把来自不同基站的多径信号进行分集合并,从而改善移动台处于越区切换时的接收信号质量,并保持越区切换时的数据不丢失,这种技术称为宏分集及越区软切换。WCDMA系统和CDMA 2000系统均支持宏分集和越区软切换功能。为了让用户能够共享同一个资源,在公众移动通信系统中设法利用各方面的资源,设计出高效率的多址技术来满足要求。目前能考虑的资源是频率、时间和波形(码)。而TD-SCDMA是FDMA、TDMA和CDMA三种技术的综合。

4. 软切换技术

软切换技术是CDMA的核心技术之一,用于保证无线资源在小区间变换时的连续性,是保证CDMA系统移动性的重要组成部分。软切换发生在相邻小区的覆盖重叠区,当用户开始与一新小区建立联系时,不立即中断与原小区的联系。在软切换状态下,用户与多个小区建立多条无线链路。软切换仅能运用于相同频率的信道之间。

在软切换过程中存在多个无线连接,实现从一个小区到另一个小区的平滑过渡,在两个基站覆盖区域的交界处起到了业务信道的分集作用,可以提高用户在小区边缘处的接收效果,带来更好的通信质量和减少切换造成的掉话。处于宏分集下的用户可以更小的功率发射,减少了上行的功率损耗,从而增大上行系统容量。

5. 话音编码技术

在移动通信中,人们很关心频谱利用率和功率利用率。一般的话音编码技术是通过牺牲频谱利用率来换取功率利用率的提高,这是因为采用了信道纠错编码技术(ECC)后增加了信息的冗余位,这样必然降低了频谱利用率,但同时由于引入了冗余位增加了信道纠错能力,降低了 BER,在保证一定信噪比的情况下可以降低发射功率,因此提高了功率利用率。

在第三代移动通信系统主要提案中(WCDMA 和 CDMA 2000 等),除了采用 IS-95 CDMA 系统相类似的卷积编码技术及交织技术之外,还采用了 Turbo 编码技术及 RS 卷积级联码技术,其具有很高的编码增益。而交织技术(Interleave)可以将信道传输中的突发性错误变成随机性错误,也就是说能将码字的长连错转化成每个纠错码字里只有一个或两个错误,这样有利于对付信道传输中由于突发性干扰而引起的长连串错误,交织不会引入冗余码,所以也就不会降低频谱利用率。Turbo 编码器采用两个并行相连的系统递归卷积编码器,并辅之一个交织器。两个卷积编码器的输出经并/串转换以及凿孔(Puncture)操作后输出。相应地,Turbo 解码器由首尾相连、中间由交织器和解交织器隔离的两个以迭代方式工作的软判决输出卷积解码器构成。从计算机仿真结果看,在交织器深度大于 1 000、软判决输出卷积解码采用标准的最大后验概率算法条件下,其性能比约束长度为 9 的卷积码提高 1~2.5 dB。但 Turbo 编码技术只能用在第三代系统中的高速数据中,这是因为语音及低速率数据长度不满足交织长度的要求。RS 编码是一种多进制编码技术,适合于存在突发错误的通信系统。

6. 智能天线技术

智能天线系统由一个多天线阵、相干接收机和高级数字信号处理算法组成。智能天线采用 SDMA 技术,利用信号在传输方向上的差别,将同频率或同时隙、同码字的信号区分开来,最大限度地利用有限的信道资源。与无方向性天线相比较,其上行和下行链路的天线增益大大提高,降低了发射功率电平,提高了信噪比,有效地克服了信道传输衰落的影响。同时,由于天线波瓣直接指向用户,减小了与本小区内其他用户之间以及与相邻小区用户之间的干扰,而且也减少了移动通信信道的多径效应。CDMA 系统是功率受限系统,智能天线的应用达到了提高天线增益和减少系统干扰两大目的,从而显著地扩大了系统容量,提高了频谱利用率。

7. 软件无线电技术

软件无线电技术是近年来提出的一种实现无线通信的新的体系结构，它的基本概念是把硬件作为无线通信的基本平台，而把尽可能多的无线通信及个人通信功能用软件实现。其最大的优点是基于同样的硬件环境，针对不同功能采用不同的软件来实施，其系统升级、多种模式的运行可以自适应地完成，这样便能更快地跟踪市场变化，降低更新换代的成本。软件无线电的基本思想是将 A/D、D/A 转换尽量靠近射频前端，应用宽带天线或多频段天线将整个 RF 段或中频段进行 A/D 转换，这之后的处理均由通用处理器或 DSP 器件完成。软件无线电体系结构的特点是分层化、软件模块化、结构数学分析化、面向对象化、认知化、计算机化。软件无线电可以解决多种通信标准及频谱拥挤的问题，以达到多种通信频段、多种信道调制及多种数据格式的互操作性。软件无线电技术在 TD-SCDMA 中应用很广泛。TD-SCDMA 系统的基站和终端都采用了高速数字处理器和高速 A/D 转换器，处理速度高于每秒 5 千万次，全部基带信号处理都用软件来完成。

8. 同步技术

CDMA 移动通信系统接收机的初始同步包括 PN 码同步、符号同步、帧同步和扰码同步等，一般说来包含 PN 码捕获和跟踪两个阶段。PN 捕获过程完成 PN 粗同步后，正常工作时由于本振频率偏移、信道多径衰落、多普勒频移等因素会造成定时的滑动，为正确接收，必须进行实时跟踪。针对 DS/CDMA 系统的捕获的方法有很多，从实现结构上可分为并行捕获、串行捕获和兼有并行结构与串行结构的混合结构捕获；从处理域上可分为时域捕获、频域捕获；从解扩运算方法上可分为基于相关器的捕获和基于匹配滤波器的捕获。对于基于相关器的捕获，又可分为固定相关长度检测和可变相关长度的序贯检测等。CDMA2000 系统采用与 IS-95 系统相类似的初始同步技术，即通过对导频符号信道的捕获建立 PN 码同步和符号同步，通过同步信道建立帧同步和扰码同步。WCDMA 系统的初始同步则需要通过“三步捕获法”进行，即通过对基本同步信道的捕获建立 PN 码同步和符号同步，通过对辅助同步信道的不同扩频码的非相干接收，确立扰码组合，最后通过对可能的扰码进行穷举搜索，建立扰码同步。

10.4.6 CDMA 移动通信系统的无线链路

在 CDMA 系统中，除了传输业务信息的业务信道之外，还有传输控制信息的控制信道。前向链路最多可以有 64 条同时传输的逻辑信道，其结构如图 10.15 所示。信道类型有导频信道、同步信道、寻呼信道和业务信道。

反向链路信道有两种：接入信道和业务信道，其结构如图 10.16 所示。业务信道与前向链路业务信道相同。接入信道与前向链路的寻呼信道相对应，传输指令、应答和其他有关信息被移动台用来初始化呼叫、响应基站的寻呼或信息要求。

1. 前向链路信道

CDMA 系统前向链路信道原理如图 10.17 所示，由导频信道、同步信道、寻呼信道和业

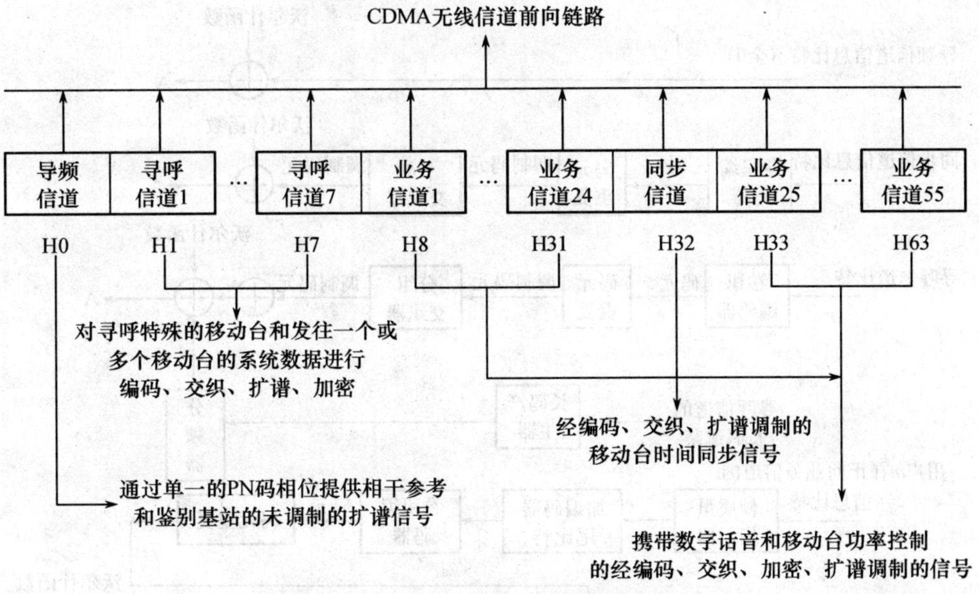

图 10.15 前向链路逻辑信道结构图

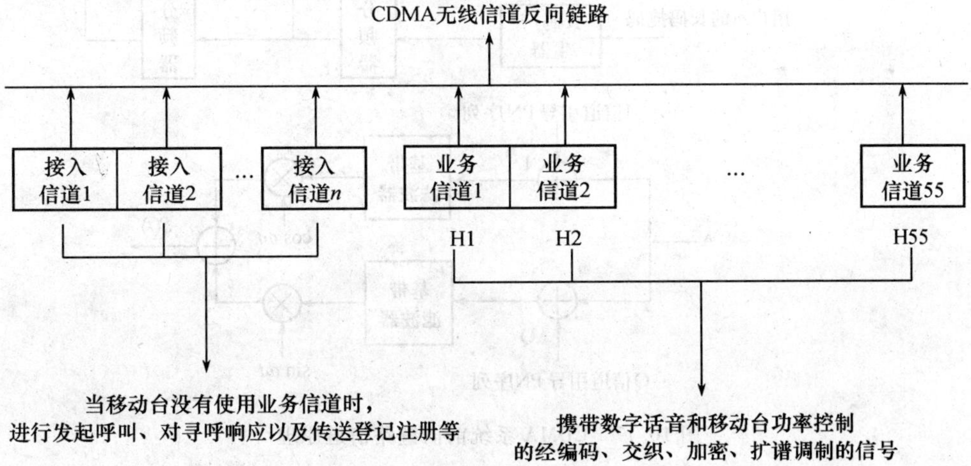

图 10.16 反向链路逻辑信道结构图

务信道组成。

1）传输速率

四种信道经沃尔什函数正交扩展后的速率统一为 1.228 8 Mchip/s。其中导频信道全 0 码直接进行沃尔什函数正交扩展。同步信道 1.2 kb/s 信息经卷积码编码、码元重复、分

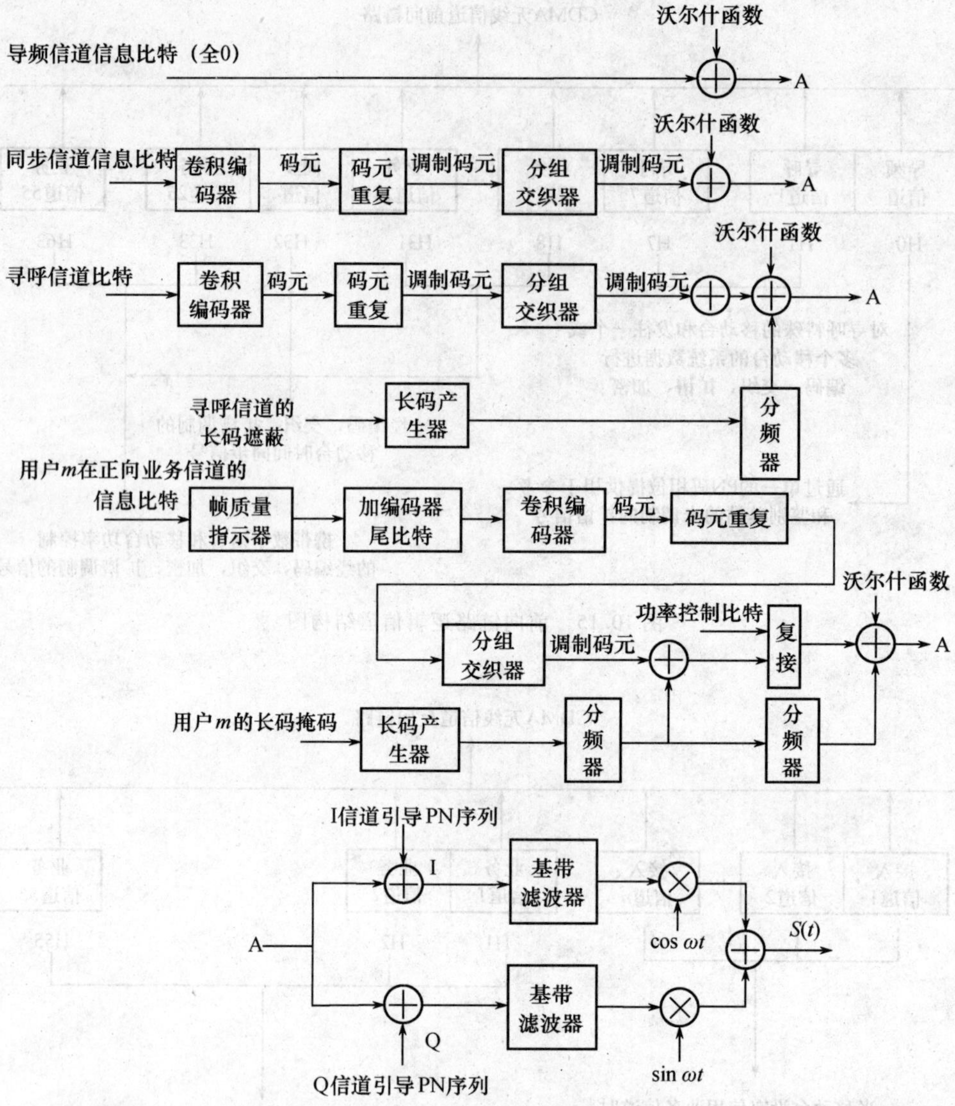

图 10.17　CDMA 系统前向链路信道原理

组交织变为 4.8 kb/s 调制码元，再进行沃尔什函数正交扩展。寻呼信道和业务信道信息分别经卷积码编码、码元重复、分组交织变为 19.2 kb/s 调制码元后进行沃尔什函数正交扩展。卷积码的码率为 1/2，约束长度为 9。码元重复次数与码元重复器输入速率有关，如输入速率为 9.6 kb/s 时重复次数为 1，如输入速率为 1.2 kb/s 时重复次数为 7，保持码元重复器输出速率为 19.2 kb/s。

2）正交扩展

为了保证各个信道之间相互正交，各信道信号都要用码片速率为 1.228 8 Mchip/s 的沃尔什函数正交扩展。IS－95 中采用 64 进制的沃尔什函数，其产生原理如下：

$$H_0 = 0 \tag{10.9}$$

$$H_2 = \begin{vmatrix} H_0 & H_0 \\ H_0 & \overline{H_0} \end{vmatrix} = \begin{vmatrix} 0 & 0 \\ 0 & 1 \end{vmatrix} \tag{10.10}$$

$$H_4 = \begin{vmatrix} H_2 & H_2 \\ H_2 & \overline{H_2} \end{vmatrix} = \begin{vmatrix} 0 & 0 & 0 & 0 \\ 0 & 1 & 0 & 1 \\ 0 & 0 & 1 & 1 \\ 0 & 1 & 1 & 0 \end{vmatrix} \tag{10.11}$$

$$H_{2N} = \begin{vmatrix} H_N & H_N \\ H_N & \overline{H_N} \end{vmatrix} \tag{10.12}$$

3）四相扩展

在正交扩展之后，各种信号都要进行四相扩展。四相扩展实质上是四相扩频调制，I 支路和 Q 支路所用的伪随机序列长度都是 215，其生成多项式

$$g_I(t) = x^{15} + x^{13} + x^9 + x^8 + x^7 + x^5 + 1 \tag{10.13}$$

$$g_Q(t) = x^{15} + x^{12} + x^{11} + x^{10} + x^6 + x^5 + x^4 + x^3 + 1 \tag{10.14}$$

根据式(10.13)和式(10.14)，产生长度为 214 的 m 序列，当 m 序列中出现 14 个连 0 时再插入一个 0，使伪随机序列的长度增加到 215。

2. 反向链路信道

反向链路信道由接入信道和反向业务信道所组成，其原理如图 10.18 所示。反向链路信道与前向链路信道相似，只是具体参数有所不同。

1）传输速率

接入信道和业务信道信息经卷积码编码、码元重复、分组交织变为 28.8 kb/s 调制码元后进行 64 进制沃尔什函数正交扩展。卷积码的码率为 1/3，约束长度为 9。

2）四相扩展

四相扩展所采用的伪随机序列与前向链路信道四相扩展的伪随机序列相同。四相扩展调制与前向链路信道不同。前向链路采用 QPSK 调制，而反向链路信道采用 OQPSK 调制。

3）可变数据速率传输

在反向链路信道还采用可变数据速率传输技术，从而减小移动台的功耗和对 CDMA 信道的影响。

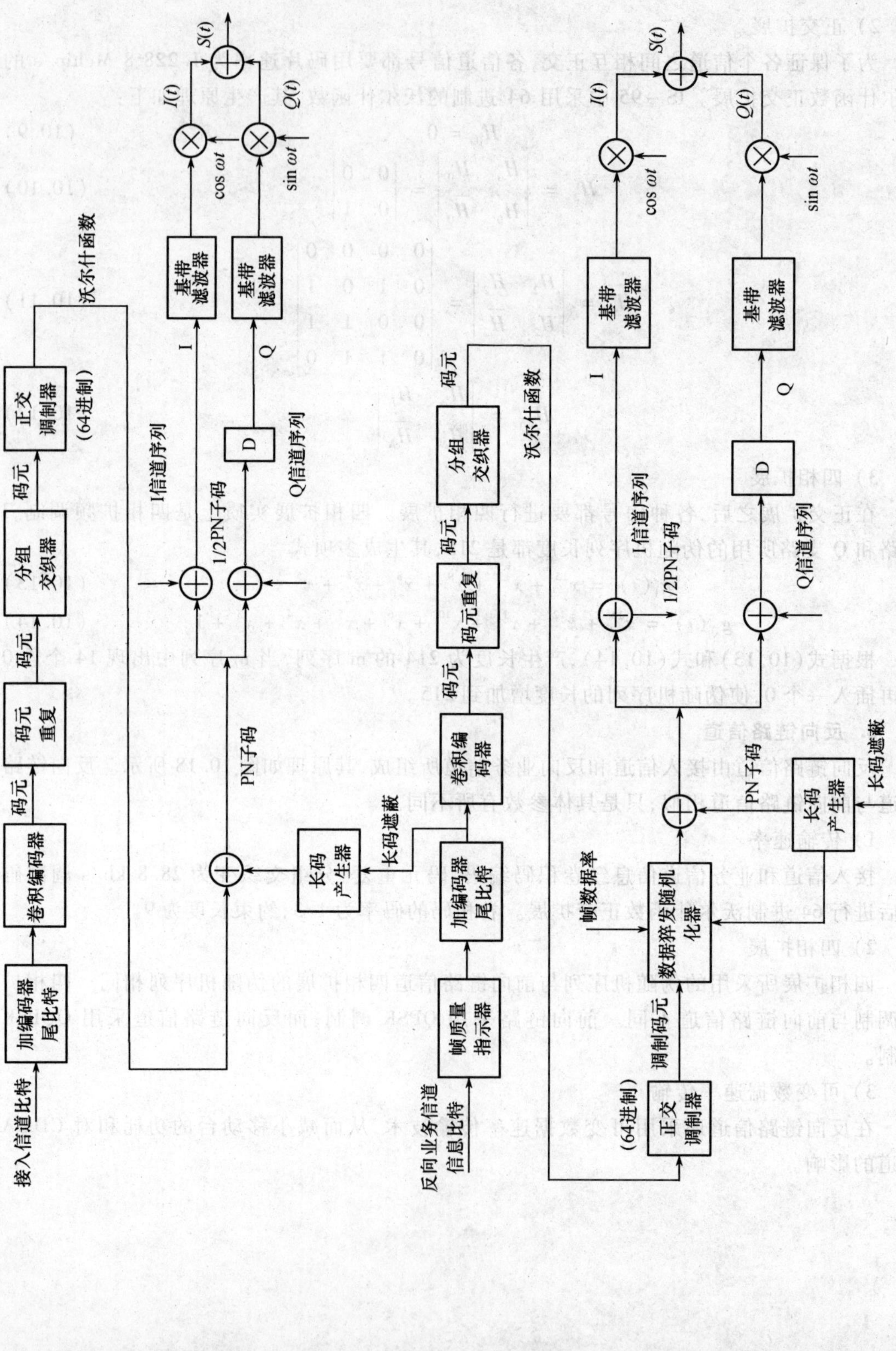

图10.18 CDMA系统反向链路信道原理

10.5 第三代移动通信系统及后续发展

本节介绍第三代移动通信系统,并会对移动通信系统的后续发展趋势有所涉及。

10.5.1 第三代移动通信系统简介

第三代移动通信系统,也称 IMT 2000,是正在全力开发的系统,其最基本的特征是智能信号处理技术,智能信号处理单元将成为基本功能模块,支持话音和多媒体数据通信。它可以提供前两代产品不能提供的各种宽带信息业务,例如高速数据、慢速图像与电视图像传输等。如 WCDMA 的传输速率在用户静止时最大为 2 Mb/s,在用户高速移动时最大支持 144 kb/s,所占频带宽度为 5 MHz 左右。

ITU 早在 1985 年就提出了第三代移动通信系统的概念,最初命名为 FPLMTS(未来公共陆地移动通信系统),1996 年更名为 IMT2000。1992 年,ITU 召开世界无线通信系统会议对 FPLMTS 的频率进行了划分,这次会议成为第三代移动通信标准制订进程中的重要里程碑。第三代移动通信系统的目标是:世界范围内设计上的高度一致性,与固定网络各种业务的相互兼容,高服务质量,全球范围内使用的小终端,具有全球漫游能力,支持多媒体功能及广泛业务的终端。为了实现上述目标,对第三代无线传输技术提出了支持高速多媒体业务(高速移动环境:144 kb/s,室外步行环境:384 kb/s,室内环境:2 Mb/s)、比现有系统有更高的频谱效率等基本要求。2000 年 10 月 25 日到 11 月 5 日在芬兰赫尔辛基召开的 ITUTGS/1 第 18 次会议最终通过了 IMT2000 无线接口技术规范建议(IMTRsPC),并确立了 IMT2000 所包含的无线接口技术标准。

10.5.2 第三代移动通信系统的三种主流标准

第三代移动通信系统 ITU 认可的主流标准主要有以下三种:WCDMA、CDMA2000 和 TD-SCDMA。

1. WCDMA

其全称为 Wideband CDMA(宽频码分多址存取,也称为 CDMA Direct Spread),这是基于 GSM 网发展而来的第三代移动通信技术规范,是欧洲提出的宽带 CDMA 技术,它与日本提出的宽带 CDMA 技术基本相同,目前正在进一步融合。其支持者主要是以 GSM 为主的欧洲厂商,日本公司也或多或少参与其中,包括欧美的爱立信、阿尔卡特、诺基亚、朗讯、北电,以及日本的 NTT、富士通、夏普等厂商。这套系统能够架设在现有的 GSM 网络上,对于系统提供商而言可以较轻易地过渡,而 GSM 相当普及的亚洲对这套新技术的接受度预计会相当高。该标准提出了 GSM-GPRS-EDGE-WCDMA 的演进策略。GPRS 是 General Packet Radio Service(通用分组无线业务)的简称,EDGE 是 Enhanced Data rate for GSM Evolution(增强数据速率的 GSM 演进)的简称,这两种技术被称为 2.5 代移动通信技术。

它的主要特点是无线接入网采用 WCDMA 技术，核心网分为电路域和分组域，分别支持话音业务和数据业务，并提出了开放业务接入的概念。

2. CDMA2000

CDMA2000 由美国高通北美公司为主导提出，摩托罗拉、Lucent 和后来加入的韩国三星都有参与，韩国现在成为该标准的主导者。CDMA2000 是从窄频 cdmaOne 数字标准衍生出来的，可以从原有的 cdmaOne 结构直接升级到第三代移动通信系统，建设成本低廉。

CDMA2000 是 TIA 标准组织用于指代第三代 CDMA 的名称。适用于第三代 CDMA 的 TIA 规范称为 IS－2000，该技术本身被称为 CDMA2000。CDMA2000 标准由 3GP 组织制订，版本包括 Release0、ReleaseA、EV－DO 和 EV－DV，主要特点是沿用基于 ANSI－41D 的核心网，在无线接入网和核心网增加支持分组业务的网络实体，此版本已经稳定。中国联通的 CDMA 二期工程采用的就是这个版本，单载波最高上/下行速率可以达到 153.6 kb/s。ReleaseA 是 Release0 的加强，单载波最高速率可以达到 307.2 kb/s，并且支持话音业务和分组业务的并发。

按照使用的带宽来区分，CDMA2000 可以分为 1x 系统和 3x 系统。其中 1x 系统使用 1.25 MHz 的带宽，提供的数据业务速率最高只能达到 307 kb/s。在 1x 系统以后，国际上比较公认的发展方向是 1x EV-DO 和 1x EV-DV 系统。其中 1x EV-DO 系统重点提高了数据业务的性能，将用户的最大数据业务传送速率提高到 2.4 Mb/s。而 1x EV-DV 系统在将数据业务最大速率提高到 3.1 Mb/s 的同时，又进一步提高了语音业务的容量。但目前使用 CDMA 的地区只有日本、韩国和北美，所以 CDMA2000 的支持者不如 WCDMA 多。不过 CDMA2000 的研发进度却是目前各标准中最快的，许多符合第三代移动通信标准的手机已经率先面世。

CDMA2000 的技术特点是具有多种信道带宽。前向链路支持多载波和直扩两种方式，反向链路仅支持直扩方式。当采用多载波方式时，能支持多种射频带宽，即射频带宽可为 $N\times1.25$ MHz（$N=1$、3、5、9 或 12）。目前技术仅支持前两种，即 1.25 MHz（CDMA2000－1x）和 3.75 MHz（CDMA2000－3x）。其他的技术特点还包括：更加有效地使用无线资源，可实现 cdmaOne 向 CDMA2000 系统平滑过渡，核心网协议可使用 IS－41、GSM-MAP 以及 IP 骨干网标准，前向发送分集，快速前向功率控制，使用 Turbo 码，辅助导频信，灵活帧长，反向链路相干解调。

3. TD-SCDMA

时分同步码分多址接入（Time Division-Synchronous Code Division Multiple Access，TD-SCDMA）是 ITU 正式发布的第三代移动通信空间接口技术标准。它是由中国第一次提出并与国际合作完成的。该方案的主要技术集中在大唐公司手中，它的设计参照了 TDD 在不成对的频带上的时域模式。TDD 模式是通过在无线信道时域中周期重复 TDMA 帧结构实现的。这个帧结构被再分为几个时隙，在 TDD 模式下，可以方便地实现上/下行链路间的灵活切换。这一模式突出的优势是，在上/下行链路间的时隙分配可以被一个灵活的转换点改变,以满足不同的业务要求。这样,运用 TD-SCDMA 这一技术,通过灵活地改变上/下行链路的转换点就可以实现所有对称和非对称业务。合适的 TD-SCDMA 时域操作模式可自行解决所有对称和非对称业务以及任何混合业务的上/下行链路资源分配的问题。

TD-SCDMA 的技术特点主要表现在:

1) 频谱灵活性和支持蜂窝网的能力高

TD-SCDMA 仅需要 1.6 MHz 的最小带宽,若组成蜂窝网,可支持移动业务,并可通过自动信用卡道分配技术提供不对称数据业务。

2) 高频谱利用率

TD-SCDMA 为对称话音业务和不对称数据业务提供的频谱利用率高。也就是说,在使用相同频带宽度时,TD-SCDMA 可支持多一倍的用户。

3) 设备成本低

在天线基站方面,TD-SCDMA 的设备成本低。

4) 系统兼容性强

由于 TD-SCDMA 同时满足 Iub、A、Gb、Iu、IuR 多种接口的要求,所以 TD-SCDMA 的基站子系统既可作为第二代移动通信和第二代向第三代过渡的 GSM 基站的扩容,又可作为第三代移动通信网中的基站子系统,能同时兼顾现在的需求和未来的发展。

10.5.3 WCDMA、CDMA2000 和 TD-SCDMA 标准的比较

上面较为详细地介绍了 WCDMA、CDMA2000 和 TD-SCDMA 三种标准,那么这三种标准之间有什么区别和联系呢? 下面将按照技术成熟性、频率利用性、频率适用性、全球漫游能力和建网的经济性对这三种技术标准加以比较。

1. WCDMA、CDMA2000、TD-SCDMA 技术成熟性比较

三种标准技术成熟性比较如表 10.1 所示。

表 10.1 WCDMA、CDMA2000、TD-SCDMA 技术成熟性比较

	WCDMA	CDMA2000	TD-SCDMA
研究机构数量	3GPP 有众多标准机构与厂家参与	3GPP 机构较多	相对较少,主要是中国和西门子
标准的成熟性	1999 版本已经冻结,已有 R4、R5	CDMA2000 - 1X 冻结,但 3X 版本标准无人问津	在 R4 版本中完成基本标准
基本原理	基于 IS - 95CDMA,但需引入新技术	基于 IS - 95CDMA 的,改进最为成熟	基于 WLL SCDMA

续表

	WCDMA	CDMA2000	TD-SCDMA
试验系统	许多厂家有小型试验系统	韩国、美国一些运营商有试验系统，并打通第一个电话	2001年第二季度开始有基于GSM协议的试验系统
商用情况	日本于2001年春季开始商用，欧洲一些运营商于2002年上半年开始商用	2001年开始商用	2008年开始商用

2. WCDMA、CDMA2000、TD-SCDMA三种标准频率利用率比较

三种标准频率利用率比较如表10.2所示。

表10.2 WCDMA、CDMA2000、TD-SCDMA频率利用率比较

	WCDMA	CDMA2000	TD-SCDMA
是否已被实践证明有较高的频率利用率	基于IS－95CDMA，具有较高频率利用率	与WCDMA情况相同	基于CDMA和TDMA，总频率利用率最高
是否可以不断提高频率利用率	类似CDMA2000，可将信息速率提高到8 Mb/s	在1X中研究引入HDR－1Xueme等新技术，可将信息速率提高到2.4～5.2 Mb/s	目前还没有

3. WCDMA、CDMA2000、TD-SCDMA三种标准频率适用性比较

三种标准频率适用性比较如表10.3所示。

表10.3 WCDMA、CDMA2000、TD-SCDMA频率适用性比较

	WCDMA	CDMA2000	TD-SCDMA
初级阶段频段	利用ITU分配的第三代频率FDD部分，我国也保留了此频率	不同的国家可能采用不同的频率	与WCDMA情况相同
将来可扩展的频率	可在第一、第二代频率上演进为第三代移动通信系统	与WCDMA情况相同	容易在任何频段扩展

4. WCDMA、CDMA2000、TD-SCDMA三种标准全球漫游能力比较

三种标准全球漫游能力比较如表10.4所示。

表 10.4 WCDMA、CDMA2000、TD-SCDMA 全球漫游能力比较

	WCDMA	CDMA2000	TD-SCDMA
采用的国家数和运营商数量	全球范围,80%以上的运营商有可能选用此标准,第二代 GSM、PDH、IS136 运营商及部分 cdmaOne 运营商将选用	美洲、日本、亚太一些国家运营商选用此标准,原 cdmaOne 运营商将选用	中国的运营商将选用
将来可扩展的频率	因为潜在市场大,众多国际、国内厂家都在研制,是支持厂家最多的第三代移动通信标准	大多数国际、国内厂家都在研制	主要是大唐和西门子

5. WCDMA、CDMA2000、TD-SCDMA 三种标准建网经济性比较

三种标准建网经济性比较如表 10.5 所示。

表 10.5 WCDMA、CDMA2000、TD-SCDMA 三种标准建网经济性比较

	WCDMA	CDMA2000	TD-SCDMA
技术实现的难易	与 CDMA2000 没有太大差异	与 cdmaOne 很类似	需要同步,技术上较难
网络的平滑演进	基于 GSM 网络演进最平滑	基于 cdmaOne 网络演进最平滑	与 WCDMA 情况相同
市场的规模	最大	次之	较小
专利情况	主要厂家间有交叉专利	主要掌握在高通公司手中	主要掌握在大唐公司手中

从以上分析和比较中可以看出,第三代移动通信系统的三种主流技术标准各有优缺点,并没有一个单一的、完美的方案。另外,随着时间的推移,其诸多因素都会随之而变,因此,各大移动通信运营商应根据网络建设开始的时间综合考虑各种影响因素来选择具体的技术。

第三代移动通信系统的通信标准由 WCDMA、CDMA2000 和 TD-SCDMA 三大分支共同组成了一个 IMT 2000 家庭。但是成员间存在相互兼容的问题,因此已有的移动通信系统不是真正意义上的个人通信和全球通信;第三代移动通信系统的频谱利用率还比较低,不能充分地利用宝贵的频谱资源;第三代移动通信系统支持的速率还不够高,如单载波只支持最大 2 Mb/s 的业务等。这些不足点远远不能适应未来移动通信发展的需要,因此寻求一种既能解决现有问题,又能适应未来移动通信的需求的新技术(即新一代移动通信:Next Generation Mobile Communication)是非常有必要的。

10.5.4 第三代移动通信系统的关键技术

第三代移动通信系统具有其特有的关键技术，主要包括：AMC、混合自动重传请求(Hybrid Auto Repeat Request, HARQ)、快速调度和多入多出(Multiple Input Multiple Output, MIMO)天线处理。其中AMC、HARQ和快速调度是3GPP Release4提出的技术，而MIMO是3GPP Release5提出的技术。下面将对这四种技术给出具体的介绍。

1. 自适应调制和编码

自适应调制和编码技术的基本思想是通过上行链路反馈的信道状态来估计信道条件，然后根据估计出的信道状态自动调整信号的调制方式和编码方法。如果信道状态较好，则可以用高阶的调制方式(如16QAM)和较高的编码速率；如果信道状态较差，则采用低阶的调制方式(如BPSK)和较低的编码速率。

采用自适应调制和编码的好处在于：信道状态比较好的用户可以具有更高的数据速率，蜂窝平均吞吐量得到提高；通过调整调制或编码方式(而不是调整发射功率与信道相适应)可以降低干扰水平，提高系统容量。

当系统采用AMC时，为了能够准确选择最优的调制和编码方式，需要比较准确地得到信道的状况。如果反馈的信道状态信息与实际的信道不吻合，则会使系统选择错误的数据传输率。估计的信道状态比实际信道状态差，则不能充分利用信道传输能力从而不能实现系统容量的最大化；估计的信道状态比实际信道状态好，则极有可能导致误码率升高。由于移动信道的时变特性以及信道检测报告的延迟，大大降低了信道估计的可靠性，所以信道估计是AMC能否发挥优势的关键。

2. 混合自动重传请求

ARQ在低误码率的情况下可得到理想的吞吐量，但会引起时延；FEC可提高传输的可靠性，但在信道良好时，纠错比特反而降低了系统的吞吐量。HARQ将ARQ和FEC两种技术进行了结合，实现了优势互补。

HARQ基本思想为：当检测到数据包时，不将原传输后解码失败的数据丢弃，而是用于后续的解码，这样既可以降低重传的次数以提高系统吞吐量，又可以得到较高的可靠性。

实现HARQ的方法有Chase合并、兼容速率凿孔Turbo-Codes和增量冗余。Chase合并的策略是发送有相同编码的数据组，然后在接收端可以将这些多个重发信息进行SNR加权合并来获得分集接收再进行解码。增量冗余或HARQ type-Ⅱ是实现HARQ的另一种方式。这种方法是在第一次解码失败时另外再传送附加冗余信息而不是再将整个数据码组重发一次。HARQ type-Ⅲ也是增量冗余方案中的一种，然而在此方法中，每次的重传是可以自解码的，这一点与HARQ type-Ⅱ不同。

将HARQ和AMC这两种技术相结合，可以更好地提高系统的性能。因为AMC可以提供粗略的数据速率选择，而HARQ可以对数据吞吐率进行较准确的调整，从而提高自适应调节的精度和提高资源利用率。

3. 快速调度

调度算法主要是对共享资源进行分配，其在很大程度上决定了整个系统的行为。调度时应同时考虑信道质量、待发送的数据大小、终端容量、可获得的功率以及业务的 QoS 优先级别等情况。调度算法理论上应向瞬间具有最好信道条件的用户发送数据，这样在每个瞬间都可以达到最高的用户数据速率和最大的数据吞吐量，但同时也应考虑到对所有用户的公平性。

在第三代移动通信中，为了能更好地适应信道的快速变化，将调度功能单元放在节点 B 而不是网络控制器，同时也将传输时间间隔缩短到 2 ms。基于节点 B 的快速调度的核心思想是由基站来控制移动终端的传输数据速率和传输时间。基站根据小区的负载情况，用户的信道质量和所需传输的数据状况来决定移动终端当前可用的最高传输速率。当移动终端希望用更高的数据速率发送时，移动终端向基站发送请求信号，基站根据小区的负载情况和调度策略决定是否同意移动终端请求。如果基站同意移动终端的请求，基站将发送信令提高移动终端的最高可用传输速率。当移动终端一段时间内没有数据发送时，基站将自动降低移动终端的最高可用传输速率。由于这些调度信令是在基站和移动终端间直接传输的，所以基于节点 B 的快速调度机制可以使基站灵活快速地控制小区内各移动终端的传输速率，使无线网络资源更有效地服务于访问突发性数据的用户，从而达到增加小区吞吐量的效果。

4. MIMO

MIMO 技术是最近几年发展起来的高效无线传输技术，被认为是现代无线通信中的重大突破之一，但是它并不是一门新技术，早在 1908 年马可尼就提出采用 MIMO 方式来抵抗无线信道的衰落。20 世纪 90 年代中期，贝尔实验室的 Telatar 和 Foschini 分别从理论上论证了 MIMO 高斯信道和衰落信道的信道容量，从而推动了 MIMO 技术的发展。简言之，MIMO 系统就是同时在发射端和接收端配备多个天线的系统，与传统的单天线(Single Input Single Output, SISO)系统相比，MIMO 技术的显著优势在于它可以在不提高发射功率和不占用更多频率资源的条件下显著提高系统容量。研究证明：在不增加信道带宽和发射功率的前提下，系统容量与接收天线、发射天线数目的最小值成正比。

分集(Diversity)和复用(Multiplexing)是 MIMO 技术提高系统性能的两个途径。空间分集主要利用空间衰落的不相关性来实现分集，提高链路可靠性；空分复用则利用多天线提供的空间不相关信道来同时传输多路信号，提高传输速率。这两类 MIMO 技术的典型实现方式分别为空时编码以及空时分层结构(Bell Labs Layered Space Time, BLAST)，其中，空时编码主要包括空时格形码(Space Time Trellis Code, STTC)和空时分组码(Space Time block code, STBC)，BLAST 主要有 V-BLAST 和 D-BLAST 两种。事实上，当发射天线数量和接收天线数量确定以后，分集和复用能给系统带来的好处就是固定的，但是在不同的信道情况下，应该采取不同的 MIMO 实现方案充分发挥其性能优势，因此合理的系统方案应该灵活地综合应用分集和复用。从本质上来说,分集和复用的折中就是误码率和传输速率的折中,分集在信道比较恶劣的情况下有较好的性能优势,而在信道条件较好时复用的好处则更加明显。

在第三代移动通信系统中加入 MIMO 技术后,可以根据实际的应用场景和信道条件选择所需要的技术,从而能够有效地提高系统的吞吐量或者可靠性。但是,考虑到 MIMO 技术在发射和接收端的信号处理的复杂度,尚没有成熟的设备。目前提案中所提出的 MIMO 技术主要包括 PARC(每天线速率独立控制)和 D-TxAA(双流发射自适应阵列)这两种,分别对应开环和闭环的 MIMO 技术。这两种技术都是将 MIMO 技术、AMC、天线选择等技术相结合,从而更好地根据实际场景实现所需达到的系统性能和业务需求。

10.5.5 第三代移动通信系统提供的服务

与第一代移动通信系统和第二代移动通信系统不同,第三代移动通信系统可以提供一些前两代移动通信系统所不能提供的服务,其所能提供的服务主要有以下几种:

(1) 话音。

(2) 简单消息。

(3) 交换数据。

(4) 非对称的多媒体业务。

(5) 高速多媒体业务。

(6) 交互式多媒体业务。

第三代移动通信系统需要高速传输以支持多媒体业务,因此,必须要做到传输速率能够按需分配,上/下行链路能适应不对称需求。

移动通信系统从第二代过渡到第三代的主要特征是,网络不仅要能提供话音、低速率数据等业务,而且要具有提供宽带数据业务的能力。

IMT-2000 能提供至少 144 kb/s 的高速大范围的覆盖(希望能达到 384 kb/s),同时也能对慢速小范围提供 2 Mb/s。不同的应用产生不同的业务流,因而将对系统设计和网络容量产生不同的影响。大量的不同种类的服务使第三代移动通信系统的网络规划更具挑战性。此外,视像或语音通信要求能够保证服务质量。

对于非实时性数据,当有可用带宽时便可加以接收。第三代移动通信系统的应用推动了具有高速数据率的第三代无线系统的发展,其提供新的应用主要有如下一些领域:因特网,一种非对称和非实时的服务;可视电话,一种对称和实时的服务;移动办公室,提供 E-mail、WWW(World Wide Web)接入、传真和文件传递服务。第三代移动通信系统提供不同的数据率将更有效地利用频谱。第三代移动通信不仅能提供第二代移动通信已经存在的服务,而且其新的服务的引入使其对用户有更大的吸引力。

因特网的应用正以极高的速度在增长,原因之一是 WWW 的出现,它能使个人计算机接入 Web 浏览器。Web 提供的接入服务有网上购物、位置查询、银行业务、在线中介和电子新闻等。因特网与移动通信的结合使用户无论在任何地方都可以接入因特网。WWW的业务流具有高度的非对称性,用户只向网络发送少量的指令和确认数据,便可从网络下载大量的文件数据,发送 E-mail 时也有类似的情况。掌握业务流的特性对设计一个好的系统是很重要的,同时,在传输空闲时间是否保持无线连接也是一个应加以考虑的问题,应该在频率资源的有效利用和增加接入延迟之间折中解决。

无线视像服务是 IMT－2000 计划中的另一种应用,例如消息(照片、图画)、电视新闻等,谈话类的服务有电视会议和可视电话,这类服务对传输时延要求为 200～300 ms。时延直接影响对信号干扰比的要求,较长的时延允许较长的交织及对于错误帧的重传,从而可要求较小的信噪比,并得到较高的容量。对于可接受的视像质量,其信包差错率是 10^{-3}～10^{-4}数量级,而比特差错率则在 10^{-6}～10^{-7}数量级。可视电话要求的比特率依赖于视像编/解码器及对图像质量的要求和帧速率,一般在 20 kb/s～40 kb/s。如有更宽的可用频带,则可获得更高的质量。视像编/解码器的瞬时比特率变化很大,它依赖于视像序列的复杂性,峰值速率与平均速率之比可能很高。缓存器可用来平滑视像编/解码器输出比特率的变化,视像比特流的变化可以用来使无线资源利用更为有效。多余的容量可以用在不需要保证 QoS 的服务上。

多媒体意味着同时传输几种类型的信息(例如语声、视像、数据等),这类服务的比特率和质量的要求变化可能很大。例如:传语音时 BER 为 10^{-3},时延为 40 ms,传数据时 BER 为 10^{-7},而时延没有限制。对于不同的服务采用多路复用是可以的,同时,也可采用在空中接口。第三代移动通信网络对不同类型的服务将提供不同的传输承载体。

10.5.6 第三代移动通信系统的发展前景

1. 第三代移动通信服务对第二代移动通信的影响

移动通信发展至现今,已经呈现出明显的趋势,那就是第三代移动通信系统将会取代第二代移动通信系统。从国际形势看,第三代移动通信系统还是一个新战场。成功的竞争者正迅速地将 10%～15% 的固定电话变成移动电话。

2. 移动技术和无线宽带技术融合

除了某些专用网络外,移动电话技术并不十分适用于移动数据通信。无线宽带技术更适宜于低成本的移动数据应用,而移动技术和无线宽带技术的融合,可能会在这一市场产生更广泛的赢利。

3. 第三代移动通信用于语音和增强语音应用

在语音应用之外,当前专用的商业移动数据市场肯定会延续下去。对移动电话运营商来说,他们今后将努力寻找大幅增加语音应用服务的机会。

4. 移动电话运营商被语音应用市场的竞争所吸引

在了解以上现实情况后,移动电话运营商将更加注重语音应用市场,同时适应语音应用市场目前激烈的价格竞争。在几乎不可能制止价格竞争的同时,移动运营商希望另外发现更有利可图的收入来源来避免价格战。

10.5.7 第四代移动通信系统简介

第四代移动通信的概念可称为宽带接入和分布网络，具有非对称的超过 2 Mb/s 的数据传输能力，数据率超过 UMTS，是支持高速数据率（2～20 Mb/s）连接的理想模式，上网速度从 2 Mb/s 提高到 100 Mb/s，具有不同速率间的自动切换能力。

第四代移动通信系统是多功能集成的宽带移动通信系统，在业务上、功能上、频带上都与第三代移动通信系统不同，将在不同的固定和无线平台及跨越不同频带的网络运行中提供无线服务，比第三代移动通信更接近于个人通信。

1. 第四代移动通信系统的主要技术指标

数据速率从 2 Mb/s 提高到 100 Mb/s，移动速率从步行到车速；满足第三代移动通信不能达到的在覆盖、质量、造价上支持的高速数据和高分辨率多媒体服务的需要；宽带局域网应能与 B-ISDN 和 ATM 兼容，实现宽带多媒体通信，形成综合宽带通信网；对全速移动用户能够提供 150 Mb/s 的高质量影像服务。

2. 第四代移动通信中的五大关键技术

1）正交频分复用技术

第四代移动通信系统主要是以 OFDM 技术为核心技术。OFDM 技术的主要思想就是在频域内将给定信道分成许多窄的正交子信道，在每个子信道上使用子载波进行调制，各子载波并行传输，因此可以大大消除信号波形间的干扰。OFDM 技术还能对抗频率选择性衰落或窄带干扰，在 OFDM 系统中由于各个子信道的载波相互正交，于是它们的频谱是相互重叠的，这样不但减小了子载波间的相互干扰，同时又提高了频谱利用率。

2）切换技术

切换技术适用于移动终端在不同移动小区之间、不同频率之间通信或者信号降低信道选择等情况。切换技术是未来移动终端在众多通信系统、移动小区之间建立可靠移动通信的基础和重要技术。切换技术主要分为软切换和硬切换。在第四代移动通信系统中，切换技术的适用范围更为广泛，并朝着软切换和硬切换相结合的方向发展。

3）交互干扰抑制和多用户识别技术

待开发的交互干扰抑制和多用户识别技术应成为第四代移动通信的组成部分，它们以交互干扰抑制的方式引入到基站和移动电话系统，消除不必要的邻近和共信道用户的交互干扰，确保接收机高质量接收信号。这种组合将满足更大用户容量的需求，还能增加覆盖范围。交互干扰抑制和多用户识别两种技术的组合将大大减少网络基础设施的部署，确保业务质量的改善。

4）软件无线电技术

在第四代移动通信中，若要实现“任何人在任何地点以任何形式接入网络”的理想通信方式，则至少需要保证移动终端能够适合各种类型的空中接口，可在各类网络环境间无缝漫游，并可在不同类型的业务之间进行转换。这就意味着在第四代移动通信系统中，软件将会变得非常复杂。为此，专家们提议引入软件无线电技术，其基本思想就是将硬件作为其通用的基本平台，把尽可能多的无线及个人通信的功能通过可编程软件来实现，使其成为一种多工作频段、多工作模式、多信号传输与处理的无线电系统。软件无线电的核心技术是用宽频带的无线接收机来代替原来的窄带接收机，并将宽带的模拟/数字、数字/模拟变换器尽可能地靠近天线，从而使通信电台的功能尽可能多地采用可编程软件来实现。

5）智能天线技术

智能天线采用了 SDMA 的技术，利用信号在传输方向上的差别，将同频率或同时隙、同码字的信号进行区分，动态改变信号的覆盖区域，使主波束对准用户方向，旁瓣或零陷对准干扰信号方向，并能自动跟踪用户和监测环境变化，为每个用户提供优质的上行链路和下行链路信号，从而达到抑制干扰、准确提取有效信号的目的。这种技术既能改善信号质量、增加传输容量又能扩大覆盖区域、降低系统建设成本，因此将会在第四代移动通信系统中得到广泛的应用。

10.6 例题

例 10.1　空间衰落分为几种，各种产生原因是什么？

解：空间衰落分为快衰落和慢衰落。

造成慢衰落的原因是电磁波在空间传输的损耗以及阴影效应。当移动台通过不同障碍物形成的电磁场阴影时，接收场强中值就会发生变化。造成快衰落的原因是电磁波在空间传输时的多径效应。多径效应产生的原因很多，如信号经过直射，多次反射和折射，形成合成场强以及形成随机驻波场等。

例 10.2　利用 RAKE 接收机实现扩频码分宽带系统的带内分集，抗（频率）选择性快衰落一般有哪几类？分别可采用什么方法克服？

解：抗选择性快衰落可分为三类。

空间选择性快衰落：由传播中天线的角度扩散引起，最有效的克服手段是空间分集和其他空域处理方法。

频率选择性快衰落：由传播中多径传播带来的时延功率谱的扩散而引起，它在宽带移动通信中尤为突出，最有效的克服方法是在时域中的自适应均衡，OFDM 以及在码分多址中的 RAKE 接收等。

时间选择性衰落：由用户高速移动，传播中形成频率扩散而引入，它在高速车载通信中尤为突出。最有效的克服方法是采用信道交织编码技术，将由于时间选择性衰落带来的大突发性差错信道改造成近似性独立差错的 AWGN 信道。

例 10.3　GSM 规范规定的同频干扰保护载干比和邻频干扰保护载干比各是多少？

解：同频干扰保护载干比为 9 dB，邻频干扰保护载干比为 -9 dB。

同频干扰保护载干比是指当前频点内的有用信号电平必须比落在当前频点内的干扰信号电平强9 dB,邻频保护载干比是指当前频点内的有用信号电平应当比邻频信号电平减去9 dB要高。

例10.4 GSM的工作频段是多少？各自上/下行间隔带宽是多少？

解:GSM的工作频段包括PGSM工作频段和DCS1 800工作频段。

PGSM工作频段:上行为890～915 MHz,下行为935～960 MHz,上/下行带宽间隔45 MHz。

DCS1 800工作频段:上行为1 710～1 785 MHz,下行为1 805～1 880 MHz,上/下行带宽间隔95 MHz,每个频点占用200 kHz带宽。

练习题

1. 移动通信的特点有哪些？
2. 移动通信系统的发展历程是怎样的？每一代移动通信系统具有哪些特点？
3. 移动通信中用到的多址接入技术主要分为哪三种？各具有哪些特点？
4. GSM的主要特点有哪些？
5. GSM主要由哪几部分组成？
6. GSM支持的业务主要有哪些？
7. CDMA移动通信系统主要由哪几部分组成？
8. CDMA移动通信系统有哪些关键技术？
9. 第三代移动通信系统的主流标准主要有哪些？各有哪些特点？
10. 第四代移动通信系统有哪些关键技术？

参考文献

[1] 李世鹤.TD-SCDMA第三代移动通信系统标准[M].北京:人民邮电出版社,2003.
[2] 邢燕霞,杨波.第三代移动通信主流技术标准比较[N].人民邮电报,2003-09-04.
[3] 曹志刚,钱亚生.现代通信原理[M].北京:清华大学出版社,1992.
[4] 王晖,廖建新,周俊峰.无线智能网中基于位置业务的关键技术[J].北京邮电大学学报,2004,27(1):70-74.
[5] 吕旌阳,吴伟陵.CDMA系统下行信道的分数阶间隔信道估计和均衡[J].北京邮电大学学报,2004,27(2):118-122.

第 11 章　超宽带通信系统

名词术语释义

超宽带无线电(Ultra WideBand Radio,UWB)　指具有很宽宽带比或很高带宽比(射频带宽与其中心频率之比)的无线电通信技术。

多带正交频分复用超宽带(Multi-Band Orthogonal Frequency Division Multiplexing Ultra Wide Band,MB-OFDM-UWB)　把高速的数据流通过串/并变换,分配到速率相对较低的若干相互正交的子信道中进行传输。

高清晰媒体接口(High Definition Multimedia Interface,HDMI)　一种实现实时非压缩 RGB 信号到显示设备上,比 DVI 更小更灵活的数字接口标准。

基带脉冲超宽带(Baseband Pulse Ultra-wideband)　又称为无载波超宽带,直接利用基带脉冲波形进行通信。

开关键控(On Off Keying,OOK)　又称通 - 断键控,指载波在二进制调制信号控制下通断。

脉冲无线电(Impulse Radio)　是以占空比很低的窄脉冲(纳秒或亚纳秒级宽度)而不是以正弦载波作为信息载体的无线电技术。

判决反馈均衡器(Decision Feedback Equalizer,DFE)　判决反馈均衡器是一种非线性均衡器。由前馈部分和反馈部分组成,前馈部分可以抵消在时间上超前的码间干扰和在时间是滞后的码间干扰,反馈部分可以抵消在时间上滞后的码间干扰。

数字显示接口(Digital Video Interface,DVI)　一种适应数字平板显示器飞速发展而产生的显示接口。

跳时扩频(Time Hopping Spread Spectrum,THSS)　用扩频码片启闭键控发射机,将一个信码的持续时间分成若干时隙,由扩频码片控制在哪一个时隙中发射一个信码。

正交频分复用(Orthogonal Frequency Division Multiplexing,OFDM)　一种特殊的各子载波相互正交的多载波传输技术。

直接序列 CDMA(Direct Sequence Code Division Multiple Access,DS-CDMA)　遵循 ITU 规定的 IMT 2000 规格,并以 WCDMA 方式为基础的一种通信技术。该技术能够利用 5 MHz 的信道提供高达 2 Mb/s

的数据速度，同时能够扩大系统容量，提高通话时的语音质量，降低通话的掉线率，支持 IP 数据服务。

功率谱密度(Power Spectral Density,PSD) 每单位频率的信号功率随频率变化的函数。

脉冲重复频率(Pulse Repetition Frequency,PRF) 单位时间内脉冲重复的次数。

视距(Line of Sight,LOS) 收发两端间存在直接的、无阻碍的一条无线电波传播路径。

无线个人局域网(Wireless Personal-Area Network,WPAN) 一种采用无线连接的个人局域网，常用在诸如电话、计算机、附属设备以及小范围(10 米以内)的数字设备之间的通信。

无线通信技术的发展速度日新月异的同时，人们对无线通信的需要也提出了更高的要求与期望。超宽带(Ultra Wide Band,UWB)无线通信技术由于其自身所具备的优点，如隐蔽性好、带宽极宽、抗多径能力强、传输速率高、系统容量大、穿透能力强、低功耗、系统复杂度低等一系列优点，受到学术界、商业界、工业界的广泛关注。

超宽带无线电技术的实际应用产品的研发也在进行中，目前演示系统的应用速率可达 480 Mb/s，比蓝牙等无线设备传输速率高得多，且传输距离能达到 10 m。与其他无线技术，如 WLAN、蓝牙、红外等相比，超宽带具有高速率、宽带宽、低成本、低功耗的优点，也使得超宽带比较适合家庭和个人多媒体的需求，例如，取代通用串行接口作为外设的接口，把 DVD 影像机播放的视频传送到电视或电脑上，在小的范围内部进行数据传输等。目前超宽带的各项标准和各个协议层正在制定和进一步完善中，这预示着超宽带的发展有了新的动力和活力。

11.1 超宽带无线电的基本概念

超宽带无线电的一种定义是指具有很高带宽比(射频带宽与其中心频率之比)的无线电通信技术。FCC 对于 UWB 的定义为：

$$\frac{f_H - f_L}{f_C} > 20\% \tag{11.1}$$

其中，f_H、f_L 分别为功率较峰值功率下降 10 dB 时所对应的高端频率和低端频率，f_C 为载波频率或中心频率。

对于超宽带信号的另一种定义是总带宽超过 500 MHz。事实上，目前被称为“超宽带”系统的带宽比也未必都是 20%，美国国防高级研究计划署对超宽带特征的定义是相对带宽大于 25%，也有一些定义为 10% 左右。

根据香农信道容限公式

$$C = B\log_2\left(1 + \frac{P}{BN_0}\right) \tag{11.2}$$

其中，B 为信道带宽，N_0 为高斯白噪声功率谱密度，P 为信号功率。

增大信道容量有两种实现方法，一是通过增加信号功率 P，二是增大传输带宽。UWB

技术便是通过后者来获得非常高传输速率的。

按照 FCC 的规定,UWB 系统可用的频率为 3.1 ~ 10.6 GHz。实际上如此宽的空闲频带并不存在,出现与现有无线技术所使用的频带相互重叠的现象是必然的,所以,UWB 不是一项频带分配技术,而是以共享其他无线技术使用的频带为前提的无线技术。

为了不对现有的系统造成干扰,FCC 对 UWB 通信系统的频谱进行了严格的限制。在图 11.1 中给出了室内和室外通信系统的频谱规定。尽管 UWB 信号可以在更高的功率谱密度下达到更远的传输距离,但在 FCC 目前的规定下,数据率约为 110 Mb/s 的 UWB 信号只能进行 10 ~ 15 m 的传输。IEEE 802.15 工作组正在为用于室内多媒体传输的 UWB 无线系统的标准化而努力。

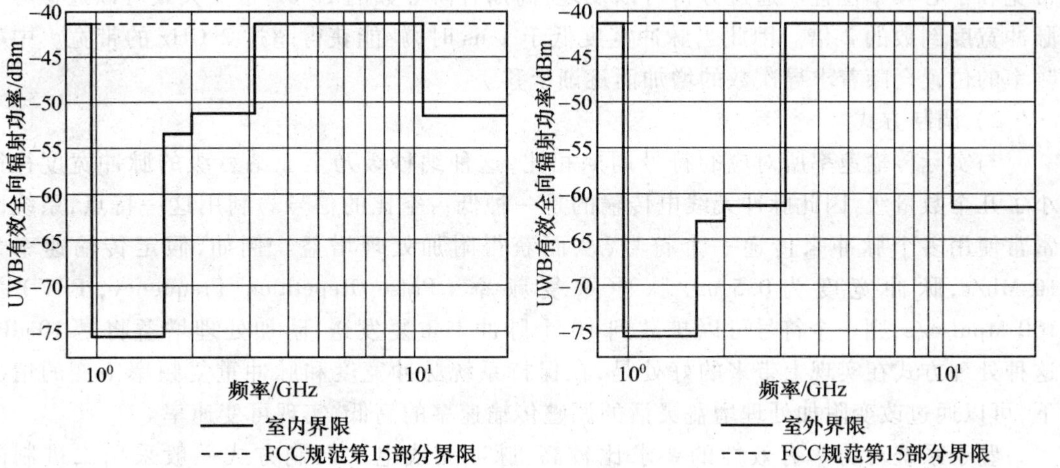

图 11.1 FCC 对 UWB 通信系统的频谱要求

11.1.1 超宽带无线电的分类

按照 FCC 关于超宽带的定义,超宽带不仅是一种专门的通信技术,而且是一段免许可证的可共享的频谱资源,所有能够满足该规范限制的信号均可称为超宽带信号,因此有多种不同的实现方式。其中,最典型的实现方式是采用脉冲无线电(Impulse Radio,IR),它是以占空比很低的窄脉冲(纳秒或亚纳秒级宽度)而不是以正弦载波作为信息载体的无线电技术。显然,超宽带无线电直接发射冲激脉冲串,不再具有传统的中频和射频的概念。此时发射的信号可看成基带信号(依常规无线电而言),也可看成射频信号(从信号的频谱特性而言)。超宽带信号的带宽主要由脉冲波形决定,一个信号符号可映射为数百个这样的脉冲。由于脉冲的宽度很窄,发射信号具有很宽的频谱。

除了采用脉冲超宽带外,多载波超宽带(Multiple Carrier-Ultra WideBand,MC-UWB)技术也被认为是超宽带无线通信技术的一种实现方式。例如基于 OFDM 的多频带调制技术越来越受到关注。

1. 脉冲无线电

脉冲无线电是指采用冲激脉冲(超短脉冲)作为信息载体的无线电技术。这种脉冲传输技术的特点是通过对非常窄(往往小于 1 ns)的脉冲信号进行调制,以获得非常宽的带宽来传输数据。

1) 脉冲波形

为了使天线能将信号能量有效的辐射出去,必须对所用脉冲的频谱特性提出一定的要求(即不含直流分量,低频分量少,信号能量主要集中在射频部分)。因此,脉冲无线电采用高斯函数的各阶导数作为发射脉冲波形,可通过选择脉冲宽度和阶数来获得不同的带宽和中心频率位置。通过分析可以发现,高斯各阶导数的 10 dB 带宽大致可以近似等于脉冲宽度倒数的 2 倍。因此当脉冲宽度低于 1 ns 时,就能获得超过 2 GHz 的带宽。中心频率的位置会随着求导次数的增加而逐渐上移。

2) 调制方式

与实际传输速率所对应的符号周期相比,这种纳秒级乃至亚纳秒级的脉冲宽度往往小了几个数量级,因此脉冲无线电传输的是一种低占空比的信号。利用这一特点,系统中常常使用多个脉冲来传递一个符号,从而获得附加处理增益。例如,假定传输速率为 10 Mb/s,脉冲宽度为 0.5 ns,脉冲重复频率(Pulse Repetition Frequency, PRF)为 100 Mpulse/s,则一个符号可以扩散到 10 个脉冲上重复发送,附加处理增益将是 10 dB。这种处理方式在实现上带来的好处是,在保持系统脉冲宽度和脉冲重复频率不变的情况下,可以通过改变附加处理增益灵活的调整传输速率的高低,实现可变速率。

鉴于系统对功率有效性的要求比较高,脉冲无线电的调制方式一般采用二进制的 PPM 或 BPSK。在多址接入方式上,有 THSS 和 DSSS 两种方式可选。典型的组合方案是 TH-PPM 和 DS-BPSK。相比较而言,THSS 的优势在于它对远近效应的敏感程度没有 DSSS 那么高,因为只有当不同用户的信号脉冲正好在位置上出现重叠时,远近效应才会体现出来,从而降低了对功率控制的要求。这也许是早期的 UWB 系统在信号占空比很低的条件下选用了 THSS 的重要原因。不过,随着对传输速率的要求越来越高,信号占空比势必要大大增加,THSS 的优势已不再明显,因此 DSSS 方案重新受到重视。

3) 收发信机的结构

脉冲无线电形象地说明了 UWB 直接发射窄脉冲进行通信的特点。与传统窄带通信系统的收发信机相比,超宽带在实现方式上与之有明显的差别。窄带系统一般采用正弦载波调制实现频谱搬移,信道上传输的射频已调信号,接收机需要经过逐级下变频之后再进行解调,以恢复原始信息。脉冲无线电则是直接将经过频谱成形之后的宽带窄脉冲发射出去,信道上传输的是基带信号,接收机主要由一个相关检测器构成,结构比传统窄带通信系统简单得多。与传统的无线收发信机相比,其结构也相对简单。自从 1918 年超外差结构发明以来,它仍在无线收发信机中占主导地位。目前,一个短距离低功耗的收发信机的例子是蓝牙。

蓝牙采用 FSK 调制解调方式。在发射端，信息比特控制压控振荡器（Voltage Controlled Oscillator，VCO），从而使信息通过移动载频来传输。在接收很弱的信号后经过放大，下变频成固定的中频。变频器其实是一个非线性的混频器，会产生很多镜像、谐波、互调产物，因此还需要进行中频滤波，滤除没有落在中频频率范围内的频率分量，而落在中频频率范围内的频率分量的大小必须满足系统的要求。

通过比较发现，与超外差结构相比，超宽带结构没有振荡器、锁相环、压控振荡器、混频器和功放。这样就使得系统的成本与功耗更低。采用这种结构可以很方便地在传输距离、功耗、传输速率之间选择转换。例如要增加传输距离，则可以利用多个脉冲传输相同的信息，这样就增加了信噪比。

2. 多频带 UWB

为了提高频谱利用率，很多人开始考虑多带调制。一个 UWB 信号仅需占用 500 MHz 的带宽，而不必是一个脉冲。这就提供了一个将传统无线通信系统设计理论与 UWB 的优势相结合的机遇。很多公司都开始独立地开发多频带超宽带传输系统，从而可更有效地提高频谱利用率。多带传输系统是将可用的 UWB 频谱划分成若干个子带，每个子带的宽度不小于 500 MHz。通信时，可以根据信息速率、系统功耗的要求以及与其他系统共存的要求等，动态地使用部分或全部子带，通过同时发送多个不同频带的 UWB 信号来提高频谱的利用率。这些 UWB 信号是不会相互干扰的，因为它们的频率不同。可以同时发送这些信号，以提高信息传输速率或用来进行多址接入，允许更多的用户同时进行通信。一些标准的调制方法可以用在每一个 UWB 信号上。在接收端，UWB 信号必须在解调前进行分离。

多带调制的一个优势就是具有很强的灵活性：低比特率的系统可以采用较少的子带，而高比特率的系统可以采用多个的子带；还可以灵活适应不同的无线频谱使用规则，而不必像蓝牙一样要协调世界各地的频谱分配。

为了简化收发信机，子带信号也可以顺序发送。这样就可以采用传统的无线设备结构。

另外，多带传输系统还可以提高与其他系统的共存级别。例如，多带传输系统可剔除已受近距离其他设备影响的频带。

11.1.2 UWB 无线电的特点

UWB 无线通信技术有着很多独特的优势，在通信、雷达、定位、跟踪、成像等诸多领域有着极为广泛的应用，UWB 的技术主要有下列特点：

1. 发射功率低

无线电波空间传播的开放性是无线通信较之有线通信的固有不足之处。超宽带无线电的射频带宽可达 1 GHz 以上，且所需平均功率小，信号功率谱密度低，被隐蔽在环境噪声和其他信号中,难以被检测到。另外,UWB 脉冲比传统无线电信号更加难以探测,例如,TH-UWB 系统在多个成对配置的接收机和发射机之间采用一种独特的时序编码,在整个超宽带内每秒发射数百万个低于噪声级的编码脉冲。这些传输脉冲采用极低的发射功率,以提供难以被探测和截听的安全传输,而且由于波形的持续时间极短,更易于实现多用户通信中的分组突发传输。

2. 处理增益高

UWB 无线电系统的处理增益主要取决于脉冲的占空比和发送每个比特所用的脉冲数,可以得到比目前实际扩频系统高得多的处理增益。

3. 多径分辨能力强

由于常规无线通信的射频信号大多为连续信号,其持续时间远大于多径传播时间,多径传播效应限制了通信质量和数据传输速率。由于 UWB 采用持续时间极短的窄脉冲,其时间、空间分辨力都很强,因此系统的多径分辨率极高(1 ns 脉冲多径分辨率为 30 cm),接收机通过分集可以获得很强的抗衰落能力。如果多径脉冲要在时间上发生交叠,其多径传输路径长度应小于脉冲宽度与无线电传播速度的乘积。大量的实验表明,对常规无线电信号多径衰落深达 10 ~ 30 dB 的多径环境,对超宽带无线电信号的衰落最多不到 5 dB。

4. 传输速率高

数字化、综合化、宽带化、智能化和个人化是通信发展的主要趋势。确保提供高质量多媒体业务的无线网络,其信息速率不能低于 50 Mb/s。长期以来,人们花费了大量的人力和财力,用于研究提高信道容量,但常规无线电的数据传输率仍不能令人满意。从信号传播的角度考虑,UWB 无线电由于多径影响的消除而使之可以传输高速率数据。

UWB 系统使用几 GHz 的超宽频带,即使把发送信号功率谱密度控制得很低,也可以实现高达 100 ~ 500 Mb/s 的信息速率。根据香农信道容量公式,如使用 7 GHz 带宽,那么即使信噪比低至 -10 dB,理论信道容量也能达到 1 Gb/s,因此实际中实现 100 Mb/s 以上的速率是完全可能的。

5. 穿透能力强

实验系统证明,UWB 无线电具有很强的穿透树叶和障碍物的能力,有希望填补常规超短波信号在丛林中不能有效传播的空白。实验表明,适用于窄带系统的丛林通信模型同样可适用于超宽带系统,UWB 系统还能实现隔墙成像等。

6. 便于多功能一体化

冲激脉冲具有很高的定位精度。采用 UWB 无线电通信,很容易将定位和通信合一,而常规无线电难以做到这一点。UWB 无线电具有极强的穿透能力,可在室内和地下进行精确定位,而 GPS 只能工作在定位卫星的可视范围之内。与 GPS 提供绝对地理位置不同,超短脉冲定位器可以给出相对位置,其定位精度可达厘米级。此外,超宽带无线电定位器更为便宜。

7. 低功耗

利用扩频多址技术，系统具有较大的扩频处理增益，UWB 设备可以使用小于 1 mW 的发射功率。这样就大大延长了系统电源的工作时间，满足移动通信设备未来的电源需求，而且低辐射功率可以减少电磁波对人体的辐射。UWB 技术的系统功耗也相当低，50～70 mW 就足以满足它的工作要求，功耗还不到目前各种无线传输技术的 1%。UWB 由于只在需要时发送脉冲电波，且传输时的耗电量仅有几十 mW，所以 UWB 技术就很容易应用在各种移动设备中，比如便携电脑、掌上电脑和平板 PC 中，所增加的功耗几乎可以忽略不计。

8. 系统容量大

随着无线通信的不断发展，无线通信已由原来提供远距离通信向短距离传输发展，通过频率的空分复用，在有限的频率资源条件下满足通信业务发展的需求。短距离无线通信的发展趋势使得对系统容量的评价不仅仅是考虑点对点的传输速率，"空间容量"是实际应用中的重要衡量指标之一。根据英特尔公司的研究报告，IEEE 802.11b 的空间容量为 1 kb/(s·m²)，"蓝牙"(Bluetooth)的空间容量为 3 kb/(s·m²)，IEEE 802.11a 的空间容量为 83 kb/(s·m²)，超宽带无线通信的空间容量为 1 000 kb/(s·m²)，如图 11.2 所示。可见，在空间容量方面，UWB 无线通信比现有的类似系统具有更大的优势。

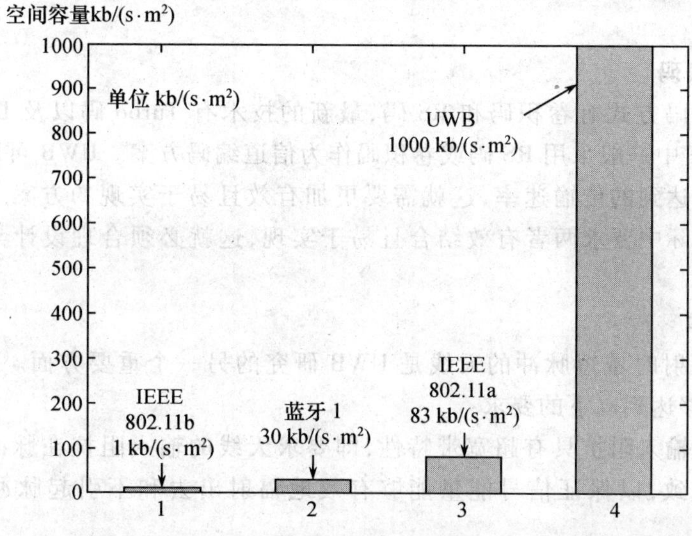

图 11.2 UWB 无线通信与几种无线技术的空间容量比较

11.1.3 UWB 无线电的关键技术

UWB 传输技术具有传统通信系统所没有的优势,其走向尚需解决如下的关键技术及挑战。

1. 频带方案设计

可选择单频带方案或多子带方案。单频带方案采用亚纳秒级的基带脉冲进行通信,无需载波调制,实现简单;多子带方案将纳秒级的基带脉冲调制到一个或多个子带的载波上进行传输。多子带方案增加了系统的复杂度,但频谱利用率高,能够实现更高速传输。

2. 脉冲信号的设计与产生

在脉冲 UWB 系统中,亚纳秒级的基带脉冲被用来携带信息,直接发送到空中。这种脉冲具有极高的信道多径分辨率。另外,收发端的天线路基带脉冲具有微分效应,即收端天线的输出波形是发端天线输入波形的二次微分形式。多子带超宽带传输系统采用纳秒级窄脉冲,经载波调制后输出,脉冲波形的设计要求与单频系统相比有了变化,与传统的连续载波通信系统也不一样。这就需要对信道建模,通过研究信道的特性,考察传统的升余弦等脉冲波形,设计合适的脉冲波形,使发送信号适合于在高速无线信道上传输,尽量抑制带外辐射,减小符号间干扰。

从本质上讲,产生极短脉冲宽度的信号源是研究 UWB 技术基本的前提条件。UWB 的窄脉冲信号有两个突出的特点:一是激励信号的波形为具有陡峭前沿的单个短脉冲;二是激励信号包括很宽的频谱,从直流到微波波段。目前产生脉冲源的方法有两类:光电方法和电子方法。

3. 调制与编码

传统的编译码方式有卷积码和 RS 码,最新的技术有 Turbo 码以及 LDPC 等。目前,UWB 系统的提案中一般采用 RS 码或卷积码作为信道编码方案。UWB 可以达到以前无线传输系统所无法达到的传输速率,这就需要更加有效且易于实现的方案。传统的交织方案为块交织。实际中要求两者有效结合且易于实现,这就必须合理设计与编码相适应的交织方案。

4. 天线技术

能够有效辐射时域短脉冲的天线是 UWB 研究的另一个重要方面。作为 UWB 的天线,应该保证能够达到以下的要求:

(1) 天线的输入阻抗具有超宽带特性,即要求天线的输入阻抗在脉冲能量分布的主要频带上保持一致,以保证信号能量能够有效地辐射出去和不引起脉冲特性的改变或下降。

(2) 天线的相位中心具有超宽频带不变特性,即要求天线的相位中心在脉冲能量分布的主要频带上保持一致。

对于时域短脉冲辐射技术,国内外早期均采用双锥天线和扇形偶极子天线。由于这几种天线均存在着馈电难，辐射效率低，收发耦合性强和无法测量时域目标特性等缺陷，只能用于单收发。随着微波集成电路的发展，利用集成电路方式进行馈电，所研制出的超宽带平面槽天线，能够产生对称波束，具有超宽带的特性。又由于利用光刻技术所做的天线对较高频率没有限制，因而可以将毫米、亚毫米波段应用于集成接收机。

一般地，便携通信设备需要小型的可无阻碍地集成到设备中、并能在不同环境条件下(如近场传播)有效工作的天线。由于高带宽、线性约束、可变的运行条件，相对于传统的窄带系统，有效的天线设计与实现对于 UWB 系统来讲更为困难。

5. UWB 接收技术

尽管 UWB 信道的时延扩展很大，但是在信号占空比很低的情况下，前后两个接收波形之间的干扰可以忽略不计，因而早期的 UWB 接收机结构很简单，只是一个等效于匹配滤波的相关器而已。同时为了降低对器件模/数转换器变换速率的要求，相关器是用线性相乘和积分等模拟过程实现的。但是当对传输速率的要求达到了上百 Mbps 后，不理想的信道特性对接收信号的影响变得严重起来。接收信号幅度上的衰落需要通过 RAKE 接收机收集足够丰富的多径分量来克服。另一方面，信号的占空比不足以避免前后波形之间的重叠现象，如何解决符号间干扰问题也必须在系统设计中加以考虑。一种比较理想的解决方案是 RAKE 接收加均衡，通过 RAKE 接收捕捉各条路径的能量以抵抗衰落，同时利用均衡来消除符号间干扰。

对接收机在多径和各种干扰环境下的性能分析通常基于 RAKE 接收机。在具体实现上，有几种路径选取方法可用，例如选择信号最强的 L 条路径或者最先到达的 L 条路径。合并策略也可采用最大比合并或等增益合并。从仿真结果来看，就 UWB 信道特性而言，选择 4 ~6 条路径进行合并已可接近于最佳的性能。

同步也是接收机中值得关注的一个问题，在高速业务中，快速同步的实现尤为关键。UWB 系统对定时技术提出了很高的要求。这是因为 UWB 系统中载波频率较高(子带传输)、脉冲宽度很窄、单个脉冲能量非常小。应用传统的同步技术，在同步时间、硬件处理速率与复杂度等方面难以达到系统所要求的性能。因此需要研究新的同步码与同步算法，以求提高同步精度，同时避免高复杂度。同步码的设计任务是研究具有良好的自相关特性、结构简单、易于实现的同步码序列。同步算法的任务是在同步码设计的基础上，研究快速的、易于实现的同步算法，如载波基带联合同步法、模拟和数字综合同步法等。

如果采用最大比合并方式，接收机还需要进行信道估计。尽管有窄带通信系统中的许多算法可以借鉴，但需要强调的一点是，在 UWB 系统特有的信道环境下，对同步和信道估计都提出了更高的要求，再考虑到有限抽样速率下的实现精度和算法复杂度等问题，同步和信道估计都还需要进行更深入的研究。

6. 抗多径技术

为了对抗多径传播和衰落，可以分别采用信道估计、RAKE 接收、多用户检测等信号处理技术。通过信道估计可以得到不同路径的时延、衰落幅度和相位等信息，合理设计

RAKE 接收机对多径信号进行合并。在 UWB 系统中,因为传输的数据速率很高,所以不扩频或扩频因子很小,精确的信道估计与码片均衡技术可以提高系统的性能。

与窄带系统不同,UWB 系统受多径衰落的影响较小,原因在于 UWB 的时域脉冲极窄,时间分辨精度高,经过不同传播路径后可得到大量不相关的信号,从而可采用分集接收技术来提高性能。UWB MIMO 是一种很好的抗符号间干扰和信道间干扰的时域处理技术,因为接收信号有良好的自相关和互相关特性,并可简单的调整脉冲重复频率,使符号周期远大于信道的时延扩展来提高抗多径性能。UWB MIMO 的复杂度太高,需要进一步实用化。

UWB 系统具有内在的抗多径能力,但在有些应用条件下并不总是这样。例如,当存在链路距离与天线高度之比较大时,视距(Line of Sight,LOS)信号与反射信号之间的时延会小于脉冲宽度,不同的信号按$(d/d_0)^2$衰减(对于 LOS 信号,则 $n<2$)。在室内环境中,则出现极端的信号传播条件,每一个传输脉冲就有大量多径信号,导致的传输时延扩展可持续十到几百纳秒。这些传播条件下产生的 ISI 会严重限制系统能达到的数据率,除非采用一定的方法缓解这些影响。在快速脉冲调制中,按照功耗和门数衡量,实现有效的均衡器的代价是相当大的。这个问题在低脉冲频率时还不是很紧迫,但会有多重并行检测器或高阶调制等问题。

7. 半导体制造技术

UWB 的信号特征要求必须采用新的半导体技术来实现,如 MEMS、SOI、非线性模拟电路和器件设计(集成电路上的隧道二极管设计)、宽带运放、功放、快速 AD 器件等。半导体技术可解决诸如时钟速度、同步延迟、功耗等与实现相关的问题,它是未来 UWB-RT 开发和应用的关键因素。

8. 抗干扰

UWB 通信系统采用了跳时扩频信号,系统具有较大的处理增益,对干扰信号具有抑制特性。它作为一种扩频通信,在发射时将传输的信号能量扩展到很宽的发射频谱中去,在接收时将信号能量还原出来,在解扩过程中会产生处理增益(扩频增益)。在常用的直接序列扩频系统中,采用高速率的伪随机码序列和低速率的信息数据进行相关运算来实现扩频,扩展后的频谱一般为几十 MHz。而 UWB 系统是利用窄脉冲信号本身的频谱特性进行扩频,扩展后的频谱为几 GHz,是一般扩频系统的一百多倍,因此,在同等码速情况下,UWB 通信系统比一般扩频系统的扩频增益大 20 dB 左右,具有更强的抗干扰特性。

11.2　基带脉冲超宽带

频谱资源日益匮乏的今天,UWB 技术能更有效地利用频谱资源。UWB 技术的发展日益成熟,它的多址技术和调制技术凭借更高的有效性也在不断的发展。

11.2.1 基带脉冲超宽带定义

基带脉冲超宽带又称为无载波超宽带，直接利用基带脉冲波形进行通信。在早期的无载波脉冲 UWB 通信系统中，基带脉冲形式为其所采用的信号形式。发射机产生基带脉冲序列进行通信，脉冲信号的宽度极窄，通常在纳秒级或亚纳秒级，并通过 PPM、BPSK 或 PAM 等调制方式携带信息。典型的无载波脉冲位置调制的 UWB 通信系统如图 11.3 所示。

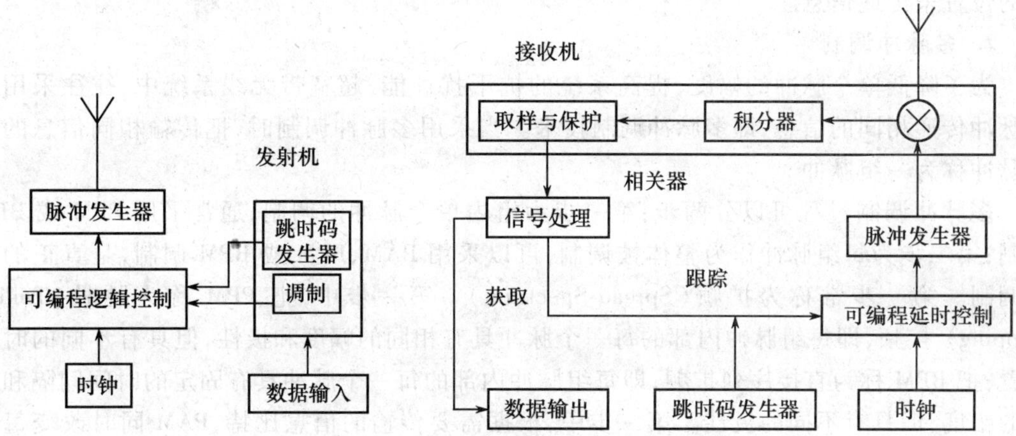

图 11.3 基带脉冲 UWB 发射机与接收机系统

在发送端，发射机直接发送纳秒级脉冲信号，然后在调制器中用待发送的数据对这一系列的脉冲进行脉冲振幅调制或脉冲位置调制，经调制后与跳时码发生器生成的伪随机码一起送入可编程延迟电路，可编程延迟电路产生的时延控制脉冲信号发生器的发送时刻。在接收端，天线收集到由多径衰落信道传来的 UWB 信号，通过相关器与本地模板波形相乘，积分后通过抽样保持电路送到基带信号处理电路中。由捕获跟踪部分、时钟振荡器和跳时码发生器控制可编程延时器，根据相应的时延产生本地模板波形，与接收信号相乘。

与传统的通信系统相比，基带窄脉冲通信方式的收发信机结构简单，实现成本低，且具有极强的多径信道分辨能力。但由于其信号中包括较多的低频分量，频谱利用率不高。虽然可以通过脉冲波形优化设计加以改善，但目前这方面的研究还没有取得实质性的进展。基带窄脉冲方式现在广泛应用于低速通信、透视成像等多个领域。

11.2.2 基带脉冲超宽带分类

基带脉冲超宽带调制方式可分为单脉冲调制和多脉冲调制。

1. 单脉冲调制

脉冲的幅度、位置和极性变化都可以用于传递信息。目前,单脉冲调制技术包括PAM、PPM、二相调制(Binary Phase Modulation,BPM)、开关键控(On Off Keying,OOK)等。PAM是通过改变脉冲幅度的大小来传递信息的一种脉冲调制技术。BPM和OOK是PAM的两种简化形式,BPM通过改变脉冲的正负极性来调制二元信息,所有脉冲幅度的绝对值相同;OOK通过脉冲的有和无来传递信息。在PAM、BPM和OOK的调制中,发射脉冲的时间间隔是固定不变的。也可以通过改变发射脉冲的时间间隔或发射脉冲相对于基准时间的位置来传递信息。

2. 多脉冲调制

为了降低单个脉冲的幅度,提高系统的抗干扰性能,超宽带无线系统中,往往采用多个脉冲传递相同的信息,即多脉冲调制技术。当采用多脉冲调制时,把传输相同信息的多个脉冲称为一组脉冲。

多脉冲调制过程可以分两步:第一步为组内单个脉冲的调制,通常采用PPM或BPM调制;第二步为每组脉冲作为整体被调制,可以采用PAM、PPM或BPM调制,是真正的信息调制。第一步常称为扩频(Spread-Spectrum)。第一步中,把PPM称为跳时(Timing Hopping)扩频,即每组脉冲内部的每一个脉冲具有相同的幅度和极性,但具有不同的时间位置;把BPM称为直接序列扩频,即每组脉冲内部的每一个脉冲具有固定的时间间隔和相同的幅度,但具有不同的极性。第二步中,根据需要传输的信息比特,PAM同时改变每组脉冲的幅度,PPM同时调节每组脉冲的时间位置,BPM同时改变每组脉冲的极性。故多脉冲调制技术有THSS PPM、DSSS PPM、THSS PAM、DSSS PAM、THSS BPM、DSSS BPM等。

11.2.3 UWB信号脉冲

1. 基本高斯脉冲

基本高斯脉冲的时域数学表达式为

$$p(t) = A\exp\left[\frac{-(t-T_C)^2}{2\sigma^2}\right] \tag{11.3}$$

其中,A为脉冲幅度,σ为波形成形因子(决定脉冲的脉宽和频带宽度),T_C为脉冲的中心位置。

其频域幅频表达式为

$$|p(f)| = \frac{A}{\sqrt{2\pi}f_C}\exp\left[-0.5\left(\frac{f}{f_C}\right)^2\right] \tag{11.4}$$

其中,$f_C = \dfrac{1}{2\pi\sigma}$为脉冲频域的中心频率。

由于基本高斯脉冲存在直流成分,因此在实际应用中不用基本高斯脉冲而采用其演化的形式。图11.4为高斯脉冲的形式及其频谱特性。

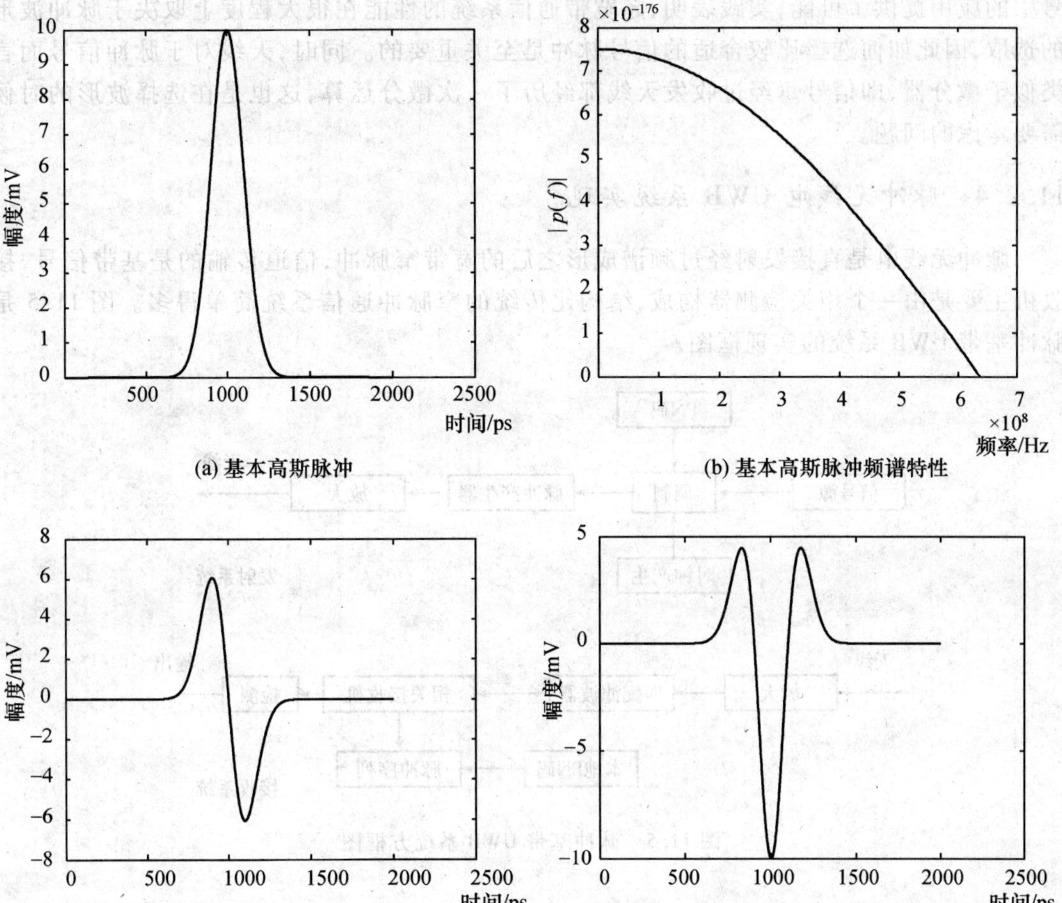

(a) 基本高斯脉冲 (b) 基本高斯脉冲频谱特性

(c) 高斯脉冲的一次导数形式 (d) 高斯脉冲的二次导数形式

图 11.4 高斯脉冲的形式及其频谱特性

2. Scholtz 单周期脉冲

Scholtz 提出了一种新的脉冲波形，后来脉冲的名字便引用他自己的名字。Scholtz 单周期脉冲的时域表达式为

$$p_2(t) = A\left[1 - \left(\frac{t - T_C}{\sigma}\right)^2\right]\exp\left[\frac{-(t - T_C)^2}{2\sigma^2}\right] \tag{11.5}$$

其幅频响应表达式为

$$|P_2(f)| = \frac{A}{\sqrt{2\pi}f_C}\left(\frac{f}{f_C}\right)^2\exp\left[-0.5\left(\frac{f}{f_C}\right)^2\right] \tag{11.6}$$

除了基本高斯脉冲外，其他各类高斯脉冲都不存在直流分量，这就为我们在超宽带信号中的应用提供了可能，实践表明，超宽带通信系统的性能在很大程度上取决于脉冲波形的选取，因此如何选择比较合适的信号脉冲是至关重要的。同时，天线对于脉冲信号而言类似于微分器，即信号每经过收发天线都经历了一次微分运算，这也是在选择波形的时候需要考虑的问题。

11.2.4　脉冲无线电 UWB 系统实现

脉冲无线电是直接发射经过频谱成形之后的宽带窄脉冲，信道传输的是基带信号，接收机主要是由一个相关检测器构成，结构比传统的窄脉冲通信系统简单得多。图 11.5 是脉冲基带 UWB 系统的实现框图。

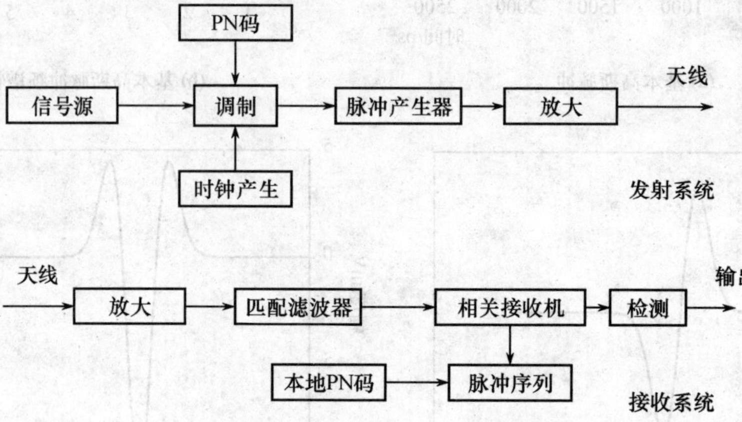

图 11.5　脉冲基带 UWB 系统方框图

11.3　调制载波 UWB

调制载波 UWB 技术是在基带窄脉冲的技术基础上提出的。它把单脉冲信号占据的频谱分为若干个子频带，其脉冲是等宽度的脉冲信号，包络是高斯脉冲，不同的脉冲信号在一个脉冲宽度内有不同的周期数，对应不同的中心频率。同无载波脉冲调制方式相比，调制载波 UWB 可更加灵活、有效地利用频谱资源。同时，调制载波系统的信号处理方法与一般通信系统采用的方法类似，技术成熟度高，在目前的工艺条件下，比基带窄脉冲方式更容易实现高速系统。因此，采用载波调制的 UWB 通信方式是目前高速无线电媒体应用领域的主流。目前，IEEE 802.15.3a 工作组在载波调制方式标准的制定工作中，有两个候选方案：一种是单载波调制，摩托罗拉的 DS-CDMA 直接序列双频带调制技术。同时，摩托罗拉还发起成立了 UWB 论坛（UWB Forum）尽力推动自己的 UWB 方案。另一种方案是多载波调制，由英特尔、TI 等 50 多家公司成立的 OFDM 联盟（MultiBand OFDM Alliance，MBOA）支持的多带—时频交织—频分复用（Multi-Band Time Frequency Interleave Orthogonal Frequency Division Multiplexing，MB-TFI-OFDM）技术。从技术上来看，MB-TFI-OFDM 和 DS-CDMA 是无法彼此妥协的，多带－频分复用（Multi-Band Orthogonal Frequency Division Multiplexing，MB-OFDM）在最近的一次表决中占了约 10% 的优势，但仍然没有达到 75% 的绝对多数，因此关于 UWB 载波调制方式的标准一直悬而未决。

11.3.1 单载波 DS-CDMA

单载波 DS-CDMA 是 Xtreme Spectrum 公司为主提出的技术方案。这也是 IEEE 802.15.3a 标准竞争中的一种方案。

单载波 DS-CDMA UWB 方案将 FCC 规定的 3.1～10.6 GHz 的可用频段分为高低两个频段，分别为 3.1～5.15 GHz（低频段）和 5.825～10.6 GHz（高频段）。两个频段之间没有利用的频率段是为了避免与使用 U-NII 频段的其他系统干扰。单独使用低频段可以实现 400 Mb/s 的传输速率，单独使用高频段可以实现 800 Mb/s 的传输速率，或者两个频段同时使用可以实现高达 1.2Gb/s 的传输速率。

单载波 DS-CDMA 方案是用具有低互相关性的三进制码作为扩频码，码长是 24。系统中采用多进制的双正交键控的联合编码扩频调制方案。发送符号波形为平方根升余弦波形。发射脉冲的宽度在低频段为 731 ps，在高频段仅为 365 ps，因此也可以把 DS-CDMA 和脉冲无线电超宽带（Impulse Radio-Ultra WideBand，IR-UWB）都归结为脉冲 UWB，只不过是脉冲信号的实现方式和调制方案存在差异而已。

典型的 DS-CDMA UWB 系统的信号波形为

$$\begin{cases} s^{(k)}(t) = \sum_{i} a_i^{(k)} b^{(k)}(t - iNT_C) \\ b^{(k)}(t) = \sum_{j=0}^{N-1} c_j^{(k)} w(t - jT_C) \end{cases} \tag{11.7}$$

其中，$a_i^{(k)}$ 和 $c_j^{(k)} \in \{1, -1\}$，T_C 是扩频码片宽度，N 为扩频增益，$T_S = NT_C$ 是符号宽度，$w(t)$ 为发送的脉冲波形。

图 11.6 给出了 DS-CDMA UWB 信号的调制后的波形。

FCC 对 UWB 的发射功率限制在很低的范围。大多无载波超宽带调制存在较多的低频分量，无法满足发射功率的要求。单载波 DS-CDMA 方案通过频谱搬移可解决此问题。发射信号经过 DS-CDMA 扩频之后，再对载波进行调制，从而可以在合适的频带范围内传输。在 DS-CDMA 超宽带系统接收机中，采用 RAKE 接收和判决反馈均衡等技术，以提高系统性能。DS-CDMA 超宽带的发射与接收系统如图 11.7。

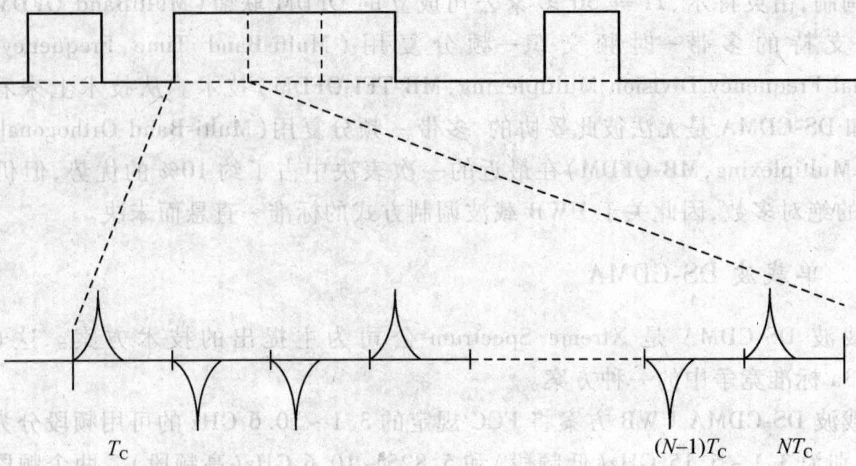

图 11.6 DS-CDMA UWB 信号的波形

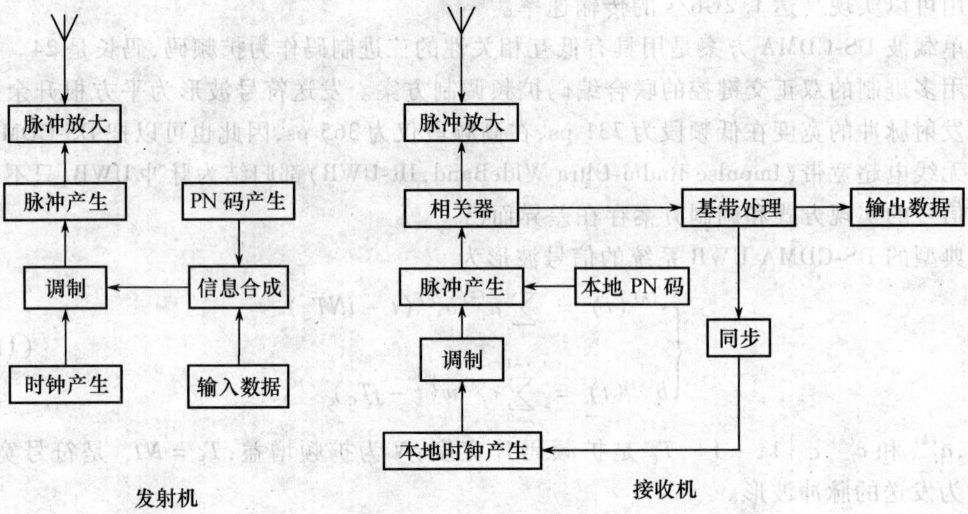

图 11.7 DS-CDMA 超宽带的发射机与接收机

11.3.2 多带正交频分复用 UWB(MB-OFDM-UWB)

1. MB-OFDM-UWB 技术特点

MB-OFDM-UWB 技术是把高速的数据流通过串/并变换,分配到速率相对较低的若干相互正交的子信道中进行传输。因此,每个子信道中的符号周期将会相对增加,但可减轻时间的弥散性对系统造成的码间干扰。具体来说,将 FCC 划定的 3.1 ~ 10.6 GHz 频带划分为多个满足超宽带定义的子带,在每个子带上采用多载波调制,而且各个子带上采用的是正交频分复用方案。相对于一般的多载波传输,其不同之处是它允许子载波频谱部分重叠,只要满足载波间相互正交,便可以从混叠子载波上分解出数据信息。

多带 OFDM-UWB 主要面向无线个人局域网(Wireless Personal-Area Network,WPAN),速率大于 110 Mb/s。MBOA 的多带 OFDM-UWB 旨在为消费类电子产品和多媒体应用提供无线连接,高速率情况下,也可以用作无线串行接口和无线 1394 的物理层。

MBOA 已经制定出基于多带 OFDM-UWB 技术的物理层规范。工作距离为 10 米时,速率为 110 Mb/s,工作距离短时速率可以更高。该类系统可以与其他系统工作在同一个频段上,如可以与 IEEE 802.11a 共享频谱。物理层的主要技术指标为:10 m 范围的速率为 110 Mb/s,4 m 范围为 200 Mb/s,2 m 范围为 480 Mb/s。

多频带 OFDM-UWB 技术特点在于:

1)捕获多径信号能力强

系统可采用结构相对简单的接收机,在高度多径环境中捕获到更多的多径信号。其所需电路简单、功耗较低、传输距离较远、成本降低,不仅可以满足所期望的可靠性和多径免疫性,而且支持的移动设备电池连续使用时间较长。

2)频谱灵活性

UWB 频谱不需要专门许可,所有共享频谱的无线设备可共存。虽然存在着频谱分配以及各地区对于发射的限制,但 MB-OFDM UWB 信号是由模/数转换器产生,可动态在软件中关掉某些信道,从而使不同国家都能接受 UWB 系统。

3)复杂程度较低

MB-OFDM-UWB 解决方案可通过限制传输符号为正交相移键控组,使得模/数转换的解析度和数字基带的内部精度可以降低。载波之间的空间相对较大,既放宽了载波合成电路系统的相位噪音要求,也提高了同步误差的容错性。

4)系统容量大

系统子载波间正交,调频图案正交,理论上不存在小区干扰。因此,UWB 系统在 10 m 范围内的峰值速率可达 50 Mb/s,系统有支持未来高容量无线通信的巨大潜力。

2. 多频带 OFDM-UWB 技术实现方法

1)基本实现方法

多频带 OFDM-UWB 把整个 UWB 频谱分成若干个 528 MHz 的子带。三带 OFDM-UWB 的原理如图 11.8 所示。

图 11.8 为采用三个子带的 OFDM-UWB 例子。每个子带的宽度为 528 MHz。第一个 OFDM 码元在子带 1 上发送,第二个 OFDM 码元在子带 2 上发送,第三个 OFDM 码元在子带 3 上发送。三个 OFDM 码元在三个子带上发送的时间是相互不重叠的。OFDM 码元具体的发送子带和时间由时间 - 频率码(Time-Frequency Code)决定。多带 OFDM-UWB 系统的性能和链路预算与子带的宽度紧密相关,研究表明 500 MHz 左右的子带带宽是最合适

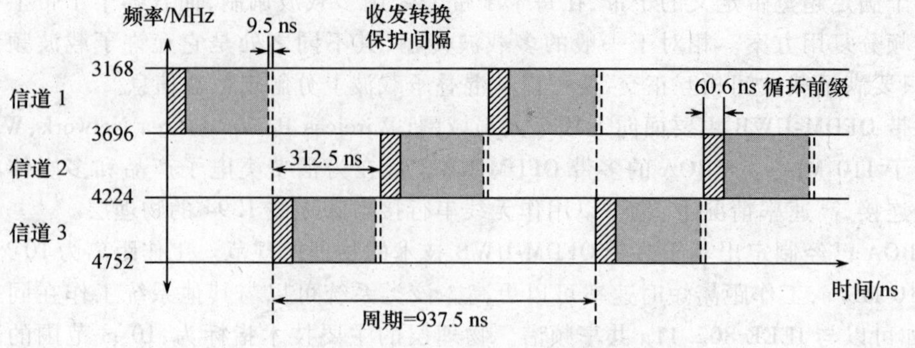

图 11.8　三带 OFDM-UWB 的原理图

的，因此 MBOA 从易于电路实现的角度。对于 528 MHz 的多带 OFDM-UWB 系统，采用 128 点的 FFT 最为合适，既保证了性能，也使得实现起来不是太复杂。

多频带 OFDM-UWB 的 PLCP 帧格式如图 11.9 所示。

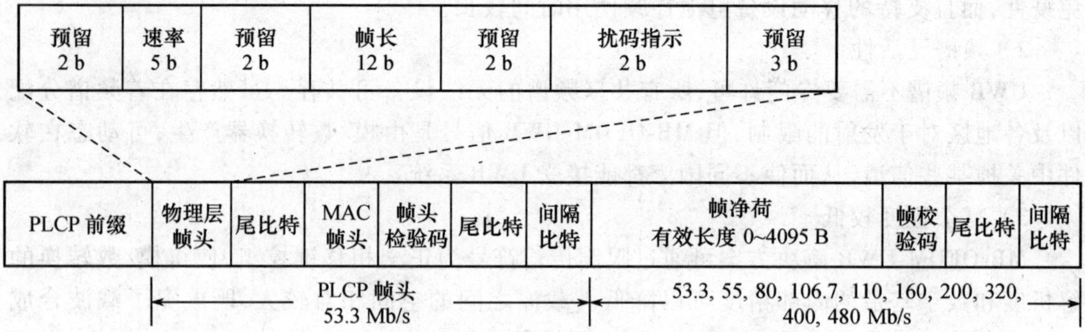

图 11.9　多频带 OFDM-UWB 的 PLCP 帧格式

它的物理帧结构分为前缀 Preamble、信头 Header 和负载 Payload。前缀主要用于确定移动台和接入点之间何时发送和接收数据，传输进行时告知其他移动台以免冲突，同时传送同步信号和帧间隔信息。待前缀完成后，接收方才开始接收数据。信头用来传输一些重要的数据，如负载长度、传输速率等信息。负载用来传送数据信息。

多频带 OFDM-UWB 系统共采用了 122 个载波，每个子载波使用 QPSK 调制。其中 100 个数据子载波用于传送数据，12 个导频子载波用于导频做信道估计，剩余 10 个保护子载波用于保护间隔。每个 OFDM 符号周期为 312.5 ns。其中，60.6 ns 的循环前缀加在每个 OFDM 符号的开始以提高系统抗多径性能，9.5 ns 的保护间隔加载每个 OFDM 符号的尾部，以确保发送和接收机有足够的时间转移到下一个子载波信道。系统的信道编码采用卷积编码，码率为 1/3、11/32、1/2、5/8 和 3/4。

2）MB-OFDM-UWB 的发射机结构

MB-OFDM-UWB 信号产生的方法与传统 OFDM 系统类似，只是 FFT 的长度、子载波间隔等具体参数不同。为了提高系统各方面的性能，目前已有一些相对比较完善的技术：如借助 IFFT/FFT 进行 OFDM 调制解调，使得系统频谱利用率高，符号持续时间长；在 OFDM 符号前增加循环保护间隔，可以有效地抑制码间干扰；结合跳频技术、交织技术、插入导频技术等，系统可以进一步在时域和频域获得分集增益。MB-OFDM-UWB 系统的发送端用一定码序列进行选择的多频率频移键控。也就是说，根据不同的扩频码序列去进行频移键控，使载波频率不断地跳变，在不同的频带上发送不同的符号。通过对跳频率、符号率和子载波数等参数的调整，获得不同的系统性能。

发射端的结构如图 11.10 所示。

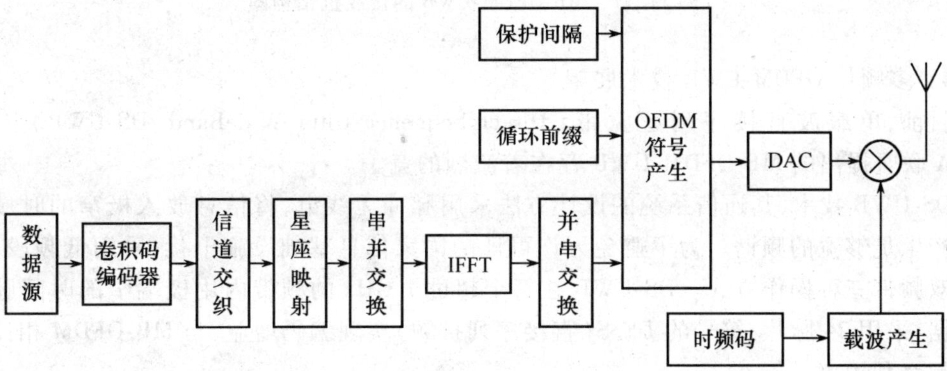

图 11.10 MB-OFDM-UWB 的发射机结构图

从图 11.10 可以看出，OFDM 各个子载波的调制是通过 IFFT 来实现的，为了避免落入保护间隔内，信号的时间必须同步，这样也能保证各子载波的正交性。插入导频的目的就是解决系统的时间和载波同步的问题。

循环前缀的引入既满足削弱符号间的干扰，又能够消除载波间的干扰，同时循环前缀还为时频偏移估计提供了一种高效而简单的方案。

3）MB-OFDM-UWB 的接收机结构

移动信道的主要特征就是多径干扰，尤其是在 UWB 短距离无线通信系统中，信道的最大时延扩展达 200 ns 以上，可分辨多径数量通常高达几十至上百条，多径干扰更为严重。

OFDM-UWB 系统的传输信道是个典型的多径信道，在接收端，子载波间干扰几乎等于零，OFDM 各子载波之间继续保持正交性，可以使系统实现不同用户的多址接入。这种接收机是基于快速跳频的方法，采用插入导频的同步技术来实现的。接收机结构如图 11.11 所示。

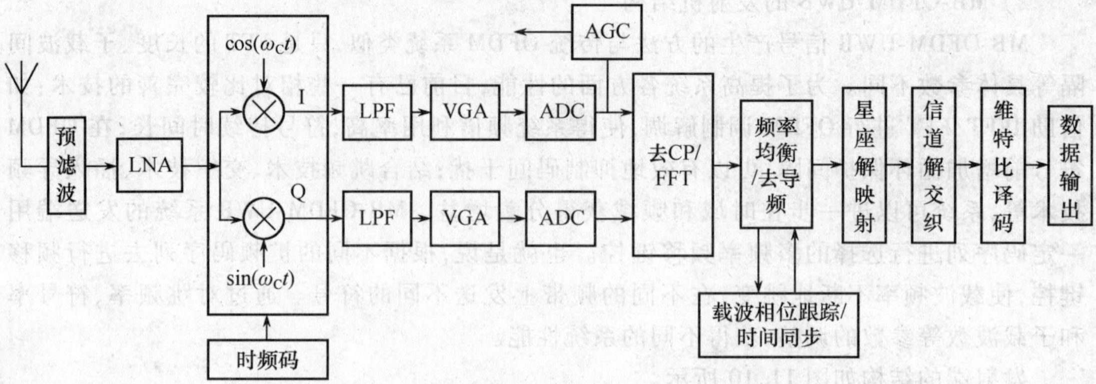

图 11.11 MB-OFDM-UWB 的接收机结构图

4）多频带 OFDM-UWB 技术展望

目前，单载波直接序列超宽带（Direct Sequence-Ultra WideBand, DS-UWB）技术和 MBOA 联盟提出的 MB-OFDM-UWB 存在着激烈的竞争。

DS-UWB 技术，其通信系统的设计方法采用脉冲无线电，将信息放入极窄的时域脉冲从而产生足够宽的频谱。为了避免无许可证的国家信息基础设施干扰，采用低频段，高频段和双频带三种操作方式。DS-UWB 在每个超过 1 GHz 的频带内用极端窄的时间脉冲传输数据，采用 24 脉片/符号的 DSSS（直接序列扩频）实现编码增益，与 MB-OFDM 相比有较好的频率利用率。

MB-OFDM 与 DS-UWB 主要区别在于带宽的分配方法，由此衍生了各种性能上的差异。DS-UWB 受载波间干扰（Inter-Carrier Interference, ICI）影响小，定位准确，耗电量小，适合作为对鲁棒性要求和覆盖率要求高的系统。MB-OFDM 与其他无线系统能够灵活共存，符号周期长，对时间抖动不敏感，但设备复杂度高。

目前，以英特尔和 TI 为首的 MBOA 联盟支持 MB-OFDM 标准，而 DS-UWB 得到了 UWB 论坛的支持，包括摩托罗拉公司在内的厂商提供开发资源。

由于 IEEE 802.15.3a 标准出现僵局，MBOA 于 2004 年初成立了特别兴趣小组，着手制订和推广自己的物理层和 MAC 层规范，力争成为全球事实标准。2004 年 5 月，WiMedia 联盟和 1394 联盟与 MBOA 联合，使得 MBOA 的物理层和 MAC 层规范可广泛支持各种应用层业务，成为 UWB 标准通用平台。

UWB 射频平台包括物理层和媒体接入控制层，其中物理层规范具备了 480 Mb/s 的空中解码能力，并可进一步升级，最终将支持无线数字显示接口（Digital Video Interface, DVI）和高清晰媒体接口（High Definition Multimedia Interface, HDMI）以几 Gb/s 速率的数据进行传输。无线应用环境下，还需要有协议适配层和网络协议适配层。其上面是应用层面的无线串行接口，无线 1394（Wireless 1394），下一代蓝牙及其他应用环境。

MBOA 目前正在开发能够使数据在物理层上通信的 MAC 规范。在 MAC 和物理层上将是由 WiMedia 联盟开发的一个软件融合层。融合层处理通用串行接口、Firewire、蓝牙等具体连接协议和 UWB 基层传输系统之间的通信。WiMedia 联盟正在开发协议适应层，英特尔公司支持的"无线串行接口推广集团"也在进行类似的工作。

关于 MB-OFDM-UWB 技术的最新热点是将 MIMO 技术融合进来。MIMO 技术是在发射端和接收端使用多个天线，在不增加带宽和发射功率的情况下通过使用分集和复用成倍提高通信系统的容量和频谱利用率。这两种技术的结合可提供一种经济、有效的高速率传输手段，满足人们对未来短距离无线通信的要求。

MBOA 芯片已趋于成熟，具有代表性的产品是 Wisair 公司开发的 UWB 芯片组，已获得美国 FCC 认证。该芯片减少了 UWB 无线解决方案的功耗、尺寸和总成本，还支持多频带 OFDM TFI 和 FFT 模式。可在短距离上提供高达 480 Mb/s 的数据传输速率。此外，还支持用 2 个天线实现天线分集，不需要外部匹配不平衡变压器。所以，该芯片适用于快速实现 PC 外设、移动和汽车产品以及要求在短距离上实现高速传输的其他应用。

在可以预见的未来里，UWB 技术一定会成为短距离无线通信领域中的主导技术，而多带正交频分复用 UWB 技术会因其具有高速数据的传输能力、高效的频谱利用率和抗多径干扰等诸多优点，并可方便地与自适应调制、自适应功率分配的自适应技术相结合，必将在未来的市场争夺中占得上风。因此，MB-OFDM 方案得到越来越多的厂商的支持与应用。

11.4 UWB 信道

UWB 信道不同于一般的无线衰落信道。传统的通信系统采用瑞利分布来描述单个多径分量幅度的统计特性，前提是每个分量可以视为极大数量多径分量的合成。然而，由于 UWB 信号具有极高的时域和空间分辨率，可分辨的不同多径到达时间之差可短至纳秒或亚纳秒，此时中心极限定理不再适用，UWB 信道多径增益的小尺度快衰落分布将不再服从瑞利分布。此外，考虑到超宽带脉冲横跨了上吉赫兹的频率范围，它所经历的频率选择性衰落要比一般的窄带信号更严重。从时域上来看，接收信号波形会严重失真，时延扩展极大。

11.4.1 UWB 信道模型

针对信道实测数据，多种 UWB 信道模型被建议，目前广泛采纳的信道模型是英特尔公司提出的 UWB 信道模型。英特尔公司建议的 UWB 信道模型是基于修正的 S－V 模型，该模型采用两个泊松模型定义多径分量的到达时间。第一个泊松模型定义每一簇(Cluster)内第一径的到达时间，第二个泊松模型定义每一簇内多径到达时间。多径分量的增益服从对数正态分布，簇的平均功率和簇内径的平均功率服从双指数分布。

UWB 多径信道模型的数学表达式为

$$h(t) = \sum_{l=0}^{L}\sum_{k=0}^{K}\alpha_{k,l}\delta(t - T_l - \tau_{k,l}) = \sum_{m=0}^{M}h_m\delta(t - \tau_m) \tag{11.8}$$

其中，T_l 是第 l 簇最先到达径的到达时间，$\tau_{k,l}$是第 l 簇中第 k 条路径相对于第一条路径到达时间的延迟，$\alpha_{k,l}$是多径的信道增益，L 是簇的个数，K 是簇内径个数，M 是总的路径个数，h_m 是第 m 条路径的衰减增益，τ_m 是第 m 条路径的延迟。

簇的到达时间 T_l 和径的到达时间 $\tau_{k,l}$的分布分别为

$$p(T_l/T_{l-1}) = \Lambda e^{-\Lambda(T_l-T_{l-1})} \quad l > 0 \tag{11.9}$$

$$p(\tau_{k,l}/\tau_{k-1,l}) = \lambda e^{-\lambda(\tau_{k,l}-\tau_{k-1,l})} \quad k > 0 \tag{11.10}$$

其中，Λ 和 λ 分别是簇的到达率和簇内径的到达率。

多径信道系数 $\alpha_{k,l} = p_{k,l}\beta_{k,l}$，$\beta_{k,l} \in \{+1, -1\}$是随机等概率二进制数，满足

$$20\log_{10}(\beta_{k,l}) \propto N(\mu_{k,l}, \sigma^2) \tag{11.11}$$

期望值为

$$\mu_{k,l} = \frac{10\ln\Omega_0 - 10T_l/\Gamma - 10\tau_{k,l}/\gamma}{\ln 10} - \frac{\sigma^2\ln 10}{20} \tag{11.12}$$

其中，Ω_0 是第一簇的第一条路径的平均功率，Γ 和 γ 分别是簇的衰减系数和簇内径的衰减系数。

$\beta_{k,l}^2$的期望值，即延迟多径密度的轮廓，可写为

$$E\{\beta_{k,l}^2\} = \Omega_0 e^{-T_l/\Gamma} e^{-\tau_{k,l}/\gamma}$$

可视信道和非可视信道的仿真如图 11.12 所示。表 11.1 给出了 4 个典型信道模型的主要参数。

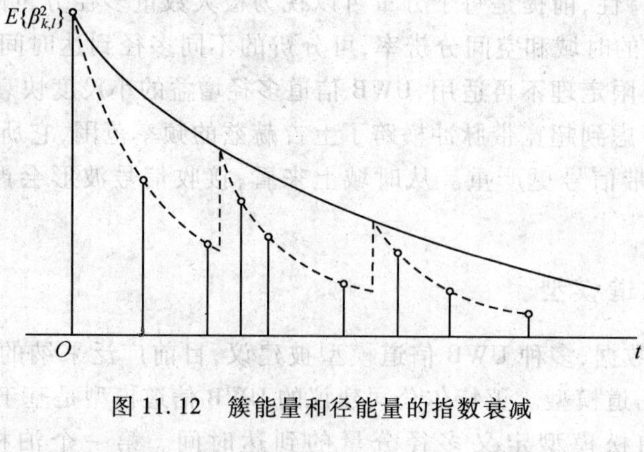

图 11.12 簇能量和径能量的指数衰减

表 11.1 典型的 S-V 信道参数表

模型参数	信道模型 1	信道模型 2	信道模型 3	信道模型 4
Λ	0.023 3 ns	0.4 ns	0.066 7 ns	0.066 7 ns
λ	2.5 ns	0.5 ns	2.1 ns	2.1 ns
Γ	7.1 ns	5.5 ns	14.0 ns	24.0 ns
γ	4.3 ns	6.7 ns	7.9 ns	12 ns

11.4.2 信道和接收机

信号的传播环境是影响无线通信系统性能的主要因素之一,建立准确的传输信道模型对于系统设计,如天线分集、均衡、编码和性能分析等诸方面都是非常重要的。对于 UWB 无线通信而言,由于要求精确的时间或空间分辨力,传统的测量方法和模型已不能提供超宽带应用所需的足够高分辨力。因此,有必要综合考虑 UWB 无线传播环境、系统工作频段、测量技术、模型参数以及测量结果与模型仿真结果之间的匹配问题,以建立 UWB 信道模型。

1. 无多径 AWGN 信道

1)单脉冲接收机

在无多径 AWGN 的情况下,接收机端除得到有用信号外,只受到加性噪声的污染。发射信号 $s(t)$ 经过时延和衰减后的信号为

$$r_u(t) = \alpha s(t-\tau) \tag{11.13}$$

其中,α 为信道增益,τ 为信道时延。

加性噪声 $n(t)$ 通常是热噪声,一般认为是一个随机高斯过程。那么接收到的信号可表示为

$$r(t) = r_u(t) + n(t) \tag{11.14}$$

AWGN 信道的最佳接收机由两部分组成:相关器和检测器。相关器的作用是将式(11.10)所示的接收信号变为一组判决变量 $\{Z\}$,检测器的作用是根据观测值 $\{Z\}$ 决定发送的是哪一个信号波形。

在正交 2PPM-TH 单脉冲情况下,两个可能发射的波形为

$$s_m(t) = \begin{cases} \sqrt{E_{\mathrm{TX}}}\, p_0(t) & b=0 \\ \sqrt{E_{\mathrm{TX}}}\, p_1(t) = \sqrt{E_{\mathrm{TX}}}\, p_0(t-\varepsilon) & b=1 \end{cases} \tag{11.15}$$

其中,ε 为 PPM 引入的时移,$\sqrt{E_{\mathrm{TX}}}$是每个脉冲携带的能量,$p_0(t)$是基本脉冲经过能量归一化后的波形。

2PPM-TH 单脉冲最佳接收机的原理如图 11.13 所示。

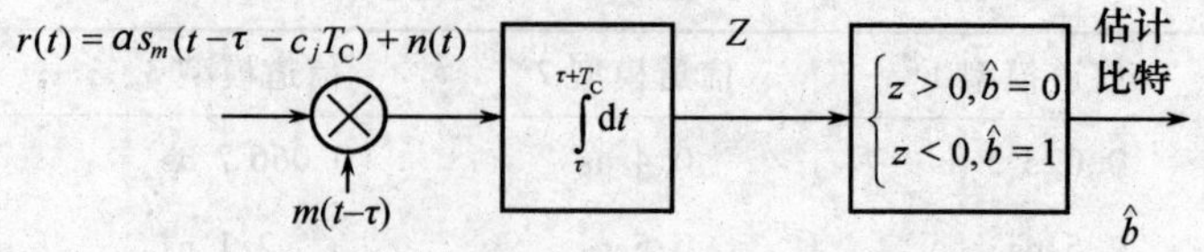

图 11.13　2PPM-TH 接收机

由图 11.13 可知，接收到的信号 $r(t)$ 首先乘以 $m(t-p)$，$m(t-p)$ 为相关掩模 $m(t)$ 的延时信号，$m(t)$ 表达式为

$$m(t) = p_0(t-\tau-c_jT_C-\varepsilon) \tag{11.16}$$

其中，c_j 是分配给用户的 TH 码的第 j 个码片。

相关器的输出为 $Z=\alpha s_m+n_0+n_1$，其中

$$s_m = \begin{cases} s_0 = +\sqrt{E_{TX}} & b=0 \\ s_1 = -\sqrt{E_{TX}} & b=1 \end{cases} \tag{11.17}$$

n_0 和 n_1 是两个独立同分布的高斯随机过程，均值为 0，方差是 $N_0/2$。

当发送的比特相互独立且概率相等时，最佳接收机的平均错误概率为

$$\begin{aligned} Pr_b &= \frac{1}{2}Prob(Z>0\mid b=1)+\frac{1}{2}Prob(Z<0\mid b=0) = Prob(Z<0\mid b=0) \\ &= Prob(\alpha\sqrt{E_{TX}}+n_0-n_1<0) = Prob(\sqrt{E_{TX}}+n_0-n_1<0) \end{aligned} \tag{11.18}$$

$E_{RX}=\alpha^2E_{TX}$ 为接收机从单脉冲中获取的能量。令 $x=n_1-n_0$ 是高斯随机变量，均值为 0，方差为 N_0，那么上式可以写为

$$Pr_b = Prob(x<\sqrt{E_{RX}}) \tag{11.19}$$

因此 Pr_b 可以表示为

$$Pr_b = \frac{1}{2}erfc\left[\sqrt{\frac{E_{RX}}{2N_0}}\right] \tag{11.20}$$

其中，$erfc(y)=\frac{2}{\sqrt{\pi}}\int_y^{-\infty}\mathrm{e}^{-\xi^2}\mathrm{d}\xi$。

图 11.14 是信噪比分别为 0、2、4、6、8dB，单脉冲情况下的误比特率情况。

2）多脉冲接收机

前面的分析是针对每个符号只有一个脉冲的情况。为了改善通信系统的性能发射机，可以通过增加每个符号的脉冲数来引入冗余。当每个符号具有多个脉冲时，接收端可以采用两种检测方式：软判决检测和硬判决检测。

软判决时，接收机把 N_S 个脉冲形成的信号当作一个单独的多脉冲信号，接收信号与相关掩模进行互相关，这里的相关掩模是表示整个符号的脉冲串。则

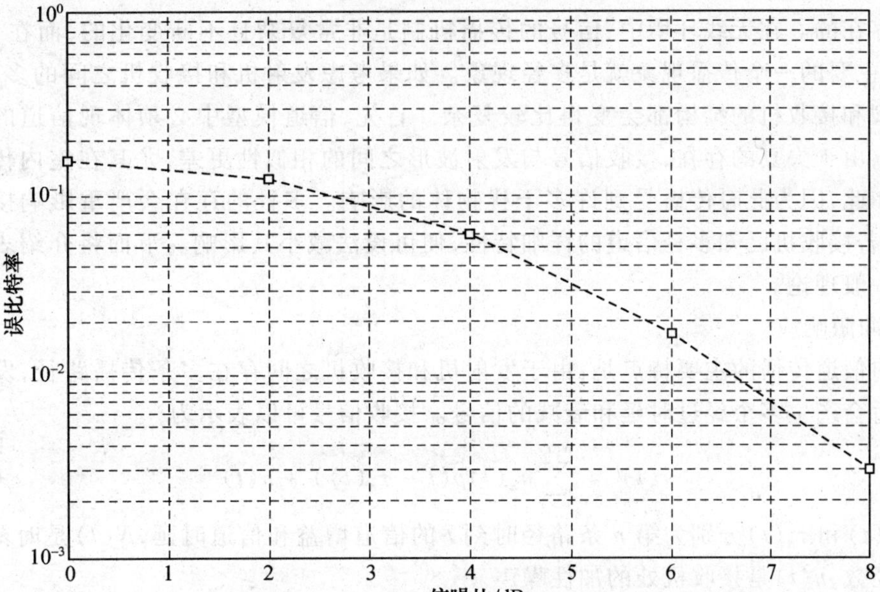

图 11.14 单脉冲 2PPM-TH-UWB 系统的误比特率

$$s_m(t) = \begin{cases} \sqrt{E_{\mathrm{TX}}} \sum_{j=0}^{N_{\mathrm{S}}-1} p_0(t - jT_{\mathrm{S}} - c_f T_{\mathrm{C}}) & b = 0 \\ \sqrt{E_{\mathrm{TX}}} \sum_{j=0}^{N_{\mathrm{S}}-1} p_0(t - jT_{\mathrm{S}} - c_f T_{\mathrm{C}} - \varepsilon) & b = 1 \end{cases} \tag{11.21}$$

计算平均误比特率的公式为

$$Pr_{\mathrm{b}} = \frac{1}{2} erfc\left[\sqrt{\frac{N_{\mathrm{S}} E_{\mathrm{RX}}}{2N_0}}\right] \tag{11.22}$$

硬判决时,接收机对表示一个比特的 N_{S} 个脉冲进行 N_{S} 个独立的判决,最后的判决结果根据简单的大数原则得到:将超过门限的脉冲数与低于门限的脉冲数比较,输出大数对应的比特。如果有超过一半的脉冲被误判,便发生错误判决,误符号率可以表示为

$$Pr_{\mathrm{e}} = \sum_{j=\left[\frac{N_{\mathrm{S}}}{2}\right]}^{N_{\mathrm{S}}} \binom{N_{\mathrm{S}}}{j} Pr_{\mathrm{e0}}^{\,j} (1 - Pr_{\mathrm{e0}})^{N_{\mathrm{S}}-j} \tag{11.23}$$

其中,Pr_{e} 是单次判决的错误概率。

2. UWB 无线电多径信道传播

在信道为理想的 AWGN 信道时,这个信道由信道增益和信道时延这两个参数来表征,在接收端表现为 AWGN 热噪声。这种情况,最佳接收机的结构相对简单,接收机的主要任

务是从 M 个波形中选择一个与接收信号最匹配的波形。但实际情况下,理想的 AWGN 信道是不存在的。在无线环境中,信号的传播机制是非常复杂且不断变化的,而在 UWB 系统中,最主要的一个传播现象就是多径现象。如果考虑发射机和接收机之间的多径,那么信道模型和接收机的结构都会变得比较复杂。首先,信道模型中必须体现信道的时变特性;其次,由于失真的存在,接收信号与发射波形之间的相似性更差,尤其在室内传输情况下更是如此,因为此时传播受到许多干扰物体的影响。多径的存在会严重影响接收机的性能,但若接收机已知多径信道的详细特性,便可设法减小其影响。下面将介绍表征多径信道的一般理论。

1）冲激响应

室内信道传播的主要特点是:由于发射机和接收机之间存在多条传播路径,发射信号传播之后会产生多个经过时延和衰减的信号。接收信号可以表示为

$$r(t) = \sum_{n=1}^{N(t)} a_n(t)p(t-\tau_n(t)) + n(t) \tag{11.24}$$

其中,$a_n(t)$ 和 $\tau_n(t)$ 分别为第 n 条路径时刻 t 的信道增益和信道时延,$N(t)$ 是时刻 t 观测到的路径数,$n(t)$ 是接收机处的加性噪声。

式(11.24)说明,信道可以由 $N(t)$、$a_n(t)$ 和 $\tau_n(t)$ 完全表征。从该式可以得到信道的冲激响应,可以写成

$$r(t) = s(t) * h(t) + n(t) \tag{11.25}$$

其中,$h(t) = \sum_{n=1}^{N(t)} a_n(t)\delta(t-\tau_n(t))$,$\delta(t)$ 是狄拉克数。

式(11.25)中考虑了发射机或接收机的移动等因素随传播环境的变化,信道冲激响应是时变的。但在通常情况下,可以认为信道的变化速率与脉冲速率相比是很慢的,换句话说,可以假定在时间 T(T 大于脉冲平均重复周期)内信道是稳定的。在这样的假设下,式(11.13)可以写为

$$r(t) = \sum_{n=1}^{N} a_n p(t-\tau_n) + n(t) \tag{11.26}$$

信道冲激响应为

$$h(t) = \sum_{n=1}^{N} a_n \delta(t-\tau_n) \tag{11.27}$$

这就是首先由 Turni 于 1956 年提出的著名的 Turni 模型。通过式(11.27)就可以导出用于表征多径的参数,即总多径增益、均方根时延扩展和功率延迟剖面。

首先是总多径增益 G,它表示发送一个单位能量的脉冲时,从 N 个接收到的脉冲中得到的总能量。G 参数可以用下式得到

$$G = \sum_{n=1}^{N} |a_n|^2 \tag{11.28}$$

如果 G 值已知，那么冲激响应可以写为

$$h(t) = \sqrt{G}\sum_{n=1}^{N}\alpha_n\delta(t-\tau_n) \tag{11.29}$$

$$\sum_{n=1}^{N}|a_n|^2 = 1 \tag{11.30}$$

$G<1$，其值与发射脉冲传播过程中遭受的衰减有关。在多径条件下，G 随距离的增加而减小，两者的关系为

$$G = G_0/D^{\gamma} \tag{11.31}$$

其中，G_0 是距离 $D=1$ m 时的参考功率增益，γ 是能量或功率衰减指数。因此可以通过下式得到

$$G_0 = 10^{-A_0/10} \tag{11.32}$$

其中，A_0(dB)表示参考距离 $D_0=1$ 时的路径损耗，即 $A_0=10\lg(E_{TX}/E_{RX0})$，$E_{RX0}$ 是 D_0 处单个脉冲的能量。

第二个参数是均方根(rms)时延扩展 τ_{rms}，即

$$\tau_{rms} = \sqrt{\frac{\sum_{n=1}^{N}\tau_n^2|a|_n^2}{G} - \left(\frac{\sum_{n=1}^{N}\tau^2|a_n|^2}{G}\right)^2} \tag{11.33}$$

式(11.33)表示了信道冲激响应的有效持续时间，它是接收端判断码间串扰存在与否的最基本参数：如果两个脉冲的时间间隔小于 τ_{rms}，则存在 ISI。对于多径环境，τ_{rms} 比较大，因此脉冲间隔必须增大以控制 ISI。而对于多径不太严重的信道，信道冲激响应的能量主要集中在第一条路径上，这时 τ_{rms} 比较小，脉冲重复周期可以相应减小。

冲激响应的功率延迟剖面表示的是不同分量的到达时间和响应的接收功率之间的关系。基本路径的到达时间一般是相对于 LOS 分量而言，LOS 分量的到达时间固定为 0。

表征多径信道更方便的模型是使用离散时间冲激响应模型。在这个模型中，时间轴被划分成小的时间区间，每个时间区间称为一个时间仓，每个时间仓至多包含一个多径分量。因此可以把这个时间仓看做接收机能够区分的两条多径分量的最大时间间隔，也就是信道估值设备的分辨率。引入离散时间信道模型可以简化多径信道下系统性能，那么式(11.27)的冲激响应可以重写为

$$h(t) = \sum_{n=1}^{N_{max}} a_n\delta(t-n\Delta\tau) \tag{11.34}$$

其中，N_{max} 是一个观测时间区间内时间仓的最大数目，$\Delta\tau$ 是时间仓的持续时间。

2) IEEE 802. ls. 3a 的 UWB 信道模型

2003 年 7 月，IEEE 802.15.3a 研究小组信道模型分委会发布了 UWB 室内多径信道模型的最终报告(IEEE 802.15.SG3a，2003)，用这个模型评估提交给 IEEE 802.15.3 任务组各种物理层的性能。这个模型是采用基于簇方式的模型。

IEEE 的模型可以表示为

$$h(t) = X\sum_{n=1}^{N}\sum_{k=1}^{K(n)}\alpha_{nk}\delta(t - T_n - \tau_{nk}) \tag{11.35}$$

其中,X 是对数正态随机变量,代表信道的幅度增益,N 是观测到的簇的数目,$K(n)$是第 n 簇内接收到的多径数目,α_{nk}是第 n 簇中第 k 条路径的系数,T_n 是第 n 簇到达时间,τ_{nk}是第 n 簇中第 k 条路径的时延。

当下列的参数确定后,由冲激响应式(11.35)表示的信道模型就可以完全表征出来:

簇平均到达速率 Λ

脉冲平均到达速率 λ

簇的功率衰减因子 Γ

簇内脉冲的功率衰减因子 γ

簇的信道系数标准偏差 σ_ξ

簇内脉冲的信道系数标准偏差 σ_ζ

信道幅度增益的标准偏差 σ_g

IEEE 根据不同环境,给出了上述参数的一组参考值,如表 11.2 所示。

表 11.2 IEEE UWB 信道模型的参数设置属性

方案	Λ/ns^{-1}	λ/ns^{-1}	Γ	γ	σ_ξ/dB	σ_ζ/dB	σ_g/dB
Caes A:LOS(0 ~4m)	0.023	2.5	1	3	3.394 1	3.394 1	3
Caes B:NLOS(0 ~4m)	0.4	0.5	5	7	3.394 1	3.394 1	3
Caes C:NLOS(0 ~4m)	0.066 7	2.1	4	9	3.394 1	3.394 1	3
Caes D:极限 NLOS 多径信道	0.066 7	2.1	4	2	3.394 1	3.394 1	3

11.4.3 UWB 信道估计

无线多径信道会对接收信号产生衰落、码间干扰等影响,为了减小信道对系统性能的影响,接收机需要进行 Rake 接收以及均衡等处理,而这些处理都需要获得信道信息,所以首先要进行信道估计。

这里首先介绍噪声平滑的方法,然后介绍传统的信道估计方法以及 UWB 系统中进一步提高估计性能的处理方法。

1. 噪声平滑

由于系统的工作信噪比很低,因此在进行信道估计之前需要对多个重复同步码元进行相加平均,目的是平滑噪声,提高信噪比。

第 m 个接收到的同步码元为

$$r[n + mN_{\text{pre}}] = \sqrt{\varepsilon}d_{\text{pre}}[n] * \tilde{h}[n] + n[n + mN_{\text{pre}}] \tag{11.36}$$

其中，N_{pre}为每个同步头码元扩频序列的长度。

将 M 个接收同步码元进行平均，可得

$$\bar{r}[n] = \frac{1}{M}\sum_{m=1}^{M} r[n + mN_{\text{pre}}] = \sqrt{\varepsilon}d_{\text{pre}}[n] * \tilde{h}[n] + \bar{n}[n] \tag{11.37}$$

其中，$\bar{n}[n] = \frac{1}{M}\sum_{m=1}^{M} n[n+mN_{\text{pre}}]$，平均后的噪声 $\bar{n}[n]$的方差是$n[n]$的 $1/M$，说明 M 次平均可以将接收信号 $\bar{r}[n]$的信噪比提高 M 倍。

2. 传统的信道估计方法

这里介绍两个经典的信道估计方法：一个是滑动相关方法，另一个是最小二乘估计方法。

1）滑动相关估计方法

在前面小节中，我们已经分析当同步头所用扩频序列具有理想自相关特性时，即 $R_{\text{pre}}[n] = \delta[n]$，则$\bar{\gamma}[n] = \sqrt{\varepsilon}\,\tilde{h}[n] + \bar{\tilde{n}}[n]$，因此可以直接将滑动相关输出值作为信道冲激响应的估计值，有

$$\hat{h}[n] = \bar{\gamma}[n] = \bar{\gamma}[n]^* d_{\text{pre}}[-n] \tag{11.38}$$

与同步实现时的问题相同，在时域进行滑动相关的复杂度过高，因此可变换到频域进行处理，即频域信道估计 $\hat{H}[k]$为

$$\hat{H}[k] = \bar{\Gamma}[k] = \bar{R}[k]D^*_{\text{pre}}[k] \tag{11.39}$$

其中，$\bar{R}[k] = \text{FFT}\{\bar{r}[n]\}$，$D_{\text{pre}}[k] = \text{FFT}\{d_{\text{pre}}[n]\}$，$D^*_{\text{pre}}[k]$表示 $D_{\text{pre}}[k]$的共轭。

如果后端的操作是在时域进行处理，则需要将 $\hat{H}[k]$变换到时域，得到时域信道估计 $\hat{h}[n] = \text{IFFT}\{\hat{H}[k]\}$。

2）最小二乘估计方法

当同步头的扩频序列 $d_{\text{pre}}[n]$的自相关特性不够理想时，滑动相关受扩频序列的自相关特性影响较大，因此可采用最小二乘准则下的信道估计方法，由于噪声平滑后接收信号为

$$\bar{r}[n] = \sqrt{\varepsilon}d_{\text{pre}}[n]^*\tilde{h}[n] + \bar{n}[n] \tag{11.40}$$

变换到频域有

$$\bar{R}[k] = \sqrt{\varepsilon}D_{\text{pre}}[k]\cdot\tilde{H}[k] + \bar{N}[k] \tag{11.41}$$

其中，$\bar{R}[k]$、$D_{\text{pre}}[k]$、$\tilde{H}[k]$和 $\bar{N}[k]$为 $\bar{r}[n]$、$d_{\text{pre}}[n]$、$\tilde{h}[n]$和 $\bar{n}[n]$FFT 变换的结果。

根据最小二乘法准则，得到的频域信道估计 $\hat{H}[k]$为

$$\hat{H}[k] = \frac{\bar{R}[k]D_{\text{pre}}^*[k]}{D_{\text{pre}}[k]D_{\text{pre}}^*[k]} = \frac{\bar{R}[k]}{D_{\text{pre}}[k]} = \sqrt{\varepsilon}\hat{H}[k] + \frac{\bar{N}[k]}{D_{\text{pre}}[k]} \tag{11.42}$$

相应的时域信道估计为 $\hat{h}[n] = \text{IFFT}\{\hat{H}[k]\}$。

如果训练序列具有理想的自相关特性，则有 $D_{\text{pre}}^*[k] = 1/D_{\text{pre}}[k]$，滑动相关和最小二乘的信道估计算法等价。对于实际系统，由于受到一些实现因素的制约或者非理想因素的影响，训练序列的自相关特性不够理想。滑动相关算法的性能主要受 $d_{\text{pre}}[n]$ 自相关特性影响，得到的 $\hat{h}[n]$ 是有偏估计。最小二乘的算法考虑了 $d_{\text{pre}}[n]$ 非理想自相关特性的影响，得到的 $\hat{h}[n]$ 是无偏估计，但是估计误差为 $\bar{N}[k]/D_{\text{pre}}[k]$，存在噪声放大的问题。可见两种算法适用于不同的工作信噪比环境。当数据率较低，如 10 ~ 20 Mb/s，工作信噪比较低，影响估计性能的主要因素是噪声，因此适宜采用滑动相关的估计算法；而在高数据率下，如 40 ~ 100 Mb/s，工作信噪比较高，影响估计性能的主要因素是扩频序列的相关特性，因此适宜采用频域最小二乘的估计算法。

3）提高估计性能的方法（方式与噪声平滑法相同）

频域估计的信道 $\hat{H}[k]$ 变换到时域，得到的 $\hat{h}[n]$，两者满足如下关系

$$\hat{h}[n] = \begin{cases} \sqrt{\varepsilon}\ \bar{h}[n] + \varepsilon[n] & 0 \leqslant n \leqslant L \\ \varepsilon[n] & L < n < N_{\text{pre}} \end{cases} \tag{11.43}$$

其中，$\varepsilon[n]$ 表示信道估计误差，在最小二乘法中 $\varepsilon[n] = \text{IFFT}\{\bar{N}[k]/D_{\text{pre}}[k]\}$。

在某些系统中，当同步头使用扩频序列长度为 $N_{\text{pre}} = 2\,048$，最大多径时延扩展为 1 μs（$L = 500$）时，则在 $\hat{h}[n]$ 中，约有 3/4 的部分都是噪声，信道估计误差太大，同样频域信道估计 $\hat{H}[k]$ 的估计误差也较大，因此需要对 $\hat{h}[n]$ 进行时域滤波，提高信道估计的性能。

传统时域滤波是对信道估计结果 $\hat{h}[n]$ 进行加窗处理，即滤波后的信道估计 $\hat{h}_F[n]$ 为

$$\hat{h}_F[n] = \begin{cases} \hat{h}[n] & 0 \leqslant n \leqslant G \\ 0 & G < n < N_{\text{pre}} \end{cases} \tag{11.44}$$

加窗的长度 G 为假设已知的多径信道长度 L，当 FFT 变换的点数 N_{pre} 远大于多径信道的长度 L 时，L 以外的噪声将全部被滤除，因此 $\hat{h}_F[n]$ 比 $\hat{h}[n]$ 的估计误差小。但是这种时域滤波需要准确地估计时域信道长度信息 L，当信道长度估计不准时，信道估计性能将受到信道失真的影响。

传统系统中确定窗长度 G 的方法有两种：

（1）当可分辨多径长度 L 较少且多径能量相对集中时，可以通过能量窗滑动的方法较准确地估计多径长度。

（2）当每种系统针对的传输距离变化不大时，系统可以根据最远传输距离对应的最

大多径长度 L 来固定窗长 G,实际多径长度与最大多径长度的差距不大。

但是在 UWB 系统中,可分辨多径个数比传统系统大得多,信道能量很分散,通过能量窗滑动估计多径信道长度 L 的估计误差很大。因此,当无法准确地估计时域信道长度信息 L 时,传统时域滤波方法也不再适用。

典型的 UWB 室外信道冲激响应如图 11.15 所示,UWB 信道可分辨多径较多,能量较为分散,多径按簇的形式到达。对于室外信道,多径信道还具有稀疏特性,所以簇与簇之间存在大量低信噪比的小径。利用信道的这些特性,对信道估计值 $\hat{h}[n]$ 可以采用一种门限滤波的方法进行降噪处理。

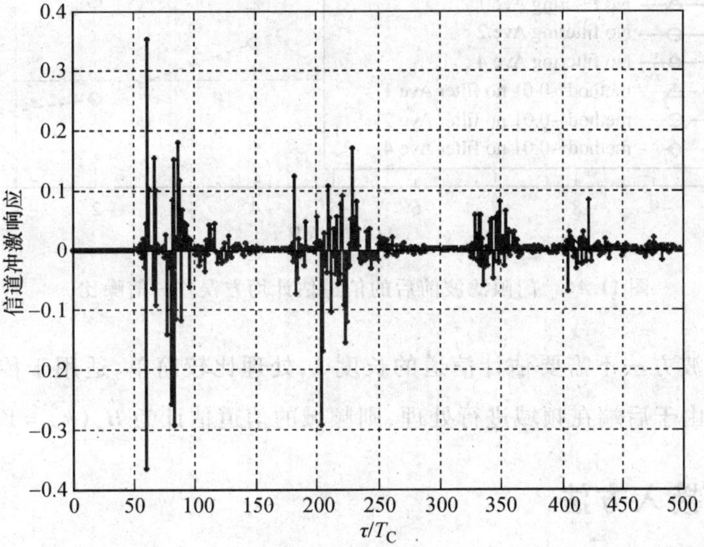

图 11.15 典型的 UWB 室外信道冲激响应

取最大径估计值的 1%(1% 是根据仿真确定的)作为门限,即 $\eta = 0.01 \times \max\{|\hat{h}[n]|^2\}$,将 $|\hat{h}[n]|^2$ 与门限 η 进行比较,只保留超过门限的估计值,其余置零,处理后得到的信道估计值为

$$\hat{h}_F[n] = \begin{cases} \hat{h}[n] & |\hat{h}[n]|^2 \geqslant \eta \\ 0 & |\hat{h}[n]|^2 < \eta \end{cases} \tag{11.45}$$

图 11.16 给出了用 1、2 和 4 个同步训练序列码元进行噪声平滑,门限滤波前后的信道估计均方误差(MSE),其中,黑色曲线表示门限滤波前信道估计 MSE,灰色曲线表示门限滤波后信道估计 MSE,从比较结果可见这种门限滤波的方法可以有效地滤除噪声。

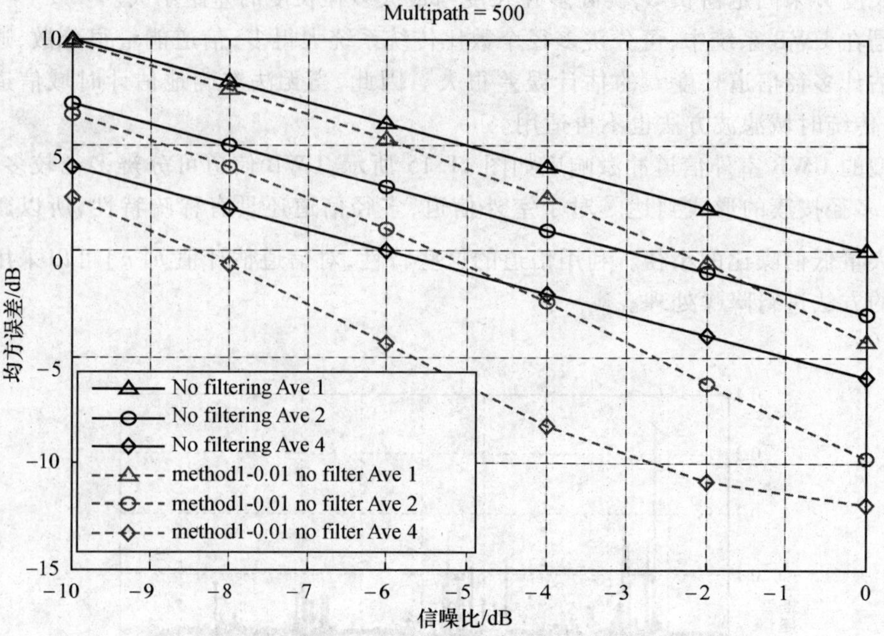

图 11.16 门限滤波前后的信道估计均方误差—信噪比

这种门限滤波方法不需要估计信道的长度 L,处理比较简单,适用于传输距离变化范围较大的系统。由于后端在频域进行处理,则频域的信道估计为 $\hat{H}_F(k) = \mathrm{FFT}\{\hat{h}_F[n]\}$。

11.5 UWB 接入方法

UWB 信号最常用和最传统的方法是发射时域上很短的脉冲,这种传输技术称为"冲激无线电"(IR)。IR UWB 系统是通过发送一串时间上不重叠的纳秒级脉冲来传输数据的,不像传统通信系统使用正弦波把信号调制到载波上,所以又称为无载波基带系统。

信息数据符号对脉冲进行调制,其调制方式可以有多种。PPM 和 PAM 是最常用的两种调制方式。

多用户无线通信系统的设计是基于采用多用户接入方式,系统中多个用户共用空间频谱资源,并且相互之间存在的干扰大小会受到特别的控制。当通信系统允许不同的用户使用相同的物理媒体来发送和接收数据流时,就认为该系统提供了多址(MA)功能。如果多用户以对等的方式使用传输资源,且不同的用户使用所谓不同的信道,那么,用户之间的分离就是可能的。通常认为一个信道对应于:

- FDMA 中的一段频带,被分割的资源是频率;
- TDMA 中的一个时隙,被分割的资源是时间;

• CDMA 中的一个编码,被分割的资源是一族码。

或者上述几种情况结合使用。基于 UWB 的多址通信系统可以采用上述三种方式中的任何一种。由于 UWB 脉冲信号的持续时间很短,具有其调制方式的特殊性,因此 IR-UWB 可以使用某种特殊的方式从时间上区分不同用户。通常用 TH 序列对数据符号编码来形成 RI 信号的频谱。这些序列同样可作为用户的标志码字,允许多个用户接入传输介质。这种划分资源的方式称为跳时多址。在跳时多址中,资源由时间和码的结合构成,因此尽管跳时多址中各用户在时域上也是分开的,但不同用户采用不同的跳时码,THMA 也属于 CDMA 范畴。在 DS-UWB 中,每一个用户被分配一个不同的码,发送的数据符号经过伪随机码扩频后再用 BPSK 调制,其信道资源仅是 PN 码,为脉冲形式的 DS-CDMA。后来,有学者将混沌理论引入到 UWB 系统,利用混沌序列扩频和伪混沌编码跳时(Pseuclo-Chaotic Time Hopping,PCTH)调制进行多址接入。

11.5.1 TH-PPM 多址接入技术

1. 发送信号形式

IR-UWB 技术中普遍使用的脉冲模型一般为高斯脉冲(Gaussian pulse)及其导数形式,其一阶导数为瑞利单脉冲(Rayleigh Monocycle),对高斯脉冲求二阶导数可得高斯单脉冲(Gaussian Monocycle)。高斯形脉冲类似于单周期正弦波,频谱结构中的直流及接近直流的频谱成分较弱,有利于极窄脉冲信号的传输,接收端易于相关检测与识别,其表达式为

$$p(t) = \pm \frac{1}{\sqrt{2\pi\sigma^2}}e^{-\frac{t^2}{2\sigma^2}} = \pm\frac{\sqrt{2}}{\alpha}e^{-\frac{2\pi t^2}{\alpha^2}} \tag{11.46}$$

其中,$\alpha^2 = 4\pi\sigma^2$ 是脉冲形成因子,σ^2 为方差。

实际中,最普遍采用的脉冲波形是高斯单脉冲,具体表达式为

$$p(t) = \left(1 - 4\pi\frac{t^2}{\alpha^2}\right)e^{-\frac{2\pi t^2}{\alpha^2}} \tag{11.47}$$

2. 信号的调制

对承载数字信息的脉冲串进行 PPM,通过伪随机码跳时扩频。第 k 个用户发射的 TH-PPM 信号可以表示为

$$S_k(t) = \sum_{j=-\infty}^{\infty} w(t - jT_F - c_F^{(k)}T_C - \delta d_{[j/N_S]}^k) \tag{11.48}$$

其中,$w(r)$为发射的单脉冲信号波形,r 为发射时间,i 为发射脉冲的个数,T_F 为脉冲重复周期或者称为帧时间,$\{c_F^k\}$为第 k 个用户的跳时码。数字调制时,N_S 是每个信息符号发射的冲激脉冲的个数,数据符号$\{d_{[j/N_S]}^k\}$为由 0 和 1 组成的二元符号流。通常假定脉冲信号在 $t=0$ 时刻开始发送,因此,第 k 个发射机发送的第 j 个脉冲的发送时间为 $jT_F + c_F^{(k)}T_C + \delta d_{[j/N_S]}^k$,其发射端框图如图 11.17 所示。

为了进一步理解信号的物理意义和信号的各个组成。可从以下三个部分来讨论信号

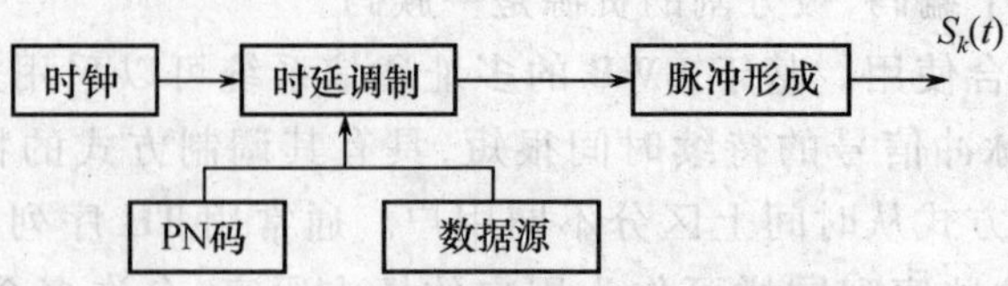

图 11.17　TH-PPM UWB 发射端结构框图

的时移。

(1) 脉冲序列 $\sum_{j=-\infty}^{\infty} w(t-jT_F)$,其中 T_F 为脉冲的重复周期或称为帧持续时间,一般为脉冲持续时间的几百至几千倍,它的最大倍数主要受到时钟稳定性的制约,结果造成信号具有很低的占空比。

(2) 在数据调制情况下,用户 k 发射的数据序列 $\{d^k_{[j/N_S]}\}$ 是二元数字信息,每个信息符号发射 N_S 个冲激脉冲。$[j/N_S]$ 是第 j 个调制脉冲的系数,其中,[ ]表示取整,每 N_S 个脉冲代表一个符号。当数据 $d=1$ 时,$\delta d^k_{[j/N_S]}=\delta$,脉冲有附加时移 δ;当数据 $d=0$ 时,$\delta d^k_{[j/N_S]}=0$,脉冲无附加时移。数据调制进一步平滑了伪随机跳时调制的功率谱密度。在这种调制方式下,单个符号持续时间 $T_S=N_ST_F$,对于固定的单周期 T_F 来说,信息传输速率 R_S 决定了单周期脉冲的数量 N_S 为

$$R_S = 1/T_S = 1/(N_ST_F) \tag{11.49}$$

经数据调制后的信号表示为

$$s(t) = \sum_{j=-\infty}^{+\infty} w(t-jT_F-\delta d) \tag{11.50}$$

(3) 在伪随机跳时情况下,为了消除多址接入时发生碰撞的情况,给每一个用户(编号为 k)分配一个独有的脉冲移位模式 $\{c^k_F\}$,$0\leqslant c^k_F<N_k$,即跳时码。跳时码是伪随机周期码,其周期为 N_P,即 $c^k_{j+iN_P}=c^k_j$,$\forall i,j\in Z$,每一个码是在 $0\leqslant c^k_F<N_k$ 范围内的一个整数。因此,跳时码为码序列中的每一个脉冲提供了附加的时移 $c^k_FT_C$。

下面讨论跳时码引起的时移 $c^k_FT_C$ 和脉冲重复周期 T_F 之间的关系。由于 $0\leqslant c^k_F<N_kT_C$,为了使跳时能够在一帧时间 T_F 内进行,通常取 N_kT_C/T_F 严格小于 1。如果 N_kT_C 的值太小,那么发生信息碰撞的概率依然较大,但如果 N_kT_C 的值足够大并且跳时码设计合理,则在许多情况下多址干扰可以被模型化为一个高斯随机过程。由于跳时码是周期性的,其周期为 N_P,所以波形 $\sum_{j=-\infty}^{+\infty} w(t-jT_F-c^k_FT_C)$ 也具有周期性,其周期 $T_P=N_PT_F$,相应的功率谱密度的谱线间隔从 $1/T_F$ 减少到 $1/T_P$,这样就减少了均匀间隔的脉冲串的功率谱密度,起到平滑频谱的作用。

经 TH-PPM 调制后的信号表示为

$$s(t) = \sum_j w(t - jT_F - c_F T_C - \delta d) \tag{11.51}$$

经过 PN 码跳时处理后的信号在频域为高斯白噪声形式，在时域上每个用户都可以有一个唯一的伪随机跳时码，这与传统的 CDMA 多址通信技术中的 PN 码序列极其类似。

3. 接收信号处理

设发射信号在自由空间信道传播，系统有 k 个接入用户，则接收信号可以表示为

$$r(t) = \sum_{k=1}^{N_k} A_k s_k(t - \tau_k) + n(t) \tag{11.52}$$

其中，A_k 表示第 k 个用户发射的信号通过传播路径到达接收机处接收信号 $s_k(t-\tau_k)$ 的幅度衰减，τ_k 表示第 k 个用户发射信号与接收信号的时延，$n(t)$ 是加性高斯白噪声。

下面假设接收机期望接收的是用户 1 的信号，且只有用户 1 在发射信号，那么接收信号表示为

$$r(t) = A_1 s_1(t - \tau_1) + n(t) \tag{11.53}$$

如果同步良好，例如已知 τ_1 的值时，接收机能判断时间间隔序列 $\{\tau_i\}$，间隔 τ_i 包含数据比特 d_f^1 的信息。当与第一个信号完全同步时，用户 1 的信息比特的解调判决问题其实是一个假设检验问题，如下式所示

$$H_d: r(t) = A_1 w_{\text{bit}}(t - \delta d) + n(t) \tag{11.54}$$

其中，$d \in \{0,1\}$，$w_{\text{bit}}(t)$ 为数据比特波形，即

$$w_{\text{bit}}(t) = \sum_{j=N_S}^{(i+1)N_S-1} w_{\text{rec}}(t - jT_F - c_F^1 T_C - \tau_1) \tag{11.55}$$

其中，假设 $w_{\text{rec}}(t)$ 在区 $[0, T_m]$ 内为非零值。这里用来与 $r(t)$ 匹配接收的本地参考信号为

$$w_{\text{bit}}(t) = w_{\text{bit}}(t) - w_{\text{bit}}(t - \delta) = \sum_{j=N_S}^{(i+1)N_S-1} w_{\text{rec}}(t - jT_F - c_F^1 T_C - \tau_1) \tag{11.56}$$

其中，$v(r)$ 为模板信号，可表示为

$$v(t) = w_{\text{rec}}(t) - w_{\text{rec}}(t - \delta) \quad t \in [0, T_m + \delta] \tag{11.57}$$

接收机判决“$d=0$”的条件是

$$\alpha = \sum_{j=0}^{N_S-1} \int_{w1+jT_F}^{n+(j+1)T_F} r(t) v(t - \tau_1 - jT_F - c_F^1 T_C)\,dt > 0 \tag{11.58}$$

否则判决“$d=1$”，观察时间为比特持续时间 $T_S = N_S T_F$。

可见，统计量 α 是参考信号与不同时延的接收信号相关输出之和。在研究多址干扰时，一般假设其多址干扰近似为高斯分布，采用以上简单检测方法。一个可行的接收框图如图 11.18 所示。

4. 系统容量

系统容量是衡量一个多址接入系统性能好坏的重要方面。假设链路要满足误码率性能指标所需的最小信噪比为 $SNR_{\min}$，定义 $\Delta P = 10\log_{10}\{SNR(1)/SNR(N_u)\}$ 表示第一个用

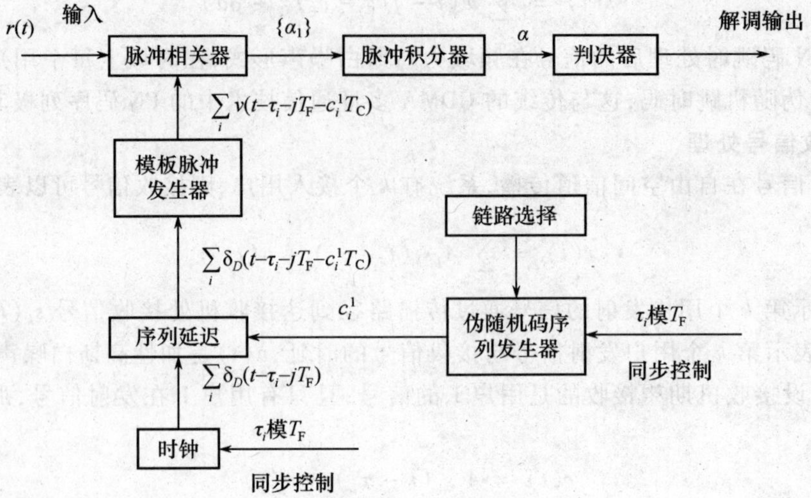

图 11.18　TH-PPM 系统接收框图

户受其他 N_u-1 个用户多址干扰影响的情况下。要维持信噪比 $SNR_{\min}$，需要发射功率的增量。则有

$$\sum_{k=1}^{N_u}\left(\frac{A_k}{A_1}\right)^2 = M^{-1}R_{\mathrm{S}}SNR^{-1}(N_u)\{1-10^{-(\Delta P/10)}\} \tag{11.59}$$

在功率控制良好的条件下，即 $A_k=A_1$，UWB 系统在加性高斯白噪声和给定的传输比特速率条件下所能容纳的用户数可以表示为

$$N_u(\Delta P) = \{M^{-1}SNR^{-1}(N_u)[1-10^{-(\Delta P/10)}]\}+1 \tag{11.60}$$

其中，M 是调制系数，在 UWB 通信方式中 $M=R_{\mathrm{S}}T_{\mathrm{F}}\sigma_\alpha^2/m_p^2$。由此可以看出，$N_u$ 是 ΔP 的单调递增函数，故系统的最大接入用户数为

$$N_u(\Delta P) \leqslant \lim_{\Delta P\to\infty} N_u(\Delta P) = M^{-1}SNR^{-1}(N_u)+1 = N_{\max} \tag{11.61}$$

因此，对给定了基于 BER 的 SNR_{m} 指标，对于固定的调制速率，用户数据有上边界，采用相关接收的 UWB 系统的用户数不能超过此界限。

在给定误比特率情况下，对系统容量进行仿真，理想化的接收波形可以表示为

$$w_{\mathrm{rec}}(t) = [1-4\pi(t/t_n)^2]\exp[-2\pi(t/t_n)^2] \tag{11.62}$$

仿真参数设置为：脉冲宽度 $t_n=0.29$ ns，重复周期 $T_{\mathrm{F}}=100$ ns，$\delta=0.156$ ns。由信号参数可计算出 $m_p^2=0.0305$，$\sigma_\alpha^2=0.006$。设传输速率 $R_{\mathrm{S}}=19.2$ kb/s，即每个符号的周期 $T_{\mathrm{S}}\approx52$ μs，则每个符号包含的脉冲数为 $T_{\mathrm{S}}/T_{\mathrm{F}}=521$，调制系数 $M^{-1}=2.63\times10^5$。假设系统的功率控制良好，在系统允许的误比特率下，可以计算出，随着用户数目的增加，要维持误码率所需的附加功率与用户数的关系，如图 11.19 所示。从图中可以看到，随着附加功率的增加，系统接入用户总数也增加，但存在一定上限。

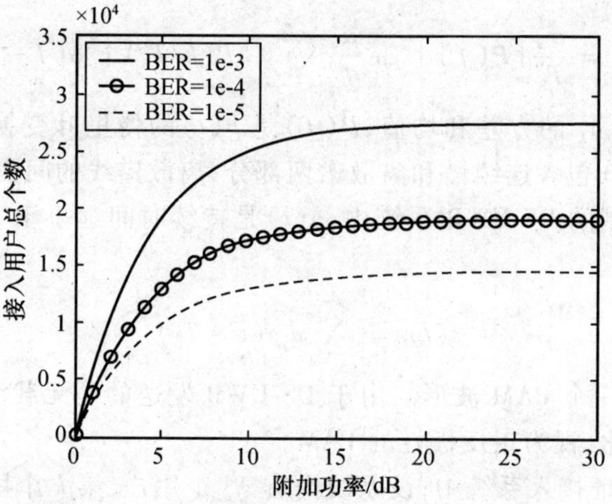

图 11.19 TH-PPM 系统附加功率与接入用户总数关系图

11.5.2 DS-UWB 多址技术

1. 信号调制

DS-UWB 其工作原理与 DS-CDMA 类似。在发射端，将经过编码后的数据源送出的数字信息与周期伪随机序列直接相乘，将得到的扩频信号激发脉冲形成电路，对发射脉冲进行 PAM 调制或者 BPSK 调制，形成 DS-UWB 信号（此处发射的脉冲信号波形也是前面采用的高斯脉冲）。发射端的结构框图如图 11.20 所示。

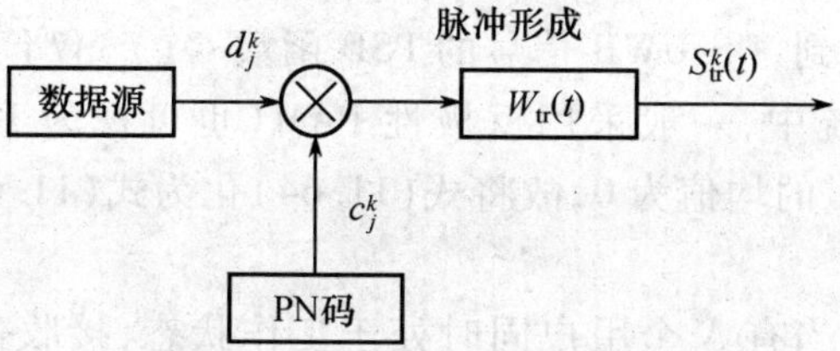

图 11.20 DS-UWB 发射端结构框图

采用 PAM 时，用 $p(t)$ 表示 UWB 信号的波形，发送的短脉冲序列 $s(t)$ 在时间轴上均匀分布，T_S 为每个脉冲的持续时间，第 k 个脉冲发送的时刻是 $t=kT_S$，发送的数据控制 UWB 脉冲信号的幅度 a_k，PAM 调制的 UWB 信号 $s(t)$ 为

$$s(t)=\sum_{k=-\infty}^{\infty}a_k p(t-kT_S) \tag{11.63}$$

设发送的数据为独立同分布的随机变量，计算 $s(t)$ 的自相关函数可求得信号 $s(t)$ 的

功率谱密度(Power Spectral Density,PSD)函数 $\Phi(f)$ 为

$$\Phi(f) = \frac{\sigma_a^2}{T_S}|P(f)|^2 + \frac{\mu_a^2}{T_S^2}\sum_{k=-\infty}^{\infty}|P(k/T_S)|^2\delta(f-k/T_S) \tag{11.64}$$

其中,σ_a^2 和 μ_a 分别是 a_k 的方差和均值,$P(f)$ 是 $p(t)$ 的傅里叶变换,$\delta(t)$ 是单位冲击函数。可见,PAM 的 PSD 包含连续谱和离散谱两部分,离散谱线的间隔是 $1/T_S$。

在基于 BPSK 调制的 DS-UWB 系统中,$p(t)$ 是持续时间远小于 T_S 的高斯脉冲。其输出信号 $s(t)$ 可表示为

$$s(t) = \sum_{j=-\infty}^{+\infty} d_j p(t-T_S) \tag{11.65}$$

输出的波形显然也是一个 PAM 波形。由于 DS-UWB 发送的是无载波的脉冲数据符号,采用 BPSK 调制时可简化,视为正反极性的 PAM。

在 DS-UWB 的多址接入系统中,设系统内有 N_u 个用户,第 k 个用户的发射信号为

$$S_{tr}^{(k)}(t) = \sqrt{E_k}\sum_j d_j^{(k)}\sum_{k=0}^{N_0-1} c_j^{(k)} w_{tr}(t-jT_F-kT_C) \tag{11.66}$$

其中,E_k 为第 k 个用户的发射功率,$d_j^{(k)}$ 表示第 k 个用户发射的数据比特,w_{tr} 为发射的窄脉冲,T_F 和 T_C 分别表示帧时间和码片时间,并有 $T_F = N_S T_C$,$c_j^{(k)}$ 表示扩频码序列,一般采用 PN 序列。

假设发送的数据为独立同分布,且均值为 0 的随机变量,计算 $s(t)$ 的自相关函数,再计算自相关函数的傅里叶变换,可得信号 $s(t)$ 的 PSD 函数 $\Phi(f)$ 为

$$\Phi(f) = \frac{|P(f)|^2}{T_S}\sum_{m=-\infty}^{+\infty} R_d(m)e^{-j2\pi fmT_S} = \frac{|P(f)|^2}{T_S}P_C(f) \tag{11.67}$$

其中,$P_C(f)$ 是扩频码序列的自相关函数 $R_d(m)$ 的离散时间傅里叶变换。

从式(11.67)可以看到,DS-UWB 信号的 PSD 函数 $\Phi(f)$ 仅包含连续谱,不含离散谱。这是因为在 DS-UWB 系统中,一般采用反极性 PAM(也可视为 BPSK)的特殊情况,即式(11.64)中的信号幅度 a_k 的均值为 0,故将式(11.64)化为式(11.67)。

2. 接收信号处理

在 DS-UWB 系统中,当有 N 个用户同时处于工作状态,接收信号与 TH-PPM UWB 的一样,表示为

$$r(t) = \sum_{k=1}^{N_u} A_k s_{rec}^k(t-\tau_k) + n(t) \tag{11.68}$$

其中,A_k 表示第 k 个用户发射的信号通过传播途径到达接收机处的接收信号 $s_{rec}^k(t-\tau_k)$ 的幅度衰减,τ_k 表示第 k 个用户发射信号与接收信号的时延,$n(t)$ 是加性高斯白噪声,并满足其假设 $N(0,\sigma_n^2)$。为简单起见,假设接收端的信号 $w_{rec}(t)$ 是已知的。

假设接收机期望接收的是用户 1 的信号,那么接收机端通过对接收信号的观察,检测出 d_f^1 是 1 还是 0。第 j 个符号间隔内的接收信号可以表示为

$$r(t)=A_1\sum_{n=0} d_f^1 c_n^1 w_{\rm rec}(t-\tau_1-jT_{\rm F}-nT_{\rm C})+n_{\rm tot}(t) \tag{11.69}$$

其中，$n_{\rm tot}(t)=\sum_{k=2}^{N_u} A_k s_{\rm rec}(t-\tau_k)+n(t)$，$\sum_{k=2}^{N_u} A_k s_{\rm rec}(t-\tau_k)$为 MAI，$n(t)$为零均值的加性高斯白噪声。

假设接收端与第 1 个用户的发射端信号的时钟和序列同步良好。在这种情况下，判断接收信号 $d_f^1=0$ 的条件是统计判决量 $d_f^1=0$，反之，$d_f^1=1$。如下式所示

$$\alpha=\int_{\tau_1+jT_{\rm F}}^{\tau_1+(j+1)T_{\rm F}} r(t)\sum_{n=0}^{N_{\rm C}-1} c_n^1 w_{\rm rec}(t-\tau_1-jT_{\rm F}-nT_{\rm C})\,{\rm d}t \tag{11.70}$$

当把多址干扰视为一个高斯随机过程，则总噪声 $n_{\rm tot}(t)$就是一个白高斯随机过程。这时，统计判决量可表示为 $\alpha=m+n_d$。其中 m 和 n_d 分别为

$$m=\int_{\tau_1+jT_{\rm F}}^{\tau_1+(j+1)T_{\rm F}}\left[A_1\sum_{q=0}^{N_{\rm C}-1} d_f^1 c_n^1 w_{\rm rec}(t-\tau_1-jT_{\rm F}-qT_{\rm C})\right]\sum_{n=0}^{N_{\rm C}-1} c_n^1 w_{\rm rec}(t-\tau_1-jT_{\rm F}-nT_{\rm C})\,{\rm d}t \tag{11.71}$$

$$n_d=\int_{\tau_1+jT_{\rm F}}^{\tau_1+(j+1)T_{\rm F}} n_{\rm tot}(t)\sum_{n=0}^{N_{\rm C}-1} c_n^1 w_{\rm rec}(t-\tau_1-jT_{\rm F}-nT_{\rm C})\,{\rm d}t \tag{11.72}$$

将(11.71)式化简为

$$m=N_{\rm C}A_1 d_{\rm F}^1 E_{\rm W} \tag{11.73}$$

其中，$E_{\rm W}=\int_{-\infty}^{\infty} w_{\rm rec}^2(x)\,{\rm d}x$。

式(11.72)也可以表示为

$$n_{\rm d}=\sum_{k=2}^{N_{\rm C}} A_k n^k+n_{\rm rec} \tag{11.74}$$

其中，n^k 是由第 k 个用户引入的多址干扰，$k=2,\cdots,N$，可表示为

$$n^k=\int_{\tau_1+jT_{\rm C}}^{\tau_1+(j+1)T_{\rm C}} s_{\rm rec}^k(t-\tau_k)\sum_{n=0}^{N_{\rm C}-1} c_n^1 w_{\rm rec}(t-\tau_1-jT_{\rm F}-nT_{\rm C})\,{\rm d}t \tag{11.75}$$

$n_{\rm rec}$是接收端的噪声以及其他的非单周期干扰引起的干扰项，表示为

$$n_{\rm rec}=\int_{\tau_1+jT_{\rm C}}^{\tau_1+(j+1)T_{\rm C}} n(t)\sum_{n=0}^{N_{\rm C}-1} c_n^1 w_{\rm rec}(t-\tau_1-jT_{\rm F}-nT_{\rm C})\,{\rm d}t \tag{11.76}$$

假设给定的均值和方差分别为 0 和 $\sigma_{\rm rec}^2$，那么 $\sigma_{\rm rec}^2=N_{\rm C}\sigma_n^2 E_{\rm W}$。这时一个可行的接收框图如图 11.21 所示。

3. 接收信噪比

接收端的输出信噪比定义为

$$SNR(N_u)=\frac{m^2}{E\{|n_d|^2\}} \tag{11.77}$$

m 如式(11.71)所示。假设对于任意的 n 和 k，所有用户所使用的伪随机码 c_n^k 都是相互独

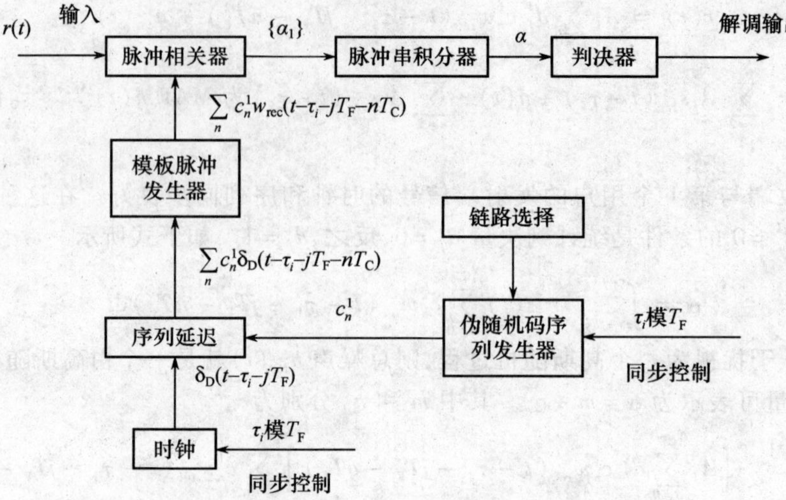

图 11.21 期望接收信号为用户 1 发射信号时的接收框图

立且等概分布的。此外,异步时间差 $\tau_k-\tau_1$ 也是相互独立、等概分布的随机变量,并且 $\tau_k-\tau_1 \bmod T_F$ 的值在范围$[0,T_F]$内是均匀分布的。因为 n_d 是均值为 0 的独立分布的随机变量,那么可以得到

$$E\{|n_d|^2\} = N_C\sigma_n^2 E_W + N_C\sigma_C^2\sum_{k=2}^{N_u}A_k^2 \tag{11.78}$$

其中,$\sigma_n^2=\dfrac{1}{T_C}\int_{-\infty}^{\infty}\left[\int_{-\infty}^{\infty}w_{rec}(x-s)w_{rec}(x)\,dx\right]^2 ds$。

接收端的输出信噪比可以表示为

$$SNR(N_u) = \left[\left(\frac{N_C A_1^2 E_W}{\sigma_n^2}\right)^{-1} + \left(\frac{N_C E_W^2}{\sigma_n^2}\right)^{-1} \times \sum_{k=2}^{N_C}\left(\frac{A_k}{A_1}\right)^2\right]^{-1} \tag{11.79}$$

当 $N_u=1$ 时,即系统处于单用户工作时,接收端输出信噪比为

$$SNR(N_u=1) = \frac{N_C A_1^2 E_W}{\sigma_n^2} \tag{11.80}$$

假如功率控制良好,即对于任意的 k,$A_k=A_1$。于是可以得到系统处于多用户工作状态时的输出信噪比为

$$SNR(N_C) = [SNR^{-1}(N_C=1) + (N_C-1)\times(N_C E_W^2/\sigma_n^2)^{-1}]^{-1} \tag{11.81}$$

4. 系统容量分析

DS-UWB 多址接入系统的容量分析类似于 TH-PPM 多址接入系统,假设在功率控制良好的条件下,即 $A_k=A_1$ 时,根据链路要满足误码率性能指标所需的最小信噪比 SNR_{min} 与发射功率的增量关系式 $\Delta P=10\log_{10}\left[\dfrac{SNR(1)}{SNR(N_u)}\right]$,可以得到系统可容纳的用户数为

$$N_u(\Delta P) = \frac{1}{R_S \times C} \times \frac{1 - 10^{-\Delta P/10}}{SNR_{\min}} + 1 \tag{11.82}$$

其中，$C^{-1} = \dfrac{E_W^2}{T_C \sigma_n^2}$，$R_S = \dfrac{1}{N_C T_C}$为符号传输速率。

由式(11.82)可以看出，N_u 是 ΔP 的单调递增函数，故系统的最大接入用户数为

$$N_u(\Delta P) \leqslant \lim_{\Delta P \to \infty} N_u(\Delta P) = C/SNR_{\min} R_S + 1 = N_{\max} \tag{11.83}$$

对系统容量进行仿真，参数设置与上一节相同：脉冲宽度 $t_n = 0.29$ ns，重复周期 $T_F = 100$ ns。设传输速率 $R_S = 19.2$ kb/s，即每个符号的周期 $T_S \approx 52$ μs，则每个符号包含的脉冲数为 $T_S/T_F = 521$。假设系统的功率控制良好，且系统允许的误比特率 BER $= 10^{-4}$，可以计算出，随着用户数目的增加而需要维持误码率所需的附加功率与用户数的关系，如图 11.22 所示，并与 TH-PPM 多址接入系统进行比较。可以看出，随着系统附加功率的增加，接入用户数也相应增加，且 DS-UWB 的接入用户总数明显比 TH-PPM 系统多。

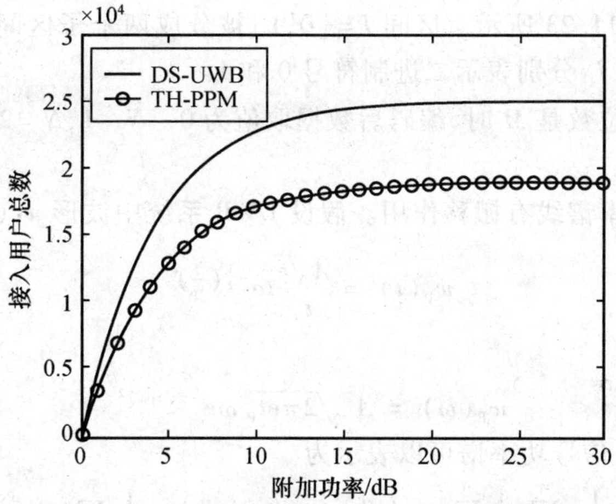

图 11.22 DS-UMB 系统附加功率与接入用户总数关系图

11.5.3 伪混沌跳时多址技术

UWB 脉冲通信技术的发展很大程度上依赖于高效的多址技术的开发。前面介绍 PPM 跳时形式时，使用周期的 PN 序列来进行跳时。此后，有很多学者对跳时码的相关性及构造以及其对系统性能的影响进行研究。近来，提出依赖输入数据产生非周期扩频序列的 UWB 伪混沌跳时（PCTH）模型。其多址接入的基本思想是用脉冲序列代替原始 PCTH 方案中发射的每个脉冲，不同用户的脉冲序列不同。类似于 CDMA，每个脉冲序列是用户的唯一标识码，每个用户可用与它的标识码匹配的滤波器解调。

1. 伪混沌编码

伪混沌编码(Pseuclo-Chaotic,PC 编码)的基本思想是:将状态空间划分为子空间,并将不同符号与子空间相联系,通过分析符号序列即可获得动态系统的轨迹特性。用确定长度的移位寄存器表示的贝努利映射是最简单的混沌编码,定义为

$$x_{k+1} = 2x_k \mod 1 \tag{11.84}$$

状态 x 可以用二进制形式表示成为

$$x = 0 \cdot b_1 b_2 \cdots b_\infty = \sum_{j=1}^{\infty} 2^{-j} b_j \tag{11.85}$$

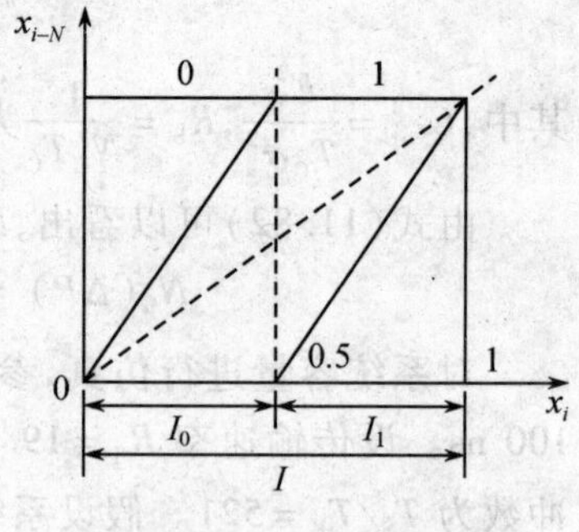

图 11.23　贝努利移位映射

其中,b_i 等于“0”或者“1”,$x \in I = [0,1]$。

每次输入的新数据作为寄存器的最低有效位,同时将寄存器中的数据右移并舍弃最高有效位。寄存器保存的是最后 M 比特的输入数据,每一个比特的输入产生 M 比特的输出。其状态转移如图 11.23 所示。区间 $I=[0,1]$ 被分成两个子区间 $I_0=[0,0.5]$ 和 $I_1=[0.5,1]$,子区间 I_0 和 I_1 分别表示二进制符号 0 和 1。

当移位寄存器的位数是 M 时,编码后数据取值为 $0 \sim N-1, N=2^M$。

2. 频谱搬移作用

伪混沌编码对功率谱线有搬移作用。假设 UWB 系统中波形 $w_P(t)$ 采用高斯短脉冲

$$w_P(t) = \frac{A\sqrt{e}}{t_P} t e^{-\frac{1}{2}\left(\frac{1}{t_P}\right)^2} \tag{11.86}$$

其频域表示为

$$w_P(\omega) = A\sqrt{2\pi e t_P}\,\omega e^{-\frac{1}{2}(t_P\omega)^2} \tag{11.87}$$

经过伪混沌编码,信号功率谱可以表示为

$$\begin{aligned}\Phi(f) = &\frac{1}{T_F^2}\sum_{n=-\infty}^{\infty}\left|\sum_{i=1}^{N} p_i s_i\left(\frac{n}{T_F}\right)\right|^2 \delta\left(f-\frac{n}{T_F}\right) + \frac{1}{T_F}\sum_{i=1}^{N} p_i \left| s_i'(f) \right|^2 \\ &+ \frac{2}{T_F} R\left[\sum_{i=1}^{\infty}\sum_{l=1}^{N}\sum_{k=1}^{N} p_i p_{ik}^{(l)} \exp(j2\pi l f T_F)\cdot S_i'(f) S_l'(f)\right]\end{aligned} \tag{11.88}$$

其中,第一部分为功率谱中的离散谱线

$$L_n = \frac{1}{T_F^2}\sum_{n=-\infty}^{\infty}\left|\sum_{i=1}^{N} p_i s_i\left(\frac{n}{T}\right)\right|^2 \delta\left(f-\frac{n}{T_F}\right) = \frac{1}{T_F^2} p \left| S\left(\frac{n}{T_F}\right)\right|^2 \left|\sum_{i=0}^{N-1}\exp(-j2\pi n i/N)\right|^2 \tag{11.89}$$

由于 $T_F = NT_S$,易得

$$\left|\sum_{i=0}^{N-1}\exp(-j2\pi n i/N)\right|^2 = N^2 \quad N = 0, N, 2N, \cdots \tag{11.90}$$

从上式可以看出,离散功率谱谱线只发生在时隙频率的倍频率位置,即

$$f_S = 1/T_S = N(1/T_F) \tag{11.91}$$

例如，当选取 10 b 的右移寄存器时，$M = 10 \Rightarrow N = 1024$，设 $T_F = 100$ ns，系统的第一根频率谱线出现在 10.24 GHz，远离现行无线系统的工作频率，可有效降低 UWB 对其他无线系统的干扰。

3. PCTH 多址接入方案

多用户伪混沌编码跳时调制方案系统结构如图 11.24 所示。输入数据经伪混沌编码实现对功率谱谱线的搬移，编码后数据为 $d_j^{(k)}$，上标代表第 k 个用户，下标代表第 j 个比特的数据，$d_j^{(k)} \in [0, N-1]$。为了减少对其他用户信号脉冲造成的干扰，在帧中加入伪随机的时间偏差，偏差的取值由分配给用户的特定伪随机序列产生。经 PPM 调制后，信号送入波形发生器，第 k 个用户发送的信号可以表示为

$$s^{(k)}(t) = \sum_{j=-\infty}^{\infty} w_P(t - jT_F - c_f^{(k)} T_C - d_j^{(k)} T_S) \tag{11.92}$$

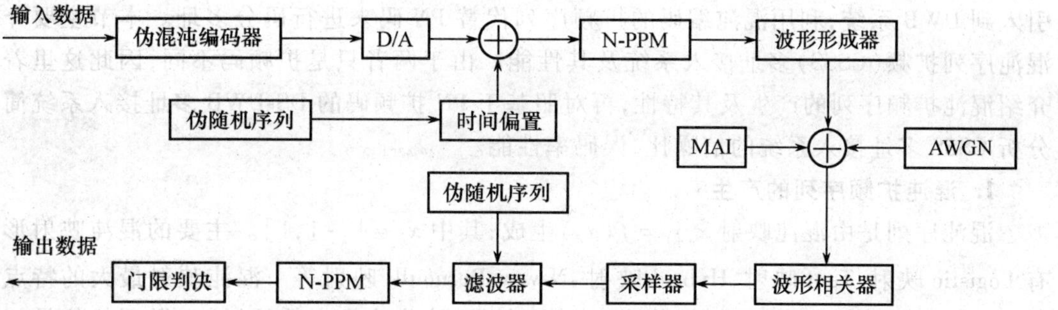

图 11.24　多用户伪混沌编码跳时方案结构框图

其中，T_F 为帧周期，一般在几十到几百纳秒之间，每一帧被分成 $N = 2^M$ 个时隙，时隙周期为 $T_S(T_S = T_F/N)$。每个时隙又被分成 N_C 个码片，每个码片周期为 $T_C(T_C = T_S/N_C)$。$c_f^{(k)}$ 为第 k 个用户所对应的伪随机序列，周期为 N_P，分布在 $0 \sim N_C - 1$ 之间，从而保证在每一个时隙中的 N_P 个脉冲串不会落到下一个时隙。

当系统中有 N_u 个用户时，第 j 个接收机输入信号可表示成

$$r(t) = s^{(j)}(t) + n(t) + n_u^{(j)}(t) \tag{11.93}$$

其中，$n(t)$ 为加性高斯白噪声，$n_u^{(j)}(t)$ 为其他 $N_u - 1$ 个用户的 MAI。相关接收机采用与发送端相同的波形对接收信号进行积分：

$$\rho_{si} = \int_{T_C+sT_S}^{(i+1)T_C+sT_S} w_P(\tau) r(\tau) \mathrm{d}\tau \quad i = 0, 1, \dots, N_C - 1 \tag{11.94}$$

以 T_C 为采样周期对 ρ_{si} 进行采样，采样所得数据送往匹配滤波器，滤波器参数与发送端伪随机序列参数相同：

$$a_i = c_i^{(f)} \quad i = 0, 1, \dots, N_C - 1 \tag{11.95}$$

滤波器输出为

$$y_s^{(f)} = \sum_{i=0}^{N_C-1} c_i^{(f)} \rho_{si} \quad s = 0,1,\ldots,N-1 \tag{11.96}$$

N-PPM 解调器选用最大似然解调,以判定在每个帧中脉冲串最可能发生的时隙位置:

$$\hat{s}^{(j)} = \text{argmax}\{y_s^{(f)}, s = 0,1,\ldots,N-1\} \tag{11.97}$$

估计数据 $\hat{b}_k^{(j)}$ 送入门限判决器,判决器根据接收脉冲在帧中的位置对信号进行判决。时间门限设置在帧周期一半的地方,如果脉冲位置在帧的前半部分,那么可以判断发送的数据为“0”,否则为“1”。

11.5.4 混沌序列扩频多址接入

混沌是一种普遍存在的非线性现象,系统对初值具有很强的敏感性,信号具有随机性和连续宽带功率谱等特征,使其在通信领域具有广泛的应用前景。最近,有人将混沌理论引入到 UWB 系统,利用混沌编码的扩频序列代替 PN 码来进行码分多址。本节主要介绍混沌序列扩频(CSSS)多址接入系统及其性能。由于两者只是扩频码不同,因此这里着重介绍混沌扩频序列的产生及其特性,再对照基于 PN 扩频码的 DS-UWB 多址接入系统简单分析 CSSS 多址接入系统的信噪比、误码率性能。

1. 混沌扩频序列的产生

混沌序列是由混沌映射 $x_{n+1} = f(x_n)$ 生成,其中 $x_n \in [-1,1]$。主要的混沌映射形式有 Logistic 映射、Tent 映射、Hybrid 映射、N-way Bernoulli 映射等。混沌映射最大的特点就是对初值的敏感性很强,只要初值有微小的变化,随着迭代次数的增加,得到的信号相差越来越大。例如,关系式为 $f(x) = 1 - 4(x - 0.5)^2$ 的混沌映射在取两个相差很小的初值(0.100001 和 0.100000)情况下经过几次迭代运算后的结果相差很大,如图 11.25 所示。

通过混沌映射可以得到混沌序列,混沌序列具有以下性质:

(1) 随机性,混沌序列的统计特性是随机的;

(2) 确定性,尽管混沌序列表现出随机的性质,但整个序列是由确定的方程给出的;

(3) 遍历性,混沌序列值在很大程度上不重复取值;

(4) 对初值的敏感性,非常微小的初值变化,也将导致完全不同的混沌序列。

给定一个初值 $x_0(x_0 \in [-1,1])$,通过 N 次混沌映射得到长度为 N 的序列,即为混沌扩频码。与 PN 码最大的差别在于混沌序列不是二进制序列,而是一串介于$[-1,1]$之间的小数序列。对应于每一个输入比特,通过给定不同的初值可以得到不同的扩频码。实现方式很简单,只需要在发射端给定一个初始点 x_{00} 和两次混沌映射 $C_1(x,r_1)$ 和 $C_1(x',r_2)$(其中 $r1$,$r2$ 是混沌映射的参数),如图 11.26 所示。由于混沌信号对初值的敏感性很强,只要初值是唯一的,混沌映射的形式并不重要,即两次混沌映射可以相同也可以不同。编码后可以得到 $M \times N$ 的码字矩阵,M 行对应要传输的 M 个比特,N 列对应每一个比特的长

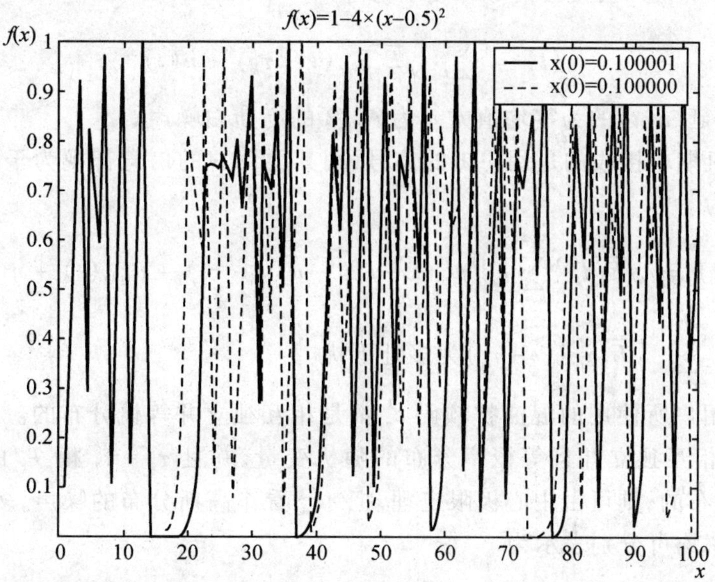

图 11.25 混沌映射 $f(x)=1-4(x-0.5)^2$ 对于两个差别甚微的初值迭代运算结果

度为 N 的混沌扩频码。其电路实现可简单地通过基于串联结构的数字滤波器完成。

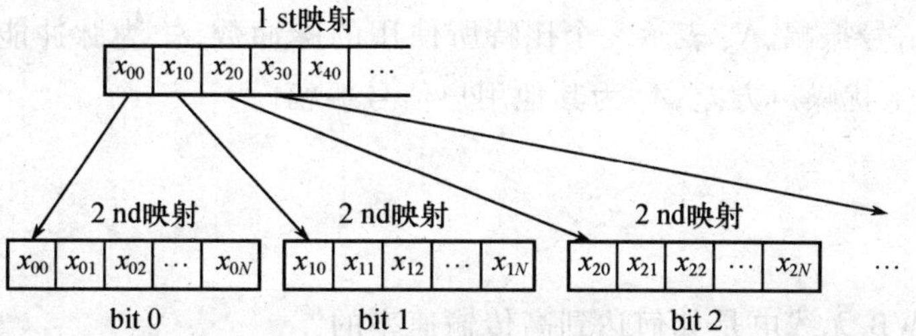

图 11.26 给定一个初值通过两次混沌映射得到每比特特定的扩频码

2. CSSS 多址接入性能

比较 CSSS 多址接入方式和 DS-UWB 多址接入方式，只是扩频码不同，因而可以得到两者的系统特性具有相似性的结论。在 CSSS 多址接入系统中，假设第 k 个用户的发射信号为

$$S_{\mathrm{tr}}^{(k)}(t)=\sqrt{E_k}\sum_l d_l^{(k)}\sum_{n=0}^{N_S-1}c_n^{(k)}w_{\mathrm{tr}}(t-lT_F-nT_C) \tag{11.98}$$

其中，E_k 为第 k 个用户的发射功率，$d_l^{(k)}$ 表示发射的数据比特，w_{tr} 为发射的窄脉冲，T_F 和 T_C 分别表示帧时间和码片时间，并有 $T_F=N_S T_C$，$c_n^{(k)}$ 表示混沌扩频序列。

经过 AWGN 信道后,接收信号可表示为

$$r(t) = \sum_{k=1}^{N_S} \sqrt{E_k} S_{\text{rec}}(t - \tau_k) + n(t) \tag{11.99}$$

其中,τ_k 表示时延,$n(t)$的为零均值方差为 $N_0/2$ 的高斯白噪声。

假设接收机期望接收的是用户 1 的信号,则其他用户的信息都视为干扰噪声,可以将接收信号表示为

$$r(t) = \sqrt{E_1} d_l^{(1)} \sum_{n=0}^{N_u - 1} c_n^{(1)} w_{\text{tr}}(t - lT_F - nT_C - \tau_1) + n_{\text{MAI}}(t) + n(t) \tag{11.100}$$

其中,$n_{\text{MAI}}(t) = \sum_{k=1}^{N_u} \sqrt{E_k} S_{\text{rec}}^{(k)}(t - \tau_k)$为多址干扰。

假设所有用户所使用的混沌扩频码 c_n^k 都是相互独立并等概分布的。此外,异步时间差 $\tau_k - \tau_1$ 也是相互独立并且等概率分布的随机变量,并且 $\tau_k - \tau_1$ 模 T_F 的值在范围$[0, T_F]$内是均匀分布的,则可由中心极限定理,把 n_{MAI}看作高斯分布的噪声,多址接入系统的信噪比和误码率均可分别表示为

$$SNR_{\text{out}}(N_u) = \left\{ SNR_{\text{out}}^{-1}(1) + \left[\frac{N_S \xi^2}{\sigma_{\text{self}}^2} \right]^{-1} \sum_{k=1}^{N_u} \left(\frac{A_k}{A_1} \right)^2 \right\}^{-1} \tag{11.101}$$

$$P_\varepsilon(N_u) = Q\left[\left\{ SNR_{\text{out}}^{-1}(1) + \left[\frac{N_S \xi^2}{\sigma_{\text{self}}^2} \right]^{-1} \sum_{k=1}^{N_u} \left(\frac{A_k}{A_1} \right)^2 \right\}^{-\frac{1}{2}} \right] \tag{11.102}$$

其中,A_1 为接收信号振幅,N_S 表示一个比特所使用的脉冲数,ξ^2 为脉冲能量,N_u 为用户总数,σ_{self}^2为多用户干扰噪声方差,A_k 为其他用户信号振幅。

11.6 例题

例 11.1 UWB 无线电是如何达到高传输速率的?

解:首先,UWB 系统使用几个 GHz 的超宽频带,根据香农信道容量公式,如使用 7 GHz 带宽,那么即使信噪比低至 -10 dB,理论信道容量也能达到 1 Gb/s,因此实际中实现 100 Mb/s 以上的速率是完全可能的。其次,从信号传播的角度考虑,UWB 无线电由于多径影响的消除而使之可以传输高速率数据。

例 11.2 UWB 单脉冲调制技术有哪些,它们是如何实现的?

解:UWB 单脉冲调制技术包括:PAM、PPM、BPM 和 OOK 等。PAM 是通过改变脉冲幅度的大小来传递信息的一种脉冲调制技术。BPM 和 OOK 是 PAM 的两种简化形式,BPM 通过改变脉冲的正负极性来调制二元信息,所有脉冲幅度的绝对值相同;OOK 通过脉冲的有和无来传递信息。在 PAM、BPM 和 OOK 的调制中,发射脉冲的时间间隔是固定不变的。也可以通过改变发射脉冲的时间间隔或发射脉冲相对于基准时间的位置来传递信息。

例 11.3 推导无多径 AWGN 信道中二进制反极性 PAM-TH 单脉冲接收机的平均错误概率。(每个脉冲携带的能量 $\sqrt{E_{TX}}$,能量归一化脉冲波形 $p_0(t)$,噪声双边功率谱是 $N_0/2$。)

解:在 PAM-TH 单脉冲情况下,两个可能发射的波形为

$$s_m = \begin{cases} \sqrt{E_{TX}}\, p_0(t) & b = 1 \\ -\sqrt{E_{TX}}\, p_0(t) & b = 0 \end{cases}$$

即

$$s_m(t) = s_m p_0(t) \quad m = 0,1 \text{ 且} \begin{cases} s_0 = -\sqrt{E_{TX}} \\ s_1 = \sqrt{E_{TX}} \end{cases}$$

接收到的信号是 $r(t) = \alpha s_m(t-\tau) + n(t)$,相关接收机的相关模式为 $m(t-\tau) = p_0(t-\tau)$,相关器的输出为 $Z = \alpha s_m + n$,其中 n 是均值为 0,方差为 $N_0/2$ 的高斯随机变量。

当发送比特是独立同分布的,平均误比特率 P_{r_b} 为

$$\begin{aligned} P_{r_b} &= \frac{1}{2}Pr(Z < 0 \mid b = 1) + \frac{1}{2}Pr(Z > 0 \mid b = 0) = Pr(Z > 0 \mid b = 0) \\ &= Pr(-\alpha\sqrt{E_{TX}} + n > 0) = Pr(n > \alpha\sqrt{E_{TX}}) = Pr(n > \alpha\sqrt{E_{RX}}) \end{aligned}$$

其中 $E_{RX} = \alpha^2 E_{TX}$ 为每个脉冲的接收能量,因此可以得到 $P_{r_b} = \frac{1}{2}erfc\left[\sqrt{\frac{E_{RX}}{N_0}}\right]$。

例 11.4 若跳时码周期为 5,且 $0 \leqslant c_f^k < 5$,则系统中共可以分配多少个不同的跳时序列?

解:跳时序列的每一位可以在 0 到 4 之间取任意整数,并且每个跳时序列有 5 位跳时码,则跳时序列的总数是 $5^5 = 3125$ 个。

练习题

1. 什么是 UWB 无线电?简述超宽带无线电的主要特点。
2. UWB 无线电关键技术有哪些?
3. 在基带脉冲 UWB 调制方式中,单脉冲调制和多脉冲调制有什么区别?
4. 在多频带 OFDM-UWB 技术中,如何提高系统频谱利用率?
5. 试论述几种主要的 UWB 接入方法,并比较它们的特点。
6. 试分析 TH-PPM 多址接入技术中的信号调制方式。

参考文献

[1] 葛利嘉,曾凡鑫,刘郁林,等.超宽带无线通信[M].北京:国防工业出版社,2005.

[2] 周思源.宽带和超宽带系统中的信道建模及信道估计研究[D].北京航空航天大学,2005.

[3] FCC Notice of Proposed Rule Making. Revision of part 15 of the commission's rules regarding ultra-wideband transmission systems[R].ET-Docket,2003.

[4] Theodore S. Rappaport. 无线通信原理与应用[M].蔡涛,李旭,杜振民,译.北京:电子工业出版社,2002.

[5] John G Proakis. 数字通信[M].第4版.北京:电子工业出版社,2003.

[6] 张在琛.超宽带无线通信技术[D].东南大学,2004.

[7] 严晓华.基于MB-OFDM-UWB的短距离无线多媒体传输[J].中国图像图形学报,2005,36(4):102-105.

[8] 张磊,马昌军,周小林,等.UWB标准之争[J].江苏通信技术,2007,23(2):234-236.

[9] 张新跃,陶晓峰,张平,等.一种适用于超宽带系统的低复杂度RAKE接收机[J].北京邮电大学学报,2005,35(8):89-91.

[10] 王德强,刘丹谱,乐光新.超宽带Rake接收机在密集多径信道下的性能[J].电子与信息学报,2005,24(6):122-124.

[11] 张新跃,沈树群.OFDM技术在UWB系统中的应用及前景展望[J].数据通信,2004,41(10):201-203.

[12] 李耀民,朱雪田,周正.用户间UWB脉冲相互正交的TH-BPSK超宽带系统[J].北京邮电大学学报,2004,30(4):98-100.

第 12 章　无线自组织网络

名词术语释义

暴露终端(Exposed Terminal)　发送节点覆盖范围之内而在接收节点覆盖范围之外的节点。

簇头(Cluster Head)　簇内的中心控制节点。

定向天线(Directional Antenna)　一种能够在固定的一个或多个方向上具有很高功率增益的天线。

单向链路(Unidirectional Link)　该链路只能单向传输信息。

分布式控制(Distributed Control)　与集中式控制相对应,多台计算机分别对系统进行控制,达到集中式控制的效果。

分簇(Clustered)　将功能相近或位置相近的节点分组,形成多个簇。

广播(Broadcast)　通过无线电波向广大地区或特定范围传送声音或图像。

骨干网(Backbone)　城际间高速互联的传输网。

空间复用(Spatial Reuse)　网络中并发多条链路。

忙音(Busy Tone)　告知邻居节点信道忙的信号。

退避(Backoff)　为了避免接入信道时的冲突,节点将发送信息的时刻推迟的一种机制。

吞吐量(Throughput)　网络中单位时间成功传输的数据量。

无线自组织网络(Ad Hoc Network)　由无线移动节点组成的具有任意和临时性网络拓扑的动态自组织的网络系统。

隐终端(Hidden Terminal)　接收节点的覆盖范围内而在发送节点覆盖范围外的节点。

延时(Delay)　数据包从产生到传送完成所消耗的时间。

帧(Frame)　数据链路层的协议数据单元。

载波侦听(Carrier Sensing)　发送数据之前,节点"侦听"信道上的信号,判断是否已经有信号传输。

组播(Multicast)　对网络中一组节点同时进行数据传送。

二进制指数退避(Binary Exponential Backoff,BEB)　IEEE 802.11中采用的退避算法,每次退避的时间窗最大长度与退避次数成二进制指数关系。

独立基本服务集(Independent Basic Service Set,IBSS)　一系列彼此相互连接的,没有基础架构的站点组成的一个IEEE 802.11网络。

骨干网通信节点(Backbone Concentrator Node,BCN)　可以组成骨干网保持网络连通性的节点。

微波存取全球互通(World Interoperability for Microwave Access,WiMAX)　无线城域网络标准的通俗名称,使宽带网络接入广泛可用,工作范围可达31英里。

随着移动通信技术和因特网的迅速发展和日益普及,笔记本电脑、个人数字助理(PDA)、膝上设备等的大量出现,人们的生活方式发生了翻天覆地的变化。为实现个人或移动设备之间随时随地地进行语音、数据、视频等多种业务的通信,人们对移动通信技术和因特网技术的结合——无线网络的需求也日趋高涨。无线网络作为有线网络的扩展和补充,正迅速成为现代通信基础设施的重要组成部分。

移动通信网络一般都是有中心的,要基于预设的网络设施才能运行。但对于有些特殊场合来说,有中心的移动网络并不能胜任。比如,战场上部队快速展开和推进,地震或水灾后的营救等。这些场合的通信不能依赖于任何预设的网络设施,而需要一种能够临时快速自动组网的移动网络,即无线自组织网络。

12.1　无线自组织网络概述

无线自组织网络是一种采用分布式控制、无中心、无基础设施的多跳自组织网络。无线自组织网络中的节点具有高度的移动性,可以动态地加入或离开系统,具有较强的抗毁性和自组织能力。无线自组织网络主要应用在军事无线通信、传感器网络、移动会议、家庭等一些紧急和突发场合,还可以用于偏远或不发达地区通信。近年来,在个人域网络和其他商业中也得到了较好的应用,如通过无线自组织网络把个人通信、娱乐、办公等设备联网。

12.1.1　无线自组织网络定义

无线自组织网络是由无线移动节点组成的具有任意和临时性网络拓扑的动态自组织网络系统。由于节点的无线传输范围有限,两个无法直接通信的终端节点往往要通过多个中间节点的转发来实现通信,所以,它又被称为多跳无线网、自组织网络、无固定设施的网络或对等网络。无线自组织网络同时具备移动通信和计算机网络的特点,可以看做是一种特殊类型的移动计算机通信网络。网络中每个节点兼备路由器和主机两种功能。作为主机,节点需要运行面向用户的应用程序;作为路由器,节点需要运行相应的路由协议,根据路由策略和路由表参与分组转发和路由维护工作。这种网络可以独立工作,也可以与因特网或蜂窝无线网络连接。在后一种情况下,无线自组织网络通常是以末端子网mesh网络的形式接入现有网络。考虑到带宽和功率的限制,网络一般不适于作为中间传输网络,它只允许目的地是网络内部节点的信息进出,而不让其他信息穿越本网络,从而大大地减少了与现存网络互操作的路由开销。图12.1是一个无线自组织网络示意图。

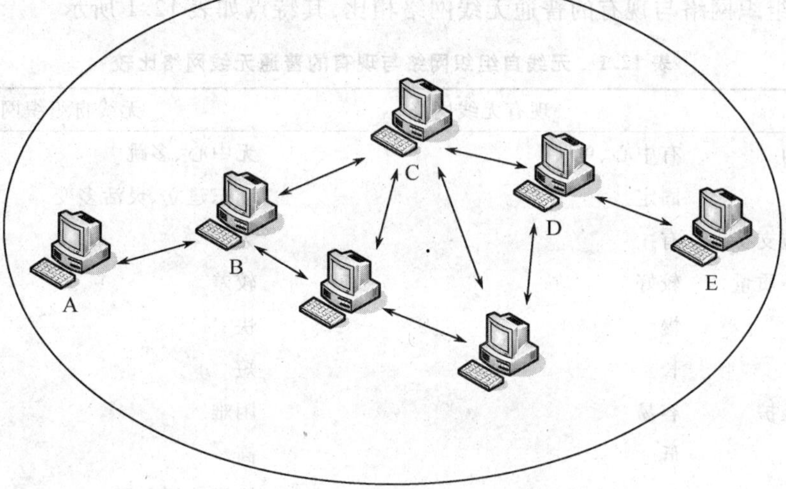

图12.1 无线自组织网络示意图

如图12.1所示,在无线自组织网络中,既不需要一个固定的网络结构,也没有专用的固定的基站或路由器作为网络的管理中心。无线自组织网络中的每个节点都相当于一个移动的路由器。这些节点作为同等实体相互连接,实现数据包的转发。它们都参与路由的发现和维护过程,从而构建了一个无线自组织网络。与有中心网络相比,无线自组织网络更坚固、更耐用,而且不需要提供固定的骨干设施,用户可以布置和操作分组无线网。因此,网络主要应用在军事上以及一些紧急情况,如受灾地区、边远地区和勘探等场合的通信。

12.1.2 无线自组织网络的发展及特点

1972年,美国DARPA启动了PRNET项目,研究在战场环境下利用PRNET进行数据通信。1983年,DARPA启动了SURAN项目,研究如何将PRNET的研究成果加以扩展,以支持更大规模的网络。1994年,DARPA启动了GloMo项目,对能够满足军事应用需要、可快速展开、高抗毁性的移动信息系统进行全面深入的研究。1991年成立的IEEE 802.11标准委员会采用了"Ad Hoc网络"("Ad Hoc"一词来源于拉丁语,意为专用的)来描述这种特殊的自组织的对等式多跳移动通信无线网络。IETF将Ad Hoc网络称为MANET。

MANET是由一组带有无线收发装置的移动终端组成的一个多跳的临时性自治系统。

它没有固定的基础设施,每个移动节点既是主机又是路由器。节点之间通过快速组建一个临时的自治无线网络以无中心方式进行通信。由于移动节点通信范围的限制,两个需要交换信息的节点之间可能不能直接进行通信,因而需要中间节点帮助转发数据包,通过多跳到达目的节点。因此 MANET 又称为自组织网络(Self Organized Network)、无固定设施的网络(Infrastructureless Network)、多跳无线网络(Multi-Hop Wireless Network)等。

无线自组织网络与现有的普通无线网络相比,其特点如表 12.1 所示。

表 12.1 无线自组织网络与现有的普通无线网络比较

特点	现有无线网络	无线自组织网络
无线网络结构	有中心、单跳	无中心、多跳
拓扑结构	固定	动态建立、灵活多变
有无基础设施支持	有	无
安全性和服务质量	较好	较差
配置速度	慢	快
生存时间	长	短
路由选择和维护	容易	困难
网络健壮性	低	高
研究重点	物理层和链路层	协议的所有层
中继设备	基站和有线骨干网	无线节点和无线骨干网
中继节点的特点	基站有多部收发机,全双工方式通信,有专用硬件,易于实现全网同步	无线节点通常只有一部收发机,半双工方式工作,不易实现全网同步
无线节点的控制管理	由基站集中负责,无线节点必须先与基站通信,在通过基站与目的节点通信	无线节点本身负责,通常采用分布式方式

尽管移动无线自组织网络的构想具有很多优点,但在实际应用中还存在很多不足之处。

1) 移动终端的局限性

移动无线自组织网络的用户终端通常以个人数字助理、掌上型电脑或手持式电脑为主要形式。相对于台式机而言,在带来移动性、灵巧、轻便等好处的同时,其固有的特性给移动无线自组织网络环境下的网络协议和应用程序的设计和开发带来一定的难度,例如依靠电池供电能源有限、内存较小、性能较低等。

2) 存在单向的无线信道

移动无线自组织网络采用无线信道通信,由于地形环境或发射功率等因素影响,可能产生单向无线信道(在常规网络中,节点间通常基于双向的有线或无线信道进行通信)。这些单向信道为常规路由协议带来三个严重的影响:认知的单向性、路由单向性和汇聚点不可达等。

3）有限的无线传输带宽

移动无线自组织网络采用无线传输技术作为底层通信手段，由于无线信道本身的物理特性，它所能提供的网络带宽相对有线信道要低得多。如果再考虑竞争共享无线信道产生的碰撞、信号衰减、噪音干扰、信道间干扰等多种因素，移动终端可得到的实际带宽远远小于理论上的最大带宽值。

4）安全性差

移动无线自组织网络是一种特殊的无线网络，由于采用无线信道、有限电源、分布式控制等技术和方式，所以更加容易受到被动窃听、主动入侵、拒绝服务、使终端无法进入睡眠模式、伪造等各种网络攻击。

5）网络的可扩展性不强

在目前互联网环境下，由于采用了子网等技术，从而使得目前的互联网具有较强的网络可扩展性。但是动态变化的拓扑结构使得具有不同子网地址的移动终端可能同时处于一个移动无线自组织网络中，因而子网技术所带来的可扩展性无法应用在移动无线自组织网络环境中。

12.1.3　具有可扩展结构的无线自组织网络

无线自组织网络具有两种不同的层次结构：平面结构和分层结构。在平面结构中，每个节点都需要知道到达其他所有节点的路由。由于节点的移动性，维护这个动态路由需要大量的控制信息。网络规模越大，路由维护的开销就越大，所以平面结构的网络可扩展性较差。如何构建具有可扩展性的大规模自组织网络体系结构一直是国内外研究的重点。目前，对于可扩展自组织网络的研究都集中在分层自组织网络体系结构上。

1. 逻辑分层结构

分层自组织网络体系结构源于分簇结构思想，如图 12.2 所示，将网络划分成若干个簇，每个簇由一个簇头和多个普通节点组成。簇头之间的通信需要借助于网关节点完成，簇头和网关形成高一级网络，称为虚拟骨干网。分层结构的网络规模在很大程度上将不受限制，路由和控制开销较小，并且容易实现移动性管理和网络的局部同步。因此，当无线自组织网络规模较大并需要提供一定的服务质量保障时宜采用分层分布式网络结构。

但是分层结构也有它的缺点。首先，分层结构需要相应的分簇算法和簇维护机制；其次，节点之间的路由不一定是最优路由。但是，可以通过设计合理的分簇算法来减少维护簇结构所需的开销，并且可以通过分布式网关来优化路由。通过将网络划分成簇，可以在无线自组织网络中方便地实施资源管理。在每个簇内，簇头可以控制节点的接入请求并且合理地分配带宽。

此外在分簇结构中，可以采用结合了先验式和反应式优点的分层路由协议来提高路由算法的性能。因此基于分簇算法的分层网络结构可以在很大程度上提高无线自组织网络的性能和实用性。

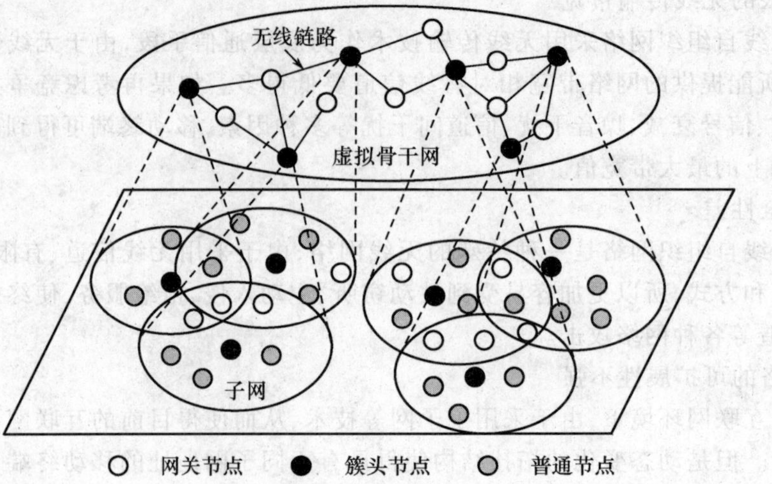

图 12.2　分层自组织网络的网络结构

2. 物理分层结构

相对于分簇方式的逻辑分层结构,另外一类分层结构是建立在异构节点模型基础之上的物理分层结构,即网络中存在不同类型的节点,这些异构节点具有不同的系统参数,从而使得网络物理上形成不同的层次。

典型的物理分层结构就是具有移动骨干网络(Mobile Backbone Network,MBN)的无线自组织网。这类自组网有两类节点组成:骨干节点和普通节点,如图 12.3 所示。骨干节点一般具有多个无线收发设备,一种典型的配置是:其中一个无线设备的系统设置与网络中普通节点相同,可与普通节点直接通信,而另一个无线设备往往具有更长的传输距离、更快的数据传输率和较小的供电限制,节点通过该无线设备与其他骨干节点互联形成 MBN。每一个骨干节点类似簇首,负责管理、维护一个子网,子网的规模为 k 跳($k\geqslant1$);每一个普通节点归属某一个由骨干节点管理的子网,普通节点与所属骨干节点间最多 k 跳。所以,这种网络是一种两层结构的网络。

这种分层结构与分簇结构类似,也是将平面网络划分成若干子网,而与分簇结构不同的是:子网间互联是通过簇首形成的 MBN 实现,而在 MBN 中,骨干节点之间通过无线信道直接互联,不再需要网关节点参与。而为了确保 MBN 的连通性,需要在 MBN 中部署足够多的冗余骨干节点,即具有组成骨干网络能力的节点(Backbone Concentrator Node,BCN),当某一个骨干节点移动引起 MBN 不连通时,在该区域的 BCN 自动转换成为骨干节点,保持 MBN 的连通性。

MBN 结构特点:根据组网信道的不同,网络自然分成两层结构,骨干节点通过高速率的信道形成上层网络 MBN,普通节点则通过低速信道接入到某一个骨干节点。每层网络本身仍然是一个同质网络,所以对于 MBN 可以进一步采用分簇技术,再形成多个逻辑分层结构。

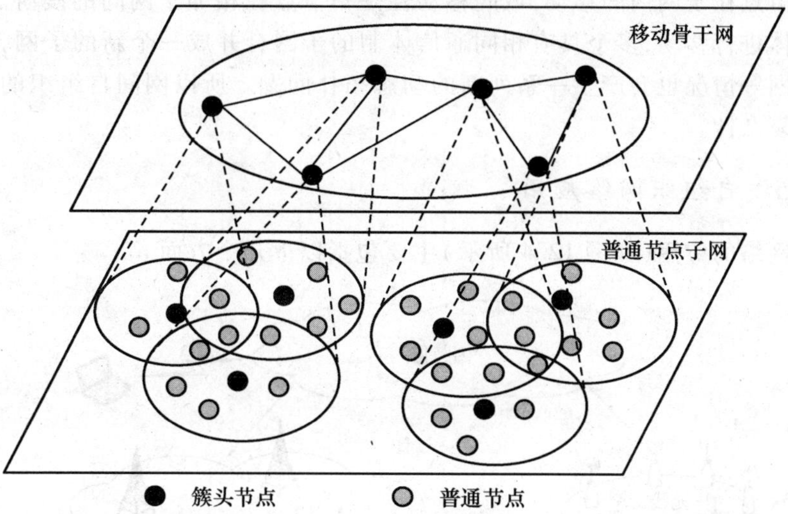

图 12.3 具有无线骨干网络的分层网络模型

3. 异构自组织互联网

以往的可扩展性自组织网络体系结构的研究都偏重于如何将一个平面网络分解成为多个相对对立且相互连通的小规模子网,各个子网执行统一的自组织协议,通过构造高层网络实现子网间的互联。与此对应,还存在另一类网络系统,该系统本身就是由多个异构自组织子网组成,这些子网在通信体制、组网方式、自组织协议方面都存在差异,而由于实际应用的需求,要求在子网间实现通信,实现异构自组织网络间的互联互通,应该是可扩展自组织网体系结构研究的另一个方面,目前较多的方式仍是由高层网络负责不同建制子网间的互联。

在实际应用中,这类网络系统是比较常见的。如在军事应用中,部队按建制配备通信电台,并形成各自独立的通信子网。根据不同建制的通信需求,各单位所配备的电台通信体制不尽相同,即使体制相同,工作的信道也可能互不相同,这样就形成了由多个异构网络组成的通信系统。又如,目前民用市场上出现了各式各样的无线通信终端,其通信方式可能是 UWB、WLAN、微波存取全球互通(World Interoperability for Microwave Access, WiMAX)等,这些不同通信体制的设备通过各自的自组织协议形成若干相互独立的网络,要实现它们之间的互联互通实质上也是异构自组织网互联的问题。

实现无线异构自组织网络的互联首先需寻找一种可屏蔽异构网络通信方式的差异性的方法,在 OSI 七层模型中,网络层的 IP 技术在设计时最大限度降低了应用对网络的依赖性,所以在网络层实现 IP 数据包的跨异构网传输是目前的首选方案。

在子网互联结构中,拓扑的动态性更为复杂。从网络结构来看,网络的移动性模型可分为两个层次:域内移动性和域间移动性,它们又分别被称为微移动性和宏移动性。域内移动性是指节点在子网内的移动，域间移动性是指节点在相邻子网间的漫游。此外，子网作为一个整体进行移动，多个具有相同通信体制的子网合并成一个新的子网，一个子网分裂成多个子网等情况也会产生一系列新的动态拓扑问题。所以网间自组织的设计应该充分考虑上述复杂性。

12.1.4　无线自组织网络应用

自组织网络的应用（如图 12.4 所示）主要包括以下几个方面。

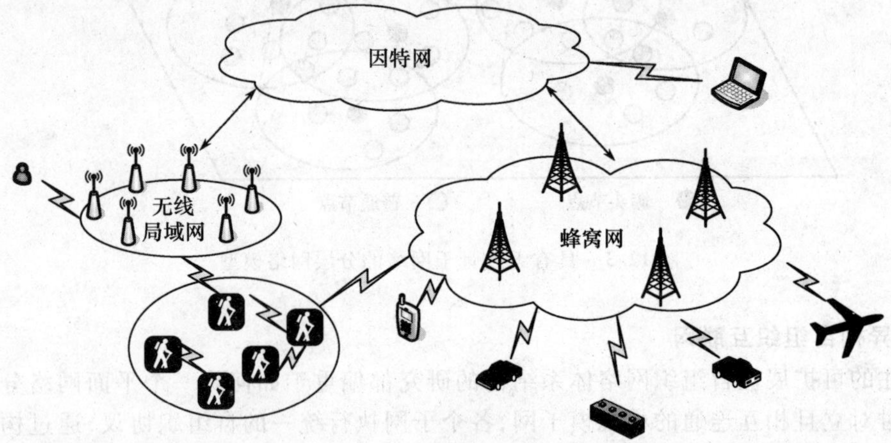

图 12.4　自组织网络的应用

（1）移动会议：在室外临时环境中，工作团体的所有成员可以通过 Ad Hoc 方式组成一个临时网络来协同完成一项大的任务，或协同完成某个计算任务。在室内办公环境中，办公人员携带的包含 Ad Hoc 收发器的 PDA 可以通过无线方式自动从台式机上下载电子邮件、更新工作日程表等。

（2）家庭网：通过移动联网的方式把办公室的办公环境延伸到家庭，必要时在家庭办公。或者利用随身携带的个人无线 Ad Hoc 设备与装备了 Ad Hoc 收发器的家庭电器通信，自动完成开锁、开灯、打开娱乐设备、调节空调等操作。

（3）紧急服务：由于停电或其他灾害出现，网络基础设施遭到破坏时，组建一个 Ad Hoc 网络帮助紧急救援人员完成必要的通信工作。

（4）传感器网络：最近，人们开始关注大量分布的传感器协调工作问题。传感器可以工作在危险的环境（如化学有害物质泄漏现场），通过在传感器上装备位置指示器、Ad Hoc 收发器等，将传感器所在现场的信息传送到危险现场以外，收集和辨别事故信息，避免救援人员进入现场。

（5）个人域网络：通过 Ad Hoc 网络把个人通信、娱乐、办公等设备联网，这些设备可以与互联网相连,也可以不与互联网相连,但在执行用户的某项活动时肯定需要彼此通信。在这种情况下,移动性不是主要问题。

(6) 军事无线通信:在现代化战场上,各种军事车辆之间、士兵之间、士兵与军事车辆之间都需要保持密切的联系,以实现集中统一指挥,协同作战。这是一种典型的 Ad Hoc 网络。据报道,在伊拉克战争中,移动 Ad Hoc 网络得到有效的应用。美国 DARPA 资助了一项研究——自愈式雷场系统。该项目时间跨度为 2000 年至 2003 年。系统采用智能化的移动反坦克地雷阵来挫败敌人对地雷防线的突破。这些地雷均配备有无线通信与自组织联网单元,通过某种方式布撒之后(如通过飞机、地—地导弹或火箭弹进行远程布撒),这些地雷迅速构成移动 Ad Hoc 网络。在遭到敌方坦克突破之后,这种地雷通过对拓扑结构的判断以及自动弹跳功能迅速"自愈",即通过网络重构恢复连通。如此反复,直到系统无法重构为止,最后自行引爆。自愈式雷场系统可以大大限制敌军的机动能力,延缓敌军进攻或撤退的速度,在一段时间内封锁特定区域。该系统采用 FHSS,中心频率为 2.4 GHz,带宽为 83 MHz。节点之间采用声波沿距定位。

(7) 其他商业应用:如装备 Ad Hoc 收发设备的机场预约和登机系统可以自动地与乘客携带的个人无线 Ad Hoc 设备通信,完成目前的换登机牌等手续。商场内商品 RF 标签,廉价的 RF 标签可以通过无线接口由 Ad Hoc 设备动态刷新。顾客若携带手持无线设备可以很容易地找到某种商品和价格。这种设备已由 NCR 公司生产。

此外,将移动 Ad Hoc 网络作为中继,扩大第二代及第三代移动通信系统的覆盖范围和提高在网络或链路发生故障时系统的健壮性是自组织网络技术的又一重要应用(如图 12.5 所示),目前已建立了一种称为 A - GSM 的实验系统。另外,IETF 也已经成立了专门的研究小组——MANET 工作组负责移动 Ad Hoc 网络在互联网上的应用、相关协议的标准化工作。

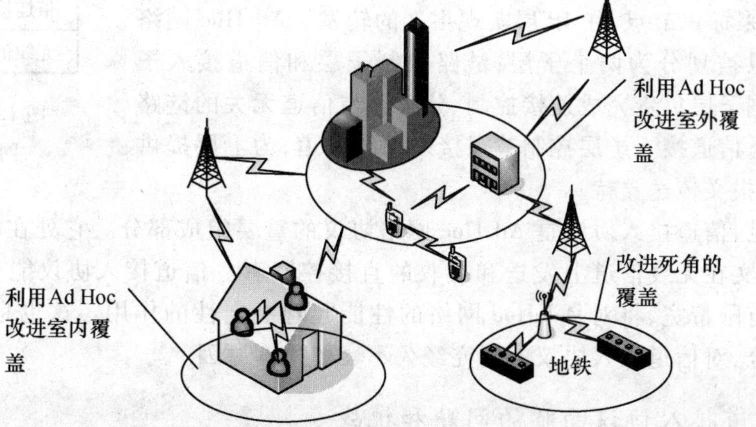

图 12.5 改进的无线通信网的覆盖范围

12.2 无线自组织网络信道接入协议

对于无线自组织网络可以采用传统的OSI七层协议模型加以分析与设计。其中较有特色的是MAC子层。MAC协议的设计是Ad Hoc网络中的关键技术之一，它直接影响到网络的吞吐量和时延，由于Ad Hoc网络具有拓扑高度动态变化、分布式调度、随机业务性等特点，使得MAC协议的设计极富挑战性。由于无线Ad Hoc网络中没有中心控制器，节点可以随时接入和离开，使得网络拓扑结构高度动态。无线信道环境非常恶劣，例如多径衰落、阴影效应、用户间干扰等，并且传输带宽也非常有限。由于传输功率等原因，还可能存在单向信道。无线网络靠电池供电，能量有限。这些都对MAC协议的设计和实现提出了更高的要求。

由于Ad Hoc网络的特殊组织形式，固定网络的协议和有中心无线网络（如蜂窝网）的很多协议无法直接被它采用，因而需要设计专门适用于Ad Hoc网络的协议。信道接入协议便是其中的研究重点之一。

图12.6给出了Ad Hoc网络协议栈的分层结构。参考因特网协议的五层结构，将Ad Hoc网络的协议分为应用层、传输层、网络层、链路层和物理层。上层的应用服务和传输服务为终端的应用程序（文件传输、网页浏览、音频视频等）提供相应的服务。转发和路由完成网络层的功能。如果Ad Hoc网络支持IP的话，路由协议可以处于IP层以下，也可以处于IP层以上。若处于IP层以下，路由协议使用网络的内部地址（如物理地址）来标识节点，节点间报文的转发也将在IP层以下完成。美军的MTL-STD－188－220标准采用的就是这种结构。若路由协议处于IP层以上，便可以使用IP地址来标识节点，在IP层实现报文的转发。Ad Hoc网络的链路层可以被划分为两个子层：链路控制子层和信道接入子层。链路控制子层负责完成连接控制、分簇等与信道无关的链路层控制功能。信道接入子层控制节点接入无线信道，为上层提供快速、可靠的报文传送支持。

图12.6 Ad Hoc网络协议栈

由此可见，信道接入协议是Ad Hoc网络协议的重要组成部分。它处在协议栈软件的最底层，是报文在无线信道上发送和接收的直接控制者。信道接入协议能否有效地使用无线信道的有限带宽，将对Ad Hoc网络的性能起着决定性的作用。这也是自从Ad Hoc网络出现至今，对信道接入协议的研究经久不衰的根本原因。

12.2.1 信道接入协议面临的问题和挑战

传统的蜂窝网络中存在中心控制的基站，由基站保持全网同步，调度节点接入信道。而Ad Hoc网络是一种多跳移动网络，很难保持全网同步，这与单跳的蜂窝网络有着本质的不同。因此,传统的基于同步的、单跳的、静态的 MAC 协议并不能直接搬到 Ad Hoc 网络中来,这些都使得 Ad Hoc 网络中 MAC 协议的设计面临新的问题和挑战。信道接入协议面临的问题主要有不同的信道共享方式、隐终端问题、暴露终端问题、节点移动问题、单向链路问题、能量有限、无线带宽有限和 QoS 很难保证等。

1. 不同的信道共享方式

在普通的通信网络中,信道的共享方式一般有三种:点对点、点对多点和多点共享(见图 12.7)。点对点是最简单的共享方式,两个节点可以通过半双工方式共享一个信道(有线或无线)。点对多点共享一般用于有中心站控制的无线信道,例如蜂窝移动通信系统的无线信道。多点共享指多个终端共享一个广播信道,以太网就是最典型的多点共享方式。在多点共享方式中,一个终端发送报文,所有的终端都可以听到,即相当于一个全互联的网络。通常称这种共享方式下的信道为一跳共享广播信道。

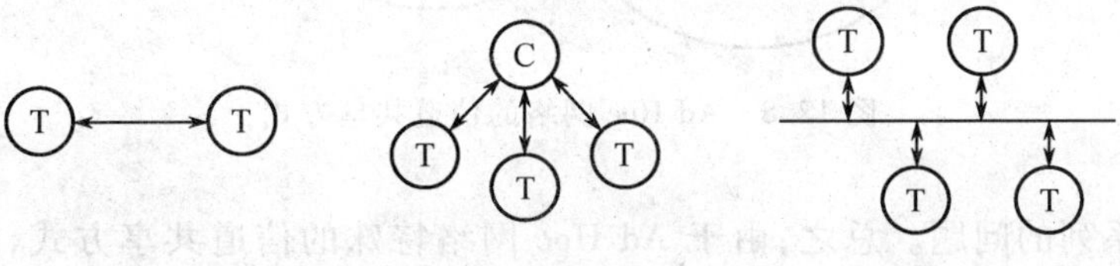

(a) 点对点共享　(b) 点对多点共享　(c) 多点共享

图 12.7 信道共享方式

而 Ad Hoc 网络的信道共享方式与它们不同。虽然 Ad Hoc 网络的无线信道也是一个共享的广播信道,但它不是一跳共享的。因为当一个节点发送报文时,只有在它覆盖范围内的节点(称为邻居)才能够收到,而覆盖范围外的节点感知不到任何通信的存在。比如,当图 12.8 中的节点 6 向节点 4 发送报文时,节点 1、3、5 和 7 不会感知到任何通信的存在。这恰恰也是 Ad Hoc 网络的优势所在,发送节点覆盖范围外的节点不受发送节点的影响,它们也可以同时发送报文。在图 12.8 中,当节点 6 向节点 4 发送报文时,节点 7 也可同时向节点 1 发送报文,它们不会互相影响。即在使用一个通信频率的情况下,Ad Hoc 网络中可以有多对节点同时进行通信,这就提高了频率的空间复用度。Ad Hoc 网络的这种共享信道称为多跳共享广播信道。

多跳共享广播信道带来的直接影响就是报文冲突与节点所处的地理位置相关。在一跳共享的广播信道中,报文冲突是全局事件。所有节点要么都收到正确的报文,要么都会感知到报文冲突。而在 Ad Hoc 网络中,报文冲突只是局部事件,并非所有节点都可以感知到。一个节点正确收到了一个报文,该报文可能会在另一个节点处发生冲突。也可能报文在接收节点处发生了冲突,而发送节点丝毫觉察不到。如图 12.8 中,当节点 7 和节点 3 同时向节点 1 发送报文时,它们将发生冲突。但节点 7 和节点 3 却无法直接感知到冲突的存在。也就是说发送节点和接收节点感知到的信道状况不一定相同,这会带来隐终端、

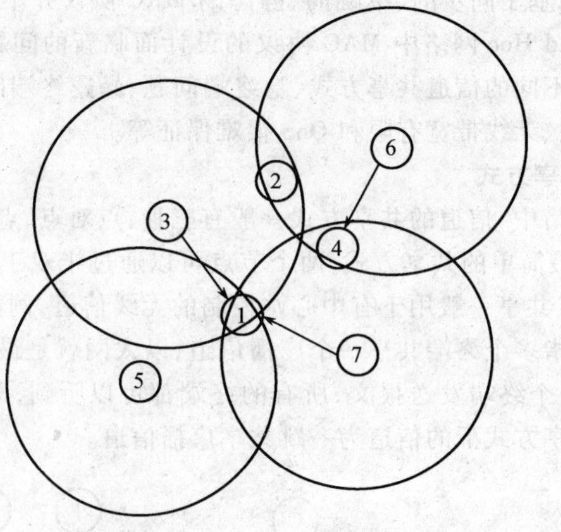

图12.8　Ad Hoc网络的信道共享方式

暴露终端等一系列的问题。总之，由于Ad Hoc网络特殊的信道共享方式，蜂窝移动通信系统中使用的有中心的信道接入技术和传统的基于共享广播信道的信道接入技术都无法直接应用到Ad Hoc网络中。在蜂窝移动网络的信道接入技术中，终端在基站的控制下接入信道。而Ad Hoc网络中没有类似基站的控制实体。传统的基于共享广播信道的接入技术只能在一跳共享的广播信道上使用，而Ad Hoc网络的信道是多跳共享的广播信道，因而需要专门设计适用于Ad Hoc网络的信道接入协议。

2. 隐终端问题

隐终端是指在接收节点的覆盖范围内而在发送节点覆盖范围外的节点。隐终端因听不到发送节点的发送而可能向同样的接收节点发送报文，造成报文在接收节点处冲突。冲突后发送节点要重传冲突的报文，这降低了信道的利用率。所以，Ad Hoc网络信道接入协议必须要尽量解决隐终端问题。

如图12.9所示，因节点C感知不到节点A的发送，它认为自己可以发送报文。如果C此时向B或D发送报文就会产生冲突，C成了隐发送终端（隐终端C作为发送者）。当A向B发送报文时，C显然不能发送信息。由于C在A的通信范围以外，A显然无法通知C它要发送报文，所以要想让C获知A要向B发送报文，必须由B在接收数据之前通知C：A要向B发送报文，C此时不能发送任何信息。一种可能的解决方案是在每次发送报文前，通信双方先使用控制报文进行握手，听到回应握手信号（由接收者发送的）的节点必须延迟发送。例如，当A要向B发送数据时，A先向B发送一个控制帧RTS，B收到RTS后，以CTS控制帧回应，A收到CTS后才开始向B发送数据。如果A收不到CTS，A认为发生了冲突，就重发RTS控制帧。这样，隐终端C就能够听到B发送的CTS，知道A要向

B发送报文,C不能发送任何信息,它就延迟发送。这样就可以解决隐发送终端问题。

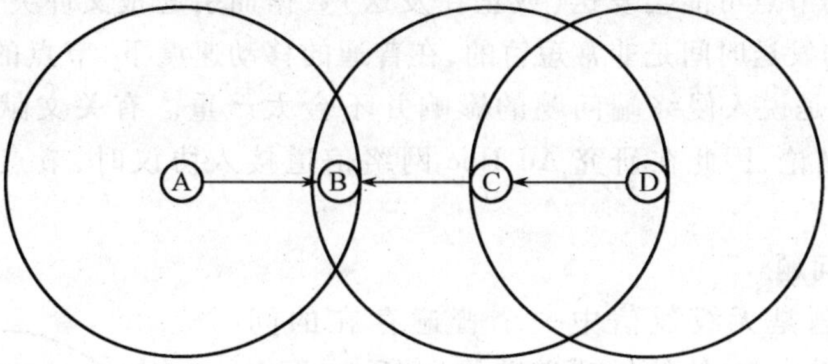

图 12.9 隐终端问题

在单信道条件下,隐发送终端问题可以通过在发送数据包前的控制报文握手来解决,但隐接收终端问题无法解决。在双信道条件下,发送数据包前在控制信道上进行控制报文握手可以很好地解决隐发送终端和隐接收终端问题。

3. 暴露终端问题

暴露终端是指在发送节点覆盖范围之内而在接收节点覆盖范围之外的节点。暴露终端因能够听到发送节点的发送而可能延迟发送。但因为它在接收节点的通信范围之外,它的发送实际上并不会造成冲突。这就引入了不必要的延迟,所以也要想办法解决。

在图12.10中,当节点B向节点A发送报文时,节点C处在B的覆盖范围内而处在A的覆盖范围外,C是暴露终端。C因听到了B的发送而可能会延迟向D的发送报文,但实际上C向D发送并不会影响B向A的发送。如果仍采用解决隐终端问题提出的握手机制,当B向A发送数据时,C听到了B发送的RTS控制报文,但没有听到A回送的CTS控制报文。此时,C便知道自己是暴露终端,它向D发送数据并不会影响B与A的通信。

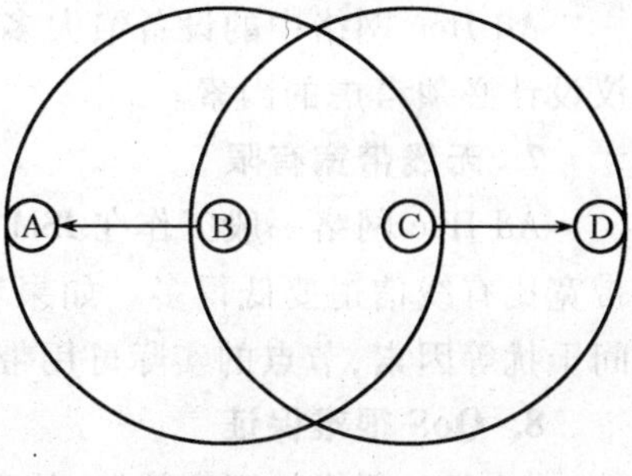

图 12.10 暴露终端问题

在单信道条件下暴露接收终端问题是不可能解决的,因为所有发送给暴露接收终端的报文都会产生冲突。用于解决隐终端问题的RTS/CTS握手机制也无法解决暴露发送终端问题,因为暴露发送终端根本就无法与目的节点成功握手。也就是说,在单信道条件下暴露终端问题无法得到解决。如果使用双信道,暴露终端问题则可以使用在发送数据包前的控制报文握手进行解决。

4. 节点移动的影响

Ad Hoc网络中的节点是可以自由移动的,这会造成网络拓扑结构不断变化。这会对

Ad Hoc 网络的信道接入协议带来一定的影响。当一对节点正在通信时,因移动而进入接收节点通信范围的节点可能会发送(或正在发送)数据而引起报文冲突,这称为入侵终端问题。一个报文的发送时间是非常短暂的,在普通的移动速度下,节点的位置并不会发生太大的变化,也就是说入侵终端问题的影响并不会太严重。有关文献通过理论和仿真分析证明了这个结论,因此在研究 Ad Hoc 网络信道接入协议时,节点移动的影响可以忽略。

5. 单向链路问题

单向链路问题是无线通信中一个普遍存在的问题。如图 12.11 所示,A 的信号覆盖范围包括 B,而 B 由于功率、地形等因素,信号不能覆盖到 A,则 B 可以收到 A 的信息,而 A 不能收到 B 的信息。这就构成了单向链路。

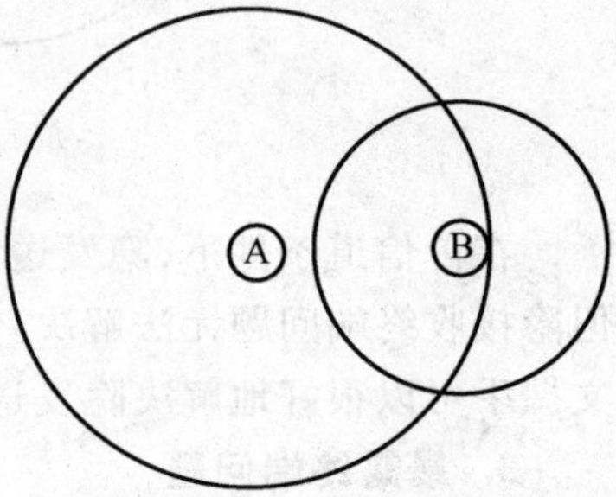

图 12.11　单向链路

在单向链路情况下,RTS/CTS/ACK、控制信道协商等机制都不再有效。在目前的标准与应用中,很多都没有使用,或者是没有涉及单向链路。这对信道资源而言是一个很大的浪费。如果能够通过链路层和物理层的协同控制,借助网络层的某些信息,控制 A 可以直接发送给 B,而 B 可以通过适当的节点转发给 A,则可以提高信道的利用率。

6. 能量有限

Ad Hoc 网络中的设备绝大多数靠电池供电,且能量有限,所以如何节能也是 MAC 协议设计必须考虑的因素。

7. 无线带宽有限

Ad Hoc 网络一般工作在 ISM 频带,由于无线信道本身的物理特性,它所能提供的网络带宽比有线信道要低得多。如果考虑到无线信道产生的碰撞、信号衰减、噪声干扰、用户间干扰等因素,节点的实际可用带宽远远小于理论值。

8. QoS 很难保证

Ad Hoc 网络的固有特性,使得要满足一定的 QoS 保证,是非常困难的事,这也是应该重点考虑的问题。

12.2.2　信道接入协议分类

Ad Hoc 网络的信道接入协议要面临很多其他网络没有的新问题,一个普遍适用、高效的信道接入协议应具备以下基本特性:

(1) 较高的空间复用度。移动自组网的优点之一是可以实现多对节点同时进行通信,实现频率的空间复用。信道接入协议应该尽量增加这种复用度,使网络中更多的节点同时进行通信,从而提高网络的总吞吐量。隐接收终端问题和暴露发送终端问题的解决将会提高频率的空间复用度。

(2) 高效的信道共享。由于采用了特殊的信道共享方式,移动自组网信道接入协议要面临报文冲突的威胁。报文冲突会严重影响无线信道的利用率。因此,信道接入协议要尽量避免报文间的冲突,尤其要实现数据包的无冲突发送。

(3) 提供冲突解决的方法。当报文不可避免地发生冲突时,信道接入协议要提供有效的冲突解决方法,尽量减少报文冲突带来的影响。常用的解决方法是退避重发。

(4) 硬件无关性。一个普遍适用的移动自组网信道接入协议应该具有硬件无关性,即不能对接收机的功能做过多的假设。

可以按照现有标准为 MAC 协议分类,这些分类方法有时会出现交叉现象,也就是说同一种协议按照不同的标准可归入不同的类别中。

1. 根据信道接入时握手协议的发起者划分

发方主动的 MAC 层协议——由发送节点主动发起信道预约,即发方要发送数据时,先发送一个 RTS 控制报文与收方预约信道。大多数的信道接入协议属于此类,包括 MACA、MACAW 等。

收方主动的 MAC 层协议——由收方主动发起信道预约。接收节点主动向发送节点发送 RTR(Ready To Receive)控制报文,发送节点如果有数据就直接发送。这种 MAC 层协议试图通过减少控制报文的个数、降低握手开销来提高网络的吞吐量,包括 MACA-BI (MACA by Invitation)、RIMA(Receiver-Initiated Multiple-Access)。

2. 根据信道接入协议使用的信道数目划分

基于单信道的 MAC 层协议——用于只有一个共享信道的移动自组网。所有的控制报文和数据包都在同一个信道上发送和接收。因为数据包要比控制报文长得多,数据包的冲突会严重影响信道的利用率。所以,这种 MAC 层协议目标之一就是通过使用控制报文尽量减少甚至消除数据包的冲突,即设计合适的冲突避免策略。包括 MACA、MACAW、IEEE 802.11DCF 和 FAMA(Floor Acquisition Multiple Access)基站捕获的多重接入等。

基于双信道的 MAC 层协议——用于有两个共享信道的移动自组网。两个信道分别为控制和数据信道。双信道在解决隐终端和暴露终端方面具有独特的优势,通过适当的控制机制,可以完全消除隐终端和暴露终端的影响,避免数据包的冲突。包括 BAPSW (Basic Access Protocol Solutions for Wireless,无线基本接入协议方案)和 DBTMA 等。

基于多信道的 MAC 层协议——用于具有多信道的移动自组网。由于网络中有多个信道,接入控制更为灵活。可使用其中一个信道作为公共控制信道,也可让控制报文和数据包在同一信道上混合传送。这种 MAC 层协议主要关注两个问题,信道分配和接入控制。信道分配负责为不同的通信节点分配相应的通道,消除报文的冲突,使尽量多的节点同时通信。接入控制负责确定节点接入信道的时机、冲突的避免和解决等问题。典型的基于多信道的信道接入协议有:跳隙预留的多重接入(Hop Reservation Multiple Access, HPMA)、多信道载波侦听(Multiple Channel CSMA)、动态信道定制(Dynamic Channel

Assignment,DCA)、多信道 MAC(Multi-channel MAC,MMAC)等。

3. 其他划分方法

按照是否存在竞争机制,Ad Hoc 网络中的 MAC 协议可分为无竞争协议和有竞争协议两大类。其中无竞争协议包括 TDMA、FDMA、CDMA 协议,虽然 802.11b 中 PCF 是一种无竞争机制,但是通常还是把它归类到有竞争协议这一类,因为在 Ad Hoc 网络中主要采用 IEEE 802.11b 中的 DCF 机制。无竞争协议主要用于静态网络或者具有中心控制站的场合。

有竞争协议包括两种接入机制:一种是随机接入,另一种是预约/碰撞回避,采用前一种机制的协议又可分成两类:非载波侦听协议,如 ALOHA、Slotted ALOHA 等;载波侦听协议,如 CSMA 协议。后一种机制的协议也可分为两类:使用控制包,如 MACA、MACAW 等协议;采用控制包和载波侦听,如 FAMA、CSMA/CA、IEEE 802.11 等协议。对于有竞争的 MAC 协议,可以按照几种标准对其分类:基于发送端还是接收端,是否具有定向天线,基于单向链路还是双向链路,是单信道还是多信道,是否具有功率控制和管理,是否具有 QoS 保障。大部分协议是基于发送端、不具有定向天线、双向链路、功率控制和管理。MACA-BI 和 RI-BTMA 是基于接收端的,D-MAC 协议、M-MAC 协议是基于定向天线的,PANAMA 协议是基于单向链路的,MACA、MACAW、FAMA 是基于单信道的,BTMA、DBTMA、PAMAS、MMAC、DCA、DCA-PC 是基于多信道的,PAMAS、DPSM 是基于功率管理的,PCM、PCMA 是基于功率控制的,Cluster TDMA、Cluster token、SRMA/PA 是支持 QoS 的同步协议,RT-MAC、DCF-PC、EDCF、预约 MACA/PR、DBASE、公平 DFS 是支持 QoS 的异步协议。

实际的接入协议可以是上述类型的混合体。

12.2.3 几种代表性的信道接入协议

下面介绍具有代表性的单信道接入协议、双信道接入协议、多信道接入协议以及目前已经广泛应用的 IEEE 802.11 信道接入协议。

1. 单信道接入协议

MACA 是第一个使用 RTS-CTS 控制帧握手来解决 Ad Hoc 网络隐藏终端和暴露终端问题的信道接入协议。MACA 源于 CSMA/CA(载波侦听/冲突避免)。在 CSMA/CA 接入协议中,发送者和接收者在发送数据包前首先使用 RTS-CTS 控制帧握手。目的是通知接收者做好接收数据的准备。CSMA/CA 用在 Ad Hoc 网络是有问题的:由于隐藏终端的存在,节点检测不到载波并不意味着信道空闲可以发送数据;由于暴露终端的存在,节点检测到载波也并不意味着信道忙不能发送数据。即载波监听的结果不一定有用。由于上述问题,为了简化硬件的设计,降低硬件实现的复杂度,MACA 建议不使用载波监听。CSMA/CA 去掉载波监听就成了 MACA。

MACA 的基本思想:发送者发送数据前先向接收者发送 RTS 控制帧,RTS 中包含将要发送的分组长度。接收者收到 RTS 后,回送 CTS,并将长度消息捎回;收到 CTS 后,发送者开始发送数据。收到 RTS 的其他节点在一段时间内不能发送任何消息,以保证发送者能够接收并响应 CTS。听到 CTS 的节点,知道在它的通信范围内有站要接收某种长度的分组,通过实施退避算法延迟发送来避免冲突。发送站只有在收到对方回送的 CTS 后才能发送数据,如果没有收到 CTS,则认为 RTS 因为冲突被破坏,然后执行二进制指数退避(Binary Exponential Backoff,BEB),延迟重发 RTS。

1)MACA 的优点

(1)提高了无线信道的利用率。当采用普通的 CSMA 技术时,一旦发生冲突,冲突的各方都需要重传数据,这样就降低了无线信道的利用率。采用 MACA 协议,尽管仍然有可能发生 RTS 帧和 CTS 帧的冲突,但由于 RTS 和 CTS 帧的长度比数据分组短的多,从而大大地降低了冲突的概率和时间,提高了信道的利用率。当然,如果数据本身很短,就没有必要发送 RTS 消息。因此,可以在链路层设置 RTS 发送门限,只有数据长度大于该门限才发送 RTS 帧。

(2)部分解决了隐终端问题。

2)MACA 的缺点

(1)不能解决控制分组之间(RTS-CTS)的冲突问题。

(2)不具备链路层确认机制(没有 ACK 分组)。当发生冲突时需要上层超时重发,效率很低。

(3)由于采用二进制指数退避算法,如果某站的退避计数器值较大,那么在后续的竞争中失败的可能性也较大,从而使得退避值进一步增大,造成饿死现象(不公平)。

2. 双信道接入协议

DBTMA 双忙音多址接入协议。以前的几种方法假设所有的相关节点都能听到 RTS/CTS 消息,但在高速移动的大型 Ad Hoc 网络中这种假设有时并不成立,当网络负载很高时 CTS 发生冲突的概率很大。DBTMA 的提出解决了这些问题。DBTMA 是在 CSMA 和 RTS/CTS 会话机制的基础上,综合了两者的优点来提高系统性能。它除了使用控制信道上的 RTS/CTS 分组外,还使用了控制信道上的两个忙音来标识信道状态(见图 12.12)。

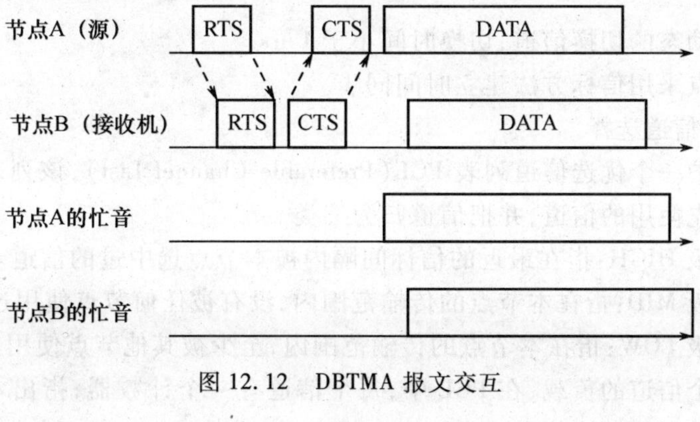

图 12.12 DBTMA 报文交互

DBTMA 协议将信道分为两个子信道:数据信道和控制信道。数据包在数据信道上传输,控制帧(RTS 和 CTS)在控制信道上传输,另外在控制信道上增加两个频带彼此分开的窄带忙音 BTr(接收忙音)和 BTt(发送忙音),分别用来指示某站正在数据信道上接收和发送数据。报文交互次序:RTS—CTS—DATA。

DBTMA 算法:一个发送站首先要监听信道上是否有 BTr 信号以确定是否有其他站接收数据,如果没有听到 BTr 信号,它可以发送 RTS 分组,并在发送 RTS 时监听 BTr 信号,如果在此期间听到 BTr 信号(自己是隐藏发送终端),即使收到了 CTS 信号也要延迟发送。当接收站收到 RTS 时,要监听 BTt 信号来察看是否有节点在发送数据,如果没有听到 BTt 信号,将响应 CTS 分组,并且发送 BTr 信号,否则它将保持沉默(自己是暴露接收终端)。发送站接收到 CTS,它开始传送数据并发送 BTt 信号。当发送和接收数据完毕后,停止发送 BTr 信号和 BTt 信号。关键:在通信期间,所有收听到 BTr 信号的其他站必须延迟发送,所有收到 BTt 信号的其他站不能接收数据。

DBTMA 中的 RTS-CTS 交互只是用来探测接收节点能否接收报文,而不再担负预约信道的作用。信道接入完全依赖于对两个忙音信号的检测。DBTMA 实现了数据包的无冲突,付出的代价是增加了两个带外忙音,忙音的发送和检测都需要额外硬件的支持。

双信道并不是没有解决报文冲突的能力,而是 DBTMA 没有发挥双信道的优势,没有充分利用 RTS-CTS 握手具备的能力。

3. 多信道接入协议

MMAC 是一种同步时间驱动的信道接入协议,其设计思想来源于 IEEE 802.11DCF 定义的 PSM(Power-Saving Mode,节能模式)。

1) MMAC 的假设条件

(1) N 个信道,具有相同的带宽,互不重叠,工作于不同信道的节点分组传输互不干扰。

(2) 节点具有一个半双工电台,从而只能在一个信道监听。与其他协议相比,不需要配备多个电台。

(3) 电台能动态的切换信道,切换时间小于 1 μs。

(4) 每个节点采用信标方法建立时间同步。

2) MMAC 的信道选择

每个节点维护一个优选信道列表 PCL(Preferable Channel List),该列表描述了本节点传输范围内可优先使用的信道,并把信道归为三类。

(1) 高优先级 HIGH:指在最近的信标间隔内被本节点选中过的信道。

(2) 中优先级 MID:指在本节点的传输范围内,没有被任何节点使用过的信道。

(3) 低优先级 LOW:指在本节点的传输范围内,至少被其他节点使用过一次的信道。

为了平衡各个信道的负载,在 PCL 中,每个信道有一个计数器,指出本次信标间隔内有多少通信双方计划使用该信道。

3）MMAC 的信道状态改变

(1) 上电或每个信标的起始，PCL 中的所有信道复位为 MID 状态。

(2) 当发/收节点协商一致使用某个信道，它们都标记该信道为 HIGH 状态。

(3) 当节点监听到 ATIM-ACK 或 ATIM-ACK 分组，ATIM-ACK 或 ATIM-ACK 分组的信道如果处于 MID 状态，则更新标记为 LOW 状态，信道相关的计数器设置为 1；如果处于 HIGH 状态，则保持不变；如果处于 LOW 状态，则将相关的计数器值加 1。

4）MMAC 的信息交互

在 MMAC 中，周期性发送的信标把时间分割为信标间隔。收/发节点在数据分组传输前在 ATIM 窗口进行信道协商。信道协商过程如下：发送节点 A 向接收节点 B 发送 ATIM 分组，ATIM 分组中包含了 A 的 PCL。B 收到 ATIM 分组以后，基于 A 的 PCL 和自己的 PCL 选择信道，自己的 PCL 的优先级高于节点 A。B 选择信道后，把选择信息包括在 ATIM-ACK 中发给 A。当 A 收到 ATIM-ACK 后，判断 ATIM-ACK 中的接收方选择信道是否可用。当收发双方选择的信道一致时，节点 A 向节点 B 发送 ATIM-RES 分组，并在 ATIM-RES 包含最后指定的信道。当收发双方选择的信道不一致时，节点 A 向节点 B 同样发送 ATIM-RES 分组，其中指定一个信道。ATIM 窗口后，发送节点和接收节点将使用 RTS/CTS 握手机制在选择的信道上传输分组。如图 12.13 所示。

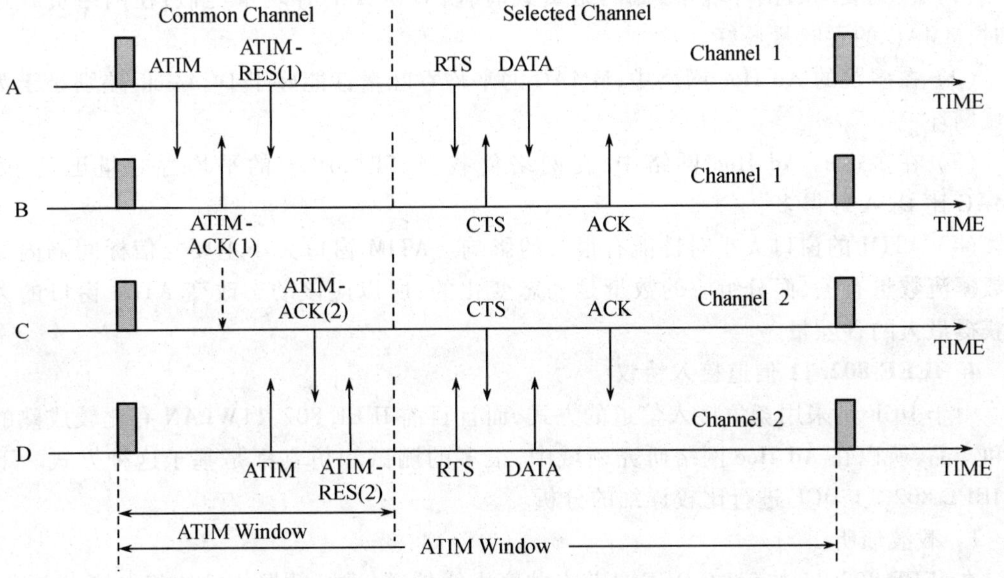

图 12.13 MMAC 的信息交互

5）信道选择规则

设节点 S 有分组要发给 D，在 ATIM 窗口发送 ATIM 分组到 D，ATIM 分组中包含了 S

的 PCL;D 接收到 S 的 ATIM 后,基于 S 和 D 的 PCL 进行信道选择。从高到低逐级选择,上一级选择无效,则开始下一级选择,其算法如下:

(1) 如果在 D 的 PCL 有 HIGH 状态的信道,选择该信道;

(2) 如果在 S 的 PCL 有 HIGH 状态的信道,选择该信道;

(3) 如果一个信道在 S 和 D 的 PCL 中都处于 MID 状态,选择该信道,如果有多个这样的信道,就随机选择一个;

(4) 如果一个信道在 S 的 PCL 或 D 的 PCL 中处于 MID 状态,选择该信道;如果有多个这样的信道,就随机选择一个;

(5) 所有的信道处于 LOW 状态,将所有的信道相应的 S 和 D 的 PCL 计数值相加,具有最小计数的信道被选中。

6) 信道切换规则

(1) 节点发完数据分组后,如果不知道将有分组发给自己,可以切换信道。

(2) 如果在 ATIM 窗口收到 ATIM 分组,必须在整个信标间隔停留在选择的信道上。

(3) 信道切换后,节点在发送数据前,必须等待一个分组传输间隔,来收集信道状态信息。这个时延是冲突避免必需的;

7) MMAC 性能分析

(1) 在无线局域网环境中,低网络负载时,所有协议的吞吐量类似;在网络负载近饱和时,MMAC 的吞吐量最好。

(2) 在多跳的 Ad Hoc 网络中,MMAC 的平均吞吐量性能好于 DCA。但差别小于无线局域网环境。

(3) 在多跳的 Ad Hoc 网络中,在网络负载很高时,DCA 的平均吞吐量迅速下降,MMAC 比 DCA 好得多。

(4) ATIM 的窗口大小对性能有很大的影响。ATIM 窗口大小主要与信标间隔内的分组数据流数量有关,而分组流的数量是动态变化的,所以应该动态改变 ATIM 窗口的大小以获得最大的吞吐量。

4. IEEE 802.11 信道接入协议

由于 DCF 是采用竞争接入信道的方式,而且目前 IEEE 802.11WLAN 有比较成熟的标准和产品,所以在 Ad Hoc 网络研究领域中,很多的测试和仿真都是基于这种方式。下面对 IEEE 802.11 DCF 进行比较详细的分析。

1) 载波侦听

在 IEEE 802.11 协议中,DCF 是节点共享无线信道,进行数据传输的基本接入方式,它把 CSMA/CA 技术和 ACK 技术结合了起来。除了使用基于 RTS/CTS 的虚拟载波侦听机制外,还使用了帧分割技术,较小的数据帧可以使得报文在差错率高的情况下易于传输,从而提高网络的性能。

DCF 的载波侦听有两种实现方式:第一种实现是在空中接口,称为物理载波侦听;第二种实现是在 MAC 层,叫做虚拟载波侦听。节点通过将 MAC 层协议数据单元 MPDU (MAC Protocol Data Unit,是指从 MAC 层传到物理层的一个完整的数据单元,它包含头部、净荷和 32bit 的 CRC 码)的持续时间放到 RTS、CTS 和 DATA 帧头部来实现虚拟载波侦听,通过检测来自其他节点的信号强度来实现物理载波侦听。无论是物理载波侦听还是虚拟载波侦听,只要其中一种方式表明信道忙碌,就将信道标注为"忙"。

2) 帧的优先级

IEEE 802.11 定义了如图 12.14 所示的三种帧间隔(Inter-Frame Spacing,IFS),它是传输信道强制的空闲时段,提供信道接入的优先级控制。分别描述如下:

(1) SIFS:使用 SIFS 的帧的优先级最高,用于需要立即响应的服务,如 RTS 帧、CTS 帧和 ACK 帧等。

(2) DIFS:DCF 方式下节点使用的帧间隔。当信道空闲时,节点在传输任一个帧前都需要等待 DIFS 时长的延迟。DIFS 大于 SIFS。

(3) PIFS:PCF 方式下节点使用的帧间隔。用于获得无竞争访问周期启动时访问信道的优先权。它比 DIFS 要小,但比 SIFS 大。

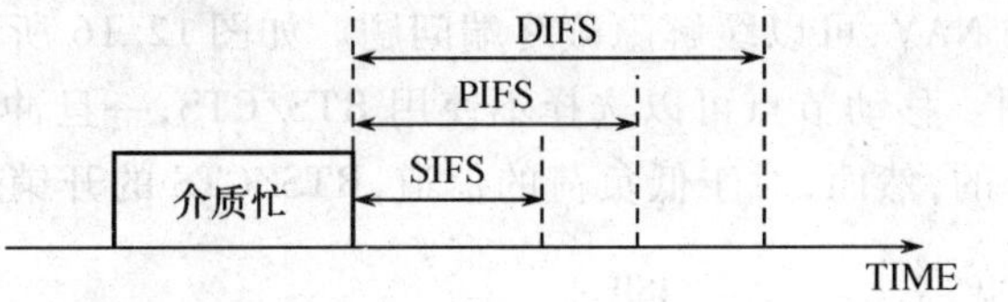

图 12.14 IEEE 802.11 帧间隔

3) 信道接入方式

在 IEEE 802.11DCF 中,有三种信道接入方式。

第一种是基本接入方式,在该方式中,移动节点侦听到信道空闲,等待 DIFS 时间之后继续侦听信道。如果此时信道继续空闲,移动节点可以开始 MPDU 的发送。接收节点计算校验和,确定收到的分组是否正确无误,一旦接收节点正确地接收到了分组,等待 SIFS 时间后,将一个 ACK 回复给发送节点,以此表明已成功接收到数据帧。在 DCF 基本接入方式中成功发送一个数据帧的定时图,如图 12.15 所示。当一个数据帧发送出去的时候,其持续期字段让听到这个帧的节点(目的节点除外)知道信道忙碌的时间,然后调整各自的 NAV。这个 NAV 里也包含了一个 SIFS 时间和后续的 ACK 持续期。

第二种是使用 RTS/CTS 交互的接入方式。在 DCF 中,一个节点无法知道自己的发送产生了冲突,所以即使产生冲突,也会将 MPDU 发送完。假如 MPDU 很大,就会浪费宝贵的信道带宽。解决的办法是在 MPDU 发送之前,采用 RTS/CTS 控制帧实现带宽的预留,减少冲突造成的带宽损耗。因为 RTS 为 20 B,CTS 为 14 B,而数据帧最大为 2 346 B,所以 RTS/CTS 相对较小。如果源节点要竞争信道,则首先要发送 RTS 帧,周围听到 RTS 的节点

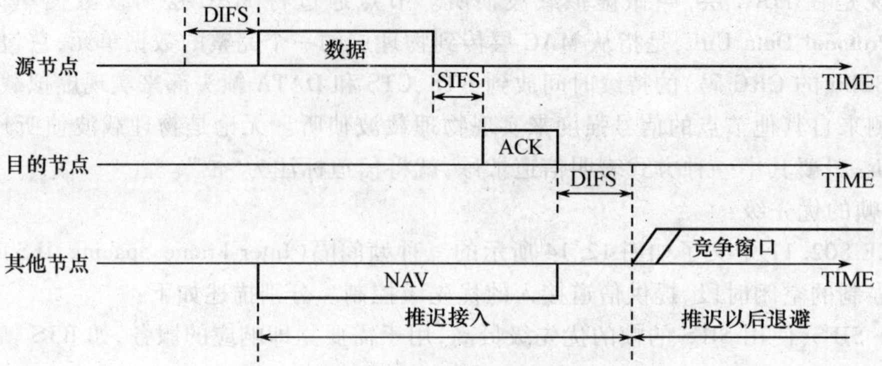

图 12.15　DCF 基本接入方式

从中解读出持续期字段,相应地设置它们的 NAV。经过 SIFS 时间后,目点节点发送 CTS 帧。周围听到 CTS 的节点从中解读出持续期字段,相应地更新他们的 NAV。一旦成功地收到 CTS,经过 SIFS 时间,源节点就会发送 MPDU。周围节点通过 RTS 和 CTS 头部中的持续期字段更新自己的 NAV,可以缓解隐藏终端问题。如图 12.16 所示为 RTS/CTS 交互,然后发 MPDU 的定时图。移动节点可以选择不使用 RTS/CTS,一旦冲突发生在 RTS 或 CTS,带宽的损失也是很小的,然而,对于低负荷的信道,RTS/CTS 的开销会增加时延。

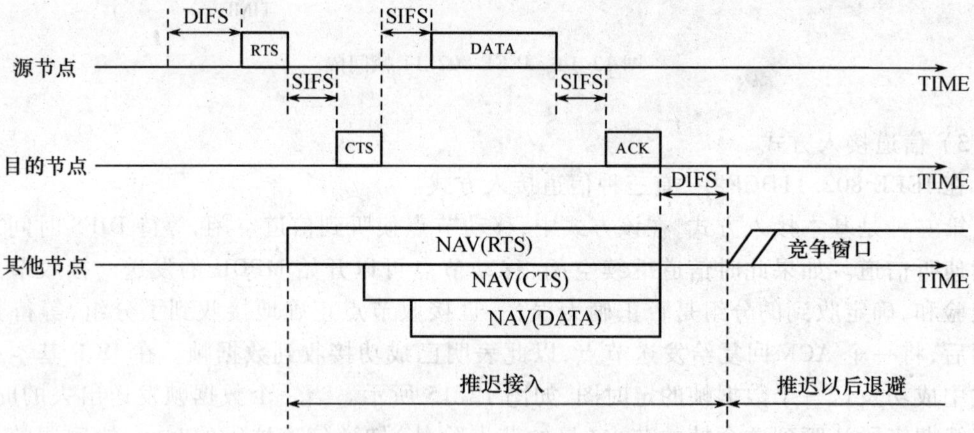

图 12.16　使用 RTS/CTS 的交互方式

第三种是分片交互方式。当从逻辑链路层传到 MAC 层的 MPDU 很大时,为了增加传输的可靠性,会将其分片(Fragment)发送。分片的方法是:设定一个分片门限(Fragment Threshold),如果 MPUD 超过这个门限便将其分成多个片段,片段的大小和分片门限相等,其中最后一个片段是变长的,一般小于分片门限。

当一个 MPDU 被分片后,所有的片段按顺序发送,如图 12.17 所示。信道只有在所有的片段发送完或源节点没有收到一个片段的 ACK 的时候才释放。目的节点每收到一个片段,都要向源节点回送一个 ACK。源节点每收到一个 ACK,经过 SIFS 时间,再发送另外一个数据帧片段,所以在整个数据帧的传输过程中,源节点通过间隔 SIFS 时间产生的优先级来维持信道的控制。如果已发送的数据帧片段没有得到确认,源节点就停止发送过程,重新开始竞争接入信道。一旦接入信道,源节点就从最后未得到确认的数据片段开始发送。如果分片发送数据的时候使用 RTS/CTS 交互,那么只有在第一个数据片段发送的时候才进行。RTS/CTS 头部中的持续期只到第一个片段的 ACK 被接收为止。此后其他的节点从后续的片段中提取持续期来更新自己的 NAV。

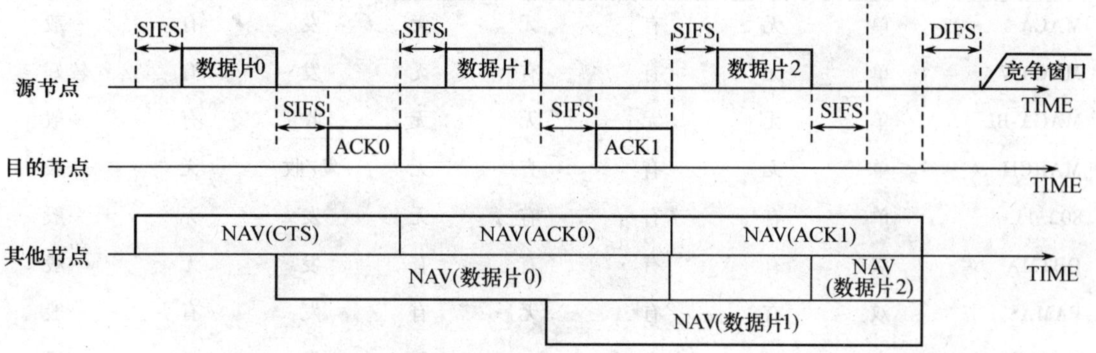

图 12.17 分片交互方式

4) 退避机制

CSMA/CA 的冲突避免功能由随机指数退避过程实现。如果一个移动节点准备发送一个数据帧,并侦听到信道忙,节点便一直等待,直到信道空闲了 DIFS 时间为止,接着计算随机退避时间。在 IEEE 802.11 标准中,时间用划分的时隙表示,其大小与 SIFS 相同,被用来定义退避时间。在 IEEE 802.11 DCF 的二进制指数退避中,把随机退避时间定义为时隙的整数倍。退避时间为 *Random*(.) × *aSlotTime*,其中 *aSlotTime* 是由物理层决定大小的时隙。*Random*(.)是均匀分布于[0,*CW*]的伪随机整数,竞争窗口 *CW* 是介于 *CWmax* 和 *CWmin* 之间的一个整数,其初始值设为最小值 *CWmin*。当信道空闲了 DIFS 时间后,节点用定时器记录消耗的退避时间,一直到信道重新忙或者退避时间定时器超时为止。如果信道重新忙,并且退避时间定时器没有超时,节点就将冻结定时器。当定时器时间减到为零时,节点就开始发送信息帧。假如两个临近节点的定时器同时减到零,就会发生冲突。每个节点必须以原来退避时间的两倍进行退避。当数据发送成功时,把竞争窗口 *CW* 调整到最小值。虽然每发送 MPDU 的时候都要重新竞争信道,但却有着明显的不公平性。由于把成功发送数据的节点的竞争窗口 *CW* 调整到最小值而更容易获得信道的访问权。

12.2.4 信道接入协议分析

表 12.2 列出了所介绍的 MAC 协议的主要特点。在 Ad Hoc 网络中采用纯粹的 CSMA 技术并不能很好解决隐终端问题,并且基于 CSMA 的网络吞吐量会随着网络规模的增大而降低。现有的绝大多数 MAC 协议在 CSMA 基础上又增加了 RTS/CTS 握手信号以减少冲突。链路层加入确认机制,也减少了差错数据包的重发。由于 Ad Hoc 网络中的设备一般是电池供电的,所以能量消耗必须加以考虑。

表 12.2 主要 MAC 协议特性比较

	信道数	CSMA	RTS/CTS	ACK	忙音	驱动方	功率控制	公平性
MACA	单	无	有	无	无	发	有	一般
MACAW	单	无	有	有	无	发	有	较好
MACA-BI	单	无	无	无	无	收	有	一般
MARCH	单	无	有	有	无	发/收	无	一般
802.11	单	有	有	有	无	发	无	一般
DBTMA	双	有	有	有	有	发	无	一般
PAMAS	双	有	有	无	有	发	有	一般
HRMA	多	无	有	有	无	发	无	一般
多信道 CSMA	多	有	有	有	无	发	无	较好
DPC	多	有	有	无	无	发	无	较好

仿真结果表明,对于 UDP 协议下的 CBR 业务,CSMA/RTS/CTS/ACK 组合的性能最好,CSMA/CA/RTS/CTS/ACK 次之;对于 TCP 协议下的 FTP 业务,CSMA/CA/RTS/CTS/ACK 组合的性能最好,所以 IEEE 802.11 协议采用了此种组合不足为奇。单信道协议不可能完全解决冲突,采用双信道或者多信道协议把控制信号和数据信号分开,可以提供更高的信道利用率。

目前,MAC 协议仍然是 Ad Hoc 网络研究的热点,针对 Ad Hoc 网络的特点以及未来新业务的要求,在现有的 MAC 协议基础上还可以在以下几个方面做进一步的研究。

1)移动性预测

在移动自组网中,节点的移动变化如果在 MAC 层及早的被发现,就可以减少上层不必要的报文传送,降低冲突的发生。PMAW 利用信噪比的改变来感知节点的移动,以避免冲突的发生。如信噪比持续下降,即噪音干扰强度增加,表示另一个连接的节点临近,接收节点可采取策略来避免冲突。

2）提供动态的 QoS 支持

现有的无线网络 MAC 协议较少考虑 QoS 问题，即使考虑了也多是局限于提高吞吐量和降低时延。为了支持未来多样化的多媒体业务，需要提供良好的动态 QoS 支持，可编程 MAC 协议能够实时创建、动态管理和控制不同的 QoS 需求。

3）节约能量

Ad Hoc 靠能量有限的电池供电，为了节约能量，可以采用节能机制（如 PAMAS）和功率控制机制（如 MACA）。现有的协议大多是采用关闭部分未通信的节点或者对握手信号和数据信号使用不同的功率，这些方法在一定程度上节约了能量，减少了冲突的发生，但降低了吞吐量，增加了时延。所以，既能节约能量又不明显影响网络性能的 MAC 协议也是进一步努力的方向。

4）握手信号的优化

握手信号（如 RTS/ CTS）在 Ad Hoc 网络应用的非常广泛。然而，一方面握手信号不仅要耗费一定的网络资源，而且本身也会发生冲突；另一方面，RTS/CTS 机制会阻塞能够正常通信的节点（如暴露终端），造成信道资源的严重浪费，甚至导致“死锁”。因此，减少和优化握手信号，如采用 RTS 验证、NCTS 机制等，可以更好地提高网络性能。

5）基于信号处理的多包接收

由于阵列天线、扩频码、空时编码等信号处理技术的发展，使得物理信道可以同时接收多个数据包。这一多包接收模型改变了传统的冲突信道模型，设计和实现基于多包接收的 MAC 协议可以减少冲突，并提高网络性能。

6）基于跨层设计的全局优化

现有 MAC 协议的设计都受限于传统的分层协议模型，如何结合底层（物理层）和上层（路由、传输、应用层）的信息，设计和实现全局优化的 MAC 协议，例如传输层和 MAC 层的联合差错控制，也是极具挑战性的研究课题。

本节所讨论的 MAC 协议已经部分解决了 Ad Hoc 网络中所存在的一些问题，但是仍有一些问题有待解决。这些问题包括：隐藏/暴露终端问题、干扰限制模型、能量保存、选择单信道或者多信道、竞争节点之间的公平性、是否采用定向天线、如何保证 QoS。将来设计 MAC 协议时要重点考虑这些问题，由于不同的应用场合对 MAC 协议有不同的要求，必须结合实际需求、综合考虑所有制约因素来设计 MAC 协议。

12.3 无线自组织网络路由协议

路由技术是移动节点通信的基础，也是移动自组织网络的关键技术之一。与一般的蜂窝无线网络不同，移动自组织网络各节点间通过多跳数据转发机制进行数据交换，需要专门的路由协议进行分组转发操作。无线信道变化的不规则性、节点的移动、加入、退出等都会引起网络拓扑结构的动态变化。移动自组织网络路由协议就是在这样的背景下产生的，其主要作用是在自组织网络环境中，建立各节点的路由，同时，通过监控网络拓扑结构的变化来更新和维护路由。

12.3.1 无线自组织网络路由协议概述

Ad Hoc 网络路由协议的目标是快速、准确、高效、可扩展性好。快速指的是查找路由的时间要尽量短，减小引入的额外时延；准确指路由协议要能够适应网络拓扑结构的变化，提供准确的路由信息；高效的含义比较复杂：其一指要能提供最佳路由；其二指维护路由的控制消息应尽量少，以降低路由协议的开销；其三指路由协议应能根据网络的拥塞状况和业务的类型选择路由，避免拥塞并提供 QoS 保证，可扩展性指路由协议要能够适应网络规模增长的需要。

1. 无线自组织网路由协议要求

无线自组织网络路由协议的任务是实现路由。但是由于 Ad Hoc 网络具有动态拓扑、有限带宽、终端受限、存在单向信道等特点，对在其上运行的路由协议便提出了许多具体而严格的要求。相对于有线网络，有些要求是无线自组织网络特有的，这些要求主要有 7 点。

1）收敛迅速

自组网的拓扑结构是动态的，随时处于变化之中，这就要求路由协议必须对拓扑的变化具有快速反应能力，在计算路由时能够快速收敛，及时获得有效路由，避免出现目的节点不可达的情况。

2）提供无环路由

无论在有线网络还是无线网络，无环路由是对路由协议的一项基本要求。但在无线自组织网络中，由于拓扑结构动态变化会导致大量已有路由信息在短时间内作废，从而更容易产生路由环路。在无线自组织网络中提供无环路由就显得尤为重要而且更难做到。

3）避免无穷计算

经典的距离矢量算法在某条链路失效时，有可能出现无穷计算的情况。无线自组织网络中，链路失败是经常发生的，这就要求在无线自组织网络中运行的路由协议必须能够避免无穷计算。

4）控制管理开销小

无线自组织网络中无线传输带宽有限，传送控制管理分组不可避免地会消耗掉一部分带宽资源。为了更有效地利用宝贵的带宽资源，需要尽可能地减小控制管理的开销。

5）对终端性能无过高要求

无线移动终端使用可耗尽能源，CPU 性能、内存大小、外部存储容量等都低于固定的有线终端，因此，在无线自组织网络中不能对终端性能要求过高。有线网络中用计算的复杂度来换取路由协议性能的做法，在无线自组织网络中不再适用。

6）支持单向信道

在无线自组织网络中，经常有可能出现单向信道。支持单向信道，也是对路由协议的要求之一。

7）尽量实用简单

简单有助于提高可靠性，简单有助于减少各种开销。在实现路由功能的前提下，力求简单，应是设计无线自组织网络路由协议的原则之一。

目前，评价一种 Ad Hoc 网络路由协议性能好坏的指标主要包括以下几个方面的因素：

（1）端到端的数据吞吐量和时延，通过报文传输质量的好坏来衡量路由协议性能的好坏。

（2）路由请求的时间，即统计节点有数据需要发送到数据成功发送的时间，主要用于按需路由方式的 Ad Hoc 网络路由协议的性能评价。

（3）路由协议的效率，即完成路由任务的控制信息与用户数据信息的比率。尤其是在控制信息与数据信息共享同一信道的情况下，该性能将直接影响到整个系统效率的高低。

不同的路由协议在不同的环境中，其性能好坏可能有很大的差异。即使是同一个路由协议，在不同的网络环境中，其性能指标差异也可能会很大。Ad Hoc 网络组网环境主要涉及以下几个方面的内容：

（1）网络规模的大小，即网络中节点个数的多少。

（2）网络拓扑结构的变化速度。

（3）节点的移动速度。

（4）信道的传输带宽。

（5）单向信道的比率以及“休眠”节点的比率。

因此，在分析各种 Ad Hoc 网络路由协议性能时，要注意环境因素对各路由协议的影响。

2. Ad Hoc 网络路由协议所面临的问题

设计满足 Ad Hoc 网络环境下的路由协议所面临的困难主要有以下几点：

（1）频繁变化的拓扑结构。这些变化主要体现在节点加入，离开网络以及链路权值系数的变化。

（2）有限的带宽资源。Ad Hoc 网络本身的传输介质是开放性的无线电波，网络本身提供带宽有限以及信号之间的冲突和干扰，使移动节点可得到的有限的传输带宽将远远小于理论上的最大带宽。

（3）单向的无线信道。由于无线收/发设备不同或周围环境对无线信道的影响，可能会造成单向的无线传输信道。

（4）受限的计算和存储能力以及受限的能源。这就要求路由协议尽可能简单，因而增加了路由协议的设计难度。

12.3.2 无线自组织网络路由协议分类

根据 Ad Hoc 无线网络路由协议的特殊性,近年来提出了多种 Ad Hoc 网络路由协议。IETF 的 MANET 工作小组目前正专注于 Ad Hoc 网络路由协议的研究,提出了许多协议草案,如 TBRPF、OLSR、DSR、AODV、ZRP 等路由协议。另外,专业研究人员也发表了大量关于 Ad Hoc 网络路由协议的相关文章,提出了许多关于 Ad Hoc 的网络路由协议,如 DSDV、WRP 等。

根据路由触发原理,目前的路由协议大致可以分为主动式(Proactive)/表驱动式(Table Driven)路由协议、被动式(Reactive)/按需(On demand)路由协议和混合式(Hybrid)路由协议三种,如图 12.18 所示。

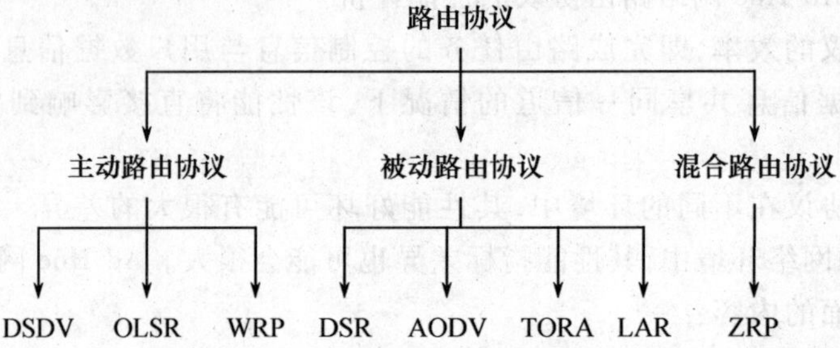

图 12.18 Ad Hoc 网络路由协议分类

1. 主动路由协议

主动路由协议也称为表驱动路由(Table Driven)协议或先验式路由协议,是指网络中的节点通过周期性的广播交换路由信息,获取其他节点的路由,每个节点维护去往全网所有节点的路由表。当网络拓扑结构发生变化时,节点就在全网内广播路由更新信息,这样每一个节点就能连续不断地获得网络信息。由于这种方式需要不断在节点之间进行路由信息的交换和更新,占用了大量的网络资源,开销较高,而且动态变化的拓扑结构又可能使高价得来的路由表中内容变成无效信息,路由协议始终处于不收敛状态。它的优点是当节点需要发送一个去往其他节点的数据分组时,只要路由存在,发送分组的延时就很小。常用的主动路由协议有 DSDV、OLSR、WRP 等。

目的节点序列距离矢量路由(Destination-Sequenced Distance-Vector Routing,DSDV)协议是典型的表驱动距离向量路由协议,基于 Bellman-Ford 路由机制,其所做的主要改进是在路由表项中包含了由目的节点指定的序列号,以区分新旧路由,并避免路由循环。其路由更新既是时间驱动的,周期性更新路由信息,又是事件驱动的,可及时反应拓扑变化。在具体环境下,需要在实时性和减少开销之间取得平衡,尤其是在不可靠环境,拓扑频繁变化的网络中,可考虑只依靠周期性更新。所以,DSDV 不适应快速变化的自组网,也不支持单向信道。

IETF 的 MANET 工作组提出的标准草案优化链路状态路由协议(OLSR)和基于反向路径转发的拓扑发播(TBRPF)协议也属于表驱动路由协议。优化链路状态路由协议的核心概念是多点中继(Multi-Point Relay,MPR)。MPR 被选来在洪泛过程中转发广播消息的节点。与传统的洪泛机制相比,这种技术相当有效地减少了信息开销,在传统的洪泛机制中,每个节点参与转发收到系统消息,但在 OLSR 协议中,只要求那些被选中 MPR 的节点转发系统消息,基于反向路径转发的拓扑转播协议通过使节点只将其源树的部分信息报送给邻节点,以及利用周期性和差异性的更新来使所有的邻节点得到其源树的部分信息,从而使系统开销最小。只报告邻居节点特征变化的"差分"Hello 消息是 TBRPF 协议的关键概念。

尽管优化链路状态路由协议和基于反向路径转发的拓扑发播协议各自都采用了有效的方法来减少维护网络路由信息的系统开销,但它们仍然没有完全解决开销较高问题(如带宽、电源、CPU 资源等)。即使路由表能够跟上当前网络拓扑结构的变化,动态变化的拓扑结构又可能使高价得来的路由表中内容变成无效信息,路由协议始终处于不收敛状态。因此,优化链路状态路由协议和基于反向路径转发的拓扑发播协议不太适合节点用电池驱动能量受限的网络环境。

在无线路由协议 WRP 协议中,网络中每个节点维护四个表:距离表、路由表、连接成本表和报文重传表,节点都通过这些表保存着所有邻近节点与该节点的连接状态。通过其相邻节点的最短路径生成树(Single Spanning Tree,SST)生成自己的 SST,然后再向邻居节点传送更新消息。如果一个节点没有消息需要发送,节点间通过定期发送 Hello 报文来探测链路是否正常或者是否有新的节点加入。

2. 被动路由协议

被动路由协议,也称为按需驱动路由,是根据发送节点的需要进行路由发现的过程,网络拓扑结构和路由表内容也是按需建立的,而且通信完毕后便不再进行维护,所以其内容可能仅仅是整个网络拓扑结构信息的一部分。与主动式路由协议相比,被动路由的优点是不需要周期性的广播路由信息,节省了一定的网络资源;缺点是在发送数据分组时,因没有去往目的节点的路由,要临时启动路由发现过程来寻找路由,所以,数据分组需要等待一定时间的延时,并且由于路由发现过程通常采用全网洪泛机制进行搜索,这在一定程度上也抵消了按需机制带来的好处。

目前,大多数 Ad Hoc 网络路由协议采用的是按需驱动路由方式,其中,具有代表性的有 IETF 的 MANET 工作组提出的标准草案 DSR 协议、按需距离矢量(Ad Hoc On Demand Distance Vector,AODV)路由协议和 ABR(Associativity-Based Routing)协议。

动态源路由协议(Dynamic Source Routing,DSR)是最早采用按需路由思想的协议。数据分组头部包含了完整的路由信息,可以避免环路。中间节点使用了路由缓存技术以减少路由发现的耗费,但过期路由会影响路由选择的准确性。DSR 支持单向链路,支持主动应答和被动应答两种链路状态监测方法,不需要周期性的广播链路状态信息,可减少开销。但因分组头部包含了完整的路由信息,所以链路利用率低。

AODV 路由协议是基于 DSDV 的基础上设计的,其建立路由的方式上是对 DSDV 进行了改进。在路由过程中,中间节点不需维护路由信息或参与路由表交换。在路由发现阶段,当节点需要发送信息而又没有目的节点的有效路由时,启动一个路由发现过程,向网络广播一个 RREQ 分组。AODV 允许中间节点响应 RREQ。发现路由后,中间节点或目的节点以单播的方式向源节点发送一个 RREP 分组,RREP 沿着刚建立的逆向路径传输。因此,AODV 不支持单向链路。在路由维护阶段,当源节点得到链路中断消息后重启路由发现过程。AODV 的显著特点是引入了组播路由协议扩展,并通过序列号的方式解决了无限计数问题。但与 WRP 相似,它需要定期地发送 hello 报文,造成了一定的额外开销。

考虑到了移动自组织网络动态拓扑的特点,ABR 协议通过向相邻节点间定期产生信标(Beacon)来表示自己的存在。当一个节点收到邻近节点发送过来的信标时,本节点就会对相关性表(Associativity Table)进行更新。对于相邻的每一个节点相关性表中都有其相关性计数,表示着该节点相对于本节点的稳定程度。这个相关性计数为路由选择中路由的稳定度提供了一个重要的参考。该路由协议把所选路径的稳定性考虑在内,在一定程度上避免了路由在传输过程中发生中断,选择的路由持久性较好,质量也较高;同时由于节点运算量比较大,源节点需要等待比较长的时间。

3. 层次型路由协议

针对网络所采用的逻辑拓扑结构形式,路由协议又可以分为平面型(Flat)和层次型(Hierarchical)。前面阐述的表驱动路由协议和按需路由协议都属于平面型的路由协议,而层次性路由协议则混合了表驱动路由协议和按需路由协议的优点,因此又被称为混合型路由协议。在平面型路由协议中,所有节点功能都是对等的;而在层次型路由协议中,层次指的是一个群(Cluster)或区(Zone),它们有若干个节点组成,在层次内的节点间采用表驱动路由算法,在各层次间采用按需路由算法。

当自组网规模增加时,平面路由方案就会因链接和处理开销的增大而变得不适用。这时可以通过采用分级(层、群)路由方案来得到可扩展的有效路由。无线分级路由的基本思想是把节点划分为不同的集群并对群内外的节点指定不同的功能。其主要目的有两个:一是减少参与路由计算的节点数降低交换路由信息所需要的开销;二是通过某种集群形成策略产生一个较为稳定的子网络,减少拓扑变化对路由协议的影响。它的优点是可扩展性好,缺点是存在群首节点或网关节点这样功能相对集中的薄弱环节。

Ad Hoc 无线网络中单纯采用主动式或被动式路由协议都不能完全解决路由问题,因此,许多学者提出了结合主动式和被动式路由协议优点的混合式路由协议,这种主动/被动混合式的路由能使在网络一端新链路的产生对于本地是重大事件,而对另一端影响很小。也就是说,关于邻居的信息比遥远的目的地节点的信息更重要。每个节点必须记录区域半径内所有节点的信息。但是,实施混合式路由也面临着很多困难,如簇的选择和维护、主动式和被动式路由协议的合理选择以及网络工作的大流量等问题。典型的混合协议如CGSR协议和ZRP协议。

CGSR(Cluster head Gateway Switch Routing)协议是在DSDV协议基础上融合分层次的思想设计的。协议采用LCC(Least Cluster Change)算法,把移动自组织网络划分成若干个簇,每一个簇中有一个“簇头”(Cluster head),而同时位于多个簇的节点被称为网关。每个节点维护两种数据结构:路由表和簇成员表。节点使用DSDV协议,周期性地与同簇内的邻居节点交换簇成员表,更新表信息。当一个节点要通信时,数据包首先传递给自己所在簇的簇头,而后通过网关到达另外一个簇头,以此种方法穿过中间的分簇,到达目的节点所在簇的簇头,而后再转发给目的节点。CGSR通过分簇,大大减少了维护路由表所需要的信息量。另外,采用这种路由的网络有比较好的扩展性,但其缺点是算法相对复杂,需要一定的执行代价。

ZRP(Zone Routing Protocol)协议巧妙地结合了表驱动和按需路由协议的优点。网络内的所有节点都有一个以自己为中心的虚拟区,区内的节点数与设定的区半径有关。在区内使用表驱动路由算法,中心节点使用区内路由协议IARP维持一个到区内其他成员的路由表,对区外节点的路由使用按需路由算法,利用区间路由协议IERP建立临时的路由。ZRP的性能依赖于区域半径参数值。区域半径应根据网络特征(例如节点密度、节点速度等)来确定。

4. 三种类型路由协议的比较

表驱动路由协议使节点维护的路由表可以较准确地反映网络的拓扑结构。节点一旦发送报文,可以立即获取目的节点路由,因此,该路由协议的时延较小,但是协议需要付出大量的路由控制报文,开销较大。在网络规模和移动性增大到一定程度时,大部分表驱动路由协议将不可行。

相反,按需路由协议不需要周期性维护尚未需要的路由,只有在发送报文之前才需要获取路由,因此,产生的路由控制信息比表驱动路由协议要少得多。但因为数据传输之前必须先获取路由,所以存在一定的时延。按需路由协议适用于网络载荷不太重、节点移动速度不太大的场合。

虽然按需路由协议和表驱动路由协议都各有优缺点,但总体而言,按需路由协议是针对移动自组织网络的特点设计的,更适合于移动自组织网络。

在层次型路由协议中,路由信息分层次转发,需要在全局传播的路由信息较少,降低了大型网络的存储要求和通信载荷,因此,与前两种路由协议相比,具有更好的可扩展性和更高的效率。但另一方面,层次性路由协议的移动管理比较复杂,在实施上存在很多困难。

5. 其他路由协议

1)位置辅助路由协议

无线自组织网络路由协议按是否使用位置信息可以划分为位置辅助型和非位置辅助

型路由协议。在无线自组织网中,定位信息可用于定向路由。地理定位信息能够提高路由性能,但由于存在时延,会产生定位信息不精确的问题。

位置辅助路由协议(Location-Aided Routing,LAR),通过全球定位系统(GPS)获得移动主机的位置信息来控制路由查询范围。提供了两种控制路由查找的策略:区域策略和距离策略。在区域策略中,只有在限定的路由请求传播范围内的主机才参与路由查找;在距离策略中,通过比较源节点到目的节点的距离和中间节点到目的节点的距离来决定中间节点是否转发路由请求。

2) 无线自组织网络组播路由协议

根据参与组播路由的节点构成的网络拓扑结构,无线自组织网络组播路由协议可分为三类:基于树的组播路由协议、基于网格的组播路由协议、混合的组播路由协议。

在有线网络中,通过采用组播分发树能有效地实现组播。受此启发,早期的自组织网络组播路由也是使用树结构。基于树的组播路由协议一般包括两个过程:组播树形成和组播树维护。

在组播树形成过程中,节点启动加入组播树过程:节点广播发送查询分组查找组播树,组播树上的节点在收到查询分组后回复响应分组,当加入节点收到响应分组后就能通过回复节点加入组播树。当加入节点收到多个回复报文时,根据一定策略选择一条最优路径。

组播树的维护是通过 Hello 机制来监控树型拓扑结构,即树根节点周期性发送 Hello 报文给子节点,若子节点在一定时间内未收到 Hello 报文,则认为树枝已经断开。这时,由子孙节点启动树链路修复过程。典型协议有:利用递增序号的组播路由协议(AMRIS)、按需距离适量的组播路由协议(MAODV)、轻量的自适应组播路由协议(LAM)等。

基于网格的组播路由协议与组播树协议不同,数据分组以广播的方式在网络中传输。网络中网格节点负责广播中继分组。基于网格的组播路由协议一般包括两个过程:加入组播网格和维护组播网格。典型的协议有按需组播路由协议(ODMRP)、核心辅助的网格协议(CAMP)、前向转发组播路由协议(FGMP)等。

混合组播路由协议设计出发点是充分利用树结构和网格结构各自优点。混合组播是在网格结构基础上构建组播树。混合的组播路由协议一般包括建立网格和建立组播树两个过程。

在网格基础之上建立组播树的一般过程是:核心节点或源节点向邻居网格节点发送创建树链路控制报文;当网格节点收到非重复的创建树报文时,将该报文转发给其他邻居网格节点,同时,该节点加入组播树;当网格节点收到重复的创建树报文时;向发送该报文的节点回复剪枝报文以剪去该组播树链路。典型的混合组播路由协议有 Ad Hoc 组播路由协议(AMRoute)和核心提取的分布式组播 Ad Hoc 路由协议(MCEADR)。

3) QoS 路由

自组网 QoS 路由的目标是满足 QoS 连接请求的一条或多条路由,同时提供足够的路由资源信息,为管理控制机制提供支持,完成全网资源的有效利用。目前自组网的 QoS 路由问题还处在起步阶段。无线自组织网络的 QoS 研究主要集中在 QoS 模型、具有资源预约功能的信令、QoS 路由协议和 QoS 媒体接入协议以及接纳控制和调度等方面。常见的无线自组织网络 QoS 路由协议有核心提取的分布式 Ad Hoc 路由协议(CEDAR)、基于标签探测的路由协议(TBP)、保证服务质量的优化的链路状态路由协议(QoS-OLSR)、分布式服务质量路由算法(DQoSR)等。

由于无线自组织网络具有无中心结构,拓扑动态变化,节点资源受限,无线节点间相互干扰等特性,使得自组织网络中的 QoS 路由设计面临新的挑战。这主要体现在:

(1) 拓扑结构的动态变化使节点间链路状态信息的获取和管理维护困难。

(2) 由于相邻节点间存在"隐蔽终端"、"暴露终端"、"侵入终端"等相互干扰,使得无线链路状态难以确定,例如带宽、时延、时延抖动等链路参数都很难及时获取和更新维护。

(3) 随时存在的单向信道使得 QoS 路由协议设计困难,主要体现在认知的单向性、路由的单向性和汇点不可达。

(4) 每个节点资源有限,使得 QoS 路由选择不能太复杂。

(5) 基于约束的 QoS 路由选择十分困难。特别是当路由选择的约束条件包含两个或两个以上 QoS 参数时,路由选择将是一个 NP 完全问题。

实际上,无线自组织网络上可提供 QoS 的能力非常有限,目前网络的 QoS 研究主要针对的是网络的 QoS 能力的提升,在提供满足应用需求的 QoS 方面还有很长的路要走。

12.3.3 AODV 路由协议

下面为了让读者能够对 AODV 路由协议有一个直观的印象,首先对 AODV 协议进行概述,之后便对实际应用下的协议的操作过程进行具体的介绍。

1. AODV 协议概述

AODV 是一种按需路由协议。当网络拓扑结构发生变化时,它能快速收敛,在链路断裂时具有自我修复功能。通过使用目的节点序列号,协议实现了无环路由,并且避免了无穷计数的问题。为了避免单向链路引起的错误操作,协议引入了一个黑名单,用于记录和自己是单向链路的邻居节点。

AODV 有三种基本的协议帧:RREQ(Route Request)帧、RREP(Route Reply)帧和 RERR(Route Error)帧。广播时使用目的节点地址受限的广播地址 255.255.255.255,广播帧使用 IP 头的 TTL 域限定广播帧的传播范围。

AODV 路由发现过程如图 12.19 所示。当网络数据分组的源节点 N1 到目的节点 N7 之间存在有效路由的时候,则 AODV 进程不起作用。当 N1 没有至 N7 的有效路由时,便启动路由发现过程,N1 广播一个 RREQ 帧。中间节点 N2、N3 和 N4 收到 RREQ 时,建立或更新到 N1 的反向路由。若中间节点有 RREQ 所查找的有效路由,并且 RREQ 帧没有设置 D 标志,则向上一跳节点应答 RREP 帧,并经若干中间节点到达 N1。否则中间节点继续广播

RREQ,直至 N7,N7 收到 RREQ 后,向 N1 回发 RREP。经过若干中间节点转发后到达 N1,由此路由建立。其中 RREQ 沿多条路径传播,但 RREP 只沿最先到达的路径(N1、N2 和 N7)传回源节点,即选择延时最短的路由。

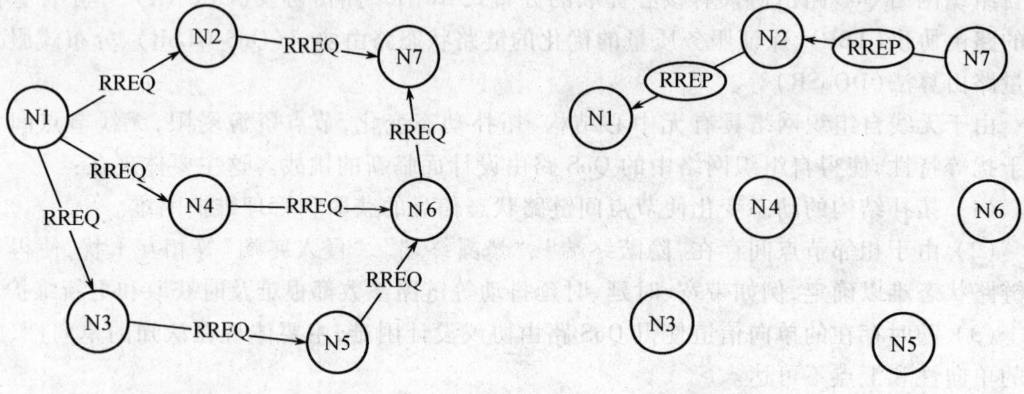

(a) RREQ广播查找过程 (b) RREP确认建立过程

图 12.19 AODV 路由发现过程

路由表项建立后,节点要进行路由的维护操作。当路由不再被使用时,节点就会从路由表中删除相应项。同时,节点会监视一个活动路由中下一跳节点的状况,当发现有链路断开,便发出 RERR 帧通知其他节点修复路由。每个节点都保留了一个"先驱列表"(Precursor List)来帮助完成错误报告的功能,该列表中保存了把自己作为到当前不可达节点的下一跳的相邻节点。

2. 协议的操作

1) 序列号的维护

每个节点都维护着两种序列号:本节点的序列号和到各个目的节点的序列号。这些序列号都保存在路由表项中。在路由表中有一条到自己的路由表项,在这个路由表项保存着自己的序列号。

当节点收到和某个目的节点相关联的 RREQ、RREP 或 RERR 帧时,将更新路由表项中对应的目的节点的目的序列号。AODV 正是利用网络中各个节点维护各自的目的序列号来保证无环路由。

一个目的节点在下面两种情况下增加自己的序列号:

(1) 在节点产生一个路由查找之前,立即增加它自身的序列号,这可以防止删除先前建立的去往 RREQ 帧源节点的反向路由。

(2) 在目的节点产生一个 RREP 对 RREQ 进行应答之前,必须立即将自己的序列号更新,更新值为当前序列号与 RREQ 中的目的序列号之间的最大值。

当目的节点增加它的序列号时,必须把序列号值看作无符号数。

为了确定目的节点信息没有失效，节点需比较它当前的序列号值和接收到的 AODV 协议帧的序列号值。比较必须使用有符号的 32 b 数进行，用收到的 AODV 协议帧中的序列号的值减去当前存储的序列号的值，所得值如果小于 0，则必须丢弃 AODV 协议帧中该目的节点的相关信息，因为这些信息与节点当前存储的信息相比已经过时了。

当通往目的节点的下一跳链路丢失或过期时，节点也可以在它的路由表项中改变目的节点序列号。节点通过查询路由表来确定哪一个目的节点使用了这条断开的链路。对于使用了这条断开的链路的每一个目的节点，节点将这个目的节点的目的序列号加 1，并将路由标记为无效。当节点收到任何关于受影响目的节点的足够新的路由信息时，节点则更新路由表信息。

节点在下列情况下可以改变路由表项中目的节点的序列号：

(1) 节点本身是目的节点，并向其他节点提供了一条新的到自己的路由。

(2) 节点收到 AODV 协议帧，帧中具有关于目的节点序列号的较新信息。

(3) 通往目的节点的路径过期或中断。

2) 路由表项和先驱表

当节点收到来自邻居的 AODV 协议帧，或者为特定目的节点建立或更新了一条路由的时候，它会检测路由表中对应的目的节点的表项。在没有该目的节点表项的时候，就新建该表项。该表项的目的序列号或者由包含在协议帧的信息确定，或者将有效序列号字段设置为假。

路由表项仅在下列情况下进行更新：

(1) 协议帧中的新序列号高于本机路由表中的目的节点序列号。

(2) 协议帧中的新序列号与本机路由表中序列号相等，但是新路由的跳数小于本机路由表中的跳数减 1。

(3) 本机路由表表项中的目的序列号未知。

路由表表项中的生存期字段或者由控制报文确定，或者初始化为 ACTIVE_ROUTE_TIMEOUT。这一路由现在可以用来发送任何排队等待的用户数据分组，完成任何没有完成的路由请求。

每次使用路由进行数据转发时，它到源节点、目的节点和通往目的节点路径的下一跳的有效路由生存期更新为大于等于当前时间加上 ACTIVE_ROUTE_TIMEOUT。由于我们认为源节点和目的节点之间的路由是对称的，那么沿逆向路径到源节点的下一跳的有效路由生存期也同样更新为大于等于当前时间加上 ACTIVE_ROUTE_TIMEOUT。

对于节点维持的每一条有效路由表项，节点同样维护了一个可能用来转发报文的先驱列表。在节点检测到下一跳链路丢失的情况下，将会向先驱节点发出通知。路由表项中的先驱列表就是使用了这条路由的所有邻居节点(一个或者多个)。

3) 产生路由请求

如果节点确定它需要一条到目的节点的路由而该路由并不可用，则节点广播一个

RREQ。这种情况可能是目的节点之前对于当前节点是未知的,或者曾经有效地到目的节点的路由已经过期或标记为无效。

在RREQ协议帧中的目的序列号字段设置成最后知道的目的节点的序列号,则从路由表中复制目的序列号。如果源节点不知道目的节点的目的序列号,则必须在RREQ中设置未知序列号标记。RREQ协议帧中的源节点序列号是节点自身的序列号,在填入RREQ之前要将其增加1。RREQ ID字段为当前节点上一次使用的RREQ ID号加1。每个节点只维护一个RREQ ID,跳数字段设置为0。

在广播RREQ以前,源节点在PATH_DISCOVERY_TIME时间内缓存RREQ ID和RREQ源节点的IP地址。以这种方式,如果节点再从它的邻居收到同样的RREQ报文,它将不对此进行重新处理和转发。RREQ ID和源节点的IP地址联合起来标志一个唯一的RREQ报文。

发起路由查找过程的源节点通常期望和目的节点之间的通信是双向的,在这样的情况下,就不能仅仅只是源节点拥有到目的节点的路由,同时目的节点也必须拥有返回到源节点的一条路由。当由中间节点产生发往源节点的RREP的时候,如果RREQ设定了"G"标记,则这个中间节点应该附带通知目的节点,告知目的节点返回到源节点的反向路由。

节点每秒钟不应该产生多于RREQ_RATELIMIT次的RREQ协议帧。广播出一个RREQ以后,节点等待RREP(或者具有关于正确目的节点路由当前信息的其他控制信息)的到来。如果在NET_TRAVERSAL_TIME ms的时间内没有获得路由,则节点广播另一个RREQ试图重新进行路由查找过程,直到在最大TTL值时达到了RREQ_RETRIES次重传。每一次新的尝试都必须增加并更新RREQ ID。对于每一次新的尝试,IP头中的TTL字段应该根据规定的算法进行设置,以对RREQ每次发送的距离进行控制。

等待路由的用户数据分组应该进行缓存,这个缓存应该是FIFO的。如果路由查找在最大TTL值时已经尝试了RREQ_RETRIES次,却没有收到任何RREP,则所有要发往对应目的节点的用户数据分组应该从缓存中丢弃,并发送一个目的节点不可达信息给应用层。

为了防止网络拥塞,节点重传RREQ的时候,需要使用二进制指数退避算法,即每次重传RREQ的时候,等待RREP的超时时间将在上一次的时间基础上乘以2。

4) 路由请求协议帧的控制传播

为了防止不必要的网络范围的RREQ传播,源节点应该使用扩展环搜索技术。在扩展环搜索中,源节点在RREQ报文的IP头中最初使用的TTL值为TTL_START,并将接收RREP的超时时间设置为RING_TRAVERSAL_TIME ms。如果RREQ超时而没有一个对应的RREP,源节点再一次广播RREQ,此时TTL值增加TTL_INCREMENT。如此过程进行反复,直到RREQ中TTL的值到达了TTL_THRESHOLD,超过这个值之后的每一次尝试TTL值都使用NET_DEAMETER。每一次尝试中,接收RREP的超时时间都设为RING_TRAVERSAL_TIME。当希望所有的重试都经过整个无线自组网时,可以通过将TTL_START和TTL_INCREMENT都配置成NET_DIAMETER来实现。

存储在无效路由表项中的跳数指出了本机最后知道的到目的节点的跳数。如果一段时间后用户需要到这个无效路由表项的目的节点的路由，就产生 RREQ，RREQ 的 IP 头中的 TTL 初始化设置为跳数加上 TTL_INCREMENT。接下来的每次超时，TTL 都增加 TTL_INCREMENT，直到 TTL 等于 TTL_THRESHOLD。超过 TTL_THRESHOLD 则 TTL 的值设为 NET_DIAMETER。

到期的路由表项在当前时间加上 DELETE_PERIOD 这个时间之前不应该删除，否则，相应路由的最后状态（比如最后知道的跳数）将会丢失。而且，可以根据需要设置更长的路由表项删除时间。任何等待 RREP 的路由表项在（当前时间 + 2 × NET_TRAVERSAL_TIME）这个时刻之前都不应该被删除。

5）处理和转发路由请求

当节点收到 RREQ，它首先建立或更新到上一跳的无有效序列号的路由。然后检查在至少 PATH_DISCOVERY_TIME 时间内，它是否收到相同源节点和 RREQ ID 的 RREQ 报文。如果先前收到过同样的 RREQ，则节点会丢弃刚刚收到的 RREQ。以下描述对没有丢弃的 RREQ 报文的处理过程。

首先，RREQ 中的跳数值增加 1，以加入通过中间节点的新一跳。然后，节点使用 RREQ 中的源节点序列号作为路由表项中的目的节点序列号，在路由表中建立或更新到 RREQ 源节点的反向路由。如果节点收到一个要返回到 RREQ 源节点的 RREP，就需要这条反向路由。在反向路由建立或更新的时候，反向路由表项需要进行下列操作：

（1）从 RREQ 中拷贝源节点序列号至路由表项中对应的目的节点序列号，有效序列号字段设置为真。

（2）路由表中的下一跳设置为向它发出 RREQ 的节点（从 IP 头中的源 IP 地址处获得，通常不等于 RREQ 协议帧中的源节点 IP 地址字段）。

（3）跳数值等于接收到的 RREQ 协议帧的跳数字段中的值加 1。任何时候收到 RREQ 协议帧，到源节点的反向路由表项的生存期设置为{现有生存期，MinimalLifeTime}两者之中的最大值，MinimalLifeTime =（当前时间 + 2 × NET_TRAVERSAL_TIME - 2 × 跳数 × NODE_TRAVERSAL_TIME）。当前节点现在可以开始使用反向路由来转发用户数据分组了。

一个节点只有在下列两种情况下才产生 RREP：

（1）节点本身是目的节点。

（2）节点具有到目的节点的有效路由，节点现有的到目的节点的路由表项的目的节点序列号有效，并且大于或者等于 RREQ 协议帧中的目的节点序列号（使用有符号 32 b 数进行比较），并且 RREQ 中的“D”标记没有被设置。

如果上述任何一种情况满足，则节点不再重新广播 RREQ。否则，如果收到 RREQ 协议帧的 IP 报文头部的 TTL 值大于 1，节点更新 RREQ，并向它的所有网络接口广播 RREQ 至地址 255.255.255.255。为了更新 RREQ，发出 IP 报文的 TTL 字段减去 1，RREQ 协议帧中的跳数增加1,以加入通过中间节点后的新一跳,设置请求目的节点的目的节点序列号值为(收到RREQ协议帧中的目的节点序列号,节点当前维护的路由表中的目的节点序列号值)两者之间的最大值。然而,即使收到的RREQ协议帧的目的节点序列号大于节点所维护的当前值,该转发节点也不修改自己维护的目的节点序列号的当前值。

6) 产生路由应答

如果节点收到一个到某个目的节点的路由请求,当节点具有一条足够新的路由来满足该路由请求,或者它本身就是目的节点,那么这个节点产生一个RREP协议帧。节点拷贝RREQ协议帧中的目的节点IP地址和源节点序列号到RREP的对应字段。根据节点本身是请求的目的节点或者是具有足够新路由的中间节点,处理过程略有不同。

一旦产生了RREP,就把RREP单播至通往RREQ源节点的下一跳,该下一跳在到源节点的路由表项中指出。随着RREP被逐跳转发至发起RREQ协议帧的源节点,跳数字段也在每中转一次就增加1。这样,当RREP到达发起RREQ的源节点时,跳数就代表从目的节点到源节点的距离。

(1) 目的节点产生路由应答。如果产生RREP的节点是目的节点本身,假如RREQ报文中的序列号等于目的节点本身的序列号加1,则节点必须把自己的序列号再加1(RREQ报文中的序列号大于目的节点维护的自身序列号的情况:某节点因为检测到通往目的节点的链路中断,将目的节点序列号加1,然后重发路由请求)。否则,目的节点在产生RREP协议帧之前不改变它的序列号。目的节点将它自己的序列号放入RREP的目的节点序列号字段当中,并把跳数字段值设置为0。目的节点拷贝MY_ROUTE_TIMEOUT的值到RREP的生存期字段,每个节点可以在适度限制的情况下重新设置MY_ROUTE_TIMEOUT的值。

(2) 中间节点产生路由应答。当产生RREP的节点不是目的节点,而是源节点到目的节点路径上的一个中间节点,它将拷贝已知的目的节点序列号至RREP协议帧中的目的节点序列号字段。中间节点通过把上一跳节点放入转发路由表项的先驱表中来更新转发路由表项。上一跳节点指的是向它发送RREQ的节点,可以从IP头的源IP地址字段获得。中间节点同时更新到RREQ源节点的路由表项,这一操作通过将通往目的节点的下一跳节点放入反向路由表项的先驱表中实现。中间节点将它到目的节点的跳数放入RREP中的跳数字段。RREP的生存期字段由路由表项的过期时刻减去当前时刻得出。

(3) 产生免费RREP。节点收到RREQ并以RREP进行响应以后,丢弃RREQ。为了使目的节点能够知道到源节点的路由,RREQ的源节点应该在RREQ协议帧中设置"G"标记。为了对带有"G"标记的RREQ协议帧进行应答,中间节点的操作是:向RREQ源节点返回RREP的同时必须向目的节点单播一个免费RREP。发给源节点的RREP和前面提到的一样,而发给目的节点的免费RREP帧字段中包含下面的值:

跳数:本节点路由表中到RREQ源节点的路由表项给出的到源节点的跳数

目的节点IP地址:RREQ的源节点的IP地址

目的节点序列号:RREQ 的源节点序列号

发起者 IP 地址:RREQ 的目的节点 IP 地址

生存期:中间节点所知的,通往 RREQ 源节点的路由的剩余生存期

免费 RREP 就这样被发送到去往目的节点路径上的下一跳,就像目的节点已经发出了到源节点的一个 RREQ,而这一 RREP 正是对假想的 RREQ 进行应答一样。

7) 接收和转发路由应答

当节点收到 RREP 协议帧,它首先建立或更新无有效序列号的到上一跳的路由表项,然后 RREP 中的跳数值加 1,将通过中间节点的新一跳计入其中。称已经增加了 1 的跳数为“新跳数”。随后,如果到目的节点的转发路由不存在,则建立转发路由;否则,节点对 RREP 协议帧中的目的节点序列号和本身存储的目的节点序列号进行比较,比较以后,现存的表项在下列情况下进行更新:

(1) 现存路由表项中的序列号无效。

(2) 现存路由表项中的序列号有效,但 RREP 中的目的节点序列号大于节点路由表项中保存的目的节点序列号。

(3) 序列号相同,但是路由不再有效。

(4) 序列号相同,但 RREP 中标明的“新跳数”小于路由表项中的跳数。

如果需要对到目的节点的路由表项进行建立或者更新,路由表项的下一跳就设置为刚才发出 RREP 的节点(可从 IP 头中的源 IP 地址获得)。跳数设为“新跳数”,过期时间为当前时间加上 RREP 协议帧中的生存期。目的节点序列号为 RREP 协议帧中的目的节点序列号。当前节点现在可以使用这条路由对去往目的节点的用户数据分组进行转发了。

如果当前节点不是 RREP 协议帧中源节点字段指示的节点,并且转发路由已经如上所述进行了建立或更新,节点将查询关于 RREQ 源节点的路由表项来为 RREP 报文确定下一跳,然后使用路由表项中的信息向 RREQ 源节点转发 RREP。如果转发 RREP 的链路很可能会中断或者是单向的,节点应该设置“A”标记,请求 RREP 的接收者发送回 RREP-ACK 协议帧。

任何节点传送 RREP 的时候,把 RREP 被转发到的下一跳节点加入到通往 RREQ 目的节点的路由表项的先驱列表中,对该先驱列表进行更新。同时,往本节点发送 RREP 的上一跳节点也将加入到通往 RREQ 源节点的路由表项的先驱列表中。

同时,每个节点上用来转发 RREP 的路由的生存期变为{现有生存期,当前时间 + ACTIVE_ROUTE_TIMEOUT}两者之间的最大值。

8) 单向链路上的操作

RREP 的传输可能会失败,尤其是 RREQ 的传输引发 RREP 出现在单向链路上。如果没有其他 RREP 到达 RREQ 协议帧的源节点,源节点在超时以后重新尝试路由查找。然而,同样的情况可能会重复多次但仍没有发现路由,除非采取了错误处理措施。

即使源节点和目的节点存在双向路由，这种情况仍可能发生。链路层对RREQ进行广播发送并不能检测到单向链路的存在。在AODV中，任何节点只处理具有同样RREQ ID的第一个RREQ协议帧，忽略任何后续的RREQ报文。例如，假设第一个RREQ沿着具有一条或多条单向链路的路径到达了，随后的RREQ可能通过一条双向路径（假设这样的路径存在）到达，但是这一RREQ将被忽略。

为了避免这种问题，当节点检测到它的RREP协议帧的传输失败，它把失败的RREP的下一跳计入黑名单集合。这种失败可以通过链路层的检测或者网络层的应答来检测（如RREP-ACK）。节点忽略所有从黑名单集合中的节点发来的所有的RREQ。在BLACKLIST_TIMEOUT时间以后，节点从黑名单集合中删除。这个时间可以设置为允许路由请求重试次数所需时间的上限。

RREP-ACK报文并不包含对哪个RREP进行应答的信息。收到RREP-ACK的时间很可能就在刚刚发出带有“A”比特标记的RREP的时间之后。这一协议帧应该就足以使RREP发送者确定链路当前是双向的。然而，不能确保链路是一直保持双向的。

9）维护本地连接性

每一个转发节点都应该了解它和活动路由的下一跳节点的持续连接性，同时也应该留意在过去（ALLOWED_HELLO_LOSS × HELLO_INTERVAL）时间内发送Hello协议帧的邻居。节点可以使用一个或多个链路层或者是网络层机制，维护它到有效下一跳的持续连接性。方法如下：

（1）任何适当的链路层通告，比如由IEEE 802.11提供的链路层通告，在每次发送报文至有效下一跳时可以用来确定连接性。例如，没有收到链路层的ACK，或者发送RTS以后没有收到CTS，即使经过最大数目的重传尝试以后，仍然失败，则说明失去了到有效下一跳的链路。

（2）如果链路层的通告不可用，则在预料下一跳会转发数据的时候可以使用被动确认，监听信道中下一跳是否在尝试发送数据。如果在NEXT_HOP_WAIT ms内没有检测到传输，或者下一跳就是目的节点，则要使用下面的方法之一确定连接性：

- 从下一跳接收到任何报文。
- RREQ单播至下一跳，请求到下一跳的路由。
- 单播一个ICMP回应请求协议帧到下一跳。

如果到下一跳的链路无法通过上述任何方法检测，转发节点应该认为链路丢失，并且按照路由出错中描述的方法采取纠正行动。

10）本地修复

如果在一条活动路由上发生链路中断，当断开链路的上游节点发现它自己到目的节点的跳数不超过MAX_REPAIR_TTL时，则这个节点可能会选择在本地修复链路。为了修复链路，节点增加关于目的节点的序列号（加1），然后广播关于目的节点的RREQ，RREQ的TTL值初始时设为下面的值：

$$\max(\text{MIN\_REPAIR\_TTL}, 0.5 \times \text{hops}) + \text{LOCAL\_ADD\_TLL} \qquad (12.1)$$

其中 hops 是本节点到当前无法投递的用户数据分组的源节点的跳数。

本地修复的尝试对于用户数据分组的源节点通常是不可见的,并且 TTL 值将总是大于等于(MIN_REPAIR_TTL + LOCAL_ADD_TTL)。发起修复的节点等待路由查找周期来获得对 RREQ 进行响应的 RREP。在本地修复过程中用户数据分组应该进行缓存。如果路由查找周期结束仍然没有收到关于目的节点的 RREP 或者其他建立或更新路由的控制协议帧,则发送关于该目的节点的 RERR。

另一方面,如果节点在路由查找期间收到一个或多个 RREP 或者收到其他可以建立或更新到期望目的节点路由的控制协议帧,它首先将新路由的跳数与关于目的节点无效路由表项的跳数值进行比较。如果新确定的到目的节点的路由跳数大于原来到这个目的节点的路由的跳数,则节点发出关于该目的节点的 RERR,并设置“N”比特标记,然后更新关于该目的节点的路由表项。

收到带有“N”标记 RERR 协议帧的节点,一定不能删除到 RERR 中的目的节点的路由,如果 RERR 是从沿着这条路由的下一跳发送过来的,并且到目的节点的路由有一个或者多个先驱节点,它所需要做的只是重传这个协议帧。当源节点收到带有“N”标记的 RERR 协议帧时,如果 RERR 来自沿着去往目的节点路由的下一跳,那么源节点可以选择重新发起路由查找。

对路由中的链路中断进行本地修复有时候会导致到目的节点的路径长度增加。当 RERR 被传播至用户数据分组的源节点的时候,用户数据分组将不会被丢弃。在对链路中断进行本地修复之后,向源节点发送 RERR 可以允许源节点基于当前的节点位置,找到一条更好更新的到目的节点的路由。然而,它并不要求源节点一定要重建这条路由,因为源节点很可能已经结束或者即将结束数据会话。

当活动路由上的某条链路中断,通常有多个目的节点变得不可达。中断链路的上一级节点只试图立即对一个目的节点进行本地修复,到这个目的节点的路由上正在进行用户数据分组的传送。其他使用了这条断开的链路的路由必须被标记为无效,但是进行本地修复的节点可以将每一条因为受这条断开链路影响而失效的路由标记为本地可修复。这些路由表中的本地修复标记在路由超时以后必须重置(比如,路由在 ACTIVE_ROUTE_TIMEOUT 时间一直没有进行活动)。在超时发生之前,如果有用户数据分组需要到达标记为“本地可修复”的目的节点,则对相应的路由进行修复。另外一种做法是,取决于本地拥塞,节点可以不用等待在这条标记为“本地可修复”的路由上有新的用户数据分组到达就开始为这条路由建立本地修复的过程。

12.4 无线自组织网络的功率管理与控制

无线自组织网络功率的管理与控制主要是通过调整发送节点的信号发射功率,在保证一定通信质量的前提下尽量降低信号发射功率。在Ad Hoc网络中采用功率控制机制能够降低网络能耗，克服无线通信信号传输过程中的远近效应（Near-Far Effect）问题，而且可以减少多用户干扰，提高信道的空间复用度，提高系统的吞吐量。目前，功率控制作为提高Ad Hoc网络性能的一种常用机制，其重要性日渐突出，已经成为Ad Hoc网络应用中不可缺少的重要手段。Ad Hoc网络对功率控制技术的要求有五条原则：

（1）分布式，要求功率控制算法能在各节点处分别运行。

（2）简单性，要适于实时执行，而且不能消耗过多的计算资源。

（3）灵活性，能快速跟踪信道的改变以及由于节点移动而造成的网络拓扑变化。

（4）健壮性，能适应各种不同的情况，特别是一些偶发事件。

（5）可扩展性，在各种网络规模条件下都能正常运行。

以上这些原则对进行功率控制提出了严格的要求，在进行功率控制算法的设计时，要充分考虑到各种因素，以保证算法的实用性和可靠性。

功率控制机制在不同的网络中所起的主要作用不完全相同，按其在网络中起到的主要作用不同可以将功率控制机制分为两类：提高网络容量的功率管理与控制机制和降低能耗的功率管理与控制机制。在某些发射代价小的网络中，功率控制主要用来提高网络容量，而在另外一些网络中功率控制则主要用来降低节点能耗。另外，在军用通信中还有通过降低发射功率，从而降低截获概率提高通信保密性的作用。在发送代价不太大的Ad Hoc网络中（如由笔记本电脑构成的网络，无线网卡的发送功耗不到空闲功耗的2倍），功率控制对降低节点能耗所起的作用不特别明显，主要用于提高网络容量。与此相反，在一些发送代价较大的Ad Hoc网络中，比如一些使用嵌入式收发机的小型计算/通信设备（蜂窝电话、PAD设备、某些传感器等）或者使用大型电台设备的网络中，功率控制机制对节省节点能耗具有重要意义。例如，在某些由配备车载移动电台的移动节点构成的Ad Hoc网络中，如果电台最大信号发射功率为数十瓦，由于存在转换效率问题，电台满功率发射时实际消耗功率达数百瓦。由于电台处于接收或空闲状态时的功耗相对于电台满功率发射时的功耗很小，电台的发射能耗在很大程度上决定了电台的总能耗。而在实际应用中，很多情况下并不需要电台总是用最大功率发送，如果采用功率控制机制，则能显著降低节点能耗、延长网络工作时间。节点应该用多大功率来发送信号是一个比较难以回答的问题。减小节点的发射功率可使发送时的功耗减小，也能提高信道的空间复用度，但收发节点间报文的平均转发次数可能会增多，导致业务流端到端时延增加，端到端吞吐率也不一定能够提高。如果增大发送功率，通信距离随之增加，报文平均转发次数会少，降低业务流端到端时延，但这样又会使信道的空间复用度减小、降低网络容量，同时也会使节点发射时的功耗增加。发送功率的选取要在电台功耗、报文平均转发次数、信道空间复用度之间进行折中。

12.4.1 提高网络容量的功率管理与控制机制

当前,对提高网络容量的功率控制机制的研究主要集中在两个方面,即网络层的功率控制和链路层的功率控制。网络层的功率控制所关心的问题是如何通过改变发射功率来动态调整网络的拓扑结构和选路,使全网的容量达到最优。而链路层的功率控制主要通过MAC协议来完成,根据每个报文的下一跳节点的距离、信道状况等条件来动态调整发射功率。相对于网络层的功率控制,链路层的功率控制是一种经常性的调整,每发送一个数据包都可能要进行功率控制,而网络层的功率控制则是在一个较长的时间内才进行一次,调整频率较低。使用时,也可以将这两种功率控制机制结合起来,用网络层的功率控制来调整网络拓扑结构和选路,而在发送报文时根据目的节点的远近调整发送所用的功率。

1. 网络层功率控制机制

通常,在收发机参数及信道条件一定的情况下,节点的发射功率决定了节点的通信范围。当此通信范围内的节点数过多时,由于竞争的加剧导致冲突迅速增加,使整个网络的容量下降。而Ad Hoc网络由于其使用环境的特殊性,节点分布的密度有时是无法预料的,这就需要一种机制来自动调节节点的发射功率,使其根据节点的分布情况自动调节发射功率。很显然,为了使网络内的任意一个节点都能与网络中的另一个节点进行通信,这个发射功率值不能太低。对于某一网络拓扑,节点的发射功率应该有一个最小门限,如果低于此门限值,则网络内会出现孤岛现象,即孤岛内的节点与外界其他节点不能连通、不能交互信息。

目前,对于网络中的节点到底应该用多大功率来发送的问题仍然是比较难以回答的。因为发送功率大,通信距离远,报文平均转发的次数就少,但这样会使信道的空间复用度降低,使每个节点的有效带宽减小。而减小发射功率,能提高信道的空间复用度,增大节点的有效带宽,但报文的平均转发次数要增多。要回答这个问题就要在报文平均转发次数与信道空间复用度之间进行折中。对于节点静止的无线网络,理论分析得出最佳邻居节点个数为6时,网络容量最优。而对于Ad Hoc网络,当节点移动性增加时,应适当提高发射功率以增大邻居节点数目,因为这样能减少链路中断的次数,同一路由能维持更长的时间,所以能更好地提高网络性能。研究认为不存在一个适用于所有移动速率的最佳邻居数,节点的移动速率越高,邻居节点的个数应该越多。在节点位置已知,所有节点都用同一发射功率的条件下,已经有人提出了一种计算构成全连通网络所需发射功率最小值的集中式算法,并指出分布式算法也是可行的。

链路层功率控制机制在链路层进行功率控制的目的是在给定最大发送功率的条件下,尽量提高信道的空间复用度。因为在最大发射功率一定的情况下,就已经决定了报文从源节点到目的节点的平均跳数。这个最大发送功率值可由网络层的功率控制机制根据网络拓扑情况来动态调整,或固定为一个常数。S. Narayanaswamy 等提出了一种网络层的功率控制协议 COMPOW(Common Power):网络中的所有节点使用统一的发射功率,该功率值是在保证网络连通的约束条件下的最小发射功率,是一种近似最优的功率调整方案。COMPOW 协议通过在网络层中增加并行模块,为每个发射功率强度建立了一个路由表(这些路由通过主动式的路由算法获得)。这时设最优的发射功率为维持与最大功率一样多的路由表项时所能降到的最小功率。通过功率代理选定最优功率后,这个功率强度相应的路由表就被使用了。研究表明,与每个节点的功率分别都为最优时的网络相比,使用同一发送功率的网络在性能上会相差一个系数 $1/\log n$(n 为节点个数)。虽然该方案实现了路由的功率有效性并避免了单向链路问题,但它是一种主动式的路由协议,且假设协议是应用于若干个离散的功率值。

2. 链路层功率控制机制

链路层的功率控制一般都通过 MAC 协议来完成。例如通过利用冲突避免类型协议中发送数据包前交互 RTS/CTS 控制信息来提供有关链路的参数信息,并由此来对功率进行控制。另一种方法是利用一个忙音信道发送忙音信号为功率控制提供必要的参考信息。在 Ad Hoc 网络中,由于无中心和自组织等特点,主要采用冲突避免类型的信道接入协议。当前,已经提出了许多种基于冲突避免类型的信道接入协议。其共同特点是:发送端在发送数据以前,先向接收节点发一个请求发送控制帧 RTS,接收端如果可以接收数据,则返回一个允许发送控制帧 CTS。发送端收到此 CTS 报文后,则可以开始发送数据。接收端在正确收到数据包后,可根据具体协议返回一个确认报文 ACK(Acknowledgement)或不返回任何报文。图 12.20 显示了冲突避免类型的 MAC 协议的一般工作过程。控制报文的交互为我们进行功率控制提供了极大的方便,如可以在控制报文中带上发送功率或本节点的信噪比等参数,以便为对方进行功率控制提供参考依据。

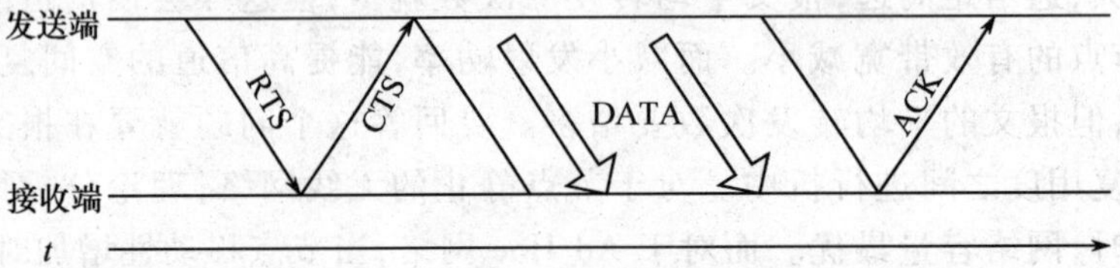

图 12.20　基于冲突避免的 MAC 协议的工作过程

Ad Hoc 网络中的信道接入协议按具体的工作方式可分为单信道协议、双信道协议和多信道协议。可以使用功率控制机制来提高整个网络的容量。

1) 单信道接入协议的功率控制

当某协议的控制报文和数据包都在同一个信道上传送时,称之为单信道协议。在单信道功率控制协议中,控制报文可以用最大功率来发送,也可以根据目的节点的相关信息用相对较小的功率(最小必需功率加上一个冗余量)来发送。发送节点可以在控制报文(RTS)中带上发射功率等参数信息,接收节点可根据 RTS 的接收强度及其中所携带的参数信息来决定本节点发送响应报文(CTS 或 ACK)时所应该使用的功率。在 CTS 中还可向对方提供本节点的信噪比信息,为对方发送数据包时选择发送功率提供参考依据。这个功率值应该在空间复用度和报文正确接收概率之间进行折中,功率过大会降低信道的空间复用度,而功率过小会使报文到达对方时的差错概率增大,从而浪费带宽资源,而且报文重发也会消耗更多的能量。

2)双信道接入协议的功率控制

双信道接入协议通常有一个控制信道和一个数据信道,在控制信道上传送控制报文而在数据信道上传送数据包。对于双信道接入协议,仍然可以采用功率控制机制,功率控制的目的是提高数据信道的空间复用度,最终提高整个网络的容量。控制信道上的控制报文,一般采用最大发射功率发送,而对于数据信道上的数据包则根据控制信道上交互控制报文时所得到的信息用最小必须功率发送,数据信道上的 ACK 报文可以用最小必须功率发送,也可以用最大功率发送。J. P. Monks 等提出了功率控制多接入(Power Controlled Multiple Access,PCMA)协议,其思想是:接收端在接收数据的同时通过广播在忙音频信道上发送它所能容忍的最大噪声功率容限度,其他节点通过监听忙音信号的强度来控制节点的发射功率,从而减少各节点发射数据时的相互干扰,并提高网络的吞吐量。PCMA 协议的缺点在于它的不公平性,即对短距离的通信(用较小功率发送)有利,而长距离的通信则更容易受到最大噪声功率容限度的限制,因而总是难以成功。

3)多信道接入协议的功率控制

当协议使用一个控制信道和多个数据信道时,称之为多信道协议。多信道接入协议可以由一个收发机来实现,也可以由多个收发机来实现。当使用一个收发机时,收发机在不同的信道上来回切换,但同一时刻只能在一个信道上接收或者发送。当使用多个收发机时,则同一时刻可在多个信道上同时接收或发送。多信道接入协议中,控制报文 RTS、CTS 都在控制信道上传送,数据包和 ACK 在由多信道协议所决定的数据信道上传送。当节点没有数据要发时,则需有一个收发机停留在控制信道监听其他节点之间交互的控制报文。收发两端通过交互控制信息可在多个数据信道中选择一个合适的信道,并在切换到所选定的数据信道后发送数据包及 ACK。多信道的好处是在同一时刻同一通信区域内可以有多对节点同时通信(工作在不同的信道上),在网络负荷大时比单信道协议有更高的网络吞吐率。

3. 混合功率控制机制

为了进一步提高功率控制协议的性能,可以将网络层功率控制机制与链路层功率控制机制结合起来形成混合功率控制机制。网络层功率控制负责调整节点发送广播或控制报文时的功率,以形成较为合适的网络拓扑,而当节点发送数据包时,则根据目的节点的位置通过链路层功率控制机制使用较小的功率发送。J. Gomez 等人提出了一种功率感知路由优化(Power-Aware Routing Optimization,PARO)协议,PARO 协议根据一条路由上每一跳的发送功率作为参考标准,在一对节点之间选择一条总能耗最低的路由。在链路层,控制分组用最大功率发送,数据分组和 ACK 用最小必须功率发送。另一种路由选择算法是根据功率最优化原则和具体节点的不同情况来选择路由,尽量绕开瓶颈节点,使系统的平均工作时间大大提高。作为转发节点,当节点剩余能量较多时,节点可以为其他节点转发数据,而当剩余能量低于某一门限时,则可拒绝为其他节点转发数据包。作为源节点,当自己发送数据包时,则可选择距离最近的节点作为下一跳地址,发送功率可根据目的节点的远近来动态调整。经研究表明,混合功率控制机制在达到最佳性能时所需要的邻居节点数目比仅采用网络层功率控制机制要少,而在吞吐量性能和能耗性能上都优于网络层功率控制机制。

4. 性能分析与比较

网络层功率控制的目的是通过调整网络的拓扑结构以提高网络性能。与不进行功率控制的协议(所有报文都用最大功率发送)相比,报文发送功率可能低于最大发射功率,每个节点的邻居数目也可能因之而减少,但每次功率调整后所有报文(控制报文/数据包/广播报文等)都用相同大小的功率发送。而链路层功率控制的目的是根据收发节点的距离远近通过调整报文的发送功率提高网络性能。链路层功率控制并不影响网络拓扑结构。无论是采用网络层功率控制还是采用链路层功率控制都会在增大网络吞吐量的同时降低网络能耗,但网络层功率控制更侧重于提高网络吞吐率,而链路层功率控制根据实现方式不同,有的侧重于降低网络能耗,有的则侧重于提高网络吞吐率。采用混合功率控制机制后其性能比采用单一机制会有进一步提高。表 12.3 列出了网络层功率控制机制和链路层功率控制机制(单信道)及混合功率控制机制的性能特点。

表 12.3 主要的功率控制机制性能比较

	网络层功率控制	链路层功率控制	混合功率控制
节能效果	较好	好	好
最大吞吐量	高	较高	高
业务流转发跳数	可能会增加	不变	可能会增加
网络拓扑结构	改变	不变	改变
功率调整频率	秒级	毫秒级	毫秒级

12.4.2 降低能耗的功率管理与控制机制

Ad Hoc 网络中,节点由能量有限的电池进行供电,为了保持整个网络的连通性,必须采取必要的节能措施以防止少数节点由于能量过早耗尽而退出网络。因此如何通过功率控制有效利用珍贵的能量资源是延长网络寿命的关键问题,这方面的研究主要分成两大类:传输功率控制和系统功率管理。

1. 传输功率控制

在无线网卡的功率开销中,传输功率往往要消耗掉一半乃至更多的能量,因此如何控制节点的传输功耗成为研究的关键。这部分的研究主要在网络层、MAC层上进行,目的是在保证网络连通性的前提下,最小化节点的传输功率强度。传输层和应用层TCP是为有线网络设计的传输层协议,当它应用于条件较复杂的无线信道时,常会导致不必要的重发或不恰当地启动TCP的拥塞控制机制,造成能量的浪费、系统吞吐率的下降。因此需要重新设计可应用于无线信道的TCP拥塞控制和传输策略。M. Chiang提出了一种联合TCP拥塞控制的分布式功率控制算法以增加无线多跳网络端到端吞吐量和能量有效性。在应用层,目前已开发出一些协议(如高级功率配置结构ACPI和功率管理工具等)用于帮助程序员创建能量有效的应用程序。网络层传统评价Ad Hoc网络路由协议性能的度量是路由跳数、延迟和位置稳定性。在无线网络中,这些度量可能导致过多地使用少数节点的能量,减少移动节点和网络的寿命,对网络性能造成不利的影响。实现网络层功率控制机制的主要目的就是要尽量避免出现这种情况,其关键是建立基于能量(功率)的度量标准。网络层功率控制的研究主要从两方面入手:一是尽量保证节点间耗能的均衡,延长节点和网络的寿命;二是寻找能耗最小的路由。有一类协议称为功率感知路由协议,它们的度量指标是每个分组能耗的最小化、到网络出现分割的时间的最大化、节点能量水平差异的最小化、代价或分组的最小化、最大的节点代价的最小化。值得关注的功率控制路由协议有PARP和PARO协议、PCDC协议。

1) PARP和PARO协议

PARP针对发送代价较高的全互联网络提出的一种基于能耗的路由优化协议。早期的功率控制MAC层采用改进的CSMA/CA机制——控制报文RTS/CTS以最大功率发送,数据与确认报文DATA/ACK以所需的最小功率发送;网络层则采用PARP协议,虽然该协议可降低能耗,但其代价是降低了网络的吞吐量并增大了分组的传输时延。随后提出的PARO协议将主动式的路由协议PARP改进为按需路由协议,即PARO不事先主动维护路由,只当节点需要时才启动路由发现过程。节点在发送的分组中包含功率信息,其他节点监听到分组后经过计算,如果发现经自己转发后能耗更低,则向源节点及目的节点发送路由重定向消息,用以通知它们当前存在更经济的路由。源节点收到消息后,将修改重定向表中的相应表项,最终找到源—目的节点对之间的最佳路由。获得最佳路由后,在链路层采用功率控制机制,控制分组RTS/CTS用最大功率发送,数据分组和ACK用最小功率发送。PARO在节点移动速度不太快的情况下,节能效果较好。

2) PCDC协议

PCDC(Power Controlled Dual Channel protocol)协议是一种干扰感知的路由协议。该类协议通过广播冲突避免信息(Collision Avoidance Information,CAI)来界定邻近节点的干扰:

$$SINR(i,j)=\frac{P(i,j)}{\sum_{k\neq i}P(k,j)+\eta_j} \tag{12.2}$$

上式表明了节点 j 接收到的节点 i 发送分组的信干比，η_j 为节点 j 处的热噪声。设定一个门限 $SINR_{th}$，发送节点就可以防止邻近的节点对其正在进行的分组传输的干扰。由于在干扰门限内，允许邻近节点同步进行分组传输，因此该类协议可增大网络的吞吐量并减少由于信道争用所带来的延时开销。PCDC 将可用带宽分为两个频率独立的信道，RTS、CTS 在控制信道上用最大功率发送，DATA 在数据信道上用较小功率发送。只要新的通信不影响已有的报文传输，则多对邻居节点可以同时在数据信道进行通信。为了降低能耗，PCDC 对路由层 RREQ 广播报文也进行了功率控制，并使有利于降低能耗的下一跳节点能成功接收，以此维护拓扑结构。虽然 PCDC 获得了吞吐量的改善并降低了系统功耗，然而它没有考虑随着跳数的增加而带来的处理/接收分组的功耗开销的增加。MAC 层及网络层功率控制所关心的问题是如何通过改变发射功率来动态调整网络的拓扑结构和选路，使全网性能达到最优。链路层的功率控制主要通过 MAC 协议来完成，根据每个分组的下一跳节点的距离、信道状况等条件来动态调整发射功率。相对于网络层的功率控制，链路层的功率控制是一种经常性的调整，每发送一个数据分组都可能要进行功率控制，而网络层的功率控制则是在一个较长的时间内才进行一次，调整频率较低。也有研究者将这两种功率控制机制结合起来，用网络层的功率控制来调整网络拓扑结构和选路，而在发送分组时根据目的节点的远近调整发送时所用的功率。这种介于 MAC 层和网络层之间的功率控制策略也称为 2.5 层功率控制。无论是采用网络层功率控制还是采用链路层功率控制都会在增大网络吞吐量的同时降低网络能耗，但网络层功率控制更侧重于提高网络吞吐量，而链路层功率控制根据实现方式不同，有的侧重于降低网络能耗，有的则侧重于提高网络吞吐量。采用 2.5 层功率控制后，其性能改进会比采用单一机制有进一步的提高。

2. 系统功率管理

主要处理硬件/中间件的功耗最小化及协调协议栈中不同协议层的功率最小化策略。硬件的有效性设计可使功耗显著下降。通常情况下，无线网卡加电时按功率消耗由小到大的顺序有四种模式：睡眠模式（Sleep）、空闲模式（Idle）、接收模式（Receive）和发送模式（Transmit）。当无线网卡工作于睡眠模式时称节点处于睡眠状态，而当无线网卡工作在其他三种模式时称节点处于活跃状态。当节点既不发送也不接收时无线网卡通常处于空闲模式，此时它要随时监听信道上发送的报文并随时对发送给本节点的报文做出反应，其电路仍然是活跃的，因此功耗仍然很高。相反，睡眠模式的网络接口卡（Network Interface Card，NIC）处于一种低功耗状态，功率消耗非常低，此时即使有报文到达也不能立即开始接收。研究者对 Lucent 公司 WaveLAN 无线网卡功率消耗的实测结果表明，无线网卡发送模式功耗与其空闲模式相比差别并不是特别大，只有无线网卡在处于睡眠模式时才会显著降低能量消耗。因此尽可能将节点无线网卡置于睡眠状态是降低节点功耗的关键。无线网卡动态关闭机制可分为 MAC 层关闭机制和 2.5 层关闭机制：2.5 层机制工作在 MAC 层之上，可根据路由协议的某些路由信息做出相应的关闭处理，是一种介于 MAC 层与路由层之间的功率控制机制，它在节点能耗、分组发送时延、吞吐率、公平性等方面提供了更大的灵活性。目前主要有两种方式:保留连通主干集和按需关闭机制。

1) 保留连通主干集

通过从节点中选取一部分节点来构成网络的主干集,主干集中的节点在特定周期内将始终处于活跃状态并负责其邻居节点的分组转发;而非主干节点在没有分组发送或接收时则在该周期内进入睡眠状态。代表性的协议有 Span 和 GAF。Span 以经过修改的 PSM(Power-Save Mode)协议作为其 MAC 协议,每个节点根据自己当前获得的信息来决定是否成为中继节点或进入睡眠状态。这种策略是分布式的,它采取一定的策略来保证每个节点周围至少有一个中继节点,同时使每个节点都有机会成为中继节点从而保证了协议的公平性。Span 协议使网络中的中继节点尽量少,并且需要与路由协议进行交互。它在降低网络总能耗的同时保证了报文发送时延及网络容量不会有明显下降。GAF 是利用 GPS 系统来提供准确的节点地理位置信息,通过在方形网格内关闭冗余的节点来实现节能。该机制保证了网络中任意两节点间的连通性,使分组发送的时延较短,同时也保证了路由协议的正常运行。GAF 节点状态转换如图 12.21 所示。

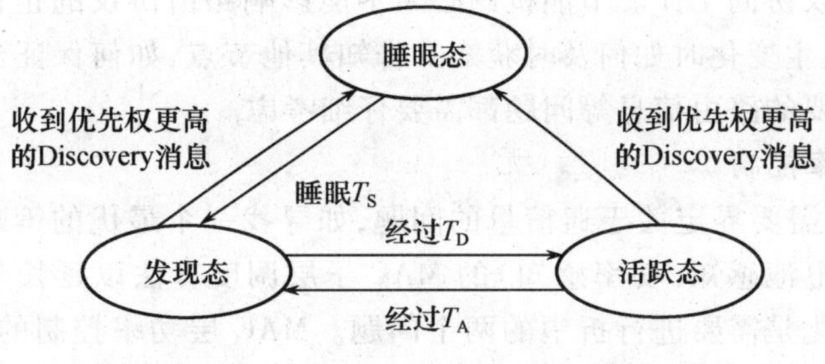

图 12.21 GAF 协议节点状态转换图

2) 按需关闭机制

全局连通性并不是在所有情况下都是必须的,例如当业务流绝大部分都是本地流(收发节点一跳可达)时,保留连通主干集节能机制由于存在很多与通信无关的中继节点(处于活跃状态),造成了能量的浪费。按需关闭机制可根据网络中的流量状况来决定节点是否需要处于活跃状态,相比之下更为合理。它只保证流的两端及流所经过的节点是活跃的,是一种由通信事件来驱动的关闭机制。按需节能协议节点状态转换如图 12.22 所示。当绝大部分流量属于本地流量时,按需机制比保留连通主干集机制节能效果更好。

在 Ad Hoc 网络中运用无线网卡动态关闭机制需要解决好以下几个方面的问题:

(1) 全网时钟同步。对于多跳 Ad Hoc 网络而言,由于不存在一个通信范围能覆盖全网的中心节点,使得全网同步实现起来相当困难。

(2) 邻居节点的判断。由于工作于节能模式的节点会在许多情况下处于睡眠状态,这有可能影响某些节点对邻居节点的正确判断。

(3) 广播报文的发送。在普通网络中,由于所有节点一直处于活跃状态,广播报文可

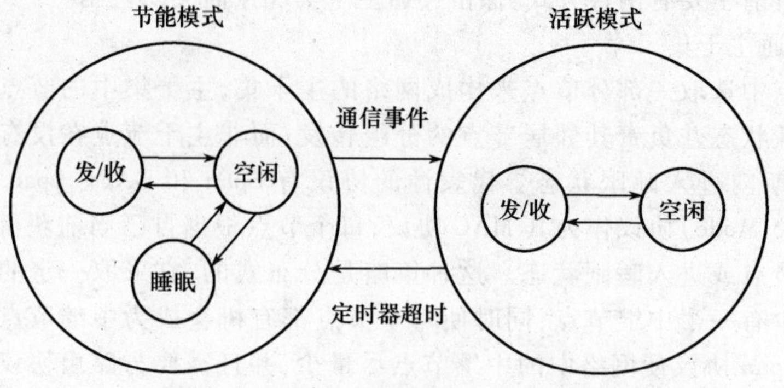

图 12.22 按需节能协议节点状态转换图

以随时发送。而当运行功率控制协议时,并非所有节点都一直是活跃的,因此如何发送广播报文是一个需要研究的问题。

（4）与路由协议协同工作。节能机制必须不能影响路由协议的正常工作。如何建立正确路由,在路由发生变化时如何及时获知并告知其他节点,如何保证当前处于睡眠状态的节点也能收到必要的路由信息等问题都需要仔细考虑。

3. MAC 层功率控制

MAC 层的研究需要界定关于通信量的问题,如寻找一个最优的策略以决定节点可允许的通信量。发展电池感知(功率感知)的 MAC 子层调度算法以延长节点的生存时间和发送分组数的最大化是需要进行折中的两个问题。MAC 层功率控制的研究主要有两类:PAMAS 协议和 IEEE 802.11PSM。

1）PAMAS 协议

PAMAS(Power Aware Multiple Access protocol with signaling)是一种报文驱动的节能协议。其节省节点功率的基本思想是:当节点既不能发送又不需要接收分组的情况下,关闭其 NIC 而进入睡眠状态。PAMAS 采用双信道来解决单信道情况下的隐终端问题,其中一个控制信道用于 RTS、CTS 和忙音的传送;一个数据信道用于传送数据分组,没有 ACK 机制。通过监听数据信道上是否有数据传输,节点可以知道是否有邻居节点正处于发射状态(因此它不能接收);通过监听控制信道上是否有忙音信号;节点可以知道是否有邻居节点正在接收数据(因此它不能发射)。忙音信号用来防止控制报文之间的冲突。这样,每个节点能够知道在什么时候关闭无线网络接口。PAMAS 协议状态转换如图 12.23 所示。该协议在网络负荷较大时节能效果好,而在网络负荷低时,效果不理想。这是因为在负荷低的情况下,节点几乎一直要处于空闲状态以随时接收可能发送给自己的报文,所以节能效果差。采用 PAMAS 协议时必须仔细确定节点睡眠时间,这个过程往往很复杂。

2）IEEE 802.11PSM

IEEE 802.11PSM 是为 IEEE 802.11DCF 定义的节能模式,是一种典型的同步时间驱

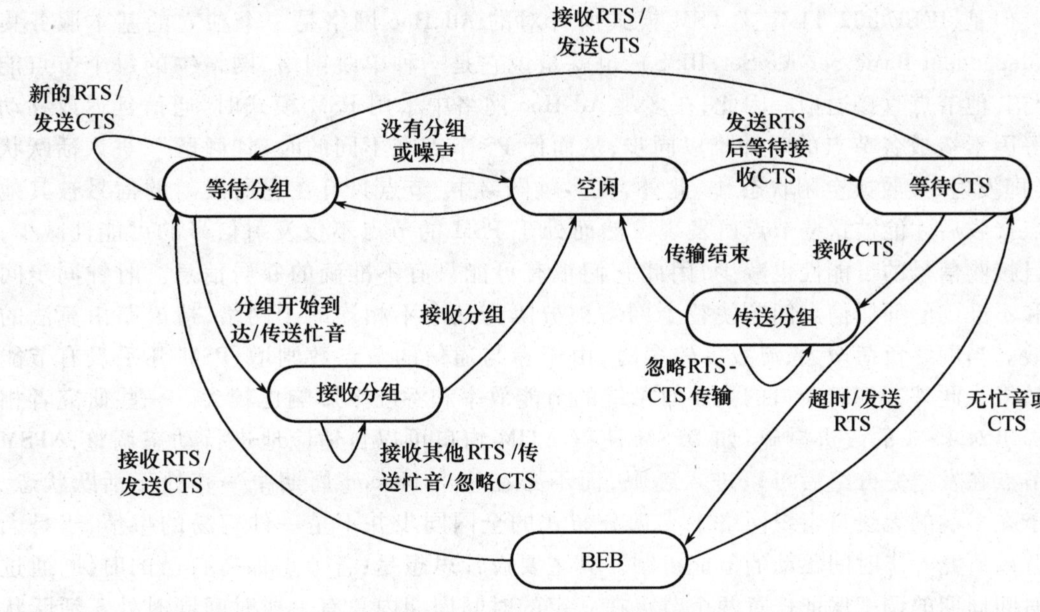

图 12.23　PAMAS 协议状态转换图

动的节能协议。网络中所有节点在某些特定时间段内(ATIM 窗口)同时处于活跃状态,竞发 beacon 帧来进行全网同步。接着,有分组需要发送的节点通过发送 ATIM 帧来预约信道,接收节点应答 ATIM-ACK;而没有分组需要发送或接收的节点则在剩余的 beacon 周期内(TW 窗)关闭 NIC 进入休眠,具体工作过程如图 12.24 所示。节点 A 和节点 B 交互了 ATIM 报文后在剩余的 beacon 周期中继续处于活跃状态,而节点 C 则将 NIC 置为睡眠模式以节省能量,直到下一个 beacon 周期开始时刻重新唤醒。

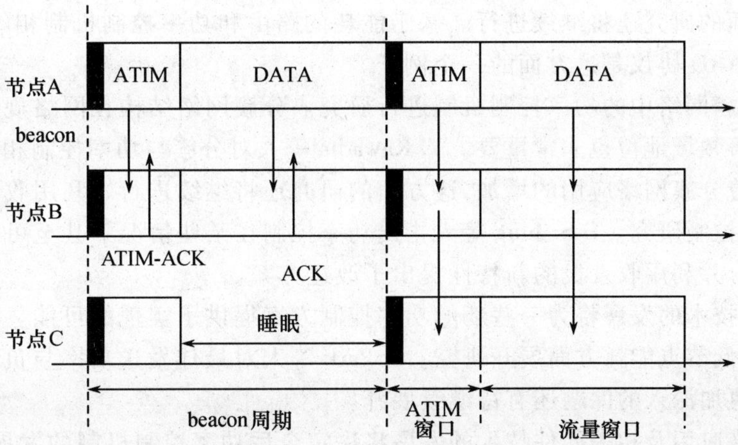

图 12.24　PSM 协议工作过程示意图

但是,IEEE 802.11 定义 PSM 模式所针对的 Ad Hoc 网络是一个独立的基本服务集(Independent Basic Service Set,IBSS),也就是说它是一种单跳网络,网络中的每个节点能够与其他节点直接通信。因此,在多跳 Ad Hoc 网络中采用 PSM 模式时,通信延迟或移动性等因素造成各节点的时钟难以同步,从而使 PS 节点在不同的时刻“睡醒”,进入活跃状态(即发射、接收或空闲状态)。此外,在多跳网络中,节点只有在它所发射的信号被其他节点接收后才能被这些节点所发现。然而处于 PSM 的节点不仅发射信号的可能性减少,而且接收信号的可能性也减少,因此它们很有可能只有不准确的邻居信息。时钟同步问题和不准确的邻居信息问题使整个网络被分隔为几个不相连的子网络,造成路由算法的失效。当网络负荷增大、流数目较多时,由于参与通信的节点数剧增,PSM 几乎没有节能的效果。此外,ATIM 窗口的大小对系统的节能效率和吞吐率影响也较大。一些研究者相继提出对 PSM 的改进措施:如 DPSM 使得 ATIM 窗口可以自适应地进行动态调整;NPSM 使节点在发送完分组后可以进入睡眠,而不必在整个 beacon 周期中一直处于活跃状态。由于在多跳的无线自组织网络中实现分布式的全网同步并不是一件容易的事情,于是人们开始研究异步时间驱动的节能机制。其主要设计思想是:各节点保持自己的时钟,通过对时间周期的调度保证任意两个节点在一定的时间周期内总有一段时间同时处于活跃状态来确保节点间通信的正常进行。由于报文驱动(PAMAS)与时间驱动的 NIC 动态关闭机制各有优点亦各有缺陷,它们分别适用于不同的应用场合,于是一种试图调和两者矛盾的混合报文——时间驱动的调度机制便应运而生了。在 S-MAC 协议中,节点在大部分时间里都处于睡眠状态,只是在被某些特定时间周期中被触发而唤醒,短暂通信后又进入睡眠状态。该协议适用于网络负荷相对较低的无线传感器网络。

近年来,关于 Ad Hoc 网络功率控制方面的研究一直都在进行,今后的研究将在更广阔的范围内展开。主要包括以下几个方面:

(1) 在服务质量保证框架中引入功率控制机制。N. Bambos 在这方面进行了初步尝试,今后这方面的研究还将继续进行。基于能耗的路由和功率控制机制相结合。J. Gomez 等人提出的 PARO 协议是这方面的一个例子。

(2) 对分簇网络中的功率控制机制进行研究。分簇网络结构在网络规模较大时使用得较多,在军事领域地位也非常重要。V. Kawadia 等人对分簇与功率控制相结合的问题进行了研究,随着分簇网络应用的增加,这方面的研究还将继续进行。利用收发机的一些新特性展开功率控制研究。E-S. Jung 等人指出功率控制在某些情况下甚至可能对网络性能造成不利影响,并利用收发机的新特性提出了改进方案。

(3) 硬件技术的发展将为一些新的功率控制方案提供了实现的可能。继续在提高网络吞吐率和降低节点能耗方面展开研究。S. Park 等人对最佳发送功率与负荷的关系进行了研究,一些更加深入的课题还有待继续展开。

总之,网络应用及相关硬件技术的发展将决定今后功率控制机制的发展趋势,而各种功率控制协议最终也将向简单化、实用化的方向发展。

12.5 无线自组织网络发展

Ad Hoc 网络可以通过临时组网的方式在恶劣环境中支持移动节点之间的数据、语音、图像和图形等业务的无线传输，应用范围可以覆盖工业、商业、医疗、家庭、办公环境、军事等各种场合，尤其在未来战场上，Ad Hoc 网络对于高技术武器装备、集中指挥、协同作战和提高作战机动性等具有非常重要的意义。与扩频通信技术一样，源于军事领域研究的移动 Ad Hoc 网络必将给民用产品的开发带来巨大的经济和社会效益。本节就目前自组织网络技术方面的研究和挑战进行介绍，对自组织网络的未来前景与应用进行了简单分析。

12.5.1 无线自组织网络发展现状及挑战

MANET 出现之初指的是一种小型无线局域网。这种小型局域网的节点之间不需要经过基站或其他管理控制设备便可以直接实现点对点的通信。而且当两个通信节点之间由于功率或其他原因导致无法实现链路直接连接时，网内其他节点可以帮助中继信号，以实现网络内各节点的相互通信。由于无线节点是在随时移动着的，因此这种网络的拓扑结构也是动态变化的。它们之间的通信模式也就无法直接照搬目前有基础设施通信网的通信模式，至少在寻址模式上是如此。具体说来，无基础设施需求的 MANET 有着下面一些主要特征：

(1) 分布式自组管理与控制。

(2) 物理通信链路是带宽受约束的无线链路。

(3) 物理拓扑动态变化。

(4) 功耗是重要的约束条件(由于无线移动)。

(5) 物理安全性有限(无线信道的开放性造成)。

2001 年以前，Ad Hoc 还只是一个在很少一部分实验室里讨论的概念。但现在，自组织网络 Ad Hoc 已成了从事无线通信技术研究开发的人不得不去了解的技术。因为 MANET 已被认为是未来移动通信技术的核心组成部分之一，甚至于有不少人认为自组织网络的思想将会把所有我们能想到的网络组合在一起，从而实现世界通信网络的大统一。为什么在短短的两三年内 Ad Hoc 会流行起来呢，主要原因是技术进步和市场需求。

(1) 技术进步使其具有可实现性：

- 各种各样的终端实现交互连接与通信是一种无法逆转的潮流。
- 无线通信技术的发展及其与微电子技术的结合使得无线通信设备性价比大大提高，并使其成了一种日用消费品。
- 人们想实现无处不在、无时不在的通信梦想驱动着对它的研究。

(2) 市场需求是其发展的巨大动力：

- 民用市场中的移动计算需求、网格、可穿戴计算、灾难救助等需要自组织网络技术。

- 军事战争的需要,自组织网络技术一经提出就在军事领域得到重大应用。

作为移动通信的一种基本组网模式,移动 Ad Hoc 网络与传统的蜂窝技术的根本区别在于移动节点之间的通信是在没有固定基础设施(例如基站或路由器)支持的条件下进行的。系统支持动态配置和动态流控,所有网络协议也都是分布式的。由于这类网络的组织和控制并不依赖于某些重要的节点,所以它们允许节点发生故障、离开网络或加入网络。也就是说每一个移动节点可以根据自己的需要在整个网络内随意移动,无需考虑如何维护与其他实体的通信连接。因此具备动态搜索、定位和恢复连接能力是这类网络得以实现的基本要求。也正是由于这些原因,自组织网络的设计实现十分困难。现在用于固网的很多通信机制都无法用于 Ad Hoc 网络中。与其他通信网络相比,无线自组织网络具有带宽有限、链路容易改变、节点的移动性以及由此带来的网络拓扑的动态性、物理安全有限、受设备限制等特点。正是由于这些区别,无线自组织网络协议栈也产生了比传统网络协议栈更高的要求:适应移动分布节点随机收发行为的媒体接入控制协议、基于动态拓扑结果的高效、稳健的路由算法、便利的异构网络互联技术,有效的功率控制,合理的跨层信息交互、多层协同设计,可靠的安全机制等。

由于自组织网络的特殊性,需要为其设计专门的协议和技术,全球的研究人员在这方面开展了大量的研究。综合而言,主要集中在组网理论、路由算法、接入控制、安全管理等方面。

1. 无线自组织网络理论研究

自组织网络的运行不能依赖于任何预设的固定网络设施。节点可以随意移动,可以在没有或不便利用现有的网络基础设施的情况下提供一种通信支撑环境。自组织网络可以分成两种结构:平面结构和分级结构。平面结构中,所有节点的地位平等,所以又称为对等式结构。而分级结构中,网络被划分为簇。每个簇由一个簇头和多个成员节点组成。簇头节点负责簇间业务的转发。根据不同的硬件配置,分级结构又可以分为单频分级和多频分级两种。单频率分级网络只有一个通信频率,所有节点使用同一个频率通信。为了实现簇头之间的通信,需要有网关节点(同时属于两个或多个簇的节点)的支持。簇头和网关形成了高一级的网络,称为虚拟骨干。而在多频率分级网络中,不同级采用不同的通信频率。低级节点的通信范围较小,而高级节点要覆盖较大的范围。高级的节点同时处于多个级中,有多个频率,用不同的频率实现不同级的通信。两级网络中,簇头节点有两个频率。频率 1 用于簇头与簇成员的通信。而频率 2 用于簇头之间的通信。在平面结构中,每一个节点都需要知道到达其他所有节点的路由。由于节点的移动性,维护这些动态变化的路由信息需要大量的控制消息。网络规模越大,路由维护和网络管理的开销就越大,网络的可扩充性较差。分级结构克服了平面结构可扩充性差的缺点,网络规模不受限制。分级结构中,簇头的功能相对较强,而普通节点的功能比较简单,基本上不需要维护路由。这大大减少了网络中路由控制信息的数量。此外,分级结构易于实现节点的移动性管理和保障通信业务的服务质量。因此,当网络规模较大并需要提供一定的服务质量保障时宜采用分级网络结构。

(1) 从移动通信网络的角度考虑,做好顶层设计,使移动通信网络与固定/机动通信网络能够无缝地互联互通。加强体系结构的设计,使陆海空成为一体,因而用户可以在更大的范围、容量和移动速度上实现互联互通。

(2) 从具体的技术角度考虑,需要研究的技术(这些技术也代表了未来一段时期的发展方向)包括:网络路由算法和协议。基于分布式无线网络体系结构,在无线带宽受限、多跳路由频率变化及网络拓扑动态变化条件下,OSPF(Open Shortest Path First)和 BGP-4(Border Gateway Protocol)路由协议在带宽效率和环境适应性方面的性能都是好的。虽然 IETF MANET 工作组针对 Ad Hoc 网络的路由问题做了大量研究,如目的序列距离矢量(Destination-Sequenced Distance Vector, DSDV)、临时按序路由算法(Temporary Ordered Routing Algorithm, TORA)、按需距离矢量(Ad Hoc On Demand Distance Vector, AODV)、动态源路由(Dynamic Source Routing, DSR)和区域路由协议(Zone Routing Protocol, ZRP)路由算法和协议,但针对上述战术应用环境,必须研究新的高效的多跳自适应路由算法。

(3) 网络自组织和自愈重构。为适应网络拓扑的动态变化,提高战术互联网的抗毁性,必须基于自适应网络路由算法,研究网络资源的动态配置策略问题。

(4) 无线 ATM 与移动 IP 的融合技术。研究基于无线 ATM 骨干节点的移动 IP 网络的用户移动性需求与管理问题、无线分组数据传输的 QoS 问题、多媒体业务传输问题等。

(5) 无线高速传输技术。研究适应于多媒体业务传输的宽带数传电台联合战术无线电系统(Joint Tactical Radio System, JTRS)以及其无线组网与抗干扰问题。

此外,还需要对移动自组通信网络系统中的业务需求及其数学模型进行研究。

2. 自组织网络无线资源管理与空中接口理论

任何一种通信系统都以通信传输的有效性、可靠性和安全性三个指标来衡量,并进行不断优化。有效性是指占用尽可能少的信道资源传送尽可能多的信源信息。可靠性是指抵抗通信中的各类自然干扰,尤其是多址干扰的能力。安全性是指传输中的安全保密性能。移动通信的任务是在信道、用户和业务三个动态特性的条件下,满足与实现上述三项基本要求,并逐步达到系统优化。自组织网络和一般移动通信一样具有信道、用户和业务三个动态特性。

(1) 信道的动态性:主要表现为信道受自然和大气环境的影响极大,信道参数随时间变化快。

(2) 用户的动态性:具体表现为信道随用户的移动而产生较快的变化,带宽不稳定。

(3) 业务的动态性:具体表现为用户可随机自由选择不同媒体的通信方式,各类用户不同媒体业务要求互不干扰,用户需要实现同时多接入。

除了这些公共的特性,自组网因其无基础设施的多跳特性,使其具有比一般无线通信更为复杂的信道特性,主要是其信道是多跳共享的多点信道。Ad Hoc 网络节点存在隐藏终端、暴露终端和入侵终端等问题。这些问题的存在使得传统的无线资源管理与空中接口不再适用于自组织网络中。人们也正在根据MANET的新特性研究其通信系统的调度算法、信道分配技术和接入控制机制。同时也想法将其与现有通信技术融合,充分采用已有的通信理论和方法为其服务。如可以将MIMO信道估计与均衡技术、空时编码理论应用到Ad Hoc网络中去。为了提高自组网传输效率与带宽,自组网一样可以采用智能天线技术、OFDM、CDMA技术。但这种采用是吸收其思想,而无法完全照搬,因为它们在自组网环境下还存在在下面一些问题:

(1) 自组织网的各个节点都是在运动的,在高速移动环境下(一般指速度大于150 km/h)多普勒频移产生的时间选择性衰落,目前除了交织码外尚无有效的解决办法。

(2) CDMA方式中多址码设计不理想,特别是对于互相关性不为0所产生的多址干扰,除研制中的多用户检测技术外,目前尚无有效的解决办法。在自组织网络中,这种多址干扰的问题将更为突出。

(3) 在信道的快速、实时监测与估值方面,目前缺乏有效、快速、准确、可靠的方案和相应算法,特别是在无中心管理节点的自组织网络中,需要进行专门的研究。

(4) 自组织网需要提供多媒体通信的功能。话音与不同速率(不同扩频比)数据同时(在同一频段)通信带来了一系列问题,包括:由于发射功率不一样,进一步增强了多址干扰的影响,同时也给功率控制带来了新难题;不同使用环境、不同类型业务的QoS要求给小区划分与规划带来新问题。

(5) 业务动态性大大增加了技术上实现的难度与复杂度。由用户、信道两个动态向用户、信道与业务三个动态发展本身就是一次飞跃。如何实现三个动态间的匹配值得深思与探讨。

3. 自组织网络中的路由实现

自组织网络中分组传输的路由算法是当前受到最为广泛研究的问题之一。目前的无线通信网都是有固定基础设施的,因此在移动过程中其分组路由的实现相对比较容易。而在自组织网络中,当节点移动时不再存在本地代理或外部代理帮助其实现路由分组。网络中不再存在缺省的路由,网络中的每个节点都要求具有独立查寻路由并转发分组的能力。因此传统路由算法无法直接应用到自组织网络中,需要为其专门设计研究新的路由算法。我们先来看看传统的路由算法。传统的路由算法有两类,一是距离矢量路由算法,另一是链路状态算法。

(1) 距离矢量路由算法的特点是:

- 周期性地与所有物理相邻的节点交换可达性消息。
- 当有多条可达路径时选择一个最短的。

(2) 链路状态算法的特点是:

- 周期性地向网中所有的路由器通知当前所有物理链路的状态。
- 每个路由器都得到一张完整的网络拓扑图。

传统路由算法在有基础设施的网络中运行得很好,但是在自组网中却存在如下的问题：

- 网络拓扑变化太快，传统算法将会给网络造成很大控制负荷。
- 限制了移动自组织网络的性能。
- 周期性的路由刷新加大了移动节点的能量消耗，固定网的睡眠模式无法应用于自组织网络中。
- 路由消息的交换大大减少有效系统带宽。

针对固定网路由算法的缺点，人们提出了多种能应用于自组织网络中的路由算法，主要可分为表驱动路由算法如 DSDV、WRP(Wireless Routing Protocol，无线路由协议)等，按需驱动路由算法如 AODV(Ad Hoc On-Demand Vector)、TORA、DSR、ABR(Associativity Based Routing，基于关联性的路由算法)、SSR(Signal Stability Routing，信号稳定度的路由算法)等，区域路由算法，如 ZRP。但是这些算法所能支持的节点数目有限。当网络节点数增多时，网络性能将严重下降。同时这些算法没有考虑到节点的功耗以及对服务质量的支持。

4. 自组织网络服务质量与安全

Ad Hoc 网络一方面作为自治系统，有自身特殊的路由协议和网络管理机制。另一方面作为互联网在无线和移动范畴的扩展和延伸，它又必须能够提供到互联网的无缝的接入机制。当前互联网已经可以在一定程度上保证综合业务传输的服务质量。近年来随着多媒体应用的普及和 Ad Hoc 网络在商业应用的进展，人们很自然地会产生在 Ad Hoc 网络上传送综合业务的需求，并且希望能像固定的有线网络一样为不同业务的服务质量提供保障。因此 Ad Hoc 网络对 QoS 保障的支持显得越来越迫切和重要。但是与固定的有线网络不同，在 Ad Hoc 网络中提供 QoS 支持将面临许多不同于传统网络的新问题和挑战。与其他通信网络一样，Ad Hoc 网络中的服务质量保证也是个系统性问题，不同层都要提供相应的机制。其实现至今仍是一个待解决的问题。

除了服务质量，安全也是自组织网络中的一个大问题。Ad Hoc 网络的缺点之一就是安全性较差，易受窃听和攻击。因此，需要研究适用于 Ad Hoc 网络的安全体系结构和安全技术。目前在安全方面主要集中在 WEP(Wired Equivalent Privacy，等效于有线加密)、WEP1 密码协议安全性分析与攻击方法的研究、消息认证和完整性技术研究等方面。

5. 跨层设计

无线自组织网络中链路的带宽较紧缺，而节点的处理能力和存储空间相对充足，因此需要通过增加协议栈各层之间的垂直交互来减少协议层对等实体之间的水平通信。跨层协同设计正是这种原则的一种具体的体现形式，网络各层共享与其他层相关的信息，从而对无线自组织网络进行整体设计。按照这种方式设计的协议栈中的各层协议在逻辑上是相互耦合的，各层协议之间垂直通信的增加允许上下层协议更好地结合，从而能够减少不必要的水平通信造成的带宽等资源浪费，有效地提高网络的整体性能。

无线自组织网络中，通过拓扑发现技术节点可以学习到局部拓扑信息。如何充分挖掘这些信息以实现优化自组织网络的通信性能是一个值得研究的课题。目前的研究主要集中在如何利用局部拓扑信息在自组织网中实现高效广播传输、减小路由发现开销、改进路由维护等。当前的研究成果都体现出一个基本观点:无线自组织网络中的数据转发不能仅依靠网络层路由功能,必须结合链路层以及物理层实施跨层联合设计。因此在今后的无线自组织网络中,节点需要的不仅仅是局部的拓扑信息,还会需要更多的局部网路、链路参数。

综合考虑各协议层之间的信息进行路由协议设计,是无线自组织网络跨层协同设计的重点和技术难点之一。其设计需要考虑网络节点的移动性、有限带宽和不稳定的信道质量等特征,网络层可以基于当前的链路参数、网络和业务量状况选择合适的路由,实现对网络资源的有效分配。跨层协同机制,利用多目标优化算法来计算跨层机制中使用的路由参数,能支持自适应多 QoS 限制的多路径路由选择。基于 AODV 路由协议和 IEEE 802.11e 的 MAC 协议增强分布式协调访问(EDCA)标准提出的跨层路由协议,根据延时、带宽和路由稳定性等指标,寻找满足应用需要的最佳路径。把有线网络和光网络中的标签的概念移植到无线自组织网络中,提出的标签路由协议(LRP)跨层路由协议框架,较之于 DSDV、AODV、DSR 和 ZRP 路由协议的效率有所提高。但目前为止,尚无针对数据链路层和网络层的跨层协同设计技术进行的系统性的研究,链路层哪些信息有助于路由了协议优化以及网络层的哪些任务可以由链路层完成,这些问题都有待于深入研究和论证。

12.5.2 应用前景

下面将从以下四个方面对无线自组织网络的应用前景进行一下展望。

1. 自组织通信网络技术仍将在军事领域得到最大量的应用

由于自组织网具有很高的抗毁性和灵活性,而被各军事强国应用于战略和战术综合通信。早在 1981 年美国就为海军特遣部队提出了一种高频自组织网。1991 年美军又研究了一种改进型高频数据网,充分应用了短波自组织网技术。1994 年美国陆军通信电子司令部进行了名为抗毁自适应系统的演示。该演示以宽带技术为基础,改善了战术通信的机动性和生存能力。自组织网技术还为各国正在全力开发的单兵作战系统提供了技术基础和保障。北约各国为了提高单兵的全天候作战能力都制订了相应的发展计划。例如,美国的地面武士计划、英国的 FIST 计划、法国的 SC 系统、荷兰的 D2S2 系统等,而未来的单兵通信系统主要的发展方向为宽带化、手持或便携式个人移动终端。自组织网技术正是建立完善的单兵通信系统的核心技术,它对发展单兵作战系统起到了关键的作用。

2. 家用无线自组织网将在信息化家庭社会中发挥作用

自组织网在民用领域的应用前途同样不可估量。它的产品可为用户建立无线家庭网络,可以把所有的家电用网络连接起来。例如,把电脑、音响、厨房用具、保安系统等连在一起,从而更方便交流,还可实现资源共享,为全世界开创一个信息家电时代。HomeRF 就是基于自组织网技术的一种技术规范。HomeRF 工作组成立于 1998 年 3 月,目前成员公司近 100 家,包括计算机、外设、软件、半导体、通信、消费电子产品等领域的领先厂商,如康柏、IBM、惠普、英特尔、微软、爱立信、摩托罗拉、飞利浦等。据市场研究机构 IDC 公司的报告显示,亚太地区(日本除外)信息家电增长强劲,2005 年信息家电销量超过个人电脑。美国还研制了 iRobot——在外出的地点使用电脑便可对家里的机器人进行远程操作。HomeRF 已在 2008 年给生产商们带来约 40 亿美元的收益,到 2009 年增加到约 90 亿美元。

3. 自组织通信网络技术将对我国信息化建设发挥重大作用

进入 21 世纪以来,我国的军事建设正向信息化、现代化迈进。为了满足未来复杂的战场环境中警戒、侦察、登录作战、小分队敌后作战需求,必须解决单兵之间、单兵与上级指挥中心之间的战场态势信息和其他信息的互联互通问题。以自组织网连接的单兵通信系统不仅能顺利解决以上问题,还能对陆、空领域作战防御系统的完善起到关键作用。自组织网不仅可为我国带来巨大的军事利益,而且会对国内的无线通信、家电市场产生巨大影响。在我国,网络家电和家庭网络技术还是一个全新的领域,市场尚未形成。如果我们利用自组织网技术生产信息家电,不但可以大幅度提升家电产品的档次,满足人们对家庭网络智能化的需求,而且可以向国外输出高附加值的产品,这可为国内各家电制造企业带来高额利润。自组织网还可以应用在家庭网络和个人无线移动通信方面。随着无线网络技术在家庭网络的兴起和我国家用网络市场的逐渐形成,自组织网的应用前景十分乐观。它可以普及到每一个家庭,每一个组织团体,而为国内的无线通信业界开拓出广阔的市场,产生不可估量的经济效应。

4. 自组织通信网络技术将广泛应用于以智能传感器为主的分布式移动计算中

传感器网络是由一组传感器以 Ad Hoc 方式构成的有线或无线网络。其目的是协作地感知、采集和处理网络覆盖的地理区域中感知对象的信息,并发布给观察者。由于传感器网络的巨大应用价值,它已经引起了世界许多国家的军事部门、工业界和学术界的极大关注。美国自然科学基金委员会 2003 年制定了传感器网络研究计划,投资约 3 400 万美元,支持相关基础理论的研究。美国国防部和各军事部门都对传感器网络给予了高度重视,在 C4ISR(Command, Control, Communications, Computers, Intelligence, Surveillance & Reconnaissance)的基础上提出了 C4KISR(C4ISR-kill)计划,强调战场情报的感知能力、信息的综合能力和信息的利用能力。把传感器网络作为一个重要研究领域,设立了一系列的军事传感器网络研究项目。英特尔公司、微软公司等信息工业界巨头开始了传感器网络方面的工作,竞相设立或启动相应的行动计划。日本、英国、意大利、巴西等国家也对传感器网络表现出了极大的兴趣,纷纷展开了该领域的研究工作。作为传感器间相互连接纽带的自组织通信网必将随传感器网络的发展而得到极大的推广应用。

12.6 例题

例 12.1 图 12.25 显示 4 个站 A、B、C、D,你认为后两个站中哪一个最接近 A? 为什么?

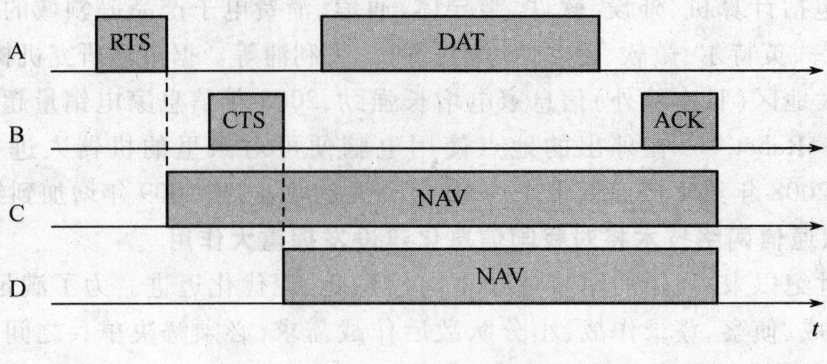

图 12.25 例 12.1 图

解:C 站离 A 站较近。因为站点 A 发出的 RTS 中包含持续期字段,站点 A 邻近的节点接收到该持续字段后会设置它们的 NAV。从图中可以看到,C 站在接收到 RTS 后修改了自身的 NAV,而 D 站没有修改,故 C 站离 A 站比 D 近。

例 12.2 假设一个速率为 11 Mb/s 的 IEEE 802.11WLAN 正在通过无线电信道传送一批连续的 64B 的帧,位错误率为 10^{-7}。请问平均每秒钟将有多少帧被损坏?

解:一个帧的长度为 68B × 8 = 544 b。当一帧中有一个比特错误时,整个帧被损坏。一帧没有发生错误的概率为

$$(1-10^{-7})^{544}=0.999\ 945\ 6$$

一帧发生错误的概率为

$$1-0.999\ 945\ 6=0.000\ 054\ 4$$

该通信可以传送 11 000 000/544 = 20 221 帧/s,所以每秒钟有 20 221 × 0.000 054 4 = 1 帧被破坏。

例 12.3 考虑图 12.26 所示网络,忽略线路上的权值。假设它使用泛洪法作为路由算法,如果一个从 A 发向 D 的分组的最大跳计数值为 3,请列出它将要走的所有路径。

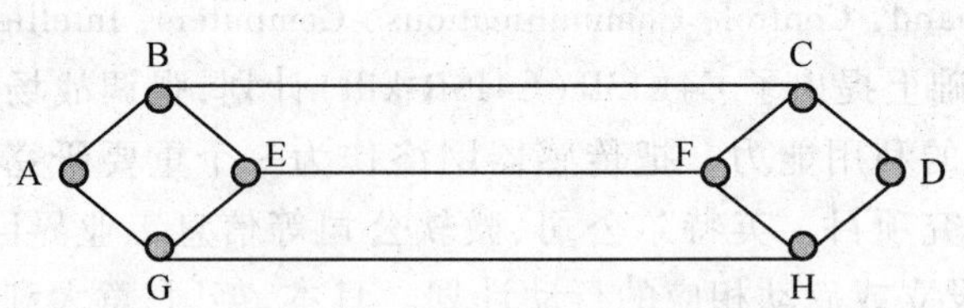

图 12.26 例 3 网络示意图

解:当数据包从 A 节点开始泛洪时,经过一跳传到邻居节点 B、G。然后 B、G 经过一跳传向各自的邻居节点(A 除外),依此类推。由于分组的最大跳计数值为 3,当分组跳数大于 3 时,分组被丢弃。所以它将要走的路径为 A – B – C – D 和 A – G – H – D。

练习题

1. 什么是自组织网络？它和传统的蜂窝无线网络有什么不同点？
2. 自组织网络中信道接入协议的设计上需要面对哪些问题？当前已有协议是如何解决的？
3. 自组织网络中路由协议的设计上需要面对哪些问题？当前已有协议是如何解决的？
4. 为什么需要在自组织网络中进行功率控制？它会给自组织网络带来哪些好处？
5. 自组织网络具有哪些潜在应用？在未来，它会得到人们广泛应用吗？为什么？

参考文献

[1] 金龙. Ad Hoc 移动无线网络[M]. 北京:国防工业出版社. 2004.
[2] 顾燕. 移动自组织网络信道接入与功率控制技术研究[D]. 南京:东南大学无线电工程系. 2006.
[3] 金龙,王呈贵,吴启晖,等. Ad Hoc 移动无线网络[M]. 北京:国防工业出版社. 2004.
[4] 于宏毅. 无线移动自组织网[M]. 北京:人民邮电出版社. 2005.
[5] 郑相全. 无线自组网技术实用教程[M]. 北京:清华大学出版社. 2004.
[6] 郑少仁,王海涛,赵志峰,等. Ad Hoc 网络技术[M]. 北京:人民邮电出版社. 2005.
[7] IEEE 802.11b Wireless LAN Medium Access Control(MAC) and Physical Layer(PHY) Specifications [EB/OL]. [2007-1-1]. http://standards.ieee.org/getieee802/802.11.html.
[8] Perkins C E. Ad Hoc networking[M]. Boston, Addition-Wesley Longman, 2001.
[9] 谢希仁. 计算机网络[M]. 2 版. 北京:电子工业出版社. 1999.
[10] Andrew S T. 计算机网络[M]. 熊桂喜,王小虎译. 3 版. 北京:清华大学出版社. 1999.
[11] Tilak S, Abu-Ghazaleh N B, Heinzelman W. A taxonomy of wireless micro-sensor network models [J]. ACM Mobile Computing and Communications Review, 2002, 6(2):28-36.
[12] Evans B G, and Baughan K. Visions of 4G[J]. Electronics & Communication Engineering Journal. 2000, 12(6):293-303.
[13] Rappaport T S, Annamalai A, Buehrer R M, and Tranter W H. Wireless communications: past events and a future perspective[J]. IEEE Communications Magzine, 2002, 40(5):148-161.

名词术语英汉对照

A

Absoluteness RF Channel Number, ARFCN　绝对射频信道号

Access Grant channel, AGCH　允许接入信道

Acknowledgement, ACK　确认帧

Adaptive Differential Pulse Code Modulation, ADPCM　自适应差分脉编码调制

Adaptive Modulation and Coding, AMC　自适应调制编码

Additive White Gaussian Noise, AWGN　加性白高斯噪声

Advanced Mobile Phone Service, AMPS　高级移动电话系统

Amplitude Shift Keying, ASK　幅移键控

Asymmetrical Digital Subscriber Loop, ADSL　非对称数字用户线路

Asynchronous Transfer Mode, ATM　异步传输模式

ATM Adaptation Layer, AAL　ATM 适配层

Authentication Center, AUC　鉴权中心

Auto Repeat Request, ARQ　自动请求重传

Available Bit Rate, ABR　可用比特率

B

Backbone Concentrator Node, BCN　骨干网通信节点

Band Pass Filter, BPF　带通滤波器

Base Station, BS　基站

Base Station Controller, BSC　基站控制器

Base Station Subsystem, BSS　基站子系统

Base Transceiver Station, BTS　基站收发信机

Basic Rate Interface, BRI　基本速率接口

Bell Labs Layered Space Time, BLAST　空时分层结构

Binary Exponential Backoff, BEB　二进制指数退避

Binary Phase Modulation, BPM　二相调制

Binary Phase Shift Keying, BPSK　二相相移键控

Bit Error Rate, BER　比特差错概率

Broadband Integrated Services Digital Network, BISDN　宽带综合业务数字网

Broadcast Channel, BCH　广播信道

Broadcast Control Channel, BCCH　广播控制信道

Busy Tone Multiple Access, BTMA　忙音多址接入

C

Carrier Sense Multiple Access, CSMA　载波侦听多路访问

Carrier Sense Multiple Access with Collision Avoidance, CSMA/CA　带有冲突避免的载波侦听多路访问

Carrier Sense Multiple Access with Collision Detection, CSMA/CD　带有冲突检测的载波侦听多路访问

Central Processing Unit, CPU　中央处理器

Clear to Send, CTS　清除发送

Code Division Multiple Access, CDMA　码分多址

Code Excited Linear Prediction, CELP　码激励线性预测

Collision Avoidance Information, CAI　冲突避免

信息
Common Control Channel, CCCH 公用控制信道
Constant Modulus Algorithm, CMA 恒模盲检测算法
Constants Bit Rate, CBR 固定比特率
Consultative Committee of International Telegraph and Telephone, CCITT 国际电报电话咨询委员会
Continuous Phase Frequency Shift Keying, CPFSK 连续相位频移键控
Continuous Phase Modulation, CPM 连续相位调制
Control Memory, CM 控制存储器

D

Data Circuit-terminating Equipment, DCE 数据电路终端设备
Data Terminal Equipment, DTE 数据终端设备
DCF InterFrame Spacing, DIFS DCF 帧间间隔
Defense Advanced Research Project Agency, DARPA 国防部高级研究规划署
Dense Wavelength Division Multiplexing, DWDM 密集波分复用
Differential Phase Shift Keying, DPSK 相对(差分)相移键控
Differential Pulse Code Modulation, DPCM 差分脉编码调制
Differential Quadrature Phase Shift Keying, DQPSK 四相相对相移键控
Digital Communication System, DCS 数字通信系统
Digital Signal Processor, DSP 数字信号处理器
Digital Video Broadcasting for Cable, DVB-C 数字有线广播系统
Digital Video Interface, DVI 数字显示接口
Direct Sequence, DS 直扩
Direct Sequence Spread Spectrum, DSSS 直接序列扩频
Direct Sequence-Code Division Multiple Access, DS-CDMA 直接序列码分多址
Direct Sequence-Ultra WideBand, DS-UWB 直接序列超宽带
Discrete Cosine Transform, DCT 离散余弦变换
Distributed Coordination Function, DCF 分布式协调功能
Dual Busy Tone Multiple Access, DBTMA 双忙音多址接入
Dual Tone Multi Frequency, DTMF 双音多频

E

Equipment Identity Register, EIR 设备识别寄存器
Extended InterFrame Spacing, EIFS 扩展帧间间隔

F

Federal Communications Commission, FCC 联邦通信委员会
First Input First Output, FIFO 先进先出
Forward Error Correction, FEC 前向差错控制技术
Frequency Correction Channel, FCH 频率纠错信道
Frequency Division Duplexing, FDD 频分双工
Frequency Division Multiple Access, FDMA 频分多址
Frequency Division Multiplexing, FDM 频分复用
Frequency Hopping, FH 跳频
Frequency Hopping Spread Spectrum, FHSS 跳频扩频
Frequency Hopping-Code Division Multiple Access, FH-CDMA 跳频码分多址
Frequency Modulation, FM 调频
Frequency Shift Keying, FSK 频移键控

G

Gaussian Minimum Shift Keying, GMSK 高斯型最小频移键控
General Packet Radio Service, GPRS 通用分组无线业务
Geosynchronous Orbit, GEO 地球同步轨道

Global Information Grid, GIG 全球信息栅格

Global Position System, GPS 全球定位系统

Global System for Mobile communication, GSM 全球移动通信系统

Globe Mobile Information Systems, GloMo 全球移动信息系统

H

High Definition Multimedia Interface, HDMI 高清晰媒体接口

High-Definition TV, HDTV 高清晰度电视

Home Location Register, HLR 归属位置寄存器

Hybrid Auto Repeat Request, HARQ 混合自动重传请求

I

Impulse Radio-Ultra WideBand, IR-UWB 脉冲无线电超宽带

Independent Basic Service Set, IBSS 独立基本服务集

Industrial, Scientific and Medical, ISM 工业、科学和医药

Institute of Electrical and Electronics Engineers, IEEE 电气和电子工程师协会

Integrated Services Digital Network, ISDN 综合业务数字网

Inter-Carrier Interference, ICI 载波间干扰

International Electrotechnical Commission, IEC 国际电工委员会

International Mobile Equipment Identification, IMEI 国际移动设备鉴别号

International Mobile Subscriber Identification, IMSI 国际移动用户身份鉴别信息

International Standardization Organization, ISO 国际标准化组织

Internet Engineering Task Force, IETF 互联网工程任务组

Internet Protocol, IP 网间互连协议

Inter-Satellite Link, ISL 星际链路

Inter-symbol Interference, ISI 码间串扰

J

Joint Tactical Radio System, JTRS 联合战术无线电系统

L

Line Concentration, LC 用户集线器

Line of Sight, LOS 视距

Linear Predictive Coding, LPC 线性预测编码

Low Earth Orbit, LEO 低轨道

Lower SideBand, LSB 下边带

M

Maximum Likelihood Sequence Estimation, MLSE 最大似然序列估计

Media Access Control, MAC 媒体接入控制

Middle Earth Orbit, MEO 中轨道

Minimum Mean Square Error, MMSE 最小均方误差

Minimum Output Energy, MOE 最小输出能量

Minimum-shift Keying, MSK 最小频移键控

Mobile Ad Hoc Network, MANET 移动自组织网络

Mobile Backbone Network, MBN 移动骨干网络

Mobile Control System, MSC 移动交换中心

Mobile Country Code, MCC 移动国家号

Mobile Network Code, MNC 移动网络号

Mobile Station, MS 移动终端

Multi-Band Orthogonal Frequency Division Multiplexing, MB-OFDM 多带-频分复用

MultiBand Orthogonal Frequency Division Multiplexing Alliance, MBOA 多频带 OFDM 联盟

Multi-Band Time Frequency Interleave Orthogonal Frequency Division Multiplexing, MB-TFI-OFDM 多带-时频交织-频分复用

Multi-channel MAC, MMAC 多信道媒体接入控制

Multiphase Shift Keying, MPSK 多相相移键控

Multiple Access Collision Avoidance, MACA 带冲突避免的多址接入协议

Multiple Access Collision Avoidance for Wireless, MACAW 无线的带冲突避免的多址接入协议

Multiple Access Interference, MAI 多址干扰

Multiple Carrier-Ultra WideBand, MC-UWB 多载波超宽带

Multiple Input Multiple Output, MIMO 多入多出

Multi-Point Relay, MPR 多点中继

Multistep Interference Cancellation, MIC 多级干扰抵消

Multi-user Detection, MUD 多用户检测

N

Narrowband Integrated Services Digital Network, NISDN 窄带综合业务数字网

Network Allocation Vector, NAV 网络分配向量

Network Interface Card, NIC 网络接口卡

Network Node Interface, NNI 网络节点接口

Network Switching Subsystem, NSS 网络交换子系统

No Return-to-Zero, NRZ 非归零

Non-Geostationary Satellite Orbit, NGSO 非静止轨道

Not Packet Terminal, NPT 非分组型终端

O

Offset Quadrature Phase Shift Keying, OQPSK 交错四相相移键控

On Off Keying, OOK 开关键控

Open Systems Interconnection Reference Model, OSI-RM 开放系统互连参考模型

Operation and Management Center, OMC 操作管理中心

Operation, Administration and Maintenance, OAM 操作、管理与维护

Operational Support Systems, OSS 操作与支持系统

Orthogonal Frequency Division Multiplexing, OFDM 正交频分复用

P

Packet Assembly Disassembly, PAD 分组组装/拆装设备

Packet Terminal, PT 分组型终端

Paging Channel, PCH 寻呼信道

Parallel Interference Cancellation, PIC 并行干扰抵消

PCF InterFrame Spacing, PIFS PCF 帧间间隔

Peak Cell Rate, PCR 峰值速率

Permanence Virtual Circuit, PVC 永久虚电路

Personal Communication Service, PCS 个人通信业务

Phase Shift Keying, PSK 相移键控

Point Coordination Function, PCF 点协调功能

Power Autoexec Control, PAC 功率自动控制

Power Spectral Density, PSD 功率谱密度

Power-Saving Mode, PSM 节能模式

Primary Rate Interface, PRI 基群速率接口

Pseuclo-Chaotic Time Hopping, PCTH 伪混沌编码跳时

Pseudo Noise, PN 伪随机

Public Switched Telephone Network, PSTN 公共交换电话网

Pulse Amplitude Modulation, PAM 脉冲幅度调制

Pulse Code Modulation, PCM 脉冲编码调制

Pulse Duration Modulation, PDM 脉冲宽度调制

Pulse Position Modulation, PPM 脉冲位置调制

Pulse Repetition Frequency, PRF 脉冲重复频率

Q

Quadrature Amplitude Modulation, QAM 正交振幅调制

Quadrature Phase Shift Keying, QPSK 四相相移

键控

Qualcomm Code Excited Linear Prediction,QCELP 高通码激励线性预测

Quality of Service,QoS 服务质量

R

Random Access Channel,RACH 随机接入信道

Reference Point Group Mobility,RPGM 参考点群组移动

Request To Send,RTS 发送数据请求

Reservation-ALOHA,R-ALOHA 预约 ALOHA

Rrturn-to-Zero,RZ 归零码

S

Short InterFrame Spacing,SIFS 短帧间间隔

Signal Noise Ratio,SNR 信噪比

Single Channel Per-Carrier,SCPC 单路单载波

Single Input Single Output,SISO 单入单出

Single Side Band,SSB 单边带

Single Spanning Tree,SST 最短路径生成树

Sinusoidal Frequency Shift Keying,SFSK 正弦频移键控

Slotted ALOHA,S-ALOHA 时隙 ALOHA

Slow Associated Control Channel,SACCH 慢速随路控制信道

Space Division Multiple Access,SDMA 空分多址

Space Time block code,STBC 空时分组码

Space Time Trellis Code,STTC 空时格形码

Speech Memory,SM 话音存储器

Spread Spectrum Multiple Access,SSMA 扩频多址

Stand-Alone Dedicated Control Channel,SDCCH 独立专用控制信道

Sub-space Oblique Project,SOP 子空间斜投影

Successive Interference Cancellation,SIC 连续干扰抵消型

Survivable Adaptive Network,SURAN 高残存性自适应网络

Switch on Satellite Time Division Multiple Access, SS-TDMA 星上交换时分多址

Switching Virtual Circuit,SVC 交换虚电路

Symbol Error Ratio,SER 符号差错概率

Synchronization Channel,SCH 同步信道

Synchronous Digital Hierarchy,SDH 同步数字系列技术

Synchronous Transfer Mode,STM 同步传输模式

T

Tamed Frequency Modulation,TFM 平滑调频

Time Division Duplexing,TDD 时分双工

Time Division Multiple Access,TDMA 时分多址

Time Hopping,TH 跳时

Time Hopping Spread Spectrum,THSS 跳时扩频

Tracking and Data Relay Satellite System,TDRSS 跟踪和数据中继卫星系统

Traffic Channel,TCH 流量信道

Transmission Convergence,TC 传输会聚

Trellis Coded Modulation,TCM 网格编码调制

U

Ultra WideBand,UWB 超宽带

Unspecified Bit Rate,UBR 未指定比特率

Upper SideBand,USB 上边带

User Network Interface,UNI 用户网络接口

V

Variable Bit Rate,VBR 可变比特率

Very-high-bit-rate Digital Subscriber Loop,VDSL 甚高速数字用户环路

Virtual Channel,VC 虚通道

Virtual Path,VP 虚通路

Visitor Location Register,VLR 拜访位置寄存器

Voltage Controlled Oscillator,VCO 压控振荡器

W

Wireless Local Area Networks,WLAN 无线局域网

Wireless Personal-Area Network, WPAN 无线个人局域网

World Interoperability for Microwave Access, WiMAX 微波存取全球互通

Z

Zero-forcing Decision Feedback Detection, ZF-DFD 迫零判决反馈多用户检测器